新工科建设之路 · 计算机类精品系列教材

数据结构与算法设计

主　编 ◎ 王新宇　毛启容

副主编 ◎ 王新胜　杨　洋　刘金平
郑文怡　林　琳

主　审 ◎ 施化吉　辛　燕

電子工業出版社
Publishing House of Electronics Industry
北京•BEIJING

内 容 简 介

数据结构与算法设计相关课程是计算机专业教学中的核心课程，也是各类程序设计竞赛及互联网公司与软件企业招聘考查的重要方面。本书按照“数据结构—算法设计”的路线系统地介绍数据结构与算法设计的主要内容。其中，数据结构部分包括线性表、栈、队列、字符串、数组、广义表、树和图，以及两种常用的数据操作——查找和排序；算法设计部分包括递归与分治法、动态规划、贪心法、回溯法和分支限界法；最后以“快递超市信息管理系统”作为案例介绍面向实际应用进行分析、设计、编码与测试的完整过程。

本书融入了思政元素，注重培养学习者解决问题的思维能力，拥有丰富且形式多样的习题，能够同时满足数据结构与算法设计的教学和学习需求。

本书可以作为高等院校计算机科学与技术、软件工程、信息安全、智能科学与技术、物联网工程等计算机相关专业的本科生教材，也可以作为从事计算机应用开发的工程技术人员的参考用书。

图书在版编目（CIP）数据

数据结构与算法设计 / 王新宇，毛启容主编. —北京：电子工业出版社，2023.1

ISBN 978-7-121-44978-9

Ⅰ. ①数… Ⅱ. ①王… ②毛… Ⅲ. ①数据结构－高等学校－教材②电子计算机－算法设计－高等学校－教材

Ⅳ. ①TP311.12②TP301.6

中国国家版本馆 CIP 数据核字（2023）第 009166 号

责任编辑：孟　宇　　　　特约编辑：田学清
印　　刷：北京盛通数码印刷有限公司
装　　订：北京盛通数码印刷有限公司
出版发行：电子工业出版社
　　　　　北京市海淀区万寿路 173 信箱　　　邮编：100036
开　　本：787×1092　1/16　印张：25　字数：672 千字
版　　次：2023 年 1 月第 1 版
印　　次：2024 年 11 月第 3 次印刷
定　　价：79.80 元

凡所购买电子工业出版社图书有缺损问题，请向购买书店调换。若书店售缺，请与本社发行部联系，联系及邮购电话：（010）88254888，88258888。

质量投诉请发邮件至 zlts@phei.com.cn，盗版侵权举报请发邮件至 dbqq@phei.com.cn。

本书咨询联系方式：mengyu@phei.com.cn。

驱动计算机解决问题的一组指令被称为程序。程序通过采用某种方法处理问题的相关信息得到相应的结果来解决问题，必然涉及问题相关信息的描述和解决问题的方法，数据结构就是描述问题相关信息的数据模型，算法则是处理问题的策略和方法。因此，瑞士计算机科学家、图灵奖获得者 Niklaus Wirth 提出了“算法+数据结构=程序”这一计算机技术领域的著名公式。数据结构与算法设计相关课程一直以来都是计算机专业教学中的核心课程，也是各类程序设计竞赛及互联网公司与软件企业招聘考查的重要方面。要从事与计算机科学与技术相关的工作，尤其是计算机应用领域的开发工作，必须掌握数据结构与算法设计的专业知识。

目前已经出版的有关数据结构与算法设计的教材大多独立介绍数据结构或算法设计的相关内容，同时包含两部分内容的教材较少，少量的此类教材也往往偏重于某一方面，对于另一方面的介绍不够充分。当前高校的人才培养模式正在发生重大变革，越来越多的高校通过调整专业培养计划缩减本科毕业所需的学时和课程，为学生提供更多的自主学习和实践的时间。数据结构课程和算法设计课程的合并逐渐成为调整计算机专业人才培养方案的一种趋势。同时，课程思政理念的提出要求本科生的思想政治教育不能再完全依赖专门的思政课程，而要发挥各门课程的思政教育功能，实现全员、全过程、全方位育人。当前对课程思政的探索和实践主要集中在教学环节，缺少符合课程思政理念的教材，导致课程育人体系缺失了教材思政这一关键的模块。基于上述原因，编写与出版融入思政元素、包含数据结构与算法设计课程内容、理论与实践完整且丰富的数据结构与算法设计教材是必要的。

全书共 14 章。第 1 章介绍数据结构与算法设计的基本知识、基础概念和方法。第 2 章至第 6 章介绍各种典型的数据结构及应用，包括线性表、栈、队列、字符串、数组、广义表、树和图。第 7 章和第 8 章分别介绍两种常用的数据操作——查找和排序。第 9 章至第 13 章分别介绍 5 种常用的算法设计方法，包括递归与分治法、动态规划、贪心法、回溯法和分支限界法。第 14 章通过一个案例介绍面向实际应用进行分析、设计、编码与测试的完整过程。

本书的特色如下。

（1）引入爱国主义、传统文化、大国工匠、科技报国和使命担当等思政元素，与基础概念、基本理论、基本方法等专业知识的传授融为一体，能够为选用本书作为教材的任课教师提供思政元素，助力课程思政教学。

（2）采用开篇统领、分部独立、交叉融合、前后呼应的组织结构，既对数据结构与算法设计的主要内容进行了充分展开，又对两者之间的交叉和关联部分进行了合并与呼应，能够同时满足数据结构与算法设计的教学和学习需求。

（3）注重培养学习者解决问题的思维能力。本书注重阐述问题的分析过程，不仅体现了“知其然”，更体现了“知其所以然”。应用实例采用“问题分析—算法描述—算法实现”这一体现问题求解过程的案例分析方法，清晰地展示了问题求解过程的完整脉络，能够为学习者的应用实践提供借鉴，有助于培养学习者解决问题的思维能力。

（4）有充分且细致的算法描述与代码注释。本书使用自然语言描述算法，给出了算法的C++实现代码，并对代码附有详细的注释，有助于学习者更好地理解和掌握算法。

（5）有丰富且形式多样的习题。本书收集与整理了大量习题，难度由浅入深，既适合入门学习者，也适合进阶学习者。

另外，本书提供电子教案及配套源码，所有源码全部在 Microsoft Visual Studio 2015 上运行通过。

全书的编写工作由王新宇老师和毛启容老师统筹协调；王新宇、王新胜、杨洋、刘金平、郑文怡、林琳 6 位老师参与了本书的编写工作；王新宇老师对全书进行了统稿、修改与完善；施化吉、辛燕 2 位老师负责全书的审阅。

在编写工作中，编者参考了国内外诸多数据结构教材和算法设计教材，从中汲取了一些好的思路和优秀的素材，在此向相关作者致谢。电子工业出版社负责本书编辑出版工作的全体人员为本书的出版付出了大量的辛勤劳动，他们细致认真、一丝不苟的工作精神保证了本书的出版质量，在此向他们表示诚挚的感谢。

由于编者的知识与写作水平有限，本书难免存在不足之处，欢迎同行专家和广大读者提出宝贵意见，让本书得以不断改进。

编者

2022 年 5 月

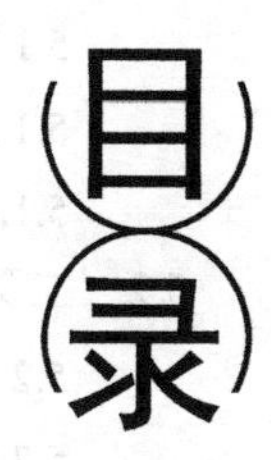

第1章 绪论

在中国近代历史发展的进程中，1921年是具有伟大历史意义的一年，这一年的7月23日，中国共产党第一次全国代表大会的召开宣告了中国共产党的正式成立。在老一辈无产阶级革命家和新一代共产党人的努力之下，中国共产党经历了从弱小到强大、从幼稚到成熟的艰辛历程，探索出了革命和建设两条成功的道路。如今，在中国共产党领导下，中国创造了无与伦比的辉煌成就，不仅深刻改变了中国历史发展轨迹，而且深刻改变了世界发展的趋势和格局。1946年2月14日是世界科技发展史上的重要日子，第一台电子计算机ENIAC在这一天诞生于美国宾夕法尼亚大学。虽然作为初代电子计算机的ENIAC体积庞大、功能单一，但它的诞生标志着计算机时代的到来。随后，计算机技术以惊人的速度发展，其性能价格比在30年内增长了6个数量级，这是以往任何一种技术都无法比拟的。如今，计算机技术已经渗透到社会经济生活的各方面，深刻改变了人们工作和生活的方式，成为人类社会不可或缺的一门技术。计算机科学和产业的发达程度也成为衡量一个国家综合国力强弱的重要指标之一。

计算机本身没有生命，不会思考，也没有想象力和创造力，那么它如何帮助人们解决问题呢？在计算机冰冷的外壳之后，一条条指令以极快的速度在电路中穿梭，控制着计算机使其完成各种各样或简单或复杂的任务。因此，驱动计算机工作的唯一方法就是编写指令，这些用于完成不同任务的指令被称为程序。著名的瑞士计算机科学家、Pascal之父、图灵奖获得者Niklaus Wirth曾就“程序”这一概念提出了一个在计算机技术领域人尽皆知的著名公式：算法+数据结构=程序。这个公式表明，编写程序需要解决数据结构设计和算法设计两方面的问题。数据结构是描述问题相关信息的数据模型，算法是处理问题的策略和方法，这两方面互相依托，共同构成驱动计算机解决问题的程序。要想得到一个“好的”程序，必须同时拥有“好的”数据结构与“好的”算法。

本书将按照“数据结构—算法设计”的路线，带领读者领略经典数据结构组织、存储和处理数据的精彩，体会不同的算法设计策略。在此之前，我们需要首先理解数据结构与算法设计的基本知识、基础概念和方法，这样才能更好地学习后续内容，这也是本章所要达成的目标。

本章内容：

（1）数据结构的研究内容和概念。
（2）算法的定义和评价。
（3）算法的时间复杂度和空间复杂度分析。
（4）算法设计与描述的基本方法。

1.1 数据结构的研究内容

使用计算机解决一个具体问题通常需要经过如下步骤：首先，对具体问题开展分析，从中抽象出一个适当的数学模型；其次，设计一个能够求解该模型的算法；再次，使用一种特定的程序设计语言实现算法得到对应的程序；最后，通过在计算机上进行测试和调整得到问题的最终解答。其中，建立数学模型就是通过分析问题找出需要操作的对象及它们之间的关系，并用数学的语言加以描述的过程。

电子计算机诞生之初是为了解决科学研究与工程实践中的计算问题，从而将人们从繁重的计算任务中解脱出来。因此，当时的计算机需要解决的问题仅限于科学与工程中的计算，处理的对象都是纯数值信息，建立的数学模型通常是一个或一组数学方程，执行的操作是加、减、乘、除等数学计算，人们把这类问题称为数值计算问题。例如，现代天气预报采用的是现代探测技术（气象卫星和气象雷达）和计算机支持的数值天气预报模式，建立的数学模型是一组球面坐标系下的二阶椭圆偏微分方程，进行天气预报需要利用数值解法对其求解得到未来时刻的大气状态。在数值计算问题中，由于操作对象之间的关系是纯粹的数学关系，使用数学方程就可以很好地进行描述，因此在使用计算机解决此类问题时，无须过多考虑操作对象及其关系的表示，主要关注适合计算机使用的求解方法和编程技巧。

随着计算机技术的发展，计算机的应用领域已经不再局限于科学计算，从国民经济各行业到家庭生活，从工业生产到消费娱乐，随处可见计算机应用的成果。与之对应，计算机处理的对象也从简单的纯数值信息扩大到文字、声音、图像等更加复杂的非数值信息，执行的操作也更加多样化，这类问题通常被称为非数值计算问题。

例 1-1 军人荣誉称号信息管理。中国人民解放军是中华人民共和国最主要的武装力量，从 1927 年 8 月 1 日建军至今，无数军人为了国家和人民的利益前仆后继、视死如归。党和国家从不曾忘记他们，为建立功勋的军人授予了各种荣誉称号。为了便于管理和查询获得荣誉称号的军人信息，可以建立一个形如表 1-1 所示的军人荣誉称号信息表，并使用计算机来存储和处理这些信息。

表 1-1 军人荣誉称号信息表

编号	姓名	性别	出生年月	籍贯	荣誉称号	主要事迹
0001	杨根思	男	1922/11	江苏泰兴	中国人民志愿军特级英雄	参加了淮海战役等大小数十次战斗，擅长爆破，多次荣立战功；1950 年于抗美援朝战场与美军同归于尽
0002	黄继光	男	1931/01	四川中江	中国人民志愿军特级英雄	1952 年 10 月 19 日在抗美援朝上甘岭战役的 597.9 高地争夺战中，以重伤之躯爬向美军地堡，用胸口堵住地堡射孔，英勇牺牲
0003	邱少云	男	1926/07	四川铜梁	中国人民志愿军一级英雄	1949 年参加中国人民解放军，1952 年 10 月 12 日在抗美援朝战场上与战友执行潜伏任务，美军燃烧弹的火势蔓延全身，为避免暴露，放弃自救壮烈牺牲
0004	于喜田	男	1919/02	山东栖霞	中国人民志愿军一级英雄	1945 年 7 月参加革命，在抗美援朝的鸡鸣山战役中，带领全连 121 人，攻下 11 个山头，歼敌 932 人，守住主峰一整天，打退敌军 9 次进攻
⋮	⋮	⋮	⋮	⋮	⋮	⋮

在表 1-1 中，每一行对应一位军人的完整信息，这些信息称为数据元素（又称记录），所有获得荣誉称号的军人信息按照某种顺序依次存放在表中。在相邻的两个元素之间，前一个元素称为后一个元素的前驱，后一个元素称为前一个元素的后继。本例中，数据元素之间的关系存在于相邻的两个元素之间，它们是一种“一对一”的线性关系，即前驱与后继之间彼此一一对应的关系，我们把具备这种关系的结构称为线性结构。

例 1-2 中国行政区划信息管理。行政区划是国家为了进行分级管理而实行的区域划分。如果我们使用计算机管理中国行政区划信息，则既需要存储这些行政区划的名称，又需要准确表示它们之间的隶属关系。当前，中国行政区划由 34 个省级行政区、333 个地级行政区、2844 个县级行政区和 38 741 个乡级行政区组成（数据截至 2020 年 12 月 31 日），其隶属关系如图 1-1 所示。

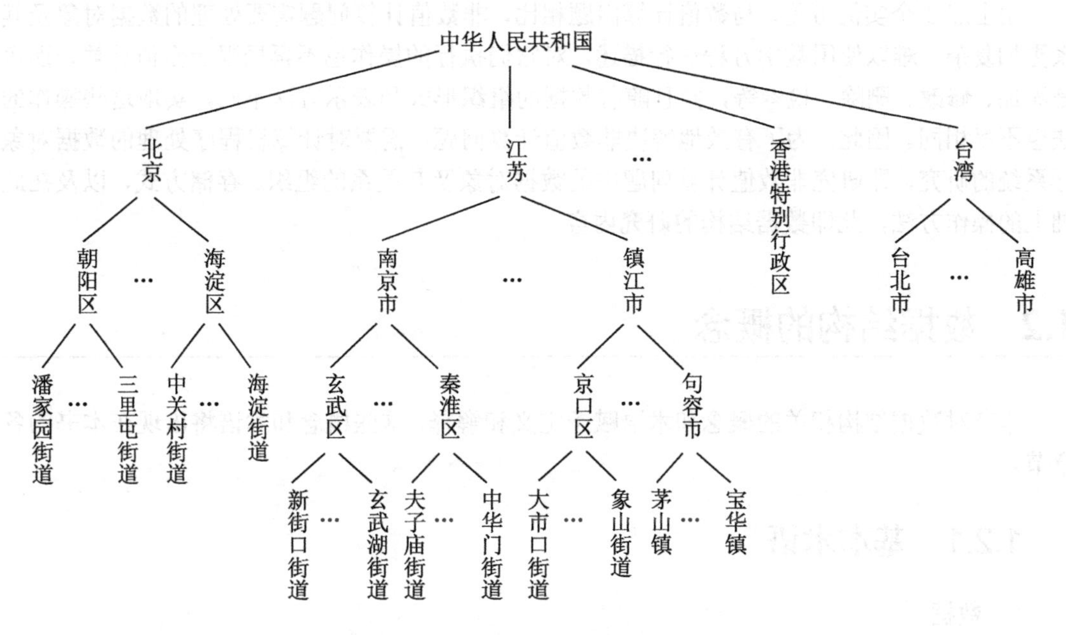

图 1-1 中国行政区划的隶属关系

图 1-1 中的每个节点代表一个数据元素，其中“中华人民共和国”是顶层（第一层）的节点，它对应第二层的“北京”“江苏”…“香港特别行政区”“台湾”等多个节点，第二层的每个节点又对应第三层代表更小的行政区划的多个节点，依次类推，直至底层。在该图中，属于同一层次的节点位于同一条水平线上，使得该图呈现出明显的层次性。数据元素之间的关系存在于相邻两层之间，上一层的一个节点可能对应下一层的多个节点，而下一层的一个节点只能对应上一层的唯一一个节点，它们是一种“一对多”的关系，我们把具备这种关系的结构称为层次型结构。由于这种结构的形态像一棵倒着生长的树，因此也称为树形结构。

例 1-3 交通路网建设问题。交通路网是国民经济重要的基础设施，截至 2021 年末，我国已建成公路 5 280 700km，每百平方千米土地上有公路 55.01km，形成了一个干支衔接、四通八达的公路网，带动整个社会经济持续、快速、健康发展。在交通路网建设中，采用什么样的施工方案能使投资金额尽可能少是一个必须考虑的问题。例如，某镇拟建设一条公路连通下辖的 7 个村，由于不同村之间的距离、地理环境不同，因此铺设公路所需的经费不同，经过调研确定了各村之间可以铺设公路的路线和造价，现在需要确定造价最少的公路建设方案。我们可以使用计算机寻找这一问题的解决方案，为此需要建立该问题的数学模型，如图 1-2 所示。

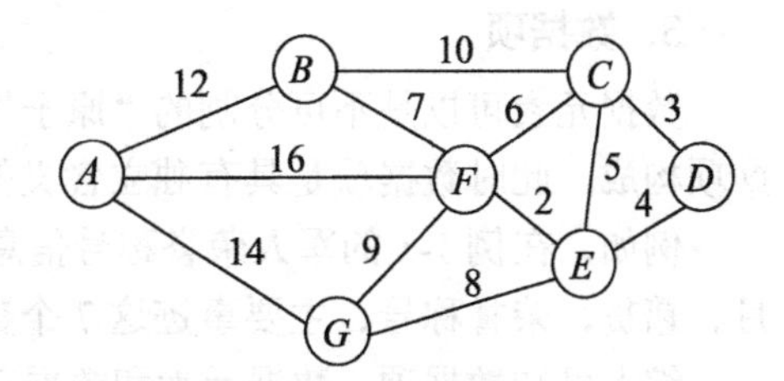

图 1-2 公路建设问题的数学模型

在图 1-2 中的每个顶点代表一个村庄（数据元素），顶点之间的连线及线上的数值表示公路可以经过的路线及所需造价。用线连接的数据元素之间存在着关系，如顶点 *A* 与顶点 *B*、*F*、*G* 存在关系，而顶点 *B*、*F*、*G* 却不仅仅与顶点 *A* 有关系，还与其他顶点存在关系，故这种关系是一种“多对多”的关系，我们把具备这种关系的结构称为图形结构。在建立这样的数学模型之后，寻找造价最少的公路建设方案的问题就转化为求图的最小生成树的问题。

由上述 3 个实例可见，与数值计算问题相比，非数值计算问题需要处理的数据对象及其关系更加复杂，难以使用数学方程进行描述，对它们执行的操作也不再局限于数值计算，而可能是添加、修改、删除、检索等，并且随着数据的组织形式和表示方法不同，实现这些操作的方法也不尽相同。因此，为了有效地解决非数值计算问题，需要对计算机程序处理的数据对象进行系统的研究，即研究非数值计算问题中的数据对象及其关系的组织、存储方式，以及在此基础上的操作方法，此即**数据结构的研究内容**。

1.2 数据结构的概念

本节对数据结构相关的概念和术语赋予定义和解释，这些概念和术语将出现在本书的各个章节。

1.2.1 基本术语

1. 数据

数据是对客观信息的一种描述，是所有能够输入计算机并被计算机程序识别和处理的符号的集合。对计算机科学而言，数据的含义极广，不仅包括数值信息，如整数、实数等，还包括非数值信息，如文字、图像、音频、视频等。数据必然符合两个条件：①能输入计算机；②能被计算机程序识别和处理。

2. 数据元素

数据元素也被称为记录，是表示数据的基本单位，在计算机程序中通常作为一个整体进行处理。

例如，在例 1-1 的军人荣誉称号信息表中，每一行是一个数据元素，用于描述一位军人的相关信息；在例 1-2 的中国行政区划的隶属关系中，每个节点是一个数据元素，用于描述一个行政区划的相关信息；在例 1-3 的公路建设示意图中，每个顶点是一个数据元素，用于描述一个村庄的相关信息。

3. 数据项

数据元素可以是不可分割的“原子”，如一个整数“8”或一个字符“T”；也可以由若干数据项构成，此时数据项是具有独立含义的最小单位。

例如，在例 1-1 的军人荣誉称号信息表中，每个数据元素都由编号、姓名、性别、出生年月、籍贯、荣誉称号、主要事迹这 7 个数据项构成。

综上可知数据项、数据元素和数据三者之间的关系：数据项构成数据元素，数据元素表示数据。

值得注意的是，在分析和处理问题时，数据元素是建立数据模型和操作的基础，数据项仅是数据元素的组成部分。

4．数据对象

数据对象是由具有相同性质的数据元素构成的集合，是数据的子集。例如，整数集合 **Z**={0,1,−1,2,−2,…}是“数”这个集合的一个数据对象，字母集合 *A*={a,b,…,z,A,B,…,Z}是字符集合的一个数据对象。

5．数据结构

在绝大多数的实际应用中，数据元素不是孤立存在的，彼此之间存在着一定的关系，这种数据元素之间的关系就称为结构。所谓数据结构，是指存在关系的数据元素构成的集合。

例如，在例 1-1 军人荣誉称号信息表中由数据元素及它们之间的“一对一”关系构成的线性结构、在例 1-2 中国行政区划信息管理中由数据元素及它们之间的“一对多”关系构成的树形结构、在例 1-3 交通路网建设问题中由数据元素及它们之间的“多对多”关系构成的图形结构都是数据结构。

1.2.2 数据结构的三个要素

任意一种数据结构都包括三个要素：数据的逻辑结构、数据的存储结构和数据的运算。定义和描述每种数据结构，都必须包括这三方面。

1．数据的逻辑结构

数据的逻辑结构是对数据元素之间逻辑关系的描述。它由问题中数据本身的特征决定，与计算机无关，可以用一组数据元素和这些元素之间的关系表示。按照数据元素之间逻辑关系的不同性质，数据的逻辑结构分为四种：集合、线性结构、树形结构和图形结构。其中，集合、树形结构、图形结构也被称为非线性结构。一种数据结构的名称通常就以该种数据结构中逻辑结构的名称来命名。

集合：结构中的数据元素除同属于一个集合之外，不存在其他任何关系。集合结构的示意图如图 1-3（a）所示。

线性结构：结构中的数据元素之间存在着一种线性关系，即“一对一”的关系。在线性结构中，数据元素可以按照某种次序排列成一个线性序列。线性结构的示意图如图 1-3（b）所示。

树形结构：结构中的数据元素之间存在着“一对多”的关系，是一种层次型的结构，简称树。树形结构的示意图如图 1-3（c）所示。

图形结构：也称为网状结构，结构中的数据元素之间存在着一种“多对多”的关系，简称图或网。图形结构的示意图如图 1-3（d）所示。

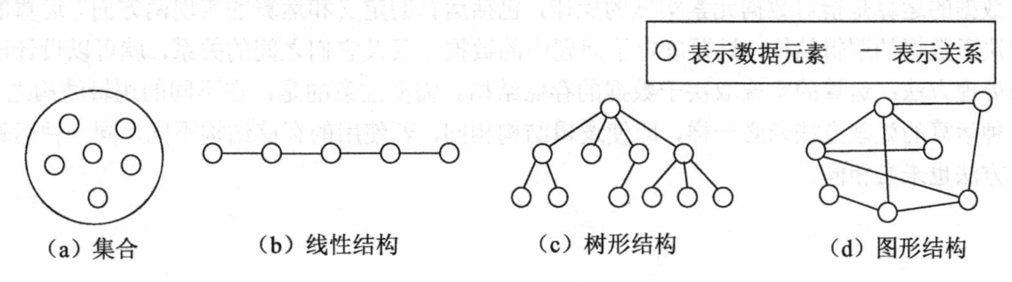

图 1-3 四种逻辑结构的示意图

2. 数据的存储结构

如果使用计算机处理数据元素及其关系，就必须考虑它们在计算机内如何存储。数据的逻辑结构在计算机内的存储方式称为数据的存储结构（也称为物理结构）。它是面向计算机的，属于具体实现的范畴。与逻辑结构相对应，存储结构应考虑两方面的存储：①数据元素的存储；②数据元素之间关系的存储。常用的存储结构包括两种：顺序存储结构和链式存储结构。

存储地址	存储内容
L_0	a_1
L_0+m	a_2
⋮	⋮
$L_0+(i-1)\times m$	a_i
⋮	⋮
$L_0+(n-1)\times m$	a_n

图 1-4 顺序存储结构示意图

顺序存储结构用一组地址连续的存储单元依次存储数据元素，通过数据元素在存储器中相对位置之间的某种特定关系来表示数据元素之间的逻辑关系。这种存储结构的特点：①存储单元的地址是连续的；②对线性结构而言，逻辑上相邻的数据元素在物理位置上也相邻，可以实现数据元素的随机访问。例如，对由 n 个数据元素构成的线性结构$(a_1,a_2,\cdots,a_i,\cdots,a_n)$，使用顺序存储结构进行存储的示意图如图 1-4 所示，其中 L_0 表示第一个存储单元的地址，m 表示一个数据元素所占存储单元的大小。在高级程序设计语言中，通常使用数组实现顺序存储结构。

链式存储结构存储数据元素的存储单元不一定连续，需要通过附设指示存储地址的指针表示数据元素之间的逻辑关系。这种存储结构的特点：①存储单元的地址不一定连续；②逻辑上相邻的数据元素在物理位置上不一定相邻；③只能通过指针来访问数据元素。例如，对上述由 n 个数据元素构成的线性结构$(a_1,a_2,\cdots,a_i,\cdots,a_n)$使用链式存储结构进行存储的示意图如图 1-5 所示。由此可见，在链式存储结构中，除需要存储数据元素本身之外，还需要存储后继数据元素的地址，而第一个数据元素的地址则需要单独保存，并且在程序处理过程中不能被遗失，否则将丢失所有的数据元素。在高级程序设计语言中，通常使用链表实现链式存储结构。使用链表表示如图 1-5 所示的链式存储结构，如图 1-6 所示。

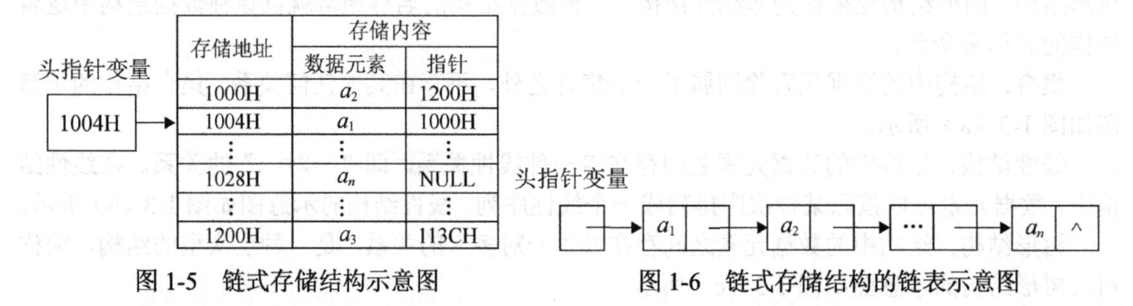

存储地址	存储内容	
	数据元素	指针
1000H	a_2	1200H
1004H	a_1	1000H
⋮	⋮	⋮
1028H	a_n	NULL
⋮	⋮	⋮
1200H	a_3	113CH

图 1-5 链式存储结构示意图

图 1-6 链式存储结构的链表示意图

3. 数据的运算

数据的运算是指对数据元素实施的操作，包括运算的定义和运算的实现两方面。运算的定义取决于数据的逻辑结构，只要确定了问题中的数据元素及它们之间的关系，就可以设计出相应的处理方法；运算的实现取决于数据的存储结构。需要注意的是，在不同的逻辑结构之下，同一种运算的处理方法未必一样，即使逻辑结构相同，若使用的存储结构不同，同一种运算的实现方法也未必相同。

1.3 算法的定义和评价

算法是构成程序的另一个重要方面。在数据结构的三个要素中，利用数据的逻辑结构和存储结构可以完成对数据的建模和存储，但数据运算的高效实现则决定于算法。

1.3.1 算法的定义

算法是对问题解决方法的描述，由一组明确的、可以执行的步骤构成。算法可以在有限时间内对一定的规范输入获得需要的输出结果。算法应具有以下五个重要特性。

（1）**输入性**。一个算法应有零个或多个输入。通常算法应当有输入，但对于极其简单的问题，可以将需要处理的具体数据固化在算法中，这样算法就可以没有输入。

（2）**输出性**。一个算法应至少有一个输出。算法用于数据处理，需要输出处理的结果，否则算法将不具备任何意义。

（3）**确定性**。组成算法的每一条指令都必须有明确的含义，不能存在二义性。

（4）**可行性**。算法中的每条指令都必须足够基本，可以被精确地执行，甚至可以用纸和笔通过有限次的运算模拟指令的执行过程。可行性也被称为有效性或能行性。

（5）**有穷性**：算法应当在执行有限步骤后结束，不能是无限的，且每一步都可以在有限时间内完成。

算法和程序存在区别，对算法使用一种特定的计算机语言加以实现可以得到程序，并且程序可以不满足有穷性。例如，Windows 操作系统及这一系统下的应用程序通常使用基于消息的程序设计模式，这类程序在用户没有选择结束、计算机的软硬件未发生故障及没有断电的情况下理论上可以无限执行下去。

1.3.2 算法的评价

求解一个问题的算法未必是唯一的，不同算法之间可能存在优劣之分。我们总是希望找到一个“好的”算法，这就涉及如何定义“好的”算法及如何进行衡量的问题。

通常，一个好的算法应遵循如下四个标准。

（1）**正确性**。算法应能够满足问题的需求，可以得到问题的正确结果，这是算法最基本的标准。

（2）**可读性**。算法主要用于设计者自己或他人阅读，因此应当容易被阅读和理解。一个晦涩难懂的算法易于隐藏错误且难以修改。

（3）**健壮性**。健壮性也称为鲁棒性、容错性。算法应能够对不合理的数据输入和执行时的异常做出适当的处理，不应产生不可预料的结果。这表明在进行算法设计时应充分考虑可能导致算法无法处理、产生错误的各种情况，使算法能够具有检错、报错和纠错等功能。

（4）**高效性**。算法应具有较高的运行效率，包括时间效率和空间效率两方面。一个理想的算法应当运行时间短、存储空间需求少。

在设计一个算法时，可能会出现无法同时满足上述标准的情况。例如，强调可读性有可能会降低算法的运行效率。在算法的运行效率中，时间效率和空间效率也可能存在矛盾，有时可能需要用较多的存储空间换取算法运行时间的降低，也可能需要增加算法的运行时间以降低对存储空间的需求。因此，在进行算法设计时应根据实际情况做好平衡。

1.4 算法性能分析

算法性能分析是指分析算法占用计算机资源的情况，包括执行时间和存储空间两方面，也就是指分析算法的时间效率和空间效率，通常称为算法的**时间复杂度**和**空间复杂度**。

算法性能分析的方法包括**事后统计法**和**事前分析法**。事后统计法是指先使用程序设计语言将算法实现为程序，然后用该程序在计算机上的实际运行时间和占用的存储空间来衡量算法的复杂度。这种方法看似直观，但由于程序的运行会受到计算机硬件和软件等诸多因素的影响，得到的数据无法真实地反映算法的本质，因此通常不采用事后统计法作为算法复杂度的衡量方法。事前分析法是一种直接分析算法的方法，这种方法无须实现和执行程序，不会受到算法之外的因素的影响，更能反映算法本身的真实情况。下面介绍使用事前分析法来分析算法的时间复杂度和空间复杂度的具体方法。

1.4.1 算法的时间复杂度分析

一个算法转换为程序后，在计算机上的运行时间取决于以下四个因素。

（1）编写程序所采用的计算机语言。程序设计语言的级别越高，程序的运行效率越低，花费的时间越长。

（2）编译程序产生的机器代码的质量。对代码优化较好的编译程序能够产生运行效率更高的机器代码，运行时间也越短。

（3）计算机的运行速度。计算机的硬件性能越好，程序运行时间越短。

（4）问题规模。问题规模越大，程序运行时间越长。

在上述因素中，第（1）～（3）个因素都与计算机具体的软硬件环境相关，仅第（4）个因素与之无关。因此，事前分析法仅考虑问题规模对算法运行时间的影响，认为一个特定算法运行工作量的大小只依赖于问题的规模，或者说它是问题规模的函数。所谓问题规模，并没有准确的定义，通常是指问题中需要处理的数据量，一般用整数 n 表示。例如，矩阵运算中的问题规模一般是矩阵的阶，数组和链表处理中的问题规模一般是数组元素或链表节点的个数。

那么，如何将算法的运行时间表示为问题规模的函数呢？理论上，一个算法运行耗费的时间应当是算法中所有操作的执行时间之和，一种操作的执行时间等于该操作的执行次数与该操作执行一次所需时间的乘积。执行一次操作所需的时间显然与计算机的软硬件环境相关。正如上文所述，事前分析法不考虑计算机的软硬件环境对算法运行时间的影响，因此我们可以假设每个操作执行一次的时间都等于单位时间。这样，一个算法的运行时间就取决于算法中所有操作的执行次数。在实际计算的时候，我们可以通过统计算法中基本操作的执行次数来衡量算法的运行时间。所谓**基本操作**，是指执行次数与算法的运行时间成正比的操作，它对算法运行时间的影响最大，是算法最重要的操作。在构成算法的顺序、选择、循环三大控制结构中，循环结构对操作执行次数的贡献最大，所以若算法存在循环结构，则通常选择嵌套最深的循环结构中的操作作为基本操作。基本操作的执行次数必然与问题规模有关，故在把基本操作的执行次数计算出来之后，算法的运行时间就表示为问题规模的函数。例如，图 1-7 所示为计算 $1^1+2^2+3^3+\cdots+n^n$ 的算法，在该算法中，问题规模为 n，选择 p*=i 作为基本操作，该操作的执行次数等于 $n(n+1)/2$，故算法的运行时间为 $f(n)=n(n+1)/2=n^2/2+n/2$。

```
int s = 0, p, i, j;
for(i=1; i<=n; i++) {
    p = 1;
    for(j=1; j<=i; j++)
        p *= i;     //基本操作
    s += p;
}
cout << s;
```

图 1-7　计算 $1^1+2^2+3^3+\cdots+n^n$ 的算法

相较得到算法运行时间的具体取值，我们更加关心随着问题规模的增大，算法运行时间的增长情况，即考虑当问题规模充分大时，算法基本操作的执行次数在渐近意义下的阶，通常用大 O、大 Ω 和大 Θ 三种渐近符号表示。

1．复杂性渐近性态

设一个算法的运行时间为 $f(n)$，如果存在 $g(n)$满足：

$$\lim_{n\to\infty}\frac{f(n)-g(n)}{f(n)}=0 \tag{1-1}$$

则称 $g(n)$为 $f(n)$在 n 趋于无穷时的渐近性态，或者称 $g(n)$为算法在 n 趋于无穷时的渐近复杂性。在数学上，$g(n)$是 $f(n)$在 n 趋于无穷时的渐近表达式，即当 n 趋于无穷时，$f(n)$渐近于 $g(n)$。我们可以略去 $f(n)$中的低阶项，将留下的主项作为 $g(n)$，显然 $g(n)$的表达式比 $f(n)$更加简单。例如，对于 $f(n)=n^2/2+n/2$，可以选择 $g(n)=n^2/2$ 作为其渐近表达式。

由于 $g(n)$的表达式比 $f(n)$简单，因此使用 $g(n)$作为衡量算法运行时间的表达式有利于简化算法时间效率的分析。并且，在算法渐近复杂性的阶不同的情况下，只要能确定各自的阶，就可以判断算法时间效率的高低。所以，渐近复杂性分析只需关心 $g(n)$的阶，为此可以进一步省略 $g(n)$中的常数因子。例如，对 $g(n)=n^2/2$ 进一步简化可得 $g(n)=n^2$。

2．大 O 符号表示法

假设 $f(n)$和 $g(n)$是定义在正数集上的正函数，如果存在正常数 c 和 n_0，当 $n\geqslant n_0$ 时，$f(n)\leqslant cg(n)$，则称 $g(n)$是 $f(n)$的上界，记为 $f(n)=O(g(n))$。大 O 符号用来描述函数增长率的上界，表示 $f(n)$的增长速度最快与 $g(n)$的增长速度一样。

例如，$f(n)=5n+3=O(n)$，因为可以找到 $c=6$，$n_0=3$，使得 $5n+3\leqslant 6n$；$f(n)=10n^2+4n+2=O(n^2)$，因为可以找到 $c=11$，$n_0=5$，使得 $10n^2+4n+2\leqslant 11n^2$。

3．大 Ω 符号表示法

假设 $f(n)$和 $g(n)$是定义在正数集上的正函数，如果存在正常数 c 和 n_0，当 $n\geqslant n_0$ 时，$f(n)\geqslant cg(n)$，则称 $g(n)$是 $f(n)$的下界，记为 $f(n)=\Omega(g(n))$。大 Ω 符号用来描述函数增长率的下界，表示 $f(n)$的增长速度最慢与 $g(n)$的增长速度一样。

例如，$f(n)=5n+3=\Omega(n)$，当 $n\geqslant 1$ 时，$5n+3\geqslant 5n$；$f(n)=10n^2+4n+2=\Omega(n^2)$，当 $n\geqslant 1$ 时，$10n^2+4n+2\geqslant 10n^2$。

4．大 Θ 符号表示法

假设$f(n)$和$g(n)$是定义在正数集上的正函数，如果存在正常数c_1、c_2和n_0，当$n \geqslant n_0$时，$c_1 g(n) \leqslant f(n) \leqslant c_2 g(n)$，则称$g(n)$与$f(n)$同阶，记为$f(n)=\Theta(g(n))$。大$\Theta$符号表示$f(n)$的增长速度与$g(n)$的增长速度一样。

例如，$f(n)=5n+3=\Theta(n)$；$f(n)=10n^2+4n+2=\Theta(n^2)$。

大Θ符号比大O符号和大Ω符号都准确，$f(n)=\Theta(g(n))$当且仅当$g(n)$既是$f(n)$的上界又是$f(n)$的下界。

使用渐近符号表示的算法运行时间称为**渐近时间复杂度**，简称**时间复杂度**，它反映了算法运行时间随问题规模扩大的增长趋势，通常表示为

$$T(n)=O(f(n)) \tag{1-2}$$

例如，对于如图 1-7 所示的计算$1^1+2^2+3^3+\cdots+n^n$的算法，我们已经计算出了算法运行时间$f(n)=n(n+1)/2=n^2/2+n/2$，则该算法的时间复杂度可以表示为$T(n)=O(n^2)$。

时间复杂度为$O(n^k)$的算法称为多项式阶的算法。特别地，时间复杂度为$O(1)$、$O(n)$和$O(n^2)$的算法被称为常量阶、线性阶和平方阶的算法。除此之外，还有时间复杂度为对数阶$O(\log_2 n)$、线性对数阶$O(n\log_2 n)$、指数阶$O(2^n)$、阶乘阶$O(n!)$的算法。常见的时间复杂度按数量级递增排列的次序为常量阶<对数阶<线性阶<线性对数阶<多项式阶（平方阶及以上）<指数阶<阶乘阶。一般来说，具有多项式阶的算法是可以接受的有效算法；具有指数阶和阶乘阶的算法是低效算法，只有在问题规模足够小时才可以使用。

在很多情况下，算法的时间复杂度会随着输入数据的取值发生变化。例如，使用冒泡排序算法对数组 elems 中的n个整数从小到大排序，其算法如图 1-8 所示。该算法的基本操作是交换两个相邻的整数，这一基本操作的执行次数会随着数据初始取值的不同而发生变化。最好情况是 elems 中的初始数据顺序恰好为“正序”，即从小到大有序，此时基本操作的执行次数为最小值，即 0 次；最坏情况是 elems 中的初始数据顺序恰好为“逆序”，即从大到小有序，此时基本操作的执行次数为最大值，即$n(n-1)/2$次。对于这类情况，可以计算算法的**平均时间复杂度**，即对所有可能的输入数据，计算算法时间复杂度的期望值。然而，分析平均时间复杂度是相当困难的，实际应用中通常以最坏情况下基本操作的执行次数来分析时间复杂度，即得到在任意数据输入下算法运行时间的上界。因此，如图 1-8 所示的冒泡排序算法的时间复杂度为$T(n)=O(n^2)$。

```
void BubbleSort(int elems[ ], int n) {
    int i, j, temp;    bool flag = true;
    for(i=1; i<n && flag; i++) {
        flag = false;
        for (j=0; j<n-i; j++) {
            if (elems[j] > elems[j+1]) {
                flag = true;    temp = elems[j];
                elems[j] = elems[j+1];    elems[j+1] = temp;
            }
        }
    }
}
```

图 1-8　将n个整数从小到大排序的冒泡排序算法

1.4.2　算法的空间复杂度分析

算法的空间复杂度是对算法占用存储空间的衡量，其分析方法类似于算法的时间复杂度，即分析问题规模对算法运行空间的影响，使用渐近符号表示，记为

$$S(n)=O(f(n)) \tag{1-3}$$

式中，n 表示问题规模；$S(n)$表示算法的空间复杂度；$f(n)$表示运行算法所需的存储空间。式（1-3）表明，随着问题规模 n 的扩大，运行算法所需存储空间的增长率最多像 $f(n)$一样，即 $O(f(n))$给出了算法运行占用存储空间的上界。

总体而言，算法所需的存储空间包括两方面：存储算法所需的存储空间和运行算法所需的存储空间。存储算法所需的存储空间取决于实现算法得到的代码长度，该长度与问题规模无关，并且在一个算法确定之后，其存储空间不会因问题规模的变化而发生改变。因此，分析算法的空间复杂度不考虑存储算法所需的存储空间。

运行算法所需的存储空间是指为解决问题所需的辅助存储空间，如排序算法中为移动数据元素所需的局部变量。输入数据所占的存储空间取决于要解决的问题，与算法本身无关，故同样不在考虑范围之内。如果算法所需的辅助存储空间相对问题规模而言是个常量，则称该算法为原地工作的算法。例如，如图 1-8 所示的冒泡排序算法所需的辅助存储空间包括局部变量 n、i、j、temp 和 flag 所需的空间，这些空间的大小与问题规模无关，故该算法的空间复杂度为 $S(n)=O(1)$，属于原地工作的算法。

算法的时间复杂度和空间复杂度往往是相互影响的，当追求较小的时间复杂度时，可能会增大空间复杂度；当追求较小的空间复杂度时，可能会增大时间复杂度。因此，在设计一个算法时，需要综合考虑算法的各项性能、使用频率、处理的数据量等因素，只有这样才能设计出较好的算法。

1.5　算法的设计与描述

设计一个简练、高效、易懂的算法解决问题是每个设计者的目标。为此，我们需要遵循一定的步骤，采用恰当的策略和规范的描述方法。

1.5.1　算法设计的一般步骤

算法设计是一个非常灵活的过程，总体而言可以分为如下 6 个步骤。

（1）确定算法的功能，即算法要做什么、要达到怎样的目标。

（2）确定算法的输入与输出，即算法的初始状态和要求的结果状态。

（3）根据问题在一般情况下的处理方法，给出算法的流程。

（4）考虑问题的边界和特殊情况的处理。

（5）考虑可能出现的异常情况的处理。

（6）算法分析，即分析算法的正确性和复杂度。

算法设计的过程不是一蹴而就的过程，通常需要经过反复修改，才能最终得到一个能够正确解决问题的好的算法。

如果需要解决的问题比较复杂，则步骤（3）往往无法直接给出算法的流程，此时可以采用“自顶向下、逐步求精”的方法。**“自顶向下、逐步求精”**是一种结构化程序设计方法，基本思想是把一个任务进行分解，先定义和设计算法的顶层步骤（算法的主干），然后把每个步骤作为一个独立的任务继续进行分解，直至每个步骤都可以明确表达和实现。这种逐层分解和设计的方法可以使设计者把握主题，高屋建瓴，避免从一开始就陷入复杂的细节分析，使每一次的分解和设计都足够简单，从而把原本复杂的算法设计过程变得简单明了。图 1-9 以作文写作为例展示了“自顶向下、逐步求精”的过程。

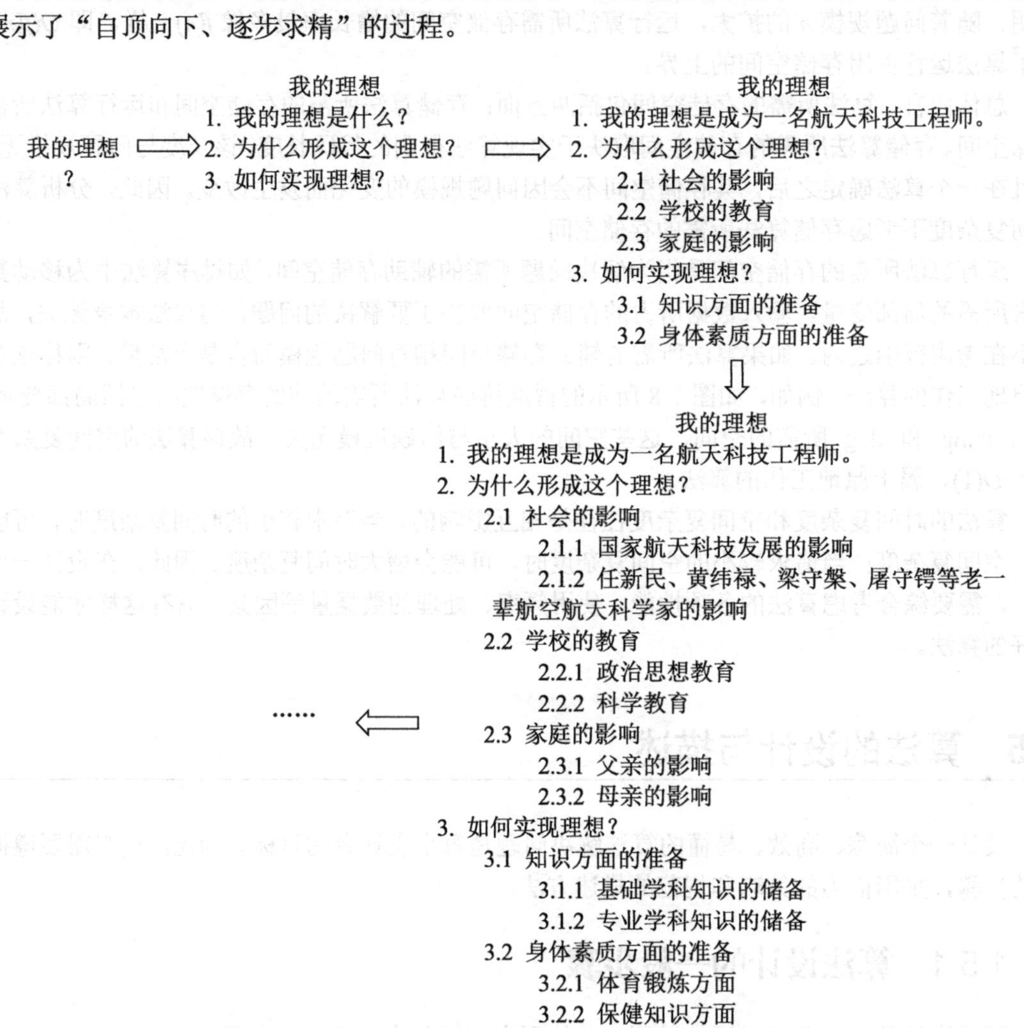

图 1-9 “自顶向下、逐步求精”的作文写作过程

1.5.2 算法设计的基本策略

算法设计有一些成熟的策略，使用这些策略可以帮助设计者在面对问题时更快、更好地设计出正确的算法。常用的算法设计策略包括分治、动态规划、贪心法、回溯法和分支限界法。

（1）**分治**。递归是一种直接或间接调用自身的行为，而分治是指将一个复杂的问题分割成若干规模较小的子问题，这些子问题相互独立且与原问题类型一致，可以各个击破，分而治之。

对一个问题通过反复进行分治，可以使问题规模不断缩小，最终缩小到很容易求出其解，并且分治产生的子问题类型与原问题一致，求解方法也与原问题相同，可以很自然地使用一个递归过程来表示。因此，分治与递归就像一对孪生兄弟，往往同时出现。

（2）**动态规划**。动态规划常用于求解最优化问题，与分治法类似，其基本思想也是将原问题分解为相似的子问题，在求解过程中通过子问题的解求出原问题的解。但不同于分治法，动态规划分解出的子问题往往不是相互独立的。在这种情况下，分治法会导致子问题的多次求解，而动态规划会把求解过程中已解决的子问题的答案保存起来，避免对子问题的重复求解。

（3）**贪心法**。贪心法也常用于求解最优化问题，它在求解问题时总是做出当前的最好选择，即贪心法在进行选择时不考虑整体最优，仅考虑在某种意义上的局部最优。虽然贪心法不一定能够得到所有问题的整体最优解，但是对许多问题都能产生整体最优解或整体最优解的很好的近似。

（4）**回溯法**。回溯法从初始状态开始，按照一定的条件不断探索，每一步探索都有多种可能，选择一种可能之后继续向前探索，若在某一步发现原先的选择无法达到目标，则回退一步重新选择其他可能，这种不满足求解条件就回退重新选择的方法就是回溯法。回溯法是一种类似穷举的搜索方法，有着“通用解题法”的美誉，用它可以系统地搜索问题的所有可能解。

（5）**分支限界法**。分支限界法把问题的解空间不断分割为越来越小的子集（分支），并为每个子集内的解计算一个下界或上界（限界），对限界超出已知可行解值的子集不再进一步探索，从而缩小搜索范围，直至找出可行解。分支限界法类似于回溯法，但与回溯法的求解目标不同。回溯法的求解目标通常是找出问题的所有可行解，而分支限界法的求解目标是找出满足条件的一个可行解。

1.5.3　算法的描述

在设计一个算法之后需要将算法以某种方式描述出来，以便记录、与他人交流或编写成程序供计算机执行。描述算法的方式较多，常用的方式包括自然语言描述、流程图描述、程序设计语言描述、伪代码描述等。

（1）自然语言描述是使用英语或汉语等人类语言描述算法的方式。这种方式的优点是无须对描述工具进行额外的学习，表达的算法容易理解；缺点是比较冗长，容易产生二义性，且难以清晰地表达分支、循环等结构。

（2）流程图描述是使用规定样式的图形并辅以文字描述算法的方式。这种方式的优点是直观、清晰、易懂；缺点是灵活性不如自然语言，严密性不如程序设计语言，并且所占篇幅较大，导致难以表达大型算法。常用的流程图包括带流程线的流程图和 N-S 流程图。

（3）程序设计语言描述是使用计算机语言描述算法的方式。这种方式的优点是算法即程序，可以直接被计算机执行；缺点是需要熟练掌握程序设计语言，并且容易使算法设计者的关注点转移到语法细节上，忽视算法本身。

（4）伪代码描述是一种介于自然语言和程序设计语言之间的算法描述方式。这种方式的优点是既能够清晰地表达算法中的结构和细节，又能够使设计者不至于过分关注具体的语言细节；缺点是不如流程图直观，描述复杂的条件组合与动作间的对应关系不够明了。

例如，使用上述 4 种方式描述计算 1×2×3×4 的乘积的算法，如图 1-10 所示。

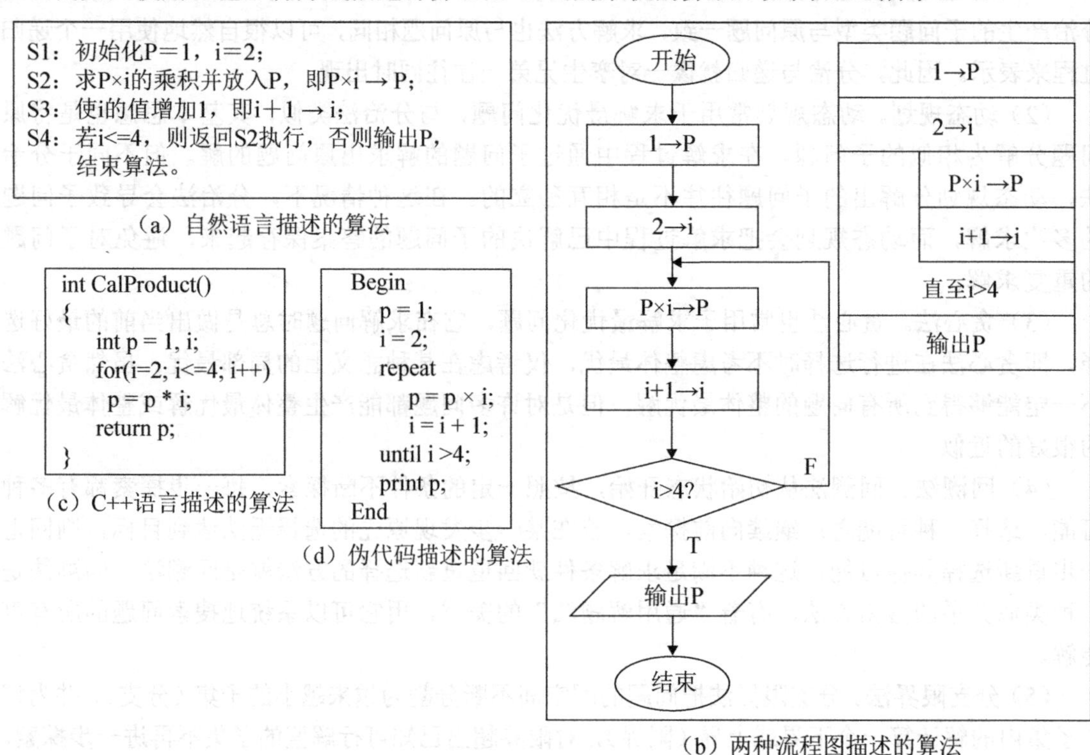

图 1-10　算法描述实例

由于本书将从面向对象的角度讨论数据结构，并且本书面向的是已经熟练掌握 C++语言的读者，因此本书使用 C++语言来描述算法。同时，对于主要算法还将使用自然语言进行描述，以便读者能更好地理解。

1.6　本章小结

数据结构与算法是构成程序的两方面，两者相辅相成，不可或缺。

数据结构研究非数值计算问题中的数据对象及其关系的组织、存储和操作，包括数据的逻辑结构、数据的存储结构和数据的运算三方面。数据的逻辑结构有四种基本形态：集合、线性结构、树形结构和图形结构。集合、树形结构、图形结构也被称为非线性结构。数据的存储结构包括顺序存储结构和链式存储结构。

算法是对问题求解步骤的描述。一个好的算法应满足正确性、可读性、健壮性和高效性的特性。算法性能分析通常使用事前分析法分析算法的运行时间和存储空间，采用渐近符号表示时间复杂度和空间复杂度。算法设计者可以使用一些成熟的算法设计策略，如分治、动态规划、贪心法、回溯法和分支限界法等，能更快、更好地设计出正确的算法，并使用自然语言、流程图、程序设计语言、伪代码等描述算法。

习题一

一、选择题

1．在数据结构中，与计算机无关的是数据的（　　）结构。

A．存储　　B．物理　　C．逻辑　　D．物理和存储

2．下列有关数据的逻辑结构的叙述中，正确的是（　　）。

A．数据的逻辑结构是数据之间关系的描述

B．数据的逻辑结构反映了数据在计算机中的存储方式

C．数据的逻辑结构分为顺序存储结构和链式存储结构

D．数据的逻辑结构分为静态结构和动态结构

3．数据的存储结构包括顺序存储结构和链式存储结构，在存储空间使用的灵活性上，链式存储结构比顺序存储结构（　　）。

A．低　　B．高　　C．相同　　D．不确定

4．数据不可分割的基本单位是（　　）。

A．元素　　B．节点　　C．数据类型　　D．数据项

5．当采用顺序存储结构时，数据元素存储单元的地址（　　）。

A．一定连续　　B．一定不连续

C．不一定连续　　D．部分连续，部分不连续

6．计算机算法指的是（　　）。

A．计算方法　　B．排序方法

C．调度方法　　D．解决问题的有限运算序列

7．下列关于算法的说法正确的有（　　）个。

（1）求解某一类问题的算法是唯一的。

（2）算法必须在有限步操作之后停止。

（3）算法的每一步操作必须是明确的，不能有歧义或含义模糊。

（4）算法执行后一定产生确定的结果。

A．1　　B．2　　C．3　　D．4

8．算法性能分析的两个主要方面是（　　）。

A．时间复杂度和空间复杂度　　B．正确性和简明性

C．可读性和文档性　　D．数据复杂性和程序复杂性

9．算法的渐近时间复杂度是指（　　）。

A．算法对应的程序运行的绝对时间

B．随着问题规模的增大，算法运行时间的增长趋势

C．算法最深层循环语句中基本操作重复执行的次数

D．算法中语句的总条数

10．算法性能分析的目的是（　　）。

A．找出数据结构的合理性　　B．研究算法的输入和输出之间的关系

C．分析算法的运行效率以求改进　　D．分析算法是否可行

二、填空题

1．数据的逻辑结构分为________、________、________和________。

2．线性结构中数据元素之间的逻辑关系是________，非线性结构中数据元素之间的逻辑关系是________。

3．链式存储结构通过________表示数据元素之间的逻辑关系。

4．数据结构研究数据的逻辑结构和存储结构，并对这种结构定义相应的________。

5．________是对客观信息的一种描述，是所有能够输入计算机并被计算机程序识别和处理的符号的集合。

6．算法应具有________、________、________、________和________五个特性。

7．算法性能分析的方法包括________和________。

8．使用渐近符号表示的算法运行时间称为________。

9．原地工作的算法需要的辅助存储空间相对于问题的规模是________。

10．一个好的算法需要遵循的标准是________、可读性、健壮性和________。

三、是非题

1．数据元素是数据的最小单位。（　）

2．数据的逻辑结构是指数据的各数据项之间的逻辑关系。（　）

3．数据元素可以由不同类型的数据项构成。（　）

4．顺序存储结构的优点是存储密度大，进行插入和删除操作运算的效率较高。（　）

5．顺序存储结构有时也存储数据元素之间的关系。（　）

6．数据的逻辑结构与数据元素本身的内容无关。（　）

7．算法必须有输入，但可以没有输出。（　）

8．算法独立于具体的程序设计语言，但与具体的计算机有关。（　）

9．健壮的算法不会因非法的输入数据而出现莫名其妙的状态。（　）

10．算法的空间复杂度需要分析存储算法和运行算法需要的空间。（　）

四、应用题

1．数据的逻辑结构和存储结构分别指什么？

2．什么是算法？算法有哪些特性？

3．请说明算法与程序的区别与联系。

4．设计算法的常用策略有哪些？

5．请分析下述算法的时间复杂度。

（1）
```
x = 0;
for(i=n; i>=1; i--)
    for(j=1; j<=i; j++)
        for (k=1; k<=j; k++)
            x=x+1;
```

（2）
```
i = 1;
while(i < n)
    i = i * 2;
```

（3）
```
x = 0;
for(k=1; k<=n; k*=2)
   for(j=1; j<=n; j++)
      x++;
```

6．已知一个由 n 个整数构成的序列，请设计一个算法判断其中是否存在两个整数的和恰好等于给定的整数 k。要求分别使用自然语言、带流程线的流程图、N-S 流程图和伪代码四种方式描述算法。

艾伦·麦席森·图灵（Alan Mathison Turing，1912—1954），英国数学家、逻辑学家，被称为“计算机之父”“人工智能之父”。1931 年，图灵进入剑桥大学国王学院，毕业后到美国普林斯顿大学攻读博士学位。第二次世界大战爆发后，他回到剑桥大学，后曾协助军方破解德国的著名密码系统 Enigma，帮助盟军取得了第二次世界大战的胜利。图灵对于人工智能的发展有诸多贡献，他提出了一种用于判定机器是否具有智能的试验方法，即图灵试验。此外，图灵提出的著名的图灵机模型为现代计算机的逻辑工作方式奠定了基础。

图灵奖（Turing Award），全称为 A. M. 图灵奖（ACM A.M. Turing Award），是由美国计算机协会（ACM）于 1966 年设立的计算机奖项，名称取自艾伦·麦席森·图灵，旨在奖励对计算机事业做出重要贡献的个人。图灵奖是计算机领域的国际最高奖项，被誉为“计算机界的诺贝尔奖”。从 1966 年至 2020 年，图灵奖共授予 74 名获奖者，以美国、欧洲科学家为主。2000 年，华人科学家姚期智获得图灵奖，这是迄今为止华人唯一一次获得图灵奖。

第 2 章　线性表

2021 年是中国共产党百年华诞，中国站在“两个一百年”的历史交汇点上，全面建设社会主义现代化国家新征程正式开启。在此之际，党中央首次向健在的党龄达到 50 年且一贯表现良好的老党员颁发“光荣在党 50 年”纪念章。之后，纪念章颁发工作将作为一项经常性工作，每年“七一”集中颁发一次。为了方便地找到党龄达到 50 年的老党员，需要做好全体党员的数据登记及管理工作。为此，可以设计一张党员信息记录表，用于存储每位党员的基本信息，如姓名、性别、出生年月、入党日期等。通过表内相关信息查询，凡是入党日期在 1971 年 7 月（含）之前的党员就是党龄达到 50 年的老党员。党员信息记录表（部分）如表 2-1 所示（表内信息均为虚构）。

表 2-1　党员信息记录表（部分）

序号	姓名	性别	出生年月	…	入党日期	…
…	…	…	…	…	…	…
13	李大国	男	1948/03	…	1988/06	…
14	赵雪	女	1941/11	…	1970/03	…
15	徐美芳	女	1945/08	…	1969/11	…
…	…	…	…	…	…	…

表 2-1 呈现的是一种基本的数据结构，称为线性表；表中的每一行是一个数据元素，代表了一位党员的相关信息；数据元素之间的关系是一种“一对一”的线性关系。

本章内容：

（1）线性表的定义及基本操作。
（2）线性表的顺序表示和实现。
（3）线性表的链式表示和实现。
（4）线性表的应用。

2.1　线性表的定义及基本操作

线性表是由 n（$n \geqslant 0$）个相同类型的**数据元素** $a_1,a_2,a_3,\cdots,a_n$ 组成的有限序列，记为

$$L=(a_1,a_2,a_3,\cdots,a_n)$$

式中，L 是线性表的表名；数据元素的个数 n 称为**线性表的长度**，若 n=0，则称该线性表为**空表**。每个数据元素 a_i 是由一个数据项或者若干数据项组成的记录，但是同一个线性表中的数据元素必须属于同一数据对象，即具有相同的类型。

对于非空线性表 L，a_i（$1 \leqslant i \leqslant n$）是线性表的**第 i 个元素**，i 是 a_i 的**位序**，a_{i-1} 称作 a_i 的前

驱；a_{i+1}称作a_i的**后继**。第一个元素a_1没有前驱，最后一个元素a_n没有后继，除此之外，每个元素有且仅有一个前驱和一个后继。线性表作为一种线性结构，其数据元素之间是“一对一”的线性关系。

例如，表 2-1 中的每个数据元素由序号、姓名、性别、出生年月……入党日期等数据项构成。对序号为 14 的数据元素——赵雪党员（她的整条信息记录）来说，序号为 13 的数据元素——李大国党员的信息记录是其前驱，序号为 15 的数据元素——徐美芳党员的信息记录是其后继，数据元素之间体现的就是“一对一”的线性关系。如果发展了一名新党员，那么需要把该党员的信息添加至线性表，这就涉及线性表的操作。

线性表的基本操作包括如下。

（1）初始化：建立一个空表。

（2）求长度：给定线性表，统计并返回其数据元素的个数。

（3）判断线性表是否为空表：如果是空表，则返回 true，否则返回 false。

（4）清空线性表：将线性表置为空表。

（5）查找元素：在线性表中查找与给定值相等的数据元素，返回第 1 个与给定值相等的数据元素的位序，若找不到，则返回 0。

（6）取元素：在线性表中取出指定位序的数据元素的值。

（7）修改元素：修改线性表中指定位序的数据元素的值。

（8）插入元素：将数据元素按照给定位置插入线性表。

（9）删除元素：删除线性表中给定位置的数据元素。

（10）遍历线性表：按位序访问线性表中的全部数据元素。

采用不同的存储结构，上述操作的实现方法不尽相同。线性表既可以采用顺序存储结构实现，也可以采用链式存储结构实现，下面分别介绍这两种存储结构的实现方式。

2.2　线性表的顺序表示和实现

2.2.1　顺序表的定义

使用顺序存储结构实现的线性表称为**顺序表**，顺序表中的数据元素按照逻辑顺序依次存储在一组地址连续的存储单元中，逻辑上相邻的数据元素在物理上也相邻。通常，我们使用数组作为顺序存储结构的实现方式。例如，对于表 2-1，可以使用一个一维数组依次存放党员信息，每个数组存储其中的一个数据元素，其逻辑示意图如图 2-1 所示。

假设顺序表$(a_1,a_2,a_3,\cdots,a_n)$中的每个数据元素占m字节，且第i个数据元素a_i的存储地址用$\mathrm{LOC}(a_i)$表示，则相邻数据元素的存储地址有下列关系：

$$\mathrm{LOC}(a_{i+1})=\mathrm{LOC}(a_i)+m \qquad (1\leqslant i\leqslant n) \qquad (2\text{-}1)$$

由此可得

$$\mathrm{LOC}(a_i)=\mathrm{LOC}(a_1)+(i-1)\times m \qquad (1\leqslant i\leqslant n) \qquad (2\text{-}2)$$

式中，$\mathrm{LOC}(a_1)$是第一个元素的地址，称为顺序表的**起始地址**或**基地址**。由此可见，顺序表中数据元素的地址可以由顺序表的基地址和元素的位序计算得到。因此，对于一个给定的顺序表，在基地址已知的情况下，可以直接存取任一给定位序的数据元素。

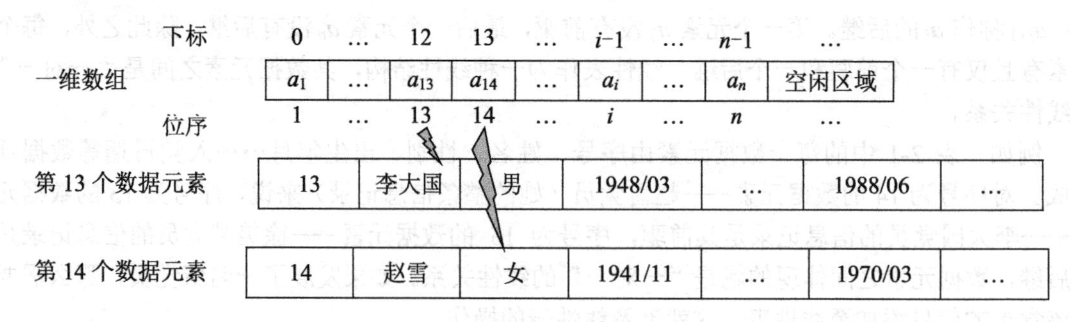

图 2-1 顺序表逻辑示意图

2.2.2 顺序表的类模板定义

由于顺序表需要容纳的数据元素数量在设计时无法预测，因此采用动态内存分配的数组来存储数据元素更为合适，动态内存分配返回的地址就是顺序表的基地址。为了操作方便，除用于存储数据元素的数组之外，还可以添加表示顺序表容量和长度的变量。

定义顺序表的类模板 SqList，该类模板包含三个数据成员：指针 elems 指向存储数据元素的数组、顺序表的容量 maxSize 和顺序表的长度 length；顺序表的成员函数包含构造函数、析构函数和顺序表的各种基本操作。在实际应用中根据问题的需要还可以添加其他成员函数。

```
/**********顺序表的类模板文件名：SqList.h**********/
#include "Status.h"     // Status.h：定义枚举类型 Status，表示操作的状态，详见配套源码
const int DEFAULT_SIZE = 100;
template <class DataType>
class SqList {
protected:
        DataType *elems;                                  //指向存储数据元素的数组
        int maxSize;                                      //顺序表的容量
        int length;                                       //顺序表的长度
public:
        SqList(int size = DEFAULT_SIZE);                  //构造函数
        virtual ~SqList();                                //析构函数
        int GetLength() const;                            //求顺序表的长度
        bool IsEmpty() const;                             //判断顺序表是否为空表
        void Clear();                                     //清空顺序表
        int LocateElem(DataType &e);                      //查找元素
        Status GetElem(int i, DataType &e);               //取元素
        Status SetElem(int i, DataType &e);               //修改元素
        Status InsertElem(int i, DataType &e);            //插入元素
        Status DeleteElem(int i, DataType &e);            //删除元素
        void Traverse(void(*visit)(const DataType &)) const;   //遍历顺序表
};
```

2.2.3 顺序表基本操作的实现

1．顺序表主要操作的实现

下面详细介绍顺序表的三个主要操作，即查找元素、插入元素和删除元素的实现。

（1）查找元素。

查找元素是指在线性表中查找第一个与给定值相等的数据元素，并返回其位序。例如，在顺序表($a_1,a_2,a_3,\cdots,a_{length}$)中查找值等于 e 的元素。可以从顺序表的第一个元素开始，依次将元素与 e 进行比较，若相等，则返回其位序；若比较到最后一个元素，仍未找到与 e 相等的元素，则返回 0。

【算法描述】

Step 1：初始化下标变量 i=0。

Step 2：若顺序表未查找结束，即 i<length，则继续向下执行，否则转至 Step 4。

Step 3：比较 elems[i]与 e，若相等，则返回当前元素的位序；若不相等，则执行 i++，返回 Step2。

Step 4：未找到，返回 0。

【算法实现】

```
template<class DataType>
int SqList<DataType>::LocateElem(DataType &e) {
        int i = 0;
        while (i < length) {
                if (elems[i] == e) return i + 1;            //若元素值相等，则返回位序，即当前下标+1
                else i++;                                   //若不相等，则继续向后查找
        }
        return 0;                                           //若顺序表没有与 e 相等的数据元素，则返回 0
}
```

（2）插入元素。

插入元素是指在顺序表的给定位置插入一个数据元素。例如，将 e 插入顺序表($a_1,a_2,\cdots,a_{i-1},a_i,\cdots,a_{length}$)的第 i 个位置，插入后的顺序表为($a_1,a_2,\cdots,a_{i-1},e,a_i,\cdots,a_{length}$)。为了实现插入元素操作，先要为 e 腾出一个存储单元，为此需要把位序为 length,length−1,…,i 的所有数据元素依次后移 1 个位置到位序为 length+1,length,…,i+1 的位置上，然后将 e 放入位序为 i 的位置。顺序表插入数据元素的过程如图 2-2 所示。需要注意的是，由于新元素的插入会增加顺序表的长度，因此需要在插入前考虑顺序表的容量是否能够容纳该数据元素，同时需要检查插入位序的有效性，因为新元素可以插入到第一个元素 a_1 之前或最后一个元素 a_{length} 之后，故插入位序的有效范围为[1, length+1]。

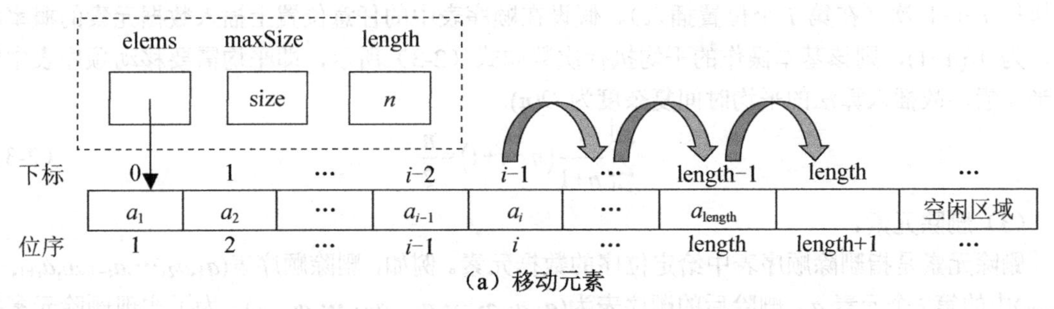

（a）移动元素

图 2-2　在顺序表中插入数据元素的过程

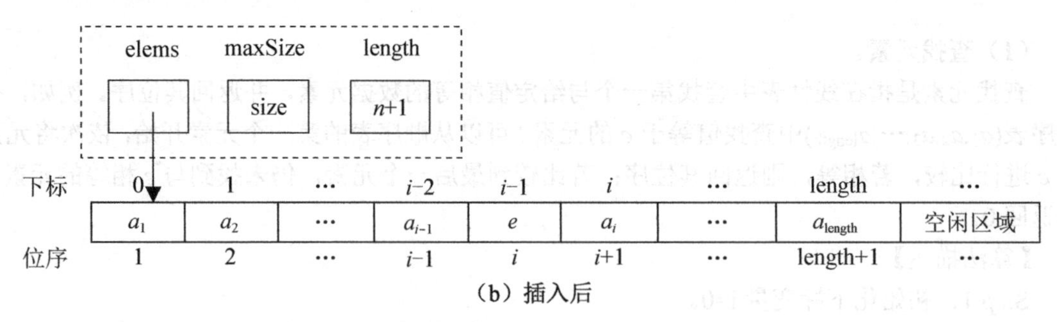

（b）插入后

图 2-2 在顺序表中插入数据元素的过程（续）

【算法描述】

Step 1：判断顺序表是否已满，如果已满，则返回上溢信息。

Step 2：判断插入位序 i 的有效性，如果无效，则返回无效信息。

Step 3：将位序为 length~i 的数据元素依次向后移动 1 个位置。

Step 4：将 e 插入位序为 i 的位置。

Step 5：顺序表长度加 1。

Step 6：返回插入成功信息。

【算法实现】

```
template<class DataType>
Status SqList<DataType>::InsertElem(int i, DataType &e) {
        if (length == maxSize)   return OVER_FLOW;              //如果顺序表已满，则返回上溢信息
        if (i <1 || i > length + 1)   return INVALID;           //如果位序超出范围，则返回无效信息
        for (int j = length - 1; j >= i - 1; j--)               //移动元素
                elems[j + 1] = elems[j];
        elems[i - 1] = e;                                       //将 e 插入位序为 i 的位置
        length++;                                               //顺序表长度加 1
        return SUCCESS;                                         //返回插入成功信息
}
```

【算法分析】

该算法的基本操作为赋值 elems[j+1]=elems[j]，即移动数据元素。当在长度为 n 的顺序表中插入数据元素时，若在第 $n+1$ 个位置进行插入，则无须进行任何移动，该操作执行 0 次；若在第 1 个位置进行插入，则需要移动所有的数据元素，该操作执行 n 次；一般情况下，该操作需执行 $n-i+1$ 次（在第 i 个位置插入）。假设在顺序表中的任意位置上插入数据元素的概率相等，为 $1/(n+1)$，则该基本操作的平均执行次数如式（2-3）所示，即平均需要移动顺序表中的一半元素，故插入算法的平均时间复杂度为 $O(n)$。

$$\sum_{i=1}^{n+1}\frac{1}{n+1}(n-i+1)=\frac{n}{2} \tag{2-3}$$

（3）删除元素。

删除元素是指删除顺序表中给定位序的数据元素。例如，删除顺序表$(a_1,a_2,\cdots,a_{i-1},a_i,a_{i+1},\cdots,a_{length})$中的第 i 个元素 a_i，删除后的顺序表为$(a_1,a_2,a_3,\cdots,a_{i-1},a_{i+1},\cdots,a_{length})$。为了实现删除元素操作，需要将 a_i 之后的 a_{i+1} 至 a_{length} 依次向前移动 1 个位置，通过覆盖的方法进行删除，其过程如图 2-3 所示。需要注意的是，由于空表无法删除，因此在删除元素前需要判断顺序表是否为空表，同时需要检查给定位序的有效性，正确的位序范围为[1, length]。

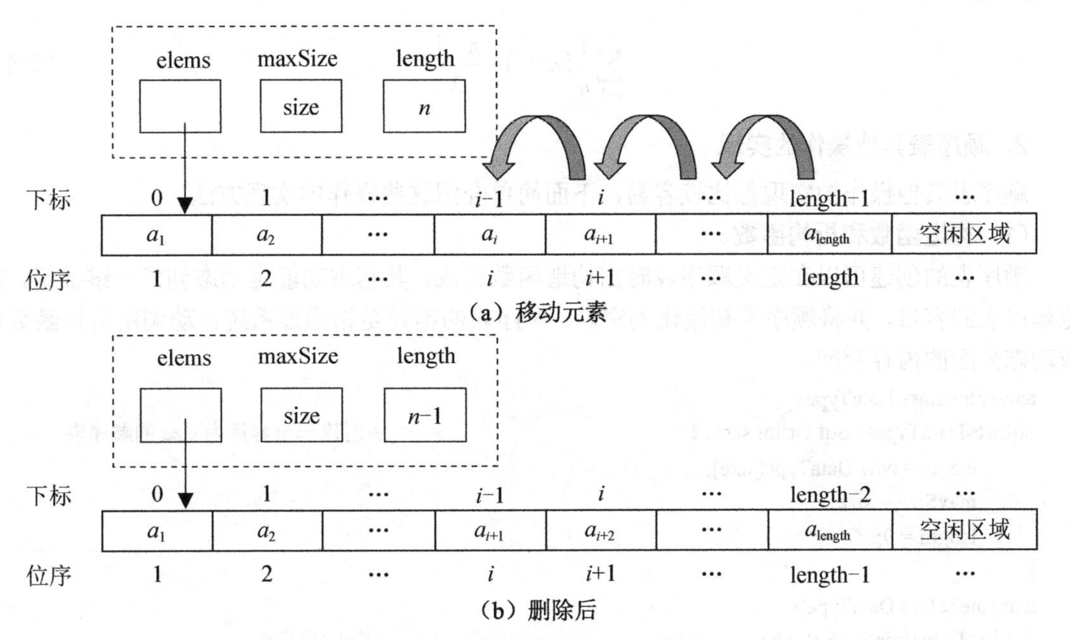

图 2-3 顺序表删除元素的过程

【算法描述】

Step 1：判断顺序表是否为空表，如果为空表，则返回下溢信息。

Step 2：判断位序 i 的有效性，如果无效，则返回无效信息。

Step 3：获取待删除的第 i 个元素的值。

Step 4：将位序为 i+1~length 的元素依次向前移动到位序为 i~length-1 的位置。

Step 5：顺序表长度减 1。

Step 6：返回删除成功信息。

【算法实现】

```
template<class DataType>
Status SqList<DataType>::DeleteElem(int i, DataType &e) {
    if (length == 0) return UNDER_FLOW;              //如果为空表，则返回下溢信息
    if (i <1 || i > length) return INVALID;          //如果位序超出范围，则返回无效信息
    e = elems[i - 1];                                //将要删除的数据元素保存在 e 中
    for (int j = i; j <= length - 1; j++)            //移动元素
        elems[j - 1] = elems[j];
    length--;                                        //顺序表长度减 1
    return SUCCESS;
}
```

【算法分析】

该算法的基本操作也是移动数据元素的赋值 elems[j-1]=elems[j]。在长度为 n 的顺序表中删除数据元素时，若删除第 n 个数据元素，则无须进行任何移动，该操作执行 0 次；若删除第 1 个数据元素，则需要移动后续所有的元素，该操作执行 $n-1$ 次；一般情况下，该操作需执行 $n-i$ 次（删除第 i 个元素）。假设在顺序表中的任意位置上删除数据元素的概率相等，为 $1/n$，则该基本操作的平均执行次数如式（2-4）所示，即平均需要移动顺序表近一半的元素，故删除算法的平均时间复杂度为 $O(n)$。

$$\sum_{i=1}^{n}\frac{1}{n}(n-i)=\frac{n-1}{2} \tag{2-4}$$

2. 顺序表其他操作的实现

顺序表其他操作的实现都比较容易，下面简单介绍这些操作的实现方法。

（1）构造函数和析构函数。

顺序表的创建可以在定义顺序表时由构造函数完成，其基本功能是动态创建一维数组，指定顺序表的容量，并将顺序表初始化为空表。顺序表的销毁是指通过系统自动调用析构函数释放动态分配的内存空间。

```
template<class DataType>
SqList<DataType>::SqList(int size) {                    //创建一个容量为 size 的顺序表
    elems = new DataType[size];
    maxSize = size;
    length = 0;
}
template<class DataType>
SqList<DataType>::~SqList()                              //销毁顺序表
{       delete []elems;     }
```

（2）求顺序表的长度。

顺序表的长度是指顺序表中数据元素的实际存储数目，即数据成员 length 的值。

```
template<class DataType>
int SqList<DataType>::GetLength() const
{    return length;    }
```

（3）判断顺序表是否为空。

数据成员 length 记录了顺序表的长度，根据其值是否为 0 可判断顺序表是否为空。

```
template<class DataType>
bool SqList<DataType>::IsEmpty() const
{    return length ? false : true;    }
```

（4）清空顺序表。

在顺序表的各种操作中，总是通过判断 length 是否为 0 来检查顺序表是否为空，一旦 length 为 0，这些操作就不再访问顺序表中的数据元素，相当于顺序表中的元素不再存在。因此，清空顺序表无须真正删除顺序表中的数据元素，将 length 置为 0 即可。

```
template<class DataType>
void SqList<DataType>::Clear()
{    length = 0;    }
```

（5）取元素。

取元素是指从顺序表中取得指定位序的数据元素的值，取得下标为位序减 1 的数组元素即可。

```
template<class DataType>
Status SqList<DataType>::GetElem(int i, DataType &e) {
    if (i <1 || i > length) return INVALID;             //如果位序超出范围，则返回无效信息
    e = elems[i - 1];                                    //将数据元素保存在 e 中
    return SUCCESS;
}
```

（6）修改元素。

修改元素是指将顺序表中指定位序的数据元素修改为给定值，对下标为位序减1的数组元素进行修改即可。

```
template<class DataType>
Status SqList<DataType>::SetElem(int i, DataType &e) {
    if (i <1 || i > length) return INVALID;                //如果位序超出范围，则返回无效信息
    elems[i - 1] = e;                                      //修改数据元素的值等于给定值 e
    return SUCCESS;
}
```

（7）遍历顺序表。

从顺序表的第一个数据元素开始依次访问每个数据元素，使用函数指针变量 visit 指向访问数据元素的函数，以便处理各种类型的数据访问。

```
template<class DataType>
void SqList<DataType>::Traverse(void (*visit)(const DataType &)) const {  //遍历顺序表中的每个数据元素
    for (int i = 1; i <= length; i++)
        (*visit)(elems[i - 1]);                     //调用 visit 指向的函数，依次访问数据元素
}
```

顺序表的操作具有顺序存储结构带来的优点，同时存在顺序存储结构带来的缺点。首先，数据元素在顺序表中连续存放，使得插入和删除操作不得不移动大量的数据元素，导致插入和删除操作的效率相对较低。其次，虽然顺序表的存储空间使用了动态内存分配的方式，似乎可以根据应用中的数据量分配大小合适的存储空间，但达成此目的的前提是能够准确地估计应用中的数据量，否则可能出现分配的存储空间过小造成无法容纳数据元素，或者过大导致闲置浪费的情况。对于前者可以通过“扩容”的方法增加存储空间，对于后者却无能为力。故而，顺序表适用于能够较准确地估计数据量，且要求能够较快地读取和修改数据，而较少进行插入和删除操作的情形，不适用于数据量变化较大且频繁进行插入和删除操作的情形。对于后一种情形，可以使用线性表的链式存储结构满足其需求。

2.3 线性表的链式表示和实现

链式存储结构的特点是用一组任意的存储单元存储线性表中的数据元素，这组存储单元可以是连续的，也可以是不连续的，用链式结构存储实现的线性表称为**链表**。在链表中，原本逻辑上相邻的数据元素在物理上不一定相邻，需要通过指针体现它们之间的逻辑关系。链表由一个称为**头指针**的基地址唯一标识，存储在链表中的数据元素只能借助指针顺序访问。本节分别介绍不同类型、作用的链表定义及其基本操作的实现方式。

2.3.1 单链表

1. 单链表的定义

由于链表中存储的数据元素在物理位置上不一定连续，因此为了反映数据元素之间的逻辑关系，每个数据元素除需要存储本身的值之外，还需要存储其后继元素的地址。用于存储数据元素值的部分称为**数据域**，存储后继元素地址的部分称为**指针域**，这两个部分形成链表中的一

个节点，其结构如图 2-4 所示。每个节点只含有一个指针域，指针指向的方向是单向的，由这样的节点构成的链表称为**单向链表**，即**单链表**，通常简称为**链表**。单链表由唯一的**头指针**标识，头指针始终指向单链表的第一个节点，其结构示意图如图 2-5 所示。若单链表头指针的值为空，即 NULL，则称该单链表为**空表**。由于单链表的最后一个节点没有后继，因此它的指针域置为 NULL，在图中用"∧"表示。由图 2-5 可以看出，若要访问单链表中的某个节点，则要从头指针指向的第一个节点开始，通过节点的后继指针找到第二个节点，以此类推，直到找到该节点，所以单链表中的数据元素访问是顺序访问。

数据域	指针域

图 2-4 单链表的节点结构

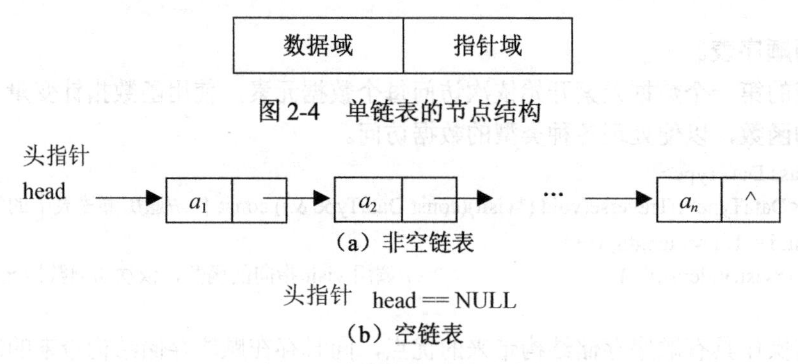

（a）非空链表

（b）空链表

图 2-5 单链表的结构示意图

在单链表的不同位置进行插入和删除需要执行的操作是不同的，在单链表头部进行插入和删除需要修改头指针，而在其他位置进行插入和删除则需要修改该位置前驱中的后继指针，不涉及头指针。有时，为了将单链表进行插入或删除的实现方法统一起来，精简算法结构，会在单链表的第一个节点前面附加一个额外的节点，这个节点的数据域不存储线性表中的任何数据元素，指针域存放原单链表第一个节点的地址，这个节点称为**头节点**，这样的单链表称为**带头节点的单链表**。为了对链表中的节点从术语上加以区分，本书将存放数据元素的节点称为元素节点，与头节点相区别。在添加头节点之后，单链表的头指针指向头节点，头节点中的后继指针指向第一个元素节点，如图 2-6（a）所示；若带头节点的单链表是一个空链表，则单链表不存在元素节点，但仍有一个头节点，如图 2-6（b）所示。对于带头节点的单链表，无论在什么位置进行插入或删除，都无须修改头指针。本节讨论的是带头节点的单链表。

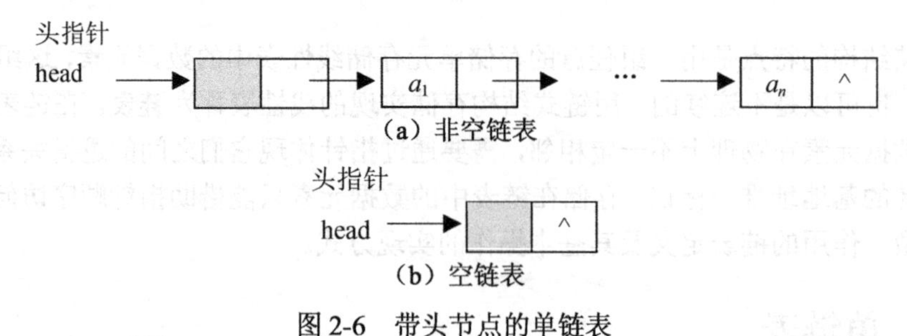

（a）非空链表

（b）空链表

图 2-6 带头节点的单链表

2. 单链表的类模板定义

定义单链表节点的类模板为 Node，它包含两个数据成员：一个是 data，用于存放数据元素的值；另一个是 next，用于存放后继的地址。其成员函数包括一个无参构造函数和一个有参构造函数，无参构造函数可用于创建头节点，有参构造函数可用于创建数据元素节点。

定义单链表的类模板为LinkList，它包含两个数据成员：头指针head和链表的长度length。其成员函数包括构造函数、析构函数及各种基本操作。在实际应用中根据问题的需要可以添加其他成员函数。

```
/**********单链表节点的类模板文件名：Node.h**********/
template <class DataType>
class Node {
public:
    DataType data;                                    //数据域
    Node< DataType> *next;                            //指针域
    Node() {   next=NULL;     }                       //无参构造函数，可用于创建头节点
    Node(DataType e, Node< DataType> *link = NULL)    //有参构造函数，可用于创建数据元素节点
    {     data = e;    next = link;      }
};
/**********单链表的类模板文件名：LinkList.h**********/
#include "Status.h"     // Status.h：定义枚举类型Status，表示操作的状态，详见配套源码
#include "Node.h"
template<class DataType>
class LinkList {
protected:
    Node<DataType> *head;                             //单链表头指针
    int length;                                       //单链表的长度
public:
    LinkList();                                       //构造函数，创建空链表
    LinkList(DataType a[], int n);                    //构造函数，创建有元素的单链表
    virtual ~ LinkList();                             //析构函数
    void Clear();                                     //清空单链表
    int GetLength() const;                            //求单链表的长度
    bool IsEmpty() const;                             //判断单链表是否为空表
    int LocateElem(const DataType &e);                //查找元素
    Status GetElem(int i, DataType &e);               //取元素
    Status SetElem(int i, DataType &e);               //修改元素
    Status InsertElem(int i, DataType &e);            //插入元素
    Status DeleteElem(int i, DataType &e);            //删除元素
    void Traverse(void(*visit)(const DataType &)) const;   //遍历单链表
};
```

3．单链表主要操作的实现

下面详细介绍单链表结构上的主要操作，包括创建单链表、查找元素、插入元素和删除元素。

（1）创建单链表。

创建单链表包括创建空链表和创建包含数据元素的非空链表两种情况。创建空链表只需创建一个头节点，将其next指针置为NULL，将链表长度置为0。

```
template<class DataType>
LinkList<DataType>::LinkList() {          //创建一个只含有头节点的空链表
    head = new Node<DataType>;            //创建头节点
    length = 0;                           //将链表长度置为0
}
```

如果要建立非空链表，则可以采用头插法或尾插法将节点依次插入链表。**头插法**是一种把新建节点插入链表头部建立链表的方法，**尾插法**是把新建节点插入链表尾部建立链表的方法。两者的区别在于，在采用头插法建立的链表中，数据元素的存储顺序与插入顺序相反；在采用尾插法建立的链表中，数据元素的存储顺序与插入顺序相同。下面采用尾插法建立非空链表。尾插法需要使用一个指针指向当前链表的表尾节点，插入新节点只需修改表尾节点的后继指针，使其指向新节点完成插入。

【算法描述】

设指针变量 p 指向链表的表尾节点。

Step 1：创建头节点，将其地址赋给头指针和 p。

Step 2：创建一个新的元素节点，并将其地址赋给 p 指向的表尾节点的后继指针。

Step 3：向后移动 p 使其指向链表当前的表尾节点。

Step 4：若链表创建未结束，则返回 Step 2，否则结束创建过程。

【算法实现】

```
template<class DataType>
LinkList<DataType>::LinkList(DataType a[], int n) {          //构造函数，创建一个非空链表
        Node<DataType> *p;                                    //指向链表的表尾节点的指针变量
        p = head = new Node<DataType>;                        //创建头节点
        for (int i = 0; i < n; i++) {
                p->next = new Node<DataType>(a[i]);           //创建元素节点，数据域为 a[i]，指针域为 NULL
                p = p->next;                                  //p 后移指向当前表尾节点
        }
        length = n;
}
```

除了上述实现方法，还可以通过调用成员函数 InsertElem 完成单链表的创建。

（2）查找元素。

查找元素是指在给定的单链表中查找第一个与给定值 e 相等的元素，并返回其位序。该操作需要从单链表的第一个元素节点开始，依次与 e 进行比较，若节点的数据域 data 的值与 e 相等，则返回其位序；若比较完全部元素，与 e 均不相等，则返回 0。查找过程需要使用一个指针变量访问单链表的节点，通过不断后移该指针访问单链表的不同节点。同时，为了获知指针当前指向的节点的位序，需要使用一个计数器记录指针指向了第几个元素节点。

【算法描述】

设指针变量 p 指向单链表的元素节点，count 作为计数器记录 p 指向元素节点的位序。

Step 1：初始化指针 p 指向单链表的第一个元素节点，count=1。

Step 2：若单链表的节点没有访问结束，并且 p 指向元素节点的数据域值不等于给定值 e，即 p!=NULL&&p->data!=e，则继续向下执行，否则转至 Step 4。

Step 3：移动 p 指向后继，count 加 1，返回 Step 2。

Step 4：判断是否找到与 e 相等的元素，若找到，则返回 count 的值，否则返回 0。

【算法实现】

```
template <class DataType>
int LinkList<DataType>::LocateElem(const DataType &e) {
        Node<DataType> *p = head->next;            //p 指向第一个元素节点
        int count = 1;
```

```
        while (p != NULL && p->data != e) {         //从第一个元素节点开始依次比较元素的值
            p = p->next;                            //移动指针 p 使其指向后继
            count++;                                //计数器累加
        }
        return p ? count : 0;                       //若找到与 e 相等的元素，则返回 count 的值，否则返回 0
}
```

（3）插入元素。

插入元素是指在给定单链表的指定位置插入一个新的数据元素，如在第 i 个位置插入数据元素 e，即在链表的第 i 个元素节点之前插入一个新节点。插入操作会改变插入位置处节点的邻接关系，使该位置的前驱的后继发生变化，因此需要修改该前驱的后继指针。插入操作需要使用一个指针变量通过从前往后进行遍历找到插入位置的前驱，修改该节点和新节点的后继指针完成插入。图 2-7 所示为在单链表的第 i 个位置插入新节点的过程，其中①表示修改新节点的后继指针，使其指向原来的第 i 个元素节点；②表示修改前驱的后继指针，使其指向新节点。需要注意的是，不可改变这两个步骤的顺序。

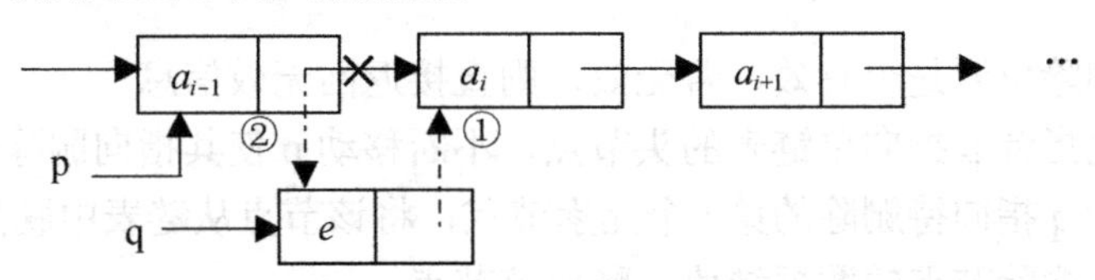

图 2-7　在单链表的第 i 个位置插入新节点的过程

【算法描述】

Step 1：判断插入位置是否有效，若无效，则返回无效信息。

Step 2：置指针 p 指向链表的头节点，不断移动 p 使其指向插入位置的前驱。

Step 3：创建新节点，并由 q 指向它；如果创建不成功，则返回失败信息。

Step 4：插入 q 指向的节点。

Step 5：单链表长度加 1。

Step 6：返回插入成功信息。

【算法实现】

```
template <class DataType>
Status LinkList<DataType>::InsertElem(int i, DataType &e)     {     //插入元素
        if (i < 1 || i > length + 1)     return INVALID;
        Node<DataType> *p = head, *q;                 //p 初始指向头节点，即第一个元素节点的前驱
        int count;                                    //计数器，记录 p 指向第几个元素节点的前驱
        for (count = 1; count < i; count++)           //移动指针 p，使其指向待插入位置的前驱
            p = p->next;
        q = new Node<DataType>(e, p->next);           //创建一个新节点，next 指向原来的第 i 个元素节点
        if (!q)     return ALLOCATE_ERROR;            //节点创建失败，返回失败信息
        p->next = q;                                  //修改前驱的后继指针使其指向新节点
        length++;
        return SUCCESS;
}
```

由此可以看出，插入算法需要从头节点开始通过遍历寻找插入位置，所以该算法的时间复杂度为 $O(n)$；若给定待插入位置前驱的地址，则单纯插入节点的算法的时间复杂度为 $O(1)$。

（4）删除元素。

删除元素是指从给定单链表的指定位置删除一个数据元素，如删除第 i 个数据元素，即删除单链表的第 i 个元素节点。删除操作同样会改变删除位置处节点的邻接关系，使该位置的前驱的后继发生变化。因此，与插入操作类似，删除操作也需要使用一个指针变量通过从前往后进行遍历找到删除位置的前驱，修改该节点的后继指针。图 2-8 所示为删除单链表的第 i 个元素节点的过程，其中①表示修改删除位置前驱的后继指针，使其指向待删除节点的后继节点；②表示释放第 i 个元素节点。需要注意的是，这两个步骤的顺序不能颠倒。

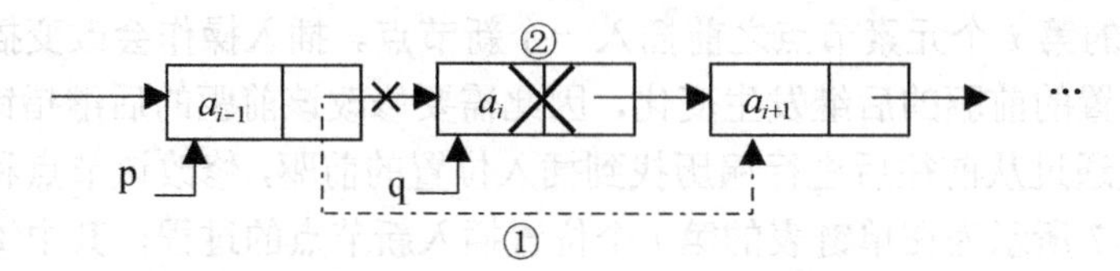

图 2-8　删除单链表第 i 个元素节点的过程

【算法描述】

Step 1：判断删除位置是否有效，若无效，则直接返回无效信息。

Step 2：初始化指针 p 指向单链表的头节点，不断移动 p 使其指向删除位置的前驱。

Step 3：置指针 q 指向待删除的第 i 个元素节点，将该节点从链表中脱离。

Step 4：保存待删除节点的数据域值，释放该节点。

Step 5：单链表长度减 1。

Step 6：返回删除成功信息。

【算法实现】

```
template <class DataType>
Status LinkList<DataType>::DeleteElem(int i, DataType &e) {  //删除第 i 个元素节点，通过 e 反馈给主调函数
    if (i < 1 || i > length)    return INVALID;
    Node<DataType> *p = head, *q;           //p 初始指向头节点，即第一个元素节点的前驱
    int count;                              //计数器，记录 p 指向第几个元素节点的前驱
    for (count = 1; count < i; count++)     //移动指针 p，使其指向待删除节点的前驱
        p = p->next;
    q = p->next;                            //获取待删除节点
    p->next = q->next;                      //修改前驱的后继指针，使其指向待删除节点的后继
    e = q->data;                            //保存被删除节点的数据值
    delete q;                               //释放节点所占的存储单元
    length--;
    return SUCCESS;
}
```

删除算法同样需要从头节点开始通过遍历寻找删除位置，所以该算法的时间复杂度也是 $O(n)$。若给定删除位置前驱的地址，则单纯删除节点的算法的时间复杂度是 $O(1)$。

4．单链表其他操作的实现

接下来简要介绍单链表其他操作的实现方法，如销毁单链表、清空单链表、求单链表长度、判断单链表是否为空表、取元素、修改元素、遍历单链表等。

（1）销毁单链表。

析构函数的作用是删除单链表的所有节点，释放它们所占的存储单元。为此，先调用清空

单链表的操作删除所有元素节点，然后删除头节点。

```
template <class DataType>
LinkList<DataType>::~LinkList() {
        Clear();                                        //删除所有元素节点
        delete head;                                    //删除头节点
        head = NULL;
}
```

（2）清空单链表。

清空单链表是指删除单链表中除头节点之外的所有元素节点，使单链表成为空表。为此，只需从第一个元素节点开始依次释放所有元素节点。

```
template<class DataType>
void LinkList<DataType>::Clear() {                      //清空单链表
        Node<DataType> *p = head->next;                 //p 指向第一个元素节点
        while(p) {                                      //循环释放每个元素节点
                head->next = p->next;                   //修改头节点的后继指针，使其指向待删除节点的后继
                delete p;                               //释放第一个元素节点
                p = head->next;                         //p 继续指向单链表当前的第一个元素节点
        }
        length = 0;
}
```

（3）求单链表长度。

数据成员 length 表示单链表长度，求单链表长度只需返回它的值。

```
template<class DataType>
int LinkList<DataType>:: GetLength() const              //求单链表长度
{       return length;      }
```

（4）判断单链表是否为空。

根据 length 是否为 0 即可判断单链表是否为空表，也可以根据头节点的后继指针是否为空指针来判断，此处使用 length 来判断。

```
template<class DataType>
bool LinkList<DataType>::IsEmpty() const
{       return length ? false : true;      }
```

（5）取元素。

取元素是指返回指定位序的数据元素的值，如返回第 i 个数据元素的值。数据元素存储在节点中，为了获取第 i 个元素的值，需要先找到第 i 个元素节点，故需要使用一个指针变量通过从前往后进行遍历找到该节点，然后获取其中的元素值。

```
template<class DataType>
Status LinkList<DataType>::GetElem(int i, DataType &e) {     //取元素，通过 e 反馈给主调函数
        if (i<1 || i>length) return INVALID;            //如果位序取值无效，则返回无效信息
        Node<DataType> *p = head->next;                 //p 指向第一个元素节点
        int count;                                      //计数器，记录 p 指向第几个元素节点
        for (count = 1; count < i; count++)             //后移 p，使其指向第 i 个元素节点
                p = p->next;
        e = p->data;                                    //将数据域的值保存至 e 中
        return SUCCESS;
}
```

（6）修改元素。

修改元素是指将第 *i* 个数据元素修改为指定值，同样需要先找到该元素所在的第 *i* 个元素节点，方法与取元素中寻找节点的方法相同，找到之后即可修改元素值。

```
template <class DataType>
Status LinkList<DataType>::SetElem(int i, DataType &e) {
    if (i < 1 || i > length)    return INVALID;       //如果位序取值无效，则返回无效信息
    Node<DataType> *p = head->next;                   //p 指向第一个元素节点
    int count;                                        //计数器，记录 p 指向第几个元素节点
    for (count = 1; count < i; count++)               //后移 p，使其指向第 i 个元素节点
        p = p->next;
    p->data = e;                                      //修改数据域的值为 e
    return SUCCESS;
}
```

（7）遍历单链表。

遍历单链表是指从第一个元素节点开始依次遍历所有元素节点，用函数指针 visit 调用相应的函数对数据元素进行访问。

```
template <class DataType>
void LinkList<DataType>::Traverse(void (*visit)(const DataType &)) const {
    Node<DataType> *p = head->next;                   //p 指向第一个元素节点
    while (p != NULL) {                               //循环访问每个元素节点，直至 p 为空指针
        (*visit)(p->data);                            //通过 visit 调用函数访问数据元素
        p = p->next;                                  //后移 p，使其指向后继
    }
}
```

2.3.2 单循环链表

由于单链表的节点只存储后继的地址，因此从某个节点出发，只能顺着后继指针访问后续的节点，无法访问全部节点。对此，可以将单链表最后一个节点（表尾节点）的指针域置为单链表第一个节点的地址，从而使所有节点的后继指针形成一个闭合的环，这样的单链表称为单**循环链表**。单循环链表可以分为带头节点和不带头节点的两种结构，图 2-9 所示为带头节点的单循环链表示意图。由图 2-9 可以看出，在空的单循环链表中，头节点的后继指针指向自身。从单循环链表的任意节点出发，顺着后继指针可以访问表中的所有节点。

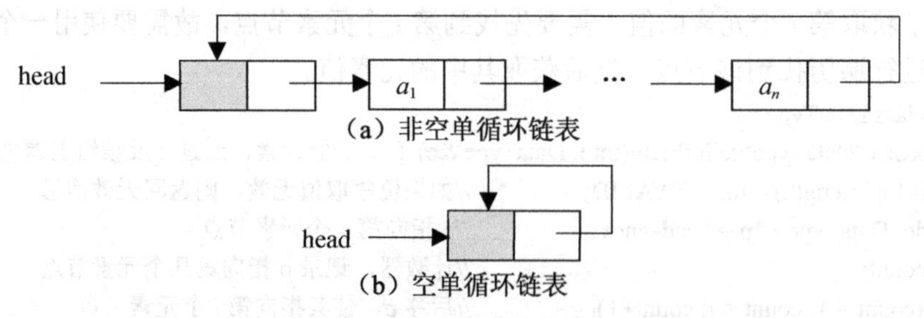

图 2-9　带头节点的单循环链表示意图

单循环链表基本操作的实现方法与单链表基本一致，差别在于空链表、表尾节点、链表遍历结束的判断条件不同，如表 2-2 所示。有关单循环链表各种基本操作的实现此处不再赘述，

读者可以参考单链表尝试自行实现，或者参考配套源码“SCLinkList.h”。

表 2-2　单循环链表与单链表判断条件的区别

判断类别	单循环链表	单链表
判断空链表的条件	head->next == head	head->next == NULL
判断表尾节点的条件	p->next == head	p->next == NULL
判断链表遍历结束的条件	p == head	p == NULL

除上述带头指针的单循环链表之外，还有一种带尾指针的单循环链表，这种链表没有头指针，而是设置一个尾指针 tail 指向链表的表尾节点，如图 2-10 所示。在带尾指针的单循环链表中，判断空链表的条件是 tail->next == tail；判断表尾节点的条件是 p == tail；判断链表遍历结束的条件是 p == tail->next。这种结构的链表可以简化某些操作。例如，将两个链表首尾相连合并为一个链表，无论是单链表还是带头指针的单循环链表，都需要从一个链表的头指针开始，通过遍历找到表尾节点，才能连接另一个链表，其时间复杂度为 $O(n)$。带尾指针的单循环链表直接根据尾指针就可以找到表尾节点进行连接，其时间复杂度为 $O(1)$。

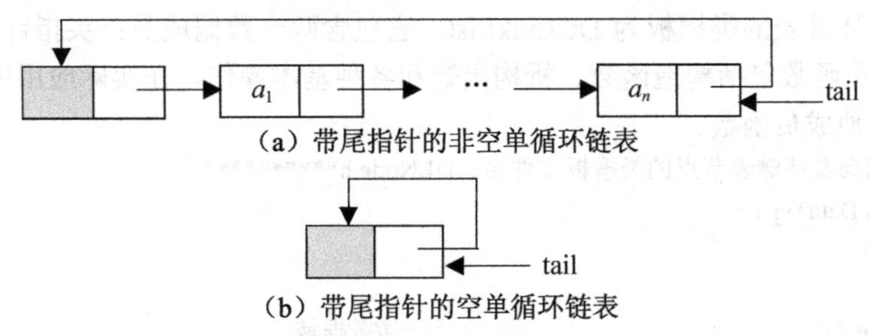

图 2-10　带尾指针的单循环链表示意图

2.3.3　双向循环链表

1．双向链表的定义

单链表根据节点的后继指针可以方便地找到后继，但若要寻找前驱则比较麻烦。例如，要在单链表中寻找节点 p 的前驱，只能从链表的第一个节点开始，从前往后依次遍历节点，直至某个节点的后继是 p。造成这种情况的原因在于节点中没有存储前驱的地址。若某个问题需要频繁地访问节点的前驱，则使用单链表的效率比较低。此时，我们可以在链表的节点中增设一个指向前驱的指针域，这样形成的链表称为**双向链表**。双向链表的节点结构如图 2-11 所示。

图 2-11　双向链表的节点结构

双向链表也可以分为带头节点和不带头节点的两种结构，并且通常设置为双向循环链表，这样对于链表任意位置的节点，均有一个前驱和一个后继，相对位置完全相同，可以简化链表操作的实现。本节讨论的是带头节点的双向循环链表，如图 2-12 所示。在带头节点的非空双向循环链表中，表尾节点的后继指针指向头节点，头节点的前驱指针指向表尾节点；在空双向循环链表中，头节点的前驱和后继指针均指向自身。

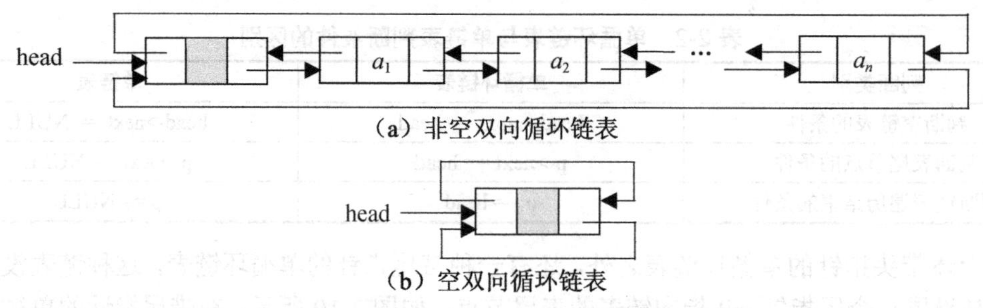

图 2-12 带头节点的双向循环链表

2. 双向循环链表的类模板定义

定义双向循环链表节点的类模板为 DLNode，它包含三个数据成员：数据域 data、前驱指针域 prior 和后继指针域 next。其成员函数包括一个无参构造函数和一个有参构造函数，无参构造函数可用于创建头节点，有参构造函数可用于创建数据元素节点。

定义双向循环链表的类模板为 DCLinkList，它包含两个数据成员：头指针 head 和链表长度 length。其成员函数包括构造函数、析构函数和各种基本操作。在实际应用中根据问题的需要还可以添加其他成员函数。

```
/**********双向循环链表节点的类模板文件名：DLNode.h**********/
template <class DataType>
class DLNode {
public:
    DataType data;                                    //数据域
    DLNode<DataType> *prior, *next;                   //前驱指针域，后继指针域
    DLNode() { prior = next = NULL; }                 //无参构造函数，可用于创建头节点
    //有参构造函数，可用于创建数据元素节点
    DLNode(DataType e, DLNode< DataType> *plink = NULL, DLNode< DataType> *nlink = NULL)
    {    data = e;    prior = plink;    next = nlink;    }
};
/**********双向循环链表的类模板文件名：DCLinkList.h**********/
#include "Status.h"     // Status.h：定义枚举类型 Status，表示操作的状态，详见配套源码
#include "DLNode.h"
template<class DataType>
class DCLinkList {
protected:
    DLNode<DataType> *head;                           //双向循环链表头指针
    int length;                                       //链表长度
public:
    DCLinkList();                                     //构造函数，创建空链表
    DCLinkList(DataType a[], int n);                  //构造函数，创建有元素的链表
    virtual ~ DCLinkList();                           //析构函数
    void Clear();                                     //清空双向循环链表
    int GetLength() const;                            //求链表长度
    bool IsEmpty() const;                             //判断是否为空链表
    int LocateElem(const DataType &e);                //查找元素
    Status GetElem(int i, DataType &e);               //取元素
```

```
        Status SetElem(int i, DataType &e);                         //修改元素
        Status InsertElem(int i, DataType &e);                      //插入元素
        Status DeleteElem(int i, DataType &e);                      //删除元素
        void Traverse(void(*visit)(const DataType &)) const;        //遍历双向循环链表
};
```

3. 双向循环链表主要操作的实现

双向循环链表操作的实现思路与单链表相似，只需注意节点中前驱指针的处理，头节点的前驱指针和表尾节点的后继指针的指向，以及循环链表关于判断空链表、表尾节点、链表遍历是否结束等条件的差别。这里主要介绍实现过程与单链表相差较大的操作，包括创建双向循环链表、插入元素和删除元素，其余操作读者可尝试自行实现，或者参考本书配套源码“DCLinkList.h”。

（1）创建双向循环链表。

创建双向循环链表包括创建空链表和创建包含数据元素的非空链表两种情况。创建空链表只需创建一个头节点，将其 prior 和 next 指针指向自身，将链表长度置为 0。

```
template<class DataType>
DCLinkList<DataType>:: DCLinkList(){        //创建一个只含有头节点的空链表
        head = new DLNode<DataType>;        //创建头节点
        head->prior = head->next = head;    //头节点的前驱指针和后继指针均指向自身
        length = 0;                         //链表长度置为 0
}
```

创建非空双向循环链表同样有头插法和尾插法两种方法，下面介绍使用头插法建立非空双向循环链表的过程。头插法是把新节点插入链表头部，使得新节点成为链表的第一个元素节点的方法，由于插入位置的前驱就是头指针指向的头节点，因此无须再使用额外的指针指向该节点。使用头插法插入节点的过程如图 2-13 所示，其中①和②表示修改新节点中的前驱指针和后继指针，使它们分别指向头节点和原本的第一个元素节点；③表示修改原本第一个元素节点的前驱指针，使其指向新节点；④表示修改头节点的后继指针，使其指向新节点。

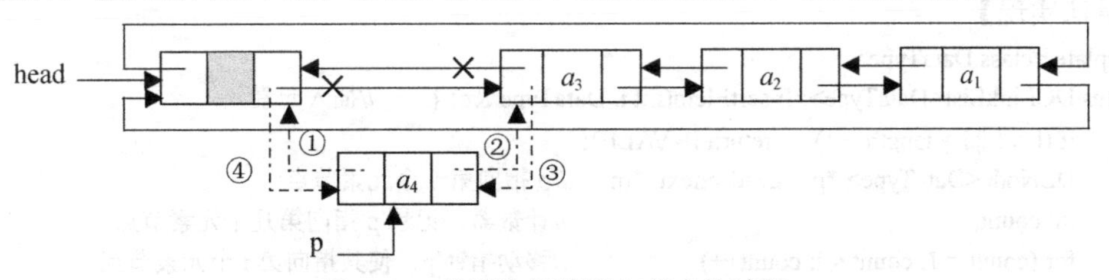

图 2-13　使用头插法插入节点的过程

```
template<class DataType>
DCLinkList<DataType>::DCLinkList(DataType a[], int n) { //构造函数，创建一个非空的双向循环链表
        DLNode<DataType> *p;                        //指向新节点的指针变量
        head = new DLNode<DataType>;                //创建头节点
        head->prior = head->next = head;            //初始为空链表
        for (int i = 0; i < n; i++) {
                //创建新节点，data 为 a[i]，prior 指向头节点，next 指向原本的第一个元素节点
                p = new DLNode<DataType>(a[i], head, head->next);
                head->next->prior = p;              //原本第一个元素节点的前驱指针指向新节点
                head->next = p;                     //头节点的后继指针指向新节点
```

```
    }
    length = n;
}
```

（2）插入元素。

插入元素是指在双向循环链表的指定位置插入一个新的元素节点，如在第 i 个位置插入新节点。双向循环链表的插入操作与单链表的插入操作在实现思路上是一样的，需要找到插入位置，通过修改相关节点的指针完成插入。其不同之处在于涉及的节点包括新节点、插入位置的节点和前驱三个节点，需要修改新节点的前驱指针和后继指针、插入位置所在节点的前驱指针、前驱的后继指针四个指针。图 2-14 所示为在双向循环链表的第 i 个位置插入新节点的过程，其中①和②表示修改新节点的前驱指针和后继指针，使它们分别指向插入位置的前驱和原来的第 i 个元素节点；③表示修改前驱的后继指针，使其指向新节点；④表示修改原来的第 i 个元素节点的前驱指针，使其指向新节点。

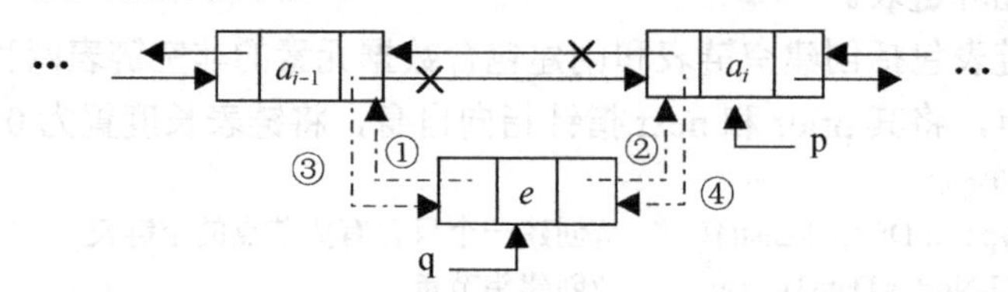

图 2-14　在双向循环链表的第 i 个位置插入新节点的过程

【算法描述】

Step 1：判断插入位置是否有效，若无效，则直接返回无效信息。

Step 2：置指针 p 指向链表的第一个元素节点，不断移动 p 使其指向第 i 个元素节点。

Step 3：创建新节点，并由 q 指向它，如果创建失败，则返回失败信息。

Step 4：插入 q 指向的节点。

Step 5：链表长度加 1。

Step 6：返回插入成功信息。

【算法实现】

```
template <class DataType>
Status DCLinkList<DataType>::InsertElem(int i, DataType &e) {      //插入元素
    if (i < 1 || i > length + 1)      return INVALID;
    DLNode<DataType> *p = head->next, *q;      //p 指向第一个元素节点
    int count;                                  //计数器，记录 p 指向第几个元素节点
    for (count = 1; count < i; count++)         //移动指针 p，使其指向第 i 个元素节点
        p = p->next;
    //创建新节点，prior 指向插入位置的前驱，next 指向原来的第 i 个元素节点
    q = new DLNode<DataType>(e, p->prior, p);
    if (!q)      return ALLOCATE_ERROR;         //如果节点创建失败，则返回失败信息
    p->prior->next = q;                         //修改前驱的后继指针，使其指向新节点
    p->prior = q;                       //修改原来的第 i 个元素节点的前驱指针，使其指向新节点
    length++;
    return SUCCESS;
}
```

（3）删除元素。

删除元素是指删除双向循环链表指定位置的元素节点，如删除第 i 个位置的元素节点。双向循环链表的删除操作在实现思路上与单链表的删除操作也是一样的，需要找到删除位置的节点，通过修改相关节点的指针完成删除操作。其不同之处在于涉及的节点包括删除位置的前驱和后继两个节点，需要修改前驱的后继指针、后继的前驱指针两个指针。图 2-15 所示为删除双向循环链表的第 i 个元素节点的过程，其中①表示修改前驱的后继指针，使其指向待删除节点的后继；②表示修改后继的前驱指针，使其指向待删除节点的前驱。

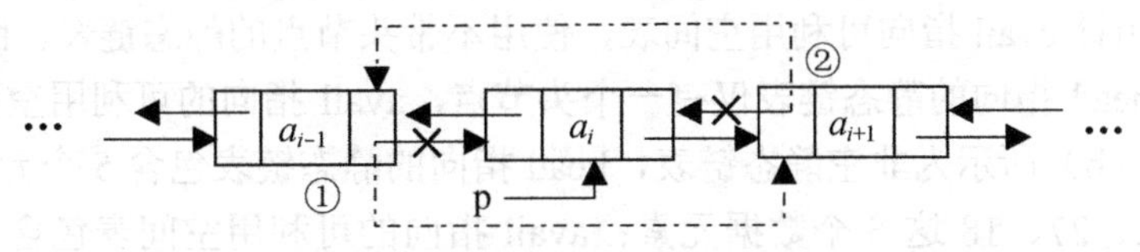

图 2-15　删除双向循环链表的第 i 个元素节点的过程

【算法描述】

Step 1：判断删除位置是否有效，若无效，则直接返回无效信息。

Step 2：置指针 p 指向链表的第一个元素节点，不断移动 p，使其指向第 i 个元素节点。

Step 3：修改待删除节点的前驱和后继的相关指针，使待删除节点脱离链表。

Step 4：保存待删除节点的数据域值，释放该节点。

Step 5：链表长度减 1。

Step 6：返回删除成功信息。

【算法实现】

```
template <class DataType>
Status DCLinkList<DataType>::DeleteElem(int i, DataType &e) {
        if (i < 1 || i > length)      return INVALID;
        DLNode<DataType> *p = head->next;  //p 指向第一个元素节点
        int count;                          //计数器，记录 p 指向第几个元素节点
        for (count = 1; count < i; count++)        //移动指针 p，使其指向待删除节点
                p = p->next;
        p->prior->next = p->next;           //修改前驱的后继指针，使其指向待删除节点的后继
        p->next->prior = p->prior;          //修改后继的前驱指针，使其指向待删除节点的前驱
        e = p->data;                        //保存被删除节点的数据域值
        delete p;                           //释放节点所占的存储单元
        length--;
        return SUCCESS;
}
```

2.3.4　静态链表

1．静态链表的定义

某些程序设计语言不支持指针类型，此时可以借用一维数组模拟链表，其基本思想是开辟一个一维数组，每个数组元素作为一个节点，包括数据域和指针域两个部分，指针域存放后继在数组中的位置，即下标，通过指针（下标）将不同的节点（数组元素）链接起来形成链表。由于这种链表是用数组定义的，而数组的大小在程序运行过程中不会发生改变，因此称这种链

表为**静态链表**。尽管静态链表使用数组元素作为节点创建链表，但通过节点的指针，可以不必改变各数组元素的物理位置，只要重新链接就能够改变这些数组元素的逻辑顺序。

在静态链表所在的数组中，对空闲（未被使用）的数组元素也构成一个链表进行管理，称这个链表为**可利用空间表或备用表**。当插入数据元素时，从可利用空间表的头部取一个节点将其插入存储数据元素的静态链表；当删除数据元素时，将该元素所在的节点归还到可利用空间表的头部。

图 2-16 所示为静态链表的实例，其中头指针 head 指向存储数据元素的静态链表，该链表带有头节点；头指针 avail 指向可利用空间表，使用不带头节点的静态链表。图 2-16（a）所示为空静态链表，head 指向的静态链表仅有一个头节点，avail 指向的可利用空间表包含 8 个空闲节点。图 2-16（b）所示为非空静态链表，head 指向的静态链表包含 5 个元素节点，依次存储了 28、36、42、27、18 这 5 个数据元素；avail 指向的可利用空间表包含 3 个空闲节点。从图 2-16 中可以看出，静态链表仍是使用指针体现节点之间的逻辑关系，表尾节点的后继指针存储一个负数（通常为-1）表示链表结束。

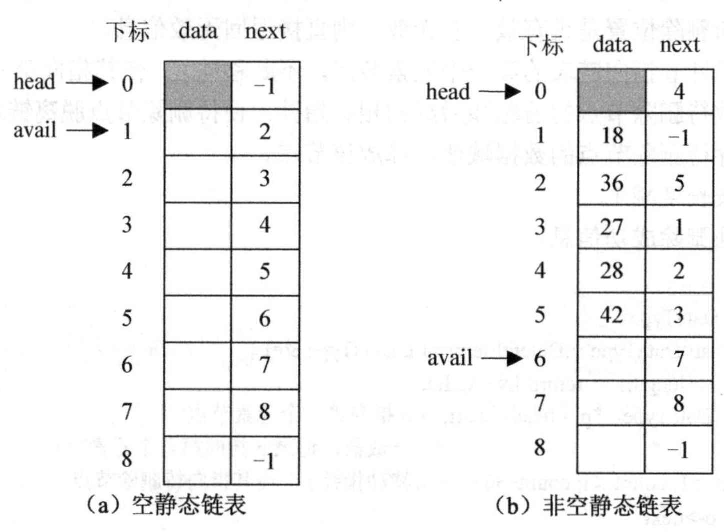

图 2-16 静态链表的实例

2. 静态链表的类模板定义

定义静态链表节点的类模板为 SNode，它包含两个数据成员：一个是 data，用于存储数据；另一个是 next，用于存储后继的下标。

定义静态链表的类模板为 SLinkList，它包含三个数据成员：作为节点分配空间的数组 elems、可利用空间表的头指针 avail、静态链表长度 length。其成员函数包括构造函数、析构函数和各种基本操作。静态链表的类模板没有定义头指针 head，因为该指针的值固定为 0，所以无须额外定义 head 来存储它。

```
/**********静态链表节点的类模板文件名：SNode.h**********/
template<class DataType>
class SNode {
public:
        DataType data;                          //数据域
        int next;                               //后继指针域
};
```

```
/**********静态链表的类模板文件名：SLinkList.h**********/
#include "Status.h"     // Status.h：定义枚举类型 Status，表示操作的状态，详见配套源码
#include "SNode.h"
const int DEFAULT_SIZE = 100;
template<class DataType>
class SLinkList {
protected:
    SNode<DataType> *elems;                          //动态分配的数组
    int avail;                                       //可利用空间表的头指针
    int length;                                      //静态链表长度
public:
    SLinkList(int size = DEFAULT_SIZE);              //构造函数
    ~SLinkList();                                    //析构函数
    void Clear();                                    //清空静态链表
    int GetLength() const;                           //求链表长度
    bool IsEmpty() const;                            //判断是否为空链表
    int LocateElem(const DataType &e);               //查找元素
    Status GetElem(int i, DataType &e);              //取元素
    Status SetElem(int i, DataType &e);              //修改元素
    Status InsertElem(int i, DataType &e);           //插入元素
    Status DeleteElem(int i, DataType &e);           //删除元素
    void Traverse(void(*visit)(const DataType &)) const;   //遍历静态链表
};
```

3．静态链表主要操作的实现

静态链表操作的实现思路与单链表基本相似，只不过对于节点的处理实质是对数组元素的处理。本节简要介绍创建静态链表、插入元素和删除元素操作的实现，其余操作的实现可由读者自行完成，或者参考本书配套源码“SLinkList.h”。

（1）创建静态链表。

构造函数用于创建一个空静态链表。从图 2-16（a）中可以看出，在静态链表为空的状态下，除第一个数组元素作为静态链表的头节点之外，其余数组元素都是空闲节点，因此需要将空闲的数组元素按照顺序链接起来，构成可利用空间表。

```
template<class DataType>
SLinkList<DataType>::SLinkList(int size) {
    elems = new SNode<DataType>[size];          //分配数组空间
    elems[0].next = -1;                         //设置头节点
    avail = 1;                                  //设置可利用空间表头指针
    for (int i = 1; i < size - 1; i++)
        elems[i].next = i + 1;                  //空闲节点的后继指针指向下一个位置
    elems[size - 1].next = -1;                  //可利用空间表的表尾节点的后继指针为-1
    length = 0;
}
```

（2）插入元素。

与单链表的插入操作一样，静态链表的插入操作也需要先找到插入位置的前驱，然后从可利用空间表的头部取得一个空闲节点，将其插入待插入位置的前驱之后。图 2-17 所示为静态

链表的插入操作实例，该实例在静态链表的第 4 个位置插入 12，指针 p 指向插入位置的前驱，q 指向从可利用空间表的头部取得的空闲节点。静态链表的插入需要修改 avail、新节点的后继指针和插入位置前驱的后继指针三个指针。在图 2-17（a）中用①②③给出了指针修改的顺序，该顺序不能颠倒。

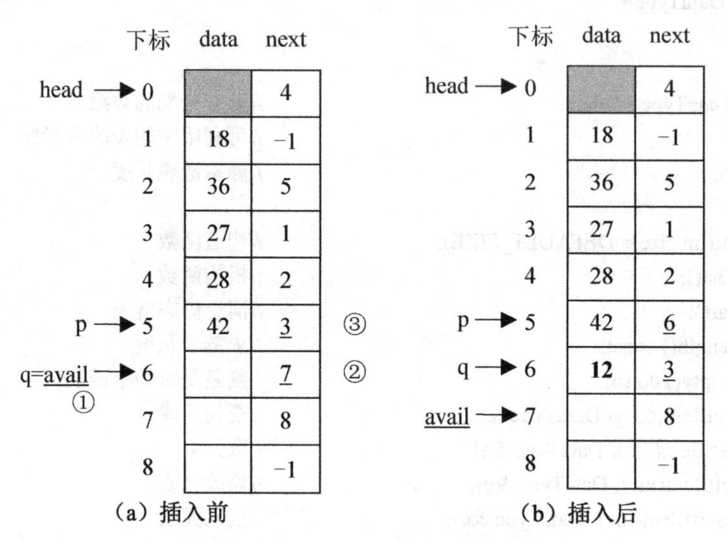

图 2-17　静态链表的插入操作实例

```
template <class DataType>
Status SLinkList<DataType>::InsertElem(int i, DataType &e) {
        if (i < 0 || i > length + 1) return INVALID;              //判断插入位置是否有效
        if (avail == -1) return OVER_FLOW;                         //静态链表已满，无法插入
        int p = 0, q = avail;                                      //p 指向头节点，q 指向第一个空闲节点
        int count;                                                 //计数器，记录 p 指向第几个元素节点的前驱
        for(count = 1; count < i; count++)                         //移动 p，使其指向第 i 个元素节点的前驱
                p = elems[p].next;
        avail = elems[avail].next;                                 //avail 指向后继空闲节点
        elems[q].data = e;
        elems[q].next = elems[p].next;                             //新节点的 next 指针指向原来的第 i 个元素节点
        elems[p].next = q;                                         //插入位置前驱的后继指针指向新节点
        length++;                                                  //链表长度加 1
        return SUCCESS;
}
```

（3）删除元素。

静态链表的删除操作也与单链表的删除操作相似，需要先找到删除位置的前驱，修改该节点的后继指针，使其指向删除位置的后继，然后将待删除节点归还到可利用空间表的头部。图 2-18 所示为静态链表的删除操作实例，该实例从静态链表中删除第 4 个元素节点，指针 p 指向删除位置的前驱，q 指向待删除节点。静态链表的删除需要修改删除位置前驱的后继指针、待删除节点的后继指针和 avail 指针三个指针。在图 2-18（a）中用①②③给出了指针修改的顺序，该顺序不能颠倒。

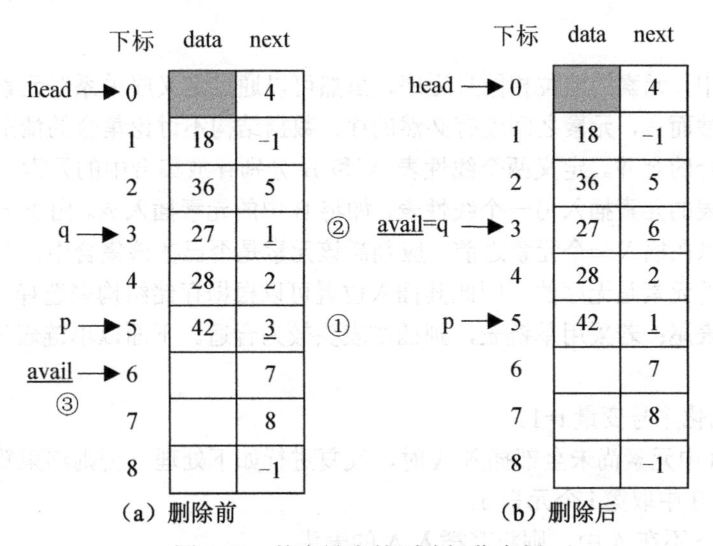

（a）删除前　　（b）删除后

图 2-18　静态链表的删除操作实例

```
template<class DataType>
Status SLinkList<DataType>::DeleteElem(int i, DataType &e) {
        if (i < 0 || i > length ) return INVALID;                    //判断删除位置是否有效
        int p = 0, q;                                                 //p 指向删除位置的前驱，初始为头节点
        int count;                                                    //计数器，记录 p 指向第几个元素节点的前驱
        for(count = 1; count < i; count++)                            //移动 p，使其指向第 i 个元素节点的前驱
                p = elems[p].next;
        q = elems[p].next;                                            //q 指向第 i 个元素节点
        e = elems[q].data;                                            //获取待删除元素的值
        elems[p].next = elems[q].next;                                //前驱的后继指针指向待删除节点的后继
        elems[q].next = avail;                                        //待删除节点归还到可利用空间表头部
        avail = q;                                                    //修改可利用空间表头指针
        length--;
        return SUCCESS;
}
```

线性表的链式存储结构克服了顺序表的缺点，但由于其需要使用指针建立数据元素之间的逻辑关系，因此链表的存储密度低于顺序表，只能按照数据元素的存储次序依次访问，无法进行随机访问，访问效率低于顺序表。因此，链表适用于无法准确预估数据量，且需要频繁插入和删除数据的情况，否则宜使用顺序表。

2.4　线性表的应用

线性表的数据元素可以依实际情况不同而灵活变化，它可以是一个数字、一位党员、一本书、一个元器件或其他更复杂的信息，本节通过 3 个实例说明线性表的具体用法。

1．集合合并

给定两个集合 A 和 B，把它们的所有元素合并在一起组成的集合（称为集合 A 与集合 B 的并集）记作 $A \cup B$，编写算法求两个集合的并集。

【问题分析】

在一个集合中，元素的地位相同且无序，虽然可以通过定义序关系对元素进行排序，但是对集合本身的特性而言，元素之间没有必然的序。数据结构不讨论集合的情形，但可以借用线性表实现两个集合的合并。定义两个线性表 A 和 B 分别存放集合中的元素，集合的合并就是将其中一个线性表的元素插入另一个线性表，如将 B 中的元素插入 A。由于一个集合中不能有相同的元素，所以在插入一个元素之前，应判断该元素是否已在该集合中，若不在，则将其插入。由于集合中的元素是无序的，因此其插入位置可以根据存储结构来选择，若采用顺序表，则可以直接插在表尾；若采用单链表，则插在表头较为合适。下面以单链表为例进行介绍。

【算法描述】

Step 1：初始化序号变量 i=1。

Step 2：当 B 中元素尚未全部插入 A 时，反复进行如下处理，否则结束算法。

Step 2.1：从 B 中取第 i 个元素 e。

Step 2.2：若 e 不在 A 中，则将其插入 A 的表头。

Step 2.3：序号 i 加 1。

【算法实现】

```
template<class DataType>
void Merge(LinkList<DataType> &A, LinkList<DataType> &B) {
        DataType e;
        for(int i = 1; i <= B.GetLength(); i++) {                    //从 B 中依次取元素
                B.GetElem(i, e);                                     //取第 i 个元素
                if(A.LocateElem(e) == 0) A.InsertElem(1, e); //若该元素不在 A 中，则将其插入 A 的表头
        }
}
```

2. 两个一元 n 次多项式求和

设有两个多项式 $A(x)=7+3x+9x^8+5x^{17}$， $B(x)=8x+22x^7-9x^8$，求这两个多项式的和。

【问题分析】

两个一元 n 次多项式求和是线性表的典型应用，一般情况下，一元 n 次多项式可写为

$$p_n(x)=p_1x^{e_1}+p_2x^{e_2}+p_3x^{e_3}+\cdots+p_mx^{e_m}$$

式中，p_i 是指数 e_i 项的非 0 系数，满足 $0\leqslant e_1<e_2<\cdots<e_m=n$。

我们可以使用线性表存储所有的系数和指数来表示一个一元 n 次多项式。由于多项式之间的运算可能导致多项式发生项数的变化，因此需要对存储多项式的线性表进行频繁的删除或插入操作，故本问题采用单链表表示更加合适。单链表仅需存储非 0 系数项，一个节点对应多项式的一项，节点的数据域存储该项的系数和指数。多项式单链表节点结构如图 2-19 所示。

系数	指数	后继指针

图 2-19　多项式单链表节点结构

数据域的类型可定义如下。

```
class Poly {
public:
        double coef;                                                   //多项式系数
```

```
        int exp;                                            //多项式指数
        Poly(double c=0, int e=0)                           //构造函数
        {       coef = c;    exp = e;          }
};
```

多项式$A(x)$和$B(x)$采用单链表存储的结构如图2-20所示。两个多项式相加，只需同时遍历两个链表，取得表中元素比较它们的指数，根据大小关系分为两种情况进行处理：①若指数相等，则对应系数相加，将和不为0者放入结果；②若指数不相等，则将指数小者放入结果。当两个多项式的链表均遍历结束时，就得到了两者相加的和。

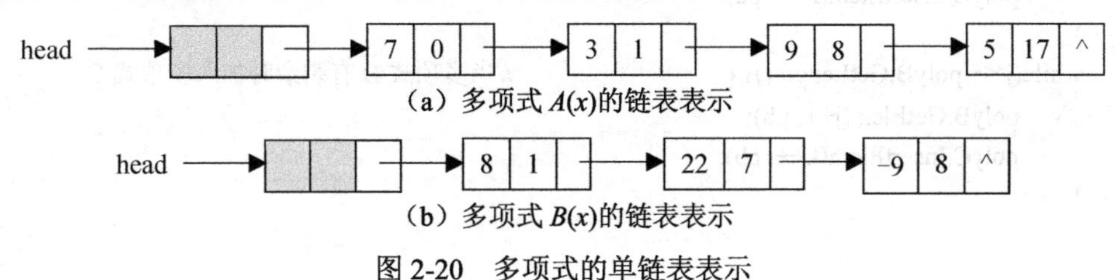

（a）多项式$A(x)$的链表表示

（b）多项式$B(x)$的链表表示

图2-20　多项式的单链表表示

【算法描述】

设polyA表示多项式A的链表，polyB表示多项式B的链表，polyC表示A与B相加得到的多项式的链表。

Step 1：初始化序号变量i=j=k=1。

Step 2：当polyA和polyB都没有遍历结束时，反复进行如下处理，否则执行Step 3。

Step 2.1：取polyA的第i项pa和polyB的第j项pb。

Step 2.2：比较pa和pb的指数，分为以下两种情况。

① 指数相等，将pa与pb的系数相加，若和不为0，则将结果加入作为polyC的第k项，i、j和k都加1；若和为0，则k不变，i和j加1。

② 指数不相等，将指数小者加入作为polyC的第k项，其序号变量和k加1。

Step 3：将polyA或polyB的剩余部分加入polyC。

算法结束后，polyC存储了多项式A和B的和。

【算法实现】

```
void AddPolyn(LinkList<Poly> &polyA, LinkList<Poly> &polyB, LinkList<Poly> &polyC) {
        int i, j, k;                                        //序号变量
        Poly pa, pb, pc;                                    //多项式的一项
        i = j = k = 1;                                      //序号变量初始都为1
        while(i <= polyA.GetLength() && j <= polyB.GetLength()) {//多项式A和B都没遍历结束
                polyA.GetElem(i, pa);                       //取多项式A的第i项pa
                polyB.GetElem(j, pb);                       //取多项式B的第j项pb
                if(pa.exp == pb.exp) {                      //若两项指数相等，则系数相加
                        pc.coef = pa.coef + pb.coef;        //系数相加
                        pc.exp = pa.exp;                    //指数不变
                        if(fabs(pc.coef) > 1e-6)            //系数和不为0
                                polyC.InsertElem(k++, pc);  //将结果加入作为多项式C的第k项
                        i++;  j++;                          //序号变量加1
                }
                else {                                      //两项指数不相等
                        if(pa.exp < pb.exp)                 //pa的指数小
```

```
            {     pc = pa;     i++;     }                //pa 为待加入多项式 C 的项
            else                                         //pb 的指数小
            {     pc = pb;     j++;     }                //pb 为待加入多项式 C 的项
            polyC.InsertElem(k++, pc);                   //将待加入项加入作为多项式 C 的第 k 项
        }
    }
    while(i <= polyA.GetLength()) {                      //当多项式 A 有剩余时加入多项式 C
        polyA.GetElem(i++, pa);
        polyC.InsertElem(k++, pa);
    }
    while(j <= polyB.GetLength()) {                      //当多项式 B 有剩余时加入多项式 C
        polyB.GetElem(j++, pb);
        polyC.InsertElem(k++, pb);
    }
}
```

3．魔术师发牌

一位魔术师从一副扑克牌中取出 13 张黑桃牌，洗好牌后，使牌面朝下并说道："我不看牌，只数一数就能知道每张是什么牌。"魔术师口中念 1，将第一张牌翻过来看，正好是黑桃 A，魔术师将黑桃 A 放到桌子上，继续数手里的余牌；第二次念 1、2，将第一张牌放到这叠牌的下面，翻开第二张牌放到桌子上，正好是黑桃 2；第三次念 1、2、3，将前两张牌放到这叠牌的下面，翻开第三张牌放到桌子上，正好是黑桃 3；这样依次将 13 张牌翻出，全部都准确无误。请问魔术师手中牌的原始顺序是什么？

【问题分析】

魔术师手中牌的原始顺序可以根据魔术师每次翻开的牌的牌面值来确定，关键在于确定这张牌在原始牌序列中的位置。为此，我们可以假设魔术师翻开的牌不离开牌序列，则每次翻开的牌在牌序列中的位置成为可知的，或者说确定了在牌序列中该位置上的牌的牌面值是什么。同时，为了不影响魔法师数数，已翻开的牌在数数时应跳过。

由于 13 张牌形成了一个牌序列，因此我们可以使用线性表存储这些牌。在初始情况下，这 13 张牌的牌面值均为空白，即未知。随着魔术师数数，从线性表中的某张牌开始遍历，当魔术师停止数数时，遍历到的牌即翻开的牌，将该牌的牌面值填入线性表相应位置，这样就确定了该位置牌的牌面值。由于魔术师数数未结束时的牌都按照原始顺序放入了牌序列的底部，相当于线性表的遍历是按照一个方向循环往复进行的，因此可以考虑使用单循环链表来表示。魔术师的一轮数数代表一次遍历，指针从前一次翻开的牌的位置开始向后移动，移动次数恰好等于即将翻开的牌的牌面值，但应忽略已经确定牌面值的牌。从牌面值为 1 的牌开始，至牌面值为 13 的牌被确定之后，牌的原始顺序完全被确定。

【算法描述】

设 poker 表示存放 13 张牌的带头节点的单循环链表，card 表示即将翻开的牌的牌面值。

Step 1：初始化 poker 中所有牌的牌面值为 0。

Step 2：置 poker 的第一张牌的牌面值为 1，card 为 2，指针 p 指向 poker 的第一张牌。

Step 3：当尚未确定所有牌面值，即 card<14 时，反复进行如下处理，否则结束算法。

Step 3.1：指针 p 向后移动 card 次，移动过程中遇到已确定牌面值的牌不计数。

Step 3.2：将指针 p 指向的牌的牌面值置为 card，card 加 1。

【算法实现】

```
#include "SCLinkList.h"                      // SCLinkList.h：带头节点的单循环链表定义文件
void Magician(SCLinkList<int> &poker) {
    int card;                                //牌面值
    int ivalue = 0;                          //牌面初始值
    for (int i = 1; i <= 13; i++)
        poker.InsertElem(i, ivalue);         //初始化牌链表，牌面值为0
    Node<int> *p = poker.GetHead();          // GetHead()返回链表的头指针值
    p = p->next;                             //p指向第一个元素节点，即第一张牌
    p->data = 1;                             //第一张牌的牌面值为1
    card = 2;                                //从牌面值为2开始
    while(card < 14) {                       //尚未确定所有牌面值
        for(int i = 1; i <= card; i++) {     //将指针p移动card次
            p = p->next;
            while(p == poker.GetHead() || p->data != 0) //忽略头节点和已确定牌面值的牌
                p = p->next;
        }
        p->data = card;                      //翻牌，确定牌面值
        card++;                              //下一张牌的牌面值
    }
}
```

上述Magician函数借助指针变量p直接访问节点数据，这样实现的目的是体现单循环链表的操作，但这种方式破坏了类的封装，并不可取，读者可以根据算法思路尝试修改和完善代码。

2.5 本章小结

线性表是一种基本的数据结构，其本质是序列，数据元素之间是一种“一对一”的线性关系。

使用顺序存储结构实现的线性表称为顺序表，它将数据元素按照逻辑顺序依次存储在一组连续的存储单元中，可以采用直接寻址的方式找到任意一个数据元素，因此是一种随机存取的线性表。在顺序表中插入或删除一个元素，平均需要移动顺序表中一半的数据元素。

使用链式存储结构实现的线性表称为链表，链表的长度可以不断增加，只能按顺序存取其中的元素，插入或删除无须移动任何数据元素。链表可以分为单链表和双向链表，双向链表适用于需要快速获得前驱和后继的情形。若将双向链表的表尾节点的后继指针指向链表的第一个节点，就形成了双向循环链表。从双向循环链表的任何一个节点出发，都可以访问链表的所有节点。

静态链表借用一维数组实现节点的存储管理，依然使用指针体现元素之间的逻辑关系，只不过此时的指针实质是数组的下标。静态链表适用于某些没有指针类型的程序设计语言。

习题二

一、选择题

1．下面关于线性表的叙述中，错误的是（　　）。

A．线性表采用顺序存储结构，必须占用一片连续的存储单元。

B．线性表采用顺序存储结构，便于进行插入和删除操作。

C．线性表采用链式存储结构，不必占用一片连续的存储单元。

D．线性表采用链式存储结构，便于插入和删除操作。

2．若某线性表最常用的操作是存取任一指定序号的元素和在最后进行插入和删除运算，则采用（　　）存储方式最节省时间。

A．顺序表　　　　B．双向链表

C．带头节点的双向循环链表　　　　D．单循环链表

3．若一个链表最常用的操作是在末尾插入节点和删除尾节点，则使用（　　）最节省时间。

A．单链表　　　　B．单循环链表

C．带尾指针的单循环链表　　　　D．带头节点的双向循环链表

4．链表不具有的特点是（　　）。

A．插入、删除不需要移动元素　　　　B．可随机访问任一元素

C．不必事先估计存储空间　　　　D．所需存储空间与线性表长度成正比

5．静态链表中指针表示的是（　　）。

A．内存地址　　B．数组下标　　C．后继元素地址　　D．左、右邻接地址

6．在有 n 个元素的顺序表中，算法的时间复杂度是 $O(1)$ 的操作是（　　）。

A．访问第 i 个元素（$1 \leqslant i \leqslant n$）和求第 i 个元素的前驱（$2 \leqslant i \leqslant n$）

B．在第 i 个元素之后插入一个新元素（$1 \leqslant i \leqslant n$）

C．删除第 i 个元素（$1 \leqslant i \leqslant n$）

D．将 n 个元素由小到大排序

7．在头指针为 head 的单循环链表中，判断指针 p 指向链表尾节点的条件是（　　）。

A．p->next == head　　　　B．p->next == head->next

C．p == head　　　　D．p == head->next

8．在单链表中，在指针 p 指向的节点之后插入指针 s 指向的节点，正确的操作是（　　）。

A．p->next = s; s->next = p->next;　　　　B．s->next = p->next; p->next = s;

C．p->next = s; p->next = s->next;　　　　D．p->next = s->next; p->next = s;

9．在双向链表中，在指针 p 指向的节点之前插入指针 q 指向的节点的操作是（　　）。

A．p->next = q;　q->prior = p;　p->next->prior = q;　q->next = q;

B．p->next = q;　p->next->prior = q;　q->prior = p;　q->next = p->next;

C．q->prior = p;　q->next = p->next;　p->next->prior = q;　p->next = q;

D．q->prior = p->prior;　q->next = p;　p->prior = q;　q->prior->next = q;

10．在双向链表中，删除指针 p 指向的节点时需要修改相应节点的指针，正确的操作是（　　）。

A．p->prior->next = p-> next;　p->next->prior = p->prior;

B. p->prior = p->prior->prior; p->next = p->prior->next;

C. p->next->prior = p->prior; p->next = p->next->next;

D. p->next = p->prior->prior; p->prior = p->next->next;

二、填空题

1. 当线性表中的元素总数基本稳定，且很少进行插入和删除操作，但要求以最快的速度存取线性表中的元素时，应采用________存储结构。

2. 若线性表中每个元素被删除的概率都相等，则在长度为 n 的线性表中删除一个元素平均需要移动________个元素。

3. 当在一个长度为 n 的顺序表中第 i（$1\leqslant i\leqslant n$）个元素之前插入一个新元素时，需要向后移动________个元素。

4. 已知带头节点的单链表 L，头指针为 head，则单链表 L 为空链表的条件是________。

5. 在单链表中设置头节点的作用是________。

6. 在单链表 L 中，指针 p 指向的节点存在后继的条件是________。

7. 在单链表的两个节点之间插入一个新节点需要修改________个指针，对于双向链表为________个。

8. 在单链表中删除一个节点需要修改________个指针，对于双向链表为________个。

9. 已知带头节点的双向循环链表 L，头指针为 head，则 L 中只有一个元素节点的条件是________。

10. 已知带头节点的双向循环链表 L，头指针为 head，则 L 为空表的条件是________。

三、是非题

1. 线性表的特点是每个元素都有一个前驱和一个后继。（ ）

2. 线性表的长度是线性表所占用的存储空间的大小。（ ）

3. 顺序存储结构的插入和删除效率低于链式存储结构，因此它不如链式存储结构好。（ ）

4. 在顺序表中取出第 i 个元素所花费的时间与 i 成正比。（ ）

5. 顺序存储方式只适用于存储线性结构。（ ）

6. 线性表中数据元素的逻辑顺序总是与物理顺序一致。（ ）

7. 链表中的头节点仅起到标识的作用。（ ）

8. 在带头节点的单循环链表中，任一节点的后继指针均不为空。（ ）

9. 链表可以实现随机存取。（ ）

10. 静态链表是数据元素一直不发生变化的链表。（ ）

四、应用题

1. 已知一个顺序表中的元素按照非递减顺序有序排列，设计一个算法删除顺序表中多余的相同元素，使每个元素的取值唯一。

2. 已知一个顺序表中的元素按照非递减顺序有序排列，设计一个算法删除顺序表中值位于[s, t]范围内的所有元素。

3. 在不额外创建新节点的情况下，设计算法逆置一个带头节点的单链表。

4. 设计算法将一个带头节点单链表的节点按照值由大到小的顺序重新链接成一个单链表。

5．已知两个有序集合 A 和 B 按照递增顺序有序排列，求两个集合的交集 C。例如，若 A={3,5,8,11}，B={2,6,8,9,11,15,20}，则 C={8,11}。

6．已知一个带头节点的单链表，设计算法通过 1 次遍历找到链表的中间元素节点。

7．将一个带头节点的单链表 A 分解为两个具有相同结构的链表 B、C，其中 B 的节点为 A 中值小于零的节点，而 C 的节点为 A 中值大于零的节点。

8．假设指针 p 指向双向循环链表的一个节点，设计算法交换 p 指向的节点和它的前驱的顺序。

9．已知一个双向循环链表，其每个节点除 prior、data 和 next 域之外，还有一个访问频度域 freq，其值初始化为 0。每执行 1 次 LocateElem(e)操作，data 等于 e 的节点的 freq 值加 1，并将链表中的节点按照 freq 值递减的顺序排列，使得访问频繁的节点靠近表头。请编写符合上述要求的 LocateElem(e)操作。

10．为静态链表编写一个带参构造函数，创建一个含有 n 个节点的静态链表。

11．一元 n 次多项式用单循环链表按降幂排列，节点有 3 个域，即系数域 coef、指数域 exp 和指针域 next，编写算法求该一元 n 次多项式的一阶导数。

艾伦·佩利（Alan J. Perlis，1922－1990），ALGOL 语言和计算机科学的“催生者”，其在 ALGOL 语言的定义和扩充上做出了的重大贡献，并开创了计算机科学教育，在使计算机科学成为一门独立的学科上发挥了巨大作用，他也因此成为首届图灵奖获得者。其主要著作包括 *A View of Programming Languages*、*Introduction to Computer Science*、*Software Reusability*。他于 1973 年当选美国艺术与科学院院士，1976 年当选美国工程院院士。除获得图灵奖以外，艾伦·佩利在 1984 年获得 AFIPS 的教育奖，还曾被普渡大学、滑铁卢大学等多所大学授予名誉博士学位。

第3章　栈和队列

枪械是现代武器装备的一个重要组成部分，起源于中国南宋寿春府制造的突火枪，随后大致经历了火门枪、火绳枪、燧发枪、后装枪、线膛枪等若干阶段。早期的枪械属于前装滑膛枪，每次发射都需要手工在枪管内填充火药与弹丸，使用不便、效率低。1840 年，普鲁士的德莱赛发明了击针式后装枪和定装式枪弹，使得枪械在射击距离与杀伤力方面发生了质的飞跃，也对枪械的供弹方式提出了更高的要求。特别是随着连珠枪（弹仓步枪）和自动武器的出现，需要一个能够给枪械快速不断地提供枪弹的装置，由此诞生了现代意义上的供弹装置——供弹具。供弹具的种类较多，现代手枪、冲锋枪和步枪的供弹具主要是弹匣。图 3-1 所示为弹匣，图 3-2 所示为由弹匣供弹的枪械。

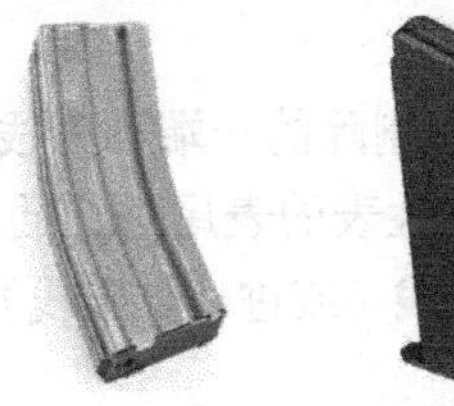

图 3-1　弹匣

图 3-2　由弹匣供弹的枪械

弹匣需要提前装填，子弹从弹匣顶端依次压入，先压入的子弹位于弹匣下端，后压入的子弹位于上端。在射击时，子弹从弹匣顶端依次离开弹匣进入枪膛被击发。为了提高弹匣的装弹效率，各国研制了专用的弹匣装弹器，图 3-3 所示为两款手工弹匣快速压弹器，其中图 3-3（a）是国产 SH-2018 型 92 式/81 式/95 式弹匣压弹器。在使用压弹器为弹匣装弹时，先将子弹按照顺序从导轨槽的一端置入导轨槽，然后使用推弹滑块沿着导轨槽方向将子弹推出导轨槽，进入位于导轨槽另一端的弹匣。

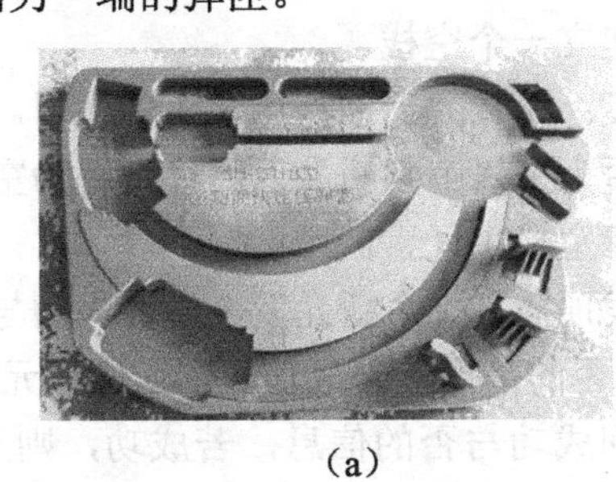

（a）

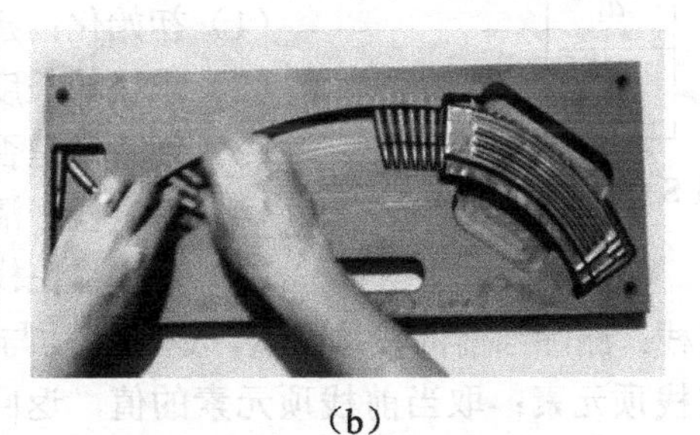

（b）

图 3-3　两款手工弹匣快速压弹器

弹匣与压弹器子弹导轨槽都是对子弹的一种组织方式。在弹匣的组织方式下，子弹从同一端进入和离开弹匣，但其顺序完全相反，是一种“后进先出”（也可以称为“先进后出”）的方式；在压弹器子弹导轨槽的组织方式下，子弹从不同端进入和离开导轨槽，并且顺序完全相同，是一种“先进先出”（也可以称为“后进后出”）的方式。在应用程序对数据的组织方式中，存在被称为“栈”和“队列”的两种线性数据结构，这两种线性数据结构对数据的操作方法与弹匣、压弹器对子弹的操作方法有着异曲同工之妙。

本章内容：

（1）栈的定义、实现与应用。

（2）队列的定义、实现与应用。

3.1 栈

栈是一种应用广泛的数据结构，它是线性表的一种特殊表现形式，其特殊性在于，必须按照“后进先出”的规则进行操作。由于栈的插入和删除操作受到了该规则的约束，因此栈也被称为操作受限的线性表。

3.1.1 栈的定义

栈是只允许在表的一端进行插入和删除的线性表，允许进行插入和删除的一端称为**栈顶**，不允许进行插入和删除的一端称为**栈底**。通常，我们是在栈这一特殊线性表的表尾进行插入和删除的，因此栈的表尾是栈顶，而表头是栈底。在栈顶插入元素称为**入栈**（或进栈、压栈），从栈顶删除元素称为**出栈**。

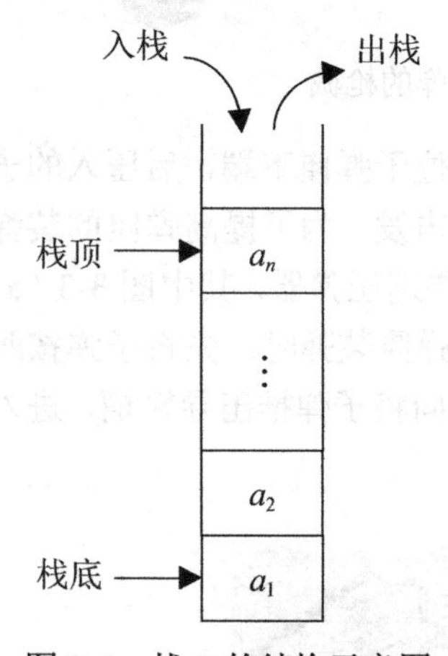

图 3-4　栈 S 的结构示意图

例如，已知 S=($a_1,a_2,\cdots,a_n$)是一个栈，其结构示意图如图 3-4 所示，a_1 是栈底元素，a_n 是栈顶元素。栈中元素以 $a_1,a_2,\cdots,a_n$ 的顺序依次入栈，而出栈的第一个元素是 a_n。由于栈中元素后进者先出，因此栈又被称为后进先出（Last In First Out，LIFO）的线性表。

栈与线性表的异同：①栈是特殊的线性表；②栈只能在栈顶进行插入与删除，而线性表可以在任意位置进行插入与删除。

栈的基本操作包括以下几种。

（1）初始化：建立一个空栈。

（2）求栈的长度：统计并返回栈中元素的数目。

（3）判断栈是否为空栈：判断并返回栈是否为空栈的信息。

（4）清空栈：清空栈中元素。

（5）入栈：在栈顶插入一个新元素，返回成功与否的信息。

（6）出栈：删除当前的栈顶元素，返回成功与否的信息，若成功，则返回该元素的值。

（7）取栈顶元素：取当前栈顶元素的值，返回成功与否的信息，若成功，则返回该元素的值。

栈既可以采用顺序存储结构实现，也可以采用链式存储结构实现，下面分别介绍这两种实现方式，以及在这两种存储结构之下栈的基本操作的实现方法。

3.1.2　顺序栈

采用顺序存储结构实现的栈称为**顺序栈**，顺序栈使用一片连续的存储单元存储栈中的数据元素。这种实现方式需要定义一个数组来容纳数据元素。同时，由于只能在栈顶进行操作，因此必须已知栈顶的位置；为了防止溢出，还需已知栈的容量。

1. 顺序栈的类模板定义

定义顺序栈的类模板为 SqStack，该类模板包含三个数据成员：指针 elems（指向存储数据元素的数组）、栈的容量 maxSize 和栈顶指针 top。栈顶指针 top 指示栈顶元素所在位置，当为空栈时 top 取值为-1。顺序栈的成员函数包括构造函数、析构函数和栈的各种基本操作，在实际应用中根据问题的需要还可以添加其他成员函数。

```
/**********顺序栈的类模板文件名：SqStack.h**********/
#include "Status.h"      // Status.h：定义枚举类型 Status，表示操作的状态，详见配套源码
const int DEFAULT_SIZE = 100;
template <class DataType>
class SqStack {
protected:
      DataType *elems;                                   //指向动态内存分配的数组
      int maxSize;                                       //栈的容量
      int top;                                           //栈顶指针
public:
      SqStack(int size = DEFAULT_SIZE);                  //构造函数
      virtual ~SqStack();                                //析构函数
      int GetLength() const;                             //求栈的长度
      bool IsEmpty() const;                              //判断栈是否为空栈
      void Clear();                                      //清空栈
      Status Push(const DataType &e);                    //入栈
      Status Pop(DataType &e);                           //出栈
      Status Top(DataType &e) const;                     //取栈顶元素
      void Traverse(void (*visit)(const DataType &)) const;   //遍历栈中元素
};
```

2. 顺序栈主要操作的实现

下面详细介绍顺序栈的三个主要操作，即入栈、出栈和取栈顶元素的实现。

（1）入栈。

入栈，即在栈中添加一个新的元素，使其成为当前栈顶元素。例如，在顺序栈 S=($a_1,a_2,\cdots,a_n$) 中添加新元素 *e*，如图 3-5 所示，*e* 在入栈之后成为新的栈顶元素，栈顶指针 top 指示 *e* 所在的位置。

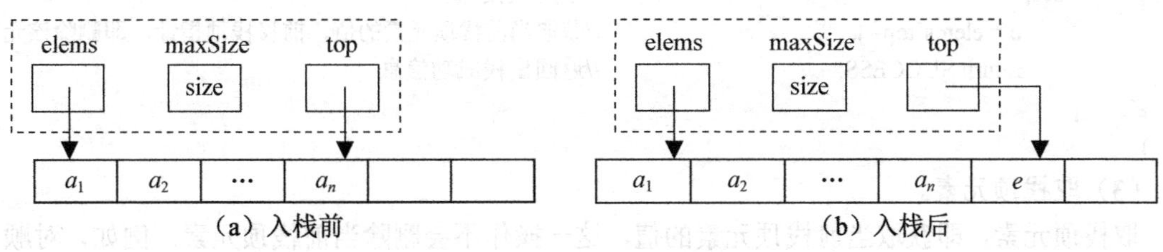

图 3-5　顺序栈的入栈

【算法描述】

Step 1：判断栈是否已满，如果已满，则返回上溢信息。

Step 2：获取当前栈顶元素的后继位置作为入栈元素的位置。

Step 3：将新元素放入上述位置。

Step 4：修改栈顶指针指向新元素所在位置。

Step 5：返回入栈成功信息。

【算法实现】

```
template<class DataType>
Status SqStack<DataType>::Push(const DataType &e) {
    if (top == maxSize - 1)    return OVER_FLOW;  //判断栈是否已满，如果已满，则返回上溢信息
    else {                                        //栈未满
        elems[++top] = e;                         //top 加 1 为新的栈顶位置，将元素 e 放入该位置
        return SUCCESS;                           //返回入栈成功信息
    }
}
```

（2）出栈。

出栈，即删除栈顶元素。例如，对顺序栈 S=(a_1,a_2,…,a_n)进行出栈操作，如图 3-6 所示，在 a_n 出栈之后，a_{n-1} 成为新的栈顶元素，栈顶指针 top 指示 a_{n-1} 所在的位置。

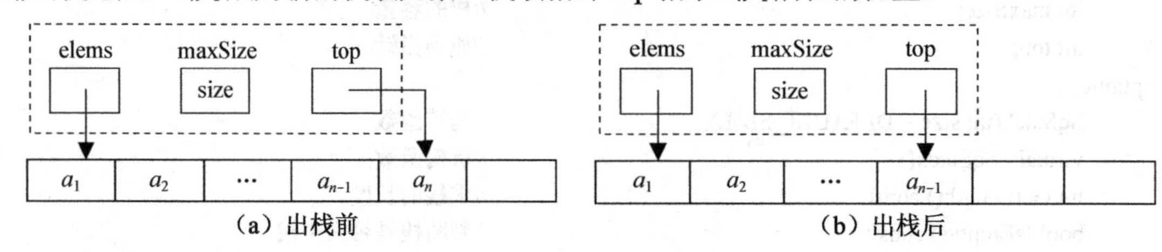

图 3-6　顺序栈的出栈

【算法描述】

Step 1：判断栈是否为空栈，如果为空栈，则返回下溢信息。

Step 2：获取当前栈顶元素的值。

Step 3：删除当前栈顶元素。

Step 4：修改栈顶指针指向原栈顶元素的前驱。

Step 5：返回出栈成功信息。

【算法实现】

```
template<class DataType>
Status SqStack<DataType>::Pop(DataType &e) {    //若出栈成功，则用 e 返回栈顶元素的值
    if (IsEmpty())    return UNDER_FLOW;         //判断栈是否为空栈，如果为空栈，则返回下溢信息
    else {                                       //不为空栈
        e = elems[top--];                        //获取当前栈顶元素的值，前移栈顶指针，即删除该元素
        return SUCCESS;                          //返回出栈成功信息
    }
}
```

（3）取栈顶元素。

取栈顶元素，即获取当前栈顶元素的值，这一操作不会删除当前栈顶元素。例如，对顺序栈 S=(a_1,a_2,…,a_n)取栈顶元素，如图 3-7 所示，在获取当前栈顶元素 a_n 的值之后，栈中元素不

会发生任何变化，栈顶元素仍是 a_n，栈顶指针 top 也仍然指示 a_n 所在的位置。

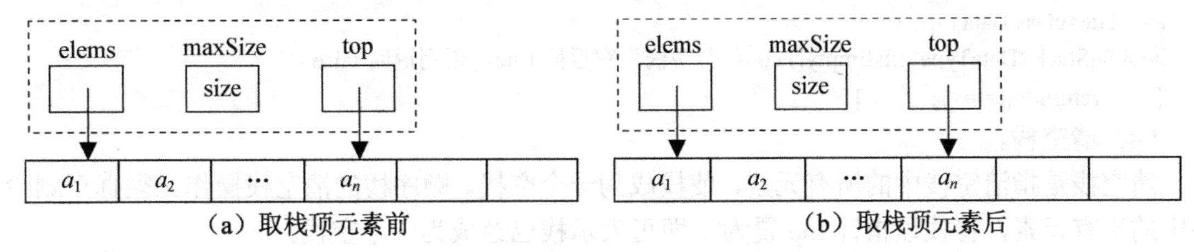

图 3-7　顺序栈的取栈顶元素

【算法描述】

Step 1：判断栈是否为空栈，如果为空栈，则返回下溢信息。

Step 2：获取当前栈顶元素的值。

Step 3：返回取栈顶元素成功信息。

【算法实现】

```
template<class DataType>
Status SqStack<DataType>::Top(DataType &e) const {     //如果取栈顶元素成功，则用 e 返回栈顶元素的值
    if (IsEmpty())    return UNDER_FLOW;        //判断栈是否为空栈，如果为空栈，则返回下溢信息
    else {                                      //不为空栈
        e = elems[top];                         //获取当前栈顶元素的值
        return SUCCESS;                         //返回取栈顶元素成功信息
    }
}
```

3．顺序栈其他操作的实现

顺序栈其他操作的实现都非常容易，下面简单介绍这些操作的实现方法。

（1）构造函数和析构函数。

顺序栈的构造函数主要完成数组空间的动态分配，并初始化 maxSize 和 top；析构函数需要释放数组空间。

```
template<class DataType>
SqStack<DataType>::SqStack(int size) {        //创建一个容量为 size 的空栈
    elems = new DataType[size];
    maxSize = size;
    top = -1;
}
template<class DataType>
SqStack<DataType>::~SqStack()                 //销毁栈
{    delete []elems;        }
```

（2）求栈的长度。

栈的长度是指栈中元素的实际数目。由于顺序栈从数组 elems 下标为 0 的位置开始存储数据元素，并且栈顶指针 top 指示了栈顶元素的位置，因此根据栈顶指针即可计算栈的长度。

```
template <class DataType>
int SqStack<DataType>::GetLength() const      //返回栈中元素数目
{    return top + 1;        }
```

（3）判断栈是否为空栈。

当顺序栈为空栈时，栈顶指针 top 的取值为-1。因此，根据 top 的取值即可判断栈是否为

空栈。

```
template<class DataType>
bool SqStack<DataType>::IsEmpty() const        //栈为空返回 true，否则返回 false
{       return top == -1;        }
```

（4）清空栈。

清空栈是指清空栈中的所有元素，使栈成为一个空栈。顺序栈的清空栈操作无须真正删除栈中的所有元素，将栈顶指针 top 置为-1 即可表示栈已经成为一个空栈。

```
template<class DataType>
void SqStack<DataType>::Clear()                //将栈置为空栈
{       top = -1;          }
```

（5）遍历栈中元素。

遍历栈中元素是指从栈顶到栈底依次访问栈中的每个元素，此处仍然使用函数指针变量 visit 指向访问数据元素的函数。

```
template <class DataType>
void SqStack<DataType>::Traverse(void (*visit)(const DataType &)) const {      //遍历栈中的每个元素
        for (int i = top; i >=0 ; i--)
                (*visit)(elems[i]);
}
```

顺序栈和顺序表一样，使用定长数组存储数据元素，导致在栈满之后无法入栈新的元素。对于这一问题，一种解决方法是重新进行存储空间的分配，进行“扩容”；另一种解决方法是使用链栈。

3.1.3 链栈

链栈是使用链式存储结构实现的栈。栈的结构与操作都比较简单，使用单链表就足以对链栈进行表示和实现。由于链栈的插入与删除仅限定在栈顶位置，因此可以将头指针指向的链表头部作为栈顶，入栈和出栈操作只需在链表头部进行，并且无须附加头节点。

1．链栈的类模板定义

链栈使用单链表存储数据元素，首先需要定义链表节点，第 2 章已经给出了单链表节点的定义，其所在文件的文件名为“Node.h”。定义链栈的类模板为 LinkStack，该类模板只需包含一个数据成员——链表头指针，这里称为**栈顶指针**，当为空栈时该指针取值为 NULL。链栈的成员函数包括构造函数、析构函数和栈的各种基本操作。

```
/**********链栈的类模板文件名：LinkStack.h**********/
#include "Status.h"     // Status.h：定义枚举类型 Status，表示操作的状态，详见配套源码
#include "Node.h"                                   //包含单链表节点类的头文件
template<class DataType>
class LinkStack {
protected:
        Node<DataType> *top;                        //栈顶指针
public:
        LinkStack();                                //构造函数
        virtual ~LinkStack();                       //析构函数
        int GetLength() const;                      //求栈的长度
```

```
    bool IsEmpty() const;                                   //判断栈是否为空栈
    void Clear();                                           //清空栈
    Status Push(const DataType &e);                         //入栈
    Status Pop(DataType &e);                                //出栈
    Status Top(DataType &e) const;                          //取栈顶元素
    void Traverse(void (*visit)(const DataType &)) const;   //遍历栈中元素
};
```

2. 链栈主要操作的实现

下面详细介绍链栈的三个主要操作，即入栈、出栈和取栈顶元素的实现。

（1）入栈。

链栈的入栈操作只需为新元素申请一个节点，并将该节点添加到栈顶指针指向的链表头部。例如，在链栈 S=($a_1,a_2,\cdots,a_n$)中添加新元素 e，如图 3-8 所示，e 在入栈之后成为新的栈顶元素，栈顶指针 top 指向 e 所在的节点。

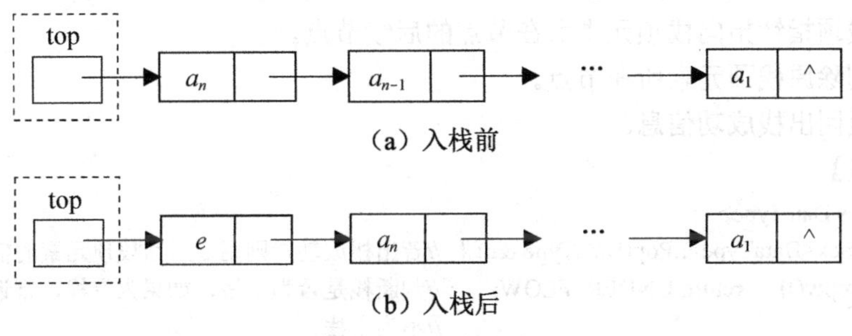

图 3-8　链栈的入栈

【算法描述】

Step 1：申请一个新的链表节点，如果失败，则返回上溢信息。

Step 2：将新元素放入新分配的节点。

Step 3：将新节点插入链表头部。

Step 4：栈顶指针指向新节点。

Step 5：返回入栈成功信息。

【算法实现】

```
template<class DataType>
Status LinkStack<DataType>::Push(const DataType &e) {
    //申请新节点存储元素 e，并将新节点插入链表头部
    Node<DataType> *pNew = new Node<DataType>(e, top);
    if (!pNew)  return OVER_FLOW;          //判断节点是否分配失败，如果失败，则返回上溢信息
    else {                                 //节点分配成功
        top = pNew;                        //栈顶指针指向新节点
        return SUCCESS;                    //返回入栈成功信息
    }
}
```

（2）出栈。

链栈的出栈操作需要将栈顶元素所在节点从链表头部删除。例如，对链栈 S=($a_1,a_2,\cdots,a_n$)进行出栈操作，如图 3-9 所示，在 a_n 出栈之后，a_{n-1} 所在节点成为链表的头部节点，栈顶指针 top

指向 a_{n-1} 所在节点。

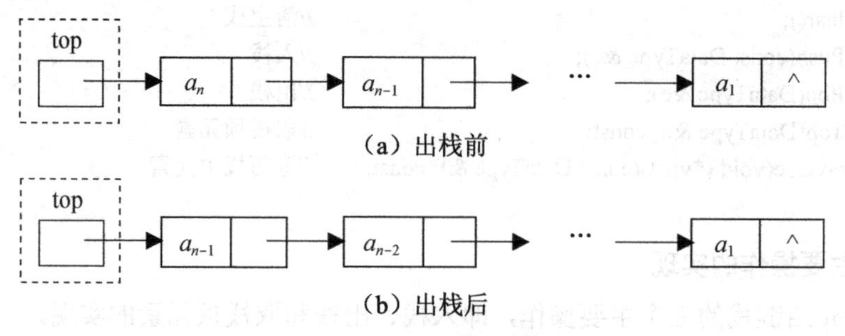

图 3-9　链栈的出栈

【算法描述】

Step 1：判断链栈是否为空栈，如果为空栈，则返回下溢信息。

Step 2：获取当前栈顶元素的值。

Step 3：栈顶指针指向栈顶元素所在节点的后续节点。

Step 4：删除原栈顶元素所在节点。

Step 5：返回出栈成功信息。

【算法实现】

```
template<class DataType>
Status LinkStack<DataType>::Pop(DataType &e) {   //若出栈成功，则用 e 返回栈顶元素的值
    if (IsEmpty())    return UNDER_FLOW;         //判断栈是否为空栈，如果为空栈，则返回下溢信息
    else {                                       //不为空栈
        Node<DataType> *p = top;                 //定义辅助指针指向当前栈顶节点
        e = top->data;                           //获取当前栈顶元素的值
        top = top->next;  delete p;              //top 指向新栈顶节点，释放原栈顶节点
        return SUCCESS;                          //返回出栈成功信息
    }
}
```

（3）取栈顶元素。

链栈的取栈顶元素操作只需获取链表头部节点存储的数据元素，无须删除该节点。例如，对链栈 S=(a_1,a_2,⋯,a_n)取栈顶元素，如图 3-10 所示，链栈在操作前后不会发生任何改变。

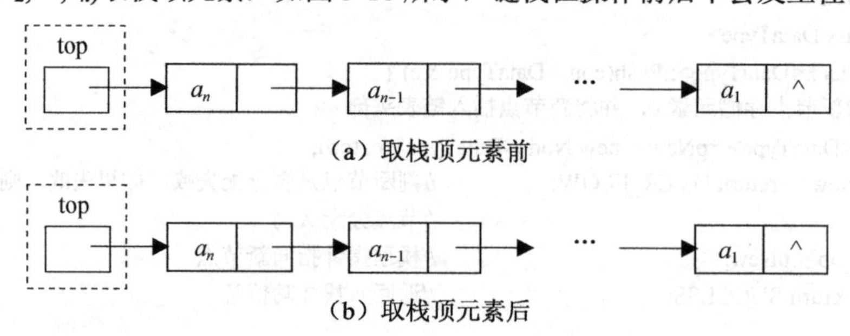

图 3-10　链栈的取栈顶元素

【算法描述】

Step 1：判断链栈是否为空栈，如果为空栈，则返回下溢信息。

Step 2：获取当前栈顶元素的值。

Step 3：返回取栈顶元素成功信息。

【算法实现】

```
template<class DataType>
Status LinkStack<DataType>::Top(DataType &e) const {  //若取栈顶元素成功，则用 e 返回栈顶元素的值
    if (IsEmpty())    return UNDER_FLOW;              //判断栈是否为空栈，如果为空栈，则返回下溢信息
    else {                                            //不为空栈
        e = top->data;                                //获取当前栈顶元素的值
        return SUCCESS;                               //返回取栈顶元素成功信息
    }
}
```

3．链栈其他操作的实现

链栈其他操作的实现与单链表操作的实现方法非常相似，下面简单介绍这些操作的实现方法。

（1）构造函数和析构函数。

链栈的构造函数只需建立一个空栈；析构函数需要删除链表中的所有节点。

```
template<class DataType>
LinkStack<DataType>::LinkStack()                //建立一个空栈
{   top = NULL;   }
template<class DataType>
LinkStack<DataType>::~LinkStack()               //销毁栈
{     Clear();       }                          //调用清空栈操作删除链表
```

（2）求栈的长度。

链栈的长度是指链表中节点的数目，通过遍历单链表就可以统计出节点的数目。

```
template <class DataType>
int LinkStack<DataType>::GetLength() const   {      //返回栈中元素数目
    int count = 0;                                  //计数器，记录节点的数目
    Node<DataType> *p = top;                        //定义辅助指针指向栈顶节点
    while(p)                                        //遍历链表，统计节点数目
    {     count++;   p = p->next;      }
    return count;                                   //返回节点数目（元素个数）
}
```

（3）判断栈是否为空栈。

链栈为空栈，即单链表为空链表，只需判断栈顶指针 top 的取值是否等于 NULL。

```
template<class DataType>
bool LinkStack<DataType>::IsEmpty() const           //栈为空返回 true，否则返回 false
{   return top == NULL;        }
```

（4）清空栈。

清空链栈需要删除链表中的所有节点，使链表成为空链表。这个操作的实现方法与清空单链表的方法完全相同，从链表头部开始依次删除所有节点即可。

```
template<class DataType>
void LinkStack<DataType>::Clear() {             //将栈置为空栈
    Node<DataType> *p = top;                    //定义辅助指针用于删除链表中的节点
    while(p) {                                  //从链表头部开始依次删除节点
        top = top->next;                        //栈顶指针指向后继，使后继成为当前栈顶
```

```
            delete p;                                 //删除原栈顶节点
            p = top;                                  //辅助指针指向当前栈顶节点
        }
}
```

（5）遍历栈中元素。

链栈的遍历，即单链表的遍历，从链表头部开始依次访问每个节点，直到链表尾部。

```
template <class DataType>
void LinkStack<DataType>::Traverse(void (*visit)(const DataType &)) const {//遍历栈中元素
        Node<DataType> *p = top;                       //定义辅助指针指向栈顶节点
        while(p) {                                     //从栈顶节点开始依次访问节点
            (*visit)(p->data);                         //访问节点元素
            p = p->next;                               //指向后继
        }
}
```

3.2 栈的应用

在实际应用中，一个问题涉及的数据，无论是处理结果还是操作对象，只要在其处理过程中需要使用一定的存储缓冲区，并在该缓冲区内符合后进先出的特征，就可以用栈来组织与存储这些数据。本节通过两个典型应用——数制转换和表达式求值介绍栈的使用方法。

1. 数制转换

十进制数与其他进制数的转换是计算机处理中的一个基本问题。将一个十进制整数 n 转换为R进制整数可以采用“除R取余法”实现。例如，$(2056)_{10}=(4010)_8$ 的转换过程如表3-1所示。

表 3-1 数制转换示例

n	$n/8$	$n\%8$
2056	257	0
257	32	1
32	4	0
4	0	4

【问题分析】

由上述实例可以看出，“除R取余法”将十进制整数作为被除数除以R，保留商和余数，若商不为0，则将商作为新的被除数除以R；如此反复，直到商为0。最终，每一步运算得到的余数的逆序为转换后的R进制整数。该方法在计算过程中得到的余数需要使用一个临时缓冲区进行保存，并且在输出R进制整数时，后进入缓冲区的余数先输出，符合后进先出的特征。因此，该问题可以用栈作为缓冲区进行处理。

【算法描述】

设n表示十进制整数，r表示R进制整数的基数，s表示存储余数的链栈，则将十进制整数转换为R进制整数的算法描述如下。

Step 1：当n不等于0时，反复进行如下处理，否则执行Step 2。

Step 1.1：n 除以 r 的余数入栈 s。

Step 1.2：n 除以 r 的商赋给 n。

Step 2：从栈 s 中依次出栈余数，返回转换结果。

【算法实现】

```
string Conversion( int n, int r){                    //十进制整数 n 转换为 r 进制整数，以字符串形式返回
    //r 进制下的数位符号，可根据 r 的取值进行修改，r 最多为十六进制
    static char digit[] = { '0', '1', '2', '3', '4', '5', '6', '7', '8', '9', 'A', 'B', 'C', 'D', 'E', 'F' };
    LinkStack<char> s;                               //使用链栈存储余数字符
    char c;                                          //存储出栈字符
    string result;                                   //存储转换结果的字符串
    if(n == 0)      return "0";                      //若十进制数为 0，则 r 进制数亦为 0
    while(n){                                        //当 n 不等于 0 时
        s.Push(digit[n % r]);                        //入栈余数字符
        n = n / r;                                   //求商
    }
    while(!s.IsEmpty())                              //当栈不为空时
    {   s.Pop(c);   result += c; }                   //出栈余数字符并加入转换结果字符串
    return result;                                   //返回转换结果
}
```

2. 表达式求值

表达式求值是程序设计语言编译中的一个基本问题。表达式由操作数和运算符构成，操作数可以是常数、常量或变量，运算符包括+、-、*、/、(、)等。表达式通常有三种表示形式：中缀表达式、前缀表达式和后缀表达式。下面以算术表达式为例讨论表达式求值问题。

（1）中缀表达式。

运算符位于两个操作数之间的表达式称为中缀表达式。例如，表达式 9*(4-1)+10 就是一个中缀表达式。中缀表达式的计算依赖于运算符的优先级和运算次序，其运算规则可概括为先括号内、后括号外；先乘除、后加减；同一优先级的运算符从左往右依次计算。

中缀表达式是人们书写和计算表达式的习惯方式，但不适用于计算机的处理，其原因在于中缀表达式不是按照运算符出现的自然顺序计算的，需要考虑括号的处理及比较运算符的优先级，运算规则较为复杂。

（2）前缀表达式。

运算符位于两个操作数之前的表达式称为前缀表达式，也称为波兰式，是由波兰逻辑学家 J. Lukasiewicz 提出的一种表示方法。例如，中缀表达式 A/B+C*D 对应的前缀表达式为+/AB*CD。前缀表达式的运算规则为从右往左扫描表达式，如果遇到操作数，则继续往左扫描；如果遇到运算符，则取该运算符右侧最近的两个操作数进行运算，并将运算结果作为新的操作数放入表达式的该位置；继续往左扫描直到表达式最左端，最后运算的结果即表达式的值。

例如，中缀表达式 9*(4-1)+10 对应的前缀表达式为 + * 9 - 4 1 10，该表达式的计算过程如下。

① 从表达式右侧开始往左扫描，依次遇到操作数 10、1、4，直至遇到第一个运算符“-”，取该运算符右侧最近的两个操作数 4 和 1 进行减法运算得到结果 3，将 3 作为新的操作数放入该位置，则前缀表达式变为+ * 9 3 10。

② 继续往左扫描，直至遇到运算符“*”，取该运算符右侧最近的两个操作数 9 和 3 进行

乘法运算得到结果 27，将 27 作为新的操作数放入该位置，则前缀表达式变为+ 27 10。

③ 继续往左扫描，直至遇到运算符“+”，取该运算符右侧最近的两个操作数 27 和 10 进行加法运算得到结果 37，此时表达式扫描结束，37 即最终的运算结果。

在前缀表达式中运算符的排列顺序与计算顺序不一致，不便于从左往右依序处理，因此前缀表达式并不常用。

（3）后缀表达式。

运算符位于两个操作数之后的表达式称为后缀表达式，也称为逆波兰式。例如，中缀表达式 A/B+C*D 对应的后缀表达式为 AB/CD*+。后缀表达式的运算规则与前缀表达式相反，是从左往右扫描表达式，如果遇到运算符，则取该运算符左侧最近的两个操作数进行运算，并将运算结果作为新的操作数放入该位置；继续往右扫描直到表达式最右端，最后运算的结果即表达式的值。

例如，中缀表达式 9*(4-1)+10 对应的后缀表达式为 9 4 1 - * 10 +，该表达式的计算过程如下。

① 从表达式左侧开始往右扫描，依次遇到操作数 9、4、1，直到遇到第一个运算符“-”，取该运算符左侧最近的两个操作数 4 和 1 进行减法运算得到结果 3，将 3 作为新的操作数放入该位置，则后缀表达式变为 9 3 * 10 +。

② 继续往右扫描，直至遇到运算符“*”，取该运算符左侧最近的两个操作数 9 和 3 进行乘法运算得到结果 27，将 27 作为新的操作数放入该位置，则后缀表达式变为 27 10 +。

③ 继续往右扫描，直至遇到运算符“+”，取该运算符左侧最近的两个操作数 27 和 10 进行加法运算得到结果 37；至此，表达式扫描结束，得到最终运算结果 37。

后缀表达式无须使用括号表示运算顺序，运算过程与运算符的顺序保持一致，使得实现后缀表达式的计算简单很多。后缀表达式广泛应用于计算机的处理。下面分析一下如何实现后缀表达式的计算过程。

【问题分析】

由后缀表达式的构成与运算规则可知，在对表达式从左往右扫描时，只有遇到运算符才会进行计算，而该运算符涉及的操作数位于它的左侧。那么，对遇到运算符之前的操作数该如何处理呢？显然需要一个缓冲区保存这些操作数，在遇到运算符时再将涉及该运算的操作数从缓冲区中取出，运算结果作为后续运算的操作数需要被重新放回缓冲区。在表达式扫描过程中，将操作数按照遇到的先后次序放入缓冲区，在进行运算时，从缓冲区中取出的是距离运算符最近的操作数，即最后进入缓冲区的操作数。因此，操作数在缓冲区中符合后进先出的特征，可以用栈对操作数进行处理。

由此可得使用栈进行后缀表达式求值的方法：从左往右扫描表达式，若遇到操作数，则将其入栈；若遇到运算符，则出栈相关操作数进行运算，并将运算结果入栈，直到表达式扫描完毕。为了方便地判断表达式是否扫描完毕，可以在表达式的末尾添加一个结束标志'#'。表 3-2 所示为后缀表达式 9 4 1 - * 10 + #的计算过程。

表 3-2　后缀表达式 9 4 1 - * 10 + #的计算过程

步骤	扫描项	操作	栈（左侧为栈顶，右侧为栈底）
1	9	9 入栈	9
2	4	4 入栈	4 9
3	1	1 入栈	1 4 9
4	-	1、4 出栈，计算 4-1，将结果 3 入栈	3 9

续表

步骤	扫描项	操作	栈（左侧为栈顶，右侧为栈底）
5	*	3、9 出栈，计算 9*3，将结果 27 入栈	27
6	10	10 入栈	10　27
7	+	10、27 出栈，计算 27+10，将结果 37 入栈	37
8	#	37 出栈	

【算法描述】

设 postExpr 表示一个后缀表达式，opnd 表示存储操作数的栈，则计算后缀表达式的算法描述如下。

Step 1：从 postExpr 中读取 1 个字符 ch。

Step 2：当 ch 不是结束标志'#'时，反复进行如下处理，否则执行 Step 3。

Step 2.1：判断字符 ch 的类型，分为如下三种情况。

① 若 ch 是数字字符或小数点，则从 postExpr 中读取一个操作数并入栈 opnd。

② 若 ch 是运算符，则从 opnd 中出栈两个操作数进行运算，并将结果入栈 opnd。

③ 若 ch 不属于①和②，则提示错误，结束算法。

Step 2.2：从 postExpr 中读取一个新的字符 ch。

Step 3：从 opnd 中出栈并返回运算结果。

【算法实现】

在如下的算法实现中，后缀表达式除操作数与算术运算符（+、-、*、/、#）之外，其余符号都属于非法字符，并且操作数之间要求使用空格隔开。扫描完后缀表达式代表完成了表达式的计算过程，此时的操作数栈应当有且仅有一个数值，该数值即表达式的运算结果。但是，若在扫描完后缀表达式之后，操作数栈为空栈，则意味着表达式缺少操作数；若操作数栈中不止一个数值，则意味着表达式缺少运算符。这两种情况都表明后缀表达式不完整，无法完成计算。对于这类情况，程序都将提示异常。

```
bool IsOperator(char ch) {                                  //判断 ch 是不是运算符
    // '#'、 '+' 、'-'、'*'、'/'、 '(' 、')'都属于合法运算符，'(' 、')'用于表达式转换的判断
    if(ch == '#' || ch == '+' || ch == '-' || ch == '*' || ch == '/' || ch== '(' || ch == ')')
        return true;
    return false;
}
double PostfixExprCalculation(string postExpr) {            //计算并返回后缀表达式 postExpr 的值
    LinkStack<double> opnd;                                 //操作数栈
    stringstream ss_postExpr(postExpr);                     //字符串流对象，需要使用 sstream 头文件
    char ch;                                                //临时字符变量
    double operand, first, second;                          //操作数
    ss_postExpr >> ch;                                      //读入表达式第 1 个字符
    while(ch != '#') {                                      //当表达式没有结束时
        if(isdigit(ch) || ch == '.') {                      // ch 是一个操作数的第 1 个数字
            ss_postExpr.putback(ch);                        //将 ch 放回字符串流
            ss_postExpr >> operand;                         //读入整个操作数
            opnd.Push(operand);                             //操作数入栈
        }
        else if(!IsOperator(ch) || ch== '(' || ch == ')')   //ch 既不是操作数也不是运算符
```

```
                throw "表达式中有非法符号！";                    //提示异常，需要使用头文件 exception
            else {                                                //ch 为运算符
                if(opnd.Pop(second) == UNDER_FLOW)               //取第二操作数
                    throw "缺少操作数！";
                if(opnd.Pop(first) == UNDER_FLOW)                //取第一操作数
                    throw "缺少操作数！";
                opnd.Push(Calulation(first,second,ch));          //计算结果并入栈
            }
            ss_postExpr >> ch;                                    //从字符串流读入一个新的字符
        }
        if(opnd.Pop(operand) == UNDER_FLOW)                      //出栈表达式计算的结果
            throw "缺少操作数！";                                 //若为空栈，则表明表达式缺少操作数
        if(!opnd.IsEmpty())                                       //如果操作数栈不空，则表明表达式缺少运算符
            throw "缺少运算符！";
        return operand;                                           //返回表达式的结果
}
```

上述程序没有给出函数 Calulation 的具体代码，该函数的功能是将第一操作数 first 与第二操作数 second 与运算符 ch 进行运算并返回结果，读者可以自行尝试实现，也可以对上述代码进行扩展，实现其他类型表达式及更多运算符的计算。

（4）把中缀表达式转换为后缀表达式。

人们习惯使用的表达式都是中缀表达式，为了利用更简便的后缀表达式计算，必须把中缀表达式转换为后缀表达式。

【问题分析】

对比一个中缀表达式与对应的后缀表达式，如中缀表达式 9*(4-1)+10 与后缀表达式 9 4 1 - * 10 +，可以发现，在两种表达形式之中，操作数的顺序完全一样，不同之处在于运算符的位置与顺序。后缀表达式的运算符总是位于相应的两个操作数之后，而运算符的顺序则取决于前后运算符之间的优先级。因此，在对中缀表达式进行转换时，可以从左向右扫描表达式，若遇到操作数，则不进行任何处理，直接输出；若遇到运算符，则需根据前后两个运算符的优先级确定输出顺序。因此，需要一个缓冲区来存储遇到的运算符，以便与后面遇到的运算符进行比较。例如，中缀表达式 9*(4-1)+10 转换为后缀表达式的过程如表 3-3 所示，为了方便地判断表达式是否处理完毕，需要在表达式开头和末尾各添加一个标志'#'，表达式开头的'#'可以直接放入运算符缓冲区。

表 3-3　中缀表达式 9*(4-1)+10 转换为后缀表达式的过程

步骤	扫描项	操作	后缀表达式	运算符缓冲区（左侧为栈顶，右侧为栈底）
1	9	输出 9	9	#
2	*	比较#与*的优先级，*的优先级高放入缓冲区	9	* #
3	(	比较*与(的优先级，(的优先级高放入缓冲区	9	(* #
4	4	输出 4	9 4	(* #
5	-	比较(与-的优先级，-的优先级高放入缓冲区	9 4	- (* #
6	1	输出 1	9 4 1	- (* #
7	)	比较-与)的优先级，-的优先级高输出	9 4 1 -	(* #
8	)	比较(与)的优先级，相同，舍弃( )	9 4 1 -	* #

续表

步骤	扫描项	操作	后缀表达式	运算符缓冲区（左侧为栈顶，右侧为栈底）
9	+	比较*与+的优先级，*的优先级高输出	9 4 1 - *	#
10	+	比较#与+的优先级，+的优先级高放入缓冲区	9 4 1 - *	+ #
11	10	输出 10	9 4 1 - * 10	+ #
12	#	比较+与#的优先级，+的优先级高输出	9 4 1 - * 10 +	#
13	#	结束	9 4 1 - * 10 +	

由上述实例可以发现，运算符在缓冲区的存储符合后进先出的特点，表明可以用栈存储运算符。至此，可以得到用栈存储运算符把中缀表达式转换为后缀表达式的方法：从左往右扫描中缀表达式，若遇到操作数，则不进行任何处理，直接输出；若遇到运算符，则与运算符栈的栈顶运算符比较优先级决定如何处理，直到表达式扫描完毕。表 3-4 所示为运算符（+、−、*、/、(、)）和结束符之间的优先级关系表，其中 op1 表示栈顶运算符，op2 表示当前扫描到的运算符。

表 3-4 运算符和结束符之间的优先级关系表

op1	op2						
	+	-	*	/	(	)	#
+	>	>	<	<	<	>	>
-	>	>	<	<	<	>	>
*	>	>	>	>	<	>	>
/	>	>	>	>	<	>	>
(	<	<	<	<	<	=	×
)	>	>	>	>	×	>	>
#	<	<	<	<	<	×	=

在表 3-4 中，“>”表示栈顶运算符的优先级高于当前扫描到的运算符的优先级，“<”表示栈顶运算符的优先级低于当前扫描到的运算符的优先级，“=”表示栈顶运算符与当前扫描到的运算符的优先级相等，“×”表示表达式中不能出现此种情况。优先级相等的情况仅有两种：①op1 为“(”且 op2 为“)”，由于后缀表达式中没有括号，因此在出现这种情况时应舍弃这对括号；②op1 为“#”且 op2 为“#”，表示表达式已经转换完毕。op1 和 op2 若是同一种运算符（如都为“+”），或 op1 和 op2 虽不是同一种运算符，但在数学中属于相同优先级（如 op1 为“+”、op2 为“-”），由于二元算术运算符是左结合的，此时应先计算 op1，因此在这些情况下定义的 op1 的优先级大于 op2。

【算法描述】

设 inExpr 表示一个中缀表达式，postExpr 表示转换得到的后缀表达式，optr 表示存储运算符的栈，则中缀表达式转换为后缀表达式的算法描述如下。

Step 1：optr 入栈'#'。

Step 2：从 inExpr 中读取 1 个字符 ch。

Step 3：当 inExpr 没有处理结束时，反复进行如下处理，否则执行 Step 4。

判断字符 ch 的类型，分为如下三种情况。

① 若 ch 是数字字符或小数点，则从 inExpr 中读取一个操作数先加入 postExpr，然后重新

从 inExpr 中读取 1 个字符 ch。

② 若 ch 是运算符，则比较 optr 栈顶运算符与 ch 的优先级，根据优先级进行如下处理。

- 栈顶运算符的优先级 ＞ch 的优先级，栈顶运算符出栈加入 postExpr。
- 栈顶运算符的优先级 ＜ch 的优先级，ch 入栈，重新从 inExpr 中读取 1 个字符 ch。
- 栈顶运算符的优先级 ＝ch 的优先级，即左、右括号相遇，出栈栈顶左括号，重新从 inExpr 中读取 1 个字符 ch。

③ 若 ch 不属于①和②，则提示错误并结束算法。

Step 4：返回后缀表达式 postExpr。

【算法实现】

判断运算符的优先级的函数 OperatorPrior 实现如下。

```
int OperatorPrior(char op1, char op2) {                              //比较 op1 与 op2 的优先级
    int prior;  //优先级比较结果，-1 表示表达式错误，0 表示 op1=op2，1 表示 op1<op2，2 表示 op1>op2
    switch(op1) {
        case '+':   case '-':
            if( op2 == '+' || op2 == '-' || op2 == ')' || op2 == '#' )  prior = 2;   //op1>op2
            else  prior = 1;                                          //op1<op2
            break;
        case '*':   case '/':
            if( op2 == '(' )    prior = 1;                            //op1<op2
            else  prior = 2;                                          //op1>op2
            break;
        case '(':   if( op2 == ')' )    prior = 0;                    //op1=op2
                    else  if( op2 == '#' )  prior = -1;               //括号不匹配
                    else  prior = 1;                                  //op1<op2
                    break;
        case ')':   if( op2 == '(' )    prior = -1;                   //括号不匹配
                    else  prior = 2;                                  //op1>op2
                    break;
        case '#':   if( op2 == ')' )    prior = -1;                   //括号不匹配
                    else  if( op2 == '#' )  prior = 0;                //op1=op2
                    else  prior = 1;                                  //op1<op2
                    break;
    }
    return prior;                                                     //返回比较结果
}
```

把中缀表达式转换为后缀表达式的函数 string ExprTransform(string inExpr)实现如下。

```
string ExprTransform(string inExpr) {               //把中缀表达式 inExpr 转换为后缀表达式并返回结果
    LinkStack<char> optr;                           //运算符栈
    string postExpr = "";                           //后缀表达式
    stringstream ss_inExpr(inExpr), ss_postExpr;    //对应中缀与后缀表达式的字符串流对象
    char ch, op = '#';                              //ch 表示当前读入字符，op 表示 optr 栈的栈顶运算符
    double operand;                                 //操作数
    optr.Push('#');                                 //在运算符栈中放入一个'#'
    ss_inExpr >> ch;                                //从中缀表达式中读入 1 个字符
    while(op != '#' || ch != '#') {                 //当表达式没有处理结束
        if(isdigit(ch) || ch == '.') {              // ch 是一个操作数的第 1 个数字或小数点
```

```
                ss_inExpr.putback(ch);              //将 ch 放回中缀的字符串流
                ss_inExpr >> operand;               //读入整个操作数
                ss_postExpr << operand << ' ';;     //将操作数放入后缀的字符串流，用空格隔开
                ss_inExpr >> ch;                    //从中缀表达式中读入 1 个字符
            }
            else if(!IsOperator(ch))                //ch 既不是操作数也不是运算符
                throw "表达式中有非法符号！"; //提示异常
            else {                                  //ch 是运算符
                switch(OperatorPrior(op, ch)) {     //比较 op 与 ch 的优先级，分情况处理
                    //若 op>ch，则将 op 放入后缀表达式的字符串流并用空格间隔
                    case 2:   ss_postExpr << op << ' ';
                              optr.Pop(op);        //删除 optr 栈的栈顶运算符
                              optr.Top(op);        //读取 optr 栈的新的栈顶运算符
                              break;
                    case 1:   optr.Push(ch);       //若 op<ch，则将 ch 入栈 optr 栈
                              op = ch;             //当前栈顶运算符成为 ch
                              ss_inExpr >> ch;//从中缀表达式中读入 1 个字符
                              break;
                    case 0:   optr.Pop(op);        //若 op=ch，则删除 optr 栈的栈顶运算符'('
                              optr.Top(op);        //从 optr 栈中读取新的栈顶运算符
                              ss_inExpr >> ch;//从中缀表达式中读入 1 个字符
                              break;
                    case -1:  throw "括号不匹配！";      //表达式括号不匹配，提示异常
                              break;
                }
            }
        }
        postExpr = ss_postExpr.str();               //从后缀表达式的字符串流中读取后缀表达式字符串
        return postExpr;                            //返回后缀表达式
    }
```

上述程序仅考虑了中缀表达式出现括号不匹配的异常情况，没有考虑其他异常情况，读者可以此为基础进一步完善程序，使其更加健壮。

另外有一种把中缀表达式转换为后（前）缀表达式的方法，简单描述如下。

① 加括号：给中缀表达式的每步运算加上一对括号，包含该运算符与相应的操作数。

② 移运算：将每个运算符移到所在括号的右（左）括号之外。

③ 删括号：删除表达式中的所有括号。

例如，把中缀表达式 A*(B-C)+D/E 转换为后（前）缀表达式的过程如下。

① 加括号：((A*(B-C))+(D/E))。

② 移运算：((A(BC)-)*(DE)/)+或+(*(A-(BC))/(DE))。

③ 删括号：ABC-*DE/+或+*A-BC/DE。

3.3 队列

与栈相似，队列是线性表的另一种特殊表现形式，其特殊性在于必须按照先进先出的规则

进行操作，在该规则的约束之下，队列的插入和删除操作同样受到了限制，因此队列也是一种操作受限的线性表。

3.3.1 队列的定义

队列是一种只能在表的一端插入、在表的另一端删除的线性表。允许插入的一端称为**队尾**，允许删除的一端称为**队头**。通常，我们在队列这一特殊线性表的表尾进行插入操作，在表头进行删除操作。因此，队列的表尾是队尾，表头是队头。在队尾插入元素称为**入队**，从队头删除元素称为**出队**。

例如，已知 Q=($a_1,a_2,\cdots,a_n$)是一个队列，其结构示意图如图 3-11 所示，a_1 是队头元素，a_n 是队尾元素；队列中的元素以 $a_1,a_2,\cdots,a_n$ 的顺序从队尾依次入队，也只能按照相同的顺序从队头依次出队。显然，队列中的元素先进者先出，因此队列又被称为先进先出（First-In First-Out，FIFO）的线性表。

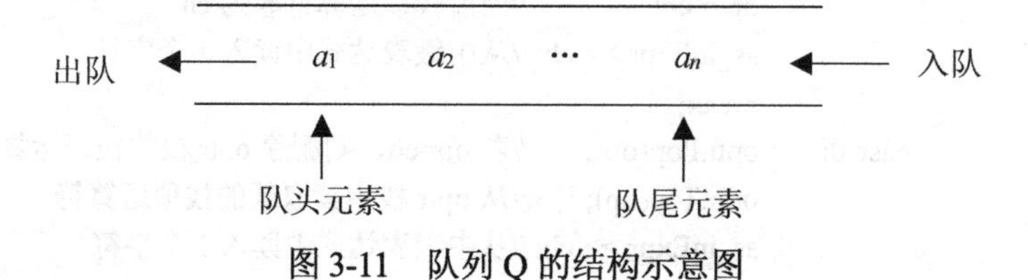

图 3-11　队列 Q 的结构示意图

队列与线性表的异同：①队列是特殊的线性表；②队列只能在队尾进行插入操作、从队头进行删除操作，而线性表可以在任意位置进行插入与删除操作。

队列的基本操作包括以下几种。

（1）初始化：建立一个空队列。

（2）求队列的长度：统计并返回队列中的元素数目。

（3）判断队列是否为空：判断并返回队列是否为空队列的信息。

（4）清空队列：清空队列中的元素。

（5）入队：在队尾插入一个新元素并返回成功与否的信息。

（6）出队：删除当前的队头元素并返回成功与否的信息，若成功，则返回该元素的值。

（7）取队头元素：取当前队头元素的值并返回成功与否的信息，若成功，则返回该元素的值。

队列既可以采用顺序存储结构实现，也可以采用链式存储结构实现，下面分别介绍这两种实现方式，以及在这两种存储结构之下队列基本操作的实现方法。

3.3.2 循环队列

采用顺序存储结构实现的队列称为**顺序队列**，即使用一片连续的存储单元存储队列中的数据元素。由于队列需要在队头和队尾分别进行操作，因此队列中通常会设置两个指针：front 和 rear，分别指示队头元素和队尾元素所在的位置。front 作为队头指针指示队头元素所在位置，rear 作为队尾指针指示队尾元素所在位置的下一个位置。当初始化建立空队列时，令 front=rear=0；当入队新元素时，先将该元素添加到 rear 指示的位置，再把 rear 后移一位；当出队元素时，先取出 front 指示位置的元素，再把 front 后移一位。图 3-12 所示为一个容量为 4 的顺序队列在初始空队列、入队和出队时的状态。

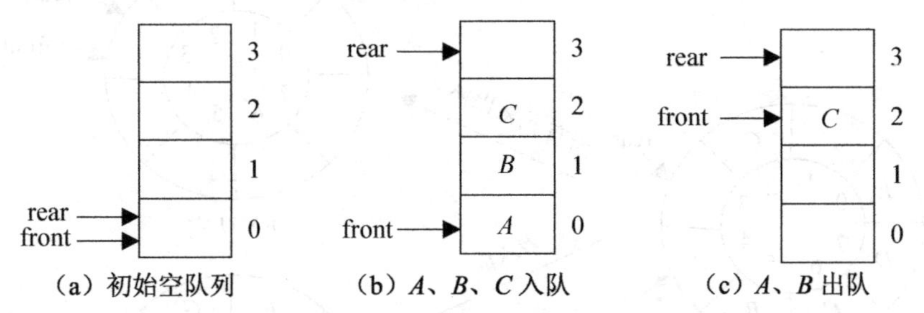

图 3-12　一个容量为 4 的顺序队列在初始空队列、入队和出队时的状态

循环队列是顺序队列的一种表现方式，将顺序队列使用的存储空间（数组）在逻辑上处理成一个首尾相连的环状空间。那么，为什么要使用循环队列呢？或者，非循环顺序队列存在什么问题呢？仍以图 3-12 中容量为 4 的顺序队列为例，在图 3-12（c）的基础上入队新元素 *D*，该队列的状态如图 3-13 所示。此时，rear 的值为 4，等于队列容量且超出了数组范围，如果再入队新元素，则将发生“溢出”。但是，队列的存储空间实际并未被占满，只是由于空闲位置位于数组前端，当前队尾指针的修改方法无法使其回到数组前端而已。因此，这是一种队列“假满”的情况，通常被称为“**假溢出**”。有两种方法可以解决这一问题：①在队头元素出队之后，将剩余元素前移，即将队头位置固定在数组下标为 0 的位置，这样空闲位置始终位于数组后端；②使用循环队列，队头指针和队尾指针在数组范围内循环往复。方法①每次出队都需要移动队列中剩余的元素，效率不高，故通常使用方法②。

与非循环顺序队列一样，循环队列使用 front 指示队头元素所在位置，rear 指示队尾元素的后继位置。图 3-14 所示为容量为 8 的循环队列示意图，其中 front 的值为 4，rear 的值为 3。当初始空队列时，令 front=rear=0，将新元素入队到 rear 指示的位置，从 front 指示的位置出队。那么，如何实现队头指针与队尾指针在数组范围内的循环往复，使它们的取值一旦超过数组的下标范围就能回到 0 呢？这可以使用模（求余）运算实现。例如，对于一个容量（maxSize）为 8 的循环队列，数组的下标范围是 0~7，每次在修改 front 与 rear 之后对 maxSize 求余数，即 front = (front + 1) % maxSize、rear = (rear + 1) % maxSize，就可以实现 front 与 rear 取值的循环。

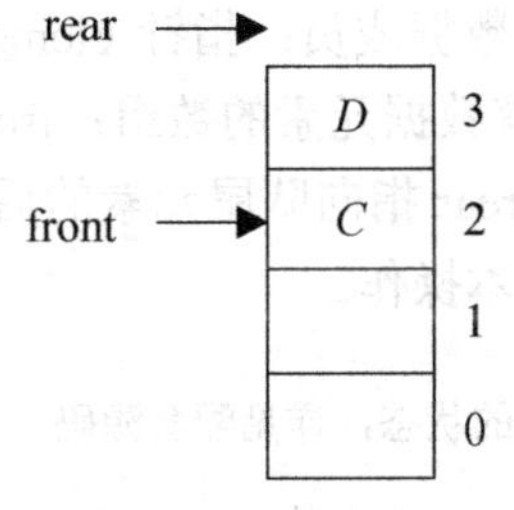

图 3-13　*D* 入队

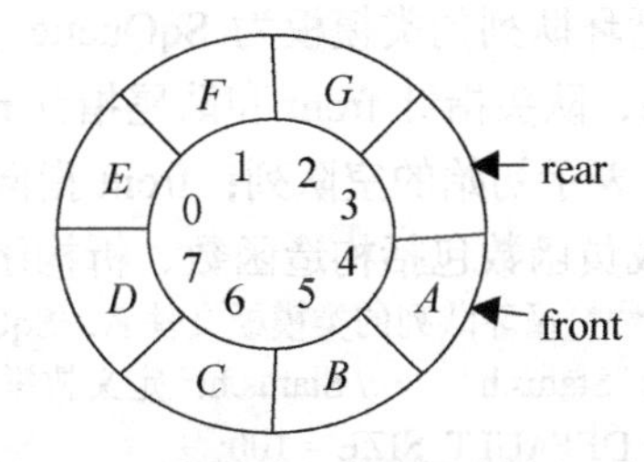

图 3-14　容量为 8 的循环队列示意图

循环队列解决了“假溢出”问题，另一个有待解决的问题是，在这种特殊的结构下，如何判断“队空”与“队满”呢？例如，已知一个循环队列如图 3-15（a）所示，该循环队列的容量为 8，当前已经存储了 *A*、*B*、*C*、*D*、*E*、*F*、*G* 7 个元素，若将该队列的所有元素出队，则队空，此时 front 等于 rear，如图 3-15（b）所示；若对如图 3-15（a）所示的循环队列入队新元素 *H*，则队满，此时 front 同样等于 rear，如图 3-15（c）所示。这表明，使用“front==rear”作为条件无法判断队列为队空还是为队满。

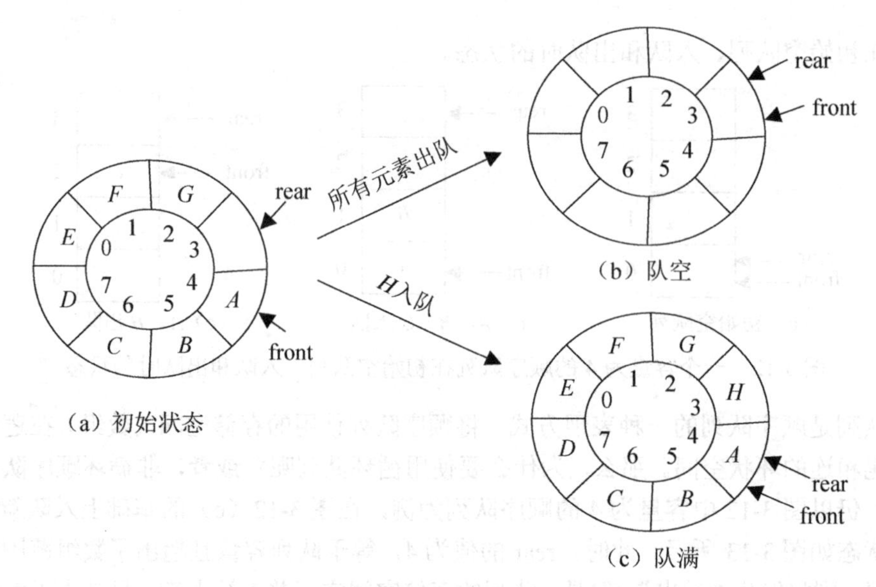

图 3-15　循环队列的队空与队满

对此，有两种解决方案：①增设一个记录队列长度的变量，根据队列长度进行判断；②少用一个存储空间，使得当队满时 front 与 rear 不相等，从而将其与队空时的情况区分开来。由于方案①比较简单，因此请读者自行尝试实现，下面讨论方案②的实现方法。少用一个存储空间，即当数据元素数目达到 maxSize-1 时就认为队列已满。例如，图 3-15（a）所示队列的元素数目达到了 maxSize-1，我们认为该队列已满，无法继续入队。此时，front 与 rear 处于相邻而非相同的位置，考虑到队列的循环处理，它们的关系可以表示为(rear + 1) % maxSize == front，从而与队空时队头指针、队尾指针的关系区分开。通过上述分析，可得如下循环队列判断队空与队满的方法。

循环队列的队空条件：front == rear。

循环队列的队满条件：(rear + 1) % maxSize == front。

1. 循环队列的类模板定义

定义循环队列的类模板为 SqQueue，该类模板包含四个数据成员：指针 elems、队列的容量 maxSize、队头指针 front 和队尾指针 rear。elems 指向存储数据元素的数组；front 与 rear 的初值为 0，表示初始的空队列；front 指向队头元素的位置；rear 指向队尾元素的后继位置。循环队列的成员函数包括构造函数、析构函数和队列的各种基本操作。

```
/**********循环队列的类模板文件名：SqQueue.h**********/
#include "Status.h"      // Status.h：定义枚举类型 Status，表示操作的状态，详见配套源码
const int DEFAULT_SIZE = 100;
template<class DataType>
class SqQueue {
protected:
    DataType *elems;                                    //指向动态内存分配的数组
    int maxSize;                                        //队列的容量
    int front, rear;                                    //队头指针和队尾指针
public:
    SqQueue (int size = DEFAULT_SIZE);                  //构造函数
    virtual ~SqQueue ();                                //析构函数
```

```
    int GetLength() const;                              //求队列的长度
    bool IsEmpty() const;                               //判断队列是否为空
    void Clear();                                       //清空队列
    Status EnQueue(const DataType &e);                  //入队
    Status DelQueue(DataType &e);                       //出队
    Status GetHead(DataType &e) const;                  //取队头元素
    void Traverse(void (*visit)(const DataType &)) const;    //遍历队列元素
};
```

2．循环队列主要操作的实现

下面详细介绍循环队列的三个主要操作：入队、出队和取队头元素的实现。

（1）入队。

入队，即在队列中添加一个新的元素，该元素添加在队列的尾部，成为新的队尾元素。例如，在循环队列 Q=($a_1,a_2,\cdots,a_n$)中添加新元素 e，如图 3-16 所示，e 入队之后成为新的队尾元素，rear 指示 e 的后继的位置。

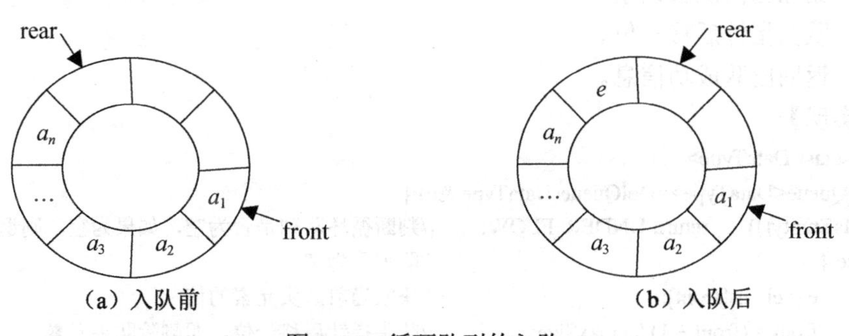

图 3-16　循环队列的入队

【算法描述】

Step 1：判断循环队列是否已满，如果已满，则返回上溢信息。

Step 2：将新元素放入队尾指针指示的位置。

Step 3：队尾指针后移一位。

Step 4：返回入队成功信息。

【算法实现】

```
template<class DataType>
Status SqQueue<DataType>::EnQueue(const DataType &e) {
    //判断循环队列是否已满，如果已满，则返回上溢信息
    if((rear + 1) % maxSize == front)  return OVER_FLOW;
    else {                                              //队列未满
        elems[rear] = e;                                //将 e 放入队尾指针指示的位置
        rear = (rear + 1) % maxSize;                    //队尾指针后移一位
        return SUCCESS;                                 //返回入队成功信息
    }
}
```

（2）出队。

出队，即删除队头元素。例如，从循环队列 Q=($a_1,a_2,\cdots,a_n$)中出队 a_1，如图 3-17 所示，a_1 出队之后，后继元素 a_2 成为新的队头元素，front 指示 a_2 所在的位置。

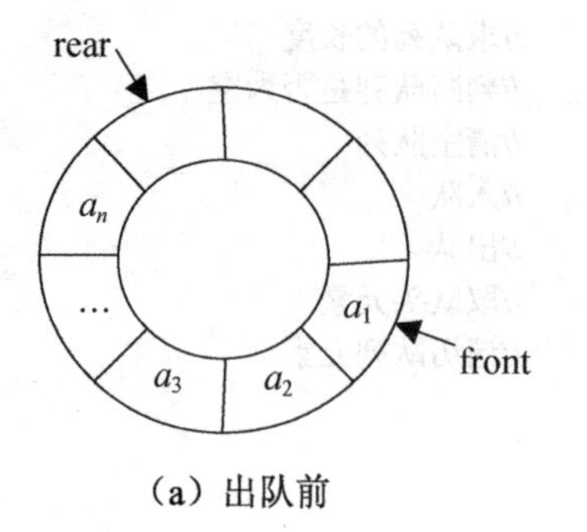

（a）出队前　　　　（b）出队后

图 3-17　循环队列的出队

【算法描述】

Step 1：判断循环队列是否为空，如果为空，则返回下溢信息。

Step 2：获取当前队头元素的值。

Step 3：删除当前队头元素。

Step 4：队头指针后移一位。

Step 5：返回出队成功信息。

【算法实现】

```
template<class DataType>
Status SqQueue<DataType>::DelQueue(DataType &e) {
        if(IsEmpty())       return UNDER_FLOW;          //判断循环队列是否为空，如果为空，则返回下溢信息
        else {                                          //队列不为空
                e = elems[front];                       //获取当前队头元素的值
                front = (front + 1) % maxSize;          //队头指针后移一位，即删除队头元素
                return SUCCESS;                         //返回出队成功信息
        }
}
```

（3）取队头元素。

取队头元素，即获取当前队头元素的值，这一操作不会删除当前队头元素。例如，在循环队列 Q=($a_1,a_2,\cdots,a_n$)中取队头元素，如图 3-18 所示，在获取当前队头元素 a_1 的值之后，队列中的元素不会发生任何变化，队头元素仍是 a_1，front 也仍然指示 a_1 所在的位置。

【算法描述】

Step 1：判断循环队列是否为空，如果为空，则返回下溢信息。

Step 2：获取当前队头元素的值。

Step 3：返回成功信息。

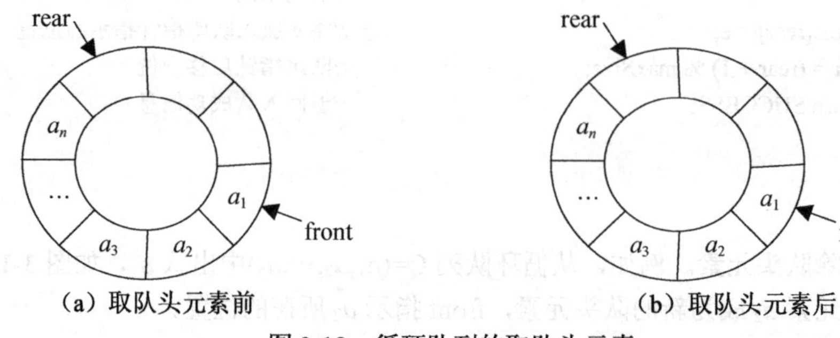

（a）取队头元素前　　　　（b）取队头元素后

图 3-18　循环队列的取队头元素

【算法实现】

```
template<class DataType>
Status SqQueue<DataType>::GetHead(DataType &e) const {
    if(IsEmpty())    return UNDER_FLOW;    //判断循环队列是否为空，如果为空，则返回下溢信息
    else {                                 //队列不为空
        e = elems[front];                  //获取当前队头元素的值
        return SUCCESS;                    //返回成功信息
    }
}
```

3．循环队列其他操作的实现

循环队列其他操作的实现都非常容易，下面简单介绍这些操作的实现方法。

（1）构造函数和析构函数。

循环队列的构造函数需要完成数组空间的动态分配，并初始化 maxSize、front 和 rear；析构函数承担释放数组空间的工作。

```
template<class DataType>
SqQueue<DataType>::SqQueue(int size) {          //创建一个容量为 size 的空队列
    elems = new DataType[size];
    maxSize = size;
    front = rear = 0;                           //将队头指针、队尾指针初始化为 0
}
template <class DataType>
SqQueue<DataType>::~SqQueue()                   //销毁一个队列
{   delete []elems;    }
```

（2）求循环队列的长度。

循环队列的长度是指队列中的实际元素数目。由于 front 指示了队头元素的位置，rear 指示了队尾元素的后继位置，因此根据 front 与 rear 的取值即可计算出循环队列的长度。但必须注意，循环队列中 rear 的取值可能小于 front，故在计算过程中需要根据队列容量 maxSize 对长度的取值进行修正。

```
template<class DataType>
int SqQueue<DataType>::GetLength() const                    //求循环队列的长度
{   return (rear - front + maxSize) % maxSize;    }         //计算并返回队列中的元素数目
```

（3）判断循环队列是否为空队列。

判断 front 是否等于 rear 即可确定循环队列是否为空队列，如果相等，则为空队列，反之不为空队列。

```
template<class DataType>
bool SqQueue<DataType>::IsEmpty() const         //如果循环队列为空，则返回 true，反之返回 false
{   return front == rear;    }
```

（4）清空循环队列。

清空循环队列是指清空队列中的所有元素，使其重新成为空队列。采用顺序存储结构的循环队列与顺序栈一样，无须真正删除队列中的元素，使得这些元素不被访问即可。由于访问队列元素总是基于队列非空的状态，而队列非空时 front!=rear，因此将 front 与 rear 置为相等即可表示队列已经为空，通常将它们重新置为 0。

```
template<class DataType>
```

```
void SqQueue<DataType>::Clear()                          //清空循环队列
{       front = rear = 0;      }
```

（5）遍历循环队列。

遍历循环队列，即从队头元素开始依次访问队列中的每个元素，直至队尾。

```
template<class DataType>
void SqQueue<DataType>::Traverse(void (*visit)(const DataType &)) const {    //遍历循环队列元素
        for (int i = front; i != rear; i = (i + 1) % maxSize)
                (*visit)(elems[i]);
}
```

由于循环队列与顺序栈一样存在容量的限制，在队满的情况下无法入队新的元素，因此在应用时需要根据问题的性质与规模预先估算队列所需的存储空间，如果无法预估队列可能达到的最大容量时，那么最好采用链式存储结构实现的队列。

3.3.3 链队列

使用链式存储结构实现的队列称为**链队列**。链队列的结构和操作比较简单，使用带头节点的单链表就可以很好地表示和实现队列。通常，链队列将链表的头部作为队头，尾部作为队尾，分别设置队头指针和队尾指针指向队头和队尾，以方便实现出队和入队操作。图 3-19 所示为链队列的示意图，其中队头指针指向头节点，队尾指针指向链表的最后一个节点；在空链表的情况下，队头指针与队尾指针都指向头节点。

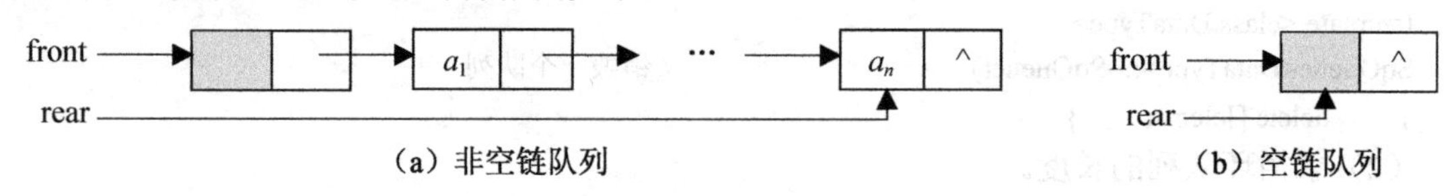

图 3-19　链队列的示意图

1. 链队列的类模板定义

链队列的节点仍使用第 2 章定义的单链表节点类型，其文件名为“Node.h”。定义链队列的类模板为 LinkQueue，该类模板包含两个数据成员：队头指针与队尾指针，在初始空队列的情况下都指向链表的头节点。链队列的成员函数包括构造函数、析构函数和队列的各种基本操作。

```
/**********链队列的类模板文件名：LinkQueue.h**********/
#include "Status.h"      // Status.h：定义枚举类型 Status，表示操作的状态，详见配套源码
#include "Node.h"                                        //包含单链表节点类的头文件
template<class DataType>
class LinkQueue {
protected:
        Node<DataType> *front, *rear;                    //队头指针与队尾指针
public:
        LinkQueue();                                     //构造函数
        virtual ~LinkQueue();                            //析构函数
        int GetLength() const;                           //求队列的长度
        bool IsEmpty() const;                            //判断队列是否为空
        void Clear();                                    //清空队列
        Status EnQueue(const DataType &e);               //入队
        Status DelQueue(DataType &e);                    //出队
```

```
    Status GetHead(DataType &e) const;                    //取队头元素
    void Traverse(void (*visit)(const DataType &)) const; //遍历队列元素
};
```

2. 链队列主要操作的实现

下面详细介绍链队列的三个主要操作：入队、出队和取队头元素的实现。

（1）入队。

链队列的入队操作需要先为新元素申请分配一个新的链表节点，然后将该节点添加到队尾指针所指节点之后，并将队尾指针指向该节点。例如，在链队列 $Q=(a_1,a_2,\cdots,a_n)$中入队新元素 e，如图 3-20 所示，e 入队之后成为新的队尾元素，rear 指向 e 所在的节点。

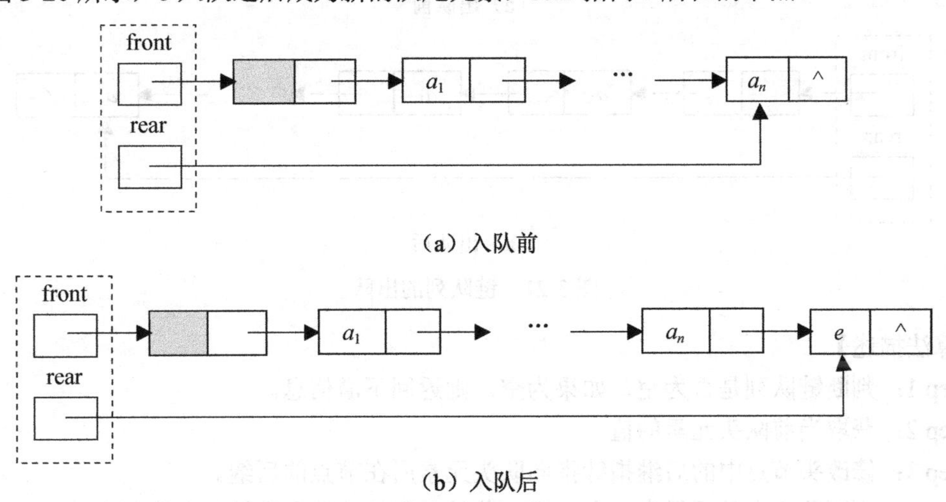

图 3-20　链队列的入队

【算法描述】

Step 1：申请分配一个新的链表节点，如果失败，则返回上溢信息。

Step 2：将新元素存储到新分配的节点。

Step 3：将新的链表节点插入队尾指针所指节点之后。

Step 4：移动队尾指针指向新的链表节点。

Step 5：返回入队成功信息。

【算法实现】

```
template<class DataType>
Status LinkQueue<DataType>::EnQueue(const DataType &e) {
    Node<DataType> *pNew = new Node<DataType>(e);   //申请分配一个新的链表节点用于存储元素 e
    if (!pNew)      return OVER_FLOW;               //若节点分配失败，则返回上溢信息
    else {                                          //新的链表节点分配成功
        rear->next = pNew;                          //将新的链表节点插入队尾指针所指节点之后
        rear = rear->next;                          //移动队尾指针指向新的链表节点
        return SUCCESS;                             //返回入队成功信息
    }
}
```

（2）出队。

链队列的出队操作需要从链表中将队头元素所在节点删除。例如，对链队列 $Q=(a_1,a_2,\cdots,a_n)$

出队 a_1，如图 3-21 所示，在 a_1 出队之后，a_2 所在节点成为链表的第一个元素节点，头节点中的后继指针指向 a_2 所在节点。注意，若队列只有一个元素，则在出队时需要修改队尾指针，使其指向头节点。

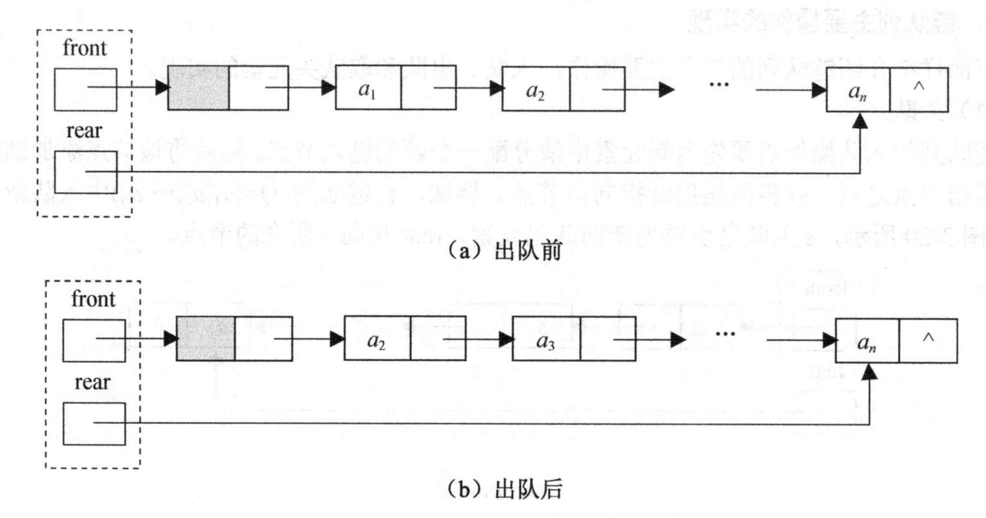

（b）出队后

图 3-21　链队列的出队

【算法描述】

Step 1：判断链队列是否为空，如果为空，则返回下溢信息。

Step 2：获取当前队头元素的值。

Step 3：修改头节点中的后继指针指向队头元素所在节点的后继。

Step 4：判断队列中是否只有一个元素，若是，则修改队尾指针指向头节点。

Step 5：删除原队头元素所在节点。

Step 6：返回出队成功信息。

【算法实现】

```
template<class DataType>
Status LinkQueue<DataType>::DelQueue(DataType &e)  {      //若出队成功，则用 e 返回队头元素的值
    if (IsEmpty())    return UNDER_FLOW;         //若链队列为空，则返回下溢信息
    else {                                       //链队列不为空
        Node<DataType> *p = front->next;         //定义辅助指针指向当前队头节点
        e = p->data;                             //获取当前队头元素的值
        front->next = p->next;                   //修改头节点中的后继指针
        if(rear == p)       rear = front;        //若队列中只有一个元素，则修改队尾指针指向头节点
        delete p;                                //删除原队头元素所在节点
        return SUCCESS;                          //返回出队成功信息
    }
}
```

（3）取队头元素。

链队列的取队头元素操作只需获取链表的第一个元素节点存储的数据元素，不需要删除该节点。例如，对链队列 Q=(a_1,a_2,⋯,a_n)取队头元素，如图 3-22 所示，在操作前后链队列不会发生任何改变。

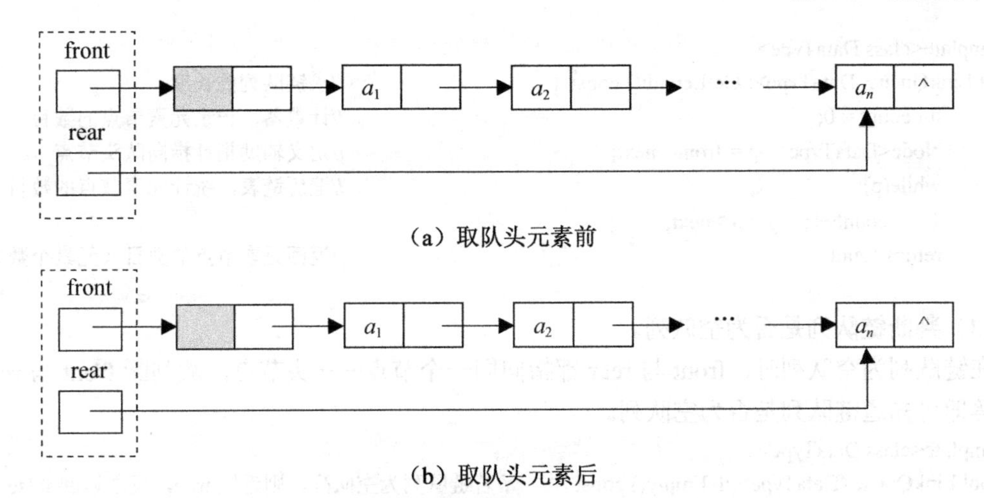

图 3-22　链队列的取队头元素

【算法描述】

Step 1：判断链队列是否为空，如果为空，则返回下溢信息。

Step 2：获取链表的头节点之后的第一个元素节点中存储的数据元素的值。

Step 3：返回成功信息。

【算法实现】

```
template<class DataType>
Status LinkQueue<DataType>::GetHead(DataType &e) const {  //若取队头元素成功，则用e返回队头元素的值
    if (IsEmpty())    return UNDER_FLOW;                   //若链队列为空，则返回下溢信息
    else {                                                 //链队列不为空
        e = front->next->data;                             //获取第一个元素节点中存储的数据元素的值
        return SUCCESS;                                    //返回成功信息
    }
}
```

3．链队列其他操作的实现

链队列其他操作的实现与单链表基本相似，下面简单介绍这些操作的实现方法。

（1）构造函数和析构函数。

链队列的构造函数需要建立一个头节点，并初始化 front 和 rear，使它们指向头节点；析构函数需要释放链表中包括头节点在内的所有节点。

```
template<class DataType>
LinkQueue<DataType>::LinkQueue()                           //创建一个空的链队列
{     rear = front = new Node<DataType>;      }
template <class DataType>
LinkQueue<DataType>::~LinkQueue()  {                       //销毁一个链队列
    Clear();                                               //释放所有节点
    delete front;                                          //释放头节点
}
```

（2）求链队列的长度。

链队列的长度是链表中元素节点的数目，从头节点之后的第一个元素节点开始遍历链表直至最后一个元素节点，即可统计出元素节点的数目。

```
template<class DataType>
int LinkQueue<DataType>::GetLength() const {                //求链队列的长度
    int count = 0;                                          //计数器，记录元素节点的数目
    Node<DataType> *p = front->next;                        //定义辅助指针指向队头节点
    while(p)                                                //遍历链表，统计元素节点的数目
    {     count++;    p = p->next;     }
    return count;                                           //返回元素节点的数目（元素个数）
}
```

（3）判断链队列是否为空队列。

在链队列为空队列时，front 与 rear 都指向同一个节点——头节点，故判断 front 与 rear 是否相等即可知道链队列是否为空队列。

```
template<class DataType>
bool LinkQueue<DataType>::IsEmpty() const       //若链队列为空队列，则返回 true，反之返回 false
{     return front == rear;      }
```

（4）清空链队列。

清空链队列需要删除链表中的所有元素节点，仅保留头节点，并使 front 和 rear 重新指向头节点。删除所有元素节点的方法与清空单链表一样，从头节点之后的第一个元素节点开始依次释放所有节点即可。

```
template<class DataType>
void LinkQueue<DataType>::Clear() {                         //清空链队列
    Node<DataType> *p = front->next;                        //定义辅助指针指向第一个元素节点
    while(p) {                                              //从链表头部开始依次删除节点
        front->next = p->next;                              //修改头节点的后继指针
        delete p;                                           //删除第一个元素节点
        p = front->next;                                    //辅助指针指向当前的第一个元素节点
    }
    rear=front;
}
```

（5）遍历链队列。

遍历链队列是从链表第一个元素节点开始依次访问队列中的每个元素，直至最后一个元素节点。

```
template<class DataType>
void LinkQueue<DataType>::Traverse(void (*visit)(const DataType &)) const {  //遍历链队列
    for (Node<DataType> *p = front->next; p; p = p->next)
        (*visit)(p->data);
}
```

3.4 队列的应用

队列的应用非常广泛，利用先进先出的特征可以用于一些具体业务场景，如多系统之间的消息通知、订单处理、日志系统等，涉及异步处理、应用解耦、流量削锋、消息通信等方面。本节用两个例子来说明队列的应用方法。

1. 约瑟夫问题

约瑟夫问题是一个数学应用问题：已知 n 个人（用编号 $1,2,3,\cdots,n$ 表示）围坐在一张圆桌

周围，从编号为 k 的人开始报数，数到 m 的那个人出列；他的下一个人又从 1 开始报数，数到 m 的那个人出列；依此类推，直到队列只剩 1 个人，求最后剩下的这个人的编号。

【问题分析】

在约瑟夫问题中，围坐在圆桌周围的 n 个人形成了一个现实生活意义上的环状队列。由于环状队列没有天然的所谓“第一人”，因此我们可以将编号为 k 的人看作队列的第一人（队头）。队头从 1 开始报数，若报数不等于 m，一方面表明该人需要继续留在队列之中，另一方面表明由于其刚刚完成一次报数，下一次报数应该在其他所有人之后，则可以将其视为重新排到了队列的尾部（队尾）；若报数等于 m，则该人需要离开队列。

综上所述，约瑟夫问题的解决过程可以描述如下：队头从 1 开始报数，若报数不等于 m，则该人成为队尾，其后继成为队头继续报数；若报数等于 m，则该人离开队列，其后继成为队头，从 1 开始报数重复上述过程，直到队列只剩 1 个人。图 3-23 所示为在 n 个人中报数为 3 者离开队列的处理过程。可见，对由 n 个人形成的环状队列，从队头开始依次进行处理，或者是出队之后重新进入队列，或者是出队之后彻底离开队列，而重新进入队列的人则成为队尾，符合数据结构“队列”队头出队、队尾入队和先进先出的特征，因此可以使用队列来处理约瑟夫问题。

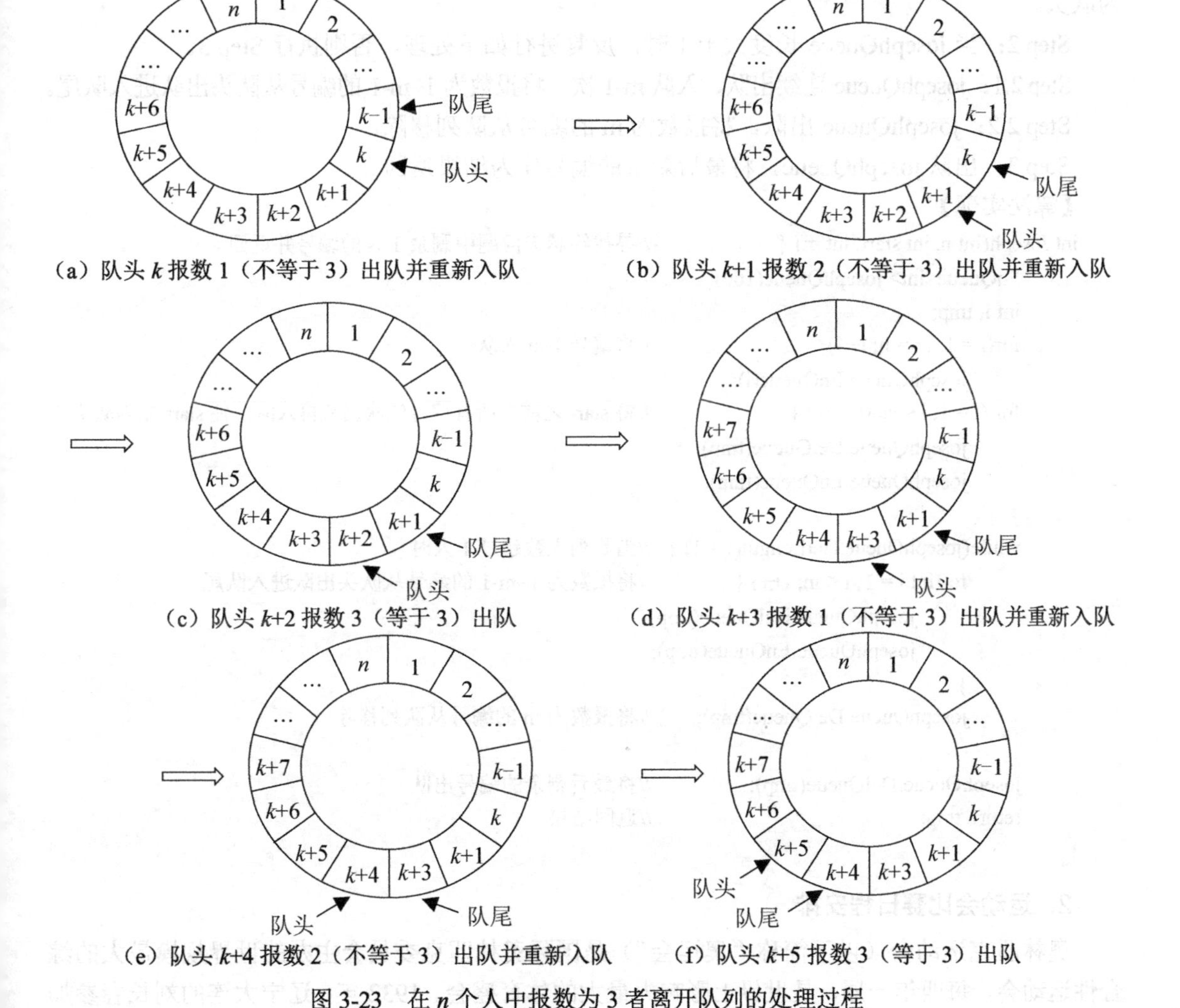

（a）队头 k 报数 1（不等于 3）出队并重新入队　（b）队头 k+1 报数 2（不等于 3）出队并重新入队

（c）队头 k+2 报数 3（等于 3）出队　（d）队头 k+3 报数 1（不等于 3）出队并重新入队

（e）队头 k+4 报数 2（不等于 3）出队并重新入队　（f）队头 k+5 报数 3（等于 3）出队

图 3-23　在 n 个人中报数为 3 者离开队列的处理过程

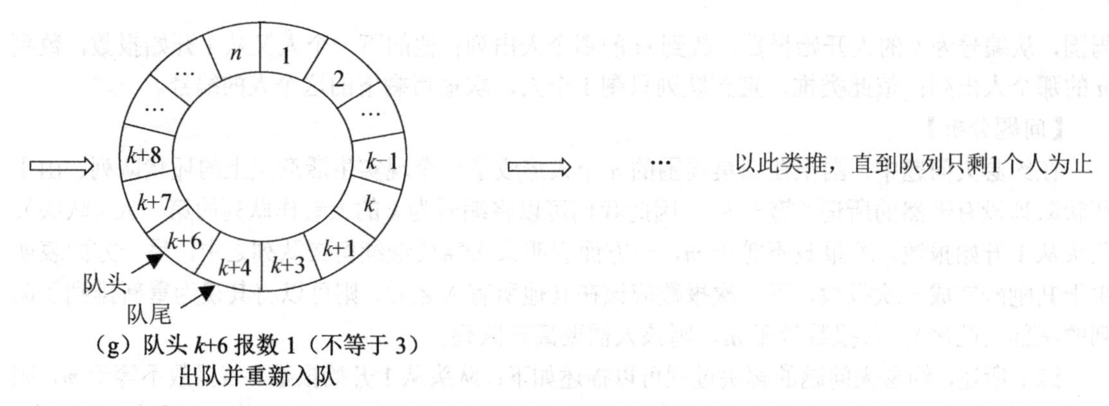

（g）队头 k+6 报数 1（不等于 3）出队并重新入队

图 3-23　在 n 个人中报数为 3 者离开队列的处理过程（续）

【算法描述】

设 josephQueue 表示存储了编号 1~n 的队列，start 表示起始报数的编号，m 表示出队的序号，解决约瑟夫问题的算法描述如下。

Step 1：在 josephQueue 中将 start 之前的所有编号依次出队，并再次入队，使编号 start 成为队头。

Step 2：当 josephQueue 长度大于 1 时，反复进行如下处理，否则执行 Step 3。

Step 2.1：josephQueue 连续出队、入队 m-1 次，将报数为 1~m-1 的编号从队头出队进入队尾。

Step 2.2：josephQueue 出队，将报数为 m 的编号从队列移除。

Step 3：出队 josephQueue，将最后剩余的编号作为结果返回。

【算法实现】

```
int Joseph(int n, int start, int m) {              //寻找约瑟夫问题中剩余 1 人的编号并返回
    SqQueue<int> josephQueue(100);
    int i, tmp;
    for(i = 1; i <= n; i++)                        //将编号 1~n 入队
        josephQueue.EnQueue(i);
    for (i = 1; i < start; i++) {                  //将 start 之前的所有编号依次出队再入队，使 start 成为队头
        josephQueue.DelQueue(tmp);
        josephQueue.EnQueue(tmp);
    }
    while(josephQueue.GetLength() > 1) {           //当队列人数超过 1 人时
        for(int i = 1; i < m; i++) {               //将报数为 1~m-1 的编号从队头出队进入队尾
            josephQueue.DelQueue(tmp);
            josephQueue.EnQueue(tmp);
        }
        josephQueue.DelQueue(tmp);                 //将报数为 m 的编号从队列移除
    }
    josephQueue.DelQueue(tmp);                     //将最后剩余的编号出队
    return tmp;                                    //返回结果
}
```

2. 运动会比赛日程安排

奥林匹克运动会（以下简称“奥运会”）是国际奥林匹克委员会主办的世界规模最大的综合性运动会，每四年一届，是世界上影响力最大的体育盛会。1932 年，辽宁大连的刘长春参加

了在美国洛杉矶举行的第 10 届奥运会，成为第一位正式参加奥运会的中国选手。2008 年，在中国成功举办的第 29 届夏季奥运会期间，中国以 51 枚金牌位居金牌榜首名，成为奥运历史上首个登上金牌榜首的亚洲国家。对一场运动会而言，比赛项目众多，而且一名运动员可能同时参加多项比赛，合理地安排运动会的比赛日程至关重要。现假设某运动会设立了 N 个比赛项目，每个运动员可以参加若干项目，请问如何安排比赛日程，既可以使同一个运动员参加的项目不安排在同一时间进行，又可以使总的比赛时间尽可能短呢？

【问题分析】

如果将 N 个比赛项目抽象为一个大小为 N 的集合，将同一个运动员参加的项目抽象为“冲突”关系，那么运动会比赛日程安排问题就是数学中的子集划分问题。子集划分问题可以形式化描述为已知集合 $A=\{a_1,a_2,\cdots,a_N\}$ 及集合上的关系 $R=\{(a_i,a_j)|\ a_i、a_j\in A$ 且 $i\neq j\}$，其中(a_i,a_j)表示 a_i 与 a_j 之间存在冲突关系，现要求将 A 划分成互不相交的子集 $A_1,A_2,\cdots,A_k$（$k\leqslant N$），使同一子集中的元素没有任何冲突关系，并要求子集数目尽可能少。对运动会比赛日程安排问题而言，即将 N 个比赛项目划分为若干子集，同一子集内的项目可以同时进行，并希望子集数目尽可能少使得比赛日程尽可能短。

子集划分问题可以采用“过筛法”解决。首先，从集合中选择一个元素，寻找与该元素不存在冲突的其他元素，将其划分到一个子集；其次，在剩下的元素中选择一个元素，寻找与该元素不存在冲突的其他元素，将其划分到另一个子集；以此类推，直到所有元素都被划分入某个子集。

例如，某运动会设立了 9 个项目（用编号 0~8 表示），项目集合 $A=\{0,1,2,3,4,5,6,7,8\}$，若六名运动员报名参加的项目分别为（1,3,7）、（2,6）、（2,7）、（0,1,4）、（2,4,5）、（7,8），则冲突关系的集合 $R=\{(1,3),(1,7),(3,7),(2,6),(2,7),(0,1),(0,4),(1,4),(2,4),(2,5),(4,5),(7,8)\}$。在采用“过筛法”解决这一问题时，可以使用如图 3-24 所示的矩阵 **conflict** 描述项目之间的冲突关系，conflict[i][j]表示编号为 i 和 j 的项目之间是否存在冲突，有冲突取值为 1，没有冲突取值为 0。例如，第 0 行表示编号为 0 的项目与其他项目的冲突关系，由于 0 号项目仅与 1 号、4 号项目有冲突，因此 conflict[0][1]和 conflict[0][4]都为 1，其他元素都为 0。

$$
\begin{array}{c@{}c}
 & \begin{array}{ccccccccc} 0 & 1 & 2 & 3 & 4 & 5 & 6 & 7 & 8 \end{array} \\
\begin{array}{c} 0\\1\\2\\3\\4\\5\\6\\7\\8 \end{array} &
\begin{bmatrix}
0 & 1 & 0 & 0 & 1 & 0 & 0 & 0 & 0 \\
1 & 0 & 0 & 1 & 1 & 0 & 0 & 1 & 0 \\
0 & 0 & 0 & 0 & 1 & 1 & 1 & 1 & 0 \\
0 & 1 & 0 & 0 & 0 & 0 & 0 & 1 & 0 \\
1 & 1 & 1 & 0 & 0 & 1 & 0 & 0 & 0 \\
0 & 0 & 1 & 0 & 1 & 0 & 0 & 0 & 0 \\
0 & 0 & 1 & 0 & 0 & 0 & 0 & 0 & 0 \\
0 & 1 & 1 & 1 & 0 & 0 & 0 & 0 & 1 \\
0 & 0 & 0 & 0 & 0 & 0 & 0 & 1 & 0
\end{bmatrix}
\end{array}
$$

图 3-24　冲突关系矩阵 **conflict**

如何根据冲突关系矩阵得到划分子集呢？首先，在项目集合 A 中选择一个项目，将其编号放入一个新的子集；其次，在集合 A 剩余的项目中寻找可以加入该子集的项目。若有一个项目加入了子集，则与该项目有冲突的其他项目将无法加入，因此在集合 A 中寻找的是与子集中所有项目都不存在冲突的项目。为了便于处理，我们需要记录子集中所有项目与剩余项目的冲突关系，假设使用向量 **setConflict** 记录这一关系，**setConflict** 的初值为放入该子集的第一个项目与其他项目的冲突关系，即在 **conflict** 中该项目对应行的元素值。下面以划分第一个子集 A_1 为例进行说明。

（1）在项目集合 A 中选择一个项目，比如 0 号项目，放入子集 A_1，此时 A_1={0}。

（2）初始化 **setConflict** 为 **conflict** 第 0 行的元素值，如图 3-25 所示。

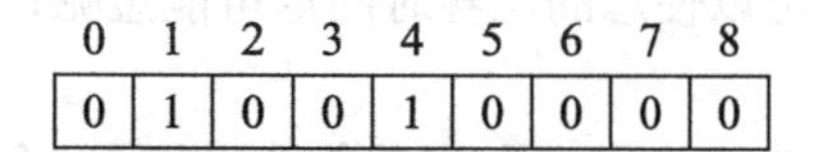

0	1	2	3	4	5	6	7	8
0	1	0	0	1	0	0	0	0

图 3-25　初始化 **setConflict**

（3）判断在项目集合 A 中 0 号项目的后继项目，即 1 号项目与 A_1 已有项目是否存在冲突，由于 setConflict[1]为 1，因此存在冲突，无法放入子集，**setConflict** 保持不变。

（4）判断在项目集合 A 中 1 号项目的后继项目，即 2 号项目与 A_1 已有项目是否存在冲突，由于 setConflict[2]为 0，因此不存在冲突，可以放入子集，此时 A_1={ 0,2 }。A_1 已包含两个项目，后续加入的项目必须与 A_1 中所有项目都不存在冲突。为此，需要将 2 号项目与其他项目的冲突关系加入 **setConflict**。为简单起见，可以将 **setConflict** 直接与 conflict[2]的各个元素相加得到新的 **setConflict**，如图 3-26 所示。直接相加会导致 **setConflict** 的某些元素大于 1，因此在利用 setConflict 元素判断是否存在冲突关系时，只要该元素取值不为 0 就表示存在冲突。

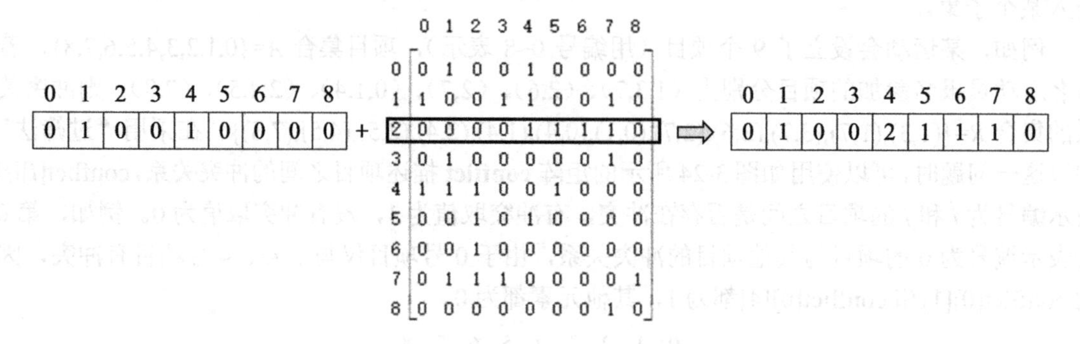

图 3-26　**setConflict** 与 conflict[2]相加

（5）判断在项目集合 A 中 2 号项目的后继项目，即 3 号项目与 A_1 已有项目是否存在冲突，由于 setConflict[3]为 0，因此不存在冲突，可以放入子集，此时 A_1={0,2,3}；再把 **setConflict** 与 conflict[3]的各个元素相加，如图 3-27 所示。

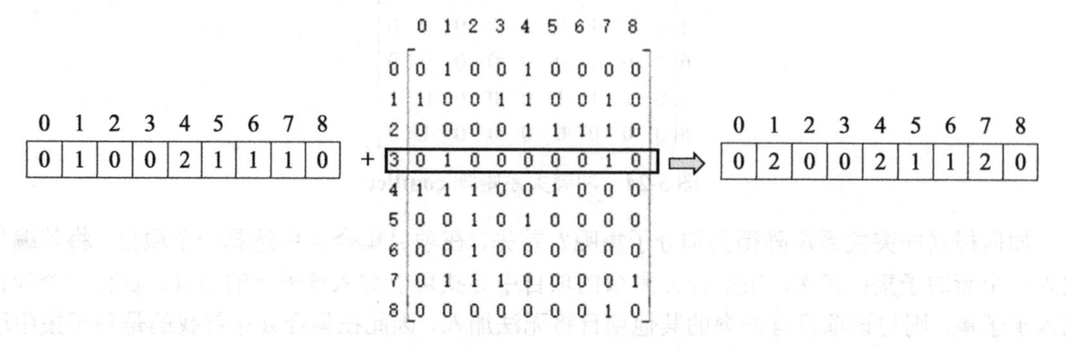

图 3-27　**setConflict** 与 conflict[3]相加

（6）判断在项目集合 A 中 3 号项目的后继项目，即 4 号项目，与 A_1 已有项目是否存在冲突，由于 setConflict[4]为 2，因此存在冲突，无法放入子集。此时 A_1 保持不变，仍为{0,2,3}，**setConflict** 也保持不变，仍为(0,2,0,0,2,1,1,2,0)。

以此类推，直到在项目集合 A 中的所有剩余项目依次处理一遍，最后得到子集 A_1={0,2,3,8}，即编号为 0、2、3、8 的项目可以同时进行。在得到第一个划分子集之后，在项目集合 A 的剩余项目中再选择一个项目建立一个新的子集，重复上述过程直到确定第二个划分子集。如此反复，直到项目集合 A 中没有项目，这样就确定了所有的划分子集。

从上述分析可以发现，项目集合 A 中的项目构成了一个线性序列。并且，在确定一个划分子集时，我们是在集合 A 中从前往后依次处理各个项目，若能加入划分子集，则从集合 A 中删除该项目；若不能加入划分子集，则该项目需要继续保留在集合 A 中，但对它的下一次处理将是在处理完它的所有后续项目，以及位于它之前的保留项目之后，相当于将该项目排到了其他所有项目之后。可见，“过筛法”对项目的组织与处理过程完全符合队列的特点，因此这一问题可以应用队列来组织和处理数据。

【算法描述】

设用 eventQueue 表示存储项目编号的队列，conflict 表示项目冲突关系矩阵，setConflict 表示划分子集中的项目与其他剩余项目的冲突关系向量，subset 表示记录项目所属子集编号的向量，no 表示项目编号，group 表示子集编号，解决运动会比赛日程安排的算法描述如下。

Step 1：初始化 eventQueue 和 group，将项目编号依次入队 eventQueue，并置 group=0。

Step 2：当 eventQueue 不为空时，反复进行如下处理，否则执行 Step 3。

Step 2.1：出队 eventQueue 队头项目编号，放入 no；子集编号 group 加 1。

Step 2.2：将编号为 no 的项目放入编号 group 的子集，即置 subset[no]=group；初始化 setConflict 为 conflict[no]。

Step 2.3：对 eventQueue 的剩余项目依次进行如下处理，直到将剩余项目全部处理一遍。

Step 2.3.1：出队 eventQueue 队头项目编号，放入 no。

Step 2.3.2：判断编号为 no 的项目与编号 group 的子集是否存在冲突，分为两种情况。

① 不存在冲突，即 setConflict[no]==0，将编号为 no 的项目放入编号 group 的子集，即置 subset[no]=group，并修改 setConflict。

② 存在冲突，即 setConflict[no]!=0，将编号为 no 的项目重新入队 eventQueue。

Step 3：返回 subset 作为结果。

【算法实现】

```
int * Division(int ** conflict, int n) {      //“过筛法”划分子集，conflict 表示冲突关系矩阵，n 表示项目数目
    LinkQueue<int> eventQueue;                          //项目编号队列
    int * setConflict = new int[n];                     //子集冲突关系向量
    int * subset = new int[n];                          //项目子集编号向量
    int no, group;                                      //no 表示项目编号，group 表示子集编号
    int len;                                            //剩余未处理的项目数目
    for(int i = 0; i < n; i++)                          //项目编号依次入队
        eventQueue.EnQueue(i);
    group = 0;                                          //初始化子集编号为 0
    while(!eventQueue.IsEmpty()) {                      //当项目编号队列不为空时
        eventQueue.DelQueue(no);                        //队头项目编号出队
        group++;                                        //子集编号加 1
```

```
        subset[no] = group;                          //将编号为 no 的项目放入编号 group 的子集
        for(int i = 0; i < n; i++)                   //初始化子集冲突关系向量
            setConflict[i] = conflict[no][i];
        len = eventQueue.GetLength();                //得到剩余未处理的项目数目
        for(int i = 1; i <= len; i++) {              //依次检查剩余未处理的项目
            eventQueue.DelQueue(no);                 //队头项目编号出队
            if (!setConflict[no]) {                  //判断编号为 no 的项目不存在冲突
                subset[no] = group;                  //将编号为 no 的项目放入编号 group 的子集
                for(int j = 0; j < n; j++)           //修改子集冲突关系向量
                    setConflict[j] += conflict[no][j];
            }
            else  eventQueue.EnQueue(no);            //存在冲突，将编号为 no 的项目重新入队
        }
    }
    return subset;                                   //返回项目子集编号向量作为结果
}
```

值得注意的是，上述方法得到的子集划分未必是问题的最优解，并且当项目编号排列顺序不同时，得到的划分子集结果也可能不同。读者可以自行尝试分析不同的情况，从而进一步优化解决方法。

3.5 本章小结

栈和队列都是线性表，但是栈只能在同一端进行插入与删除，队列则是在一端进行插入而另一端进行删除，因此它们被称为是操作受限的线性表。

栈可以采用顺序存储结构实现，也可以采用链式存储结构实现。由于只能在栈顶进行操作，因此在顺序栈中需要定义一个栈顶指针指示栈顶位置，而在链栈中可以直接将头指针作为栈顶指针，头指针指示的链表头部作为栈顶。

队列同样既可以采用顺序存储结构实现，也可以采用链式存储结构实现。顺序存储结构实现的队列通常使用循环队列，这样可以保证队列存储空间的循环使用，避免出现“假溢出”。无论是循环队列还是链队列，都需要分别指示队头位置和队尾位置的指针，从而可以方便地进行出队与入队操作。

栈和队列的应用十分广泛，只要处理的数据符合栈后进先出或队列先进先出的特点，就可以使用栈或队列对数据进行存储和处理。

习题三

一、选择题

1．一个栈的输入序列为 $1,2,\cdots,n$，若输出序列的第一个元素是 n，则输出的第 i（$1\leqslant i\leqslant n$）个元素是（　　）。

A．不确定　　　　B．$n-i+1$

C．i　　　　D．$n-i$

2. 一个栈的输入序列为 1,2,…,n,若输出序列的第一个元素是 i,则第 j 个输出元素是( )。

A. $i-j-1$　　B. $i-j$　　C. $j-i+1$　　D. 不确定的

3. 若一个栈的输入序列为 1,2,3,4,5，则以下序列不可能是栈的输出序列的是（ ）。

A. 2,3,4,1,5　　B. 5,4,1,3,2　　C. 2,3,1,4,5　　D. 1,5,4,3,2

4. 栈和队列的结构都是（ ）。

A. 顺序存储的线性结构　　B. 链式存储的非线性结构

C. 限制存取点的线性结构　　D. 限制存取点的非线性结构

5. 设栈 S 和队列 Q 的初始状态为空，元素 e_1、e_2、e_3、e_4、e_5 和 e_6 依次通过栈 S，元素出栈后立即进入队列 Q，若这六个元素出队的顺序是 e_2、e_4、e_3、e_6、e_5、e_1，则栈 S 的容量至少是（ ）。

A. 6　　B. 4　　C. 3　　D. 2

6. 设计一个判断表达式左、右括号是否配对出现的算法，采用（ ）数据结构最佳。

A. 线性表的顺序存储结构　　B. 队列

C. 线性表的链式存储结构　　D. 栈

7. 用不带头节点的单链表表示队列，队头指针指向队头节点，队尾指针指向队尾节点，在进行出队操作时（ ）。

A. 仅修改队头指针　　B. 仅修改队尾指针

C. 队头指针、队尾指针都要修改　　D. 队头指针、队尾指针可能都要修改

8. 假设以数组 A[0…m]存放循环队列的元素，队头指针、队尾指针分别为 front 和 rear，则当前队列中的元素数目为（ ）。

A. (rear−front+m) % m　　B. rear−front+1

C. (front−rear+m) % m　　D. (rear−front) % m

9. 若循环队列存储在数组 A[0…m]中，则入队时的操作为（ ）。

A. rear = rear+1　　B. rear = (rear+1) % (m−1)

C. rear = (rear+1) % m　　D. rear = (rear+1) % (m+1)

10. 表达式 a*(b+c)-d 的后缀表达式是（ ）。

A. abcd*+-　　B. abc+*d-　　C. abc*+d-　　D. -+*abcd

二、填空题

1. 栈的运算遵循________的原则，队列的运算遵循________的原则。

2. 用 S 表示入栈操作，X 表示出栈操作，若元素入栈的顺序为 1,2,3,4，为了得到 1,3,4,2 的出栈顺序，相应的 S 和 X 的操作串为________。

3. 表达式 15+((21*2-3)/4+35*5/7)+81/9 的后缀表达式是________。

4. 表达式 15+((21*2-3)/4+35*5/7)+81/9 的前缀表达式是________。

5. 为了提高内存空间的利用率和降低溢出的可能性，当两个栈共享一片连续的空间时，应将两栈的________分别设在存储空间的两端，这样只有当________时才产生溢出。

6. 设循环队列用数组 A[1…m]表示，队头指针、队尾指针分别是 front 和 rear，判定队满的条件为________。

7. 用 front 和 length 分别表示队头位置和队列长度，入队操作可以表示为________。

8. 循环队列的引入，目的是克服________。

9．对于单链表表示的队列，其队头在链表的________位置。

10．表达式求值是________应用的一个典型例子。

三、是非题

1．栈与队列是一种特殊操作的线性表。（ ）

2．若输入序列为1,2,3,4,5,6，则通过一个栈可以输出序列3,2,5,6,4,1。（ ）

3．队列是一种分别在表的两端进行插入与删除的线性表，是一种先进后出的结构。（ ）

4．循环队列也存在空间溢出问题。（ ）

5．栈和队列的存储方式，既可以是顺序存储方式，又可以是链式存储方式。（ ）

6．栈是一种只能在表的一端进行插入与删除的线性表，特点是后进先出。（ ）

7．由相同元素构成的同一输入序列进行两组不同的合法的入栈和出栈组合操作，得到的输出序列一定相同。（ ）

8．循环队列通常使用指针实现队列的头尾相接。（ ）

9．一个栈的栈顶元素和栈底元素有可能是同一个元素。（ ）

10．所谓循环队列是指用单向循环链表或循环数组表示的队列。（ ）

四、应用题

1．试分析线性表、栈和队列之间的联系与区别。

2．有编号为1、2、3、4的四辆列车，依次进入栈式结构的车站，这四辆列车开出车站的顺序有哪些？

3．顺序队列的“假溢出”是如何产生的？怎样判断循环队列是空还是满？

4．为了减少顺序栈溢出情况的发生，可以让两个顺序栈共用一个数组存储数据元素，被称为共享栈。此时，两个栈的栈底分别设置在数组的两端，入栈时栈顶向数组中间移动，如图3-28所示。当两个栈的栈顶位置相遇时才是栈满状态。请设计共享栈的类定义，实现判断栈空、栈满、入栈和出栈的函数。

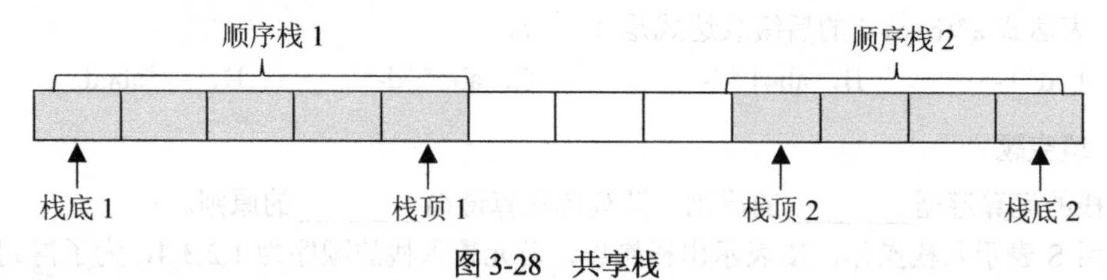

图3-28　共享栈

5．利用两个栈可以模拟队列的操作，请设计一个队列类，该队列类利用两个栈定义，并实现判断队空、队满、入队和出队的函数。

6．若循环队列用front和length分别表示队头位置和实际的元素数目，不再定义队尾指针rear，请实现该循环队列的判断队空、队满、入队和出队的函数。

7．二项式$(a+b)^n$展开后的系数可以构成杨辉三角，请利用队列实现打印杨辉三角前n行的算法。

8．令S=$s_1s_2 \cdots s_{2n}$是一个符合规范的括号字符串。可以采用两种方式对S进行编码。

（1）一个整数序列P=$p_1p_2 \cdots p_n$，其中p_i是字符串S中第i个右括号前左括号的数目。

（2）一个整数序列 W=$w_1w_2\cdots w_n$，其中 w_i 是字符串 S 中第 i 个右括号往左数遇到和它相匹配的左括号时经过的左括号的数目。

对于一个符合规范的括号字符串，设计算法将其从 P 序列转化为 W 序列。

9．已知 n 个整数，序号从 1 开始，在这 n 个数中存在满足如下条件的两个数：两个数相等，且它们之间的数都不小于这两个数。在这 n 个数中可能存在多组满足上述条件的两个数，请设计算法找出满足上述条件的两个数序号之差的最大值。例如，在(1,2,3,2,1)中，满足条件的有两组数据(1,1)和(2,2)，序号之差的最大值是 4。

莫里斯·文森特·威尔克斯（Maurice Vincent Wilkes，1913－2010），英国计算机科学家。他设计与制造了世界上第一台存储程序式电子计算机 EDSAC，在工程和软件等计算机领域都有许多开创性成果。第二届（1967 年）图灵奖授予了计算技术的先驱莫里斯·文森特·威尔克斯，以表彰他在设计与制造出世界上第一台存储程序式电子计算机 EDSAC 及其他许多方面的杰出贡献。主要著作包括 *Preparation of Programs for an Electronic Digital Computer*、*Automatic Digital Computer*、*A Short Introduction to Numerical Analysis*、*Time-Sharing Computer Systems*、*The Cambridge CAP Computerand lts Operating System*。他于 1956 年成为英国皇家科学院院士，1977 年和 1980 年先后当选为美国工程院和美国科学院外籍院士。除图灵奖之外，他还获得了 ACM 的 Eckert-Mauchly 奖、AFIPS 的 Harry Goode 奖、IEEE 的 McDowell 奖、宾夕法尼亚大学的 Pender 奖、日本的 C&C 奖、意大利的 Italgas 奖等。ACM 的计算机体系结构委员会，即 SIGARCH 还建立了以威尔克斯命名的奖项，即 Wilkes Award。

第4章　字符串、数组和广义表

文字诞生之初，不同文明用于记录文字的载体存在很大差异。古埃及和美索不达米亚在黏土板和石料上刻字，后来埃及人发明了一种莎草纸作为文字的载体；小亚细亚地区在公元前2世纪流行使用羊皮纸作为文字的载体；古印度喜欢使用贝叶作为文字的载体。中国作为东方的文明古国，是世界上使用文字载体最丰富的国家之一，从陶器、甲骨、金石、竹木、缣帛到纸，每种材料都具有不同的文化功能，承载着不同的文化内涵。随着计算机技术的诞生和发展，电子媒介作为文字载体发挥着越来越重要的作用，文字信息的处理已经普遍使用计算机来完成。例如，报刊、书籍的编辑排版及公文、书信的起草和润色等是日常的基本工作，这类文字工作通常会涉及一些关键词的查找、插入和删除操作。如何借助计算机技术快速完成这些操作呢？我们可以使用一种称为“字符串”的结构，把文章作为主串，把待处理的关键词作为子串，在文章中查找、插入和删除某个关键词相当于在主串中查找、插入和删除给定子串。这样的问题类似线性表的操作，可以辩证地理解为对象的普遍性操作和特殊性操作。当然，字符串包含的内容不仅有文字信息，还有ASCII码字符集中可打印的字符。

社会生产管理经常需要对生产过程中的数据进行统计分析。例如，某农产品生产单位种植茄子、番茄和黄瓜，生产单位农产品的成本如表4-1所示，每个季节农产品产量如表4-2所示，要求工作人员使用表格形式直观地汇报每个季节的生产成本。

表4-1　生产单位农产品的成本

成本	茄子	番茄	黄瓜
种子费用/元	20	10	15
工资费用/元	30	20	20
管理费用/元	10	10	10

表4-2　每个季节农产品产量

农产品	春季	夏季	秋季	冬季
茄子/斤	2000	2500	1500	1000
番茄/斤	1500	2500	2000	1000
黄瓜/斤	2500	3000	2500	1500

这一问题可以使用数学中的矩阵来解决，通过在计算机中引入多维数组，将表4-1和表4-2表示成矩阵（二维数组）$\boldsymbol{M}$和$\boldsymbol{N}$：

$$\boldsymbol{M}=\begin{bmatrix}20 & 10 & 15\\30 & 20 & 20\\10 & 10 & 10\end{bmatrix}，\boldsymbol{N}=\begin{bmatrix}2000 & 2500 & 1500 & 1000\\1500 & 2500 & 2000 & 1000\\2500 & 3000 & 2500 & 1500\end{bmatrix}$$

应用矩阵乘法运算可得

$$\boldsymbol{M}\times\boldsymbol{N}=\begin{bmatrix}92500 & 120000 & 87500 & 52500\\140000 & 185000 & 135000 & 80000\\60000 & 80000 & 60000 & 35000\end{bmatrix}$$

式中，$\boldsymbol{M}\times\boldsymbol{N}$的第一行元素表示每个季节的种子费用；第二行元素表示每个季节的工资费用；第三行元素表示每个季节的管理费用。借助多维数组结构，利用矩阵的乘法运算将多张表合并成一张表，更加方便地反映企业经营的数据信息，为企业的经营决策提供依据。

在第 2 章中所述的线性表只能存储同构的数据元素，当应用中的数据元素不同构时，可以将线性表中的数据元素结构进行特殊处理，使其既可以定义成子表，又可以定义成基本元素，形成广义表这一特殊类型的线性表，从而解决数据元素不同构的应用问题。

本章内容：

（1）字符串的定义、表示与操作。
（2）数组的定义与存储。
（3）特殊矩阵的压缩存储。
（4）广义表的定义和表示。

4.1 字符串

字符串是计算机处理的主要数据对象之一，应用非常广泛，如姓名、地址等信息在应用程序中都是作为字符串来处理的，信息检索系统、文字编辑系统、自然语言翻译系统等应用系统也都是以字符串作为处理对象的。许多高级程序设计语言都提供了专门的字符串处理函数，甚至定义了字符串类型供程序员直接使用。在本质上，字符串是一种特殊的线性表，其特殊性在于字符串中的数据元素只能是字符，字符串的操作通常以“字符串的整体”作为操作对象。

4.1.1 字符串的定义

字符串（简称串）是由 n 个字符组成的有限序列，通常表示为

$$S=\text{“}a_1a_2a_3\cdots a_n\text{”}$$

式中，S 表示**串名**；$a_1a_2a_3\cdots a_n$ 表示**串值**。a_i（$1\leqslant i\leqslant n$）是 ASCII 码字符集中的可打印字符，通常是字母、数字等，其中 i 称为 a_i 字符在字符串中的位置，从 1 开始；字符串中字符的数目 n 称为字符串的**长度**，当 n=0 时，字符串为**空串**。注意空格串和空串的区别，**空格串**是由空格字符构成的字符串，其长度为空格字符的数目。

字符串中由任意个连续的字符构成的序列称为该字符串的**子串**，包含子串的字符串称为**主串**，子串在主串的位置用子串首个字符在主串的位置表示。两个**字符串相等**是指两个字符串长度相等且对应位置的字符相同。

字符串可以使用顺序存储结构存储，也可以使用链式存储结构存储。由于字符串中的每个字符占用的空间较小，通常为 1B，因此常使用顺序存储结构存储字符串。字符串的长度表示有两种方式，如图 4-1 所示。第一种方式，在字符串末尾增加一个特殊字符（通常是 ASCII 值为 0 的字符，即 NULL）表示字符串结束；第二种方式，在字符串的首端增加一个参数表示字符串的长度，通过该参数能够计算出字符串结束的位置。在 C、C++等高级程序设计语言中通常采用第一种方式。

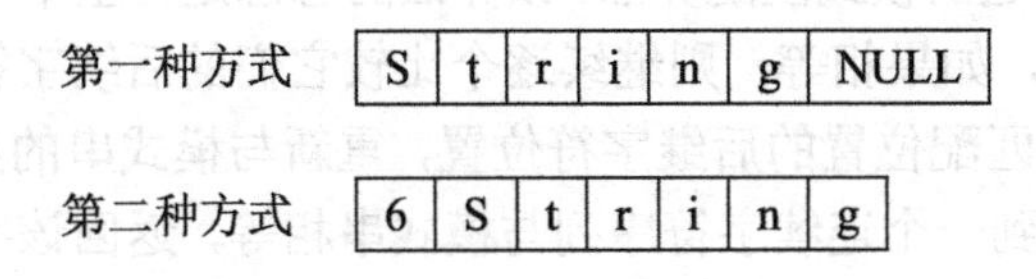

图 4-1　字符串的长度表示方式

字符串的基本操作包括如下。

（1）求字符串的长度：统计并返回字符串中字符的数目。

（2）字符串赋值：将一个字符串的值赋值给另一个字符串。

（3）字符串连接：将两个字符串连接成一个长度为两字符串长度之和的新字符串。

（4）字符串比较：将两个字符串按照 ASCII 码值大小进行比较。

（5）字符串查找：在一个字符串中查找一个字符或一个子串，并返回其位置。

（6）截子串：在一个字符串中截取一个子串形成新字符串。

（7）字符串定位：在一个字符串中定位一个子串出现的位置。

4.1.2 C++字符串操作

C++对字符串提供了两种操作方法：一种是使用继承自 C 语言的字符数组，另一种是字符串类 string。前一种方法将字符串采用字符数组的方式进行处理，这种字符串被称为 C-串，常用的 C-串处理函数如表 4-3 所示；后一种方法将字符串作为对象进行处理，需要使用#include <string>包含该类的头文件。string 类提供了比 C-串更加丰富、便捷和安全的字符串处理方法，建议读者在使用 C++处理字符串时使用该种方法。由于 string 类包含的函数众多，本书不再列举，请读者自行查阅相关资料。

表 4-3 常用的 C-串处理函数

头文件：string.h	
函数原型	**函数功能**
char* strcpy(char*s1,char*s2)	字符串复制，复制字符串 s2 到字符串 s1
char* strcat(char*s1,char*s2)	字符串连接，连接字符串 s2 到字符串 s1 的串尾
int strlen(char*s1)	求字符串的长度，返回字符串 s1 的长度
int strcmp(char*s1,char* s2)	字符串比较，s1 和 s2 相同返回 0，s1<s2 返回负数，s1>s2 返回正数
char* strchr(char*s1,char ch)	字符串查找，返回字符串 s1 中第一次出现字符 ch 的地址
char* strstr(s1,s2)	字符串定位，返回字符串 s1 中第一次出现字符串 s2 的地址

4.1.3 模式匹配

子串在主串中的定位称为**串匹配**。通常，我们把串匹配中的主串称为**目标串**，子串称为**模式串**，从目标串中查找模式串的定位过程称为串的**模式匹配**。例如，在一篇有关数据结构的文章（主串）中查找关键词“线性表”（子串/模式串）就是模式匹配的具体应用。模式匹配返回模式串在主串中第一次出现的位置，如果没有找到，则返回-1。

1. Brute-Force 算法

Brute-Force 算法是普通的模式匹配算法。该算法的思想是将主串 S 的第 1 个字符和模式串 P 的第 1 个字符进行比较，如果相等，则继续逐个比较它们的后续字符；如果不等，则主串匹配位置回溯到前一次初始匹配位置的后继字符位置，重新与模式串的第 1 个字符进行比较。如此重复，直至在主串中找到一个连续字符序列与模式串相等，返回该字符序列的首字符在主串中的位置。如果在主串中没有找到与模式串相同的子序列，则匹配失败，返回-1。

例如，在主串 S=“aababaabaa”中查找模式串 P=“aabaa”。根据 Brute-Force 算法，在进行第

1 趟模式匹配时，S 和 P 的初始匹配位置均为 1，即从 S 的第 1 个字符开始与 P 的第 1 个字符进行比较，如果相等，则继续比较 S 的第 2 个字符与 P 的第 2 个字符，重复这一过程，直至 S 的第 5 个字符与 P 的第 5 个字符不相等，第 1 趟模式匹配结束，如图 4-2（a）所示。在进行第 2 趟模式匹配时，S 的初始匹配位置应回溯到前一趟初始匹配位置的后继位置，即第 2 个位置，而 P 的初始匹配位置则回到首位，继续比较 S 和 P 中的字符，直至 S 的第 3 个字符与 P 的第 2 个字符不相等，第 2 趟模式匹配结束，如图 4-2（b）所示。依次类推，在 Brute-Force 算法中，当主串的第 i 个字符与模式串的第 j 个字符不相等导致该趟模式匹配结束时，为开展下一趟匹配，主串的初始匹配位置应回溯到第 $i-j+2$ 个位置，模式串的初始匹配位置 j 回到首位。算法的结束条件是查找成功或主串剩余字符的数目不足以匹配。

```
     1  2  3  4  5  6  7  8  9  10
S =  a  a  b  a  b  a  a  b  a  a
     ‖  ‖  ‖  ‖  ×
P =  a  a  b  a  a
     1  2  3  4  5
```

（a）第 1 趟模式匹配过程

```
     1  2  3  4  5  6  7  8  9  10
S =  a  a  b  a  b  a  a  b  a  a
        ‖  ×
P =     a  a  b  a  a
        1  2  3  4  5
```

（b）第 2 趟模式匹配过程

图 4-2 Brute-Force 算法模式匹配实例（前 2 趟）

【算法描述】

设 i 表示主串 s 的字符匹配位置，j 表示模式串 p 的字符匹配位置。

Step 1：初始化 i=j=1。

Step 2：当 s 和 p 的字符都没有比较结束且 s 的剩余字符的数目不少于 p 的剩余的字符数目时，反复进行如下处理，否则执行 Step 3。

判断 s 的第 i 个字符与 p 的第 j 个字符是否相等，分为如下两种情况。

① 相等，i 和 j 都加 1。

② 不相等，i 回溯到 i-j+2，j 回溯到 1。

Step 3：判断 p 中的字符是否全部比较结束，如果比较结束，则匹配成功，返回匹配位置；否则，匹配失败，返回-1。

【算法实现】

```
int Bf_find (string &s, string &p) {                  //Brute-Force 模式匹配算法
    int i = 1,   j = 1;                                //初始化 s 和 p 的初始匹配位置
    int sLen = s.length(), pLen = p.length();          //获取 s 和 p 的长度
    if (sLen ==0 || pLen == 0) return -1;              //存在空串
    //当 s 和 p 的字符都没有比较结束且 s 剩余字符的数目不少于 p 的剩余字符的数目时进行匹配
    while(i <= sLen && j <= pLen && sLen - i >= pLen - j ) {
        if(s[i - 1] == p[j - 1]) {  i++;   j++;  }    //若当前字符相等，则继续比较后继字符
        else {                                         //若当前字符不相等，则回溯匹配位置
            i = i - j + 2;                             //主串回溯到 i-j+2 的位置
            j = 1;                                     //模式串回溯到首位
        }
    }
    return j > pLen ? i - pLen : -1;                   //返回匹配结果
}
```

设主串长度为 m，模式串长度为 n，在最坏情况下，Brute-Force 算法需要比较 $m-n+1$ 趟，

每趟都在最后一次比较才发现不相等，即需要比较 n 次。因此，总的比较次数为$(m-n+1)\times n$。由于 n 通常远小于 m，因此 Brute-Force 算法的最坏时间复杂度为 $O(mn)$。

2. KMP 算法

KMP 算法是由 D. E. Knuth、J. H. Morris 和 V. R. Pratt 三人共同提出的，是 Knuth-Morris-Pratt 算法的简称。该算法针对 Brute-Force 算法进行了改进，消除了主串指针的回溯，提升了算法效率。

KMP 算法的匹配过程实际上是对 Brute-Force 算法换了一种思路考虑：假设主串指针 i 不回溯，那么模式串指针 j 应该回溯到哪个位置呢？例如，在主串 S="aababaabaa"中查找模式串 P="aabaa"，在第 1 趟模式匹配以失败结束后，若不回溯主串指针 i，则模式串指针 j 有四种回溯的选择，如图 4-3 所示。

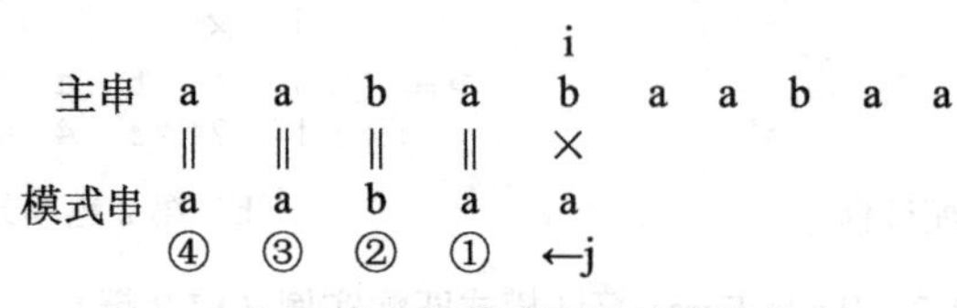

（a）第 1 趟模式匹配结束状态

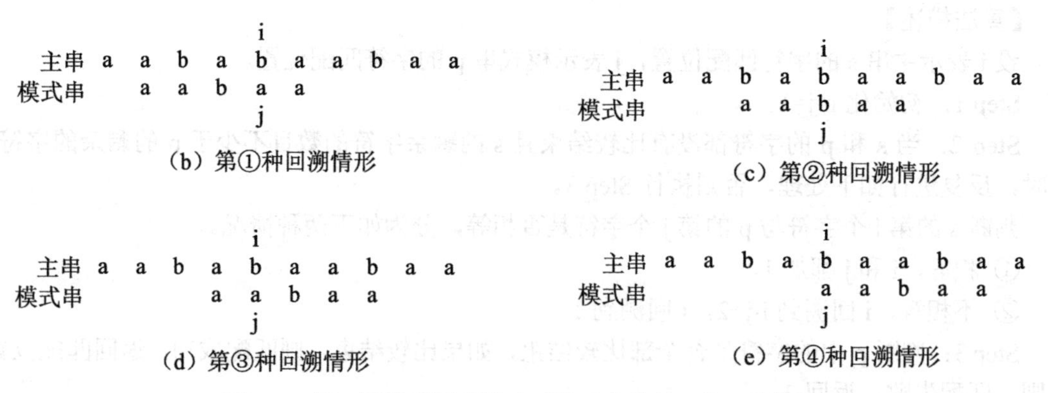

图 4-3　第 1 趟模式匹配结束后模式串指针 j 的回溯情形

那么，模式串指针 j 应该回溯到哪个位置呢？假设回溯到的位置为 k，则应该满足：

$$S_{i-(k-1)}\cdots S_{i-1} = P_1\cdots P_{k-1} \tag{4-1}$$

当主串第 i 个字符与模式串第 j 个字符不匹配时，i 和 j 前面有 j-1 个字符相同，即满足：

$$S_{i-(j-1)}\cdots S_{i-1} = P_1\cdots P_{j-1} \tag{4-2}$$

又由 1≤k≤j-1，可得

$$S_{i-(k-1)}\cdots S_{i-1} = P_{j-(k-1)}\cdots P_{j-1} \tag{4-3}$$

由式（4-1）和（4-3）可以推得

$$P_1\cdots P_{k-1} = P_{j-(k-1)}\cdots P_{j-1} \tag{4-4}$$

由式（4-4）可以看出，模式串指针 j 的回溯位置仅与模式串本身的字符有关。满足式（4-4）的 k 的取值可能有多个，此时 k 应取其中的最大值，这样才不至于因滑动过多而导致匹配遗漏。

我们可以记录下模式串每个位置的字符在出现不匹配时应当回溯的位置，这样就可以在回溯时方便地找到该位置。设 next[j]记录模式串在第 j 个字符不匹配时的回溯位置，next[j]具体定义如下：

$$next[j]=\begin{cases}\max\left\{k|1<k<j且P_1\cdots P_{k-1}=P_{j-(k-1)}\cdots P_{j-1}\right\} & 当此集合非空时\\ 0 & j=1\\ 1 & 其他情况\end{cases} \quad (4\text{-}5)$$

next[j]也被称为失效函数值，KMP 算法根据 next[j]修改模式串与主串的字符匹配位置，包括三种情况：①模式串的第 j 个字符与主串的第 i 个字符不匹配，若模式串存在 $P_1\cdots P_{k-1}=P_{j-(k-1)}\cdots P_{j-1}$ 且满足 1<k<j，则 next[j]为模式串的回溯位置；②若模式串的第 1 个字符就与主串的第 i 个字符不匹配（j=1），则 next[j]=0，该值为一个标志，表示接下来应比较模式串的第 1 个字符与主串的第 i+1 个字符；③在其余情况下，都是将模式串的第 1 个字符与主串的第 i 个字符进行比较。

【算法描述】

设 s 为主串，p 为模式串，i 和 j 分别表示 s 和 p 当前比较的字符位置。

Step 1：建立失效函数值数组 next。

Step 2：初始化 i=j=1。

Step 3：当 s 和 p 的字符都没有比较结束且 s 剩余字符的数目不少于 p 剩余字符的数目时，反复进行如下处理，否则执行 Step 4。

判断是否满足 j 等于 0 或 s 的第 i 个字符等于 p 的第 j 个字符的条件，分为如下两种情况。

① 满足其中之一，i 和 j 都加 1。

② 都不满足，j 回溯到 next[j]位置。

Step 4：判断 p 中的字符是否全部比较结束，如果比较结束，则匹配成功，返回匹配位置；否则，匹配失败，返回-1。

【算法实现】

```
int KMP_find(string &s , string &p) {                        //KMP 模式匹配算法
    int *next = GetNext(p);                                  //建立失败函数值数组
    int sLen = s.length(), pLen = p.length();                //获取 s 和 p 的长度
    int i =1, j = 1;                                         //初始化 s 和 p 的起始匹配位置
    //当 s 和 p 的字符都没有比较结束且 s 剩余字符的数目不少于 p 剩余字符的数目时
    while(i <= sLen && j <= pLen && sLen - i >= pLen - j) {
        if(j == 0 || s[i - 1] == p[j - 1]) {    i++;   j++;   }  //主串与模式串匹配位置后移
        else j = next[j];                                    //模式串匹配位置回溯到 next[j]
    }
    delete []next;                                           //释放 next 数组
    return j > pLen ? i - pLen : -1 ;                        //返回匹配结果
}
```

下面分析如何计算 next 数组。根据 next[j]的定义，可以发现 next[j]的计算是一个递推过程。设 next[j]=k，计算 next[j+1]可以分为以下两种情况。

① $P_k=P_j$，表明在模式串 P 中存在 $P_1\cdots P_k=P_{j-(k-1)}\cdots P_j$，且不存在任何 k'>k 满足上式，则

$$next[j+1]=next[j]+1=k+1 \quad (4\text{-}6)$$

例如，在如图 4-4 所示的实例中，若已知 j=11，k=5，此时 $P_k=P_j$，则 next[12]=next[11]+1=6。

					k						j	
	1	2	3	4	5	6	7	8	9	10	11	12
模式串	a	b	a	a	(b)	c	a	b	a	a	(b)	a
next[j]	0	1	1	2	2	3	1	2	3	4	5	?

图 4-4　在 next 数组计算中 $P_k=P_j$ 的情况

② $P_k \neq P_j$，需要回溯，检查 P[j]=P[?]。这实际上也是一个匹配的过程，不同之处在于：主串和模式串是同一个串。例如，在如图 4-5 所示的实例中，若已知 j=11，k=5，则 P_k 为 b，P_j 为 c，$P_k \neq P_j$。这时可以将 $P_1 \cdots P_5$ 视作模式串，$P_1 \cdots P_{11}$ 视作主串，即此时出现了模式串的第 5 个字符与主串的第 11 个字符不匹配的情况（见图 4-6），需要将 k 回溯到 next[k]继续比较，如果相等，则 next[j+1]=next[k]+1；如果不相等，则以此类推继续回溯，直至匹配成功或匹配失败，如果最后一次匹配失败，则 next[j+1]=next[1]+1=1。

					k						j	
	1	2	3	4	5	6	7	8	9	10	11	12
模式串	a	b	a	a	(b)	c	a	b	a	a	(c)	a
next[j]	0	1	1	2	2	3	1	2	3	4	5	?

图 4-5 在 next 数组计算中 $P_k \neq P_j$ 的情况

											j	
主串	a	b	a	a	b	c	a	b	a	a	c	a
模式串							a	b	a	a	b	
											k	

图 4-6 模式串自身的匹配

计算失效函数值的 GetNext 函数实现如下。

```
int *GetNext(string &p) {                          //计算失效函数值 next 数组
    int pLen = p.length();                         //获取字符串的长度
    int *next = new int[pLen + 1];                 //分配 next 数组空间
    int j = 1, k = 0;                              //初始化
    next[1] = 0 ;                                  //next[1]初始化为 0
    while(j < pLen) {                              //next 数组未计算结束
        if (k == 0 || p[j] == p[k]) {
            j++ ;   k++ ;                          //主串与模式串匹配位置后移
            next[j] = k ;                          //给数组 next 的元素赋值
        }
        else k = next[k] ;                         //模式串匹配位置回溯到 next[k]
    }
    return next;                                   //返回 next 数组
}
```

还有一种特殊情形：已知模式串 P="aaaab"，失效函数值为 0、1、2、3、4，主串 S="aaabaaabaaabaaabaaab"，当 i=4、j=4 时 $S_4 \neq P_4$，由于 P_4 对应的 next[4]值为 3，因此接下来会比较 S_4 与 P_3。因为 P_4 等于 P_3，所以这样的比较是多余的，可以继续回溯，依次类推。我们可以进一步修改计算失效函数值的算法，以减少不需要的比较。改进后的计算失效函数值的算法如下，通过该算法可以将模式串 P="aaaab"的失效函数值修正为 0、0、0、0、4。

```
int *new_GetNext(string &p) {                      //计算失效函数值的 next 数组
    int pLen = p.length();                         //获取字符串的长度
    int *next = new int[pLen + 1];                 //分配 next 数组空间
    int j = 1, k = 0;                              //初始化
    next[1] = 0 ;                                  //next[1]初始化为 0
    while(j < pLen) {                              //计算模式串 j 位置的 next[j]值
```

```
            if(k == 0 || p[j] == p[k]) {
                j++ ;   k++ ;                              //主串与模式串匹配位置后移
                if(p[j] != p[k])   next[j] = k ;           //不相等，回溯位置为 k
                else   next[j] = next[k];                  //相等，回溯位置与前相同
            }
            else k = next[k] ;                             //模式串匹配位置回溯到 next[k]
        }
        return next;
    }
```

如果主串的长度为 m，模式串的长度为 n，则包括计算失效函数在内的整个模式匹配 KMP 算法的时间复杂度为 $O(m+n)$。

4.2　数组

数组是同类型数据构成的集合，非常直观地体现了实际应用中的数据组织方式，定义和处理方法简单，因此几乎所有的高级程序设计语言都提供了这一数据组织结构。本节主要从数据结构的角度讨论数组的定义和存储。

4.2.1　数组的定义

数组可以看作线性表的扩展，也是由相同数据类型的数据元素按照一定顺序排列构成的集合。一维数组就是线性表，二维数组可以看作由一维数组作为数据元素构成的线性表，以此类推，m 维数组可以看作由 $m-1$ 维数组作为数据元素构成的线性表。

通常，数组一旦被定义，其维数和每一维的上、下界都不能再改变，数组元素之间的关系也不能改变。数组元素可以使用下标作为唯一标识，一维数组给出一个下标即可标识一个元素，二维数组需要同时给出两个下标，m 维数组需要同时给出 m 个下标。

数组的操作根据应用的不同可以给出不同的定义，在一般的程序设计语言中，数组的主要操作是存储和读取。

4.2.2　数组的存储

数组的存储同样包括顺序存储和链式存储，但由于数组本身逻辑结构的特点，使用顺序存储结构实现的数组更加自然和方便。因此，数组结构可以看作一种自然的顺序存储结构，这也是各种数据结构的顺序存储都使用数组的原因。

数组的顺序存储结构是使用一片地址连续的内存单元存放数组元素，相邻数组元素的存储地址也是相邻的。由于元素的类型相同，因此每个元素存储单元的大小也相同。例如，图 4-7 所示为一个长度为 n 的一维数组 a 顺序存储的示意图，其中设每个元素占 l 个存储单元，数组第 1 个元素 a[0]的起始地址为 loc(a[0])=p，该数组的任一数组元素 a[i]的起始地址 loc(a[i])可由以下的递推公式计算：

$$\mathrm{loc}\left(\mathrm{a}\left[i\right]\right)=\begin{cases} p & i=0 \\ \mathrm{loc}(\mathrm{a}\left[i-1\right])+l & i>0 \end{cases} \tag{4-7}$$

即有

$$\text{loc}(\text{a}[i])=p+i\times l \qquad i=0,1,2,\cdots,n-1 \tag{4-8}$$

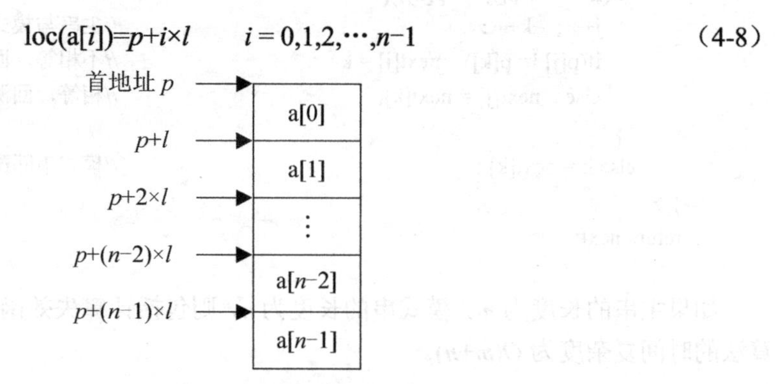

图 4-7　一个长度为 *n* 的一维数组 a 顺序存储的示意图

上述公式的本质为

$$\text{loc}(\text{a}[i])=d+(k-1)\times l \qquad k=1,2,3,\cdots,n \tag{4-9}$$

式中，d 表示某个数组元素的地址；k 表示 a[i]相对于该数组元素的位序，即若把该数组元素看作第 1 个元素，则 a[i]表示第 k 个元素。

由于计算机的存储单元是一维结构的，因此多维数组的存储仍然只能使用一维存储单元实现。下面以二维数组为例介绍多维数组的存储方法及元素存储地址的计算方法。

使用一维存储单元存放二维数组需要将二维数组转化为一维结构，为此可以使用两种方法：按行存储和按列存储。按行存储就是逐行存储二维数组的元素，被称为**以行为主序的存储方法**；按列存储则是逐列存储二维数组的元素，被称为**以列为主序的存储方法**。图 4-8 所示为二维数组的存储示意图。不同的程序设计语言采用的存储方法可能不同，如 C/C++采用以行为主序的存储方法，Fortran 和 MATLAB 采用以列为主序的存储方法。

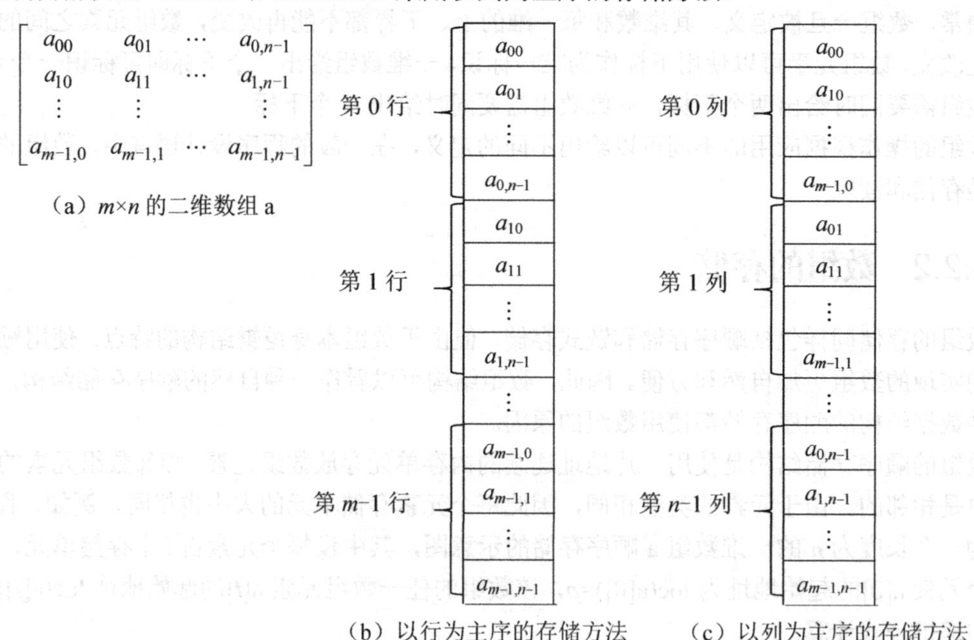

图 4-8　二维数组的存储示意图

由于二维数组同样是转化为一维结构进行存储，其元素的存储地址仍可以使用式（4-9）计算，只需计算出元素在二维数组转化得到的一维结构中的位序 k。

已知二维数组 a[m][n]的首元素 a[0][0]地址为 p，每个元素占 l 个存储单元，在采用以行为主序存储的情况下，数组元素 a[i][j]的位序为 $k=i\times n+j+1$，起始地址 loc(a[i][j])=$p+(i\times n+j)\times l$；在采用以列为主序存储的情况下，数组元素 a[i][j]的位序为 $k=j\times m+i+1$，起始地址为 loc(a[i][j])=$p+(j\times m+i)\times l$。

显然，数组元素的存储地址是其下标的线性函数，由于计算每个元素存储地址的时间相等，因此存取任一元素的时间也相等，具备这种特点的存储结构被称为**随机存取存储结构**。

4.3　特殊矩阵的压缩存储

矩阵运算问题是计算机在数值分析领域经常遇到的问题之一，因此需要考虑矩阵在计算机中的表示和存储方法。由于矩阵与二维数组之间可以建立良好的对应关系，因此程序设计中通常使用二维数组存储矩阵的每个元素。但是，有些问题涉及的矩阵在元素分布上具有特殊性。例如，对称矩阵、三角矩阵、带状矩阵、稀疏矩阵等。对于这类矩阵，常规的存储方法会导致存储空间的浪费，我们可以根据这些矩阵的特殊性寻找更加节省空间的存储方法，即压缩存储。

4.3.1　对称矩阵和三角矩阵

在一个 n 阶的方阵 $\boldsymbol{A}$ 中，若矩阵元素满足 $a_{ij}=a_{ji}$（$0\leqslant i, j\leqslant n-1$），则称 $\boldsymbol{A}$ 为**对称矩阵**。对称矩阵的元素关于主对角线对称，只需存储其上三角或下三角的元素，为此使用一个长度为 $n(n+1)/2$ 的一维数组就可以存储所有的 n^2 个元素。例如，对如图 4-9（a）所示的 n 阶的对称矩阵 $\boldsymbol{A}$，图 4-9（b）和图 4-9（c）分别给出了使用一维数组以行为主序存储其上三角和下三角的矩阵元素的情形。

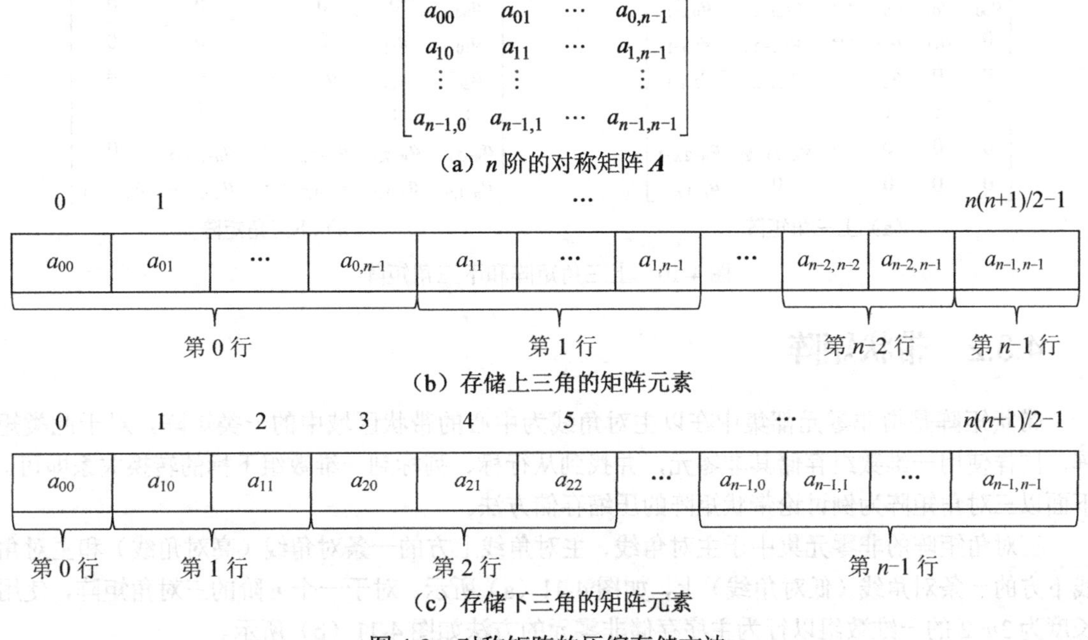

图 4-9　对称矩阵的压缩存储方法

采用压缩存储后，根据矩阵元素的行标和列标无法直接访问到该元素，必须进行从行标、列标到一维数组下标的转换，才可以在一维数组中访问到该元素。我们可以将所有存储的矩阵元素按存储次序看作一个序列，那么对于给定矩阵元素 a_{ij}，只需计算出该元素在序列中的位序，就可以得到它在一维数组中的下标。值得注意的是，若 a_{ij} 本身不属于被存储的矩阵三角部分，则需要计算的是与它对称的元素 a_{ji} 的下标。根据等差数列求和公式，我们可以得到不同情形下，当以行为主序存储对称矩阵元素时，从矩阵元素的行标、列标到一维数组下标的转换公式。式（4-10）为当存储对称矩阵上三角元素时，从矩阵元素的行标、列标到一维数组的下标的转换公式，式（4-11）为当存储对称矩阵下三角元素时，从矩阵元素的行标、列标到一维数组下标的转换公式，其中 i 和 j（$0 \leqslant i, j \leqslant n-1$）分别表示矩阵元素的行标和列标，$k$（$0 \leqslant k \leqslant n(n+1)/2-1$）表示该元素在一维数组中的下标。

$$k=\begin{cases} i\times(2n-i+1)/2+j-i & i\leqslant j\text{，上三角元素} \\ j\times(2n-j+1)/2+i-j & i>j\text{，下三角元素} \end{cases} \tag{4-10}$$

$$k=\begin{cases} i\times(i+1)/2+j & i\geqslant j\text{，下三角元素} \\ j\times(j+1)/2+i & i<j\text{，上三角元素} \end{cases} \tag{4-11}$$

三角矩阵是方形矩阵的一种，矩阵中非零元的排列呈三角形状。三角矩阵分为上三角矩阵和下三角矩阵两种。**上三角矩阵**的特征是主对角线下方的元素都是零［见图 4-10（a）］，**下三角矩阵**的特征是主对角线上方的元素都是零［见图 4-10（b）］。显然，三角矩阵只需存储不全为零的那部分三角中的元素，同样可以使用一个长度为 $n(n+1)/2$ 的一维数组存储这部分元素。上三角矩阵以行为主序存储元素的方法与图 4-9（b）相同，行标 i、列标 j 转换为一维数组下标的方法在 $i\leqslant j$ 时与式（4-10）相同，在 $i>j$ 时无须转换，矩阵元素直接取零即可。类似地，下三角矩阵按行为主序存储元素的方法与图 4-9（c）相同，在 $i\geqslant j$ 时将行标 i、列标 j 转换为一维数组下标的方法与式（4-11）相同，在 $i<j$ 时不需要转换，矩阵元素直接取零即可。

$$\begin{bmatrix} a_{00} & a_{01} & a_{02} & \cdots & a_{0,n-2} & a_{0,n-1} \\ 0 & a_{11} & a_{12} & \cdots & a_{1,n-2} & a_{1,n-1} \\ 0 & 0 & a_{22} & \cdots & a_{2,n-2} & a_{2,n-1} \\ \vdots & \vdots & \vdots & & \vdots & \vdots \\ 0 & 0 & 0 & \cdots & a_{n-2,n-2} & a_{n-2,n-1} \\ 0 & 0 & 0 & \cdots & 0 & a_{n-1,n-1} \end{bmatrix}$$

（a）上三角矩阵

$$\begin{bmatrix} a_{00} & 0 & 0 & \cdots & 0 & 0 \\ a_{10} & a_{11} & 0 & \cdots & 0 & 0 \\ a_{20} & a_{21} & a_{22} & \cdots & 0 & 0 \\ \vdots & \vdots & \vdots & & \vdots & \vdots \\ a_{n-2,0} & a_{n-2,1} & a_{n-2,2} & \cdots & a_{n-2,n-2} & 0 \\ a_{n-1,0} & a_{n-1,1} & a_{n-1,2} & \cdots & a_{n-1,n-2} & a_{n-1,n-1} \end{bmatrix}$$

（b）下三角矩阵

图 4-10　上三角矩阵和下三角矩阵

4.3.2　带状矩阵

带状矩阵是指非零元都集中在以主对角线为中心的带状区域中的一类矩阵。对于此类矩阵，同样使用一维数组存储其非零元，并找到从行标、列标到一维数组下标的转换关系即可。下面以三对角矩阵为例讨论带状矩阵的压缩存储方法。

三对角矩阵的非零元集中于主对角线、主对角线上方的一条对角线（高对角线）和主对角线下方的一条对角线（低对角线）上，如图 4-11（a）所示。对于一个 n 阶的三对角矩阵，使用长度为 $3n-2$ 的一维数组以行为主序存储非零元的方法如图 4-11（b）所示。

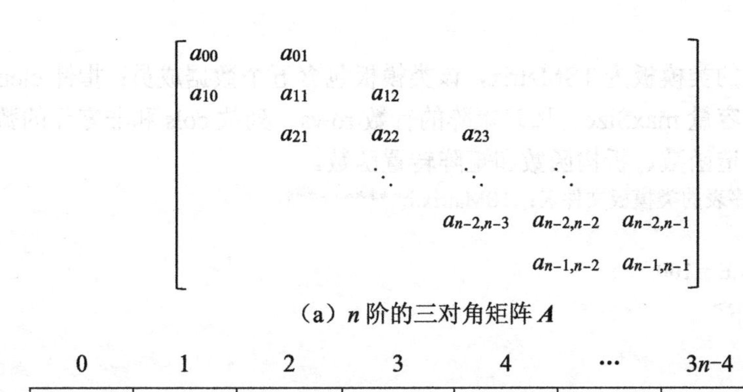

（a）n 阶的三对角矩阵 $\boldsymbol{A}$

0	1	2	3	4	…	$3n-4$	$3n-3$
a_{00}	a_{01}	a_{10}	a_{11}	a_{12}	…	$a_{n-1,n-2}$	$a_{n-1,n-1}$

（b）存储非零矩阵元素

图 4-11　三对角矩阵的压缩存储方法

若要得到非零元 a_{ij} 在一维数组中的下标，同样只需计算该元素在存储时的位序。对 a_{ij} 而言，其所在行之上共有 i 行，包含 $3i-1$ 个元素，且该元素是第 i 行的第 $j-i+2$ 个元素，故 a_{ij} 在以行为主序的存储次序中是第 $2i+j+1$ 个元素，所以 a_{ij} 在一维数组中的下标 k 满足如下关系：

$$k=2i+j \tag{4-12}$$

4.3.3 稀疏矩阵

若一个矩阵的绝大多数元素都为零，非零元很少且分布没有规律，则被称为**稀疏矩阵**。采用二维数组存储稀疏矩阵将存储大量相同的零值，会造成存储空间的浪费，因此可以考虑仅存储非零元，但由于非零元的分布没有规律，因此需要同时存储其行标和列标。一个非零元的行标、列标和值可以构成一个三元组<row,col,value>，一个稀疏矩阵可以由该矩阵所有非零元的三元组和维数唯一定义，这种表示法称为**稀疏矩阵的三元组表示法**。

1．非零元素的三元组定义

定义三元组的类模板为 Triple，该类模板包括三个数据成员：非零元的行标 row、列标 col 和值 value。其成员函数包括一个无参构造函数和一个有参构造函数。

```
/**********三元组的类模板文件名：Triple.h**********/
template <class DataType>
class Triple {
public:
    int row, col;                           //非零元的行标和列标
    DataType value;                         //非零元的值
    Triple() {}                             //无参构造函数
    Triple(int r, int c, int v)             //有参构造函数
    { row = r;    col = c;    value = v;  }
};
```

2．三元组顺序表

使用顺序存储结构存储稀疏矩阵的三元组，得到稀疏矩阵的一种压缩存储表示方法——**三元组顺序表**。三元组顺序表按照以行为主序存储稀疏矩阵的非零元，同时需要存储矩阵的维数

和非零元的数组。

定义三元组顺序表的类模板为TSMatrix，该类模板包含五个数据成员：指针elems指向存储三元组的数组、表的容量maxSize、稀疏矩阵的行数rows、列数cols和非零元的数目num。其成员函数仅列出了构造函数、析构函数和矩阵转置函数。

```
/**********三元组顺序表的类模板文件名：TSMatrix.h**********/
#include "Triple.h"
const int DEFAULT_SIZE = 100;
template <class DataType>
class TSMatrix {
protected:
    Triple<DataType> *elems;                          //指向动态分配的三元组数组
    int maxSize;                                      //表的容量
    int rows, cols, num;                              //稀疏矩阵的行数、列数和非零元的数目
public:
    TSMatrix(int nRows, int nCols, int size = DEFAULT_SIZE);   //构造函数
    ~TSMatrix();                                      //析构函数
    void FastTranspose(TSMatrix<DataType> &N);        //稀疏矩阵快速转置
};
```

稀疏矩阵的运算有很多，这里以矩阵的转置运算为例进行讨论。转置是矩阵最常见的运算之一，对于 $m\times n$ 的矩阵 $\boldsymbol{M}$，其转置矩阵 $\boldsymbol{N}$ 是一个 $n\times m$ 的矩阵，且满足 $\boldsymbol{N}(j,i)=\boldsymbol{M}(i,j)$，$i=0,1,\cdots,m-1$，$j=0,1,\cdots,n-1$。例如，如图4-12（a）所示的稀疏矩阵 $\boldsymbol{M}$，其转置矩阵为如图4-12（b）所示的稀疏矩阵 $\boldsymbol{N}$。转置运算就是从 $\boldsymbol{M}$ 的三元组顺序表［见图4-13（a）］得到 $\boldsymbol{N}$ 的三元组顺序表［见图4-13（b）］。

$$\boldsymbol{M}=\begin{bmatrix}12&0&9&0&0&0&0\\0&0&0&0&0&0&0\\0&0&0&0&0&14&0\\0&0&24&0&0&0&0\\0&18&0&0&0&0&11\\15&0&0&6&0&0&0\end{bmatrix}_{6\times 7}$$

（a）原始矩阵 $\boldsymbol{M}$

$$\boldsymbol{N}=\begin{bmatrix}12&0&0&0&0&15\\0&0&0&0&18&0\\9&0&0&24&0&0\\0&0&0&0&0&6\\0&0&0&0&0&0\\0&0&14&0&0&0\\0&0&0&0&11&0\end{bmatrix}_{7\times 6}$$

（b）转置矩阵 $\boldsymbol{N}$

图4-12 稀疏矩阵及转置矩阵

	row	col	value
0	0	0	12
1	0	2	9
2	2	5	14
3	3	2	24
4	4	1	18
5	4	6	11
6	5	0	15
7	5	3	6

rows=6, cols=7, num=8

（a）$\boldsymbol{M}$ 的三元组顺序表

	row	col	value
0	0	0	12
1	0	5	15
2	1	4	18
3	2	0	9
4	2	3	24
5	3	5	6
6	5	2	14
7	6	4	11

rows=7, cols=6, num=8

（b）$\boldsymbol{N}$ 的三元组顺序表

图4-13 稀疏矩阵 $\boldsymbol{M}$ 和 $\boldsymbol{N}$ 的三元组顺序表

方法一，简单转置算法。转置矩阵 **N** 的非零元仍是按照行序存储，而 **N** 的行序是原始矩阵 **M** 的列序，所以依次找到 **M** 中第 0 列、第 1 列……第 cols-1 列的非零元，将其行标、列标的值互换之后放入 **N** 的三元组数组，即可完成转置运算。但是，由于 **M** 的非零元也是按照行序存储，同一列的非零元没有集中存储在相邻的位置上，所以为了找到某一列的全部非零元，需要将 **M** 的三元组数组从头到尾遍历一遍。因此，简单转置算法的时间复杂度为 $O(\text{cols}\times\text{num})$。

方法二，快速转置算法。我们能否只对原始矩阵 **M** 的三元组数组进行一次遍历就完成转置运算呢？为了达成这个目标，需要确定 **M** 的每个三元组在转置以后的存储位置，而这需要确定 **N** 中每行第一个非零元的存储位置，即 **M** 中每列第一个非零元在转置后的存储位置。由于 **M** 的第 0 列第一个非零元转置之后的存储位置必然是 0，因此只要求得 **M** 中每列的非零元的数目，就可以得到 **M** 中每列第一个非零元转置之后的存储位置。为此，设立两个数组 tNum 和 tPos，其中 tNum[col]记录 **M** 中第 col 列的非零元的数目，tPos[col]记录 **M** 中第 col 列第一个尚未转置的非零元在 **N** 中的存储位置。在初始情况下，tPos 的取值显然如式（4-13）所示。

$$\text{tPos[col]}=\begin{cases}0 & \text{col}=0\\ \text{tPos[col}-1]+\text{tNum}\left[\text{col}-1\right] & 1\leqslant \text{col}\leqslant \text{cols}-1\end{cases} \tag{4-13}$$

【算法描述】

Step 1：统计原始矩阵 M 中每列的非零元，记录在数组 tNum 中。

Step 2：根据式（4-13）初始化数组 tPos，记录 M 中每列第一个非零元转置后的存储位置。

Step 3：依次处理 M 的每个三元组 elems[i]，当 M 的三元组尚未处理结束时，反复进行如下处理，否则算法结束。

Step 3.1：根据列标 elems[i].col 找到转置后的存储位置 tPos[elems[i].col]。

Step 3.2：将 elems[i]转置后放入该位置。

Step 3.3：将 tPos[elems[i].col]加 1。

【算法实现】

```
template <class DataType>
void TSMatrix::FastTranspose(TSMatrix<DataType> &N) {            //稀疏矩阵快速转置
        N.rows = cols;   N.cols = rows;   N.num = num;   N.maxSize = maxSize;
        if(N.elems)   delete []N.elems;
        N.elems = new Triple<DataType>[maxSize];
        if(N.num) {                                              //非零元的数目不为零
                int *tNum = new int[cols];
                int *tPos = new int[cols];
                for(int col = 0; col < cols; col++)   tNum[col]=0;   //初始化 tNum 数组
                for(int i = 0; i < num; i++)                     //统计 M 中每列非零元的数目
                      ++tNum[elems[i].col];                      //第 col 列非零元的数目加 1
                tPos[0] = 0;
                for(int col = 1;col < cols; col++)               //计算 M 中每列第一个非零元的转置位置
                      tPos[col] = tPos[col-1] + tNum [col-1];
                for(int i = 0; i < num; i++) {                   //转置 M 的每个三元组
                      int j = tPos[elems[i].col];                //获取第 i 个三元组在 N 中的存储位置 j
                      N.elems[j].row = elems[i].col;             //转置后的行标等于转置前的列标
                      N.elems[j].col = elems[i].row;             //转置后的列标等于转置前的行标
                      N.elems[j].value = elems[i].value;         //元素值在转置前、后保持不变
                      ++tPos[elems[i].col];                      //计算第 col 列的后继未转置非零元存储位置
```

```
            }
        }
    }
```

快速转置算法的主要工作由四个并列的循环完成，时间复杂度为 $O(\text{num})$。

3. 十字链表

矩阵的某些运算，如加法、减法等，其运算结果可能会导致矩阵元素发生较大的变化，需要进行大量的插入和删除操作，此时使用链式存储结构比顺序存储结构更为便捷。

在稀疏矩阵的链式存储结构实现中，对矩阵的每行和每列都分别建立一个不带头节点的单链表。每个非零元对应一个节点，该节点同时存在于非零元所在行的行链表和所在列的列链表，两个链表在该节点处形成交叉，故将稀疏矩阵的链式存储结构表示称为**十字链表**。为了便于管理链表，用一个数组存储所有行链表头指针，用另一个数组存储所有列链表头指针。图 4-14 所示为稀疏矩阵的十字链表存储结构，其中 rowhead 表示存储行链表头指针的数组；colhead 表示存储列链表头指针的数组；每个节点对应一个非零元，存储该非零元由行标、列标和元素值构成的三元组，以及该节点的行后继指针和列后继指针。这样，矩阵运算的结果变化体现为单链表的操作，具体实现读者可尝试自行完成。

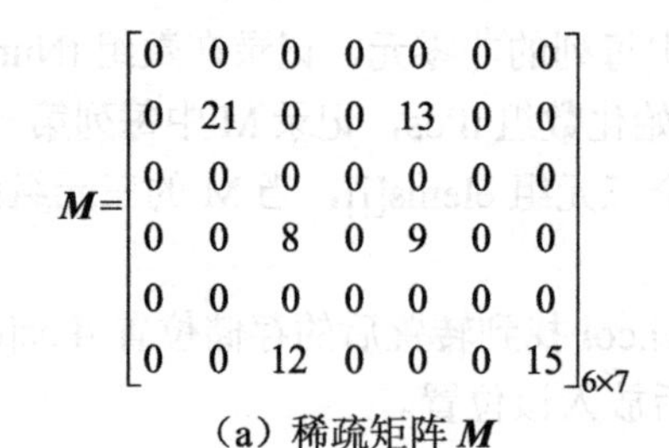

$$\boldsymbol{M}=\begin{bmatrix}0&0&0&0&0&0&0\\0&21&0&0&13&0&0\\0&0&0&0&0&0&0\\0&0&8&0&9&0&0\\0&0&0&0&0&0&0\\0&0&12&0&0&0&15\end{bmatrix}_{6\times7}$$

（a）稀疏矩阵 $\boldsymbol{M}$

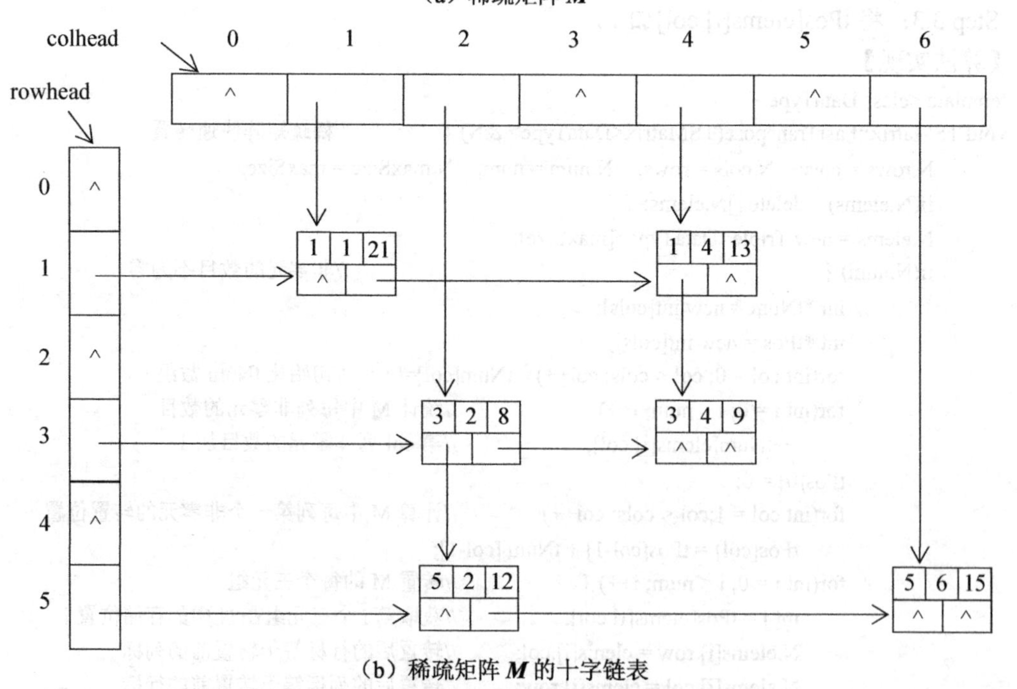

（b）稀疏矩阵 $\boldsymbol{M}$ 的十字链表

图 4-14　稀疏矩阵的十字链表存储结构

4.4　广义表

广义表是线性表的推广，是一个由 n（$n\geqslant 0$）个数据元素 $a_1,a_2,a_3,\cdots,a_n$ 构成的有限序列，其中 a_i 可以为一个单元素（原子项）或一个广义表（通常称**子表**），记作：

$$\text{LS}=(a_1,a_2,a_3,\cdots,a_n)$$

式中，LS 为广义表的名字；n 为广义表的长度；a_1 为广义表 LS 的**表头**（head）。由 $a_2,a_3,\cdots,a_n$ 构成的子表（$a_2,a_3,\cdots,a_n$）为广义表 LS 的**表尾**（tail），广义表中括号的重数代表广义表的**深度**。

广义表的数据元素可以是不同的类型，因此广义表通常不使用顺序存储结构实现，而使用链式存储结构。由于广义表的数据元素可能是一个单元素也可能是一个子表，因此要区分存储这两种不同数据元素的节点。图 4-15 所示为广义表节点的结构示意图。其中，节点的第一个域为标志域 tag，tag=0 表示该节点为表头节点，tag=1 表示该节点为单元素节点，tag=2 表示该节点为子表节点。节点的第二个域可以使用 C++的联合体来实现，取值与 tag 的值相关，具体含义如下：①当 tag=0 时，使用 ref 值表示该表被引用的次数；②当 tag=1 时，使用 data 值表示数据元素的值；③当 tag=2 时，使用 hlink 表示指向子表表头的指针。节点的第三个域 tlink 表示指向后继的指针。

图 4-15　广义表节点的结构示意图

图 4-16 所示为广义表 LS=(((*d*, *e*), *b*, *c*), *a*)的链式存储结构示意图。该表的表头 head(LS)=((*d*, *e*), *b*, *c*)，表尾 tail(LS)=(*a*)，其中 head(LS)表示取 LS 表头操作，tail(LS)表示取 LS 表尾操作，LS 表的长度为 2，深度为 3。

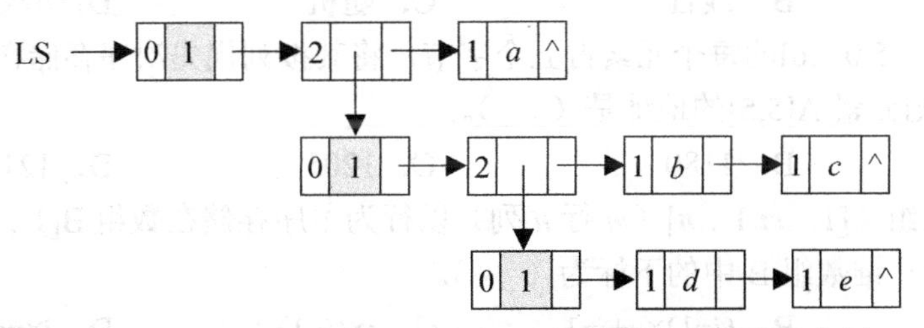

图 4-16　广义表 LS=(((*d*, *e*), *b*, *c*), *a*)的链式存储结构示意图

4.5　本章小结

本章介绍了字符串、数组和广义表这三种特殊的线性表，它们的特殊性主要在于数据元素的内容。其中，字符串的数据元素都由字符构成，数组的数据元素是一个线性表且数据元素是同构的，而广义表的数据元素是由不同构的子表或非子表元素构成的。对于字符串，由于其兼容性高，便于在各种程序设计语言和开发环境中使用，可以将其应用在各种开发项目中，但要注意的是字符串操作多为集合操作。对于数组，由于其组成元素为线性表且同构的特点，可以应用于经济管理、密码破译、文献管理、电阻电路计算和模式识别等方面。对于广义表，由于其元素节点不同构，可以应用的场景相对较少，其中一个最典型的应用例子是应用在人工智能

领域的表处理语言——LISP 语言。

矩阵是数值计算经常涉及的一类对象，通常使用二维数组存储其元素。但一些特殊的矩阵，如对称矩阵、三角矩阵、带状矩阵、稀疏矩阵等，由于矩阵元素取值或分布的特殊性，可以使用压缩存储的方法节省存储空间，但此时需要重新定义矩阵元素的定位、访问或矩阵操作的实现方法。

习题四

一、选择题

1．下面关于字符串的叙述中，（ ）是不正确的。

A．字符串是字符的有限序列

B．空串是由空格构成的字符串

C．模式匹配是字符串的一种重要运算

D．字符串既可以使用顺序存储结构，也可以使用链式存储结构

2．字符串的长度是指（ ）。

A．字符串中所含不同字母的数目　　B．字符串中所含字符的数目

C．字符串中所含不同字符的数目　　D．字符串中所含非空格字符的数目

3．设有两个字符串 p 和 q，求 q 在 p 中首次出现的位置的运算称为（ ）。

A．连接　　B．模式匹配

C．求子串　　D．求字符串长的长度

4．存储数组中任意元素的时间都是相等的，这种存取方式为（ ）存取。

A．顺序　　B．线性　　C．随机　　D．非线性

5．数组 A[0…5,0…6]的每个元素占五个字节，将其按列优先次序存储在起始地址为 1000 的内存单元中，则元素 A[5,5]的地址是（ ）。

A．1175　　B．1180　　C．1205　　D．1210

6．设二维数组 A[1…m,1…n]（m 行 n 列）以行为主序存储在数组 B[1… $m\times n$]中，则二维数组元素 A[i,j]在一维数组 B 中的下标为（ ）。

A．$(i-1)\times n+j$　　B．$(i-1)\times n+j-1$　　C．$i\times(j-1)$　　D．$j\times m+i-1$

7．设 $\boldsymbol{A}$ 是 $n\times n$ 的对称矩阵，将 $\boldsymbol{A}$ 的对角线及对角线上方的元素以列为主序存储在一维数组 B[1...$n(n+1)/2$]中，上述任一元素 a_{ij}（$1\leqslant i,j\leqslant n, i\leqslant j$）在 B 中的下标为（ ）。

A．$i(i-1)/2+j$　　B．$j(j-1)/2+i$　　C．$j(j-1)/2+i-1$　　D．$i(i-1)/2+j-1$

8．一个 100×90 的稀疏矩阵有 10 个非零整型元素，设整型元素占 2 个字节，在用三元组表示该矩阵时，所需的字节数是（ ）。

A．60　　B．66　　C．1 8000　　D．33

9．对稀疏矩阵进行压缩存储的目的是（ ）。

A．便于进行矩阵运算

B．便于输入和输出

C．节省存储空间

D．降低运算的时间复杂度

10．已知广义表 LS=((*a*, *b*, *c*), (*d*, *e*, *f*))，运用 head 和 tail 操作取出 LS 中原子项 *e* 的运算是（　　）。

A．head(tail(LS))　　B．tail(head(LS))

C．head(tail(head(tail(LS))))　　D．head(tail(tail(head(LS))))

二、填空题

1．空格串是指_______，其长度等于________。

2．组成字符串的数据元素只能是_______。

3．设 T 和 P 是两个给定的字符串，在 T 中寻找等于 P 的子串的过程称为________，称 P 为_______。

4．数组的存储结构使用_______存储。

5．已知二维数组 A[1…10,0…9]中每个元素占 4 个单元，若以列为主序将其存储到起始地址为 1000 的连续存储区域，则 A[5,9]的地址是________。

6．已知三对角矩阵 A[1…9,1…9]的每个元素占 2 个单元，现将其三条对角线上的元素逐行存储在起始地址为 1000 的连续内存单元中，则元素 A[7,8]的地址为________。

7．三维数组 a[4][5][6]（下标从 0 开始，a 有 $4\times5\times6$ 个元素），每个元素占 2 个单元，设 a[0][0][0]的地址是 1000，元素以行为主序存储，a[2][3][4]的地址是________。

8．当广义表的每个元素都是原子项时，广义表便成了_______。

9．广义表(*a*, (*b*, *c*), *d*, *e*, ((*i*, *j*), *k*))的长度是________，深度是________。

10．广义表 LS=(*a*, (*b*, *c*, *d*), *e*)，运用 head 和 tail 操作取出 LS 中原子项 *b* 的运算是_______。

三、是非题

1．字符串是一种数据对象和操作都特殊的线性表。（　　）

2．KMP 算法的特点是在模式匹配时指示主串的指针不会变小。（　　）

3．数组可看成线性结构的一种推广，因此与线性表一样，可以对它进行插入、删除等操作。（　　）

4．一个稀疏矩阵 $A_{m\times n}$ 采用三元组形式表示，把三元组中有关行标与列标的值互换，并把 m 和 n 的值互换，就完成了矩阵 $A_{m\times n}$ 的转置运算。（　　）

5．数组是同类型元素的集合。（　　）

6．二维以上的数组其实是一种特殊的广义表。（　　）

7．广义表的取表尾运算，其结果通常是个表，但有时也可是个单元素。（　　）

8．若一个广义表的表头为空表，则此广义表亦为空表。（　　）

9．广义表的元素或者是一个不可分割的原子项，或者是一个非空的广义表。（　　）

10．从逻辑结构看，n 维数组可以看成每个元素均为 $n-1$ 维数组的数组。（　　）

四、应用题

1．已知模式串 t= “abcaabbabcaab”，请写出用 KMP 算法求得的每个字符对应的 next 值。

2．设 s、p 为两个字符串，分别放在两个一维数组中，*m*、*n* 分别为其长度，请编写一个算法判断 p 是否为 s 的子串。

3．给定一个主串和一个模式串，请设计算法在主串中找出所有能够以模式串为前缀的串的长度，将长度累加求得最终的长度。

4．以三元组顺序表存储的稀疏矩阵 $\boldsymbol{M}$ 和 $\boldsymbol{N}$ 的非零元的数目分别为 s 和 t，请编写算法将矩阵 $\boldsymbol{N}$ 加到矩阵 $\boldsymbol{M}$ 上。设矩阵 $\boldsymbol{M}$ 的空间足够大，不需要另加辅助空间。

5．简述广义表属于线性结构的理由。

6．数组、广义表与线性表之间有什么样的关系？

7．已知广义表 A=(((*a*)),(*b*),*c*,(*h*),(((*d*,*e*))))，请画出其存储结构图，并写出表的长度与深度。

马文・明斯基（Marvin Lee Minsky，1927－2016），计算机科学家、人工智能之父和框架理论的创立者。1956 年，他和麦卡锡（J・McCarthy）共同发起“达特茅斯会议”并提出人工智能（Artificial Intelligence）的概念。1969 年，他被授予了图灵奖，是第一位获此殊荣的人工智能学者。主要著作包括 *Computation: Finite and Infinite Machines*、*Semantic Information Processing*、*Perceptrons*、*A Framework for Representing Knowledge*、*The Society of Mind*、*Robotics*、*The Emotion Machine: Commonsense Thinking*。他还是美国科学院和美国工程院院士，曾出任美国人工智能学会 AAAI 的第三任主席。除获得了图灵奖外，他在 1989 年还获得了 MIT 所授予的 Killian 奖，在 1990 年获得了“日本奖”。

第 5 章　树

线性结构的元素之间是一种一对一的关系，即除第一个和最后一个元素以外，每个元素仅有一个前驱和一个后继。在实际应用中，有些数据元素可能不止一个前驱，也可能不止一个后继，这种结构被称为非线性结构。非线性结构无法采用线性结构的算法完成相关操作，需要根据其特征进行深入的研究和探讨，寻找特定的解决方案。在非线性结构中，如果一个数据元素有一个前驱和多个后继，那么这种非线性结构称为树结构。

树结构在现实生活中有很多实例，如家谱就是一种典型的树结构。家谱也称族谱，是一种特殊的文献，记载的是同宗共祖血缘关系集团的世系、人物和事迹等方面的历史图籍，是中国特有的文化遗产，与方志、正史构成了中华民族历史大厦的三大支柱，属于珍贵的人文资料。图 5-1 所示为郑成功一支的家谱（节选）。

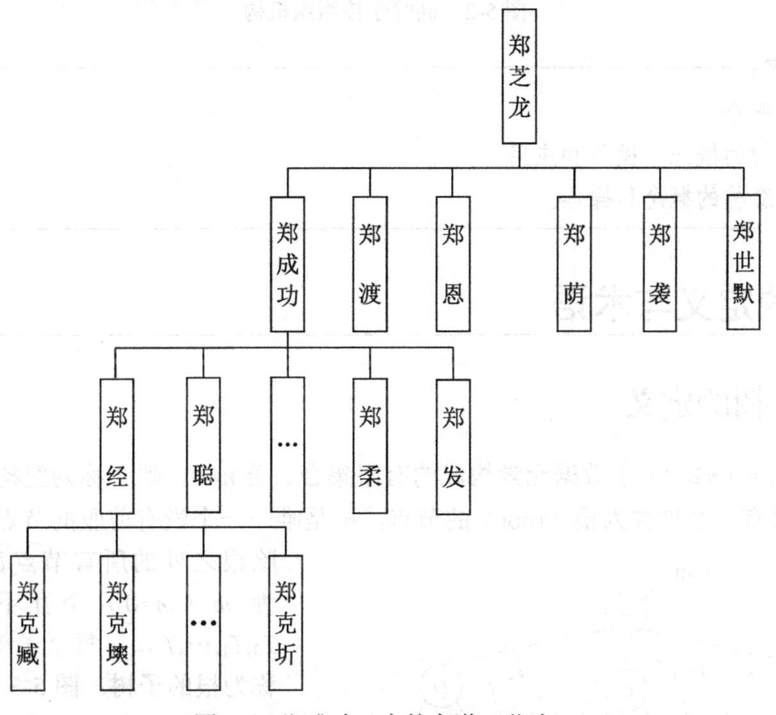

图 5-1　郑成功一支的家谱（节选）

高等学校组织机构是树结构的又一实例。一所高校通常包含多个学院（或系部），每个学院下面又设立不同的系部。如果用一种数据结构建模学校的组织机构，那么很自然地会想到这样来表达：学校作为一个整体位于顶层（第一层），学校下设的各个学院作为第二层，每个学院包含的不同系部作为第三层，从而形成如图 5-2 所示的高等学校组织机构。

无论是如图 5-1 所示的家谱还是如图 5-2 所示的高等学校组织机构，其中的数据元素都可以按照层次进行组织，数据元素之间的关系发生在相邻两层之间，是一种一对多的关系，符合树结构的特点。因此，可以使用树来组织、描述家谱和高等学校组织机构的数据及其关系。

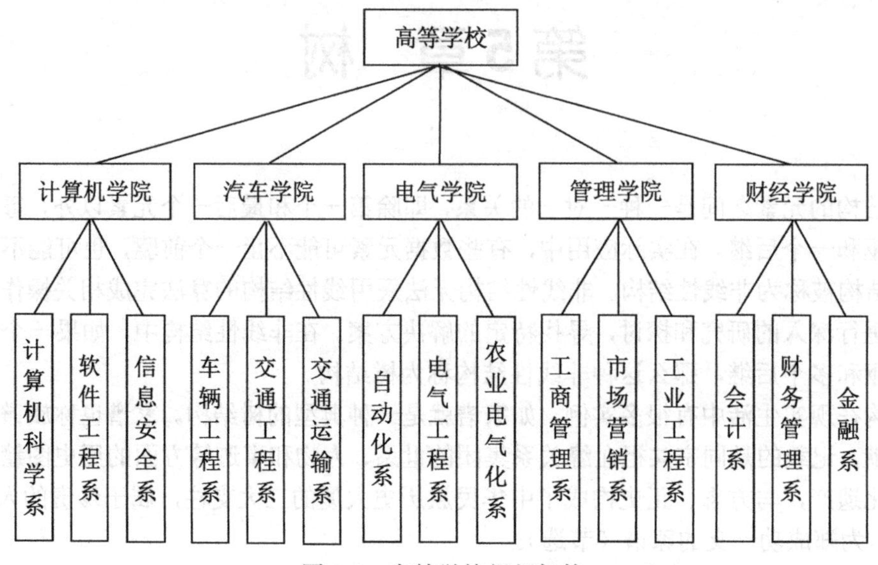

图 5-2　高等学校组织机构

本章内容：

(1) 树的概念。

(2) 二叉树的概念、操作和应用。

(3) 树、森林的概念和操作。

5.1　树的定义与术语

5.1.1　树的定义

树 T 是由 n（$n \geqslant 0$）个数据元素构成的有限集合。若 n=0，则 T 称为**空树**；若 n>0，则在 T 中有且仅有一个被称为**根**（root）的节点，根是唯一一个没有前驱的节点；若 n>1，则除根之外的所有节点都可以被划分为 m（m>0）个互不相交的子集 $T_0,T_1,\cdots,T_{m-1}$，每个子集又是一棵树，称为根的**子树**。图 5-3 所示为树的示例，节点 A 为树的根，除 A 之外的其余节点构成了三棵互不相交的子树 T_0、T_1 和 T_2，其中 $T_0=\{B,E,F,K,L\}$、$T_1=\{C,G,H,M,N\}$、$T_2=\{D,I,J,O,P\}$。树的定义是一个递归定义，因此树的一些操作采用递归算法实现较为方便。

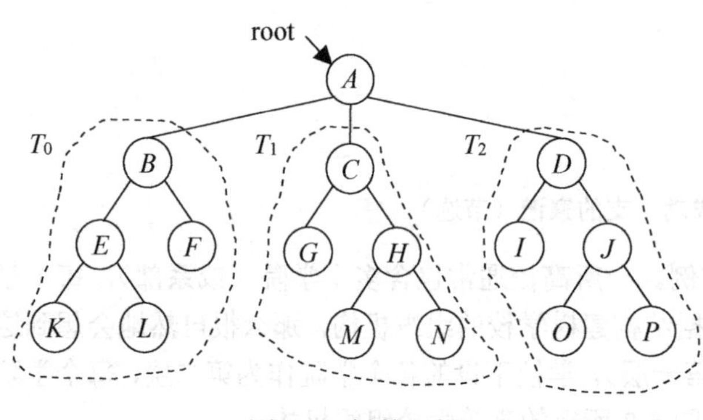

图 5-3　树的示例

5.1.2　树的术语

在树中，常用的一些术语定义如下。

（1）**节点**：树中数据元素及指向其子树根的分支称为一个节点。

（2）**节点的度**：一个节点的分支数称为该节点的度。在图 5-4 中，*A* 的度为 3，*B* 的度为 2。

（3）**叶子节点**：度为 0 的节点称为叶子节点，也称为**终端节点**。在图 5-4 中，叶子节点包括 *K*、*L*、*F*、*G*、*M*、*N*、*I*、*O*、*P*。

（4）**非终端节点**：度不为 0 的节点称为非终端节点，其中除根之外的非终端节点也被称为**内部节点**。在图 5-4 中，非终端节点包括 *A*、*B*、*C*、*D*、*E*、*H*、*J*，其中 *B*、*C*、*D*、*E*、*H*、*J* 是内部节点。

（5）**树的度**：在树中，节点最大的度称为树的度。在图 5-4 中树的度为 3。

（6）**孩子和双亲**：树中某个节点的子树的根称为该节点的孩子，反之，该节点称为孩子的双亲或父亲。在图 5-4 中，*A* 的孩子是 *B*、*C*、*D*，反之，*B*、*C*、*D* 的双亲是 *A*。

（7）**兄弟**：同一个双亲的孩子之间互称为兄弟。在图 5-4 中，*B*、*C*、*D* 之间为兄弟。

（8）**祖先和子孙**：从根到某个节点所经过分支上的所有节点都称为该节点的祖先；反之，以某个节点为根的子树中的所有节点都称为该节点的子孙。在图 5-4 中，节点 *N* 的祖先为 *A*、*C*、*H*；节点 *B* 的子孙为 *E*、*F*、*K*、*L*。

（9）**节点的层次**：从根开始，根为第一层，根的孩子为第二层，根的孩子的孩子为第三层，依次类推，树中任一节点所在的层次是其双亲所在的层次数加 1。在图 5-4 中，*A* 的层次是 1，*B*、*C*、*D* 的层次是 2，*E*、*F*、*G*、*H*、*I*、*J* 的层次是 3，*K*、*L*、*M*、*N*、*O*、*P* 的层次是 4。

（10）**堂兄弟**：双亲在同一层的节点互为堂兄弟。在图 5-4 中，*B* 的孩子、*C* 的孩子和 *D* 的孩子互为堂兄弟。

（11）**树的深度**：树中节点的最大层次数称为树的深度，也称树的**高度**。在图 5-4 中，树的深度为 4。

（12）**有序树和无序树**：若树中节点的各棵子树是有次序的，则称该树为有序树，反之，称为无序树。

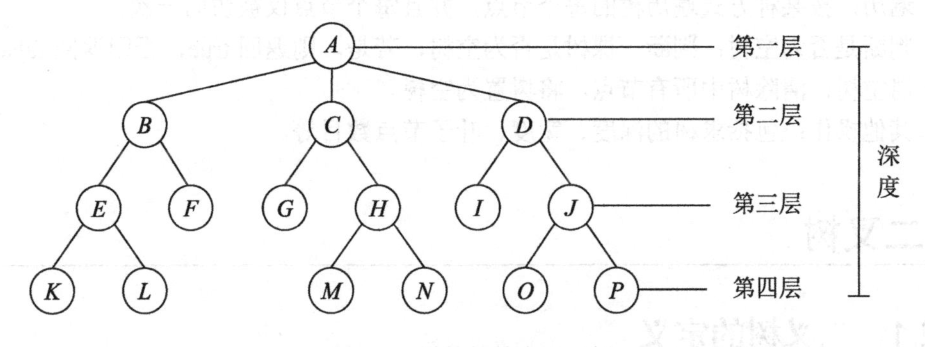

图 5-4　树的相关术语示例

5.1.3　树的表示方法

树的应用非常广泛，在不同的应用中，树的逻辑结构的表示形式不尽相同，通常有如下几种表示方法。

（1）**树形表示法**。树形表示法是树最常用的一种表示方法，形状像一棵倒置的树，如图 5-4 所示。

（2）**文氏图表示法**。该方法使用集合及集合之间的包含关系描述树结构，也称为嵌套集合表示法。根为最外层集合，将子孙代表的集合包含在内部，如图 5-5（a）所示。

（3）**凹入表示法**。该方法类似于书的目录，用节点逐层缩进的方法表示树中各个节点之间的层次关系，兄弟间等长，一个节点的长度要大于其子节点的长度，如图 5-5（b）所示。

（4）**广义表表示法**。该方法用括号的嵌套表示节点之间的层次关系，如图 5-5（c）所示。

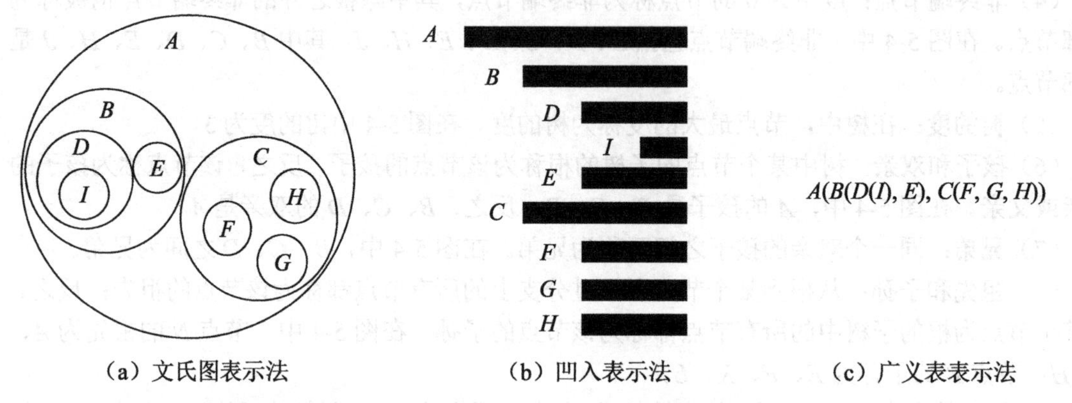

（a）文氏图表示法　　（b）凹入表示法　　（c）广义表表示法

图 5-5　树的文氏图、凹入和广义表表示法

5.1.4　树的基本操作

树涉及的操作非常多，通常包括如下的基本操作。

（1）创建树：建立一棵空树或包含数据元素的非空树。

（2）查找：包括查找根、双亲、孩子、兄弟等。

（3）插入：在指定位置插入节点。

（4）删除：删除指定位置的节点。

（5）遍历：按某种方式遍历树的每个节点，并且每个节点仅被访问一次。

（6）判断是否为空树：判断一棵树是否为空树，若是，则返回 true，否则返回 false。

（7）清空树：清除树中所有节点，将树置为空树。

（8）其他操作：包括求树的深度、宽度、叶子节点数目等。

5.2　二叉树

5.2.1　二叉树的定义

二叉树是由 n 个数据元素构成的有限集合，该二叉树或者是一棵空树，或者是由一个称为**根**的节点和两棵分别称为**左子树**和**右子树**的二叉树组成的，左、右子树彼此不相交。二叉树的特点是每个节点最多有两棵子树（两个孩子），并且子树有左、右之分，次序不能随意颠倒。

图 5-6 所示为二叉树的五种基本形态。图 5-6（a）表示一棵空二叉树；图 5-6（b）表示一

棵只有根的二叉树；图 5-6（c）表示一棵根只有左子树的二叉树；图 5-6（d）表示一棵根只有右子树的二叉树；图 5-6（e）表示一棵根既有左子树又有右子树的二叉树。

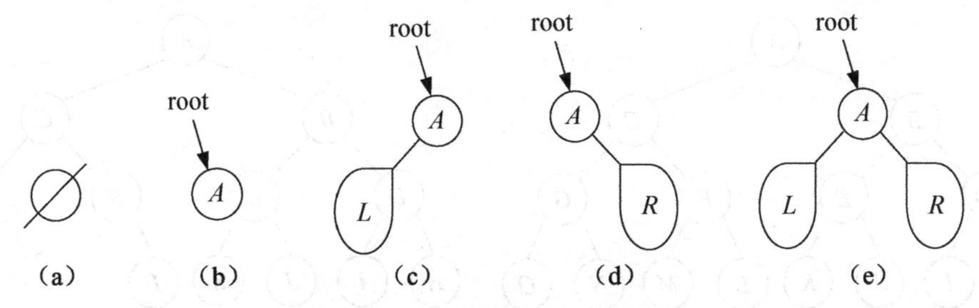

图 5-6 二叉树的五种基本形态

5.2.2 二叉树的性质

一些二叉树的应用只在叶子节点存储数据，内部节点仅作为提供树的结构之用。为了分析这类应用问题，需要了解内部节点与叶子节点之间的一些关系。另外，分析二叉树的空间需求同样需要了解有关二叉树的一些性质。

性质 1 二叉树的第 i 层至多有 2^{i-1} 个节点（$i \geqslant 1$）。

通过数学归纳法证明该性质。

（1）当 $i=1$ 时，只有一个根，此时满足 $2^{i-1}=2^0=1$，命题成立。

（2）假设当 $i=n$ 时，命题成立，即第 n 层至多有 2^{n-1} 个节点，则当 $i=n+1$ 时，由于第 n 层至多有 2^{n-1} 个节点，而二叉树每个节点至多有两个孩子，因此第 $n+1$ 层至多有 $2^{n-1}\times 2$ 个节点，即第 $n+1$ 层至多有 2^n 个节点，命题成立。

性质 2 若二叉树的深度为 h（$h \geqslant 0$），则该二叉树最少有 h 个节点，最多有 2^h-1 个节点。

证明：由于二叉树的每一层至少要有 1 个节点，因此对于深度为 h 的二叉树，其节点数至少为 h 个。

在二叉树中，由性质 1 可知，第一层最多有 2^0 个节点，第二层最多有 2^1 个节点……第 h 层最多有 2^{h-1} 个节点，因此深度为 h（$h \geqslant 0$）的二叉树节点总数最多为 $2^0+2^1+\cdots+2^{h-1}=2^h-1$。

性质 3 含有 n 个节点的二叉树的高度最大为 n，最小为 $\lceil \log_2(n+1) \rceil$。

证明：由于二叉树每层至少有 1 个节点，因此有 n 个节点的二叉树，其高度不会超过 n。

根据性质 2 可知，高度为 h 的二叉树最多有 2^h-1 个节点，可以得到 $n \leqslant 2^h-1$，即 $n+1 \leqslant 2^h$，因此 $h \geqslant \log_2(n+1)$。由于 h 是整数，所以最小值为 $\lceil \log_2(n+1) \rceil$。

性质 4 对于一棵二叉树，如果其叶子节点数为 n_0，度为 2 的节点数为 n_2，则有 $n_0=n_2+1$。

证明：设 n 为二叉树的节点总数，n_1 为度为 1 的节点数，则有 $n=n_0+n_1+n_2$。

设 n_f 为二叉树中的分支总数，除根以外，每个节点都有 1 个分支与其双亲关联，所以有 $n=n_f+1$；而二叉树中度为 1 的节点有 1 个分支，度为 2 的节点有 2 个分支，所以 $n_f=n_1+2n_2$，即满足 $n=n_0+n_1+n_2=n_1+2n_2+1$，综上可得 $n_0=n_2+1$。

在二叉树中，完全二叉树和满二叉树是两种特殊形态的二叉树。

满二叉树是指深度为 h 且节点数取得最大值 2^h-1 的二叉树。图 5-7（a）所示为一棵深度为 4 且有 15 个节点的满二叉树。

如果一棵深度为 h 的二叉树，除第 h 层以外，其他每层的节点数都达到最大，且最后一层的节点自左而右连续分布，这样的二叉树称为**完全二叉树**。图 5-7（b）所示为一棵深度为 4 的完全二叉树。

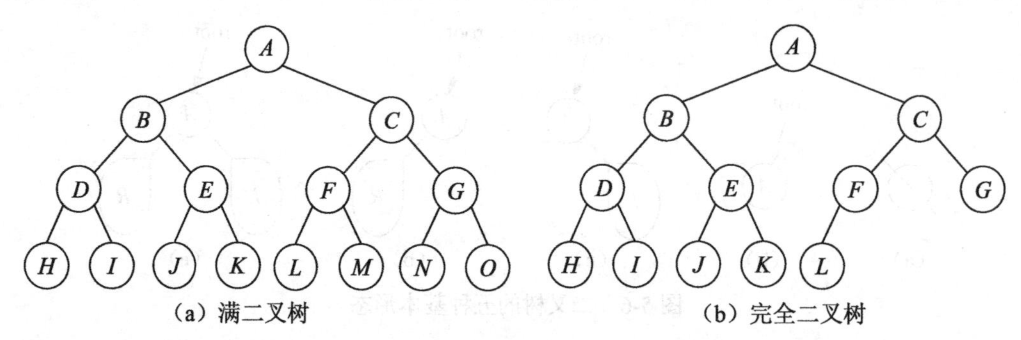

图 5-7　特殊形态的二叉树

完全二叉树在很多应用中都会出现，下面介绍两个关于完全二叉树的性质。

性质 5 含有 n 个节点的完全二叉树的高度为$\lceil \log_2(n+1) \rceil$。

证明：设完全二叉树的高度为 h，则由性质 2 可得 $2^{h-1}-1<n\leqslant 2^h-1$，即 $2^{h-1}<n+1\leqslant 2^h$，不等式中的各项取对数得 $h-1<\log_2(n+1)\leqslant h$。因为 h 为整数，所以 $h=\lceil \log_2(n+1) \rceil$。

性质 6 对含有 n 个节点的完全二叉树自上而下、同一层从左往右对节点编号 $0,1,2,\cdots,n-1$（见图 5-8），则节点之间存在以下关系。

（1）若 $i=0$，则节点 i 是根，无双亲；若 $i>0$，则其双亲的编号为$\lceil i/2 \rceil-1$；

（2）若 $2\times i+1<n$，则 i 的左孩子编号为 $2\times i+1$；

（3）若 $2\times i+2<n$，则 i 的右孩子编号为 $2\times i+2$；

（4）若 $i>1$ 且为偶数，则节点 i 是其双亲的右孩子，且有编号为 $i-1$ 的左兄弟；

（5）若 $i<n-1$ 且为奇数，则节点 i 是其双亲的左孩子，且有编号为 $i+1$ 的右兄弟。

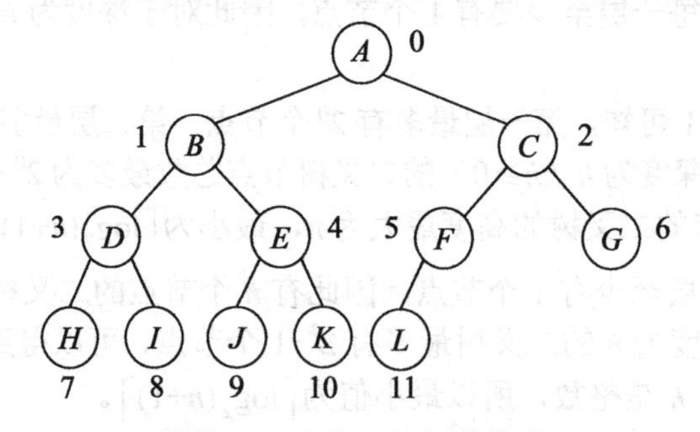

图 5-8　完全二叉树的编号

5.2.3　二叉树的基本操作

二叉树的操作与树的操作类似，这里列举一些基本操作。

（1）创建二叉树：建立一棵空二叉树或包含数据元素的非空二叉树。

（2）查找：包括查找根、双亲、孩子、叶子节点等。

（3）插入：在指定位置插入节点。

（4）删除：删除指定位置的节点。

（5）遍历：按某种方式遍历二叉树的每个节点，并且每个节点仅被访问一次。

（6）判断是否为空树：判断一棵二叉树是否为空树，若是，则返回 true，否则返回 false。

（7）清空二叉树：清除二叉树中所有节点，将二叉树置为空树。

（8）其他操作：包括求二叉树的深度、宽度、叶子节点数目等。

5.3 二叉树的存储结构

5.3.1 二叉树的顺序存储结构

二叉树的顺序存储使用一个一维数组存储二叉树的节点及节点之间的关系。由于二叉树的节点不具有明显的顺序性，因此需要考虑在数组中按照怎样的顺序存储节点及如何体现节点之间的关系。根据二叉树的性质 6 可知，对于一棵完全二叉树，可对树中的节点从第一层开始自上而下，同一层自左而右连续编号，编号的取值能够体现出节点之间的父子、兄弟关系。因此，可以借鉴完全二叉树的编号方法来获取节点在数组中的存储位置，即先将根存储在下标为 0 的位置，然后判断存储在下标为 i（i=0,1,2,⋯）的节点，若该节点存在左、右孩子，则分别存储在下标为 $2i$+1 和 $2i$+2 的位置，如此就建立了一棵二叉树的顺序存储结构。

二叉树的顺序存储方式特别适合于完全二叉树，这是由于完全二叉树的节点在位置上是连续分布的，使得 n 个节点的完全二叉树可以占据数组中下标 0~n−1 的每个位置，不会出现数组位置的闲置，如图 5-9（a）所示；但对于非完全二叉树，节点位置的不连续会导致数组某些位置发生闲置，降低空间利用率，如图 5-9（b）所示。特别当一棵二叉树是单支树时，空间浪费最多。并且，对于空闲的数组位置，必须使用特殊标志标明该位置没有存储节点，从而又会在一定程度上增加算法处理的工作量。

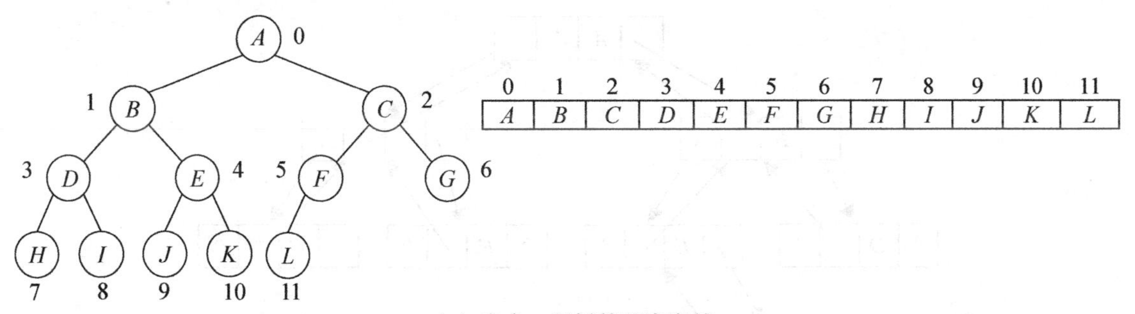

（a）完全二叉树的顺序存储

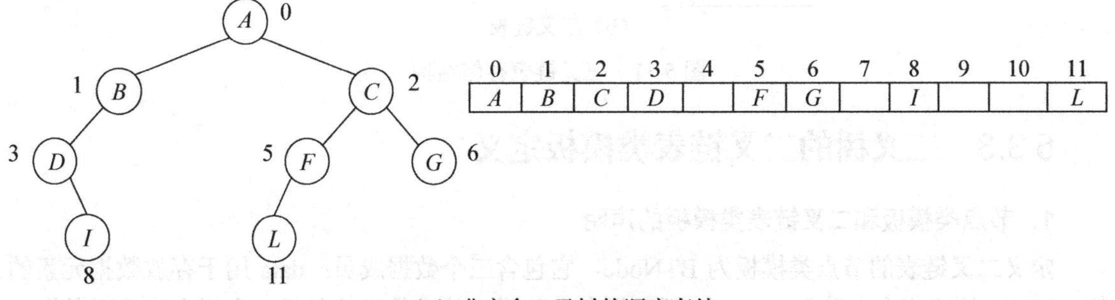

（b）非完全二叉树的顺序存储

图 5-9 二叉树的顺序存储

5.3.2 二叉树的链式存储结构

如果二叉树的应用需要频繁在树中插入或删除节点，则使用链式存储结构更加方便。二叉树的链式存储结构一般采用二叉链表表示法。在二叉树的二叉链表表示法中，节点通常包括三个域：数据域（data）、左孩子指针域（lChild）和右孩子指针域（rChild），如图 5-10（b）所示。其中，数据域存放节点本身的数据元素，左孩子指针域存储指向节点左孩子的指针，右孩子指针域存储指向节点右孩子的指针，图 5-10（c）所示为如图 5-10（a）所示的二叉树的二叉链表。在二叉链表表示法中，寻找一个节点的孩子很方便，但寻找双亲需要遍历二叉树。如果在应用中需要频繁寻找节点的双亲，可以在二叉链表的节点中增加一个双亲指针域（parent），如图 5-11（a）所示，由该类节点构成的二叉树的存储结构称为三叉链表，如图 5-11（b）所示。

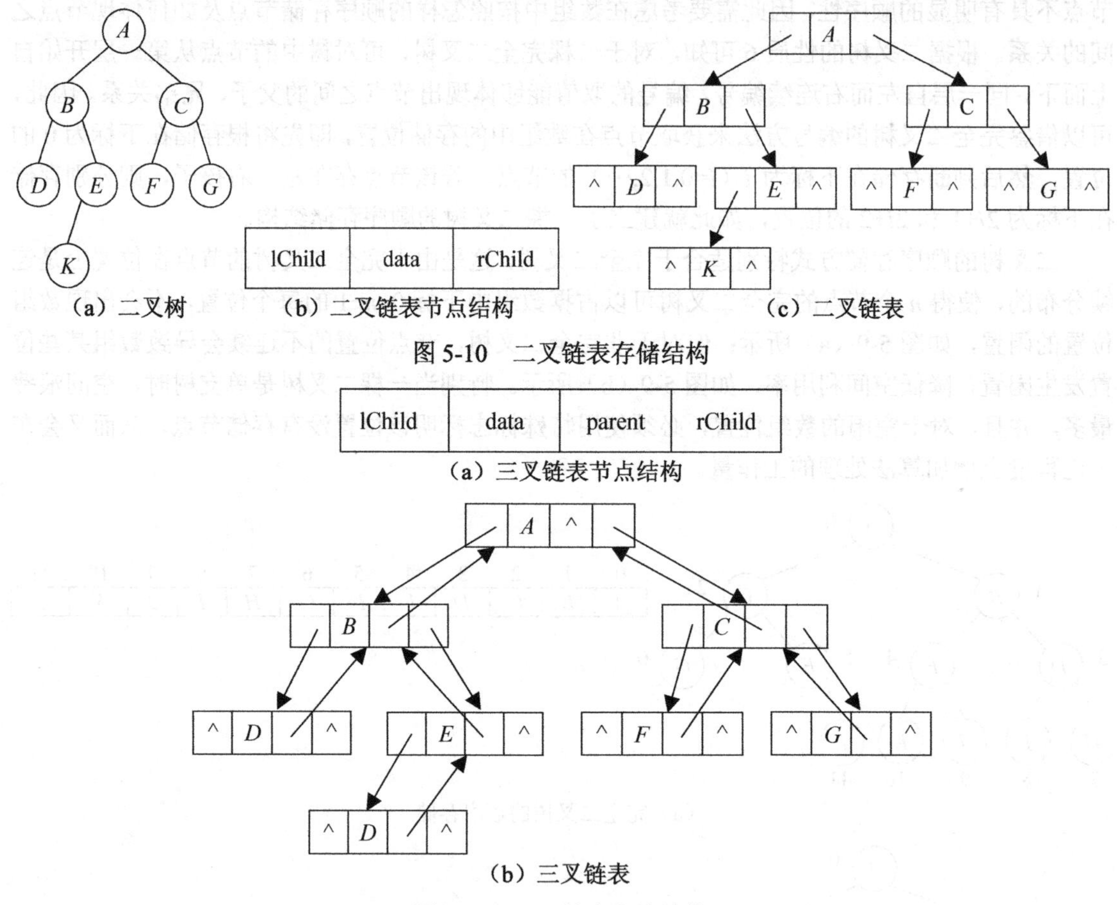

（a）二叉树　　（b）二叉链表节点结构　　（c）二叉链表

图 5-10　二叉链表存储结构

（a）三叉链表节点结构

（b）三叉链表

图 5-11　三叉链表存储结构

5.3.3 二叉树的二叉链表类模板定义

1. 节点类模板和二叉链表类模板的声明

定义二叉链表的节点类模板为 BTNode，它包含三个数据成员：data 用于存放数据元素的值，lChild 用于指向左孩子，rChild 用于指向右孩子。其成员函数包括一个无参构造函数和一个有参构造函数，无参构造函数用于创建空节点，有参构造函数用于创建包含数据元素的节点。

定义二叉链表的类模板为 BinaryTree，它包含一个数据成员：根指针 root。其成员函数包括一些用于二叉树的辅助操作函数及构造函数、析构函数和各种基本操作。在实际应用中根据问题的需要可以添加其他成员函数。

```
/**********二叉链表的节点类模板文件名：BTNode.h***********/
template <class DataType>
class BTNode {
public:
        DataType data;                                          //数据域
        BTNode<DataType> *lChild;                               //左孩子指针域
        BTNode<DataType> *rChild;                               //右孩子指针域
        BTNode() {   lChild = rChild = NULL;   }                //无参构造函数，创建空节点
        //有参构造函数，创建包含数据元素的节点
        BTNode(DataType &e, BTNode<DataType> *leftChild= NULL, BTNode<DataType> *rightChild = NULL)
        {   data = e;   lChild = leftChild;   rChild = rightChild;   }
};
/**********二叉链表的类模板文件名：BinaryTree.h**********/
template <class DataType>
class BinaryTree {
protected:
        BTNode<DataType> *root; ;                               //二叉树的根指针
        void Destroy(BTNode<DataType> * &r);                    //删除以 r 为根的二叉树
        void PreOrder(BTNode<DataType> *r, void(*visit)(const DataType &));  //先序遍历以 r 为根的二叉树
        void InOrder(BTNode<DataType> *r, void(*visit)(const DataType &));   //中序遍历以 r 为根的二叉树
        void PostOrder(BTNode<DataType> *r, void(*visit)(const DataType &)); //后序遍历以 r 为根的二叉树
        void LevelOrder(BTNode<DataType> *r, void(*visit)(const DataType &)); //层次遍历以 r 为根的二叉树
        //根据二叉树的先序遍历序列和中序遍历序列创建以 r 为根的二叉树
        void CreateBinaryTree(BTNode<DataType> * &r, DataType pre[], DataType in[], int preStart,
        int preEnd, int inStart, int inEnd);
        int Height(BTNode<DataType> *r);                        //求以 r 为根的二叉树高度
        int CountLeaf(BTNode<DataType> *r);                     //求以 r 为根的二叉树中叶子节点数目
        //求以 r 为根的二叉树中节点 p 的双亲
        BTNode<DataType> *Parent(BTNode<DataType> *r, BTNode<DataType> *p);
public:
        BinaryTree():root(NULL) {}                              //构造函数
        virtual ~BinaryTree() {   Destroy(root);   }            //析构函数
        BTNode<DataType>* GetRoot() {   return root;   }        //返回根指针
        bool IsEmpty() {   return root == NULL ? true : false;   }  //判断二叉树是否为空
        void PreOrder(void(*visit)(const DataType &));          //先序遍历二叉树
        void InOrder(void(*visit)(const DataType &));           //中序遍历二叉树
        void PostOrder(void(*visit)(const DataType &));         //后序遍历二叉树
        void LevelOrder(void(*visit)(const DataType &));        //层次遍历二叉树
        //根据二叉树的先序遍历和后序遍历序列创建有 n 个节点的二叉树
        void CreateBinaryTree(DataType pre[], DataType in[], int n);
        void InsertLeftChild(BTNode<DataType>* p, DataType &e);   //插入 e 作为节点 p 的左孩子
        void InsertRightChild(BTNode<DataType>* p, DataType &e);  //插入 e 作为节点 p 的右孩子
```

```
        void DeleteLeftChild(BTNode<DataType>* p)                      //删除节点 p 的左子树
        {   if(p)   Destroy(p->lChild);   }
        void DeleteRightChild(BTNode<DataType>* p)                     //删除节点 p 的右子树
        {   if(p)   Destroy(p->rChild);   }
        int CountLeaf(){   return CountLeaf(root);   }                  //求二叉树的叶子节点数目
        int Height() {   return Height(root);   }                       //求二叉树的高度
        BTNode<DataType>* Parent(BTNode<DataType> *p)                  //在二叉树中求节点 p 的双亲
        {   return (root==NULL || p==root) ? NULL : Parent(root, p);   }
};
```

2. 二叉树主要操作的实现

二叉树的操作较多，其中有关创建二叉树、求二叉树的高度和叶子节点数目等操作需要在掌握二叉树遍历方法的基础上才能够更好地理解，因此这些操作的实现将在 5.4 节介绍，此处简要介绍二叉树的一些其他主要操作的实现方法。

（1）删除以 *r* 为根的二叉树。

以 *r* 为根的二叉树由 *r*、*r* 的左子树、*r* 的右子树三个部分构成，删除这三部分即可删除以 *r* 为根的整棵二叉树；而 *r* 的左子树和右子树仍是二叉树，删除的方法相同，仅是规模变小了，故可以使用递归实现删除过程，直到 *r* 为空树。

【算法描述】

Step 1：判断以 r 为根的二叉树是不是空树，若不是，则继续向下执行，否则算法结束。

Step 2：删除以 r 的左孩子为根的左子树。

Step 3：删除以 r 的右孩子为根的右子树。

Step 4：删除根 r。

【算法实现】

```
template <class DataType>
void BinaryTree<DataType>::Destroy(BTNode<DataType> * &r) {   //删除以 r 为根的二叉树
      if(r) {                                                //若以 r 为根的二叉树不是空树，则删除
            Destroy(r->lChild);                              //删除 r 的左子树
            Destroy(r->rChild);                              //删除 r 的右子树
            delete r;     r = NULL;                          //删除根 r
      }
}
```

（2）求以 *r* 为根的二叉树中节点 *p* 的双亲。

以 *r* 为根的二叉树可以分为 *r*、*r* 的左子树、*r* 的右子树三个部分，*p* 的双亲在这三部分的范围内寻找即可。首先判断 *r* 是不是 *p* 的双亲，若不是，则在 *r* 的左子树中寻找，若仍未找到，则进一步在 *r* 的右子树中寻找；在 *r* 的左、右子树中寻找的方法相同，仅是寻找范围变小了，故也可以使用递归方法实现，递归终止条件包括 *r* 为空树、找到 *p* 的双亲和没找到其双亲三种情况。

【算法描述】

Step 1：判断以 r 为根的二叉树是不是空树，若是，则表明在以 r 为根的二叉树中无法找到节点 p 的双亲，返回空指针作为结果，否则继续向下执行。

Step 2：判断 r 是不是 p 的双亲，若是，则返回 r 作为结果，否则继续向下执行。

Step 3：在 r 的左子树中寻找 p 的双亲，若找到，则返回 p 的双亲作为结果，否则继续向下执行。

Step 4：在 r 的右子树中寻找 p 的双亲，若找到，则返回 p 的双亲作为结果，否则继续向下执行。

Step 5：执行到此，表明在以 r 为根的二叉树中无法找到 p 的双亲，返回空指针作为结果。

【算法实现】

```
template <class DataType>
BTNode<DataType> * BinaryTree<DataType>::Parent(BTNode<DataType> *r, BTNode<DataType> *p) {
    if(r == NULL)    return NULL;                              //以 r 为根的二叉树为空树，无法找到双亲
    else if(r->lChild == p || r->rChild == p)  return r;       //若 r 是 p 的双亲，则返回 r
    else {
        BTNode<DataType> *t;
        if(t = Parent(r->lChild, p))    return t;//在 r 的左子树中寻找 p 的双亲，若找到，则返回双亲指针
        if(t = Parent(r->rChild, p))    return t;//在 r 的右子树中寻找 p 的双亲，若找到，则返回双亲指针
        return NULL;                                           //未找到 p 的双亲，返回空指针
    }
}
```

（3）插入左孩子。

在插入元素 *e* 成为节点 *p* 的左孩子时，若 *p* 已有左子树，则 *p* 的左子树应当成为 *e* 的左子树；若 *p* 无左子树，则 *e* 亦无左子树。因此，*e* 的左孩子指针的取值等于 *p* 的左孩子指针。

【算法描述】

Step 1：判断插入位置是否存在，即节点 p 是否存在，若存在，则继续向下执行，否则算法结束。

Step 2：新建一个节点，数据域为待插入元素 e，左孩子指针等于 p 的左孩子指针，右孩子指针为空指针。

Step 3：插入新节点为 p 的左孩子，即修改 p 的左孩子指针使其指向新节点。

【算法实现】

```
template <class DataType>
void BinaryTree<DataType>::InsertLeftChild(BTNode<DataType>* p, DataType &e) {
    if(p) {                                                    //若节点 p 存在，则插入 e 成为 p 的左孩子
        BTNode<DataType> *pNew = new BTNode<DataType>(e, p->lChild);    //新建一个节点
        p->lChild = pNew;                                      //插入新节点为 p 的左孩子
    }
}
```

5.4 二叉树的遍历

在二叉树的一些应用中，需要对二叉树的每个节点进行处理，这就提出了一个对二叉树遍历的问题，即按照一定的次序访问二叉树的每个节点，且每个节点仅被访问一次。访问节点的操作可以是很简单地输出打印节点信息，也可以是与节点信息有关的复杂运算。

根据定义，二叉树由根、根的左子树和根的右子树三部分组成，遍历这三部分即可完成对整棵二叉树的遍历。若分别以 D、L、R 表示访问根、左子树和右子树，则二叉树的遍历包括

六种方案：DLR、LDR、LRD、DRL、RDL 和 RLD。若限定总是先访问左子树再访问右子树，则只余 DLR、LDR 和 LRD 三种方案，分别称为先序遍历、中序遍历和后序遍历，这三种遍历方案的区别仅在于访问根的次序不同。除此之外，还有一种按照二叉树的层次进行遍历的方法，称为层次遍历。下面分别介绍这四种遍历方法的定义和实现，其存储结构采用二叉链表。图 5-12 所示为二叉树的遍历。

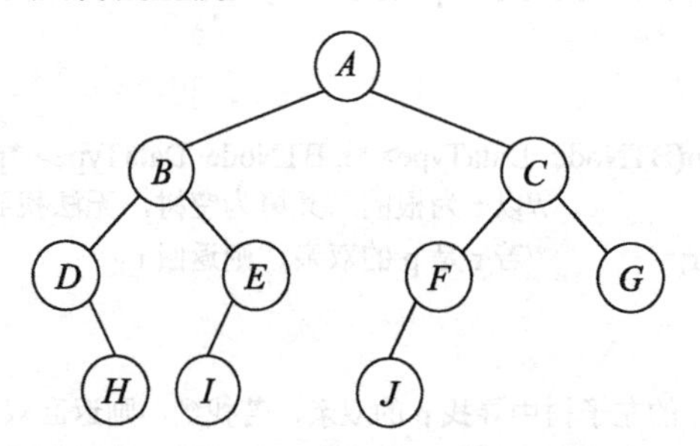

先序序列：*ABDHEICFJG*

中序序列：*DHBIEAJFCG*

后序序列：*HDIEBJFGCA*

层次遍历序列：*ABCDEFGHIJ*

图 5-12　二叉树的遍历

5.4.1　先序遍历

先序遍历的递归定义：如果二叉树为空，则遍历结束；否则，依次进行如下处理。

（1）访问根。

（2）先序遍历根的左子树。

（3）先序遍历根的右子树。

按照先序遍历的方法，如图 5-12 所示的二叉树的先序遍历序列为 *ABDHEICFJG*。先序遍历以 *r* 为根的二叉树算法实现如下。

```
template <class DataType>
void BinaryTree<DataType>::PreOrder(BTNode<DataType> *r, void(*visit)(const DataType &)) {
    if (r != NULL) {
        visit(r->data);                     //首先访问根 r
        PreOrder(r->lChild, visit);         //然后先序遍历 r 的左子树
        PreOrder(r->rChild, visit);         //最后先序遍历 r 的右子树
    }
}
```

先序遍历整棵二叉树的算法实现如下。

```
template <class DataType>
void BinaryTree<DataType>::PreOrder(void(*visit)(const DataType &))
{    PreOrder(root, visit);    }
```

5.4.2　中序遍历

中序遍历的递归定义：如果二叉树为空，则遍历结束；否则，依次进行如下处理。

（1）中序遍历根的左子树。

（2）访问根。

（3）中序遍历根的右子树。

按照中序遍历的方法，如图 5-12 所示的二叉树的中序遍历序列为 *DHBIEAJFCG*。中

序遍历以 r 为根的二叉树算法实现如下。

```
template <class DataType>
void BinaryTree<DataType>::InOrder(BTNode<DataType> *r, void(*visit)(const DataType &)) {
    if (r != NULL) {
        InOrder(r->lChild, visit);          //首先中序遍历 r 的左子树
        visit(r->data);                     //然后访问根 r
        InOrder(r->rChild, visit);          //最后中序遍历 r 的右子树
    }
}
```

中序遍历整棵二叉树的算法实现如下。

```
template <class DataType>
void BinaryTree<DataType>::InOrder(void(*visit)(const DataType &))
{    InOrder(root, visit);    }
```

5.4.3 后序遍历

后序遍历的递归定义：如果二叉树为空，则遍历结束；否则，依次进行如下处理。

（1）后序遍历根的左子树。

（2）后序遍历根的右子树。

（3）访问根。

按照后序遍历的方法，如图 5-12 所示的二叉树的后序遍历序列为 $HDIEBJFGCA$。后序遍历以 r 为根的二叉树算法实现如下。

```
template <class DataType>
void BinaryTree<DataType>::PostOrder(BTNode<DataType> *r, void(*visit)(const DataType &)) {
    if (r != NULL) {
        PostOrder(r->lChild, visit);        //首先后序遍历 r 的左子树
        PostOrder(r->rChild, visit);        //然后后序遍历 r 的右子树
        visit(r->data);                     //最后访问根 r
    }
}
```

后序遍历整棵二叉树的算法实现如下。

```
template <class DataType>
void BinaryTree<DataType>::PostOrder(void(*visit)(const DataType &))
{    PostOrder(root, visit);    }
```

5.4.4 层次遍历

层次遍历是从二叉树的根开始，自上而下逐层遍历，同一层按照从左到右的顺序依次访问节点。按照层次遍历的方法，如图 5-12 所示的二叉树的层次遍历序列为 $ABCDEFGHIJ$。

在进行层次遍历时，如果某个节点（设为第 i 层的节点 F）先被访问，则位于其下一层的孩子（第 i+1 层的节点）也应该要比同层的其他节点（其双亲与 F 同层位于 F 的后面）先被访问，这符合先来先服务的基本思想，因此层次遍历的实现需要引入队列，其具体步骤如下。

（1）首先初始化空队列，然后将根入队。

（2）当队列非空时，出队队头节点 p。

（3）访问节点 p，如果 p 有左孩子，则将其入队；如果 p 有右孩子，则将其入队。

（4）重复步骤（2）和（3），直至队列为空，结束遍历。

层次遍历以 r 为根的二叉树算法实现如下。

```
template <class DataType>
void BinaryTree<DataType>::LevelOrder(BTNode<DataType> *r, void(*visit)(const DataType &)) {
    LinkQueue<BTNode<DataType> *> q;
    BTNode<DataType> *p;
    if (r)  q.EnQueue(r);                                    //将根入队
    while (!q.IsEmpty()) {                                   //当队列非空时
        q.DelQueue(p);      visit(p->data);                  //出队队头节点，访问节点
        if (p->lChild)  q.EnQueue(p->lChild);                //若节点有左孩子，则将其入队
        if (p->rChild)  q.EnQueue(p->rChild);                //若节点有右孩子，则将其入队
    }
}
```

层次遍历整棵二叉树的算法实现如下。

```
template <class DataType>
void BinaryTree<DataType>::LevelOrder(void(*visit)(const DataType &))
{       LevelOrder(root, visit);        }
```

在遍历二叉树时，无论采用哪种方式进行遍历，其基本操作都是访问节点。因此，对具有 n 个节点的二叉树进行遍历，其时间复杂度均为 $O(n)$。

先序遍历、中序遍历和后序遍历二叉树都采用了递归算法，而递归的执行需要使用递归工作栈。递归工作栈所需的空间最多等于树的高度 h 乘以每个栈元素所需的空间，因此在最坏的情况下，先序遍历、中序遍历和后序遍历算法的空间复杂度为 $O(n)$。层次遍历需要使用队列，队列的长度最大为节点数 n，所以空间复杂度也为 $O(n)$。

5.4.5 基于遍历的操作

利用二叉树的遍历可以实现很多关于二叉树的操作，如计算二叉树的高度、叶子节点数目及创建二叉树的二叉链表等。

1. 计算二叉树的高度

以 r 为根的二叉树的高度等于 r 的左、右子树高度的最大值加 1，因此首先需要计算 r 的左、右子树的高度，然后找到其最大值。而计算左、右子树的高度与计算以 r 为根的二叉树的高度在方法上完全相同，只是树的规模变小了，可以使用递归实现，直到子树是空树。

【算法描述】

Step 1：判断以 r 为根的二叉树是不是空树，若是，则返回 0 作为树的高度，否则继续向下执行。

Step 2：计算 r 的左子树的高度 lh。

Step 3：计算 r 的右子树的高度 rh。

Step 4：求 lh 和 rh 的最大值，该最大值加 1 为以 r 为根的二叉树的高度，返回高度并结束计算。

【算法实现】

```
template <class DataType>
```

```
int BinaryTree<DataType>::Height(BTNode<DataType> *r) {
    if(r == NULL)   return 0;                    //空二叉树的高度为 0
    else {
        int lh, rh;
        lh = Height(r->lChild);                  //计算左子树的高度
        rh = Height(r->rChild);                  //计算右子树的高度
        return (lh > rh ? lh : rh) + 1;          //左、右子树高度的最大值加 1 为树的高度
    }
}
```

2. 计算二叉树叶子节点数目

在以 *r* 为根的二叉树中叶子节点数目等于 *r* 的左、右子树的叶子节点数目之和，因此首先计算 *r* 的左、右子树的叶子节点数目，然后进行求和即可。而计算左、右子树的叶子节点数目与计算以 *r* 为根的二叉树的叶子节点数目在方法上完全相同，只是树的规模变小了，因此仍可以使用递归实现，直到子树是空树或子树的根本身是叶子节点。

【算法描述】

Step 1：判断以 r 为根的二叉树是不是空树，若是，则表明无叶子节点，返回 0 作为结果，否则继续向下执行。

Step 2：判断 r 本身是不是叶子节点，若是，则表明以 r 为根的二叉树仅有 1 个叶子节点，返回 1 作为结果，否则继续向下执行。

Step 3：计算 r 的左子树的叶子节点数目。

Step 4：计算 r 的右子树的叶子节点数目。

Step 5：计算并返回 r 的左、右子树的叶子节点数目之和作为结果。

【算法实现】

```
template <class DataType>
int BinaryTree<DataType>::CountLeaf(BTNode<DataType> *r) {
    if(r == NULL)   return 0;                            //空二叉树的叶子节点数目为 0
    else if((r->lChild==NULL) && (r->rChild==NULL))      //r 无子树，且本身是叶子节点
        return 1;
    else                                                 //r 有子树
        //计算并返回 r 的左、右子树的叶子节点数目之和作为结果
        return CountLeaf (r->lChild)+ CountLeaf(r->rChild);
}
```

3. 根据先序遍历和中序遍历序列创建二叉树的二叉链表

二叉树的二叉链表也是由根、根的左子树和根的右子树三部分构成的，因此根据二叉树的先序遍历和中序遍历序列创建二叉链表，只需在序列中分别确定哪个节点作为根、哪些节点作为根的左子树、哪些节点作为根的右子树。

在先序遍历序列中，根总是处于该节点的左、右子树遍历序列之前，故可以在先序遍历序列中找到二叉树的根；而在中序遍历序列中，根总是处于该节点的左、右子树遍历序列之间，以找到的根为界，就能确定左子树和右子树的节点序列。左、右子树的创建方法与整棵树的创建方法完全相同，只是使用的节点遍历序列是原来遍历序列的子序列而已。所以，根据二叉树的先序遍历和中序遍历序列创建二叉树的方法可以总结为**“在先序序列中找根，在中序序列中分左右”**。图 5-13 所示为根据先序遍历和中序遍历序列创建二叉树的过程。

先序序列：A B D H E I C F J G

中序序列：D H B I E A J F C G

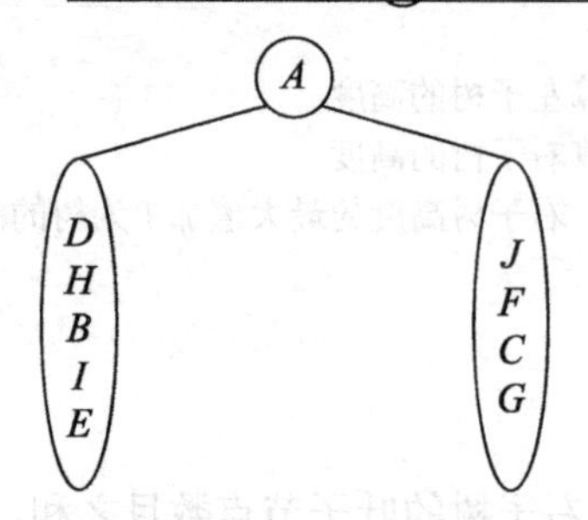

（a）确定整棵二叉树的根 *A* 和其左、右子树的节点序列

先序序列：A B D H E I C F J G

中序序列：D H B I E A J F C G

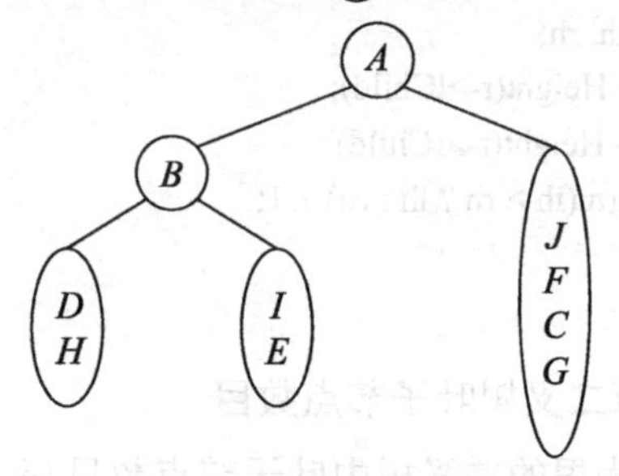

（b）确定 *A* 的左子树的根 *B* 和其左、右子树的节点序列

先序序列：A B D H E I C F J G

中序序列：D H B I E A J F C G

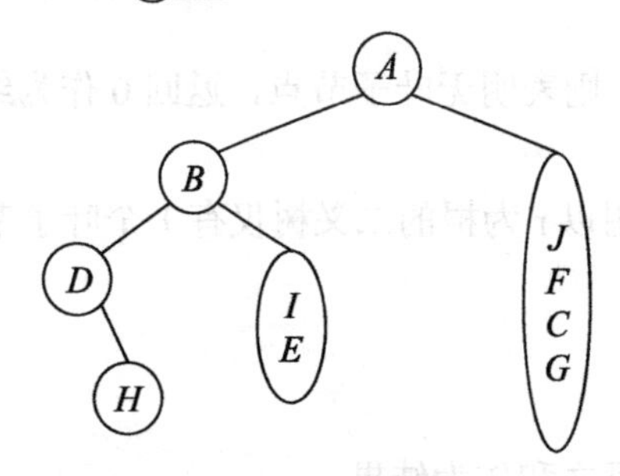

（c）确定 *B* 的左子树的根 *D* 和其左、右子树的节点序列

先序序列：A B D H E I C F J G

中序序列：D H B I E A J F C G

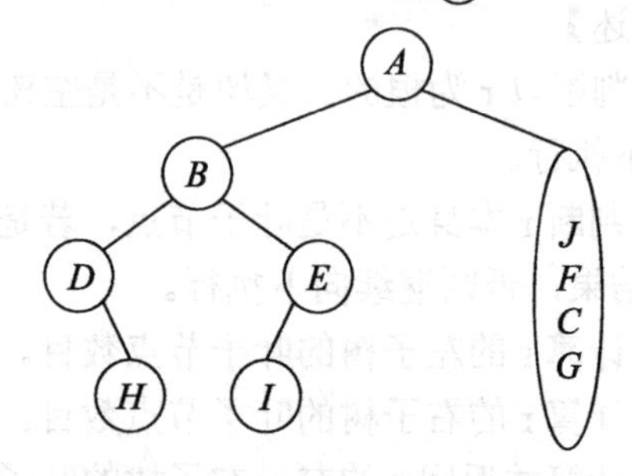

（d）确定 *B* 的右子树的根 *E* 和其左、右子树的节点序列

先序序列：A B D H E I C F J G

中序序列：D H B I E A J F C G

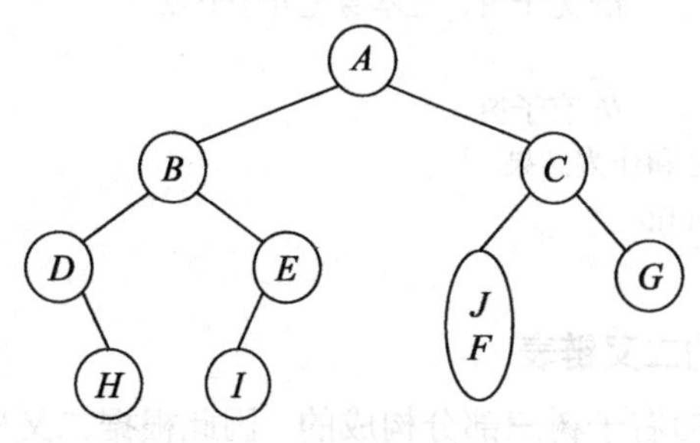

（e）确定 *A* 的右子树的根 *C* 和其左、右子树的节点序列

先序序列：A B D H E I C F J G

中序序列：D H B I E A J F C G

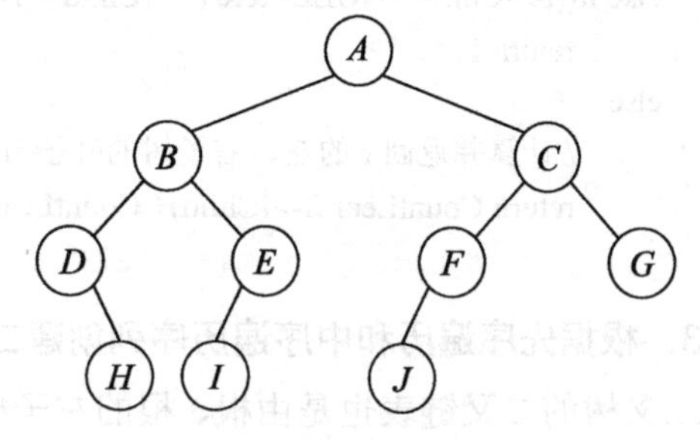

（f）确定 *C* 的左子树的根 *F* 和其左、右子树的节点序列

图 5-13　根据先序遍历和中序遍历序列创建二叉树的过程

【算法描述】

设创建以 r 为根的二叉树，该二叉树的先序序列是 pre[preStart...preEnd]，中序序列是 in[inStart...inEnd]。

Step 1：判断二叉树的遍历序列是不是空序列，若是，表明当前以 r 为根的二叉树是空树，则置 r=NULL，结束算法，否则继续向下执行。

Step 2：取先序序列 pre[preStart…preEnd]的第一个节点 pre[preStart]作为二叉树的根 r。

Step 3：在中序序列 in[inStart…inEnd]中找到根 pre[preStart]，记录其所在位置 mid。

Step 4：以 pre[preStart + 1…preStart + mid - inStart]作为先序序列及 in[inStart…mid - 1]作为中序序列，创建一棵二叉树作为 r 的左子树。

Step 5：以 pre[preStart + mid - inStart + 1…preEnd]作为先序序列及 in[mid + 1…inEnd]作为中序序列，创建一棵二叉树作为 r 的右子树。

【算法实现】

```
//创建以 r 为根的二叉树，其中 pre 表示先序序列，in 表示中序序列
//[preStart, preEnd]：创建以 r 为根的二叉树的节点在 pre 中的范围
//[inStart, inEnd]：创建以 r 为根的二叉树的节点在 in 中的范围
template <class DataType>
void BinaryTree<DataType>::CreateBinaryTree(BTNode<DataType> * &r, DataType pre[], DataType in[], int
preStart, int preEnd, int inStart, int inEnd) {
    if (inStart > inEnd)    r = NULL;                 //无节点，表示当前以 r 为根的二叉树是空树
    else {                                            //有节点，表示当前以 r 为根的二叉树不是空树
        r = new BTNode<DataType>(pre[preStart]);      //在先序序列中寻找到根
        int mid = inStart;                            //mid 表示在中序序列中根位置
        while(in[mid] != pre[preStart])    mid++;     //在中序序列中寻找根的位置
        //创建 r 的左子树，其先序序列在 pre[preStart + 1…preStart + mid - inStart]中
        //中序序列在 in[inStart…mid - 1]中
        CreateBinaryTree(r->lChild, pre, in, preStart + 1, preStart + mid - inStart, inStart, mid - 1);
        //创建 r 的右子树，其先序序列在 pre[preStart + mid - inStart + 1…preEnd]中
        //中序序列在 in[mid + 1…inEnd]中
        CreateBinaryTree(r->rChild, pre, in, preStart + mid - inStart + 1, preEnd, mid + 1, inEnd);
    }
}
```

根据二叉树的后序遍历序列和中序遍历序列也可以创建二叉树的二叉链表，其方法为“**在后序序列中找根，在中序序列中分左右**”，读者可参照上述算法的实现过程尝试自行实现。

5.5 线索二叉树

5.5.1 线索二叉树的定义

二叉树的遍历将树中的节点形成了一个线性序列，其实质是对非线性结构进行了线性化操作。在二叉树的遍历序列中，除第一个节点仅有后继、最后一个节点仅有前驱之外，其余节点都是仅有一个前驱和一个后继。由于遍历过程没有保存节点的前驱和后继信息，在遍历结束之后，想要寻找某个节点的前驱或后继将比较困难。为此，可以考虑将遍历过程中节点的先后关系保存下来。一种方法是在二叉链表的每个节点中增加两个指针域，分别指向该节点在遍历序列中的前驱和后继，但这种方法会明显增加存储空间；另一种方法是利用二叉链表中原来闲置的左、右孩子指针。对于一棵有 n 个节点的二叉树，其二叉链表共有 $2n$ 个指针，除根之外，其余 $n-1$ 个节点皆会消耗来自双亲的 1 个指针，共消耗 $n-1$ 个指针，因此必然存在 $n+1$ 个空指

针。我们可以充分利用这 n+1 个空指针存储节点的前驱和后继信息：若某个节点的左孩子为空，则将该节点的左指针指向遍历序列中的前驱；若右孩子为空，则将该节点的右指针指向遍历序列中的后继。为了区分左指针和右指针的作用，每个节点增加两个字段 lTag 和 rTag，线索二叉树的节点结构如图 5-14 所示。其中，lTag=0 表示 lChild 指向左孩子，lTag=1 表示 lChild 指向前驱；rTag=0 表示 rChild 指向右孩子，rTag=1 表示 rChild 指向后继。

lChild	lTag	data	rTag	rChild

图 5-14　线索二叉树的节点结构

指向前驱或后继的指针称为**线索**，带有线索的二叉树称为**线索二叉树**。按照不同的遍历方法，二叉树节点的前驱线索和后继线索会有所不同，故将根据先序遍历、中序遍历和后序遍历构造出来的带有线索的二叉树分别称为先序线索二叉树、中序线索二叉树和后序线索二叉树。图 5-15 所示为中序线索二叉树的例子。

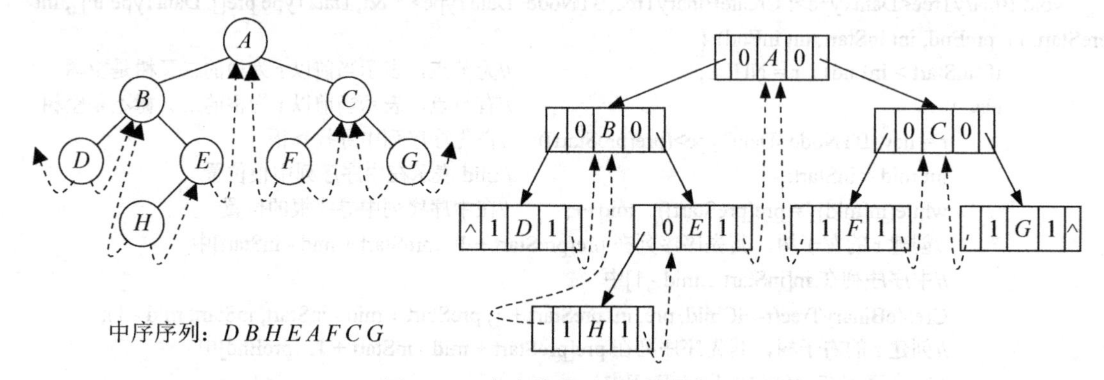

图 5-15　中序线索二叉树的例子

5.5.2　中序线索二叉树类模板定义

1．线索二叉树节点类模板和中序线索二叉树类模板的声明

定义线索二叉树节点的类模板为 ThreadBTNode，它包含五个数据成员：data 用于存放数据元素的值，lChild 用于指向左孩子或前驱，rChild 用于指向右孩子或后继，lTag 和 rTag 作为左标志域和右标志域，分别用于标识左指针和右指针。其成员函数包括一个无参构造函数和一个有参构造函数，无参构造函数用于创建空节点，有参构造函数用于创建包含数据元素的节点。

定义中序线索二叉树的类模板为 InThreadBinaryTree，它包含一个数据成员：根指针 root。其成员函数包括一些辅助操作函数、构造函数、析构函数和各种基本操作。在实际应用中根据问题的需要可以添加其他成员函数。

```
/**********线索二叉树节点的类模板文件名：ThreadBTNode.h**********/
template <class DataType>
class ThreadBTNode {
public:
        DataType data;                                  //数据域
        ThreadBTNode<DataType>    *lChild;              //左指针域
        ThreadBTNode<DataType>    *rChild;              //右指针域
        int lTag, rTag;                                 //左标志域和右标志域
        ThreadBTNode();                                 //无参构造函数，创建空节点
```

```
        //有参构造函数，创建包含数据元素的节点
        ThreadBTNode(const DataType &e, ThreadBTNode<DataType> *left=NULL,
                    ThreadBTNode<DataType> *right=NULL, int ltag=0, int rtag=0);
};
/**********中序线索二叉树的类模板文件名：InThreadBinaryTree.h**********/
template <class DataType>
class InThreadBinaryTree {
protected:
        ThreadBTNode<DataType> *root;                       //根指针
        //将以 r 为根的二叉树转换成未线索化的中序线索二叉树，返回中序线索二叉树的根
        ThreadBTNode<DataType> *Transform(BTNode<DataType> *r);
        //中序线索化以 r 为根的二叉树，pre 为 r 中第一个节点的前驱指针
        void CreateInThread(ThreadBTNode<DataType> *r, ThreadBTNode<DataType> *&pre);
        void DestroyInThread(ThreadBTNode<DataType> * &r);         //销毁以 r 为根的中序线索二叉树
public:
        InThreadBinaryTree(BinaryTree<DataType> &bt);              //由二叉树构造中序线索二叉树
        virtual ~InThreadBinaryTree();                             //析构函数
        ThreadBTNode<DataType> *GetRoot();                         //返回线索二叉树的根
        void InThread();                                           //中序线索化二叉树
        ThreadBTNode<DataType> *GetFirst() ;                       //取二叉树中序序列的第一个节点
        //取节点 p 在中序序列中的前驱
        ThreadBTNode<DataType> *GetPrior(ThreadBTNode<DataType> *p) ;
        //取节点 p 在中序序列中的后继
        ThreadBTNode<DataType> *GetNext(ThreadBTNode<DataType> *p) ;
        void InsertLeftChild(ThreadBTNode<DataType> *p, DataType &e); //插入新的节点作为节点 p 的左孩子
        void InsertRightChild(ThreadBTNode<DataType> *p, DataType &e); //插入新的节点作为节点 p 的右孩子
        void DeleteLeftChild(ThreadBTNode<DataType> *p);           //删除 p 的左子树
        void DeleteRightChild(ThreadBTNode<DataType> *p);          //删除 p 的右子树
        void InOrder(void(*visit)(const DataType &));              //中序线索二叉树的中序遍历
};
```

2. 中序线索二叉树主要操作的实现

（1）构造中序线索二叉树。

构造一棵中序线索二叉树实际上是对一棵二叉树进行中序遍历，在遍历的过程中检查前驱的右指针与后继的左指针是否为空，如果为空，则将它们改为指向其后继或前驱的线索。构造以 r 为根的中序线索二叉树的算法描述与实现如下。

【算法描述】

设 pre 指向当前节点在中序遍历序列中的前驱。

Step 1：判断以 r 为根的二叉树是不是空树，若不是，则继续向下执行，否则结束算法。

Step 2：中序线索化 r 的左子树，在线索化结束后，pre 指向 r 的左子树的中序序列的最后一个节点，即 r 在中序序列中的前驱。

Step 3：若 r 无左孩子，则置其左指针指向前驱 pre；若 pre 无右孩子，则置其右指针指向后继 r。

Step 4：以根 r 作为前驱中序线索化 r 的右子树。

【算法实现】

```
template <class DataType>
void InThreadBinaryTree<DataType>::CreateInThread(ThreadBTNode<DataType> *r,
ThreadBTNode<DataType> *&pre) {
    if (r != NULL) {
        CreateInThread(r->lChild, pre);                  //中序线索化 r 的左子树
        if (r->lChild == NULL)                           //r 无左孩子，加前驱线索
        {   r->lChild = pre;   r->lTag=1;      }
        else      r->lTag=0;                             //r 有左孩子
        if (pre != NULL && pre->rChild == NULL)          //前驱 pre 无右孩子，加后继线索
        {   pre->rChild = r;   pre->rTag=1;   }
        else if (pre != NULL)       pre->rTag = 0;       //pre 有右孩子
        pre = r;                                         //r 的右子树中序序列的第一个节点的前驱是 r
        CreateInThread(r->rChild, pre);                  //中序线索化 r 的右子树
    }
}
```

中序线索化整棵二叉树调用上述函数即可。

```
template <class DataType>
void InThreadBinaryTree<DataType>::InThread(){
    ThreadBTNode<DataType> *pre = NULL;          //中序序列的第一个节点没有前驱
    CreateInThread(root, pre);                   //中序线索化以 root 为根的二叉树
    pre->rTag = 1;                               //中序序列的最后一个节点的右指针为线索
}
```

（2）获取二叉树中序序列的第一个节点。

在二叉树的中序遍历中，只要节点存在左子树，左子树中的节点就必然被先访问，故二叉树中序序列的第一个节点是从根开始，沿着左指针找到的第一个没有左子树的节点，即二叉树的“最左节点”。

【算法描述】

Step 1：判断二叉树是不是空树，若是，即 root==NULL，则表明无中序序列，返回 NULL 作为结果，否则继续向下执行。

Step 2：置指针 p 指向根 root。

Step 3：若 p 有左孩子，则将指针 p 沿着节点的左指针不断下移，直到 p 没有左孩子。

Step 4：找到二叉树的最左节点，返回 p 的值作为结果。

【算法实现】

```
template <class DataType>
ThreadBTNode<DataType> * InThreadBinaryTree<DataType>::GetFirst() {
    ThreadBTNode<DataType> *p = root;            //从根开始寻找
    if(!p)   return NULL;                        //若为空树，则表明无中序序列
    while(p->lTag == 0)   p = p->lChild;         //若 p 有左孩子，则将 p 沿着左指针下移
    return p;                                    //返回中序序列的第一个节点的指针
}
```

（3）寻找指定节点的后继。

在中序线索二叉树中，寻找指定节点的后继分为两种情况：其一，节点的右标志为 1，其右指针为后继线索，所指节点就是该节点的后继；其二，节点的右标志为 0，即该节点存在右

子树，其后继为右子树的最左节点。

【算法描述】

设寻找指针p为所指节点的后继，则算法描述如下。

Step 1：判断p所指节点的右指针是不是线索指针，若是，即p->rTag==1，则其右指针所指节点为该节点的后继，返回p所指节点的右指针作为结果；若不是，则继续向下执行。

Step 2：置指针p指向节点的右孩子。

Step 3：若p有左孩子，则将指针p沿着节点的左指针不断下移，直到p没有左孩子，该节点为所求后继，返回p的值作为结果。

【算法实现】

```
template <class DataType>
ThreadBTNode<DataType> * InThreadBinaryTree<DataType>::GetNext(ThreadBTNode<DataType> *p) {
    if (p->rTag == 1)   return p->rChild;                    //p的右指针为后继线索
    p = p->rChild;                                           //在p的右子树中寻找“最左节点”
    while(p->lTag == 0)   p = p->lChild;                     //若p有左孩子，则将p沿着左指针下移
    return p;                                                //返回后继地址
}
```

（4）中序线索二叉树的中序遍历。

对中序线索二叉树进行中序遍历只需从中序序列的第一个节点开始，依次获取后继进行访问。

```
template <class DataType>
void InThreadBinaryTree<DataType>::InOrder(void(*visit)(const DataType &)) {
    ThreadBTNode<DataType> *p = GetFirst();                  //获取中序序列的第一个节点
    while(p) {                                               //节点存在
        (*visit)(p->data);                                   //访问节点
        p = GetNext(p);                                      //获取后继
    }
}
```

（5）在中序线索二叉树中插入左孩子。

通常在中序线索二叉树中插入节点有两种情况：一种情况是作为某节点的左孩子插入，另一种情况是作为某节点的右孩子插入。这两种情况的实现方法类似，这里仅讨论作为某节点的左孩子插入的情况。

设新插入节点为s，将s插入成为二叉树中节点p的左孩子，插入过程分为两种情况：其一，若p没有左子树，则p的前驱成为s的前驱，p成为s的后继，s成为p的左孩子；其二，若p有左子树，则p的左子树成为s的左子树，p成为s的后继，s成为p的左孩子，同时需要修改p原来左子树中序序列的最后一个节点的右指针，使其指向s。

【算法描述】

Step 1：判断插入位置是否存在，即节点p是否存在，若不存在，则无法插入，否则继续向下执行。

Step 2：新建一个节点s，置s的左指针等于p的左指针（无论p是否有左子树，s的左指针总是与p的左指针相同的），s的右指针指向p。

Step 3：若p有左孩子，则找到p的左子树中序序列的最后一个节点，修改该节点的右指针使其指向s，使s成为该节点的后继。

Step 4：修改p的左指针使其指向s，使s成为p的左孩子。

【算法实现】

```
template <class DataType>
void InThreadBinaryTree<DataType>::InsertLeftChild(ThreadBTNode<DataType> *p, DataType &e) {
    ThreadBTNode<DataType> *s, *q;
    if (p == NULL)    return;                                       //若节点 p 不存在，则无法插入
    s = new ThreadBTNode<DataType>(e, p->lChild, p, p->lTag, 1);    //生成新节点 s
    if(p->lTag == 0) {                                              //p 有左子树
        //寻找左子树中序列的最后一个节点，即左子树的最右节点
        q = p->lChild;                                              //从左子树的根开始
        while(q->rTag == 0)    q=q->rChild;                         //若 q 有右孩子，则将 q 下移
        q->rChild = s;                                              //将 q 的后继修改为 s
    }
    p->lChild = s; p->lTag = 0;                                     //s 成为 p 的左孩子
}
```

（6）在中序线索二叉树中删除右子树。

假设准备删除节点 *p* 的右子树，在删除之后，原本 *p* 的右子树中序序列的最后一个节点的后继将成为 *p* 的后继，故在删除前需要先找到该节点，以便在删除后将 *p* 的右指针指向该节点。

【算法描述】

Step 1：若节点 p 不存在或无右子树，则无法删除，结束算法，否则继续向下执行。

Step 2：寻找 p 的右子树中序序列的最后一个节点，并找到该节点的后继 next。

Step 4：删除 p 的右子树。

Step 5：修改 p 的右指针使其指向节点 next。

【算法实现】

```
template <class DataType>
void InThreadBinaryTree<DataType>::DeleteRightChild(ThreadBTNode<DataType> *p) {
    ThreadBTNode<DataType> *next;
    if (p == NULL || p->rTag == 1)    return;           //若节点 p 不存在或无右子树，则无法删除
    //寻找右子树中序序列的最后一个节点，即右子树的最右节点
    next = p->rChild;                                    //从右子树的根开始
    while(next->rTag == 0)    next = next->rChild;       //若 next 有右孩子，则将 next 沿右指针下移
    next = next->rChild;                                 //找到后继
    DestroyInThread(p->rChild);                          //删除 p 的右子树
    p->rChild = next;                                    //将 p 的右指针指向后继
    p->rTag = 1;                                         //修改 p 的右标志
}
```

线索二叉树的结构便于查找节点在遍历序列中的前驱和后继，但执行插入和删除操作需要额外修改相应的线索，从而使得时间复杂度大于非线索二叉树。

5.6 二叉树的应用

在使用计算机解决现实生活中的一些问题时，很多应用会采用二叉树结构，如堆、哈夫曼树、二叉排序树等，本节重点介绍堆和哈夫曼树。

5.6.1 堆

在病人排队等候医生看病的某些场景中（见图 5-16），医生是按照病的危急程度，而不是按照先来先服务的次序为病人看病的，后来的病人根据病的严重程度可以与前一排相邻的病人交换位置，排在第一排的病人将最先得到医治。我们希望找到一种数据结构保证这类具有优先级关系的特殊应用能够得以实现。通过分析发现这类结构有两个特征：①它可以用一棵完全二叉树表示；②每个节点中存储的值与其子节点的值之间存在一种优先级关系。我们把满足这两个特征的数据结构称为堆。

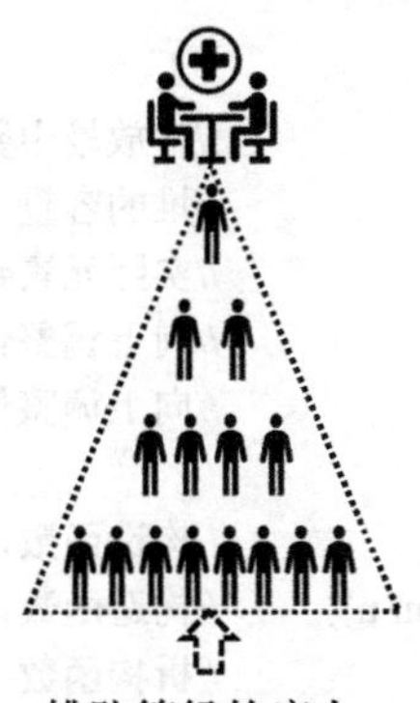

图 5-16　病人排队等候看病的场景

1．堆的定义

设 n 个数据元素的关键字序列为$(k_0,k_1,\cdots,k_{n-1})$，对于 k_i，如果满足 $k_i \leqslant k_{2i+1}$ 且 $k_i \leqslant k_{2i+2}$（或 $k_i \geqslant k_{2i+1}$ 且 $k_i \geqslant k_{2i+2}$）（$i=0,1,\cdots,(n-2)/2$），则称由这 n 个数据元素构成的序列为堆。若将这 n 个数据元素存储在下标为 $0\sim n-1$ 的一维数组之中，则可以将该序列对应到一棵完全二叉树，序列中的元素对应树中编号为 $0\sim n-1$ 的节点。从完全二叉树的角度对堆的理解：在完全二叉树中，任意非终端节点的关键字均不大于（或不小于）其左、右孩子的关键字，前者称为**小顶堆**，后者称为**大顶堆**。例如，序列(3,7,15,25,12,21,36)为小顶堆，序列(21,17,13,5,12,7)为大顶堆，如图 5-17 所示。

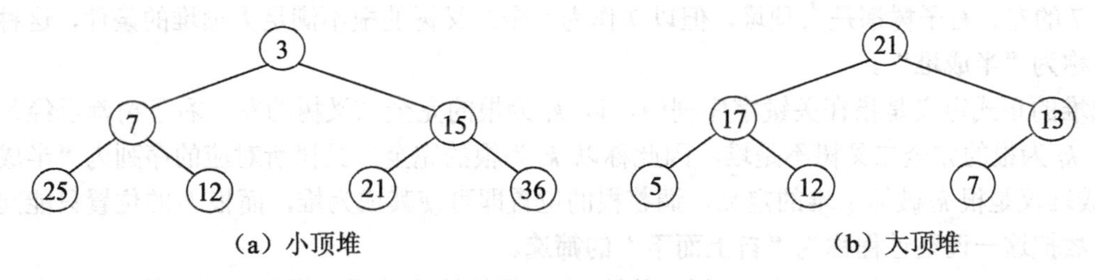

图 5-17　堆的示例

小顶堆中每个非终端节点的关键字均小于或等于孩子的关键字，根存储整棵树的最小值；大顶堆中每个非终端节点的关键字均大于或等于孩子的关键字，根存储整棵树的最大值。需要注意的是，无论在小顶堆或大顶堆中，兄弟之间的关键字没有大小关系，左孩子的关键字可以大于或小于右孩子的关键字。

2. 大顶堆类模板定义

下面以大顶堆为例介绍有关堆的定义和操作方法。定义大顶堆的类模板为 MaxHeap，该类模板包含三个数据成员：指针 elems 指向存储数据元素的数组，堆的容量 maxSize，实际元素数目 length。其成员函数包括构造函数、析构函数和堆的各种基本操作，在实际应用中根据问题的需要还可以添加其他成员函数。

```
/**********大顶堆的类模板文件名：MaxHeap.h**********/
#include "Status.h"    // Status.h：定义枚举类型 Status，表示操作的状态，详见配套源码
template <class DataType>
class MaxHeap {
protected:
    DataType *elems;                              //存放堆中数据元素的数组
    int maxSize;                                  //堆的容量
    int length;                                   //实际元素数目
    void SiftDown(int start, int end);            //向下调整使序列成堆
    void SiftUp(int end);                         //向上调整使序列成堆
public:
     MaxHeap(int size);                           //构造函数，创建空堆
     MaxHeap(DataType arr[], int size, int n);    //构造函数，根据数组 arr 创建大顶堆
     ~MaxHeap();                                  //析构函数
     Status GetTop(DataType &e);                  //取堆顶元素值
     Status InsertElem(DataType &e);              //在堆中插入元素 e
     Status DeleteTop(DataType &e);               //删除堆顶元素
     bool IsEmpty();                              //判断是否为空堆
     bool IsFull();                               //判断堆是否已满
     int GetLength();                             //获取堆的实际元素数目
};
```

3. 大顶堆主要操作的实现

（1）根据已知的无序序列创建大顶堆。

给定一组初始无序的序列，如何才能创建出大顶堆呢？对于这一问题，首先研究如何将序列(7,17,21,5,12,13)调整成大顶堆。从序列(7,17,21,5,12,13)对应的完全二叉树［见图 5-18（a）］可见，根 7 的左、右子树都是大顶堆，但以 7 作为完全二叉树的根不满足大顶堆的条件，这种类型的堆称为**“半成堆”**。

半成堆的正式定义是指在关键字序列中，以 k_l 为根的完全二叉树的左、右子树都已经是堆，但以 k_l 为根的完全二叉树不是堆，因此称以 k_l 为根的完全二叉树所对应的序列为“半成堆”。半成堆仅是根 k_l 破坏了堆的定义，调整根的位置即可使其成为堆，而根 k_l 的位置只能向下调整，故把这一调整过程称为**“自上而下”的筛选**。

图 5-18（b）～（d）给出了半成堆(7,17,21,5,12,13)的筛选过程。根据大顶堆的定义可知，根 7、左孩子 17 和右孩子 21 之中的最大值应成为双亲。首先，找到根 7 的孩子中的较大者 21，比较 7 与 21 的大小，由于 7<21，因此交换节点 7 与节点 21 的位置；然后，找到节点 7 的孩子中的较大者 13，比较 7 与 13 的大小，由于 7<13，因此交换节点 7 与节点 13 的位置；此时，节点 7 成为叶子节点，筛选过程结束，节点 7 到达最终位置。在筛选过程中，当待调整节点的关键字已经不小于其较大孩子的关键字时，筛选过程同样可以结束。

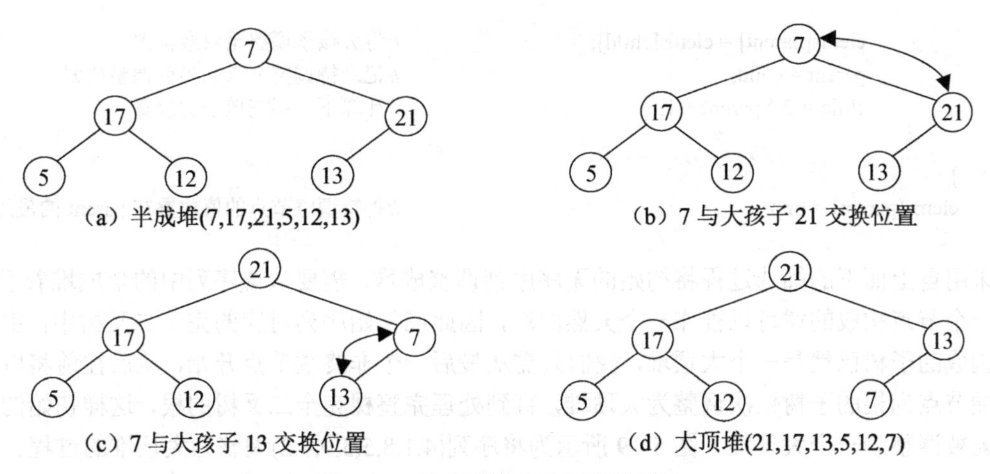

图 5-18　半成堆及自上而下的筛选

从上述实例可以总结出半成堆自上而下的筛选方法：当调整节点 parent 时，首先找到孩子中的大孩子 child，然后比较 parent 与 child 的大小，若 parent 的关键字小于 child 的关键字，则交换两者的位置。重复这一过程，直到 parent 成为叶子节点或 parent 的关键字不小于 child 的关键字。

自上而下的筛选算法描述与实现如下。

【算法描述】

设调整 elems[start]的位置使半成堆 elems[start…end]成为大顶堆，tmp 暂存待调整节点的值，parent 记录待调整节点在 elems 中的当前位置，child 记录其大孩子在 elems 中的位置。

Step 1：令 tmp=elems[start]暂存待调整节点的值。

Step 2：初始化 parent=start 为待调整节点的当前位置，child=2×parent+1 为其左孩子的位置。

Step 3：若左孩子存在，即 child<=end，则表明待调整节点尚未调整至叶子节点的位置，反复进行如下处理，否则执行 Step 4。

Step 3.1：若待调整节点存在右孩子，则比较左、右孩子的关键字找到关键字较大的孩子，并记录其位置 child。

Step 3.2：比较待调整节点的值 tmp 与大孩子 elems[child]的大小，分为如下两种情况。

① tmp>=elems[child]，符合大顶堆的定义，找到待调整节点的正确位置 parent，转至 Step 4。

② tmp<elems[child]，不符合大顶堆的定义，将大孩子 elems[child]上移至双亲 elems[parent]，更新 parent=child 为待调整节点的当前位置，并计算左孩子位置 child=2×parent+1。

Step 4：将暂存的待调整节点的值放到正确位置，即 elems[parent]=tmp。

【算法实现】

```
template <class DataType>
void MaxHeap<DataType>::SiftDown (int start, int end) {          //调整半成堆 elems[start…end]为大顶堆
    DataType tmp = elems[start];                                  //tmp 暂存待调整节点的值
    int parent = start;                                           //parent 记录待调整节点在 elems 中的位置
    int child = 2 * parent + 1;                                   //child 记录大孩子在 elems 中的位置
    while(child <= end) {                                         //左孩子存在，即待调整节点未成为叶子节点
        if (child + 1 <= end && elems[child] < elems[child + 1])   //存在右孩子且左孩子小于右孩子
            child++;                                              //child 记录大孩子的下标
        if (tmp >= elems[child])    break;                        //若待调整节点不小于其孩子，则结束筛选
        else {
```

```
            elems[parent] = elems[child];                //将大孩子调整至双亲位置
            parent = child;                              //记录待调整节点的当前调整位置
            child = 2 * parent + 1;                      //计算下一层左孩子的位置
        }
    }
    elems[parent] = tmp;                                 //将待调整节点的值放置在 parent 的最终位置
}
```

采用自上而下的筛选过程将初始的无序序列调整成堆，需要从该序列中的半成堆着手。由于由一个节点构成的树可以视作一个天然的堆，因此在初始序列对应的完全二叉树中，由叶子节点构成的子树已然是一个大顶堆，我们只需从最后一个非终端节点开始，从后往前将以这些非终端节点为根的子树依次调整为大顶堆，直到处理完整棵完全二叉树的根，这样初始的无序序列就被调整为一个大顶堆。图 5-19 所示为将序列(4,1,8,5,3,9,7,2)调整为大顶堆的过程。

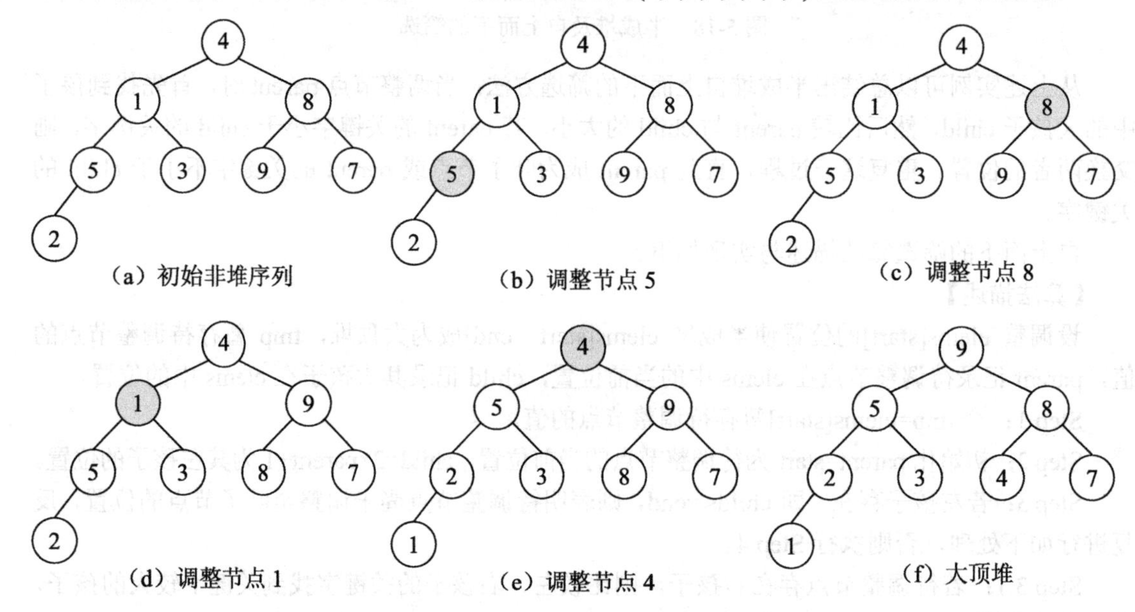

图 5-19　将序列(4,1,8,5,3,9,7,2)调整为大顶堆的过程

根据已知的无序序列创建大顶堆的算法描述与实现如下。

【算法描述】

设调整无序序列 elems[0…n-1]为大顶堆。

Step 1：初始化 i 为完全二叉树中最后一个非终端节点的位置，即 i=(n-2)/2。

Step 2：当尚未调整完所有的非终端节点，即 i>=0 时，反复进行如下处理，否则结束算法。

Step 2.1：采用自上而下的筛选方法调整 elems[i…n-1]为大顶堆。

Step 2.2：获取下一个待调整的非终端节点的位置，即 i=i-1。

【算法实现】

```
template <class DataType>
MaxHeap<DataType>::MaxHeap(DataType arr[], int size, int n ) {//根据数组 arr[]中的数据构造大顶堆
    if(size <= 0)   {   cout << "堆的大小不能小于 1" << endl;   exit(1);   }
    maxSize = size;
    elems = new DataType[maxSize];
    length = n;
```

```
    for(int i = 0; i < length; i++)    elems[i] = arr[i];
    int i = (length - 2) / 2;                          //从最后一个非终端节点开始调整
    while(i >= 0) {                                    //自下而上逐步调整形成堆
        SiftDown(i, length - 1);                       //将 elems[i…length-1]调整为大顶堆
        i--;
    }
}
```

（2）取堆顶元素。

堆顶元素的关键字是堆中的最大值（大顶堆）或最小值（小顶堆），在关于堆的应用中，取堆顶元素具有明显的逻辑意义。取堆顶元素不会改变堆的序列，仅是返回堆顶元素的值。

```
template <class DataType>
Status MaxHeap<DataType >::GetTop(DataType &e) {
    if(IsEmpty())       return UNDER_FLOW;                  //空堆返回下溢信息
    e = elems[0];                                           //取堆顶元素
    return SUCCESS;
}
```

（3）插入新元素。

新元素的插入不能破坏堆的定义，需要为其找到正确的位置，由于初始并不知晓这一位置，因此可以首先将新元素插入堆序列的尾部，然后按照堆的定义对其位置进行调整。在堆序列尾部插入的新元素成为对应完全二叉树的一个叶子节点，其位置只能向上调整，故把这一过程称为“自下而上”的筛选。

图 5-20 所示为在大顶堆(9,5,8,2,3,4,7,1)中插入元素 6 的过程。首先将 6 插入序列的尾部，然后展开自下而上的筛选。首先找到节点 6 的双亲 2，由于 6>2，因此交换节点 6 与节点 2 的位置；然后找到节点 6 的双亲 5，由于 6>5，因此交换节点 6 与节点 5 的位置；接着找到节点 6 的双亲 9，由于 6<9 符合大顶堆的定义，因此筛选过程结束，节点 6 调整至最终位置。在筛选过程中，若待调整节点已经成为根，筛选过程同样可以结束。

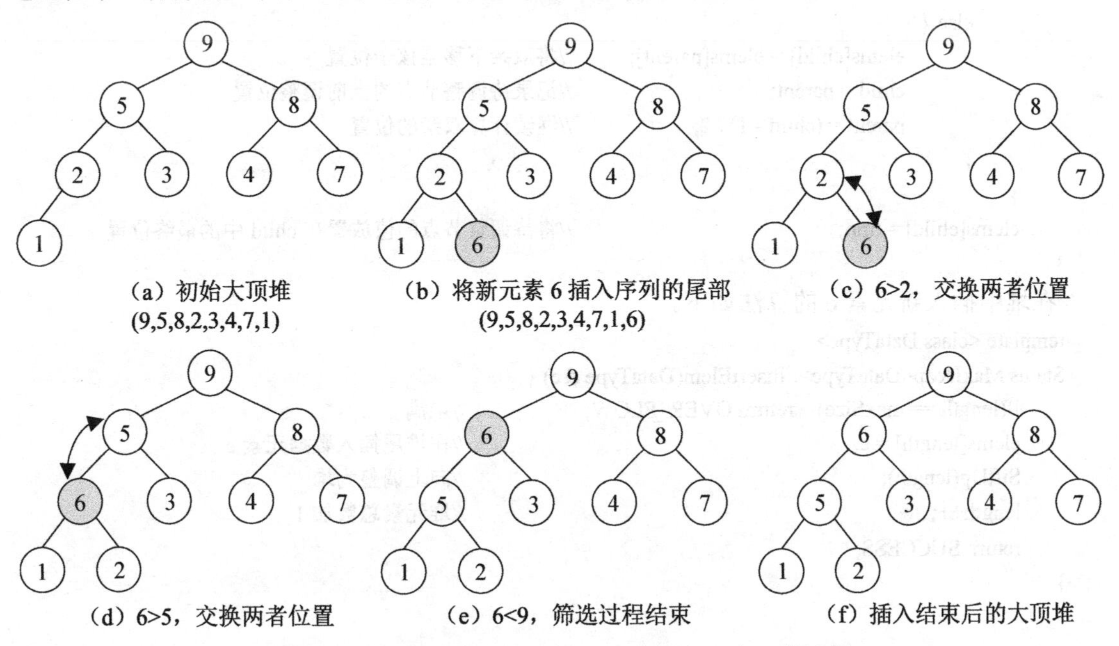

图 5-20　在大顶堆(9,5,8,2,3,4,7,1)中插入元素 6 的过程

从上述实例可以总结出自下而上的筛选方法：对待调整的节点 child，首先找到双亲 parent，然后比较节点 child 与节点 parent 的大小，若节点 child 的关键字大于 parent 的关键字，则交换两者的位置；重复这一过程，直到节点 child 成为根或节点 child 的关键字不大于 parent 的关键字。

自下而上的筛选算法描述与实现如下。

【算法描述】

调整 elems[end]的位置使 elems[0…end]重新成为大顶堆，tmp 暂存待调整节点的值，child 记录待调整节点在 elems 中的当前位置，parent 记录其双亲在 elems 中的位置。

Step 1：令 tmp=elems[end]暂存待调整节点的值。

Step 2：初始化 child=end 为待调整节点的当前位置，parent=(child-1)/2 为其双亲的位置。

Step 3：当待调整节点尚未调整至根的位置时，即 child>0，表明待调整节点存在双亲，反复进行如下处理，否则执行 Step 4。

比较待调整节点的值 tmp 与双亲 elems[parent]的大小，分为如下两种情况。

① tmp<=elems[parent]，符合大顶堆的定义，找到待调整节点的正确位置 child，转至 Step 4。

② tmp>elems[parent]，不符合大顶堆的定义，将双亲 elems[parent]下移至孩子 elems[child]，更新 child=parent 为待调整节点的当前位置，并计算双亲位置 parent=(child-1)/2。

Step 4：将暂存的待调整节点的值放到正确位置，即 elems[child]=tmp。

【算法实现】

```
template <class DataType>
void MaxHeap<DataType>::SiftUp(int end) {              //调整节点 end 至正确位置
    DataType tmp = elems[end];                         //tmp 暂存待调整节点的值
    //child 记录待调整节点在 elems 中的位置，parent 记录其双亲在 elems 中的位置
    int child = end, parent = (child - 1) / 2;
    while(child > 0) {                                 //待调整节点未成为根，即存在双亲
        if (tmp <= elems[parent])   break;             //若待调整节点不大于其双亲，则结束筛选
        else {
            elems[child] = elems[parent];              //将双亲下移至孩子位置
            child = parent;                            //记录待调整节点的当前调整位置
            parent = (child - 1) / 2;                  //继续计算双亲的位置
        }
    }
    elems[child] = tmp;                                //将待调整节点的值放置在 child 中的最终位置
}
```

在堆中插入新元素 e 的算法如下。

```
template <class DataType>
Status MaxHeap<DataType>::InsertElem(DataType &e) {
    if(length == maxSize)   return OVER_FLOW;          //堆满
    elems[length] = e;                                 //在堆尾插入数据元素 e
    SiftUp(length);                                    //向上调整为堆
    length++;                                          //堆元素总数加 1
    return SUCCESS;
}
```

（4）删除堆顶元素。

堆的删除主要是删除堆顶元素，通过使用另一个元素覆盖它实现操作。堆顶元素的删除会破坏堆的定义，为了使影响尽可能小，通常首先使用堆尾元素覆盖堆顶元素，然后对其进行一趟自上而下的筛选将其调整至正确的位置。

```
template <class DataType>
Status MaxHeap<DataType>::DeleteTop(DataType &e) {
    if(IsEmpty())       return UNDER_FLOW;
    e = elems[0];                                //取堆顶元素
    elems[0] = elems[length - 1];                //用堆尾元素覆盖堆顶元素
    length--;                                    //堆的元素数目减 1
    SiftDown(0, length - 1);                     //将当前堆顶元素“下移”调整为堆
    return SUCCESS;                              //返回删除成功信息
}
```

创建堆的开销是调用函数 SiftDown 操作的成本之和。每次调用函数 SiftDown 操作的成本最多为调整待筛选节点到达树的底部所需的层次数。在以二叉树形式表示的堆中，大约 1/2 的节点是叶子节点，这些叶子节点不需要向下移动。1/4 的节点在叶子节点的上层，它们的元素最多向下移动一层。以此类推，在树的每层中，我们得到的节点数是下层节点的 1/2，并且向下移动的高度比下层节点增加了一层。由此可以推导出，创建堆的时间复杂度为 $O(n)$。

插入和删除元素需要保持二叉树的完整形状，并且需要调用函数 SiftUp 和 SiftDown 保持堆的定义，而调用函数 SiftUp 和 SiftDown 都需要将节点在堆的不同层之间移动，由于堆的高度是 $\log n$ 级的，因此插入和删除元素的时间复杂度均为 $O(\log n)$。

5.6.2 哈夫曼树

1. 哈夫曼树的定义和构造

理解哈夫曼树首先需要掌握节点的路径、路径长度和带权路径长度、树的路径长度和带权路径长度等一些基本概念。

节点的路径是指从根到该节点经过的分支序列，用在路径上经过的节点序列表示；**节点的路径长度**是指路径上的分支数目；节点可以关联一些数值作为节点的权，因此**节点的带权路径长度**定义为该节点的路径长度与该节点权值的乘积。

树的路径长度是指从根到所有叶子节点的路径长度之和；**树的带权路径长度**是指从根到所有叶子节点的带权路径长度之和，如式（5-1）所示。

$$\text{wpl}=\sum_{k=1}^{n} w_k l_k \tag{5-1}$$

式中，w_k 表示第 k 个叶子节点的权值；l_k 表示第 k 个叶子节点的路径长度。

设有 n 个权值 $\{w_1,w_2,\cdots,w_n\}$，若要求利用它们作为叶子节点的权值，构造一棵有 n 个叶子节点的二叉树，则由于节点之间存在不同的结合方式，构造出来的二叉树具有不同的形态，其带权路径长度也不尽相同。例如，已知权值 $\{8,6,2,1\}$，以它们作为叶子节点的权值构造的有 4 个叶子节点的三棵二叉树如图 5-21 所示，它们的带权路径长度分别为 34、47 和 29。

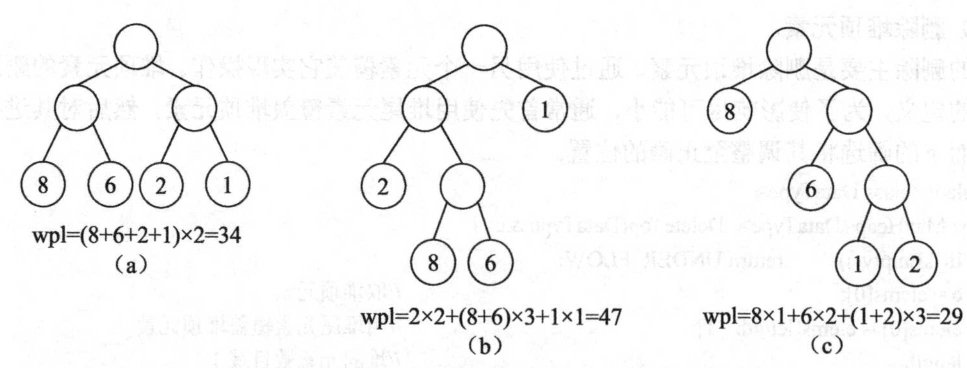

图 5-21　具有不同带权路径长度的二叉树

哈夫曼树是指对于一组给定权值的叶子节点所构造出来的二叉树中，带权路径长度最小的二叉树，也被称为**最优二叉树**。

那么，如何根据 n 个给定权值的叶子节点构造一棵哈夫曼树呢？显然，在叶子节点的权值给定的情况下，欲使二叉树的带权路径长度尽可能小，权值越大的节点的路径长度应当越小，即越靠近根，而权值越小的节点的路径长度可以适当增大，即距离根越远。哈夫曼根据这一思想提出了一种依据贪心策略构造哈夫曼树的方法，其基本思想如下。

（1）将给定权值的 n 个叶子节点构成彼此独立的 n 棵二叉树，每棵二叉树仅有 1 个节点，形成初始的二叉树森林 F。

（2）在 F 中选择两棵根权值最小的二叉树作为左、右子树构造一棵新的二叉树，该二叉树根的权值为左、右子树根的权值之和。

（3）将合并之后的新二叉树加入 F，同时从 F 中删除原来的两棵二叉树。

（4）重复步骤（2）和（3），直到 F 中只有一棵二叉树，该二叉树就是哈夫曼树。

图 5-22 所示为由权值{5,7,4,8,11}构造哈夫曼树的过程。

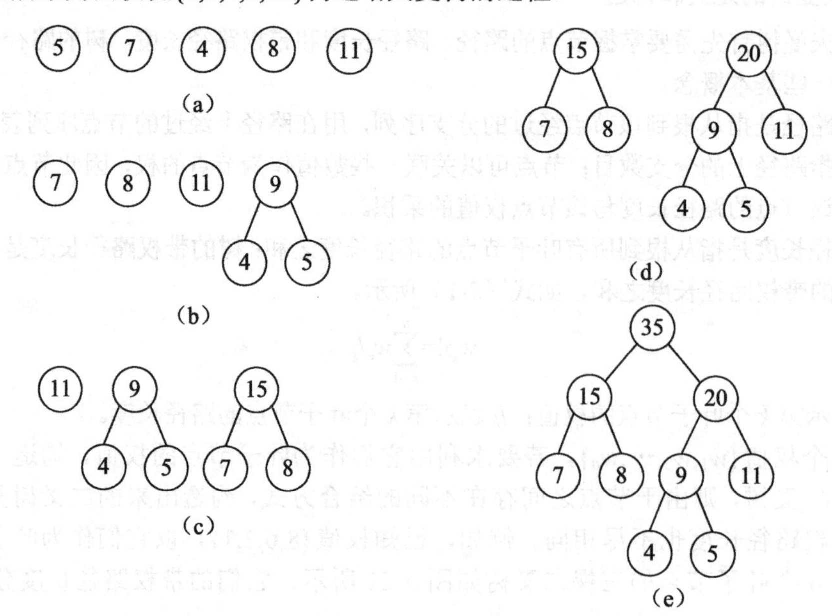

图 5-22　由权值{5,7,4,8,11}构造哈夫曼树的过程

2. 哈夫曼编码

在数据通信中，通常会对电文的每个字符进行编码，如何编码能够使电文最短，从而使得信号传输的时间最短，消耗的资源最少，这是很多应用需要解决的问题，特别是在军事应用中（如尽可能在最短的时间内发送情报，降低被对方追踪定位的概率）显得更为突出。字符编码通常有以下两种方法。

一种方法是采用定长编码方案，即电文中每个字符的编码长度相同。例如，假设电文中仅包含字符“A”“B”“C”“D”，则可以使用两位二进制对它们分别编码为00、01、10和11；若电文内容是“ABBCDDDA”，则编码之后的电文是“0001011011111100”，电文长度为16；在译码时将每两位作为一个字符进行翻译即可。固定长度编码方案简单易行，但无法使得电文长度最短。

另一种方法是采用非定长编码方案，即电文中字符的编码长度不相同。例如，对前述例子中的“A”“B”“C”“D”分别编码为0、1、01和11，则电文“ABBCDDDA”编码之后是“011011111110”，电文长度仅为12；但译码将会遇到困难，编码“01”可以认为是“AB”，也可以认为是“C”，原因在于这四个字符的编码并非前缀码。所谓**前缀码**是指任一个字符的编码不能是另一个字符编码的前缀。非定长编码方案必须获得字符的前缀码，否则译码将产生二义性。

如何获得使电文最短的前缀码呢？首先对电文进行简单分析，设电文包含 n 个字符，其中第 k 个字符出现的频率为 w_k，其编码长度为 l_k，因此电文的总长度为 $\sum_{k=1}^{n} w_k l_k$，要使电文最短，也就是使 $\sum_{k=1}^{n} w_k l_k$ 最小。如果把 w_k 作为树的第 k 个叶子节点的权值，l_k 作为树从根到第 k 个叶子节点的路径长度，那么可以将电文编码问题转换为设计一棵哈夫曼树的问题。

设需要编码的字符为 $\{c_1,c_2,\cdots,c_n\}$，各字符在电文中出现的频率为 $\{w_1,w_2,\cdots,w_n\}$，以 $c_1,c_2,\cdots,c_n$ 作为叶子节点，对应的频率 $w_1,w_2,\cdots,w_n$ 作为权值构造一棵哈夫曼树。哈夫曼树中的左分支代表0，右分支代表1，把根到每个叶子节点经过的路径上的0/1序列作为该叶子节点对应字符的编码，这种编码被称为**哈夫曼编码**。例如，图5-23给出了根据五个字符C、D、E、K、L及其频率［见图5-23（a）］构造出的哈夫曼编码树［见图5-23（b）］。

字符	C	D	E	K	L
频率	0.22	0.33	0.15	0.25	0.05

（a）五个字符的频率

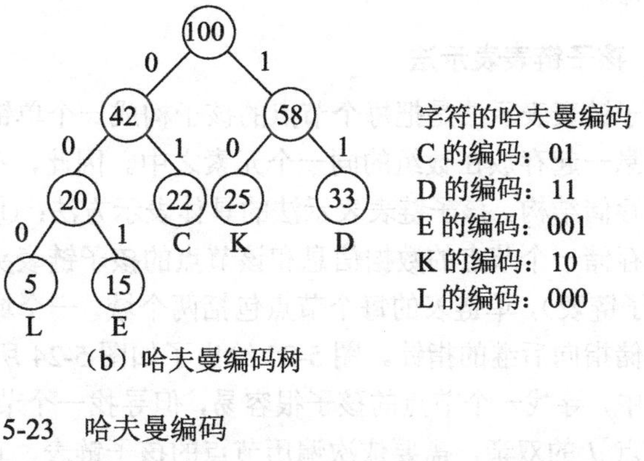

字符的哈夫曼编码
C的编码：01
D的编码：11
E的编码：001
K的编码：10
L的编码：000

（b）哈夫曼编码树

图5-23 哈夫曼编码

哈夫曼编码的译码只需从哈夫曼树的根开始，首先从待译码的电文中逐位取码，若编码是0，则往左分支走；若编码是1，则往右分支走，直至到达叶子节点得到1个字符；然后重新从根开始重复上述过程，直到译码结束。以图5-23为例，若收到的电文是0100110000，则译码结果为 CEKL。

读者可根据上述介绍自行尝试实现哈夫曼编码和译码的算法，或者可参考教材的配套源码。

5.7 树和森林

5.7.1 树的存储结构

5.1 节给出了树的定义及表示方法，如何存储树的结构以实现关于树的操作是本节需要解决的问题。接下来介绍几种存储树结构的方法，每种方法在存储节点所需的空间量和执行关键操作的便利性方面各有优缺点。

1. 双亲表示法

由树的定义可知，树除根之外的每个节点都有唯一的双亲，双亲表示法就是一种通过记录节点的双亲存储节点之间关系的顺序存储结构。双亲表示法使用一个一维数组存储树中的每个节点，每个数组元素除存储一个节点的数据元素信息之外，同时存储这个节点的双亲在数组中的存储位置。图 5-24 所示为树的双亲表示法，其中根的双亲位置存储为-1。

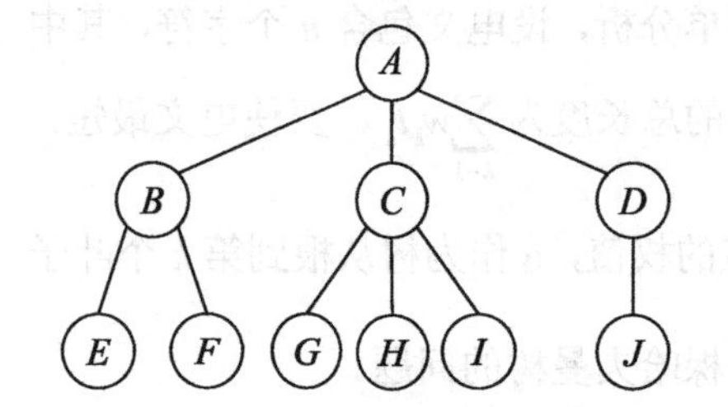

	0	1	2	3	4	5	6	7	8	9
data	A	B	C	D	E	F	G	H	I	J
parent	−1	0	0	0	1	1	2	2	2	3

图 5-24 树的双亲表示法

在双亲表示法中，寻找一个节点的双亲很容易，但要寻找一个节点的孩子则需要遍历整个数组。例如，在图 5-24 的示例中寻找节点 C 的孩子，需要逐一判断数组中每个节点的双亲信息是否等于 C 的下标才能找到它的所有孩子。因此，双亲表示法的特点是找双亲简单，找孩子困难。

2. 孩子链表表示法

孩子链表表示法是把每个节点的孩子构成一个单链表，并将该链表的头指针与这些孩子的双亲信息一起存放在数组的同一个元素之中。因此，孩子链表表示法是一种"数组+链表"的复合型存储结构。孩子链表表示法的具体表示方法：①用一维数组存储树的所有节点，一个数组元素存储一个节点的数据信息和该节点的孩子链表头指针；②每个节点的孩子组成一个单链表（孩子链表），单链表的每个节点包括两个域，一个域存储该孩子在数组中的存储位置，另一个域存储指向后继的指针。图 5-25 给出了如图 5-24 所示的树的孩子链表表示法。在孩子链表表示法中，寻找一个节点的孩子很容易，但寻找一个节点的双亲较为麻烦。例如，在图 5-25 中寻找节点 J 的双亲，需要依次遍历节点的孩子链表，直至在节点 D 的孩子链表中找到 J 的信息，方才找到 J 的双亲。因此，孩子链表表示法的特点是找孩子容易，找双亲困难。

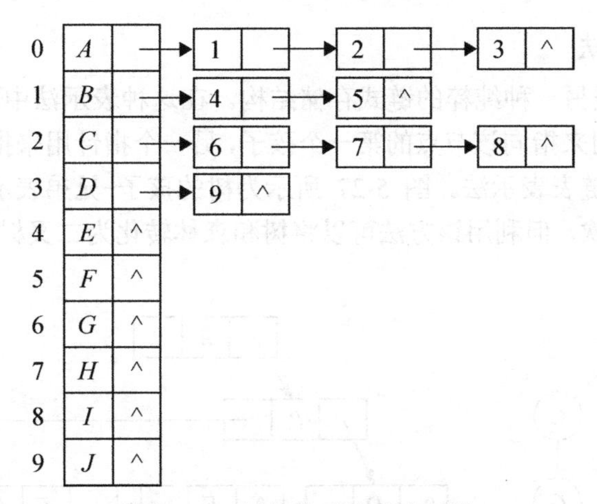

图 5-25　树的孩子链表表示法

3. 双亲-孩子表示法

双亲表示法与孩子链表表示法的优势与缺陷恰好互补，可以将两者结合形成双亲-孩子表示法，即在孩子链表表示法的基础上，在每个数组元素中同时存储节点的双亲在数组中的存储位置。图 5-26 所示为如图 5-24 所示的树的双亲-孩子表示法。

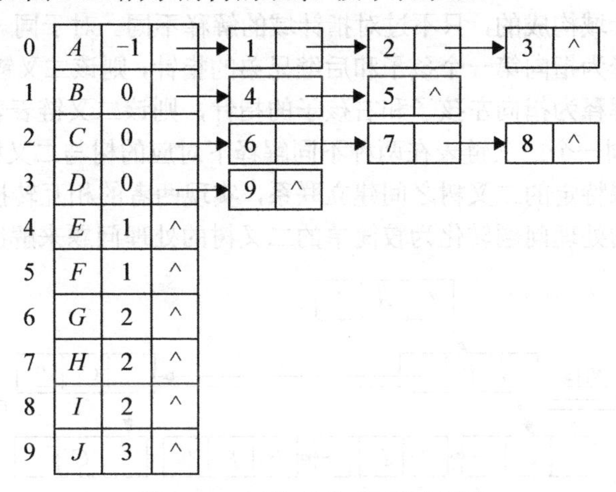

图 5-26　树的双亲-孩子表示法

4. 多重链表法

如果树的应用需要频繁地插入和删除节点，则上述包含数组的存储结构在处理上不方便且效率较低，此时可以采用纯粹的链式存储结构存储树。由于树的每个节点可能有多个孩子，因此需要在链表的节点中设置多个指针用于指向该节点的孩子，这多个指针形成了多重链，故将这种存储方法称为多重链表法。

在多重链表法中，节点中孩子指针的数目有两种设置方法。其一，节点指针域的数目与该节点的度相同；这种方法的优点是能根据节点的孩子数目设置指针数目，不会产生存储空间的浪费；缺点是不同节点的指针数目不同，导致节点不同构，增加了算法设计的难度。其二，节点指针域的数目与树的度相同；这种方法的优点是节点同构，降低了算法设计的难度；缺点是在节点的度相差较大的情况下，会造成存储空间的严重浪费。

5. 孩子-兄弟表示法

孩子-兄弟表示法是另一种纯粹的链式存储结构。在这种表示法中，链表的每个节点设置两个指针域，一个指针用来指向该节点的第一个孩子，另一个指针用来指向该节点的后继兄弟，因此也被称为树的二叉链表表示法。图 5-27 所示为树的孩子-兄弟表示法。孩子-兄弟表示法无法清晰地体现树的层次，但利用该方法可以将树和森林转化为二叉树，从而简化树和森林的处理。

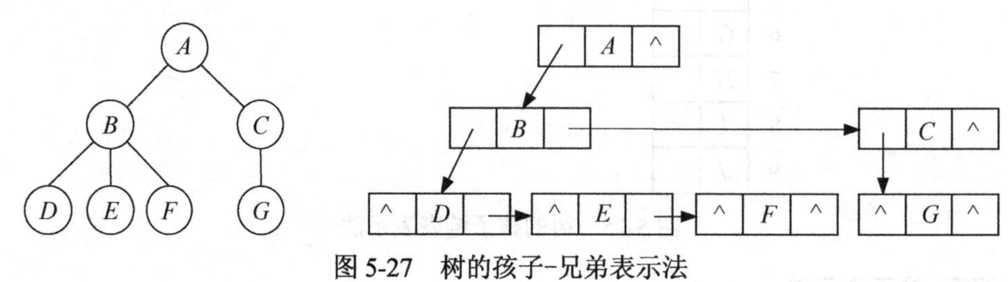

图 5-27　树的孩子-兄弟表示法

5.7.2　树、森林和二叉树的转换

树的孩子-兄弟表示法和二叉树的二叉链表表示法在链表节点的结构上完全相同，都是由一个数据域和两个指针域构成的，只不过对指针域的解释不同。对于同一个二叉链表，若将链表节点的两个指针解释为指向第一个孩子和后继兄弟的指针，则该二叉链表表示的是一棵普通的树；若将两个指针解释为指向左孩子和右孩子的指针，则该二叉链表表示的是一棵二叉树。例如，图 5-28 所示为同一个二叉链表在两种不同解释下对应的树与二叉树。因此，利用二叉链表可以在一棵树与一棵特定的二叉树之间建立联系，实现两者的相互转换。借助这种转换，可以在实际应用中将树的处理问题转化为较简单的二叉树的处理问题来解决。

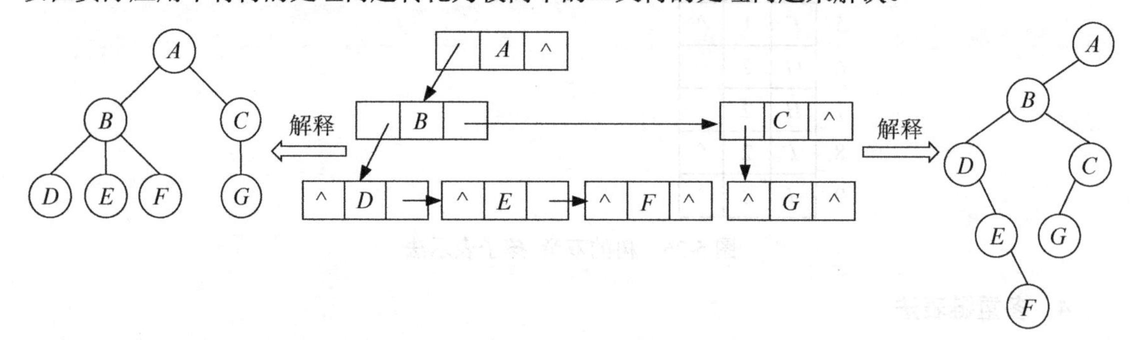

图 5-28　同一个二叉链表在两种不同解释下对应的树与二叉树

1. 将树转化为二叉树

将树转化为二叉树通常需要如下三个步骤。

（1）加线：在同一双亲的所有相邻兄弟之间加一条连线。

（2）抹线：每个节点只保留与第一个孩子之间的连线，删除与其他孩子之间的连线。

（3）调整：将节点绕着根顺时针旋转一定角度，使其结构层次分明。

图 5-29 所示为将树转化为二叉树的例子。

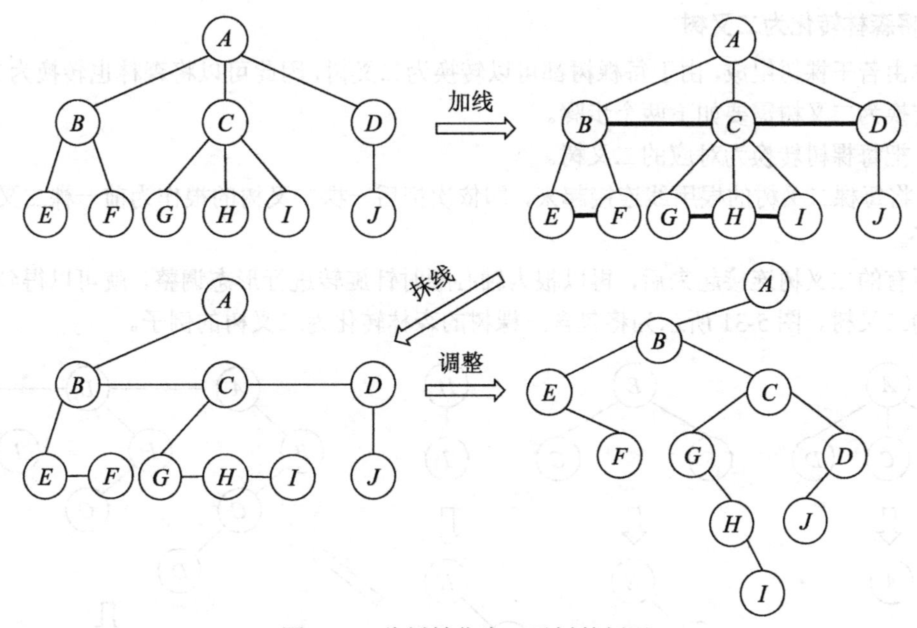

图 5-29　将树转化为二叉树的例子

2. 将二叉树转化为树

将二叉树转化为树也需要如下三个步骤。

（1）加线：若某节点 p 的左孩子存在，则将这个左孩子的右孩子、右孩子的右孩子……沿着右分支找到的所有节点都作为 p 的孩子，将 p 与这些孩子用线连接起来。

（2）抹线：抹掉原来二叉树中双亲与右孩子之间的连线。

（3）调整：进行层次调整，形成树结构。

图 5-30 所示为将二叉树转化为树的例子。

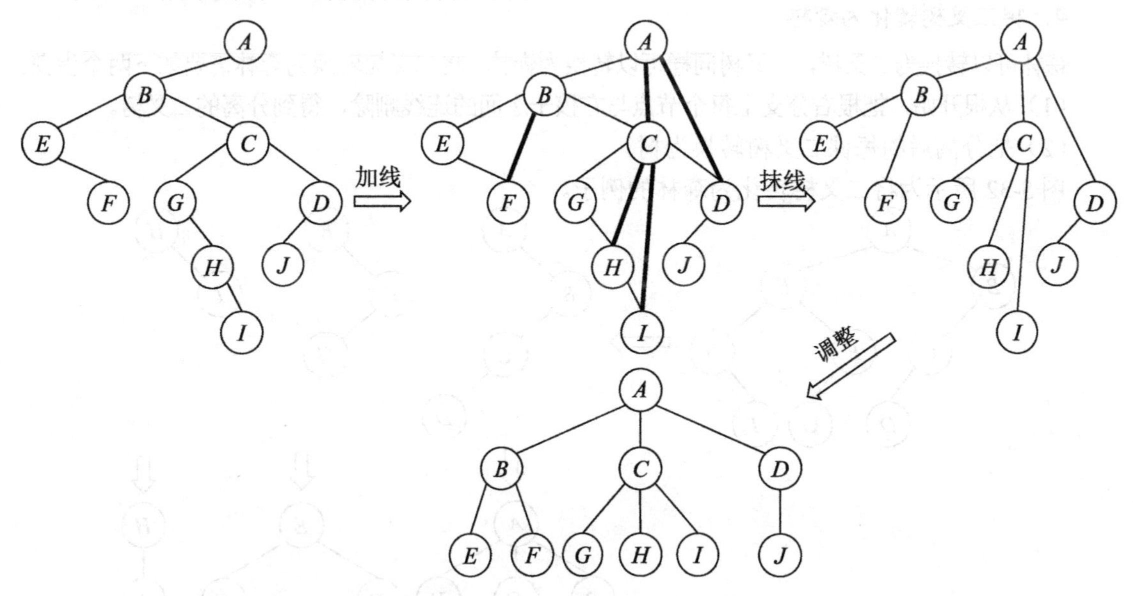

图 5-30　将二叉树转化为树的例子

3．将森林转化为二叉树

森林由若干棵树组成，由于每棵树都可以转换为二叉树，因此可以将森林也转换为二叉树。将森林转换为二叉树需要如下两个步骤。

（1）把每棵树转换为对应的二叉树。

（2）将每棵二叉树的根用线连接起来，即依次把后一棵二叉树的根作为前一棵二叉树的根的右孩子。

把所有的二叉树连接起来后，再以根为轴心顺时针旋转进行形态调整，就可以得到由森林转换成的二叉树。图 5-31 所示为将包含三棵树的森林转化为二叉树的例子。

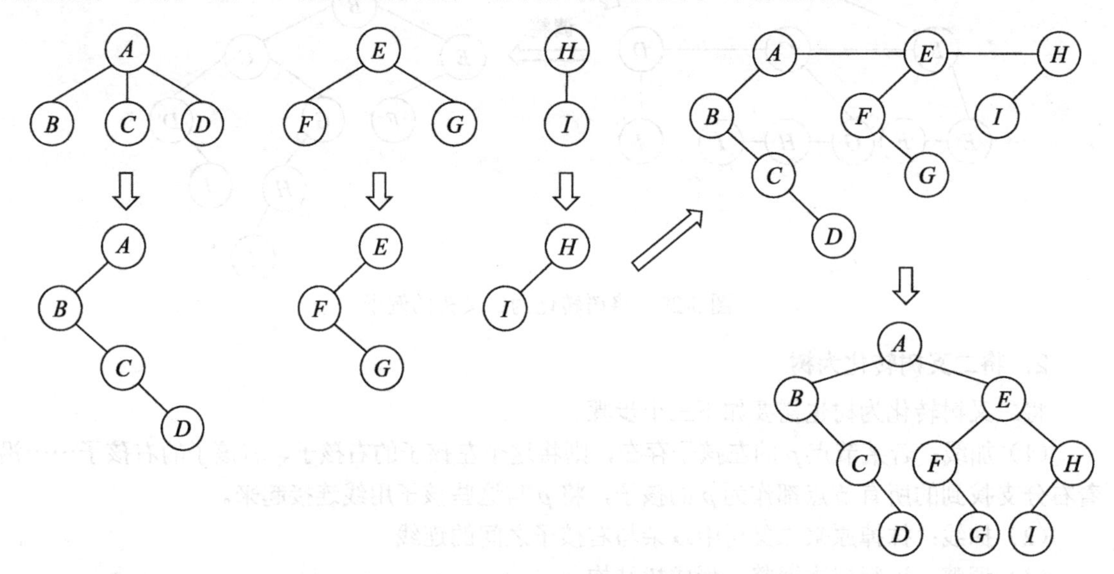

图 5-31　将包含三棵树的森林转化为二叉树的例子

4．将二叉树转化为森林

森林可以转换为二叉树，二叉树同样可以转换为森林。将二叉树转换为森林需要如下两个步骤。

（1）从根开始，把根右分支上每个节点与右孩子之间的连线删除，得到分离的二叉树。

（2）把分离后的每棵二叉树转换为树。

图 5-32 所示为将二叉树转化为森林的例子。

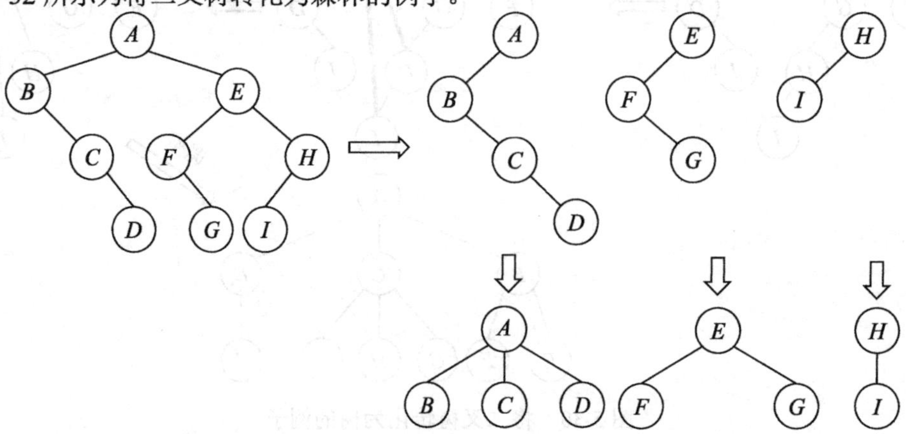

图 5-32　将二叉树转化为森林的例子

5.7.3 树的遍历

树的遍历与二叉树的遍历类似，即按照一定的次序访问树的所有节点，使得每个节点仅被访问一次。树的遍历通常有三种方式：树的先根遍历、后根遍历和层次遍历。

树的**先根遍历**：若树非空，则首先访问根，然后按照从左往右的顺序先根遍历根的每棵子树。

树的**后根遍历**：若树非空，则首先按照从左往右的顺序后根遍历根的每棵子树，然后访问根。

树的**层次遍历**：从树的根开始，自上而下逐层遍历，同一层的节点按照从左往右的顺序依次访问。

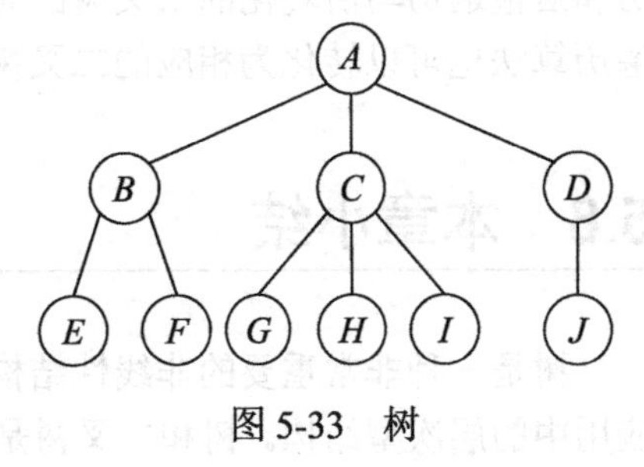

图 5-33 树

例如，如图 5-33 所示的树的先根遍历得到的节点序列为 *ABEFCGHIDJ*，后根遍历得到的节点序列为 *EFBGHICJDA*，层次遍历得到的节点序列为 *ABCDEFGHIJ*。

根据树与二叉树的转化关系及树和二叉树的遍历定义可知，树的先根遍历与其转化后对应二叉树的先序遍历的结果相同；树的后根遍历与其转化后对应二叉树的中序遍历的结果相同。树的后根遍历与其转化后对应二叉树的中序遍历的结果之所以相同，其原因在于由树转化的二叉树没有右子树，中序遍历最后访问的是二叉树的根，使得二叉树的中序序列与树的后根序列对应。因此，树的遍历操作可以转化为对应的二叉树的遍历来实现。

5.7.4 森林的遍历

森林可以理解为由三部分构成：①森林中第一棵树的根；②森林中第一棵树的根的子树森林；③森林中由除第一棵树之外的其他树构成的森林。根据森林和树的递归定义可以得到关于森林的三种遍历方法：先根遍历、中根遍历和后根遍历。

1. 森林的先根遍历

若森林非空，则按照下述步骤遍历：①访问森林中第一棵树的根；②先根遍历第一棵树的根的子树森林；③先根遍历由除第一棵树之外的其他树构成的森林。

图 5-34 所示为森林，其先根遍历序列为 *ABEFGCDHIJKLMN*。

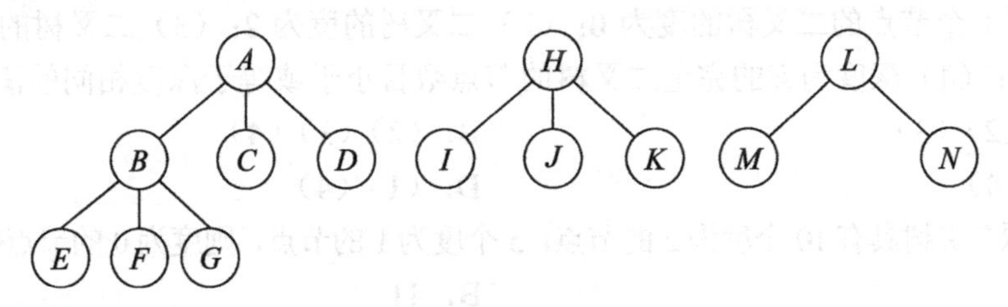

图 5-34 森林

2. 森林的中根遍历

若森林非空，则按照下述步骤遍历：①中根遍历第一棵树的根的子树森林；②访问第一棵树的根；③中根遍历由除第一棵树之外的其他树构成的森林。

图 5-34 所示森林的中根遍历序列为 *EFGBCDAIJKHMNL*。

3．森林的后根遍历

若森林非空，则按照下述步骤遍历：①后根遍历第一棵树的根的子树森林；②后根遍历由除第一棵树之外的其他树构成的森林；③访问森林中第一棵树的根。

图 5-34 所示森林的后根遍历序列为 *GFEDCBKJINMLHA*。

根据森林与二叉树的转化关系及森林和二叉树的遍历定义可知，森林的先根遍历、中根遍历和后根遍历与所转化的二叉树的先序遍历、中序遍历和后序遍历的结果相同。因此，森林的遍历算法也可以转化为相应的二叉树的遍历来实现。

5.8 本章小结

树是一种非常重要的非线性结构，数据元素之间是一种一对多的关系，主要用于描述实际应用中的层次型结构。树和二叉树是两种不同的树形结构，由于二叉树应用的广泛性，本章重点介绍了二叉树的相关内容。

二叉树通常采用二叉链表作为存储结构，由于其本身定义的递归性，因此二叉树的很多操作应用递归实现显得尤为简洁。二叉树的遍历方法包括先序遍历、中序遍历、后序遍历和层次遍历，这些遍历方法为二叉树的应用提供了操作基础。线索二叉树记录了节点在遍历过程中的前驱和后继信息，为二叉树的访问提供了更加便捷的方式。堆和哈夫曼树是二叉树的重要应用，其中堆提供了一种动态获取序列的最大值或最小值的方法，可以用于排序或作为优先队列；哈夫曼树是最优二叉树，可以提供一种满足前缀码条件的哈夫曼编码，还可以提供优化的多分支判断。

树、森林与二叉树之间可以相互转化，借助这种转化，树和森林的应用问题可以转化为二叉树的问题来解决。

习题五

一、选择题

1．在下述结论中，正确的是（　　）。

（1）只有 1 个节点的二叉树的度为 0；（2）二叉树的度为 2；（3）二叉树的左、右子树可任意交换位置；（4）深度为 k 的完全二叉树的节点数目小于或等于深度相同的满二叉树。

A．（1）（2）（3）　　B．（2）（3）（4）

C．（2）（4）　　D．（1）（4）

2．若一棵二叉树具有 10 个度为 2 的节点，5 个度为 1 的节点，则度为 0 的节点数目是（　　）。

A．9　　B．11

C．15　　D．不确定

3．一棵高度为 k 的完全二叉树至少有（　　）个节点。

A．2^k-1　　B．$2^{k-1}-1$

C．2^{k-1}　　D．2^k

4．一棵二叉树的先序遍历序列为 *ABCDEFG*，它的中序遍历序列可能是（ ）。

A．*CABDEFG* B．*ABCDEFG* C．*DACEFBG* D．*ADCFEG*

5．在有 n 个节点的线索二叉树上含有的线索数为（ ）。

A．$2n$ B．$n-1$

C．$n+1$ D．n

6．对二叉树进行线索化后，仍不能有效求解的问题是（ ）。

A．在先序线索二叉树中求先序后继 B．在中序线索二叉树中求中序后继

C．在中序线索二叉树中求中序前驱 D．在后序线索二叉树中求后序后继

7．若有 m 个节点的森林 F 对应的二叉树为 B，B 的根为 p，p 的右子树有 n 个节点，则森林 F 中第一棵树的节点数目是（ ）。

A．$m-n$ B．$m-n-1$

C．$n+1$ D．无法确定

8．树的后根遍历序列等同于该树对应的二叉树的（ ）。

A．先序序列 B．中序序列

C．后序序列 D．层次遍历序列

9．设给定权值总数有 n 个，其哈夫曼树的节点总数为（ ）。

A．不确定 B．$2n$

C．$2n+1$ D．$2n-1$

10．从一个空堆开始依次插入 34、46、19、12、17、25、38、25、20，最后构造的最小堆中最后一个元素的值为（ ）。

A．46 B．25

C．20 D．以上都不是

二、填空题

1．二叉树由________、________和________三个基本单元组成。

2．具有 256 个节点的完全二叉树，其深度为________。

3．在顺序存储的二叉树中，编号为 i 和 j 的两个节点处在同一层的条件是________。

4．有 n 个节点的二叉树采用二叉链表存储，必然有________个空链域。

5．借助树的孩子-兄弟表示法，可以将一棵树转换为________。

6．若一棵后序线索二叉树的高是 50，节点 x 是树中的一个节点，其双亲是节点 y，y 的右子树高度是 31，x 是 y 的左孩子，则确定 x 的后继最多需经过________个中间节点（不含后继及 x 本身）。

7．设 F 是由 $T1$、$T2$、$T3$ 三棵树构成的森林，与 F 对应的二叉树为 B，已知 $T1$、$T2$、$T3$ 的节点数分别为 n_1、n_2 和 n_3，则二叉树 B 的左子树有________个节点，右子树有________个节点。

8．若以{4,5,6,7,8}作为叶子节点的权值构造哈夫曼树，则其带权路径长度是________。

9．已知一棵二叉树的先序序列是 *BEFCGDH*，中序序列是 *FEBGCHD*，则它的后序序列是________；若上述二叉树是由某棵树转换而成的，则该树的先根序列是________。

10．若二叉树的一个叶子节点是某子树的中序序列中的最后一个节点，则它必是该子树的________序列的最后一个节点。

三、是非题

1．二叉树是度为 2 的有序树。 （ ）

2．完全二叉树一定存在度为 1 的节点。 （ ）

3．一棵树的叶子节点在先根序列和后根序列中出现的相对位置不变。 （ ）

4．在完全二叉树中，没有左孩子的节点必是叶子节点。 （ ）

5．在中序线索二叉树中，每一非空的线索均指向其祖先节点。 （ ）

6．一棵树的叶子节点数一定等于对应二叉树的叶子节点数。 （ ）

7．二叉树的层次遍历需要借助一个栈。 （ ）

8．必须把一棵树转换成二叉树后才能进行存储。 （ ）

9．在二叉树的第 i 层上至少有 2^{i-1}（$i \geqslant 1$）个节点。 （ ）

10．哈夫曼树是带权路径长度最小的二叉树，权值较大的节点离根较近。 （ ）

四、应用题

1．若一棵树中度为 1 的节点有 n_1 个，度为 2 的节点有 n_2 个……度为 m 的节点有 n_m 个，请问该树有多少个叶子节点？

2．已知一棵二叉树的中序序列和后序序列分别为 *BDEAFIHCG* 和 *BEDHIFGCA*，请画出这棵二叉树，并构造其中序线索二叉树。

3．试找出分别满足下列条件的所有二叉树：①先序序列和中序序列相同；②中序序列和后序序列相同；③先序序列和后序序列相同。

4．假设高度为 h 的二叉树上只有度为 0 和度为 2 的节点，则此类二叉树的节点数可能达到的最大值和最小值各为多少？

5．已知一棵完全二叉树（非满二叉树）有 n 个叶子节点，请计算它的高度。

6．将树、森林转化为二叉树的基本目的是什么？并指出树和二叉树的主要区别。

7．用一维数组存放的一棵完全二叉树如图 5-35 所示，写出该二叉树的中序遍历序列。

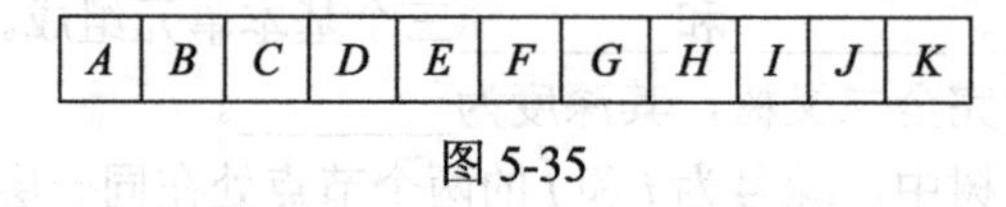

A	B	C	D	E	F	G	H	I	J	K

图 5-35

8．给定数列(16,8,10,21,6,20,3)代表字符 A、B、C、D、E、F、G 出现的频度，试画出其哈夫曼树，并给出各字符的哈夫曼编码。

9．请设计一个算法返回二叉树的高度，并对树中每个节点赋予一个层号。

10．请设计一个递归算法交换二叉树中每个节点的左、右子树。

11．假设给定的二叉树在其节点中存储整数值，请编写一个递归算法，将树中所有节点的值相加。

12．请设计算法判断一棵二叉树是不是完全二叉树的算法。

13．二叉树采用二叉链表存储，请设计算法计算二叉树的最大宽度（二叉树的最大宽度是指二叉树所有层中节点数目的最大值）。

14．请写出中序遍历二叉树的非递归算法。

15．试设计一个递归算法判断两棵二叉树是否相等。

16．试设计一个递归算法复制一棵二叉树。

17．请设计一个算法，在中序线索二叉树 T 中的节点 p 下插入一棵根为 s 的中序线索二叉树。

18．已知一棵二叉树的中序遍历序列和后序遍历序列，请设计算法构造对应的二叉树。

19．假设树以孩子-兄弟表示法作为存储结构，请设计一个算法求该树的高度。

20．假设树以孩子-兄弟表示法作为存储结构，请设计一个算法求树的度。

唐纳德·克努特（Donald Ervin Knuth，1938－），算法和程序设计技术的先驱者，计算机排版系统 TeX 和字型设计系统 METAFONT 的发明者，1974 年度图灵奖得主。主要著作包括 *The Art of Computer Programming*、*Computers & Typesetting*、*Surreal Numbers*、*Concrete Mathematics*、*Mathematics for the Analysis of Algorithms*、*Literate Programming*、*Axioms and Hulls*。经典巨著 *The Art of Computer Programming* 被《美国科学家》杂志列为 20 世纪最重要的 12 本物理科学类专著之一，与爱因斯坦的《相对论》、狄拉克的《量子力学》、理查·费曼的《量子电动力学》等经典著作比肩而立。ACM 除授予唐纳德图灵奖和软件系统奖外，还在 1971 年授予过他以 COBOL 的发明人、以计算机科学家霍波（Grace Murray Hopper）命名的奖项；美国数学会也先后授予他 Lester R. Ford 奖（1975 年）、J. B. Priestley 奖（1981 年）和 Steele 奖（1986 年）；1979 年，美国总统卡特授予他全国科学奖章；IEEE 授予他 McDowell 奖（1980 年）和计算机先驱奖（1982 年）；1994 年，瑞典科学院授予他 Adelskold 奖；1995 年，他获得了冯·诺伊曼奖和 Harvey 奖；1996 年，他获得了日本 INAMORI 基金会设立的 KYOTO 奖。

第6章 图

要致富，先修路，中华人民共和国交通运输部数据显示，截至2021年年末，全国公路里程有5 280 700km，其中高速公路的里程为169 100km，位居世界第一。便利的交通条件促进了国民经济的快速发展，同时给人们在不同地点之间的路径选择带来了困扰。有些人希望以最短的时间到达目的地，有些人希望以最经济的方式到达目的地，有些人希望寻找一条能够贯穿若干旅游城市的线路……使用计算机帮助人们进行路径选择是一个很好的解决方案，但这涉及两个问题，一是怎样把每个城市和每条公路保存至计算机，二是以什么方法来计算不同需求下的路径。

图（Graph）结构是解决上述问题的重要基础，它是一种比树更为复杂的非线性数据结构。在图结构中，数据元素之间的关系是任意的，图中每个数据元素都可以和其他任何一个数据元素相关联。图的应用十分广泛，典型的应用领域包括电路分析、寻找最短路线、项目规划、统计力学、遗传学、控制论、语言学等。实际上，在所有的数据结构中，图的应用是最广泛的，所有被称为“网络”的结构本质上都是图结构。有关图的理论知识在“离散数学”等课程中会进行详细的介绍，本章主要介绍图的存储结构、基本操作和应用。

本章内容：

（1）图的相关概念。
（2）图的存储结构。
（3）图的遍历。
（4）图的应用。

6.1 图的定义与术语

6.1.1 图的定义

图由**数据元素**的集合及数据元素之间**关系**的集合构成，通常表示为 $G=(V,E)$。其中，$V=\{v_1,v_2,\cdots,v_n\}$ 是数据元素的集合，图中的数据元素一般称为**顶点**，故称 V 为**顶点集**；$E=\{(v,w)|v,w\in V\}$ 或 $E=\{<v,w>|v,w\in V\}$ 是数据元素之间关系的集合，在图中，数据元素之间的关系用边表示，即存在关系的数据元素之间用边相连接，故 E 是边（用顶点对表示）的集合，被称为**边集**。图分为无向图和有向图。

若顶点 v 和 w 之间的边是没有方向的，则称这条边为**无向边**，用 (v,w) 表示；若图中所有边都是无向边，则称该图为**无向图**。由于无向边没有方向，因此 (v,w) 和 (w,v) 是同一条边。图6-1（a）所示的 G_1 是一个无向图，顶点集 $V(G_1)=\{A,B,C,D\}$，边集 $E(G_1)=\{(A,B),(A,C),(A,D),(B,C)\}$。无向边用不带箭头的线段表示。

若顶点 v 和 w 之间的边是有方向的，则称这条边为**有向边**（**或弧**），用 $<v,w>$ 表示，v 称为有向边的**始点**（**或弧尾**），w 称为有向边的**终点**（**或弧头**）；若图中所有边都是有向边，则称该图为**有向图**。由于有向边是有方向的，因此 $<v,w>$ 和 $<w,v>$ 是不同的两条边。图 6-1（b）所示的 G_2 是一个有向图，顶点集 $V(G_2)=\{A,B,C,D\}$，弧集 $E(G_2)=\{<A,B>,<A,C>,<B,C>,<C,B>,<C,D>\}$。有向边用带箭头的弧表示，由始点（或弧尾）指向终点（或弧头）。

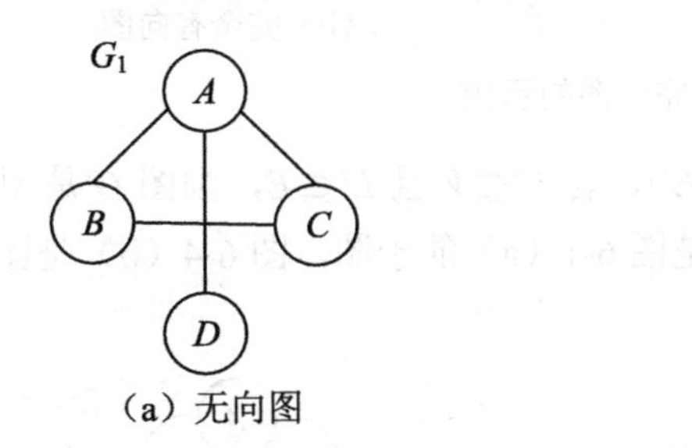

（a）无向图

G2 A B C D

（b）有向图

图 6-1 图的示例

6.1.2 图的术语

（1）**邻接点**：对于无向图，若顶点 v 和 w 之间有边，则称 v 与 w 互为邻接点，且边 (v,w) 依附于顶点 v 和 w。例如，在如图 6-1（a）所示的 G_1 中，顶点 A 与顶点 B、顶点 A 与顶点 C、顶点 A 与顶点 D 都互为邻接点；依附于顶点 B 的边包括 (B,A) 和 (B,C)。对于有向图，若存在一条从顶点 v 到 w 的弧，则称顶点 v 邻接到顶点 w（也称 v 是 w 的前驱），顶点 w 邻接自顶点 v（也称 w 是 v 的后继），弧 $<v,w>$ 与顶点 v 与 w 相关联。例如，在如图 6-1（b）所示的 G_2 中，由于存在弧 $<B,C>$，因此称顶点 B 邻接到顶点 C，顶点 C 邻接自顶点 B，与顶点 B 相关联的弧有 $<A,B>$、$<B,C>$ 和 $<C,B>$。

（2）**权与网络**：在某些图的应用中，边（或弧）具有与它相关的表示某种属性的数值，称为权。根据实际应用问题的需要，权可以表示从一个顶点到另一个顶点的距离、花费的代价、所需的时间、次数等。带权的图被称为网络（简称网），包括无向网和有向网。图 6-2 所示为网的示例。

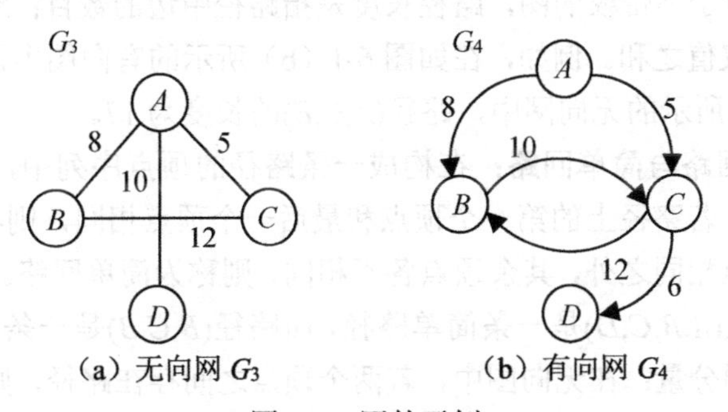

（a）无向网 G_3　　（b）有向网 G_4

图 6-2 网的示例

（3）**完全图**：若有 n 个顶点的无向图有 $n(n-1)/2$ 条边，即任意两个顶点之间都有一条边，则此无向图为**完全无向图**。若有 n 个顶点的有向图有 $n(n-1)$ 条弧，即任意两个顶点之间都存在彼此到达的弧，则此有向图为**完全有向图**。图 6-3 所示为完全图的示例。完全图的边（或弧）的数目达到了最大值。

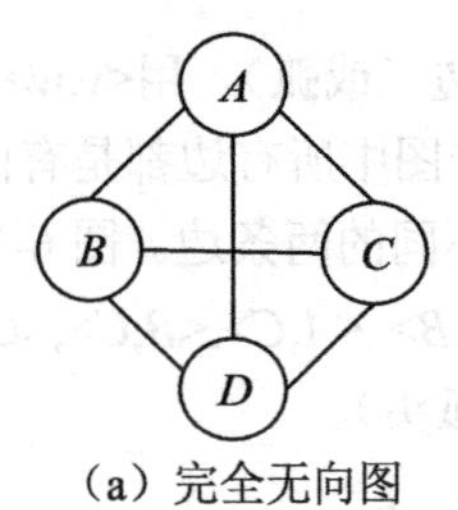

（a）完全无向图

（b）完全有向图

图 6-3　完全图的示例

（4）**子图**：已知图 $G=(V,E)$和图 $G'=(V',E')$，若 $V'\subseteq V$ 且 $E'\subseteq E$，则图 G'是图 G 的子图。图 6-4 所示为子图的示例，其中图 6-4（a）是图 6-1（a）的子图，图 6-4（b）是图 6-1（b）的子图。

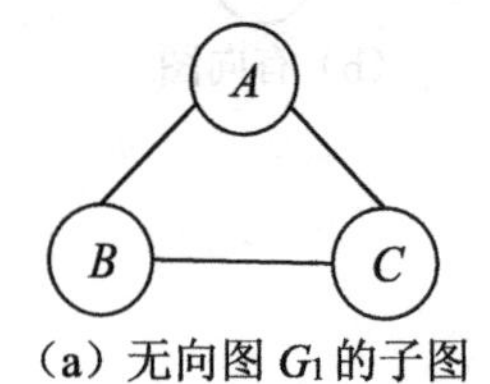

（a）无向图 G_1 的子图

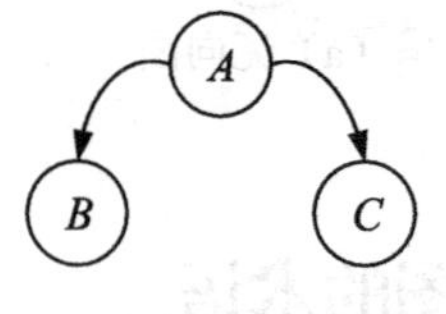

（b）有向图 G_2 的子图

图 6-4　子图的示例

（5）**顶点的度**：在无向图中，顶点 v 的度是依附于顶点 v 的边的数目，记作 TD(v)。在有向图中，以顶点 v 为弧头的弧的数目称为顶点 v 的**入度**，记作 ID(v)；以顶点 v 为弧尾的弧的数目称为顶点 v 的**出度**，记作 OD(v)；顶点 v 的度等于该顶点的入度与出度之和：TD(v)= ID(v)+OD(v)。例如，在如图 6-1（a）所示的无向图中，顶点 A、B、C 和 D 的度分别为 3、2、2 和 1。在如图 6-1（b）所示的有向图中，顶点 A 的入度为 0，出度为 2，度为 2；顶点 B 的入度为 2，出度为 1，度为 3。

（6）**路径**：在图 $G=(V,E)$中，若从顶点 v_i 出发，沿着图中的一些边（或弧）经过一些顶点 $v_{p1},v_{p2},\cdots,v_{pk}$ 能够到达顶点 v_j，则称顶点序列$(v_i,v_{p1},v_{p2},\cdots,v_{pk},v_j)$为顶点 v_i 到顶点 v_j 的一条路径。例如，在如图 6-1（b）所示的有向图中，顶点序列(A,B,C,D)是顶点 A 到顶点 D 的一条路径。

（7）**路径长度**：对于不带权的图，路径长度是指路径中边的数目；对于带权的图，路径长度是指路径中各边的权值之和。例如，在如图 6-1（b）所示的有向图中，路径(A,B,C,D)的长度为 3；在如图 6-2（a）所示的无向网中，路径(A,C,B)的长度为 17。

（8）**简单路径、回路与简单回路**：在构成一条路径的顶点序列中，若顶点均不相同，则称此路径为简单路径；若路径上的第一个顶点和最后一个顶点相同，则称此路径为回路或环；若回路中除起点和终点相同之外，其余顶点各不相同，则称为简单回路。例如，在如图 6-1（b）所示的有向图中，路径(A,B,C,D)是一条简单路径，而路径(B,C,B)是一条回路并且是简单回路。

（9）**连通图与连通分量**：在无向图中，若两个顶点之间存在路径，则称这两个顶点是连通的，任意两个顶点之间都连通的无向图称为连通图。非连通图的极大连通子图（包括所有连通的顶点和依附于这些顶点的边）称为该图的连通分量。例如，图 6-1（a）所示的 G_1 是一个连通图；图 6-5（a）是一个非连通图，图 6-5（b）是图 6-5（a）的 2 个连通分量。一个有 n 个顶点的连通图至少有 n−1 条边，但由 n 个顶点和 n−1 条边构成的无向图未必是连通图。

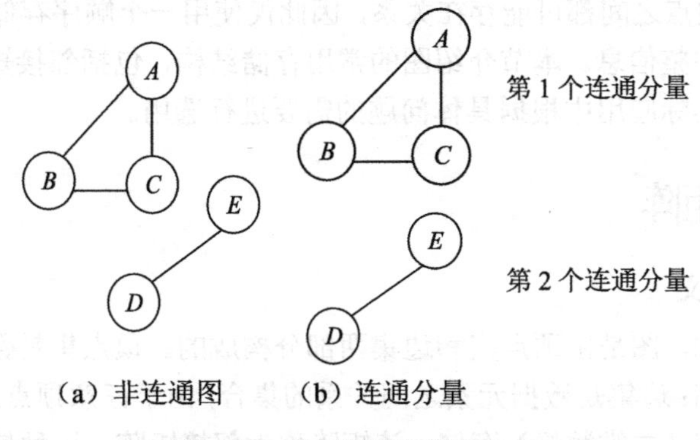

（a）非连通图　（b）连通分量

图 6-5　非连通图和连通分量

（10）**强连通图与强连通分量**：在有向图中，若顶点 v_i 与 v_j 之间存在一条从 v_i 到 v_j 的路径，也存在一条从 v_j 到 v_i 的路径，则称顶点 v_i 和顶点 v_j 是强连通的。任意两个顶点之间都是强连通的有向图称为强连通图。非强连通图的极大强连通子图称为该图的强连通分量。例如，图 6-6（a）是一个强连通图；图 6-6（b）是一个非强连通图，其中包括 3 个强连通分量。一个有 n 个顶点的强连通图至少有 n 条弧，但由 n 个顶点和 n 条弧构成的有向图未必是强连通图。

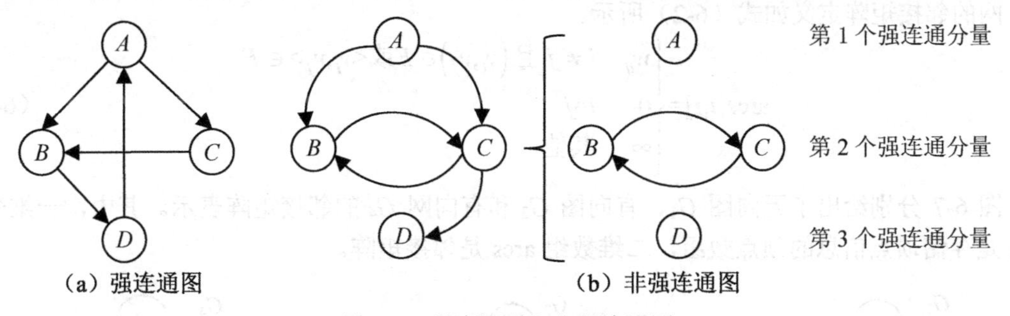

（a）强连通图　（b）非强连通图

图 6-6　强连通图和非强连通图

6.1.3　图的基本操作

图的操作非常多，某些操作涉及图的顶点和边的次序。在逻辑上，图的顶点和边通常没有先后次序之分，但是一旦使用某种存储结构存储图的相关信息，顶点和边必然有不同的存储次序。因此，在涉及顶点和边的次序的操作中，次序是指存储次序。

根据图的特点，图通常包括如下基本操作。

（1）创建图：建立一个空图或包含数据元素的非空图。

（2）遍历图：依次访问图的所有顶点，使每个顶点只被访问一次。

（3）顶点操作：查找、插入、删除、取值和修改等。

（4）边操作：查找、插入、删除、存取和修改权值等。

（5）判断图是否为空：若为空，则返回 true，否则返回 false。

6.2　图的存储结构

存储图的信息包括存储图的顶点信息和顶点之间的关系两方面，由于图中顶点之间的关系比较复杂，任意两个顶点之间都可能存在关系，因此仅使用一个顺序存储结构或单一的链式存储结构难以保存图的完整信息。本节介绍图的常用存储结构，包括邻接矩阵、邻接表、邻接多重表和十字链表，在实际应用中根据具体问题的需要进行选用。

6.2.1 邻接矩阵

1. 邻接矩阵的定义

根据图的定义可知，图是由顶点集和边集两部分构成的。顶点集是数据元素的集合，可以使用一个一维数组存储；边集是数据元素之间关系的集合，由于任意顶点之间都可能存在关系，因此可以使用一个矩阵（二维数组）存储，该矩阵称为**邻接矩阵**。这种使用一个一维数组和一个邻接矩阵存储图的信息的方法称为图的**邻接矩阵表示法**。

设图 $G=(V,E)$有 n 个顶点，其邻接矩阵 arcs 是一个 n 阶的方阵，其中 arcs$[i,j]$记录了顶点 v_i 与 v_j（$0\leqslant i\leqslant n-1, 0\leqslant j\leqslant n-1$）之间的关系，其定义如式（6-1）所示。

$$\text{arcs}[i,j]=\begin{cases}1 & (v_i,v_j)\in E\text{或}<v_i,v_j>\in E\\ 0 & \text{其他}\end{cases} \tag{6-1}$$

网的邻接矩阵定义如式（6-2）所示。

$$\text{arcs}[i,j]=\begin{cases}w_{ij} & i\neq j\text{ 且}(v_i,v_j)\in E\text{或}<v_i,v_j>\in E\\ 0 & i=j\\ \infty & \text{其他}\end{cases} \tag{6-2}$$

图 6-7 分别给出了无向图 G_1、有向图 G_2 和有向网 G_4 的邻接矩阵表示。其中，一维数组 vexs 是存储顶点信息的顶点数组，二维数组 arcs 是邻接矩阵。

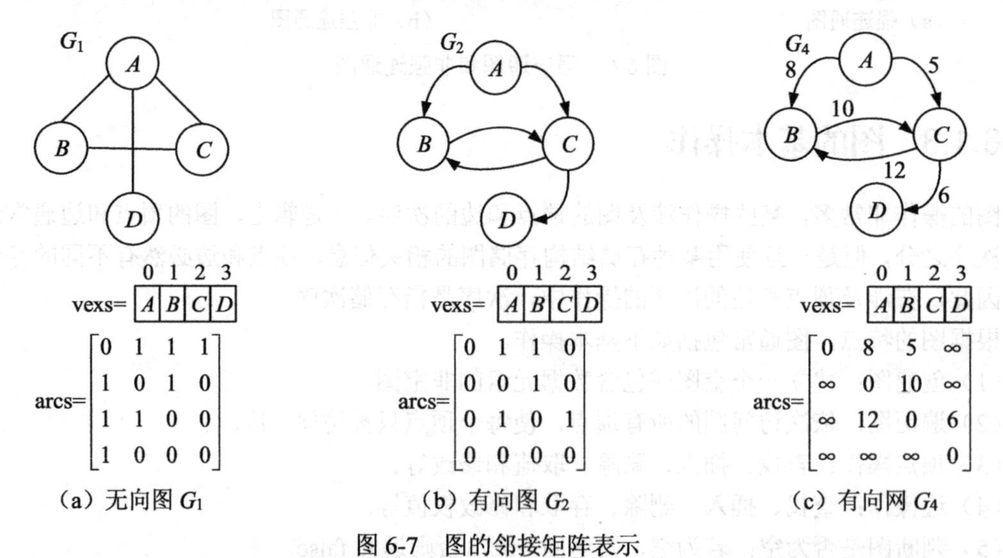

图 6-7 图的邻接矩阵表示

由图 6-7 可见邻接矩阵的特点。无向图邻接矩阵的特点：①无向图的邻接矩阵一定是对称矩阵，第 i 行或第 i 列的矩阵元素体现了顶点 v_i 与其他顶点之间的关系；②无向图邻接矩阵的第 i 行或第 i 列的矩阵元素累加起来为顶点 v_i 的度，如式（6-3）所示。

$$TD(v_i)=\sum_{j=0}^{n-1}\text{arcs}[i][j]=\sum_{j=0}^{n-1}\text{arcs}[j][i] \qquad (6\text{-}3)$$

有向图邻接矩阵的特点：①有向图的邻接矩阵不一定对称，第 i 行的矩阵元素体现了以顶点 v_i 作为弧尾的弧的信息，第 i 列的矩阵元素体现了以顶点 v_i 作为弧头的弧的信息；②有向图邻接矩阵的第 i 行矩阵元素累加起来得到顶点 v_i 的出度 $OD(v_i)$，第 i 列矩阵元素累加起来得到顶点 v_i 的入度 $ID(v_i)$，如式（6-4）所示。

$$OD(v_i)=\sum_{j=0}^{n-1}\text{arcs}[i][j]，\ ID(v_i)=\sum_{j=0}^{n-1}\text{arcs}[j][i] \qquad (6\text{-}4)$$

对于带权的有向图，邻接矩阵第 i 行中所有非零且不等于 ∞ 的元素数目就是顶点 v_i 的出度，第 i 列中所有非零且不等于 ∞ 的元素数目就是顶点 v_i 的入度。

下面以无向图为例介绍邻接矩阵表示法的类模板定义及其主要操作的实现。

2. 无向图的邻接矩阵类模板定义

定义无向图的邻接矩阵类模板为 AMUndirGraph，该类模板的数据成员除包含存储顶点信息的一维数组 vexs 和表示邻接矩阵的二维数组 arcs 之外，为了方便操作，还定义了顶点数组容量 vexMaxSize、实际顶点的数目 vexNum 和实际边数 arcNum。此外还定义了一个数组 visited，该数组主要用于在图的遍历等操作中标记顶点的访问状态。其成员函数包括构造函数、析构函数和各种图的基本操作，在实际应用中根据问题的需要可以添加其他成员函数。

```
/*********无向图的邻接矩阵类模板文件名：AMUndirGraph.h**********/
#include "Status.h"     // Status.h：定义枚举类型 Status，表示操作的状态，详见配套源码
const int DEFAULT_SIZE = 100;
template <class DataType>
class AMUndirGraph {
protected:
    int vexNum, vexMaxSize, arcNum;          //实际顶点的数目、顶点数组容量和实际边数
    DataType *vexs;                          //指向顶点数组的指针
    int **arcs;                              //指向邻接矩阵的指针
    Status *visited;                         //指向访问标志数组的指针
public:
    //构造函数，创建顶点数组容量为 vexsize 的空无向图
    AMUndirGraph(int vexsize = DEFAULT_SIZE);
    //构造函数，创建包含 vertexnum 个顶点，没有边的无向图
    AMUndirGraph(DataType data[], int vertexnum, int vexsize = DEFAULT_SIZE);
    virtual ~AMUndirGraph();                     //析构函数
    void Clear();                                //清空图
    bool IsEmpty();                              //判断无向图是否为空
    int GetOrder(const DataType &e) const;       //获取数据元素等于 e 的顶点序号
    Status GetElem(int v, DataType &e) const;    //获取顶点 v 的数据元素值
    Status SetElem(int v, const DataType &e);    //修改顶点 v 的数据元素值为 e
    int GetVexNum() const;                       //获取当前顶点的数目
    int GetArcNum() const;                       //获取当前边数
    int GetFirstAdjvex(int v) const;             //获取顶点 v 的第一个邻接点
    int GetNextAdjvex(int v1, int v2) const;     //获取顶点 v1 相对于 v2 的后继邻接点
    Status InsertVex(const DataType &e);         //插入数据元素值为 e 的顶点
    Status InsertArc(int v1, int v2);            //在顶点 v1 和 v2 之间插入一条边
```

```
    Status DeleteVex(const DataType &e);            //删除数据元素值为 e 的顶点
    Status DeleteArc(int v1, int v2);               //删除顶点为 v1 和 v2 的边
    Status GetVisitedTag(int v) const;              //获取顶点 v 的访问标志
    Status SetVisitedTag(int v, Status tag) const;  //修改顶点 v 的访问标志为 tag
};
```

3. 无向图的邻接矩阵类模板主要操作的实现

（1）构造函数。

创建无向图包括创建空图和创建只有顶点的图。创建空图的构造函数只需为顶点数组 vexs、邻接矩阵 arcs 和访问标志数组 visited 分配存储空间；创建只有顶点的图的构造函数需要对上述数组进行初始化。以下是创建只有顶点的无向图的算法实现代码。

```
template<class DataType>
AMUndirGraph<DataType>::AMUndirGraph(DataType data[], int vertexnum, int vexsize) {
    if (vexsize < vertexnum)
    {   cout << "顶点的数目不能大于允许的顶点最大数目! ";   exit(0);   }
    vexNum = vertexnum;   vexMaxSize = vexsize;   arcNum=0;
    vexs = new DataType[vexMaxSize];                 //分配顶点数组存储空间
    visited = new Status[vexMaxSize];                //分配访问标志数组存储空间
    arcs = (int **)new int *[vexMaxSize];            //分配邻接矩阵存储空间
    for(int v = 0; v < vexMaxSize; v++)   arcs[v] = new int[vexMaxSize];
    for(int v = 0; v < vexNum; v++) {                //初始化顶点数组、访问标志数组、邻接矩阵
        vexs[v] = data[v];   visited[v] = UNVISITED;
        for(int w = 0; w < vexNum; w++)   arcs[v][w]=0;
    }
}
```

（2）获取顶点的第一个邻接点。

在图中，一个顶点可能存在多个邻接点，这些邻接点通常在逻辑上没有先后次序，但在存储上必然存在先后次序。因此，顶点的第一个邻接点是指在邻接点中存储次序位于第一位的顶点。在邻接矩阵中，一个顶点的邻接点信息记录在该顶点所在行的矩阵元素中，该行第一个非零的矩阵元素的列标为第一个邻接点的序号；若该顶点没有邻接点，则返回-1 作为结果。

【算法描述】

Step 1：判断给出的顶点序号 v 是否有效，若无效，则给出提示信息，并返回-1 作为结果。

Step 2：在邻接矩阵的顶点 v 所在行中，对 w=0,1,2,…,vexNum-1，寻找第一个非零的 arcs[v][w]，并返回 w 作为结果。

Step 3：若未找到非零的矩阵元素，则返回-1 作为结果。

【算法实现】

```
template <class DataType>
int AMUndirGraph<DataType>::GetFirstAdjvex(int v) const {
    if(v < 0 || v >= vexNum)                         //判断 v 是否越界
    {   cout << "v 取值不合法!" << endl;   return -1;   }
    for(int w = 0; w < vexNum; w++)                  //在邻接矩阵第 v 行中寻找第一个非零元素
        if(arcs[v][w] != 0)   return w;              //找到第一个非零元素，返回该元素的列标
    return -1;                                       //顶点 v 没有邻接点，返回-1 作为结果
}
```

（3）获取后继邻接点。

后继邻接点是指在存储次序中的下一个邻接点。获取后继邻接点与获取顶点的第一个邻接点类似，为了获取顶点 v_1 相对于邻接点 v_2 的后继邻接点，只需到顶点 v_1 在邻接矩阵中的所在行进行查找，只不过查找的是从邻接点 v_2 后续位置开始，遇到的第一个非零元素的列标为 v_2 的后继邻接点的序号。

【算法描述】

Step 1：分别判断顶点序号 v1 和 v2 是否有效，若无效，则给出提示信息，并返回-1 作为结果。

Step 2：在邻接矩阵的顶点 v1 所在行中，对 w=v2+1,v2+2,…,vexNum-1，寻找第一个非零的 arcs[v1][w]，并返回 w 作为结果。

Step 3：若未找到非零的矩阵元素，则返回-1 作为结果。

【算法实现】

```
template <class DataType>
int AMUndirGraph<DataType>::GetNextAdjvex(int v1, int v2) const {
    if(v1 < 0 || v1 >= vexNum)                    //判断 v1 是否越界
    {   cout << "v1 取值不合法!" << endl;   return -1;   }
    if(v2 < 0 || v2 >= vexNum)                    //判断 v2 是否越界
    {   cout << "v2 取值不合法!" << endl;   return -1;   }
    if (v1 == v2)                                 //判断 v1 和 v2 是否相等
    {   cout << "v1 与 v2 不能相等!" << endl;   return -1;   }
    for(int w = v2 + 1; w < vexNum; w++)          //在邻接矩阵第 v1 行第 v2 列之后寻找第一个非零元素
        if(arcs[v1][w] != 0)   return w;          //若找到非零元素，则返回该元素的列标作为结果
    return -1;                                    //若无后继邻接点，则返回-1 作为结果
}
```

（4）插入顶点。

由于图中的顶点在逻辑上通常是无序的，因此一个新顶点在原则上可以插入顶点数组的任意位置，为了将已有数据的影响降到最小，宜将新顶点插入顶点数组的尾部。

【算法描述】

Step 1：判断顶点数组是否已满，若已满，则返回上溢信息。

Step 2：将新顶点插入顶点数组的尾部，即下标为 vexNum 的位置。

Step 3：设置顶点的访问标志为 UNVISITED，邻接矩阵的第 vexNum 行与第 vexNum 列为 0，并将顶点的数目加 1。

Step 4：返回成功信息。

【算法实现】

```
template <class DataType>
Status AMUndirGraph<DataType>::InsertVex(const DataType &e) {
    if (vexNum == vexMaxSize)   return OVER_FLOW;      //判断顶点数组是否已满
    vexs[vexNum] = e;                                  //将新顶点插入顶点数组的尾部
    visited[vexNum] = UNVISITED;                       //设置顶点的访问标志
    for(int w = 0; w <= vexNum; w++)                   //设置邻接矩阵
        arcs[vexNum][w] = arcs[w][vexNum] = 0;
    vexNum++;                                          //顶点的数目加 1
    return SUCCESS;
}
```

（5）插入边。

插入边，即在两个顶点之间添加一条边，只需修改这两个顶点对应的邻接矩阵元素。

【算法描述】

Step 1：分别判断给出的顶点序号 v1 和 v2 是否有效，若无效，则给出提示，并返回失败信息。

Step 2：判断 v1 和 v2 之间是否已经有边，若已经有边，则给出提示，并返回失败信息。

Step 3：设置邻接矩阵元素 arcs[v1][v2]和 arcs[v2][v1]为 1，边的数目加 1。

Step 4：返回成功信息。

【算法实现】

```
template <class DataType>
Status AMUndirGraph<DataType>::InsertArc(int v1, int v2) {
    if(v1 < 0 || v1 >= vexNum)                              //判断 v1 是否越界
    {   cout << "v1 取值不合法!" << endl;    return FAILED;   }
    if(v2 < 0 || v2 >= vexNum)                              //判断 v2 是否越界
    {   cout << "v2 取值不合法!" << endl;    return FAILED;   }
    if(v1 == v2)                                            //判断 v1 和 v2 是否相等
    {   cout << "v1 与 v2 不能相等!" << endl;    return FAILED;   }
    if(arcs[v1][v2] != 0)                                   //判断 v1 和 v2 之间是否已经有边
    {   cout << "边已经存在!" << endl;    return FAILED;   }
    arcs[v1][v2] = 1;          arcs[v2][v1] = 1;            //修改邻接矩阵元素
    arcNum++;                                               //边的数目加 1
    return SUCCESS;
}
```

（6）删除顶点。

删除顶点包括删除依附于该顶点的边和删除该顶点两个步骤。删除依附于该顶点的边只需修改该顶点在邻接矩阵中对应的非零元素，而删除该顶点则较为复杂。图的顶点使用一维数组进行存储，通常在一维数组中删除一个元素的做法是将后续的所有元素向前移动 1 个位置，由于这种做法会导致后续顶点的序号全部发生变化，因此需要移动邻接矩阵中所有后续顶点对应的行、列元素，显然比较烦琐。考虑到顶点在图中的无序性，删除一个顶点无须保持后续顶点顺序不变，因此可以将顶点数组最后一个顶点的信息覆盖到待删除顶点的位置，这样只需移动邻接矩阵中最后一个顶点对应的行、列元素。图 6-8 所示为在无向图中删除顶点 v_i 的过程。

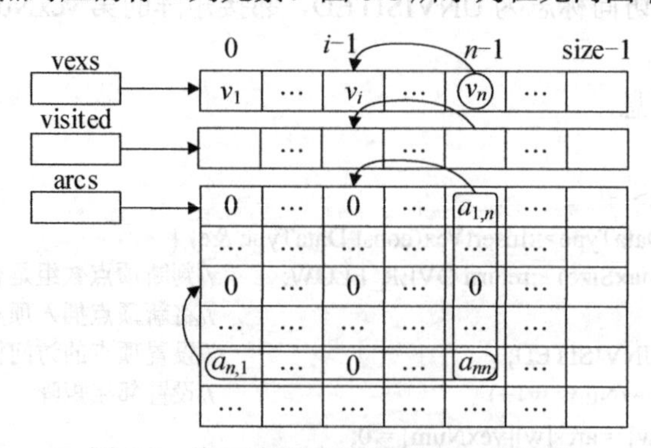

图 6-8　在无向图中删除顶点 v_i 的过程

【算法描述】

设在无向图中删除值为 e 的数据元素。

Step 1：在顶点数组中寻找值为 e 的顶点，用 v 记录该顶点的序号。

Step 2：判断是否找到值为 e 的顶点，若未找到，则给出提示，并返回失败信息。

Step 3：删除依附于 v 的边，即将邻接矩阵的第 v 行与第 v 列的非零元素置为 0。

Step 4：判断待删除顶点是不是顶点数组中的最后一个顶点，若是，即 v==vexNum-1，则转至 Step 6，否则继续向下执行。

Step 5：将顶点数组、访问标志数组、邻接矩阵中关于最后一个顶点的信息覆盖到待删除顶点 v 的位置。

Step 6：顶点的数目 vexNum 减 1。

Step 7：返回成功信息。

【算法实现】

```
template <class DataType>
Status AMUndirGraph<DataType>::DeleteVex(const DataType &e) {
    int v = GetOrder(e);                              //寻找待删除顶点的序号
    if(v == -1)                                       //未找到该顶点
    {   cout << "待删除的顶点不存在!" << endl;   return FAILED;   }
    for(int w = 0; w < vexNum; w++)                   //删除依附于 v 的边
        if(arcs[v][w]) {
            arcs[v][w]=0;   arcs[w][v]=0;             //修改邻接矩阵元素
            arcNum--;                                 //边的数目减 1
        }
    if(v != vexNum - 1) {                             //若待删除顶点不是最后一个顶点，则需要移动
        vexs[v] = vexs[vexNum - 1];                   //将最后一个顶点信息移动至待删除顶点 v 的位置
        visited[v] = visited[vexNum - 1];             //移动访问状态信息
        for(int w = 0; w < vexNum; w++)               //移动最后一个顶点在邻接矩阵中行的信息
            arcs[v][w] = arcs[vexNum - 1][w];
        for(int w = 0; w < vexNum; w++)               //移动最后一个顶点在邻接矩阵中列的信息
            arcs[w][v] = arcs[w][vexNum - 1];
    }
    vexNum--;                                         //顶点的数目 vexNum 减 1
    return SUCCESS;                                   //返回成功信息
}
```

（7）删除边。

删除边只需修改邻接矩阵中该边对应的矩阵元素，无须考虑顶点的问题。

【算法描述】

设在无向图中删除边(v1,v2)。

Step 1：分别判断给出的顶点序号 v1 和 v2 是否有效，若无效，则给出提示，并返回失败信息。

Step 2：判断 v1 和 v2 之间是否有边，若没有边，则给出提示，并返回失败信息。

Step 3：设置邻接矩阵元素 arcs[v1][v2]和 arcs[v2][v1]为 0，边的数目减 1。

Step 4：返回成功信息。

【算法实现】

```
template <class DataType>
Status AMUndirGraph<DataType>::DeleteArc(int v1, int v2) {
    if(v1 < 0 || v1 >= vexNum)                              //判断 v1 是否越界
    {   cout << "v1 取值不合法!" << endl;   return FAILED;   }
    if(v2 < 0 || v2 >= vexNum)                              //判断 v2 是否越界
    {   cout << "v2 取值不合法!" << endl;   return FAILED;   }
    if(v1 == v2)                                            //判断 v1 和 v2 是否相等
    {   cout << "v1 与 v2 不能相等!" << endl;   return FAILED;   }
    if(!arcs[v1][v2])                                       //若不存在边(v1, v2)
    {   cout << "不存在待删除的边!" << endl;   return FAILED;   }
    arcs[v1][v2]=0;   arcs[v2][v1]=0;                       //修改邻接矩阵元素
    arcNum--;                                               //边的数目减 1
    return SUCCESS;                                         //返回成功信息
}
```

有向图和网的邻接矩阵类模板定义及其主要操作的实现可以参照无向图进行修改，此处不再赘述。

6.2.2 邻接表

邻接表是一种顺序存储结构与链式存储结构相结合的复合型存储结构。在图的邻接表表示法中，每个顶点都有一个属于自身的单链表，用于存储依附于该顶点的边（或弧）的信息，称为**边（或弧）链表**。单链表的头指针和该顶点的数据存储在一个数组中。邻接表表示法适合于图中边数很少的稀疏图场合，也适用于图中顶点的数目变化较大的场合。

图的邻接表表示法使用一个一维数组存储顶点的相关信息，一个数组元素对应一个顶点，称为**顶点节点**。顶点节点存储顶点的数据和该顶点的边（或弧）链表的头指针。顶点节点的结构如图 6-9（a）所示，其中 data 存储顶点的数据，firstarc 存储该顶点的边（或弧）链表的头指针。在顶点的边（或弧）链表中，对无向图而言，每个节点代表与该顶点相关联的一条边，存储这条边的另一个顶点的序号（顶点数组中的位置），以及指向后继边节点的指针；对有向图而言，每个节点代表以该顶点为弧尾的弧，存储这条弧的弧头的序号（顶点数组中的位置）及指向后继弧节点的指针。边（或弧）节点结构如图 6-9（b）所示，其中 adjvex 存储边（或弧）的另一个顶点的序号，nextarc 存储指向后继边（或弧）节点的指针。

图 6-9　邻接表表示法的节点结构

图 6-10（a）给出了无向图 G_1 的邻接表表示法。由于无向图的边没有方向，一条边(v_i,v_j)既会作为顶点 v_i 的边节点出现在 v_i 的边链表中，又会作为顶点 v_j 的边节点出现在 v_j 的边链表中，因此无向图的一条边在邻接表中存在两个对应的节点。无向图中顶点 v_i 的度等于该顶点边链表中的节点数目。

图 6-10（b）给出了有向图 G_2 的邻接表表示法。由于有向图的弧有方向，因此一条弧对应的弧节点只在弧尾的弧链表中出现一次。统计顶点 v_i 的弧链表中的节点数目只能得到该顶点的

出度，若要计算顶点 v_i 的入度，则必须遍历除 v_i 之外所有顶点的弧链表，统计其中弧头序号为 v_i 的节点数目。为此，可以建立有向图的**逆邻接表**。在有向图的逆邻接表中，顶点的弧链表中的节点表示以该顶点为弧头的弧，存储的是这条弧的弧尾序号，因此统计顶点的弧链表中节点的数目就能得到该顶点的入度。

图 6-10（c）给出了有向图 G_2 的逆邻接表表示法。

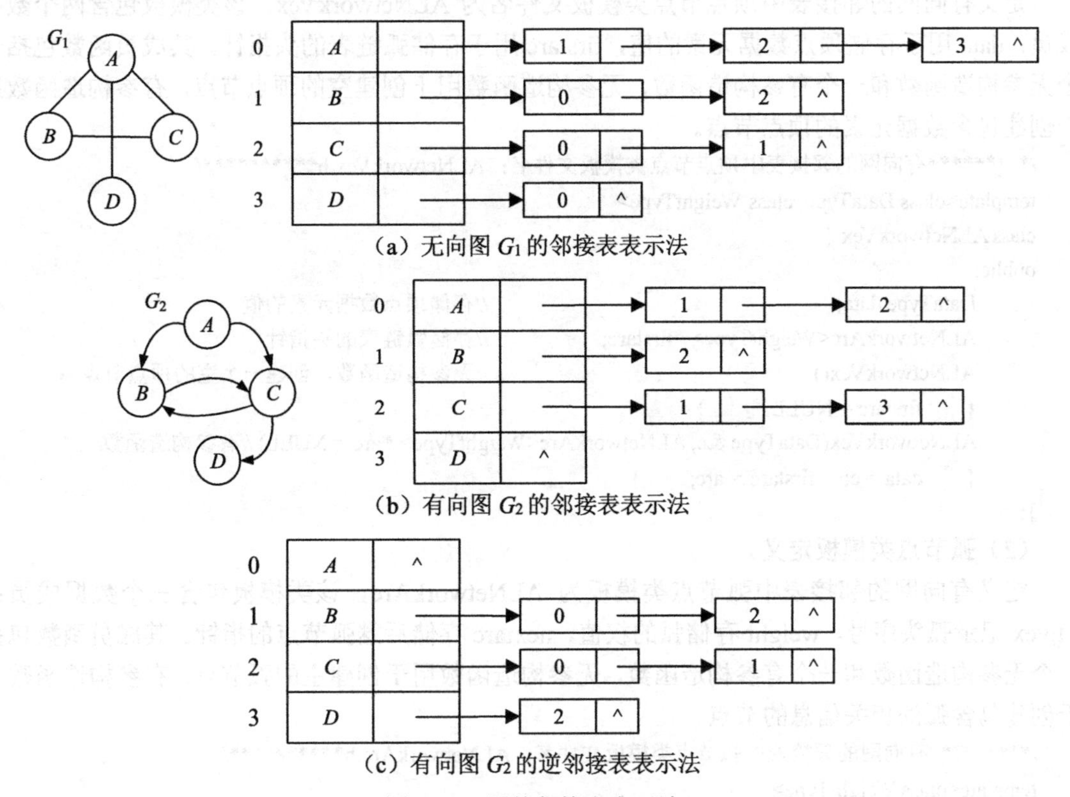

（a）无向图 G_1 的邻接表表示法

（b）有向图 G_2 的邻接表表示法

（c）有向图 G_2 的逆邻接表表示法

图 6-10　图的邻接表表示法

由于带权的图（网）需要记录边（或弧）的权，因此在顶点的边（或弧）节点中，需要增加一个用于存放权值的域 weight。图 6-11 所示为有向网 G_4 的邻接表表示法。

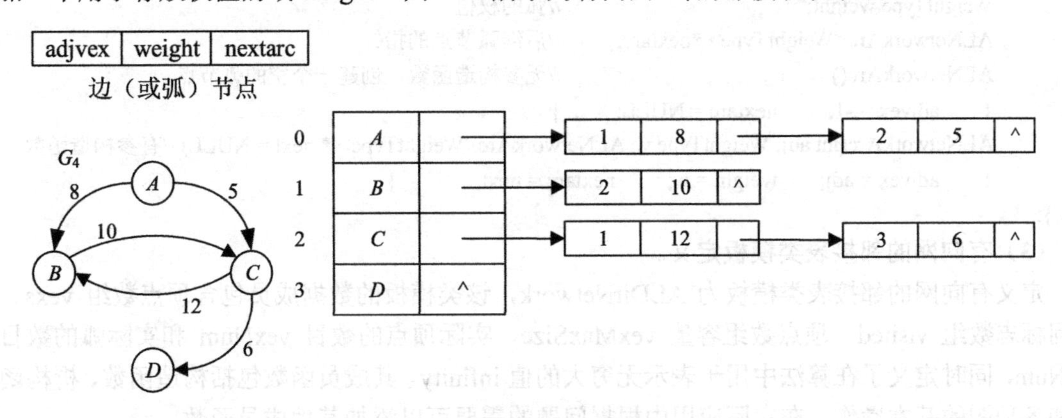

图 6-11　有向网 G_4 的邻接表表示法

在邻接表的边（或弧）链表中，边（或弧）节点没有特定的存储次序要求，通常可以按照边（或弧）的添加顺序来存储。

下面以有向网为例给出邻接表表示法的类模板定义及其主要操作的实现。

1．有向网的邻接表中顶点节点、弧节点及其类模板定义

（1）顶点节点类模板定义。

定义有向网的邻接表中顶点节点类模板文件名为 ALNetworkVex，该类模板包含两个数据成员：data 用于存储顶点数据元素的值，firstarc 用于存储弧链表的头指针。其成员函数包括一个无参构造函数和一个有参构造函数，无参构造函数用于创建空的顶点节点，有参构造函数用于创建包含数据元素的顶点节点。

```
/*********有向网的邻接表中顶点节点类模板文件名：ALNetworkVex.h**********/
template<class DataType, class WeightType>
class ALNetworkVex {
public:
        DataType data;                                    //存储顶点数据元素的值
        ALNetworkArc<WeightType> *firstarc;               //存储弧链表的头指针
        ALNetworkVex()                                    //无参构造函数，创建一个空的顶点节点
        {       firstarc = NULL;        }
        ALNetworkVex(DataType &e, ALNetworkArc<WeightType> *arc = NULL) //有参构造函数
        {       data = e;       firstarc = arc;         }
};
```

（2）弧节点类模板定义。

定义有向网的邻接表中弧节点类模板为 ALNetworkArc，该类模板包含三个数据成员：adjvex 记录弧头序号，weight 存储弧的权值，nextarc 存储后继弧节点的指针。其成员函数包括一个无参构造函数和一个有参构造函数，无参构造函数用于创建空的弧节点，有参构造函数用于创建包含弧的相关信息的节点。

```
/*********有向网的邻接表中弧节点类模板文件名：ALNetworkArc.h**********/
template<class WeightType>
class ALNetworkArc {
public:
        int adjvex;                                 //弧头序号
        WeightType weight;                          //弧的权值
        ALNetworkArc<WeightType> *nextarc;          //后继弧节点的指针
        ALNetworkArc()                              //无参构造函数，创建一个空的弧节点
        {       adjvex = -1;       nextarc = NULL;       }
        ALNetworkArc(int adj, WeightType w, ALNetworkArc<WeightType> * next = NULL) //有参构造函数
        {       adjvex = adj;       weight = w;       nextarc = next;          }
};
```

（3）有向网的邻接表类模板定义。

定义有向网的邻接表类模板为 ALDirNetwork，该类模板的数据成员包含顶点数组 vexs、访问标志数组 visited、顶点数组容量 vexMaxSize、实际顶点的数目 vexNum 和实际弧的数目 arcNum，同时定义了在算法中用于表示无穷大的值 infinity。其成员函数包括构造函数、析构函数和各种图的基本操作，在实际应用中根据问题的需要可以添加其他成员函数。

```
/*********有向网的邻接表类模板文件名：ALDirNetwork.h**********/
#include "Status.h"      // Status.h：定义枚举类型 Status，表示操作的状态，详见配套源码
```

```
#include "ALNetworkArc.h"
#include "ALNetworkVex.h"
const int DEFAULT_SIZE = 100;
const int DEFAULT_INFINITY = 0x3f3f3f3f;
template<class DataType, class WeightType>
class ALDirNetwork {
protected:
        int vexNum, vexMaxSize, arcNum;                    //实际顶点的数目、顶点数组容量和实际弧的数目
        WeightType infinity;                               //存储表示无穷大的值
        ALNetworkVex<DataType, WeightType> * vexs;         //顶点数组
        Status *visited;                                   //访问标志数组
public:
        //构造函数，创建顶点数组容量为 vexsize 的空有向网
        ALDirNetwork(int vexsize = DEFAULT_SIZE, WeightType infinit = (WeightType)DEFAULT_INFINITY);
        //构造函数，创建包含 vertexnum 个顶点，没有弧的有向网
        ALDirNetwork(DataType data[], int vertexnum, int vexsize = DEFAULT_SIZE,  WeightType infinit =
(WeightType)DEFAULT_INFINITY);
        virtual ~ALDirNetwork();                           //析构函数
        void Clear();                                      //清空有向网
        bool IsEmpty();                                    //判断有向网是否为空
        int GetOrder(const DataType &e) const;             //获取数据元素等于 e 的顶点序号
        Status GetElem(int v, DataType & e) const;         //获取顶点 v 的数据元素值
        Status SetElem(int v, const DataType &e);          //修改顶点 v 的数据元素值为 e
        WeightType GetInfinity() const;                    //获取表示无穷大的值
        int GetVexNum() const;                             //获取当前顶点的数目
        int GetArcNum() const;                             //获取当前弧的数目
        int GetFirstAdjvex(int v) const;                   //获取顶点 v 的第一个邻接点
        int GetNextAdjvex(int v1, int v2)const;            //获取顶点 v1 相对于 v2 的后继邻接点
        Status InsertVex(const DataType &e);               //插入数据元素值为 e 的顶点
        Status InsertArc(int v1, int v2, WeightType w);    //插入从顶点 v1 到 v2、权为 w 的弧
        Status DeleteVex(const DataType &e);               //删除数据元素值为 e 的顶点
        Status DeleteArc(int v1, int v2);                  //删除从顶点 v1 到 v2 的弧
        WeightType GetWeight(int v1, int v2) const;        //获取从顶点 v1 到 v2 的弧的权值
        Status SetWeight(int v1, int v2, WeightType w);    //设置从顶点 v1 到 v2 的弧的权值为 w
        Status GetVisitedTag(int v) const;                 //获取顶点 v 的访问标志
        Status SetVisitedTag(int v, Status tag) const;     //修改顶点 v 的访问标志为 tag
};
```

2. 有向网的邻接表类模板主要操作的实现

（1）构造函数。

创建有向网包括创建空的有向网和创建只有顶点的有向网。创建空的有向网的构造函数只需为顶点数组 vexs、访问标志数组 visited 分配存储空间；创建只有顶点的有向网的构造函数需要对上述数组进行初始化。以下是创建只有顶点的有向网的算法实现代码。

```
template<class DataType, class WeightType>
ALDirNetwork<DataType, WeightType>::ALDirNetwork(DataType data[], int vertexnum, int vexsize,
 WeightType infinit) {
        if (vexsize < vertexnum)
```

```
    {  cout << "顶点的数目不能大于允许的顶点最大数目!";  exit(0);  }
    vexNum = vertexnum;  vexMaxSize = vexsize;  arcNum = 0;  infinity = infinit;
    vexs = new ALNetworkVex<DataType, WeightType>[vexMaxSize];   //分配顶点数组存储空间
    visited = new Status[vexMaxSize];                            //分配访问标志数组存储空间
    for(int v=0;v < vexNum;v++) {                                //初始化顶点数组、访问标志数组
        vexs[v].data = data[v];  vexs[v].firstarc = NULL;
        visited[v] = UNVISITED;
    }
}
```

（2）获取顶点的第一个邻接点。

在邻接表中，顶点的第一个邻接点是弧链表中第一个弧节点记录的弧头，返回该弧头序号即可获取顶点的第一个邻接点；若顶点的弧链表是空链表，则表明该顶点没有邻接点，返回-1作为结果。

【算法描述】

Step 1：判断给出的顶点序号 v 是否有效，若无效，则给出提示，并返回-1 作为结果。

Step 2：判断顶点 v 的弧链表是不是空链表，若是，则返回-1 作为结果；若不是，则返回弧链表中第一个弧节点记录的弧头序号作为结果。

【算法实现】

```
template<class DataType, class WeightType>
int ALDirNetwork<DataType, WeightType>::GetFirstAdjvex(int v) const {
    if(v < 0 || v >= vexNum)                           //判断 v 是否越界
    {  cout << "v 取值不合法!" << endl;  return -1;  }
    if(vexs[v].firstarc == NULL)  return -1;           //不存在邻接点
    else  return vexs[v].firstarc->adjvex;             //返回第一个弧节点记录的弧头序号
}
```

（3）获取后继邻接点。

寻找顶点 v_1 相对于 v_2 的后继邻接点，首先需要在 v_1 的弧链表中找到 v_2，然后取 v_2 所在弧节点的后继，该节点记录的弧头序号为后继邻接点的序号；若 v2 所在弧节点无后继，则表明不存在后继邻接点，返回-1 作为结果。

【算法描述】

Step 1：分别判断顶点序号 v1 和 v2 是否有效，若无效，则给出提示，并返回-1 作为结果。

Step 2：通过遍历顶点 v1 的弧链表寻找弧头为 v2 的弧节点，用指针 p 指向该节点。

Step 3：判断是否找到弧头为 v2 的弧节点，以及弧头为 v2 的弧节点是否存在后继，分为如下两种情况。

① 未找到弧头为 v2 的弧节点或弧头为 v2 的弧节点没有后继，即 p==NULL 或 p->nextarc==NULL，则返回-1 作为结果。

② 若找到弧头为 v2 的弧节点且弧节点有后继，则返回后继记录的弧头序号作为结果。

【算法实现】

```
template<class DataType, class WeightType>
int ALDirNetwork<DataType, WeightType>::GetNextAdjvex(int v1, int v2) const {
    ALNetworkArc<WeightType> *p;
    if(v1 < 0 || v1 >= vexNum)                         //判断 v1 是否越界
    {  cout << "v1 取值不合法!" << endl;  return -1;  }
```

```
        if(v2 < 0 || v2 >= vexNum)                          //判断 v2 是否越界
        {   cout << "v2 取值不合法!" << endl;   return -1;   }
        if (v1 == v2)                                       //判断 v1 和 v2 是否相等
        {   cout << "v1 与 v2 不能相等!" << endl;   return -1;   }
        p = vexs[v1].firstarc;                              //p 指向弧链表的第一个弧节点
        while(p != NULL && p->adjvex != v2)   p = p->nextarc;//寻找 v2 所在的弧节点
        if(p == NULL || p->nextarc == NULL)   return -1;    //不存在后继邻接点
        else   return p->nextarc->adjvex;                   //返回后继弧节点记录的弧头序号
}
```

（4）插入顶点。

邻接表表示法同样将新顶点插入顶点数组的尾部，不影响已有的顶点和弧。

【算法描述】

Step 1：判断顶点数组是否已满，若已满，则返回上溢信息。

Step 2：将新顶点插入顶点数组的尾部，即下标为 vexNum 的位置。

Step 3：置新顶点的弧链表为空链表，顶点访问标志为 UNVISITED，并将顶点的数目加 1。

Step 4：返回成功信息。

```
template<class DataType, class WeightType>
Status ALDirNetwork<DataType, WeightType>::InsertVex(const DataType &e) {
        if(vexNum == vexMaxSize)   return OVER_FLOW;       //判断顶点数组是否已满
        vexs[vexNum].data = e;                              //将新顶点插入顶点数组的尾部
        vexs[vexNum].firstarc = NULL;                       //置新顶点的弧链表为空链表
        visited[vexNum] = UNVISITED;
        vexNum++;                                           //顶点的数目加 1
        return SUCCESS;                                     //返回成功信息
}
```

（5）插入弧。

若插入一条从顶点 v_1 到顶点 v_2、权值为 w 的弧，则只需在弧尾 $v1$ 的弧链表中添加一个新的弧节点，使该弧节点记录的弧头序号为 v_2、权值为 w。由于顶点的邻接点没有逻辑上的先后次序，因此将新的弧节点插入头指针指向的弧链表头部较为方便。

【算法描述】

Step 1：分别判断给出的顶点序号 v1 和 v2、权值 w 是否有效，若无效，则给出提示，并返回失败信息。

Step 2：新建一个弧节点，使该节点记录的弧头序号为 v2，权值为 w。

Step 3：将新创建的弧节点插入顶点 v1 的弧链表头部，使其成为第一个弧节点。

Step 4：弧的数目加 1。

Step 5：返回成功信息。

【算法实现】

```
template<class DataType, class WeightType>
Status ALDirNetwork<DataType, WeightType>::InsertArc(int v1, int v2, WeightType w) {
        if(v1 < 0 || v1 >= vexNum)                          //判断 v1 是否越界
        {   cout << "v1 取值不合法!" << endl;   return FAILED;   }
        if(v2 < 0 || v2 >= vexNum)                          //判断 v2 是否越界
        {   cout << "v2 取值不合法!" << endl;   return FAILED;   }
        if(v1 == v2)                                        //判断 v1 和 v2 是否相等
```

```
    {  cout << "v1 与 v2 不能相等!" << endl;   return FAILED;   }
    if(w == infinity)                                        //判断 w 取值是否为无穷大
    {  cout << "权值 w 不能为无穷大!" << endl;   return FAILED;   }
    vexs[v1].firstarc = new ALNetworkArc<WeightType>(v2, w, vexs[v1].firstarc); //新建并插入弧节点
    arcNum++;                                                //弧的数目加 1
    return SUCCESS;                                          //返回成功信息
}
```

（6）删除弧。

从邻接表中删除一条弧，只需从弧尾的弧链表中删除该弧对应的弧节点。

【算法描述】

设在有向网中删除弧<v1,v2>。

Step 1：分别判断给出的顶点序号 v1 和 v2 是否有效，若无效，则给出提示，并返回失败信息。

Step 2：通过遍历顶点 v1 的弧链表，寻找弧头为 v2 的弧节点，用指针 p 指向该节点。

Step 3：判断是否找到弧头为 v2 的弧节点，若未找到，即 p==NULL，则返回失败信息。

Step 4：从弧链表中删除 p 指向的弧节点。

Step 5：弧的数目减 1。

Step 6：返回成功信息。

【算法实现】

```
template<class DataType, class WeightType>
Status ALDirNetwork<DataType, WeightType>::DeleteArc(int v1, int v2) {
    if(v1 < 0 || v1 >= vexNum)                               //判断 v1 是否越界
    {  cout << "v1 取值不合法!" << endl;   return FAILED;   }
    if(v2 < 0 || v2 >= vexNum)                               //判断 v2 是否越界
    {  cout << "v2 取值不合法!" << endl;   return FAILED;   }
    if(v1 == v2)                                             //判断 v1 和 v2 是否相等
    {  cout << "v1 与 v2 不能相等!" << endl;   return FAILED;   }
    ALNetworkArc<WeightType> *pre = NULL, *p;                //pre 指向待删除节点前驱，p 指向待删除节点
    p = vexs[v1].firstarc;                                   //p 指向第一个弧节点
    while(p && p->adjvex != v2)                              //寻找待删除弧节点
    {  pre = p;   p = p->nextarc;  }
    if(!p)   return FAILED;                                  //未找到待删除弧节点，删除失败
    if(p == vexs[v1].firstarc)                               //待删除弧节点是弧链表的第一个节点
        vexs[v1].firstarc = p->nextarc;                      //修改弧链表的头指针
    else                                                     //待删除弧节点不是弧链表的第一个节点
        pre->nextarc = p->nextarc;                           //修改前驱的后继指针
    delete p;                                                //释放待删除弧节点
    arcNum--;                                                //弧的数目减 1
    return SUCCESS;
}
```

（7）删除顶点。

删除顶点的操作较为复杂，要先从邻接表中分别删除以该顶点为弧头和弧尾的弧，然后从顶点数组中移除该顶点。删除以该顶点为弧头的弧可以借助上述 DeleteArc 函数实现，删除以该顶点为弧尾的弧就是删除该顶点的弧链表。从顶点数组移除该顶点的方法也是把顶点数组最

后一个顶点的信息覆盖到该顶点的位置，由于这种方法改变了最后一个顶点的序号，因此需要通过遍历其他所有顶点的弧链表寻找弧头为最后一个顶点的弧节点，修改其中的弧头序号。图 6-12 所示为在有向网 G_4 中删除顶点 B 之后邻接表的变化情况，特别需要注意的是圆圈部分的变化。

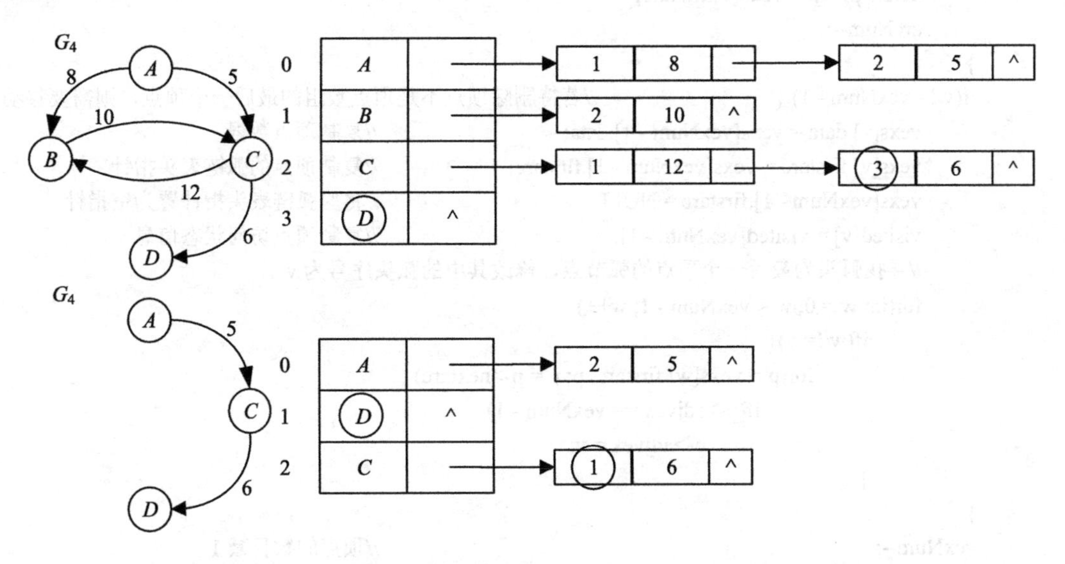

图 6-12　在有向网 G_4 中删除顶点 B 之后邻接表的变化情况

【算法描述】

设在有向图中删除值为 e 的数据元素。

Step 1：在顶点数组中寻找值为 e 的顶点，并用 v 记录该顶点的序号。

Step 2：判断是否找到值为 e 的顶点，若未找到，则给出提示，并返回失败信息。

Step 3：删除所有以 v 作为弧头的弧。

Step 4：删除所有以 v 作为弧尾的弧，即删除顶点 v 的弧链表。

Step 5：判断待删除顶点是不是顶点数组的最后一个顶点，若是，即 v==vexNum-1，则转至 Step 8，否则继续向下执行。

Step 6：将顶点数组、访问标志数组中关于最后一个顶点的信息覆盖到待删除顶点 v 的位置。

Step 7：通过遍历其他顶点的弧链表寻找弧头为最后一个顶点的弧节点，修改其中的弧头序号为 v。

Step 8：顶点的数目减 1。

Step 9：返回成功信息。

【算法实现】

```
template<class DataType, class WeightType>
Status ALDirNetwork<DataType, WeightType>::DeleteVex(const DataType &e) {
    int v = GetOrder(e);                                    //获取待删除顶点的序号
    ALNetworkArc<WeightType> *p;
    if(v == -1)                                             //未找到待删除顶点
    {   cout << "待删除的顶点不存在!" << endl;   return FAILED;   }
    for(int w = 0; w < vexNum; w++)                         //删除以 v 作为弧头的弧
```

```
        if(w != v)   DeleteArc(w, v);
    p = vexs[v].firstarc;                                   //删除以 v 作为弧尾的弧
    while(p){                                               //依次释放弧链表中的弧节点
        vexs[v].firstarc = p->nextarc;
        delete p;   p = vexs[v].firstarc;
        arcNum--;
    }
    if(v != vexNum - 1) {                  //若待删除顶点不是顶点数组的最后一个顶点，则需要移动
        vexs[v].data = vexs[vexNum - 1].data;               //复制顶点数据
        vexs[v].firstarc = vexs[vexNum - 1].firstarc;       //复制顶点的弧链表头指针
        vexs[vexNum - 1].firstarc = NULL;                   //将原弧链表头指针置为空指针
        visited[v] = visited[vexNum - 1];                   //复制顶点访问状态信息
        //寻找弧头为最后一个顶点的弧节点，修改其中的弧头序号为 v
        for(int w = 0; w < vexNum - 1; w++)
            if(w != v){
                for(p = vexs[w].firstarc; p; p = p->nextarc)
                    if(p->adjvex == vexNum - 1)
                        p->adjvex = v;
            }
    }
    vexNum--;                                               //顶点的数目减 1
    return SUCCESS;                                         //返回成功信息
}
```

无向图的邻接表类模板定义及其主要操作的实现可以参照有向网进行修改，此处不再赘述。

6.2.3 邻接多重表

在无向图的邻接表中，同一条边存在两个边节点，且分别处于该边所依附的两个顶点的边链表中，若无向图的应用需要频繁地对边进行操作（如修改边的权值），则每次都需要寻找和处理两个边节点，操作很不方便。此时，可以采用邻接多重表作为无向图的存储结构，以简化上述问题的处理过程。

无向图的**邻接多重表**由顶点表和边表构成。顶点表采用一维数组存储所有的顶点信息，一个数组元素对应一个顶点称为顶点节点。顶点节点存储该顶点的数据和依附于该顶点的边链表的头指针。顶点节点如图 6-13（a）所示，其中 data 存储顶点的数据；firstarc 存储该顶点的边链表的头指针。无向图的每条边用一个边节点表示，由 6 个域构成，如图 6-13（b）所示，其中标志域 mark 用于标记该边是否被处理或搜索过；信息域 info 用于存储边的某些信息（如权值信息）；顶点序号域 adjvex1 和 adjvex2 用于存储该边所依附的两个顶点在顶点表中的序号；后继指针域 nextarc1 用于指向下一条依附于顶点 adjvex1 的边节点；后继指针域 nextarc2 用于指向下一条依附于顶点 adjvex2 的边节点。图 6-13（d）给出了如图 6-13（c）所示的无向网 G_3 的邻接多重表。

无向图的邻接多重表的各类操作都容易实现，建立邻接多重表的空间复杂度与时间复杂度都与邻接表相同。

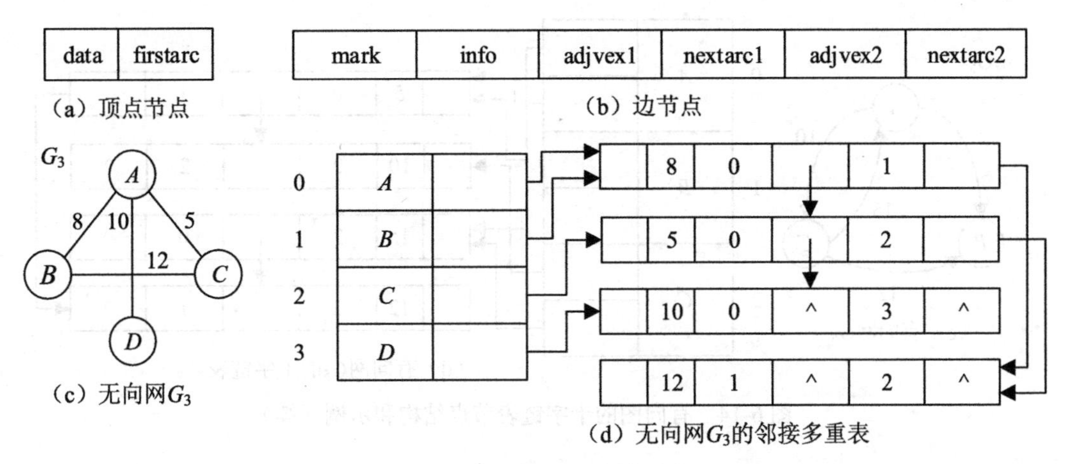

图 6-13　无向图的邻接多重表节点结构和示例

6.2.4　十字链表

在有向图的应用中，有时需要同时寻找以顶点为弧尾和弧头的弧，有时需要同时计算顶点的出度和入度，若能把有向图的邻接表和逆邻接表结合在一起，则可以简化处理过程。十字链表是有向图的一种链式存储结构，这种存储结构实现了邻接表和逆邻接表的结合。

有向图的**十字链表**也是由顶点表和边表组成的，结构与无向图的邻接多重表相似，因此也被称为有向图的邻接多重表。在有向图的十字链表中，顶点表同样是一个用于存储所有顶点信息的一维数组，一个数组元素对应一个顶点，称为顶点节点，包括一个数据域和两个指针域。顶点节点如图 6-14（a）所示，其中数据域 data 存储顶点数据；指针域 firstin 存储以该顶点为弧头的弧链表的头指针；指针域 firstout 存储以该顶点为弧尾的弧链表的头指针。有向图的每条弧用一个弧节点表示，由 6 个域构成。弧节点如图 6-14（b）所示，其中标志域 mark 用于标记该弧是否被处理或搜索过；信息域 info 用于存储弧的某些信息（如权值信息）；顶点序号域 tailvex 和 headvex 分别用于存储弧尾和弧头在顶点表中的序号；后继指针域 tailnext 用于指向下一条以顶点 tailvex 为弧尾的弧节点；后继指针域 headnext 用于指向下一条以顶点 headvex 为弧头的弧节点。图 6-14（d）给出了如图 6-14（c）所示的有向网 G_5 的十字链表。

在有向图的十字链表中，从顶点节点的 firstout 指针开始，用弧节点的 tailnext 指针连接起来的链表是该有向图的邻接表结构，统计该链表的弧节点数目即可求得顶点的出度；从顶点节点的 firstin 指针开始，用弧节点的 headnext 指针连接起来的链表是该有向图的逆邻接表结构，统计该链表中弧节点数目即可求得顶点的入度。

创建有向图的十字链表的时间复杂度与创建有向图的邻接表相同，用十字链表存储稀疏有向图可以达到高效存取的效果。

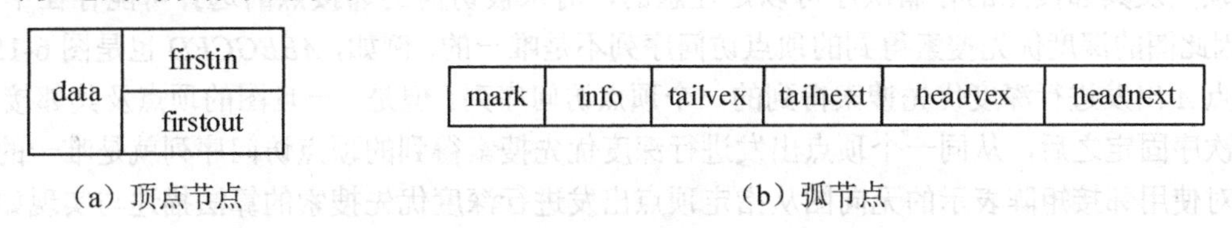

图 6-14　有向图的十字链表节点结构和示例

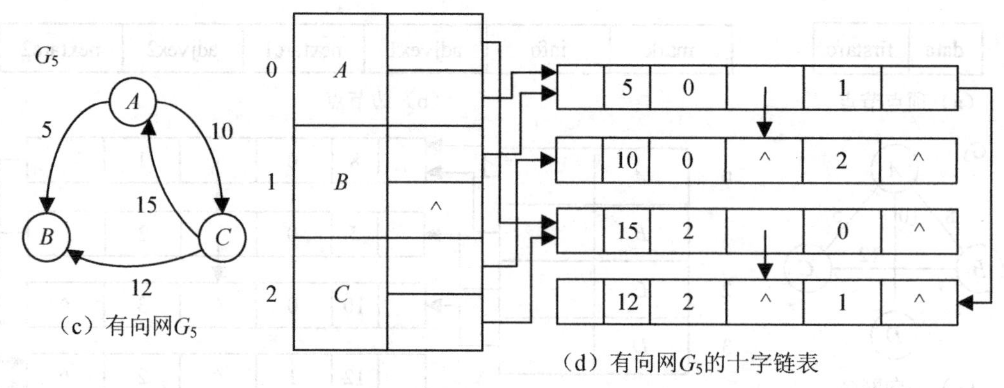

图 6-14　有向图的十字链表节点结构和示例（续）

6.3　图的遍历

图的遍历是指从图的某个顶点出发，沿着图中的一些边（或弧）依次访问图的所有顶点，且每个顶点仅被访问一次。由于图的一个顶点可能与其他任意顶点邻接，在访问某个顶点之后，可能沿着某条路径搜索又会回到该顶点，因此图的遍历必须解决顶点的重复访问问题。对此，可以设置一个访问标志数组记录每个顶点的访问状态，并将其值初始化为“未访问”，当访问过某个顶点之后，将其访问状态设置为“访问”。一旦从某条搜索路径回到该顶点，由于其访问状态为“访问”，因此不再访问该顶点，从而确保每个顶点仅被访问一次。

图的遍历通常有两种方法：**深度优先遍历**（Depth-First Traversal）和**广度优先遍历**（Breadth-First Traversal）。这两种方法既适用于无向图又适用于有向图，下面主要以无向图为例展开介绍。

6.3.1　深度优先遍历

图的深度优先遍历基于**深度优先搜索**（Depth-First Search，DFS）。深度优先搜索是指从图的某一顶点 *v* 出发，在访问顶点 *v* 后，依次从 *v* 的各个未被访问的邻接顶点出发进行深度优先搜索，直到图中所有与顶点 *v* 有路径连通的顶点都被访问。对于连通图，从任一顶点出发，通过一次深度优先搜索即可访问图的所有顶点；对于非连通图，从任一顶点出发，通过一次深度优先搜索只能访问与起点位于同一个连通分量的所有顶点。

图 6-15（a）给出了对一个无向图从顶点 *A* 出发进行深度优先搜索的过程；图 6-15（b）给出了在搜索过程中访问的顶点和经过的边，顶点旁标注的数字表示该顶点被访问的次序。由于图的顶点及其邻接点的存储次序可以是任意的，对未被访问的邻接点的选择可能存在不同情况，因此图的深度优先搜索得到的顶点访问序列不是唯一的。例如，*ABEGCFD* 也是图 6-15（a）从顶点 *A* 出发进行深度优先搜索得到的一个顶点访问序列。但是，一旦图的顶点及其邻接点的存储次序固定之后，从同一个顶点出发进行深度优先搜索得到的顶点访问序列就是唯一的。

对使用邻接矩阵表示的无向图从指定顶点出发进行深度优先搜索的算法描述与实现如下，该算法从无向图 g 的顶点 v 出发进行深度优先搜索，使用 visit 指向的函数访问顶点。

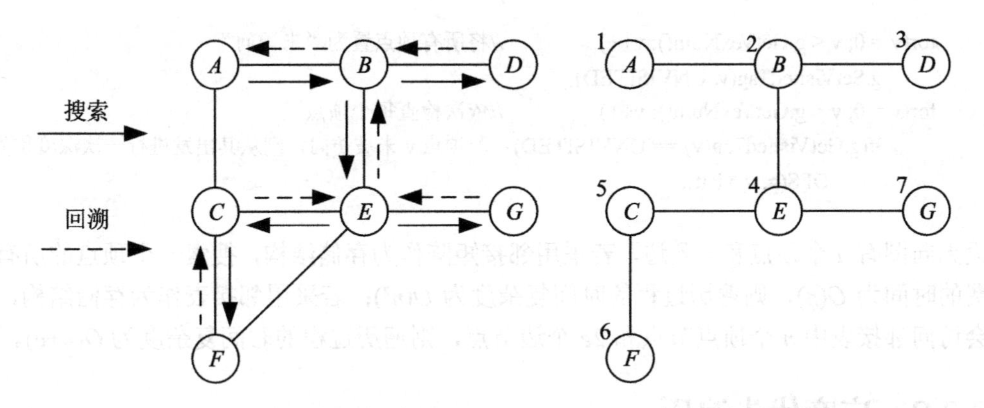

（a）深度优先搜索过程　　（b）顶点访问次序和经过的边

图 6-15　图的深度优先搜索示例

【算法描述】

Step 1：访问顶点 v。

Step 2：初始化 w 为顶点 v 的第一个邻接点。

Step 3：当邻接点 w 存在时，反复进行如下处理，否则结束从顶点 v 出发的深度优先搜索。

Step 3.1：判断邻接点 w 是否已被访问过，若未被访问过，则从 w 出发进行深度优先搜索。

Step 3.2：取顶点 v 相对于 w 的后继邻接点，仍记录于 w。

【算法实现】

```
template <class DataType>
void DFS(const AMUndirGraph<DataType> &g, int v, void (*visit)(const DataType &)) {
    DataType e;
    g.SetVisitedTag(v, VISITED);                    //对顶点 v 设置已访问标志
    g.GetElem(v, e); visit(e);                      //取顶点 v 的数据元素值进行访问
    for(int w = g.GetFirstAdjvex(v); w != -1; w = g.GetNextAdjvex(v, w))    //依次取顶点 v 的邻接点
        if(g.GetVisitedTag(w) == UNVISITED)  //若邻接点 w 未被访问过，则从 w 出发进行深度优先搜索
            DFS(g, w, visit);
}
```

对于连通图，进行一次深度优先搜索就可以完成对图中所有顶点的访问；对于非连通图，需要进行多次深度优先搜索才能完成对图中所有顶点的访问。因此，图的**深度优先遍历**就是依次选择图中尚未访问的顶点作为起点进行深度优先搜索的过程。在深度优先遍历中，先将所有顶点的访问状态置为“未访问”，然后依次检查每个顶点，选择其中未被访问的顶点作为起点进行一次深度优先搜索，直至所有顶点检查完毕。

【算法描述】

设对无向图 g 进行深度优先遍历。

Step 1：将无向图 g 的所有顶点置为“未访问”。

Step 2：依次检查无向图 g 的顶点 v=0,1,⋯,vexNum-1，若顶点 v 未被访问，则从顶点 v 出发进行一次深度优先搜索。

【算法实现】

```
template <class DataType>
void DFSTraverse(const AMUndirGraph<DataType> &g, void (*visit)(const DataType &)) {
    int v;
```

```
    for(v = 0; v < g.GetVexNum(); v++)              //将所有顶点置为"未访问"
        g.SetVisitedTag(v, UNVISITED);
    for(v = 0; v < g.GetVexNum(); v++)              //依次检查每个顶点
        if(g.GetVisitedTag(v) == UNVISITED) //若顶点 v 未被访问，则从其出发进行一次深度优先搜索
            DFS(g, v, visit);
}
```

设无向图有 n 个顶点和 e 条边，若采用邻接矩阵作为存储结构，搜索一个顶点的所有边需要花费的时间为 $O(n)$，则遍历过程的时间复杂度为 $O(n^2)$；若采用邻接表作为存储结构，遍历过程会访问邻接表中 n 个顶点节点和 $2e$ 个边节点，则遍历过程的时间复杂度为 $O(n+e)$。

6.3.2 广度优先遍历

图的广度优先遍历基于**广度优先搜索**（Breadth-First Search，BFS）。广度优先搜索是指从图的某一顶点 v 出发，在访问顶点 v 之后，先依次访问 v 的各个未被访问的邻接点，然后按照这些邻接点被访问的次序依次访问它们的所有未被访问的邻接点，使得先访问的顶点的邻接点早于后访问的顶点的邻接点被访问，如此不断进行下去，直到图中所有和顶点 v 有路径连通的顶点都被访问。它与深度优先搜索类似，从任一顶点出发进行一次广度优先搜索，可以访问连通图中的所有顶点，但只能访问非连通图中与起点位于同一个连通分量的所有顶点。

图 6-16（a）给出了对一个无向图从顶点 A 出发进行广度优先搜索的过程；图 6-16（b）给出了在搜索过程中访问的顶点和经过的边，顶点旁的数字表示该顶点被访问的次序。由于图的顶点及其邻接点的存储次序可以是任意的，因此广度优先搜索得到的顶点访问序列也不是唯一的。例如，*ACBEFDG* 也是图 6-16（a）从顶点 A 出发进行广度优先搜索得到的一个顶点访问序列。但是，一旦图的顶点及其邻接点的存储次序固定之后，从同一个顶点出发进行广度优先搜索得到的顶点访问序列就是唯一的。

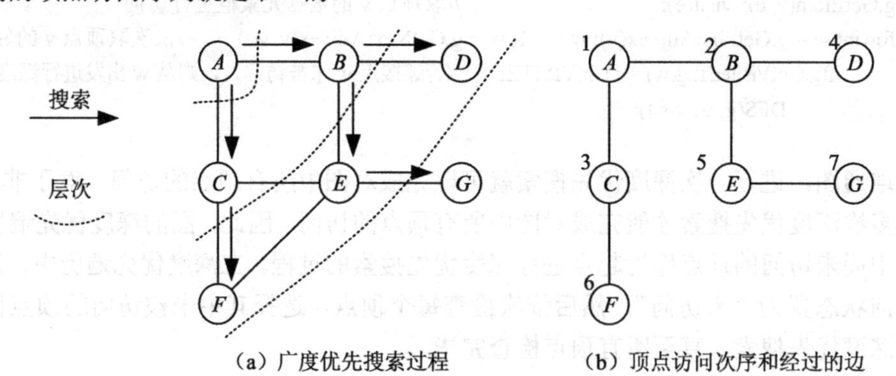

（a）广度优先搜索过程　　（b）顶点访问次序和经过的边

图 6-16　图的广度优先搜索示例

广度优先搜索是一个分层搜索的过程，类似于树的层次遍历，其实现过程也需要使用一个队列来保存已经遍历过的顶点，并按照顶点出队的顺序去访问这些顶点的邻接点，从而实现先访问顶点的邻接点早于后访问顶点的邻接点被访问的目的。

对使用邻接矩阵表示的无向图从指定顶点出发进行广度优先搜索的算法描述与实现如下，该算法从无向图 g 的顶点 v 出发进行广度优先搜索，使用 visit 指向的函数访问顶点。

【算法描述】

Step 1：访问顶点 v。

Step 2：将顶点 v 入队。

Step 3：当队列不为空时，反复进行如下处理，否则结束从顶点 v 出发的广度优先搜索。

Step 3.1：将队头顶点出队，记为 u。

Step 3.2：依次检查顶点 u 的所有邻接点，若某个邻接点未被访问，则访问该邻接点并将其入队。

【算法实现】

```
template <class DataType>
void BFS(const AMUndirGraph<DataType> &g, int v, void (*visit)(const DataType &)) {
        LinkQueue<int> vexq;                                      //定义队列
        int u, w;
        DataType e;
        g.SetVisitedTag(v, VISITED);                              //对顶点 v 设置已访问标志
        g.GetElem(v, e);   visit(e);                              //取顶点 v 的数据元素值进行访问
        vexq.EnQueue(v);                                          //将顶点 v 入队
        while(!vexq.IsEmpty()) {                                  //当队列不为空时
                vexq.DelQueue(u);                                 //将队头顶点 u 出队
                for(w = g.GetFirstAdjvex(u); w != -1; w = g.GetNextAdjvex(u, w)) //依次取顶点 u 的邻接点
                        if(g.GetVisitedTag(w) == UNVISITED) {     //若邻接顶点 w 未访问，则对其进行访问
                                g.SetVisitedTag(w, VISITED);      //对顶点 w 设置已访问标志
                                g.GetElem(w, e);   visit(e);      //取顶点 w 的数据元素值进行访问
                                vexq.EnQueue(w);                  //将顶点 w 入队
                        }
        }
}
```

图的广度优先遍历与深度优先遍历类似，先将所有顶点的访问状态置为“未访问”，然后依次检查每个顶点，选择未被访问的顶点作为起点进行一次广度优先搜索，直至所有顶点检查完毕。

【算法描述】

设对无向图 g 进行广度优先遍历。

Step 1：将无向图 g 的所有顶点置为“未访问”。

Step 2：依次检查无向图 g 的顶点 v=0,1,⋯,vexNum-1，若顶点 v 未被访问，则从顶点 v 出发进行一次广度优先搜索。

【算法实现】

```
template <class DataType>
void BFSTraverse(const AMUndirGraph<DataType> &g, void (*visit)(const DataType &)) {
        int v;
        for(v = 0; v < g.GetVexNum(); v++)              //将所有顶点置为“未访问”
                g.SetVisitedTag(v, UNVISITED);
        for(v = 0; v < g.GetVexNum(); v++)              //依次检查每个顶点
                if(g.GetVisitedTag(v) == UNVISITED) //若顶点 v 未被访问，则从其出发进行一次广度优先搜索
                        BFS(g, v, visit);
}
```

在广度优先遍历算法中，图的每个顶点都会进入队列一次，而在遍历过程中是通过边来搜索邻接点的。因此，广度优先遍历的时间复杂度与深度优先遍历的时间复杂度相同，若使用邻接矩阵作为存储结构，则其时间复杂度为 $O(n^2)$；若使用邻接表作为存储结构，则其时间复杂

度为 $O(n+e)$。

由于从图的任一顶点出发进行一次深度优先搜索或广度优先搜索，只能访问与该顶点位于同一个连通分量的所有顶点，因此若在搜索完毕之后图的所有顶点都被访问过，则表明该图是一个连通图，否则表明该图是一个非连通图。对于非连通图，使用深度优先遍历或广度优先遍历的方法，通过依次检查每个顶点，找到未被访问的顶点，从该顶点出发进行一次搜索即可找到一个连通分量，在所有顶点检查完毕之后，就可以找出非连通图的所有连通分量。

6.4 图的应用

6.4.1 最小生成树

1. 无向图的连通分量和生成树

生成树是一个连通图的极小连通子图，它包含图的全部顶点和使得这些顶点相连通的最少的边。一个有 n 个顶点的连通图，其生成树必然包含 n 个顶点和 $n-1$ 条边，少一条边会变为非连通图，多一条边会形成回路。但是，由 n 个顶点和 $n-1$ 条边构成的子图未必是原图的生成树。由非连通图的每个连通分量都可以得到一棵生成树，构成非连通图的**生成森林**。

从一个顶点出发进行一次深度优先搜索或广度优先搜索，可以访问与该顶点位于同一个连通分量的所有顶点，这些顶点与搜索过程中经过的边构成一棵生成树，称为**深度优先生成树**或**广度优先生成树**。非连通图所有连通分量的深度优先生成树构成**深度优先生成森林**，所有连通分量的广度优先生成树构成**广度优先生成森林**。图 6-17（a）所示为连通图，其深度优先生成树和广度优先生成树分别如图 6-17（b）和（c）所示。图 6-18（a）所示为非连通图，其深度优先生成森林和广度优先生成森林分别如图 6-18（b）和（c）所示。

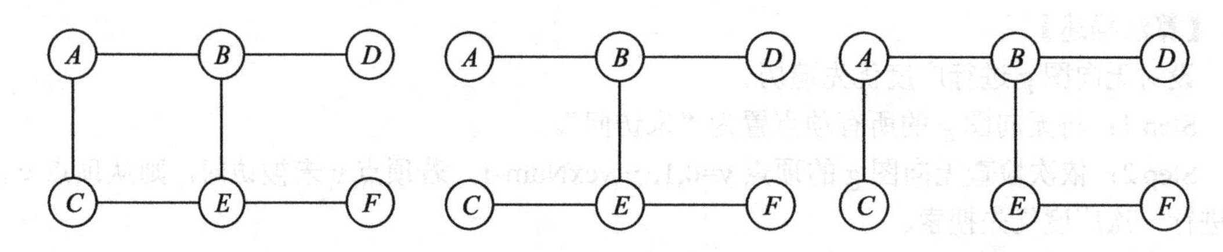

（a）连通图　　（b）连通图的深度优先生成树　　（c）连通图的广度优先生成树

图 6-17　连通图及其深度优先生成树和广度优先生成树

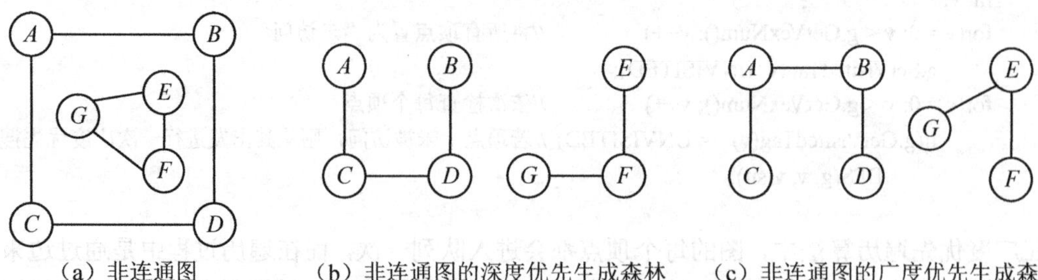

（a）非连通图　　（b）非连通图的深度优先生成森林　　（c）非连通图的广度优先生成森林

图 6-18　非连通图及其深度优先生成森林和广度优先生成森林

图的生成树不唯一，从不同的顶点出发或使用不同的搜索方法可以得到不同的生成树。此外，顶点在存储结构中的存储次序也会影响搜索过程中边的选择，由此可以得到不同的生成树。

2. 最小生成树的定义及应用

在一个连通网的所有生成树中，边上权值之和最小的生成树称为**最小生成树**。

最小生成树的应用在现实中较为常见。例如，“村村通”工程是我国农村建设的一项系统工程，包含公路、电力、生活和饮用水、电话网、有线电视网、互联网等各方面的工程。工程建设总是希望在达成建设目标的情况下，总成本越低越好。以修建一条公路连通 n 个村庄为例，可以用图为该问题建模，村庄作为图中的顶点，村庄之间可以直接铺设的公路作为顶点之间的边，公路的造价作为边的权值，从而建立一个连通网。这样在 n 个村庄之间寻找总成本最低的公路建设方案的问题就转换为寻找连通网的最小生成树的问题。

最小生成树具有 **MST 性质**：$G=(V,E)$是一个无向连通网，U 是顶点集 V 的一个非空子集，若(u,v)是一条具有最小权值的边，其中 $u\in U$，$v\in V-U$，则必存在一棵包含边(u,v)的最小生成树。

普里姆（Prim）算法和克鲁斯卡尔（Kruskal）算法都是利用 MST 性质构造最小生成树的经典算法，它们都采用了贪心策略。图 6-19 所示为连通网及其邻接矩阵和最小生成树的示例。

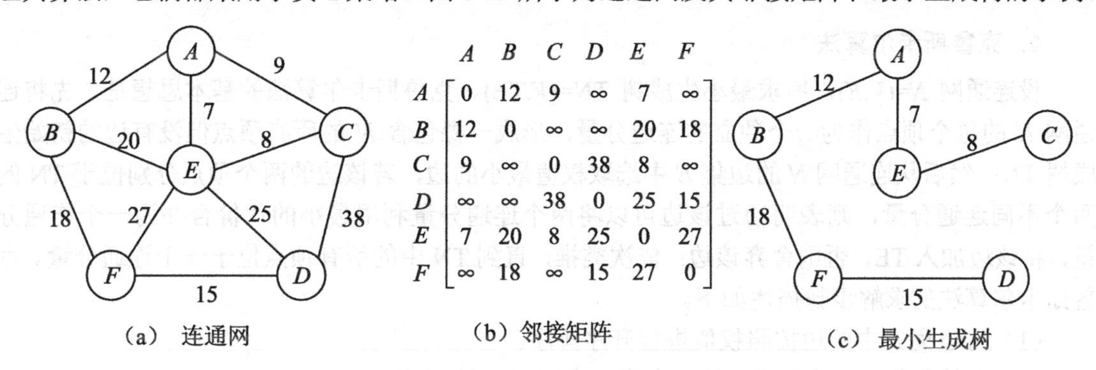

图 6-19 连通网及其邻接矩阵和最小生成树的示例

3. 普里姆算法

设连通网 $N=(V,E)$，所求最小生成树 $TN=(U,TE)$。普里姆算法的求解过程是最小生成树不断壮大的过程，其基本思想是从连通网 $N=(V,E)$的某一顶点 u_0 出发，选择以 u_0 作为顶点的边中权值最小的边(u_0,v)，将顶点 v 加入最小生成树的顶点集 U，并将边(u_0,v)加入最小生成树的边集 TE；以后每一步都从一个顶点在 U、另一个顶点在 $V-U$ 的各条边中选择权值最小的边，将顶点和边加入最小生成树的顶点集和边集，直到 $U=V$。普里姆算法的求解步骤描述如下。

（1）初始化最小生成树 TN 的顶点集 $U=\{u_0\}$（$u_0\in V$），$TE=\varnothing$。

（2）从一个顶点在 U、另一个顶点在 $V-U$ 的各条边中选择权值最小的边(u,v)（$u\in U$，$v\in V-U$），将顶点 v 加入集合 U，将边(u,v)加入集合 TE。

（3）重复步骤（2），直到 $U=V$，得到的 $TN=(U,TE)$为连通网 N 的最小生成树。

例如，对如图 6-19（a）所示的连通网，应用普里姆算法从顶点 A 出发求解最小生成树，如图 6-20 所示。普里姆算法的具体实现可参考教材的配套源码。

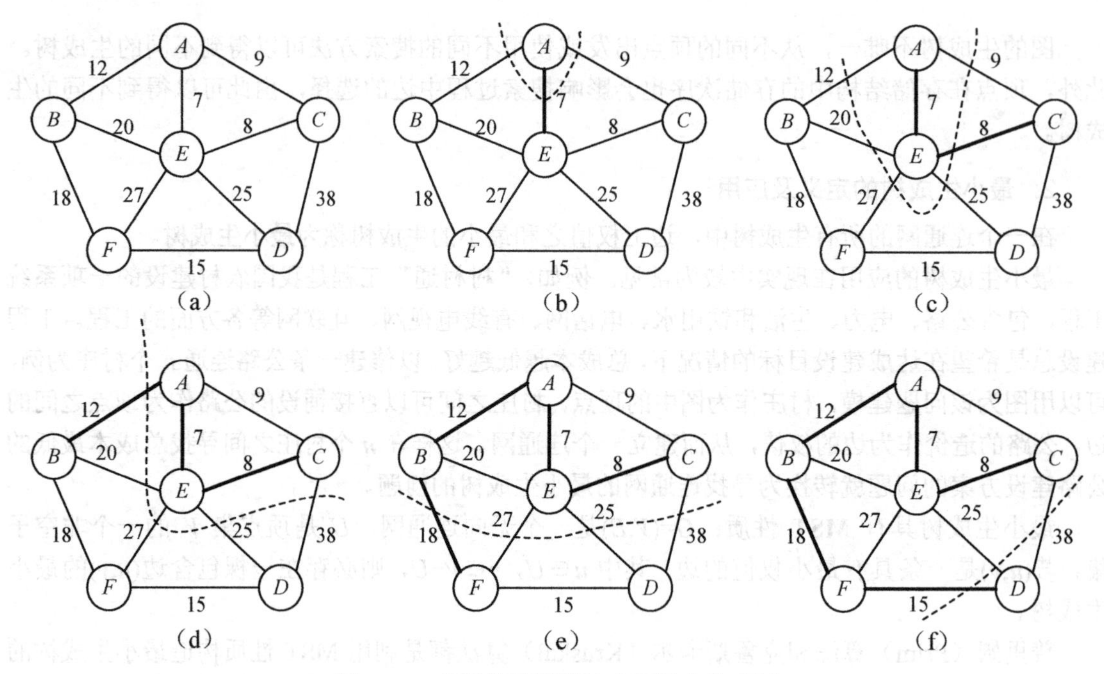

图 6-20 应用普里姆算法求解最小生成树

4．克鲁斯卡尔算法

设连通网 $N=(V,E)$，所求最小生成树 TN=(V,TE)。克鲁斯卡尔算法的基本思想是，先将连通网 N 的每个顶点作为一个独立的连通分量，形成一棵包含 N 的所有顶点但没有边的初始生成树 TN；然后从连通网 N 的边集 E 中选取权值最小的边，若该边的两个顶点分别位于 TN 的两个不同连通分量，则表明通过该边可以将两个连通分量利用最小的代价合并为一个连通分量，将该边加入 TE，否则舍弃该边；依次类推，直到 TN 中的所有顶点位于一个连通分量。克鲁斯卡尔算法的求解步骤描述如下。

（1）将边集 E 中的边按照权值进行升序排序。

（2）初始化最小生成树 TN 的顶点集，令 $U=V$，边集 $TE=\varnothing$。

（3）按照权值由小到大的顺序检查 E 中的边 $e=(u,v)$，若顶点 u 和 v 分别位于 TN 的两个不同连通分量，则将边 e 加入 TE，直到 TE 中的边数等于 $n-1$（n 为连通网 N 的顶点的数目）。

例如，对如图 6-19（a）所示的连通网，应用克鲁斯卡尔算法求解最小生成树的过程如图 6-21 所示。克鲁斯卡尔算法的具体实现可参考教材的配套源码。

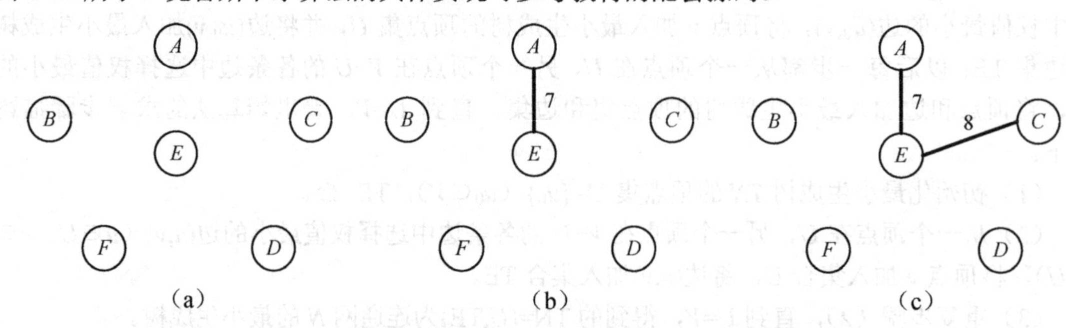

图 6-21 应用克鲁斯卡尔算法求解最小生成树的过程

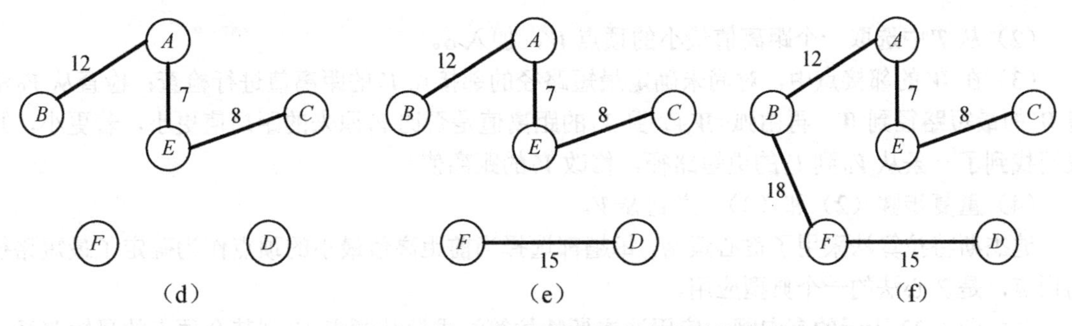

图 6-21 应用克鲁斯卡尔算法求解最小生成树的过程（续）

比较普里姆算法和克鲁斯卡尔算法可知，普里姆算法从顶点出发寻找权值最小的边，而克鲁斯卡尔算法则直接寻找权值最小的边，其效率优于普里姆算法。若连通网包含 n 个顶点和 e 条边，则普里姆算法的时间复杂度为 $O(n^2)$，克鲁斯卡尔算法的时间主要消耗在边的排序上，其时间复杂度为 $O(e\log e)$。普里姆算法适合于稠密图，克鲁斯卡尔算法适用于稀疏图（顶点个数较多而边数较少的图）。

6.4.2 最短路径

最短路径问题是图论中的一个经典问题，旨在寻找图中顶点之间的最短路径，即寻找从一个顶点出发，沿着图中的边（或弧）到达另一个顶点的所有路径中边（或弧）上权值之和最小的一条路径。最短路径问题广泛存在于地理信息、计算机网络、交通查询等领域。例如，可以使用带权的图表示 n 个城市之间的交通运输网络，图的每个顶点表示一个城市，每条边表示两个城市之间的直接交通运输路线，边上的权值表示这条运输路线的距离、时间或费用等代价，寻找从图中某一顶点（称为源点）到达另一顶点（称为终点）的所有可能路径中代价最小的一条路径，这就是最短路径问题。本节讨论两种最常见的最短路径问题：单源点最短路径问题和所有顶点对之间的最短路径问题。

1. 单源点最短路径问题

单源点最短路径问题是指在有向网中寻找指定顶点到其余顶点的最短路径。例如，在如图 6-22 所示的单源点最短路径问题示例中，寻找从源点 V_0 到其余顶点 V_1、V_2、V_3 和 V_4 的最短路径，就是一个单源点最短路径问题。

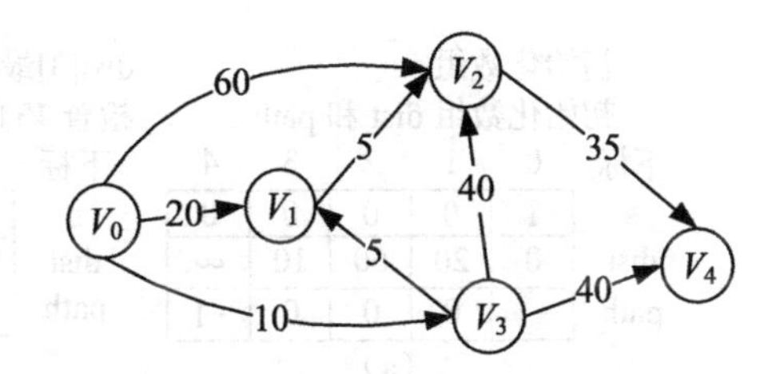

图 6-22 单源点最短路径问题示例

1959 年，荷兰计算机科学家迪杰斯特拉（Dijkstra）提出了一个按照路径长度递增的次序求从源点到其余顶点最短路径的算法——迪杰斯特拉算法。

假设集合 S 存放已经找到最短路径的顶点，集合 T 存放尚未找到最短路径的顶点，每个顶点都有一个距离值，记录从源点到该顶点的当前路径长度，用迪杰斯特拉算法寻找从源点 V_0 到其余顶点最短路径的基本步骤描述如下。

（1）初始化，令 $S=\{V_0\}$，$T=\{$其余顶点$\}$，对于顶点 $V_i \in T$，其距离值按如下规则取值：若存在弧 $<V_0,V_i>$，则顶点 V_i 的距离值为弧 $<V_0,V_i>$ 的权值；若不存在弧 $<V_0,V_i>$，则顶点 V_i 的距离值为∞。

（2）从 T 中选取一个距离值最小的顶点 W，加入 S。

（3）在 W 的邻接点中，对尚未确定最短路径的邻接点 V_i 的距离值进行检查：检查从 V_0 沿着 W 的最短路径到 W，再由弧<W,V_i>到 V_i 的距离值是否比 V_i 原来的距离值更小，若更小，则表明找到了一条从 V_0 到 V_i 的更短路径，修改 V_i 的距离值。

（4）重复步骤（2）和（3），直到 S=V。

迪杰斯特拉算法采用了贪心策略，每趟都选择当前距离值最小的顶点作为确定了最短路径的顶点，是贪心法的一个典型应用。

对如图 6-22 所示的有向网，应用迪杰斯特拉算法求解从源点 V_0 到其余顶点的最短路径，其过程如表 6-1 所示。

表 6-1　求解最短路径的过程

终点编号	从源点 V_0 到终点的最短路径及最短路径长度求解过程			
	第一趟	第二趟	第三趟	第四趟
V_1	(V_0,V_1)：20	(V_0,V_3,V_1)：15	—	—
V_2	(V_0,V_2)：60	(V_0,V_3,V_2)：50	(V_0,V_3,V_1,V_2)：20	—
V_3	(V_0,V_3)：10	—	—	—
V_4	∞	(V_0,V_3,V_4)：50	(V_0,V_3,V_4)：50	(V_0,V_3,V_4)：50
结果	V_3：10 (V_0,V_3)	V_1：15 (V_0,V_3,V_1)	V_2：20 (V_0,V_3,V_1,V_2)	V_4：50 (V_0,V_3,V_4)

实现迪杰斯特拉算法需要引入两个辅助数组：一个数组用于记录当前找到的从源点 v_0 到其余顶点的最短路径长度，记为 dist，其中 dist[i]记录从源点 v_0 到终点 v_i 的当前最短路径的长度，初始状态为若存在弧<v_0,v_i>，则 dist[i]等于该弧的权值，否则等于∞。另一个数组用于记录从源点 v_0 到其余顶点的最短路径，记为 path，其中 path[i]记录从源点 v_0 到顶点 v_i 的最短路径上的顶点 v_i 的前驱，初始状态为若存在弧<v_0,v_i>，则 path[i]等于 0，否则等于−1。

对如图 6-22 所示的有向网，在应用迪杰斯特拉算法寻找从源点 V_0 到其余顶点的最短路径的过程中，辅助数组 dist 和 path 的变化过程如图 6-23 所示。其中，s 数组记录顶点状态，s[i]为 1 表示已经确定了顶点 V_i 的最短路径，s[i]为 0 表示尚未确定顶点 V_i 的最短路径。

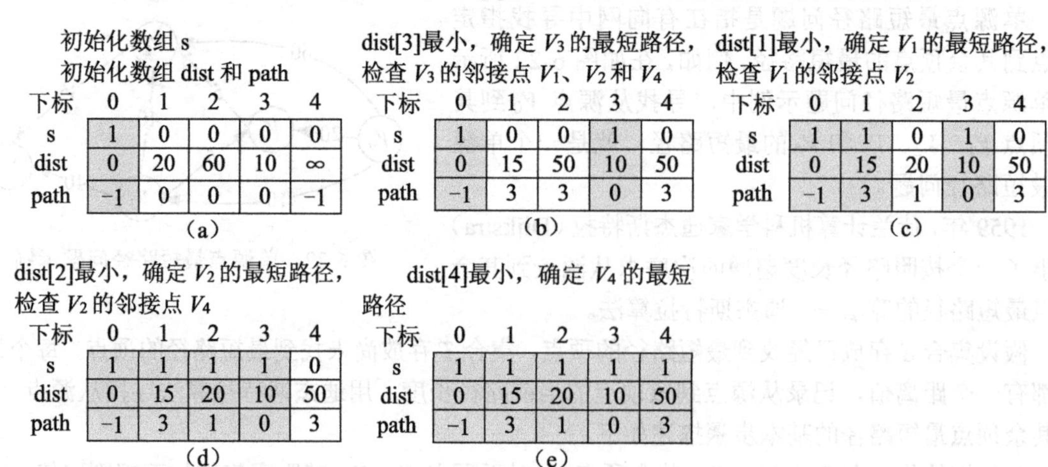

图 6-23　辅助数组 dist 和 path 的变化过程

数组 path 记录了顶点在最短路径中的前驱，为了获取顶点 v_i 的最短路径，要先从 path[i]开始不断地寻找顶点的前驱，直到顶点无前驱，然后将找到的顶点逆序排列即可得到 v_i 的最短路径。例如，为了获取图 6-22 中顶点 V_2 的最短路径，先根据 path[2]=1，path[1]=3，path[3]=0，path[0]=−1 得到顶点序列(V_2,V_1,V_3,V_0)，然后逆序得到顶点序列(V_0,V_3,V_1,V_2)，即顶点 V_2 的最短路径，其长度为 dist[2]=20。

迪杰斯特拉算法的描述与实现如下，其中使用图类模板定义中的 visited 数组表示集合 S。

【算法描述】

Step 1：初始化数组 dist、path 和顶点标志数组 visited。

Step 2：置源点 v0 的访问标志为 VISITED。

Step 3：对 i=1,2,⋯,vexNum-1，进行如下处理。

Step 3.1：在尚未确定最短路径的顶点中寻找到路径长度最小的顶点 u，其路径长度为 mindist。

Step 3.2：置顶点 u 的访问标志为 VISITED。

Step 3.3：依次检查顶点 u 的尚未确定最短路径的所有邻接点（用 v 表示），若顶点 u 的最短路径长度 mindist 加弧<u,v>的长度小于顶点 v 的路径长度 dist[v]，则修改顶点 v 的路径长度 dist[v]为 mindist 加弧<u,v>的长度，并修改顶点 v 的前驱 path[v]=u。

【算法实现】

```
template <class DataType, class WeightType>
void Dijkstra (const ALDirNetwork<DataType, WeightType> &g, int v0, WeightType *dist, int *path)  {
    WeightType mindist, infinity = g.GetInfinity();
    int v, u;
    for(v = 0; v < g.GetVexNum(); v++) {          //初始化数组 dist、path 和顶点标志数组 visited
        dist[v] = g.GetWeight(v0, v);            //获取源点 v0 和顶点 v 之间弧的权值
        if (dist[v] == infinity)   path[v] = -1;  //权值为无穷大，表明不存在弧<v0,v>
        else   path[v] = v0;                      //存在弧<v0,v>
        g.SetVisitedTag(v, UNVISITED);           //置顶点访问标志为 UNVISITED，表示未确定最短路径
    }
    g.SetVisitedTag(v0, VISITED);                    //无须寻找源点 v0 的最短路径
    for(int i = 1; i < g.GetVexNum(); i++)   {       //寻找从源点 v0 到其他顶点的最短路径
        u = v0;                                      //u 记录当前路径长度最小的顶点，初始化为源点
        mindist = infinity;                          //mindist 记录路径长度最小值，初始化为无穷大
        //在尚未确定最短路径的顶点中寻找路径长度最小的顶点
        for(v = 0; v < g.GetVexNum(); v++)
            if (g.GetVisitedTag(v) == UNVISITED && dist[v] < mindist)
            {   u = v;          mindist = dist[v];   }
        g.SetVisitedTag(u, VISITED);                 //确定了顶点 u 的最短路径
        //依次检查 u 的尚未确定最短路径的所有邻接点
        for(v = g.GetFirstAdjvex(u); v != -1; v = g.GetNextAdjvex(u, v))
            if (g.GetVisitedTag(v) == UNVISITED && mindist + g.GetWeight(u, v) < dist[v]) {
                //尚未确定 v 的最短路径且从 v0 沿着 u 的最短路径到达 u 再由<u,v>到达 v 路径更短
                dist[v] = mindist + g.GetWeight(u, v);//修改顶点 v 的路径长度
                path[v]=u;                           //修改顶点 v 的前驱
            }
    }
}
```

2. 所有顶点对之间的最短路径问题

求解任意两个顶点之间的最短路径有两种方法：一种方法是以每个顶点作为源点执行一次迪杰斯特拉算法，这样就可求得每对顶点之间的最短路径及最短路径长度；另一种方法是使用弗洛伊德（Floyd）算法，其基本思想是逐一尝试将图中的顶点作为中间点，加入所有顶点对之间的路径，若能够得到更短的路径，则更新该顶点对的路径和路径长度。

例如，对如图 6-24（a）所示的有向网，使用弗洛伊德算法求解所有顶点对之间的最短路径的过程如图 6-24（b）～（e）所示。首先，在求解过程中需要定义两个数组，一个数组是 dist，dist[i][j]记录从顶点 v_i 到顶点 v_j 的当前最短路径长度，初始状态为若存在弧<v_i,v_j>（$i\neq j$），则 dist[i][j]等于该弧的权值，否则等于无穷大；另一个数组是 path，path[i][j]记录从顶点 v_i 到顶点 v_j 的当前最短路径上 v_j 的前驱，初始状态为若存在弧<v_i,v_j>（$i\neq j$），则 path[i][j]等于 i，否则等于−1。例如，图 6-24（b）是初始化后的 dist 和 path 数组。

其次，尝试将顶点 v_k（k=0,1,2,…,n−1）作为中间点加到从顶点 v_i（i=0,1,2,…,n−1）到 v_j（j=0,1,2,…,n−1）的路径中，若 dist[i][k]+dist[k][j]<dist[i][j]，则表明找到一条从 v_i 到 v_j 的更短路径，修改 dist[i][j]= dist[i][k]+dist[k][j]，path[i][j]=k。例如，对如图 6-24（b）所示的每条路径加入顶点 V_0 作为中间顶点进行尝试，发现 dist[2][0]+dist[0][1]<dist[2][1]，找到一条从 V_2 到 V_1 的更短路径，修改 dist[2][1]= dist[2][0]+dist[0][1]=7，path[2][1]=0；对如图 6-24（c）所示的每条路径加入顶点 V_1 作为中间顶点进行尝试，发现 dist[0][1]+dist[1][2]<dist[0][2]，找到一条从 V_0 到 V_2 的更短路径，修改 dist[0][2]=dist[0][1]+dist[1][2]=6，path[0][2]=1；对如图 6-24（d）所示的每条路径加入顶点 V_2 作为中间顶点进行尝试，发现 dist[1][2]+dist[2][0]<dist[1][0]，找到一条从 V_1 到 V_0 的更短路径，修改 dist[1][0]=dist[1][2]+dist[2][0]=5，path[1][0]=2。在所有顶点试探完毕之后，数组 dist 记录了所有顶点之间的最短路径长度，数组 path 记录了所有顶点之间的最短路径。

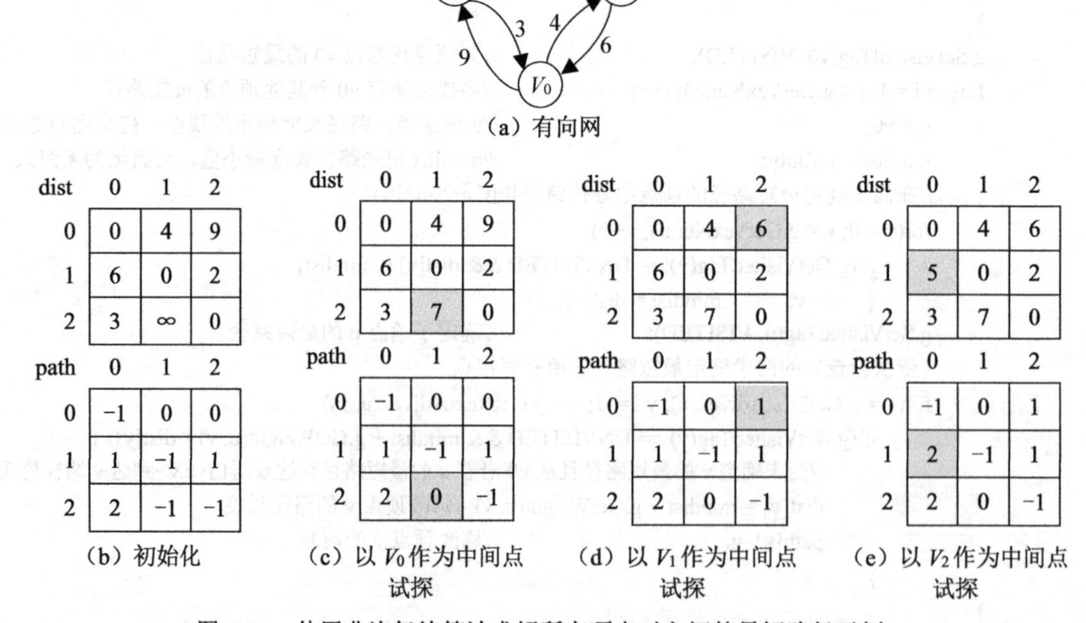

图 6-24　使用弗洛伊德算法求解所有顶点对之间的最短路径示例

从数组 path 获取从顶点 v_i 到顶点 v_j 的最短路径需要从 path[i][j]开始，先在 path[i]中不断地寻找顶点的前驱，直到顶点无前驱，然后将找到的顶点逆序排列即可得到从 v_i 到 v_j 的最短路径。例如，从数组 path 中获取图 6-24（a）从顶点 V_1 到顶点 V_0 的最短路径，先根据 path[1][0]=2，path[1][2]=1，path[1][1]=-1 得到顶点序列(V_0,V_2,V_1)，然后逆序得到顶点序列(V_1,V_2,V_0)，即从顶点 V_1 到顶点 V_0 的最短路径，其长度为 dist[1][0]=5。

弗洛伊德算法的描述与实现如下。

【算法描述】

Step 1：初始化数组 dist 和 path。

Step 2：对 k=1,2,…,vexNum-1，进行如下处理。

将顶点 k 作为中间点加入到从顶点 i（i=0,1,…,vexNum-1）到顶点 j（j=0,1,…,vexNum-1）的路径中，若从顶点 i 到 k 的路径长度加从顶点 k 到 j 的路径长度小于从顶点 i 到 j 的路径长度，即 dist[i][k]+dist[k][j]<dist[i][j]，则修改从顶点 i 到 j 的路径长度 dist[i][j]= dist[i][k]+dist[k][j]，修改从顶点 i 到 j 的路径上顶点 j 的前驱 path[i][j]=k。

【算法实现】

```
template <class DataType, class WeightType>
void Floyd(const ALDirNetwork<DataType, WeightType>&g, WeightType **dist, int **path)  {
    for(int u = 0; u < g.GetVexNum(); u++)                    //初始化数组 dist 和 path
        for(int v = 0; v < g.GetVexNum(); v++)   {
            dist[u][v] = (u != v) ? g.GetWeight(u, v) : 0;
            if(u != v && dist[u][v] < g.GetInfinity())
                path[u][v]=u;
            else
                path[u][v] = -1;
        }
    for(int k = 0; k < g.GetVexNum(); k++)                    //在顶点对的路径中逐个加入 vk 进行试探
        for(int i = 0; i < g.GetVexNum(); i++)                //试探以顶点 vi 作为源点到其他顶点的路径
            for(int j = 0; j < g.GetVexNum(); j++)            //试探从顶点 vi 到顶点 vj 的路径
                if(dist[i][k] + dist[k][j] < dist[i][j]) {    //若从 vi 到 vk 再到 vj 的路径长度更短
                    dist[i][j] = dist[i][k] + dist[k][j];     //修改从 vi 到 vj 的路径长度
                    path[i][j] = k;                           //修改顶点 vj 的前驱为 vk
                }
}
```

迪杰斯特拉算法是一种贪心算法，时间复杂度为 $O(n^2)$，用于求解边上权值非负的单源点最短路径问题。弗洛伊德算法是一种动态规划算法，时间复杂度为 $O(n^3)$，用于求解所有顶点之间的最短路径，边上权值可正可负。这两个算法不仅可以用于有向网，还可以用于无向网。

6.4.3　活动网络

1．AOV 网与拓扑排序

一项工程或某个流程往往可以分解为一些相对独立的子工程或阶段，这些子工程或阶段称为活动。活动的开展在顺序上通常具有一定的制约关系。例如，传承千年的定窑瓷器在制作过程中，只有在完成施釉工序之后才可以进行烧窑工序。只有按照活动开展的顺序完成一项工程或流程包含的所有活动，才能完成整个工程或流程。那么，如何判断是否可以按照工程或流程中安排的活动顺序完成所有活动呢？对此，可以使用有向图表示一项工程或流程，有向图中的顶点表示活动，弧表示活动之间的优先顺序，这种用**顶点表示活动的有向图称为 AOV 网**（Activity On Vertex Network）。在 AOV 网中，若存在从顶点 i 到顶点 j 的弧 $<i,j>$，则表示活动 i 必须在活动 j 开始之前完成。显然，AOV 网不能出现回路（环）。如果 AOV 网存在环，则表明某项活动的开始要以自己完成作为前提，显然这是错误的。因此，对于给定的 AOV 网，必须判断它是否存在环。如果一项工程或流程对应的 AOV 网不存在环，则按照该工程或流程中安排的活动顺序就能完成所有活动。

例如，学习计算机专业课程就可视为一个工程，只有完成专业中所有课程的学习才能获得毕业证书。图 6-25（a）给出了计算机专业部分课程及关系，其中有些课程存在先修课程，有些课程则没有。有先修课程要求的课程，必须在学习完先修课程之后才能学习。例如，在学习完“程序设计基础”和“离散数学”之后才能学习“数据结构与算法设计”课程。对于计算机专业课程的学习过程，可以用如图 6-25（b）所示的 AOV 网表示，其中顶点表示一门课程的学习活动，弧表示课程学习之间的先后关系。如果这个 AOV 网不存在环，按照这些课程的学习顺序就可以完成所有课程的学习，从而获得计算机专业的毕业证书。

课程代号	课程名称	先修课程
C_1	计算机导论	无
C_2	高等数学	无
C_3	程序设计基础	C_1
C_4	计算机组成原理	C_1
C_5	离散数学	C_2,C_3
C_6	数据结构与算法设计	C_3,C_5
C_7	编译原理	C_6
C_8	操作系统	C_4,C_6

（a）计算机专业部分课程及关系

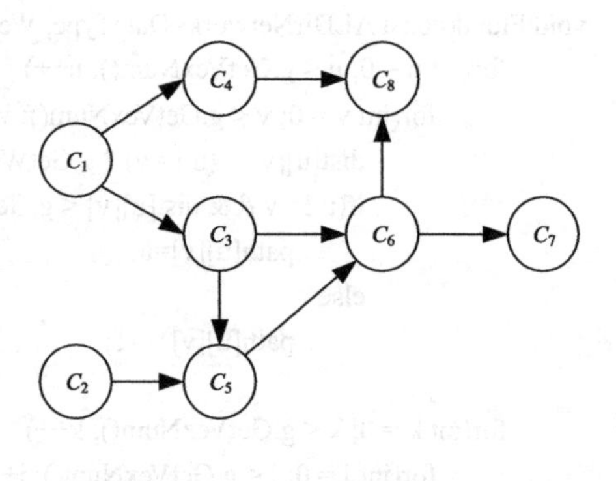

（b）学习计算机专业课程的 AOV 网

图 6-25　学习计算机专业课程 AOV 网示例

检测 AOV 网是否存在环的一种方法是拓扑排序，即将 AOV 网的顶点排列成一个拓扑序列，若该序列包含 AOV 网的所有顶点，则该 AOV 网必定不存在环，反之表明 AOV 网存在环。设 $G=(V,E)$ 是一个有向图，V 中的顶点序列 $v_0,v_1,\cdots,v_{n-1}$ 称为**拓扑序列**（Topological Order），当且仅当满足条件：若从 v_i 到 v_j 有一条路径，则在顶点序列中顶点 v_i 必在 v_j 之前。对一个有向图构造拓扑序列的过程称为**拓扑排序**（Topological Sort）。拓扑排序的过程描述如下。

（1）从 AOV 网中选取一个没有直接前驱的顶点 v，并将其输出。

（2）从 AOV 网中删去顶点 v 和所有从顶点 v 出发的弧。

（3）重复步骤（1）和（2），直到 AOV 网中不存在没有直接前驱的顶点。

若 AOV 网的所有顶点已全部输出，则拓扑序列形成，表明 AOV 网不存在环；若 AOV 网仍有部分顶点没有输出，则表明 AOV 网存在环。

图 6-26 所示为拓扑排序示例，给出了图 6-25（b）的拓扑排序过程，得到拓扑序列为 $C_1,C_3,C_4,C_2,C_5,C_6,C_7,C_8$，包含 AOV 网的所有顶点。因此，如图 6-25（b）所示的 AOV 网没有环，根据其中的课程学习次序可以完成所有课程的学习。从图 6-26 中可以发现，AOV 网可能

同时存在多个没有直接前驱的顶点，因此一个 AOV 网的拓扑序列不是唯一的。例如，$C_2,C_1,C_3,C_4,C_5,C_6,C_7,C_8$ 和 $C_1,C_4,C_3,C_2,C_5,C_6,C_7,C_8$ 也是如图 6-25（b）所示的 AOV 网的拓扑序列。

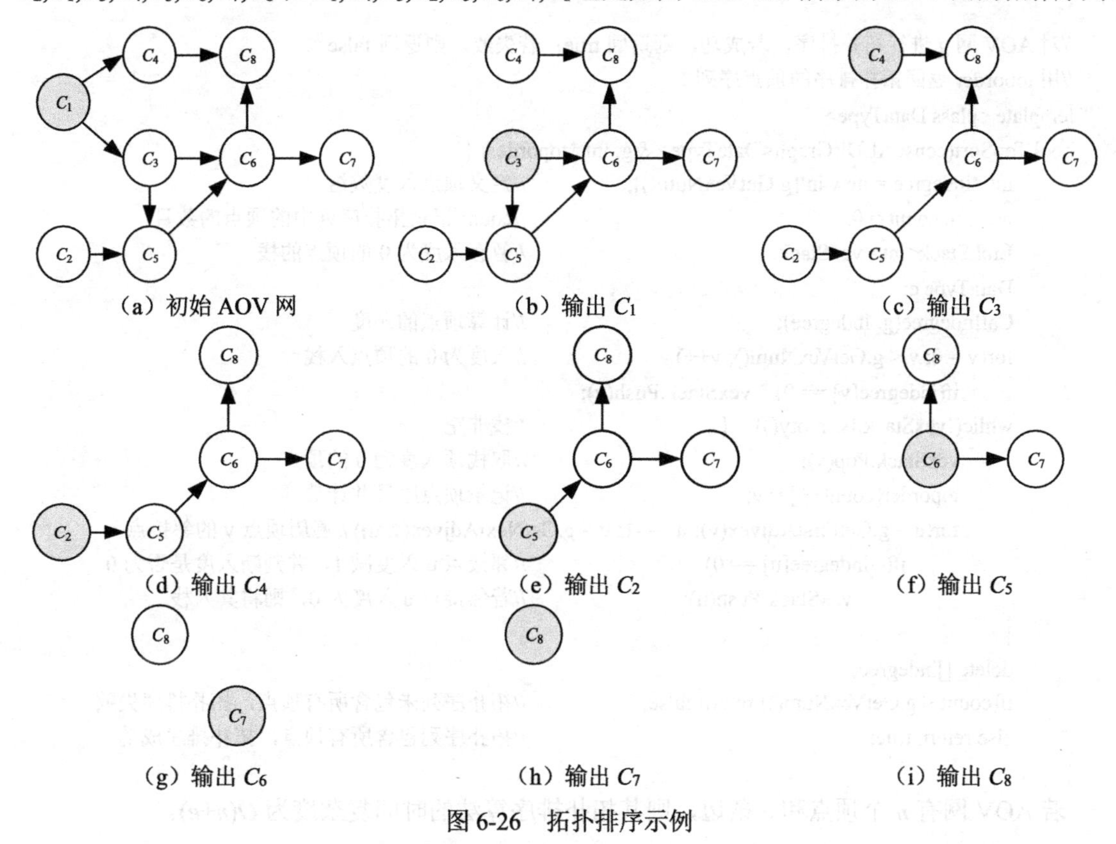

图 6-26　拓扑排序示例

在实现拓扑排序算法时，假设利用邻接表存储 AOV 网，同时需要建立一个记录顶点入度的数组 indegree，其中 indegree[i]记录顶点 v_i 的入度。为了避免每次选择入度为 0 的顶点都要扫描数组 indegree，可以设置一个栈或队列暂存所有入度为 0 的顶点，这样从栈或队列中就可方便地取到入度为 0 的顶点进行处理。在拓扑排序过程中，一旦某个顶点的直接前驱已经被全部输出，就将该顶点加入栈或队列。拓扑排序的算法描述如下，该算法中使用栈暂存入度为 0 的顶点。

【算法描述】

Step 1：计算每个顶点的入度，初始化数组 indegree。

Step 2：遍历数组 indegree，将所有入度为 0 的顶点入栈。

Step 3：当栈不为空时，反复进行如下处理，否则执行 Step 4。

Step 3.1：出栈并输出栈顶的顶点 v。

Step 3.2：遍历顶点 v 的邻接点链表，将其邻接点的入度减 1，并入栈入度为 0 的邻接点。

Step 4：判断输出顶点的数目是否少于 AOV 网的顶点的数目，若少于，则返回 AOV 网存在环的信息，否则返回 AOV 网不存在环的信息。

【算法实现】

```
template <class DataType>
void CallIndegree(const ALDirGraph<DataType>&g, int *indegree) { //计算每个顶点的入度
    for(int v = 0; v < g.GetVexNum(); v++)    indegree[v]=0;  //初始化数组 indegree
    for(int v = 0; v < g.GetVexNum(); v++)                   //遍历图的顶点
```

```
            for (int u = g.GetFirstAdjvex(v); u != -1; u = g.GetNextAdjvex(v, u))//遍历顶点 v 的邻接点
                indegree[u]++;                                      //顶点 v 的邻接点入度加 1
}
//对 AOV 网 g 进行拓扑排序，若成功，则返回 true；若失败，则返回 false
//用 toporder 返回拓扑排序的顶点序列
template <class DataType>
bool TopSort(const ALDirGraph<DataType> &g, int *toporder) {
        int *indegree = new int[g.GetVexNum()];                     //定义顶点入度数组
        int v, u, count = 0;                                         //count 记录拓扑序列中的顶点的数目
        LinkStack<int> vexStack;                                     //暂存入度为 0 的顶点的栈
        DataType e;
        CalIndegree(g, indegree);                                    //计算顶点的入度
        for(v = 0; v < g.GetVexNum(); v++)                           //入度为 0 的顶点入栈
            if(indegree[v] == 0)    vexStack.Push(v);
        while(!vexStack.IsEmpty())    {                              //栈非空
            vexStack.Pop(v);                                         //取栈顶入度为 0 的顶点
            toporder[count++] = v;                                   //记录顶点序号并计数
            for(u = g.GetFirstAdjvex(v); u != -1; u = g.GetNextAdjvex(v, u)) //遍历顶点 v 的邻接点
                if(--indegree[u] == 0)                               //邻接点 u 入度减 1，并判断入度是否为 0
                    vexStack.Push(u);                                //若邻接点 u 入度为 0，则将其入栈
        }
        delete []indegree;
        if(count < g.GetVexNum()) return false;                      //拓扑序列未包含所有顶点，拓扑排序失败
        else return true;                                            //拓扑序列包含所有顶点，拓扑排序成功
}
```

若 AOV 网有 *n* 个顶点和 *e* 条边，则其拓扑排序算法的时间复杂度为 $O(n+e)$。

2. AOE 网与关键路径

在工程项目的管理、计划或评估中，往往需要估算整个工程完工的最短时间，判断哪些活动是关键活动，即提前或延迟完成这些活动将直接导致整个工程提前或延迟完成。非关键活动在一定范围内的提前或延迟往往不会影响整个工程的进度，所以工程实施过程需要抓住关键活动，加速其进展，从而加快整个工程的进度。那么，如何寻找工程中的关键活动及估算整个工程完工的最短时间呢？对此，可以使用 AOE 网表示整个工程的实施过程，将上述问题转化为在 AOE 网中寻找关键活动和关键路径的问题。

在一个带权的有向无环图中，用顶点表示事件，用弧表示一个工程的各项活动，弧上的权值表示活动的持续时间，这种有向图称为**用边表示活动的网络**，简称 **AOE 网**（Activity On Edge Network）。在 AOE 网中，入度为 0 的顶点称为**源点**，出度为 0 的顶点称为**汇点**。一个 AOE 网的源点代表工程的起始事件，汇点代表工程的结束事件，因此一个 AOE 网应仅有一个源点和一个汇点。AOE 网具备如下两个性质。

（1）只有在某个顶点代表的事件发生之后，从该顶点出发的弧代表的活动才能开始。

（2）只有在进入某个顶点的弧代表的活动都结束，该顶点代表的事件才会发生。

图 6-27 所示为一个包含 7 个事件和 9 个活动的 AOE 网示例，其中 *A* 是整个工程的开始事件，该事件的发生表示整个工程开始，对应的顶点为 AOE 网的源点；*G* 是整个工程的结束事件，该事件的发生表示整个工程结束，对应的顶点为 AOE 网的汇点。其余事件既是以该事件

为弧头的弧所代表活动的结束事件，又是以该事件为弧尾的弧所代表活动的开始事件，如事件 C 的发生表示活动 a_2 已经完成，活动 a_4 和 a_6 可以开始。值得注意的是，仅有在以一个事件为弧头的弧所代表的活动全部结束后，该事件才会发生，如只有活动 a_3 和 a_4 全部完成之后，事件 D 才会发生。弧上的权值可以用来表示完成该弧对应的活动所需的时间，如完成活动 a_1 需要 4 天，完成活动 a_5 需要 8 天等。

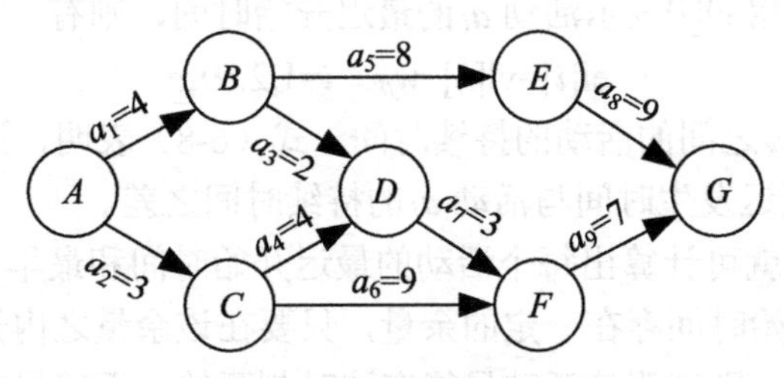

图 6-27 AOE 网示例

在 AOE 网中的某些活动必须按顺序进行（图 6-27 中的活动 a_1 和 a_3），某些活动则可以并行（图 6-27 中的活动 a_1 和 a_2）。因此，从源点到汇点的路径可能不止一条，这些路径的长度（路径上所有活动的持续时间之和）也可能不同。由于只有完成各条路径上的所有活动才能完成整个工程，因此完成整个工程所需的最短时间决定于从源点到汇点的最长路径长度。这条路径长度最长的路径被称为**关键路径**，关键路径上的所有活动称为**关键活动**。例如，如图 6-27 所示的 AOE 网的关键路径是 A、B、E、G，关键活动包括 a_1、a_5、和 a_8，路径的长度是 21，即整个工程的工期最短需要 21 天。

设 AOE 网 $G=(V,E)$包含 n 个顶点和 e 条弧，v_0 为源点，v_{n-1} 为汇点。寻找 AOE 网中的关键活动和关键路径，需要计算每个事件的最早和最迟发生时间、每个活动的最早和最迟开始时间，其计算方法描述如下。

（1）事件 v_i 的最早发生时间是从源点 v_0 到顶点 v_i 的最长路径长度，这个长度决定了所有从顶点 v_i 出发的弧所代表的活动可以开始的最早时间。设用 ve[i]表示事件 v_i 的最早发生时间，则有

$$\mathrm{ve}[i]=\begin{cases}0 & i=0\\ \max\left\{\mathrm{ve}[j]+w_{ji} \mid v_j\in\{v \mid <v,v_i>\in E\}\right\} & i=1,2,\cdots,n-1\end{cases} \tag{6-5}$$

式中，源点对应的事件 v_0 的最早发生时间设为 0；ve[j]表示 v_i 的前驱事件 v_j 的最早发生时间；w_{ji} 表示事件 v_j 和 v_i 之间的活动的持续时间。式（6-5）表明，在计算事件 v_i（i=1,2,⋯,n−1）的最早发生时间时，需要先计算出所有前驱事件的最早发生时间与该事件和 v_i 之间的活动的持续时间之和，然后取其中的最大值。

（2）事件 v_i 的最迟发生时间是在不推迟整个工程的前提下，事件 v_i 所允许的最迟发生时间，即从 v_i 到 v_{n-1} 的最短路径长度。设用 vl[i]表示事件 v_i 的最迟发生时间，则有

$$\mathrm{vl}[i]=\begin{cases}\mathrm{ve}[i] & i=n-1\\ \min\left\{\mathrm{vl}[j]-w_{ij} \mid v_j\in\{v \mid <v_i,v>\in E\}\right\} & i=n-2,n-3,\cdots,0\end{cases} \tag{6-6}$$

式中，汇点对应的事件 v_{n-1} 的最迟发生时间为最早发生时间；vl[j]表示 v_i 的后继事件 v_j 的最迟发生时间；w_{ij} 表示事件 v_i 和 v_j 之间的活动的持续时间。式（6-6）表明，在计算事件 v_i（i=n−2,n−3,⋯,0）的最迟发生时间时，需要先计算出所有后继事件的最迟发生时间与 v_i 和该事件之间

的活动的持续时间之差，然后取其中的最小值。

（3）计算活动 a_i 的最早开始时间。设活动 a_i 对应的弧为$<v_j,v_k>$，则活动 a_i 的最早开始时间为该活动的开始事件 v_j 的最早发生时间。设用 ee[i]表示活动 a_i 的最早开始时间，则有

$$ee[i]=ve[j] \quad i=1,2,\cdots,e \tag{6-7}$$

（4）活动 a_i 的最迟开始时间是在不推迟整个工程的前提下，活动 a_i 必须开始的时间。设活动 a_i 对应的弧为$<v_j,v_k>$，用 el[i]表示活动 a_i 的最迟开始时间，则有

$$el[i]=vl[k]-w_{jk} \quad i=1,2,\cdots,e \tag{6-8}$$

式中，w_{jk} 表示事件 v_j 和 v_k 之间的活动的持续时间。式（6-8）表明，活动 a_i 的最迟开始时间等于该活动的结束事件的最迟发生时间与活动 a_i 的持续时间之差。

在完成上述计算后，就可计算出每个活动的最迟开始时间和最早开始时间之差，若差值不为 0，则表明该活动的开始时间存在一定的余量，只要在该余量之内开始活动都不会对整个工程产生影响；若差值为 0，则表明该活动只能在该时刻开始，不能早亦不能晚，该活动为关键活动。由关键活动构成的路径称为关键路径。

例如，如图 6-27 所示的 AOE 网的每个事件的最早、最迟发生时间如表 6-2 所示，每个活动的最早、最迟开始时间及时间之差如表 6-3 所示。由表 6-3 可知，活动 a_1、a_5 和 a_8 是关键活动，构成的路径(A,B,E,G)为关键路径，该路径的长度 21 是工程的最短工期。

表 6-2 AOE 网事件发生时间表

事件	A	B	C	D	E	F	G
ve[i]	0	4	3	7	12	12	21
vl[i]	0	4	5	11	12	14	21

表 6-3 AOE 网活动发生时间表

活动	a_1	a_2	a_3	a_4	a_5	a_6	a_7	a_8	a_9
ee[i]	0	0	4	3	4	3	7	12	12
el[i]	0	2	9	7	4	5	11	12	14
el[i]−ee[i]	0	2	5	4	0	2	4	0	2

在计算顶点 v_i 的最早发生时间 ve[i]前，需要计算出所有以顶点 v_i 为弧头的弧$<v_j,v_i>$的弧尾 v_j（v_i 的所有前驱）的最早发生时间 ve[j]；在计算顶点 v_i 的最迟发生时间 vl[i]前，需要计算出所有以顶点 v_i 为弧尾的弧$<v_i,v_j>$的弧头 v_j（v_i 的所有后继）的最迟发生时间 vl[j]。也就是说，计算 ve[i]必须以拓扑有序的次序进行，而计算 vl[i]必须以逆拓扑有序的次序进行。因此，确定 AOE 网的关键活动与关键路径的过程是：首先，在 AOE 网拓扑排序的基础上，计算每个事件的最早发生时间 ve[i]；其次，以逆拓扑有序的顺序计算最迟发生时间 vl[i]；再次，计算每个活动 a_i 的最早开始时间 ee[i]和最晚开始时间 el[i]，最后根据每个活动的最早开始时间 ee[i]和最晚开始时间 el[i]确定关键活动和关键路径。

寻找 AOE 网的关键路径的算法可以在拓扑排序算法的基础上完成。在对 AOE 网进行拓扑排序时，除可以使用一个栈暂存入度为 0 的顶点之外，还可以增加一个栈用于存储顶点的逆拓扑序列。当顶点从入度为 0 的顶点栈出栈时，一方面将该顶点放入逆拓扑序列栈，另一方面计算该顶点（事件）的邻接顶点（后继事件）的最早发生时间。当顶点从逆拓扑序列栈出栈时，计算该顶点（事件）的最迟发生时间。计算活动的最早和最迟开始时间通过遍历活动对应的弧来同时计算，并立即判断这两个时间是否相等，无须使用数组进行存储。寻找 AOE 网的关键路径的算法描述如下，该算法中假设以邻接表存储图的信息。

【算法描述】

设栈 S 存储入度为 0 的顶点，栈 T 存储顶点的逆拓扑序列。

Step 1：初始化所有顶点（事件）v_i（i=0, 1,⋯, n-1）的最早发生时间 ve[i]=0。

Step 2：计算每个顶点的入度，初始化数组 indegree。

Step 3：遍历数组 indegree，将所有入度为 0 的顶点入栈。

Step 4：当栈 S 不为空时，反复进行如下处理，否则执行 Step 5。

Step 4.1：出栈顶点 v，将该顶点入栈 T，并计数。

Step 4.2：遍历顶点 v 的邻接点链表，根据式（6-5）计算所有邻接点（后继事件）的最早发生时间，同时将这些邻接点的入度减 1，并入栈入度为 0 的邻接点。

Step 5：判断拓扑序列的顶点的数目是否少于 AOE 网的顶点的数目，若少于，则返回 false，否则继续向下执行。

Step 6：取栈 T 的栈顶顶点（汇点）u，初始化所有顶点（事件）v_i（i=0, 1,⋯, n-1）的最迟发生时间 vl[i]=ve[u]。

Step 7：当栈 T 不为空时，反复进行如下处理，否则执行 Step 8。

Step 7.1：出栈顶点 v。

Step 7.2：遍历顶点 v 的邻接点链表，根据式（6-6）计算顶点 v 的最迟发生时间。

Step 8：遍历顶点 v_i（i=0, 1,⋯, n-1）的邻接点链表，根据式（6-7）和式（6-8）计算 v_i 与邻接点 v_j 构成活动的最早开始时间 ee 和最迟开始时间 el，若 ee==el，则输出该关键活动。

Step 9：返回 true 作为结果，算法结束。

【算法实现】

```
template<class DataType, class WeightType>
bool CriticalPath(const ALDirNetwork<DataType, WeightType> &g) {
    int *indegree = new int[g.GetVexNum()];             //定义顶点入度数组
    WeightType *ve = new int[g.GetVexNum()];            //事件的最早发生时间数组
    WeightType *vl = new int[g.GetVexNum()];            //事件的最迟发生时间数组
    int ee, el;                                         //活动的最早开始时间 ee 和最迟开始时间 el
    int v, u, count = 0;                                //count 记录拓扑序列中的顶点的数目
    LinkStack<int> S, T;                                //入度为 0 的顶点栈 S 和逆拓扑序列顶点栈 T
    DataType e1, e2;
    for(v = 0; v < g.GetVexNum(); v++)    ve[v] = 0;    //初始化所有顶点（事件）的最早发生时间
    //计算每个顶点的入度，需要对拓扑排序中的 CalIndegree()作两处修改：①模板参数，②图的类型
    CalIndegree(g, indegree);
    for(v = 0; v < g.GetVexNum(); v++)                  //将入度为 0 的顶点入栈 S
        if(indegree[v] == 0)    S.Push(v);
    while(!S.IsEmpty())    {                            //栈 S 非空
        S.Pop(v);    T.Push(v);                         //从 S 取栈顶入度为 0 的顶点入栈 T
        count++;                                        //计数
        for(u = g.GetFirstAdjvex(v); u != -1; u = g.GetNextAdjvex(v, u))    { //遍历顶点 v 的邻接点
            if(ve[v] + g.GetWeight(v, u) > ve[u])       //修改邻接点（后继事件）的最早发生时间
                ve[u] = ve[v] + g.GetWeight(v, u);
            if(--indegree[u] == 0)                      //邻接点入度减 1，并判断入度是否为 0
                S.Push(u);                              //若邻接点入度为 0，则入栈 S
        }
    }
    delete []indegree;
    if(count < g.GetVexNum())    {                      //拓扑序列未包含所有顶点，拓扑排序失败
        delete []ve;    delete []vl;
```

```
        return false;                                    //g 包含环，返回 false
    }
    T.Top(u);                                            //取栈 T 的栈顶顶点 u（汇点）
    for(v = 0; v < g.GetVexNum(); v++)    vl[v] = ve[u];//初始化所有顶点（事件）的最迟发生时间
    while(!T.IsEmpty())    {
        T.Pop(v);                                        //取栈 T 的栈顶顶点 v
        for(u = g.GetFirstAdjvex(v); u != -1; u = g.GetNextAdjvex(v, u)) //遍历顶点 v 的邻接点
            if(vl[u] - g.GetWeight(v, u) < vl[v] )       //修改顶点 v 的最迟发生时间
                vl[v] = vl[u] - g.GetWeight(v, u);
    }
    for(v = 0; v < g.GetVexNum(); v++)    {              //遍历每条弧计算活动的最早和最迟开始时间
        for(u = g.GetFirstAdjvex(v); u != -1; u = g.GetNextAdjvex(v, u))    {
            ee = ve[v];    el = vl[u] - g.GetWeight(v, u) ;//计算活动的最早和最迟开始时间
            if(ee == el)    {                            //<v, u>为关键活动
                g.GetElem(v, e1);    g.GetElem(u, e2);
                cout << "<"<< e1 << ", "<< e2 << ">"; //输出关键活动
            }
        }
    }
    delete []ve;    delete []vl;
    return true;                                         //返回 true 作为结果
}
```

设 AOE 网包含 n 个顶点和 e 条边，则整个算法的时间复杂度为 $O(n+e)$。

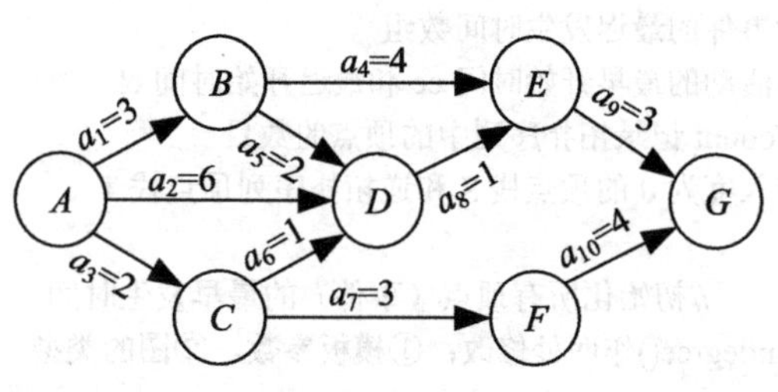

图 6-28　包含两条关键路径的 AOE 网示例

值得注意的是，一个 AOE 网包含的关键路径可能不止一条，但这些关键路径的长度必然相等。图 6-28 所示为包含两条关键路径的 AOE 网示例，其中两条关键路径分别为(A,B,E,G)和(A,D,E,G)，其长度都是 10。对于此类 AOE 网，不是加快任一关键活动就一定能使整个工程提前完成的，只有加快处在所有关键路径上的公共关键活动的进度，才能提前完成整个工程，并且对关键活动的加速是有限的，即不能改变关键路径。

6.5　本章小结

图是一种比树形结构更加复杂的非线性结构，数据元素之间是一种多对多的关系，能够用于描述数据对象之间复杂的关系，常见的图有无向图、有向图、无向网和有向网。图的存储需要考虑存储顶点信息和顶点之间的关系两方面，最常用的两种存储结构是邻接矩阵和邻接表，不同的存储方式的操作实现方法不同。图的遍历包括深度优先遍历和广度优先遍历，遍历操作是图操作的基础。

图的应用很广，其中连通图的最小生成树可以用于解决具有网络结构的部署问题；有向网的最短路径可以用于解决交通查询等问题；有向无环图表示的 AOV 网和 AOE 网能够用于解决工程安排和流程控制等问题。

习题六

一、选择题

1．若一个无向图有 n 个顶点，则该图最多有（ ）条边。

A．$n-1$ B．$n(n-1)/2$ C．$n(n+1)/2$ D．n^2

2．有 n 个顶点的图最多有（ ）个连通分量。

A．0 B．1 C．$n-1$ D．n

3．连通具有 n 个顶点的有向图至少需要（ ）条边。

A．$n-1$ B．n C．$n+1$ D．$2n$

4．下列说法不正确的是（ ）。

A．图的遍历是指从给定的源点出发访问顶点，每个顶点仅被访问一次

B．图遍历的基本算法包括深度优先遍历和广度优先遍历

C．图的深度优先遍历不适用于有向图

D．图的深度优先遍历是一个递归过程

5．已知无向图 $G=(V,E)$，其中 $V=\{a,b,c,d,e,f\}$，$E=\{(a,b),(a,e),(a,c),(b,e),(c,f),(f,d),(e,d)\}$，对该图进行深度优先遍历，得到的顶点序列正确的是（ ）。

A．a,b,e,c,d,f B．a,c,f,e,b,d C．a,e,b,c,f,d D．a,e,d,f,c,b

6．下述方法中可以判断一个有向图是否存在回路（环）的是（ ）。

A．深度优先遍历 B．拓扑排序 C．求最短路径 D．求关键路径

7．在由 n 个顶点、e 条边构成的无向网中，当采用邻接表存储时，构造最小生成树的普里姆算法的时间复杂度为（ ）。

A．$O(n)$ B．$O(n+e)$ C．$O(n^2)$ D．$O(n^3)$

8．在有向图 G 的拓扑序列中，若顶点 V_i 在顶点 V_j 之前，则下列情形不可能出现的是（ ）。

A．G 中有弧 $<V_i,V_j>$ B．G 中有一条从 V_i 到 V_j 的路径

C．G 中没有弧 $<V_i,V_j>$ D．G 中有一条从 V_j 到 V_i 的路径

9．关键路径是 AOE 网中（ ）。

A．从源点到汇点的最长路径 B．从源点到汇点的最短路径

C．最长回路 D．最短回路

10．图的广度优先遍历类似于二叉树的（ ）。

A．先序遍历 B．中序遍历 C．后序遍历 D．层次遍历

二、填空题

1．一个连通图的________是一个极小连通子图。

2．一个有 28 条边的非连通无向图至少有________个顶点。

3．在有 n 个顶点的有向图中，若要使任意两点都可以互相到达，则至少需要______条弧。

4．在图的邻接表表示中，每个顶点邻接表中所含的节点数对无向图来说等于该顶点的________，对有向图来说等于该顶点的________。

5．在有 n 个顶点的有向图中，每个顶点的度最大可达________。

6．已知无向图 $G=(V,E)$，其中 $V=\{1,2,3,4,5,6,7\}$，$E=\{(1,2),(1,3),(2,4),(2,5),(3,6),(3,7),(6,7),(5,1)\}$，对该图从顶点 3 开始进行遍历得到生成树 $G'=(V,E')$，其中 $E'=\{(1,3),(3,6),(7,3),(1,2),(1,5),(2,4)\}$，

所采用的遍历方法是________。

7．为了实现图的广度优先搜索，除需要一个标志数组标记已访问的图的节点以外，还需________存放被访问的节点以实现遍历。

8．迪杰斯特拉算法是按照路径的路径长度按________的次序依次产生从源点到其余各顶点的最短路径。

9．设有向图有 n 个顶点和 e 条边，对该图进行拓扑排序的时间复杂度为________。

10．普里姆算法适用于求________网的最小生成树；克鲁斯卡尔算法适用于求________网的最小生成树。

三、是非题

1．在有 n 个节点的无向图中，若边数大于 $n-1$，则该图必是连通图。（　）

2．连通分量指的是有向图中的极大连通子图。（　）

3．用邻接矩阵表示有 n 个顶点的无向图，图的边数等于邻接矩阵中非零元素之和的1/2。（　）

4．在有向图中，顶点 V 的度等于其邻接矩阵中第 V 行中1的数目。（　）

5．无向图的邻接矩阵一定是对称矩阵，有向图的邻接矩阵一定是非对称矩阵。（　）

6．同一个有向图的邻接表和逆邻接表的节点数目可能不等。（　）

7．若一个连通图上各边的权值均不相等，则该图的最小生成树是唯一的。（　）

8．即使有向无环图的拓扑序列唯一，也不能唯一确定该图。（　）

9．AOV网的含义是以边表示活动的网。（　）

10．在AOE网中，若关键路径上某个活动的时间缩短，则整个工程的时间必定缩短。（　）

四、应用题

1．已知如图6-29所示的有向图，请完成如下题目。

（1）计算每个顶点的入度和出度。

（2）写出邻接矩阵。

（3）写出邻接表。

（4）写出逆邻接表。

（5）画出所有的强连通分量。

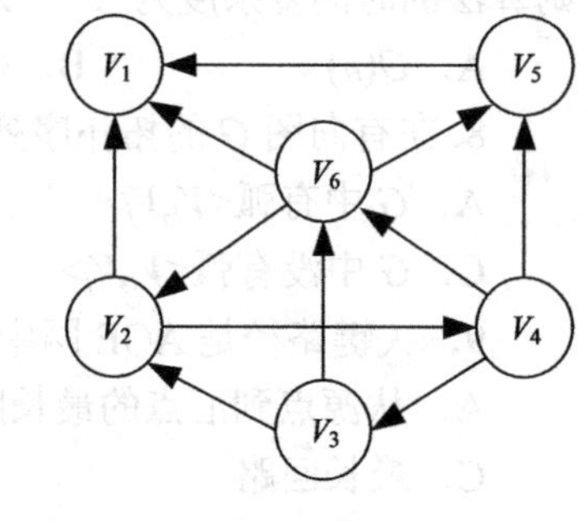

图6-29

2．已知如图6-30所示的连通图，请完成如下题目。

（1）写出邻接矩阵。

（2）以（1）中的邻接矩阵为存储结构，写出从顶点 V_1 出发对该图进行深度优先遍历的顶点序列，并画出深度优先生成树。

（3）以（1）中的邻接矩阵为存储结构，写出从顶点 V_1 出发对该图进行广度优先遍历的顶点序列，并画出广度优先生成树。

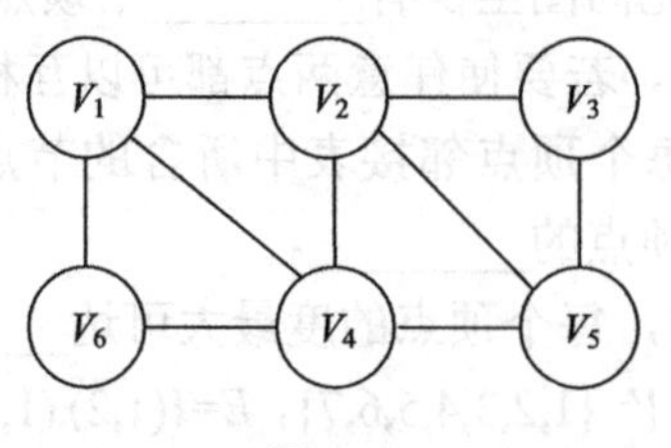

图6-30

3．已知如图 6-31 所示的无向带权的图，请完成如下题目。

（1）写出邻接表。

（2）用克鲁斯卡尔算法构造最小生成树，请写出构造过程。

（3）用普里姆算法从顶点 V_1 开始构造最小生成树，请写出构造过程。

4．已知如图 6-32 所示的有向无环图，请写出该图的全部拓扑排序序列。

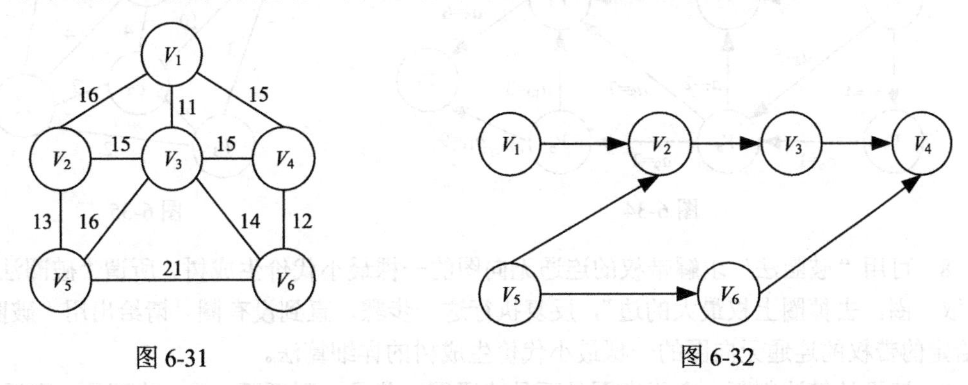

图 6-31　　　　图 6-32

5．已知如图 6-33 所示的有向网，请利用迪杰斯特拉算法求从顶点 V_1 到其余各顶点的最短路径，要求按表 6-4 的形式依次写出算法每趟（对应表中的一列）执行之后的状态，即当前步骤下从顶点 V_1 到其余各顶点的最短路径长度值。

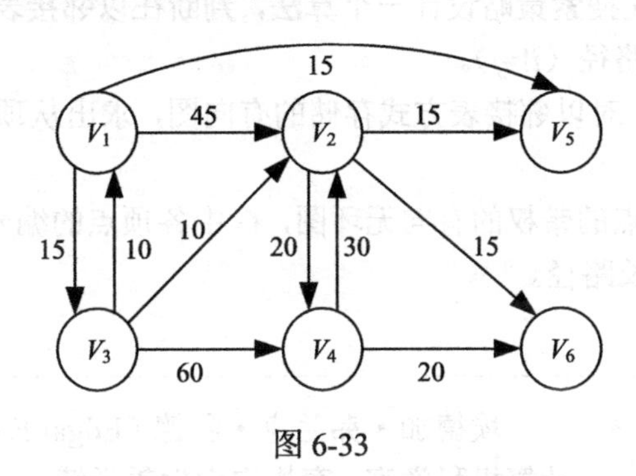

图 6-33

表 6-4

终点编号	从顶点 V_1 到终点的最短路径及最短路径长度求解过程				
	第一趟	第二趟	第三趟	第四趟	第五趟
V_2					
V_3					
V_4					
V_5					
V_6					
结果					

6．已知如图 6-34 所示的 AOE 网，请计算各事件的最早和最迟发生时间，各活动的最早和最迟开始时间，并列出各条关键路径。

7．已知如图 6-35 所示的有向网，其中顶点表示村庄，弧上的权值表示两个村庄之间的距离，请完成如下题目。

（1）计算每个村庄到其他村庄的最短距离。

（2）要建一所医院，请问该医院设在哪个村庄才能使各村去医院的距离之和最短？

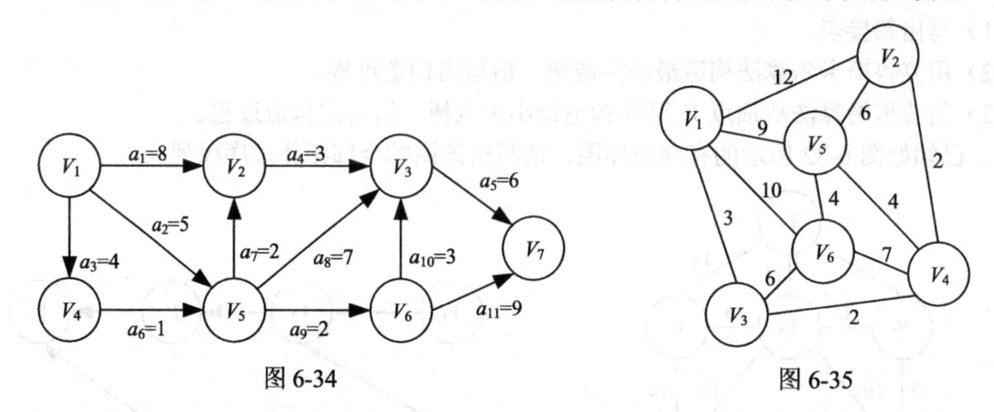

图 6-34　　　　图 6-35

8．可用“破圈法”求解带权的连通无向图的一棵最小代价生成树。所谓“破圈法”，是指“任取一圈，去掉圈上权最大的边”，反复执行这一步骤，直到没有圈。请给出用“破圈法”求解给定的带权的连通无向图的一棵最小代价生成树的详细算法。

9．请设计算法判断一个无向图是不是连通图，若是，则返回 true；若不是，则返回 false。

10．基于图的深度优先搜索策略设计一个算法，判断在以邻接表方式存储的有向图中是否存在从顶点 v_i 到顶点 v_j 的路径（$i!=j$）。

11．基于图的广度优先搜索策略设计一个算法，判断在以邻接表方式存储的有向图中是否存在从顶点 v_i 到顶点 v_j 的路径（$i!=j$）。

12．请设计一个算法，对以邻接表方式存储的有向图，求出从顶点 v_i 到顶点 v_j 的所有路径（$i!=j$）。

13．设 G 为有 n 个顶点的带权的有向无环图，G 中各顶点的编号为 1 到 n，请设计算法求出从顶点 1 到顶点 n 的最长路径。

埃德加·弗兰克·科德（Edgar F. Codd，1923－2003），英国计算机科学家、密执安大学哲学博士、IBM 公司研究员，被誉为“关系数据库之父”，因其在数据库管理系统的理论和实践方面的杰出贡献于 1981 年获图灵奖。1970 年，科德发表题为《大型共享数据库的关系模型》的论文，文中首次提出了数据库的关系模型，由于该关系模型简单明了且具有坚实的数学理论基础，因此一经推出就受到学术界和产业界的高度重视和广泛响应，并很快成为数据库市场的主流。20 世纪 80 年代以来，计算机厂商推出的数据库管理系统几乎都支持关系模型，数据库领域当前的研究工作大都以关系模型为基础。

第7章 查找

中华文明源远流长、博大精深，历朝历代英才辈出、各领风骚，留下了不计其数的各类文献典籍。如果人们想要体会《楚辞》的浪漫，那么首先需要在文献典籍中找到《楚辞》，这一寻找的过程就是查找。查找是人们在日常生活中经常实施的一种行为，俗称为寻找，专业术语为查找、搜索或检索。人们可能是在杂乱的储物间寻找一件承载着童年记忆的玩具，也可能是在词典中寻找一个能够寄托美好祝愿的字或词，还可能是在浩如烟海的资料中寻找一条有用的信息……其目的都是在一定的范围之内查找满足某种条件的目标。无论人们查找什么，都不希望出现“上穷碧落下黄泉，两处茫茫皆不见”抑或“众里寻他千百度，蓦然回首，那人却在，灯火阑珊处”的情况。

以在古代文献典籍中查找《楚辞》为例，如果文献典籍是被杂乱无章、毫无规律地堆放在一起的，那么我们的查找方法只能是逐一翻找，其效率之低不言而喻。为了有效地管理文献典籍，西汉刘歆的《七略》创立了我国第一个图书分类体系——六分法，其中包括《辑略》《六艺略》《诸子略》《诗赋略》《兵书略》《术数略》《方技略》；魏国郑默的《中经》开创了四分法，西晋荀勖将其改编为《中经新簿》，将图书分为甲、乙、丙、丁四部；《隋书·经籍志》正式确定了四分法及经、史、子、集的部类名称。此后，四分法在我国图书分类史上占据了统治地位，到清代编制《四库全书》时，四分法更为完善。若我们将古代文献典籍按照四分法分类整理，则固然仍可以通过逐一翻找的方法来查找《楚辞》，但显然有更为高效的方法：先确定它所属的类别——集部，然后直接到集部文献中查找。在此基础之上，若能够按照现代图书管理方法对每册文献建立索引，则有更加快捷的查找方法。由此可见，要想实现快速查找，查找方法极为重要，而查找方法又与目标事物的组织方式紧密关联。

在计算机系统中，查找是经常使用的一种操作，如果应用程序要对数据进行处理，那么必须先找到数据，因此数据查找算法的效率直接影响应用程序的效率。本章将介绍一些常用的数据查找方法及与其关联的数据组织方式，并对这些方法的性能进行分析和比较。

本章内容：

（1）查找的基本概念。

（2）线性表的查找，包括顺序查找、折半查找和索引查找。

（3）树表查找，包括二叉排序树、平衡二叉树、B-树和B+树。

（4）散列查找。

7.1 查找的基本概念

查找表：由相同数据类型的数据元素（记录）构成的集合。查找表按照操作方式可以分为静态查找表和动态查找表。

静态查找表：仅执行查找操作，表中元素不会发生任何变化的查找表。这类查找表的主要操作包括：①查询满足某种特定条件的元素是否存在于表中，即解决“有没有”的问题；②查询满足某种特定条件的元素及其属性，即解决“有哪些”和“是什么”的问题。静态查找表在查找失败的情况下，通常报告一些提示信息，如失败信息、失败位置等。

在实际应用中，查找的目的有时并不仅仅是查找。例如，域名注册是在互联网上建立服务的基础，域名具有唯一性，在注册一个域名时首先会查找该域名是否存在，如果不存在，则可以添加该域名。又如，一家电商平台由于经营范围调整，不再销售某些商品，需要查找到这些商品的信息予以删除。在这些应用中，查找表中的元素会随着执行插入与删除操作而进行调整，因此需要建立适合调整的查找表结构，这类查找表称为动态查找表。

动态查找表：可以执行插入与删除操作，表中元素会发生调整的查找表。这类查找表的主要操作除包含静态查找表的两个操作之外，还包括在查找表中插入一个不存在的数据元素，以及在查找表中删除某个特定的数据元素。

关键字：数据元素通常由多个数据项构成，其中能够用于区分不同元素的数据项可以作为查找或排序的依据，这些数据项就是关键字。例如，在一个学生信息管理系统中，每个学生的信息包括学号、姓名、性别、专业、籍贯等，其中学号和姓名可以将不同的学生区分开，因此可以将它们作为关键字；其他数据项也可以作为关键字，但它们对学生的区分性明显较弱。

主关键字：能够唯一标识一个数据元素的关键字。例如，学生信息中的学号，不同学生的学号各不相同，使用学号可以唯一地标识一个特定的学生，因此学号可以作为主关键字；而姓名存在重名的可能，不具有唯一性，因此不可以作为主关键字。对于不能唯一标识一个数据元素的关键字称为**次关键字**。

查找：根据给定的查找条件，在查找表中寻找关键字满足条件的数据元素的过程称为查找。查找的结果通常有两种：一种是查找成功，此时可以报告找到的数据元素在表中的位置或具体信息；另一种是查找失败，此时可以报告失败信息。在动态查找表中还可以报告失败位置以便进行可能的插入操作。

查找是数据处理中的常见操作，因此查找算法的效率是人们关心的一个重要方面。由于查找的基本操作是“将数据元素的关键字与给定值进行比较”，因此可以通过估算查找过程中关键字与给定值比较的次数来衡量一个查找算法的效率。为此，引入平均查找长度的概念。

平均查找长度（Average Search Length，ASL）：在查找过程中，查找各个数据元素所需进行的关键字与给定值比较次数的期望值，其数学定义为

$$\mathrm{ASL}=\sum_{i=1}^{n}P_iC_i \tag{7-1}$$

式中，P_i 表示第 i 个数据元素被查找的概率，$\sum_{i=1}^{n}P_i=1$；C_i 表示查找第 i 个数据元素所需进行的关键字与给定值的比较次数。通常，一个查找算法的 ASL 越小，该算法的时间复杂度越低。

从逻辑而言，查找表只是一个集合，即表中的元素除同属于这个集合之外，无须存在任何关系。但是，为了提高查找的性能，我们通常需要改变数据元素之间的关系，将它们组织成线性表、树等结构，从而可以使用更加高效的查找方法。下面将结合数据元素的不同组织方式对常用的查找算法展开介绍。

7.2 线性表的查找

静态查找表可以使用线性表组织数据，最简单的查找方法是顺序查找，这种方法既适用于顺序表，也适用于链表；若数据按照关键字排序，则在采用顺序表的情况下可以使用效率更高的折半查找；若查找表中的数据量很大，则可以使用建立索引的方法实现存储和查找。由于静态查找表不会进行插入和删除操作，因此使用顺序表作为查找表更为方便。下面主要讨论顺序表上的顺序查找、折半查找和索引查找的方法。

7.2.1 顺序查找

顺序查找的基本思想：从表的一端开始，将给定值依次与数据元素的关键字进行比较，若找到关键字等于给定值的数据元素，则查找成功，给出该数据元素在表中的位置作为查找结果；若整个表查找完毕，没找到关键字等于给定值的数据元素，则查找失败，给出失败信息作为查找结果。

【算法描述】

设 elems 表示在顺序表中存储数据元素的数组，n 表示数据元素的数目，key 表示给定值，则在顺序表上进行顺序查找的算法描述如下。

Step 1：初始化下标变量 i=0。

Step 2：若表中元素没有检查结束并且当前元素的关键字不等于给定值，即 i<n 且 elems[i]!=key，则继续向下执行，否则转至 Step 4。

Step 3：下标变量 i 加 1，返回 Step 2。

Step 4：判断顺序表是否检查结束，若没有检查结束，则查找成功，返回 i 的值作为结果；否则，查找失败，返回-1 作为结果。

【算法实现】

```
template <class DataType>
int SeqSearch(DataType elems[], int n, DataType key) {
    int i;                                          //定义下标变量
    for(i = 0; i < n && elems[i] != key; i++);      //从前往后依次检查每个数据元素
    if(i < n)   return i;                           //若没有检查结束，则查找成功
    else        return -1;                          //否则，查找失败
}
```

在上述算法实现中，为了防止数组访问发生越界，每次循环都需要判断下标 i 的取值，如果能够省略这个判断，就可以在一定程度上提高查找的效率。要想做到这一点，必须确保不会发生下标越界。通过分析可知，只有在始终找不到与给定值相等的关键字时，下标变量不断递增（从前往后查找）或递减（从后往前查找）才会导致越界，因此只要确保一定能够找到与给定值相等的关键字，就可以避免发生下标越界。为此，我们需要在表中添加“监视哨”——将要查找的给定值加入表。

在使用“监视哨”的顺序查找中，通常将数据元素从下标为 1 的数组单元开始存放，下标为 0 的单元放入需要查找的给定值（设置“监视哨”）。在进行查找时，从最后一个数据元素开始由后往前进行比较。由于设置了监视哨，必然能够通过找到与给定值相等的关键字结束查找过程，从而可以省略对数组下标是否发生越界的判断。查找结束后，根据得到的位置是否为 0

即可判断查找成功与否。图 7-1 所示为带“监视哨”的顺序查找示例，为简单起见，其中仅给出了数据元素的关键字。

下标	0（监视哨）	1	2	3	4	5	6	7
关键字	**38**	33	25	12	38	45	9	5

查找 38：5!=38, 9!=38, 45!=38, 38==38，返回位置 4，查找成功

下标	0（监视哨）	1	2	3	4	5	6	7
关键字	**27**	33	25	12	38	45	9	5

查找 27：5!=27, 9!=27, 45!=27, …, 33!=27, 27==27，返回位置 0，查找失败

图 7-1　带“监视哨”的顺序查找示例

【算法实现】

```
template <class DataType>
int SeqSearch(DataType elems[], int n, DataType key) {
    int i;                                      //定义下标变量
    elems[0] = key;                             //设置“监视哨”
    for(i = n; elems[i] != key; i--);           //从后往前依次检查每个数据元素
    return i;                                   //返回查找结果
}
```

注意，如果顺序表中的数据元素是结构体或类等自定义类型，需要在该类型的定义中重载!=关系运算。

【性能分析】

若顺序表中有 n 个数据元素，每个元素的查找概率相等（P_i=1/n），则不带“监视哨”的顺序查找在查找成功时的平均查找长度为

$$\text{ASL}=\sum_{i=1}^{n}P_iC_i=\frac{1}{n}\sum_{i=1}^{n}i=\frac{n+1}{2} \tag{7-2}$$

带“监视哨”的顺序查找在查找成功时的平均查找长度为

$$\text{ASL}=\sum_{i=1}^{n}P_iC_i=\frac{1}{n}\sum_{i=1}^{n}(n-i+1)=\frac{n+1}{2} \tag{7-3}$$

因此，当查找成功时顺序查找的平均查找长度为$(n+1)/2$，即平均比较次数约为表长的 1/2。

当查找失败时，对任意 n 个元素，比较次数都为 n+1 次。因此，当查找失败时顺序查找的平均查找长度为

$$\text{ASL}=\left(\frac{1}{n}\right)\times n\times(n+1)=n+1$$

在很多情况下，查找表中数据元素的查找概率并不相等。这时，可以把查找概率高的元素放在开始查找的一端，把查找概率低的元素放在另一端，从而提高查找效率。

顺序查找的优点是对表中数据元素的存储结构没有特殊要求，既可以使用顺序存储，也可以使用链式存储。上面介绍了顺序存储方式下的顺序查找算法的实现，读者可以自行尝试实现在链式存储方式下的顺序查找算法。顺序查找的缺点是当表中数据量很大时，其平均查找长度将会很长，查找效率将会降低。

7.2.2　折半查找

折半查找，又称为二分查找（Binary Search），是一种比顺序查找效率高的查找方法，但只能用于数据元素按关键字有序排列的顺序表。下文以数据元素按照关键字升序排序为例介绍折半查找。

折半查找的基本思想是取查找区间的中间位置元素，利用该元素将查找区间划分为左半区间和右半区间；将给定值与该元素的关键字进行比较，若给定值等于该元素的关键字，则查找成功；若给定值小于该元素的关键字，则到左半区间查找；若给定值大于该元素的关键字，则到右半区间查找；重复上述过程，直到查找成功或查找失败（查找区间内没有元素）。

例如，已知关键字序列(5,7,12,16,21,27,33,36,40)，图 7-2（a）给出了查找关键字 12 的过程。设 low 和 high 表示查找区间的下界和上界，mid 表示查找区间的中间位置。在进行第一次查找时，查找的区间是整个关键字序列，此时 low=0，high=8，mid=(low+high)/2=4，由于 12 小于中间位置的关键字 21，因此查找区间缩小到左半区间，即 low=0，high=3；在进行第二次查找时，中间位置 mid=(low+high)/2=1，由于 12 大于该位置的关键字 7，因此查找区间缩小到右半区间，即 low=2，high=3；在进行第三次查找时，中间位置 mid=(low+high)/2=2，由于 12 等于该位置的关键字 12，因此查找成功。图 7-2（b）给出了查找关键字 30 的过程，在经过与下标 4、6 和 5 三个位置的关键字比较之后，查找区间的下界 low=6，上界 high=5，此时 low>high，表明在查找区间内没有任何元素，即不可能存在与给定值相等的关键字，因此查找失败。

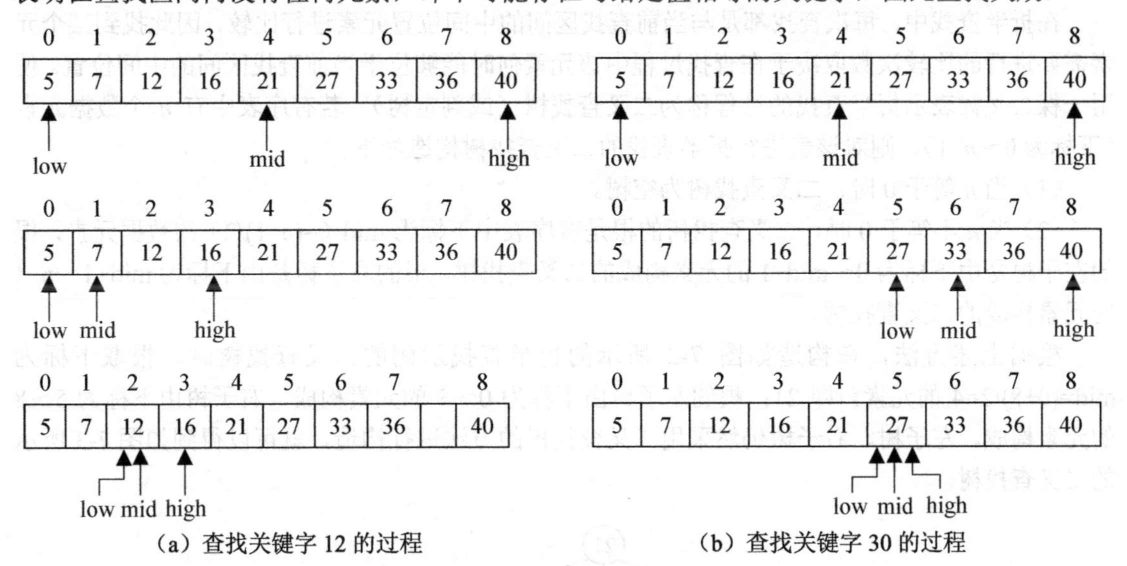

图 7-2　折半查找的示例

【算法描述】

设 elems 表示顺序表中存储数据元素的数组，n 表示数据元素的数目，key 表示给定值，则有序表的折半查找算法描述如下。

Step 1：初始化查找区间的下界变量 low=0，上界变量 high=n-1。

Step 2：当查找区间存在数据元素，即 low<=high 时，反复进行如下处理，否则执行 Step 3。

Step 2.1：计算查找区间的中间位置 mid=(low+high)/2。

Step 2.2：比较给定值 key 与 elems[mid]的大小，分为以下三种情况。

① key==elems[mid]，查找成功，返回 mid 的值作为结果。

② key<elems[mid]，查询区间缩小到左半区间，即 high=mid-1。

③ key>elems[mid]，查询区间缩小到右半区间，即 low=mid+1。

Step 3：查找失败，返回-1 作为结果。

【算法实现】

```
template <class DataType>
int BinSearch(DataType elems[], int n, DataType key) {
    int low = 0, high = n - 1;              //定义与初始化查找区间的下界和上界变量
    int mid;                                //定义查找区间的中间位置变量
    while(low <= high)   {                  //当查找区间中存在元素时
        mid = (low + high) / 2;             //计算当前查找区间的中间位置
        if(key == elems[mid])   return mid; //查找成功
        else if(key < elems[mid])           //给定值小于中间位置关键字
            high = mid - 1;                 //查找区间缩小到左半区间
        else                                //给定值大于中间位置关键字
            low = mid + 1;                  //查找区间缩小到右半区间
    }
    return -1;                              //查找失败，返回-1 作为结果
}
```

【性能分析】

在折半查找中，每次查找都是与当前查找区间的中间位置元素进行比较，因此找到某个元素需要进行的比较次数取决于在查找过程中该元素何时能够位于当前查找区间的中间位置。使用一棵二叉树表示折半查找的过程称为**二叉查找树**（或判定树）。若有序表中有 n 个数据元素（下标为 0～n−1），则对该表进行折半查找的二叉查找树构造如下。

（1）当 n 等于 0 时，二叉查找树为空树。

（2）当 n 不等于 0 时，二叉查找树的根是有序表中下标为 mid（=(n−1)/2）的数据元素，根的左子树是由下标为 0～mid−1 的元素构成的二叉查找树，根的右子树是由下标为 mid+1～n−1 的元素构成的二叉查找树。

根据上述方法，在构造如图 7-2 所示的折半查找示例的二叉查找树时，根取下标为 mid=(0+8)/2=4 的元素，即 21；根的左子树由下标为 0～3 的元素构成，右子树由下标为 5～8 的元素构成。左子树、右子树仍然采用二叉查找树的方法进行构造，就可以得到如图 7-3 所示的二叉查找树。

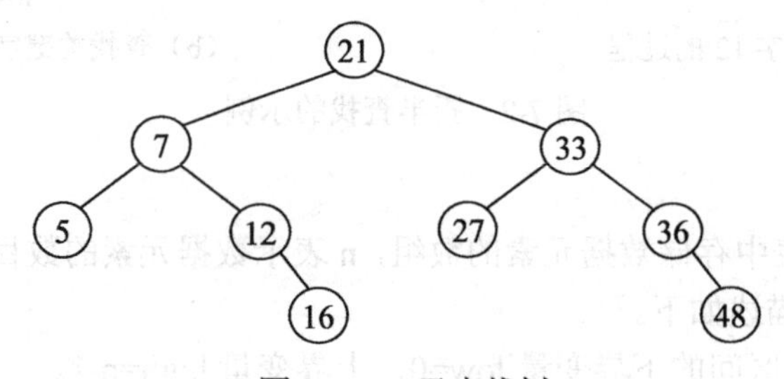

图 7-3 二叉查找树

由图 7-3 可见，查找 12 的过程恰好走了一条从根到关键字等于 12 的节点的路径，关键字与给定值比较的次数恰好等于该节点在树中的层次 3。因此，当折半查找成功时，关键字

与给定值的比较次数等于所找元素对应节点在二叉查找树中的层次，最大等于这棵二叉查找树的高度。

但是，上述二叉查找树无法表达查找失败的情况，因此需要对二叉查找树进行扩充，让树中所有节点的空指针都指向一个外部节点（用方框表示，原有的数据元素节点称为内部节点），用于表示比较失败的节点，称此二叉树为**扩充二叉查找树**。图 7-3 所示的二叉查找树的扩充二叉查找树如图 7-4 所示。在扩充二叉查找树中，查找失败的过程恰好走了一条从根到某个外部节点的路径，关键字与给定值的比较次数等于该路径上内部节点的数目，因此当折半查找失败时进行的比较次数亦不会超过二叉查找树的高度。

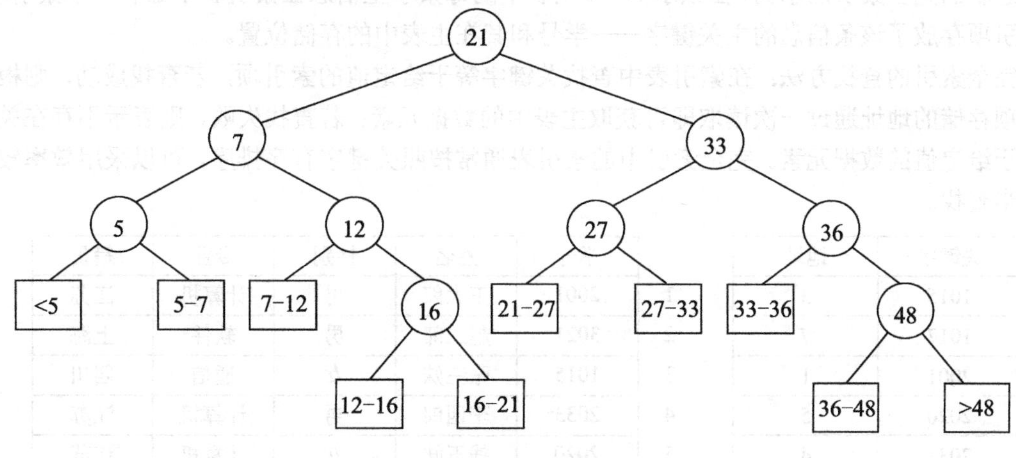

图 7-4　扩充二叉查找树

为方便讨论折半查找的平均查找长度，设有序表中的数据元素数目为 n，即二叉查找树有 n 个节点，则该二叉查找树近似为高度 $h=\lfloor\log_2(n+1)\rfloor$ 的满二叉树。在该二叉树中，第 k 层有 2^{k-1} 个节点，查找该层节点需要比较 k 次，因此在等概率查找情况下，当查找成功时的平均查找长度为

$$\mathrm{ASL}=\sum_{i=1}^{n}P_iC_i=\frac{1}{n}\sum_{k=1}^{h}k\times 2^{k-1}=\frac{n+1}{n}\log_2(n+1)-1\approx\log_2(n+1)-1 \tag{7-4}$$

由于查找失败共有 $n+1$ 种情况，按照最坏情况考虑，每次需要比较的次数均约为树的高度，因此在等概率查找情况下，当查找失败时的平均查找长度同样约为 $\log_2(n+1)-1$。

如上所述，折半查找的效率要高于顺序查找，特别是表中的元素较多时，差别更大。尽管折半查找只能用于顺序存储结构表示的有序表，但是对需要经常进行查找操作的应用而言，以一次排序的时间消耗换取频繁查找的时间消耗仍然是划算的。

7.2.3　索引查找

如果应用中的数据量很大，如某些著名的微博网站或论坛每天发布的帖子或回复可能是百万甚至千万的数量级的，在这样的情况下，维持查找表有序性的时间开销将会很大，并且在数据量极大的情况下，有可能发生计算机内存的容量不足以容纳所有数据的情况。此时，可以采用索引方法实现存储和查找。

索引是为了加速查找数据而创建的一种数据结构，实现了数据元素的关键字与存储位置之间的关联。在索引查找中，查找表通常由**主表**和**索引表**两部分构成。主表存放数据元素的全部信息；索引表由索引项构成，每个索引项至少应包含数据元素的关键字和存储位置等信息。索引的作用类似于书籍的目录，人们可以根据目录中的页码快速找到所需的内容。

按照结构，索引可以分为线性索引、树形索引和多级索引，本书只介绍线性索引。**线性索引**将索引项组织为线性结构，通常采用顺序存储结构进行存储。下面分别介绍三种线性索引：完全索引、分块索引和倒排索引。

1. 完全索引

完全索引对主表中的每个数据元素都建立一个索引项，也称为稠密索引。图 7-5 所示为学生信息表的完全索引的示例，在该示例中，主表中的每条学生信息在索引表中都有一个索引项，该索引项存放了该条信息的主关键字——学号和其在主表中的存储位置。

完全索引的查找方法：在索引表中查找关键字等于给定值的索引项，若查找成功，则根据索引项存储的地址通过一次读取即可获取主表中的数据元素；若查找失败，则表示不存在关键字等于给定值的数据元素。完全索引中的索引表通常按照关键字有序排序，可以采用效率较高的折半查找。

关键字	地址
1015	3
1017	7
2001	1
2020	5
2033	4
3021	2
3123	6

（a）索引表

	学号	姓名	性别	专业	籍贯
1	2001	王大郎	男	计算机	江苏
2	3021	赵二郎	男	软件	上海
3	1015	张三妹	女	通信	四川
4	2033	李四郎	男	计算机	江苏
5	2020	钱五妹	女	计算机	江苏
6	3123	周六妹	女	软件	上海
7	1017	杨七妹	女	通信	浙江

（b）主表

图 7-5　学生信息表的完全索引的示例

完全索引适用于数据元素在外存中按照加入次序存放而非按关键字有序存放的情形。由于完全索引对每个数据元素都建立一个索引项，索引表的长度与主表的长度必然相等，因此在面对海量数据的情况下，建立索引表的空间代价很大，极有可能发生计算机的内存无法完全容纳索引表的情况，此时在查找过程中就需要反复访问外存，导致查找性能下降。对于这一问题，可以采用分块索引的方法予以解决。

2. 分块索引

分块索引是先将数据表进行分块，使得“分块有序”，然后对每个块建立一个索引项，从而减少索引项的数目。所谓“分块有序”，是指数据块之间按照关键字有序，即后一块内所有数据元素的关键字均大于（升序排列）或小于（降序排列）前一块内所有数据元素的关键字，但是同一块内的数据元素可以无序。

分块索引在给每个数据块建立一个索引项时，通常包含这个数据块中的最大（升序排列）或最小（降序排列）关键字及该数据块在主表中的起始存储位置，由此建立的索引表必然是有序的。图 7-6 所示为学生信息表的分块索引的示例，在该示例中，主表被分为 3 个数据块，每个数据块包含 4 条学生信息；相应地，索引表包含 3 个索引项，每个索引项记录了对应数据块的最大主关键字和起始位置。

分块索引的查找方法：首先在索引表中查找给定值所在的数据块，然后根据索引项记录的起始存储地址到主表中进一步查找。在索引表中的查找可以采用顺序查找或折半查找；在主表中的查找由于“块内无序”，因此只能采用顺序查找。

关键字	地址
2033	1
3001	5
3123	9

（a）索引表

	关键字	其他信息
1	2001	…
2	1088	…
3	1015	…
4	2033	…
5	2120	…
6	2055	…
7	3001	…
8	2260	…
9	3050	…
10	3123	…
11	3100	…
12	3025	…

（b）主表

图 7-6　学生信息表的分块索引的示例

【性能分析】

分块索引查找的平均查找长度是索引表查找和主表查找的平均查找长度之和，即

$$ASL=ASL_b+ASL_w$$

式中，ASL_b 表示索引表的平均查找长度；ASL_w 表示主表的平均查找长度。

假设长度为 n 的主表被平均分为 m 个数据块，每块包含 t 个数据元素，即 $m=\left\lceil \frac{n}{t} \right\rceil$。在等概率查找的情况下，数据块被查找的概率为 $1/m$，块内数据元素被查找的概率为 $1/t$。若索引表采用顺序查找，则分块索引查找的平均查找长度为

$$ASL=ASL_b+ASL_w=\frac{m+1}{2}+\frac{t+1}{2}=\frac{m+t}{2}+1=\frac{n/t+t}{2}+1=\frac{n+t^2}{2t}+1 \quad (7\text{-}5)$$

由此可见，其平均查找长度与主表表长和块内元素数目都有关。当 $t=\sqrt{n}$ 时，ASL 具有最小值 $\sqrt{n}+1$，这时的查找效率高于顺序查找，但仍远低于折半查找。若索引表采用折半查找，则分块索引查找的平均查找长度为

$$ASL=ASL_b+ASL_w\approx\log_2(m+1)-1+\frac{t+1}{2}\approx\log_2\left(1+\frac{n}{t}\right)+\frac{t}{2} \quad (7\text{-}6)$$

总体而言，因为分块索引能够在块内数据无序的情况下提升整体的查找性能，所以被普遍应用在数据库的查找技术中。

3. 倒排索引

索引表通常根据数据元素的主关键字建立索引，这被称为主索引。但是在实际应用中，有时需要根据数据元素的其他属性进行查找。例如，在学生信息表中查找计算机专业的所有男生信息，由于需要查找的专业和性别并不是主关键字，能够满足条件的学生信息不只一条，因此

只能在数据表中通过依次检查每个学生的专业和性别来完成查找，效率极低。为了解决这个问题，可以在查找时把经常用到的属性作为次关键字建立索引，使得根据属性值可以直接找到所有对应的数据元素。由于这种索引方法不是通过查找数据元素来确定其属性值的，而是根据属性值来确定数据元素的，因此被称为**倒排索引**。

倒排索引对次关键字的每个取值建立一个索引项，其中包含这个属性值和具有该属性值的所有数据元素的存储地址。例如，对如图 7-5 所示的学生信息表分别按照性别和专业建立的倒排索引如图 7-7 所示。

次关键字	地址列表
男	1，2，4
女	3，5，6，7

（a）“性别”索引表

次关键字	地址列表
计算机	1，4，5
软件	2，6
通信	3，7

（b）“专业”索引表

	学号	姓名	性别	专业	籍贯
1	2001	王大郎	男	计算机	江苏
2	3021	赵二郎	男	软件	上海
3	1015	张三妹	女	通信	四川
4	2033	李四郎	男	计算机	江苏
5	2020	钱五妹	女	计算机	江苏
6	3123	周六妹	女	软件	上海
7	1017	杨七妹	女	通信	浙江

（c）主表

图 7-7　对学生信息表分别按照性别和专业建立的倒排索引

在建立倒排索引之后，可以方便地查找到性别为“男”或“女”的所有学生信息，以及专业为“计算机”、“软件”或“通信”的所有学生信息。若要查找计算机专业的所有男生信息，则只需对“性别”和“专业”倒排索引中的“男”和“计算机”的地址列表进行求交，就可以在主表中找到所有满足条件的学生信息。

倒排索引是搜索引擎采用的一种重要技术，上面仅简单介绍了倒排索引的基本思想，在实际应用中倒排索引技术更加复杂，感兴趣的读者可以通过查阅相关的文献资料来获得更加深入的了解。

7.3　树表查找

线性表的查找方法简单、容易实现，并且有序表的折半查找可以取得较好的查找性能，但其数据组织和存储方式不适合于需要频繁进行插入和删除操作的应用场合。如果经常需要对查找表进行修改，则采用动态查找表更加合适。本节将介绍一类基于树形结构的动态查找表及其查找、插入和删除的方法，包括二叉排序树、平衡二叉树、B−树与 B+树。

7.3.1　二叉排序树

1. 二叉排序树的定义

二叉排序树或者是一棵空树，或者是具有下列性质的二叉树。

（1）若左子树存在，则左子树上所有节点的关键字均小于根的关键字。

（2）若右子树存在，则右子树上所有节点的关键字均大于根的关键字。

（3）左子树、右子树也是二叉排序树。

图 7-8 所示为一棵二叉排序树的示例。在这棵树中，任一节点的关键字都大于其左子树上所有节点的关键字，并小于其右子树上所有节点的关键字。

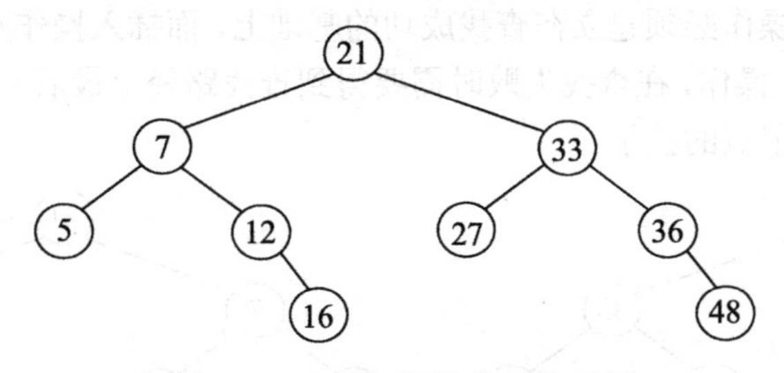

图 7-8　一棵二叉排序树的示例

二叉排序树的特点：对一棵二叉排序树进行中序遍历，得到的节点序列必然是按照关键字由小到大排列的有序序列。由此可见，对于一个无序序列，通过构造二叉排序树的方法可以使其成为一个有序序列。

定义二叉排序树的类模板为 BinarySortTree，该类模板继承自第 5 章二叉树的类模板 BinaryTree，增加了根据给定值进行查找、插入和删除数据元素的三个成员函数 Search、Insert 和 Delete，以及辅助的重载函数 Search 和 Delete。

```
/**********二叉排序树的类模板文件名：BinarySortTree.h**********/
#include "BinaryTree.h"
template<class DataType>
class BinarySortTree: public BinaryTree<DataType> {
protected:
    //辅助函数
    //查找关键字为 key 的数据元素，f 指向其双亲
    BTNode<DataType> * Search(DataType &key, BTNode<DataType> * &f) const;
    void Delete(BTNode<DataType> * &p);                 //删除 p 指向的节点
public:
    BinarySortTree();                                   //构造函数
    virtual ~BinarySortTree();                          //析构函数
    BTNode<DataType> * Search(DataType &key) const;     //查找关键字为 key 的数据元素
    bool Insert(DataType &e);                           //插入数据元素 e
    bool Delete(DataType &key);                         //删除关键字为 key 的数据元素
};
```

2. 二叉排序树的查找

二叉排序树的查找过程：若二叉排序树为空树，则查找失败；否则，将给定值与根的关键字进行比较。若给定值等于根的关键字，则查找成功，返回该节点的地址作为结果；若给定值小于根的关键字，则在根的左子树上进一步查找；若给定值大于根的关键字，则在根的右子树上进一步查找。

在如图 7-8 所示的二叉排序树中查找 12 的过程如图 7-9（a）所示，查找 25 的过程如图 7-9（b）所示。在查找 12 的过程中比较的关键字依次是 21、7 和 12，此时查找成功，返回关键字 12 所在节点的地址；在查找 25 的过程中比较的关键字依次是 21、33 和 27，由于 27 所在节点的左子树为空树，因此查找失败。由此可见，二叉排序树的查找过程形成了一条查找路径。当查找

成功时，该路径从根出发，沿着左分支或右分支逐层向下，直到关键字等于给定值的节点；当查找失败时，该路径从根出发，沿着左分支或右分支逐层向下，直到遇到空树。显然，在二叉排序树的查找过程中，给定值与关键字的比较次数不会超过树的高度。

二叉排序树的删除操作必须建立在查找成功的基础上，而插入操作则必须在查找失败的情况下。为了便于进行插入操作，在查找失败时需要得到查找路径上最后一次比较的节点的地址，将新的节点插入成为该节点的孩子。

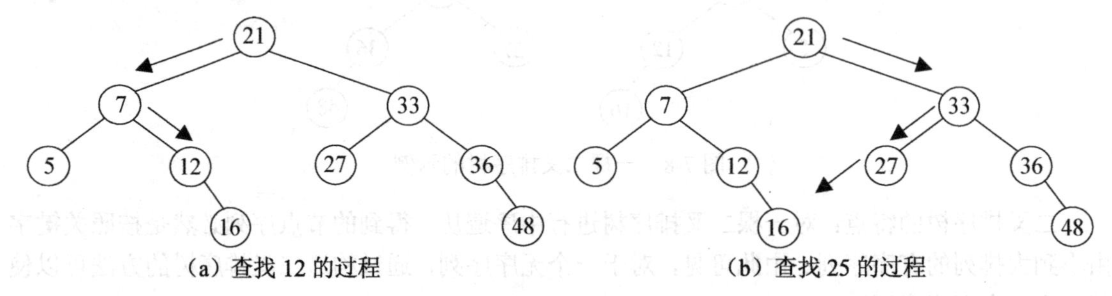

图 7-9　二叉排序树的查找的示例

【算法描述】

设 key 表示要查找的给定值，则二叉排序树的查找算法描述如下。

Step 1：初始化指针变量 p 等于根指针 root，双亲指针 f 为空指针。

Step 2：当二叉排序树不为空树且给定值 key 不等于节点 p 的关键字时，反复进行如下处理，否则执行 Step 3。

Step 2.1：修改双亲指针 f 等于指针 p。

Step 2.2：比较给定值 key 与节点 p 的关键字，分为如下两种情况。

① key<p->data，修改指针 p 指向其左孩子。

② key>p->data，修改指针 p 指向其右孩子。

Step 3：返回查找结果。

【算法实现】

```
template <class DataType>
BTNode<DataType> * BinarySortTree<DataType>::Search(DataType &key) const {    //公有的查找函数
    BTNode<DataType> * f;                          //定义双亲指针变量
    return Search(key, f);                         //调用辅助的重载查找函数 Search 进行查找，并返回结果
}
//辅助的重载查找函数
template <class DataType>
BTNode<DataType> * BinarySortTree<DataType>::Search(DataType &key, BTNode<DataType> * &f) const {
    BTNode<DataType> * p = root;                   //初始化指针变量 p 为二叉排序树的根指针
    f = NULL;                                      //初始化双亲指针 f 为空指针
    while(p && p->data != key) {                   //当二叉排序树不为空树且给定值 key 不等于节点 p 的关键字时
        f = p;                                     //修改双亲指针 f 等于 p
        if(key < p->data)   p = p->lChild;         //修改指针 p 指向左子树的根
        else    p = p->rChild;                     //修改指针 p 指向右子树的根
    }
    return p;                                      //返回查找结果
}
```

当查找成功时，上述函数返回找到的节点的指针，f 返回该节点的双亲的指针；当查找失败时，上述函数返回空指针，f 返回最后一次比较的节点的指针。通过函数的返回值即可判断是否查找成功，如果查找失败，那么新节点就是插入成为 f 所指节点的孩子。

3. 二叉排序树的插入与构造

在二叉排序树中插入一个新元素，必须先检查该元素是否已经存在于树中，这可以通过查找来完成。如果查找成功，表明树中已经存在该元素，则无须插入；如果查找失败，表明树中不存在该元素，则把新元素插入到查找操作失败的地方。

例如，在如图 7-8 所示的二叉排序树中插入关键字为 25 的新元素，通过查找发现该元素不存在，表明可以插入这个元素。由于最后一次比较的节点是关键字为 27 的节点，并且 25 小于 27，因此新元素应插入成为关键字为 27 的节点的左孩子。在插入关键字为 25 的新元素之后的二叉排序树如图 7-10 所示。

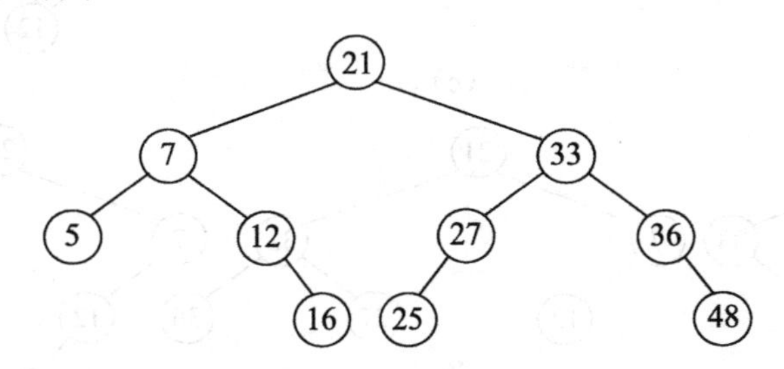

图 7-10 在插入关键字为 25 的新元素之后的二叉排序树

【算法描述】

设 e 表示要插入的新元素，则二叉排序树的插入算法描述如下。

Step 1：查找二叉排序树中是否存在元素 e，若存在，则返回插入失败信息，否则继续向下执行。

Step 2：判断二叉排序树是不是空树，若是，则将 e 插入成为根，否则比较 e 的关键字与最后一次比较的节点 f 的关键字大小，分为以下两种情况。

① 若 e 的关键字小于 f 的关键字，则将 e 插入成为 f 的左孩子。

② 若 e 的关键字大于 f 的关键字，则将 e 插入成为 f 的右孩子。

Step 3：返回插入成功信息。

【算法实现】

```
template <class DataType>
bool BinarySortTree<DataType>::Insert(DataType &e) {
    BTNode<DataType> * f;                          //定义双亲指针变量
    if(Search(e, f))   return false; //查找二叉排序树中是否存在元素 e，若存在，则返回插入失败信息
    BTNode<DataType> * p = new BTNode<DataType>(e);    //分配一个新的节点
    if(IsEmpty())   root = p;          //判断二叉排序树是不是空树，若是，则将 e 插入成为根
    else if(e < f->data)   f->lChild = p;              //若 e 小于双亲，则将 e 插入成为 f 的左孩子
    else   f->rChild = p;                               //若 e 大于双亲，则将 e 插入成为 f 的右孩子
    return true;                                        //返回插入成功信息
}
```

利用二叉排序树的插入算法，可以很方便地构造二叉排序树。对于给定的数据元素序列，从空的二叉排序树开始，每读入一个数据元素就创建一个节点，利用插入算法将其插入到当前

的二叉排序树中，直到所有数据元素插入完毕即可构造出最终的二叉排序树。例如，已知一个数据元素序列为(21,7,33,12,27,36,16,5,48)，为简便起见，假设数据元素本身作为关键字，这个序列对应的二叉排序树的构造过程如图 7-11 所示。

在构造二叉排序树时需要注意，对于同一组数据元素，如果输入顺序不同，那么构造的二叉排序树的形态也未必相同。例如，已知数据元素序列为(21,7,33)，若分别按照(21,7,33)、(7,21,33)、(7,33,21)、(33,7,21)和(33,21,7)的顺序输入，构造的二叉排序树如图 7-12 所示。节点数目相同但形态不同的二叉排序树的查找性能并不一样，其中单支树的查找性能最差，退化为与顺序查找的性能相同。因此，在构造二叉排序树时需要注意数据元素的输入顺序。

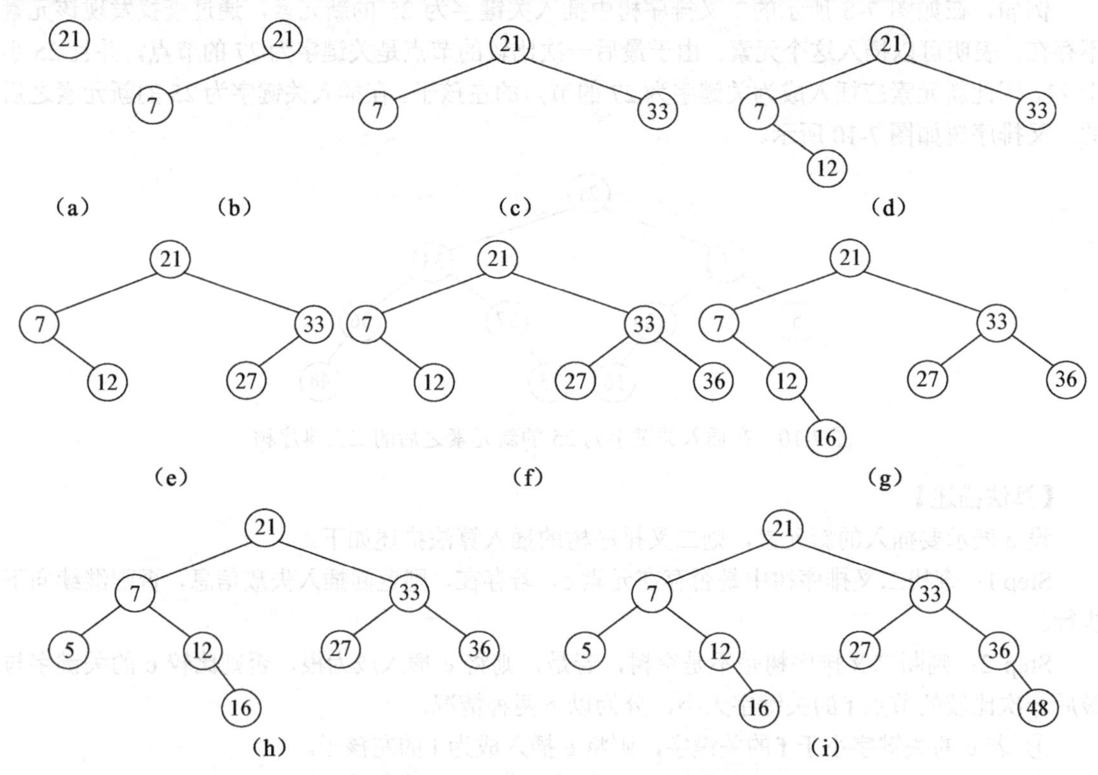

图 7-11　根据序列(21,7,33,12,27,36,16,5,48)构造二叉排序树的过程

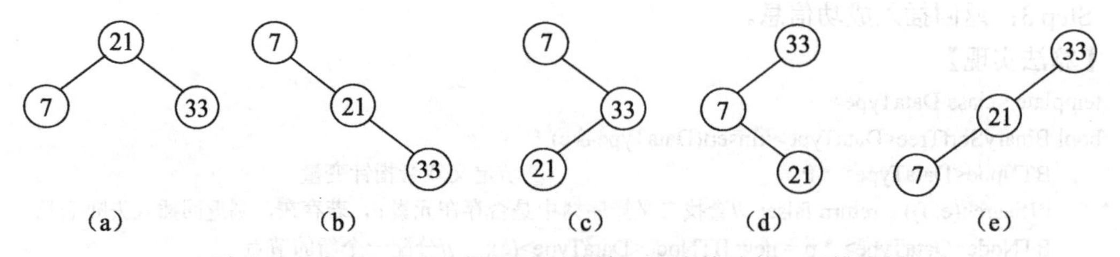

图 7-12　序列(21,7,33)按照不同的输入顺序构造的二叉排序树

4．二叉排序树的删除

在二叉排序树中删除一个数据元素必须考虑 3 方面：①确保二叉链表不会发生中断；②不改变二叉排序树的中序序列是有序的这一性质；③不降低二叉排序树的查找性能，即不增加树的高度。总体而言，二叉排序树的删除需要分为以下三种情况进行处理。

第一种情况，删除的数据元素是叶子节点。删除这类节点不会影响其他节点之间的关系，只需先将其双亲中指向它的指针修改为空指针，再释放该节点的存储空间。

第二种情况，删除的数据元素仅有一棵左子树或一棵右子树。删除这类节点只会影响其双亲和左子树或右子树之间的关系，只需先将该节点的左孩子或右孩子代替它成为双亲的孩子，再释放该节点的存储空间。图 7-13 所示为从二叉排序树中删除 29 和 12 的示例，在本例中，29 仅有左子树，12 仅有右子树。在删除这两个节点时，先分别用它们的左孩子和右孩子代替它们成为双亲 27 和 7 的孩子，再释放这两个节点即可。

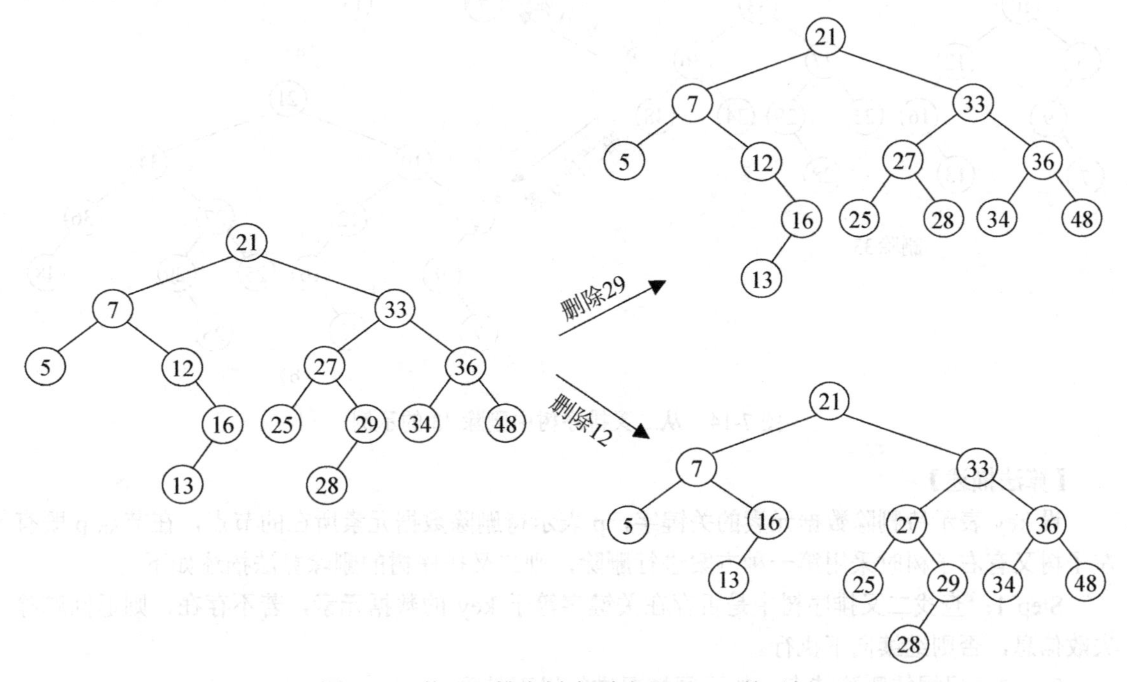

图 7-13 从二叉排序树中删除 29 和 12 的示例

第三种情况，删除的数据元素既有左子树又有右子树。删除这类节点有四种解决方案，这里介绍两种不会增加二叉排序树高度的方案。

第一种方案，先寻找待删除节点的左子树中关键字最大的节点，即左子树中序遍历的最后一个节点，用该节点的数据元素代替待删除节点中的数据元素，然后从左子树中删除该节点。在寻找左子树中关键字最大的节点时，只需从左子树的根出发，始终沿着右孩子指针逐层向下，直到遇到没有右孩子的节点，这个节点就是左子树中关键字最大的节点。

第二种方案，先寻找待删除节点的右子树中关键字最小的节点，即右子树中序遍历的第一个节点，用该节点的数据元素代替待删除节点的数据元素，然后从右子树中删除该节点。在寻找右子树中关键字最小的节点时，只需从右子树的根出发，始终沿着左孩子指针逐层向下，直到遇到没有左孩子的节点，这个节点就是右子树中关键字最小的节点。

实际上，这两种方案是在二叉排序树的中序遍历序列中，分别寻找待删除节点的前驱与后继来取代它。图 7-14 所示为从二叉排序树中删除 33 的示例，其中 33 既有左子树又有右子树。图 7-14（a）采用了第一种方案，找到 33 的左子树中关键字最大的节点 29，用该值代替 33 之后，再从左子树中删除 29（属于二叉排序树删除的第二种情况）；图 7-14（b）采用了第二种方案，找到 33 的右子树中关键字最小的节点 34，用该值代替 33 之后，再从右子树中删除 34（属于二叉排序树删除的第一种情况）。

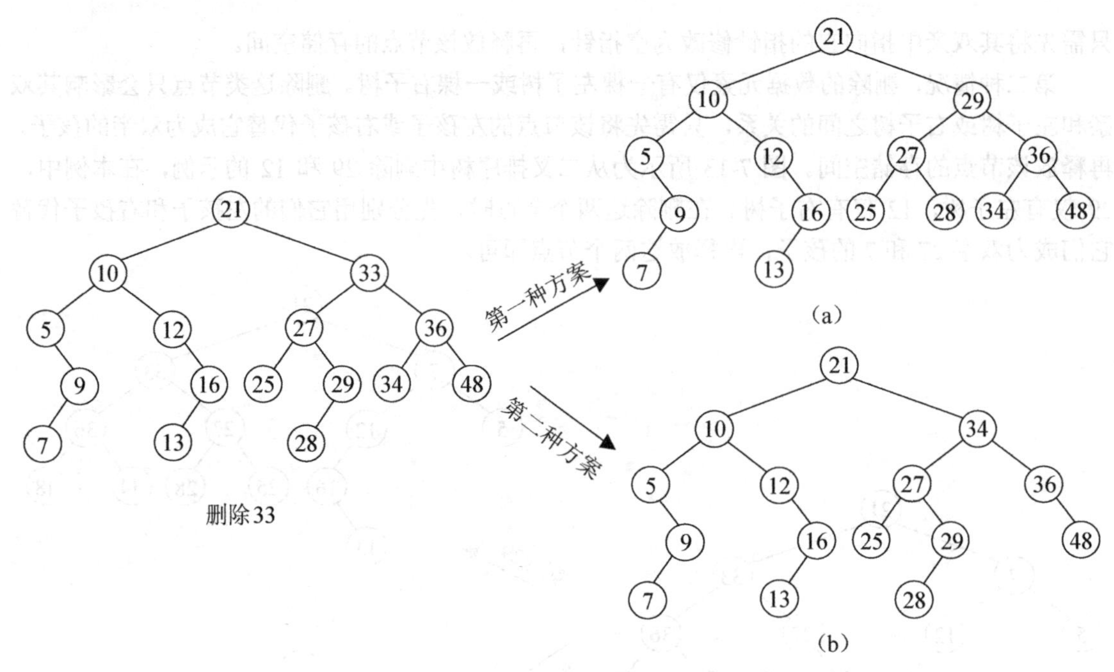

图 7-14　从二叉排序树中删除 33 的示例

【算法描述】

设 key 表示待删除数据元素的关键字，p 表示待删除数据元素所在的节点，在节点 p 既有左子树又有右子树时采用第一种方案进行删除，则二叉排序树的删除算法描述如下。

Step 1：查找二叉排序树中是否存在关键字等于 key 的数据元素，若不存在，则返回删除失败信息，否则继续向下执行。

Step 2：根据待删除节点 p 的不同情况进行以下处理。

① 节点 p 是叶子节点，修改双亲中指向该节点的指针为 NULL，并释放节点 p。

② 节点 p 仅有左子树，修改双亲中指向该节点的指针，使其指向节点 p 的左孩子，并释放节点 p。

③ 节点 p 仅有右子树，修改双亲中指向该节点的指针，使其指向节点 p 的右孩子，并释放节点 p。

④ 节点 p 既有左子树又有右子树，先从节点 p 的左子树的根出发，沿着右分支逐层向下，找到没有右孩子的节点，然后用该节点的数据元素代替节点 p 的数据元素，并删除该节点。

Step 3：返回删除成功信息。

【算法实现】

```
template <class DataType>
bool BinarySortTree<DataType>::Delete(DataType &key) {      //公有的删除函数
    BTNode<DataType> * p, * f;                 //定义待删除节点的指针变量 p 和双亲指针变量 f
    //查找二叉排序树中是否存在关键字等于 key 的数据元素，若不存在，则返回删除失败信息
    if((p = Search(key, f)) == NULL)   return false;
    if(f == NULL)   Delete(root);                    //被删除节点为根
    else if(p == f->lChild)   //如果待删除节点是双亲的左孩子，则调用辅助函数 Delete 删除双亲的左孩子
        Delete(f->lChild);
    else                  //如果待删除节点是双亲的右孩子，则调用辅助函数 Delete 删除双亲的右孩子
```

```
        Delete(f->rChild);
    return true;                                    //删除成功，返回成功信息
}
template <class DataType>
void BinarySortTree<DataType>::Delete(BTNode<DataType> * &p) {    //辅助的重载删除函数
    BTNode<DataType> * tmpP, * tmpF;                //定义临时节点指针 tmpP 和双亲指针 tmpF
    if(p->lChild == NULL && p->rChild == NULL) {    //判断待删除节点是不是叶子节点
        delete p;                                   //是叶子节点，释放节点空间
        p = NULL;                                   //修改双亲中指向该节点的指针
    }
    else if(p->rChild == NULL) {                    //判断待删除节点是否仅有左子树
        tmpP = p;                                   //仅有左子树，令 tmpP 指向待删除节点
        p = tmpP->lChild;                           //修改双亲中指向该节点的指针，使其指向其左孩子
        delete tmpP;                                //释放节点空间
    }
    else if(p->lChild == NULL) {                    //判断待删除节点是否仅有右子树
        tmpP = p;                                   //仅有右子树，令 tmpP 指向待删除节点
        p = tmpP->rChild;                           //修改双亲中指向该节点的指针，使其指向其右孩子
        delete tmpP;                                //释放节点空间
    }
    else {                                          //待删除节点的左子树、右子树都存在
        //寻找待删除节点的左子树中关键字最大的节点
        tmpF = p;                                   //初始化 tmpF 指向待删除节点
        tmpP = p->lChild;                           //初始化 tmpP 指向待删除节点的左子树的根
        while(tmpP->rChild) {                       //从左子树的根沿着右分支寻找没有右孩子的节点
            tmpF = tmpP;                            //更新 tmpF 使其始终指向 tmpP 的双亲
            tmpP = tmpP->rChild;                    //tmpP 沿着右分支下移到下一层
        }
        p->data = tmpP->data;                       //用关键字最大的节点的数据元素代替待删除节点
        //删除待删除节点的左子树中关键字最大的节点
        //注意特殊情况：若待删除节点的左孩子没有右子树，则其左孩子即左子树中关键字最大的节点
        //此时需要删除的是待删除节点的左孩子
        if(tmpF->rChild == tmpP)                    //待删除节点的左孩子有右子树
            Delete(tmpF->rChild);                   //删除左子树中关键字最大的节点
        else                                        //待删除节点的左孩子没有右子树
            Delete(tmpF->lChild);                   //删除待删除节点的左孩子
    }
}
```

5．二叉排序树的查找性能

二叉排序树的查找过程走了一条从根到所找节点的路径的过程，且关键字与给定值的比较次数等于该节点所在的层次数，因此二叉排序树的查找与折半查找类似，无论查找成功与否，比较次数都不会超过树的高度。但是，在构造二叉排序树时，随着节点输入顺序的不同，二叉排序树的形态可能差别很大，使得树的高度未必相同，查找性能也不同。

例如，图 7-15（a）和图 7-15（b）是同一组关键字分别按照(13,12,11,15,14)和(11,12,13,14,15)输入顺序构造的二叉排序树。在等概率查找的情况下，如图 7-15（a）所示

的二叉排序树的平均查找长度为ASL=(1+2×2+3×2)/5=2.2，而如图7-15（b）所示的二叉排序树的平均查找长度为ASL=(1+2+3+4+5)/5=3。

由此可见，在具有 n 个节点的二叉排序树上进行查找的平均查找长度与树的形态密切相关。当数据元素按照关键字有序时，构造的二叉排序树形成一棵单支树，此时具有最差的平均查找性能 $(n+1)/2$，与顺序查找一致；当二叉排序树与折半查找的二叉查找树形态相同时，具有最好的平均查找性能 $\log_2 n$。

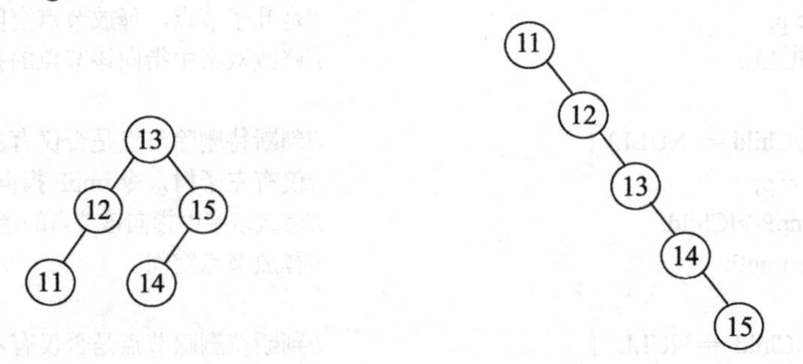

（a）按照(13,12,11,15,14)输入顺序构造　　（b）按照(11,12,13,14,15)输入顺序构造

图7-15　同一组数据元素的两棵二叉排序树

7.3.2　平衡二叉树

由二叉排序树的查找性能分析可知，对于同一组数据元素，不同的输入顺序可以构造出不同形态的二叉排序树，它们的查找性能可能会存在很大的差异。如果在构造二叉排序树的过程中，可以使任意节点的左子树、右子树的高度差不超过1，就可以保证构造出的二叉排序树的平均查找长度接近最优，从而可以提高查找效率。

1. 平衡二叉树的定义

平衡二叉树或者是一棵空树，或者是具有下列性质的二叉排序树：根的左、右子树高度之差的绝对值不超过1，并且左子树、右子树仍然是平衡二叉树。一个节点的左子树高度减去右子树高度得到的高度差称为该节点的**平衡因子**（Balance Factor，BF）。显然，平衡二叉树中任意节点的平衡因子的取值只有-1、0和1三种情况。一棵具有 n 个节点的平衡二叉树，其平均查找长度为 $O(\log_2 n)$，查找性能接近最优。

图7-16所示为同一组数据元素按照不同的输入顺序构造的两棵二叉排序树，节点右侧的数字是该节点的平衡因子。图7-16（a）中每个节点的平衡因子的取值只有-1、0和1三种情况，因此它是平衡二叉树；图7-16（b）由于存在平衡因子的绝对值大于1的节点，因此它不是平衡二叉树。

2. 平衡旋转

如果在一棵平衡二叉树中插入一个新节点破坏了其平衡性，可以通过平衡旋转的方法使其重新恢复平衡。为此，需要找到最小不平衡子树，在保持二叉排序树特性的前提下，调整子树中节点之间的链接关系，使其成为平衡子树。**最小不平衡子树**是指从插入节点往根回溯的路径上，将距离插入节点最近的平衡因子绝对值大于1的节点作为根的子树。例如，在图7-16（b）中，假设16是最后插入的节点，该节点的插入使原来的平衡二叉树失去了平衡，其中最小不平衡子树是以12为根的子树。

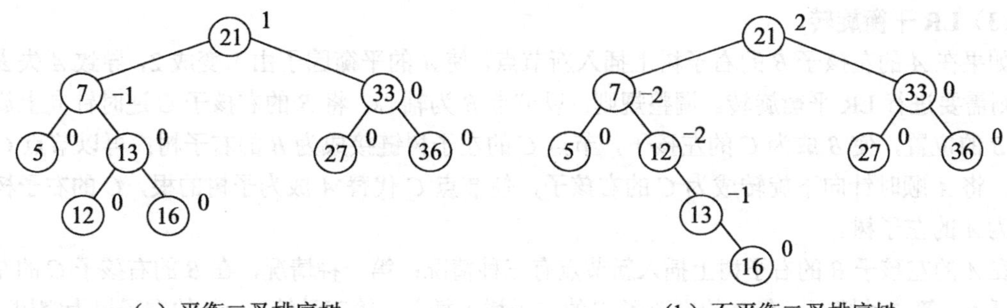

（a）平衡二叉排序树　　　　（b）不平衡二叉排序树

图 7-16　平衡二叉排序树与不平衡二叉排序树的示例

为了便于讨论，设最小不平衡子树的根为 *A*，矩形表示子树，*h* 表示子树高度，阴影表示插入的新节点，则平衡旋转包括以下四种。

（1）LL 平衡旋转。

如果在 *A* 的左孩子 *B* 的左子树上插入新节点，使 *A* 的平衡因子由 1 变成 2，导致 *A* 失去平衡，则需要进行 LL 平衡旋转。调整规则：以节点 *B* 为轴心，将 *A* 顺时针向下旋转成为 *B* 的右孩子，使节点 *B* 代替 *A* 成为子树的根，节点 *B* 的右子树链接成为 *A* 的左子树。

图 7-17 所示为 LL 平衡旋转，其中图 7-17（a）是原始的平衡状态，图 7-17（b）是插入新节点之后的不平衡状态，图 7-17（c）是经过 LL 平衡旋转之后的子树。

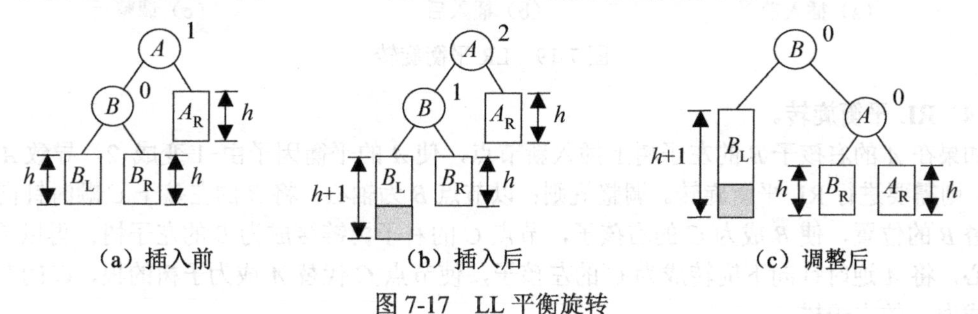

（a）插入前　　　　（b）插入后　　　　（c）调整后

图 7-17　LL 平衡旋转

（2）RR 平衡旋转。

如果在 *A* 的右孩子 *B* 的右子树上插入新节点，使 *A* 的平衡因子由−1 变成−2，导致 *A* 失去平衡，则需要进行 RR 平衡旋转。调整规则：以节点 *B* 为轴心，将 *A* 逆时针向下旋转成为 *B* 的左孩子，使节点 *B* 代替 *A* 成为子树的根，节点 *B* 的左子树链接成为 *A* 的右子树。图 7-18 所示为 RR 平衡旋转。

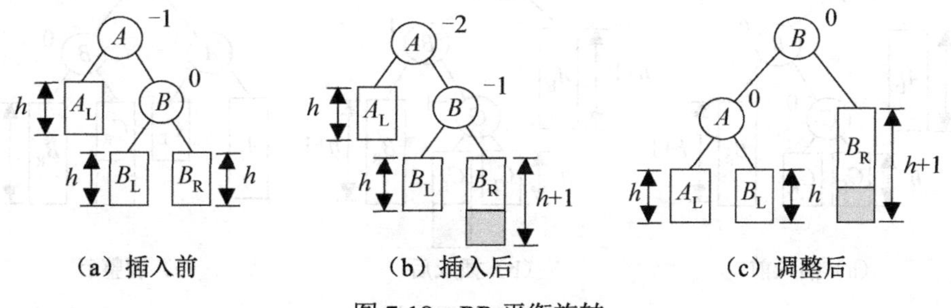

（a）插入前　　　　（b）插入后　　　　（c）调整后

图 7-18　RR 平衡旋转

（3）LR 平衡旋转。

如果在 *A* 的左孩子 *B* 的右子树上插入新节点，使 *A* 的平衡因子由 1 变成 2，导致 *A* 失去平衡，则需要进行 LR 平衡旋转。调整规则：以节点 *B* 为轴心，将 *B* 的右孩子 *C* 逆时针向上旋转代替 *B* 的位置，使 *B* 成为 *C* 的左孩子，节点 *C* 的左子树链接成为 *B* 的右子树；再以节点 *C* 为轴心，将 *A* 顺时针向下旋转成为 *C* 的右孩子，使节点 *C* 代替 *A* 成为子树的根，*C* 的右子树链接成为 *A* 的左子树。

在 *A* 的左孩子 *B* 的右子树上插入新节点有三种情况：第一种情况，在 *B* 的右孩子 *C* 的左子树上插入；第二种情况，在 *B* 的右孩子 *C* 的右子树上插入；第三种情况，*B* 的右子树为空树，新节点成为 *B* 的右孩子。无论哪种情况导致以 *A* 为根的子树失去平衡，都采用 LR 平衡旋转的方法进行调整。图 7-19 所示为 LR 平衡旋转，其中以第一种情况发生为例进行 LR 平衡旋转。

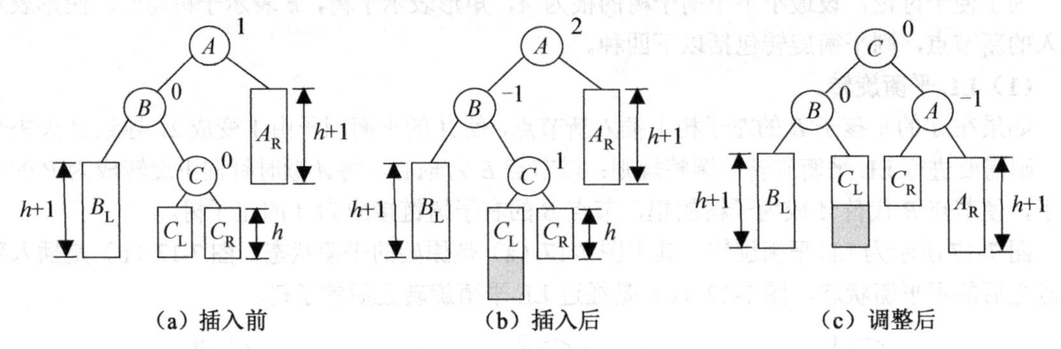

（a）插入前　　（b）插入后　　（c）调整后

图 7-19　LR 平衡旋转

（4）RL 平衡旋转。

如果在 *A* 的右孩子 *B* 的左子树上插入新节点，使 *A* 的平衡因子由−1 变成−2，导致 *A* 失去平衡，则需要进行 RL 平衡旋转。调整规则：以节点 *B* 为轴心，将 *B* 的左孩子 *C* 顺时针向上旋转代替 *B* 的位置，使 *B* 成为 *C* 的右孩子，节点 *C* 的右子树链接成为 *B* 的左子树；再以节点 *C* 为轴心，将 *A* 逆时针向下旋转成为 *C* 的左孩子，使节点 *C* 代替 *A* 成为子树的根，*C* 的左子树链接成为 *A* 的右子树。

在 *A* 的右孩子 *B* 的左子树上插入新节点也有三种情况：第一种情况，在 *B* 的左孩子 *C* 的左子树上插入；第二种情况，在 *B* 的左孩子 *C* 的右子树上插入；第三种情况，*B* 的左子树为空树，新节点成为 *B* 的左孩子。同样地，无论哪种情况导致以 *A* 为根的子树失去平衡，都采用 RL 平衡旋转的方法进行调整。图 7-20 所示为 RL 平衡旋转，其中以第二种情况发生为例进行 RL 平衡旋转。

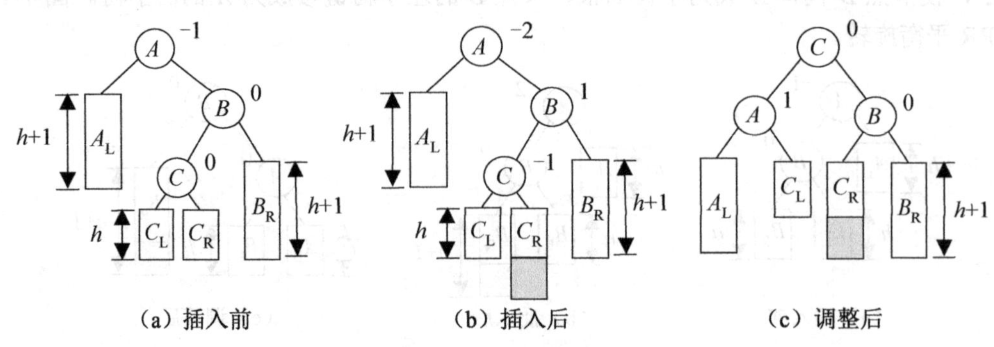

（a）插入前　　（b）插入后　　（c）调整后

图 7-20　RL 平衡旋转

3．平衡二叉树的插入与构造

由于平衡二叉树本身也是一棵二叉排序树，因此在平衡二叉树中插入一个新节点时，先按照二叉排序树的插入方法将节点插入，然后从插入节点的位置往根回溯，寻找是否存在最小不平衡子树，如果存在，则根据平衡旋转的类型进行调整。

构造平衡二叉树从空树开始，每读入一个数据元素就创建一个节点，利用插入算法将其插入到当前的平衡二叉树中，直到所有数据元素插入完毕，即可构造出最终的平衡二叉树。

例如，输入关键字序列(20,40,25,60,81,16,8,5,11,14)构造平衡二叉树的过程如图7-21所示。首先，从空树开始，插入20成为整棵平衡二叉树的根；其次，插入40成为20的右孩子，插入25成为40的左孩子，此时二叉树失去了平衡，最小不平衡子树的根为20所在的节点，由于25插入在20的右孩子的左子树上，因此使用RL平衡旋转恢复二叉树的平衡性；再次，插入后续节点，二叉树在插入81之后再次失去平衡，最小不平衡子树的根为40所在的节点，由于81插入在40的右孩子的右子树上，因此使用RR平衡旋转恢复二叉树的平衡性。依次类推，直到建立最终的平衡二叉树。

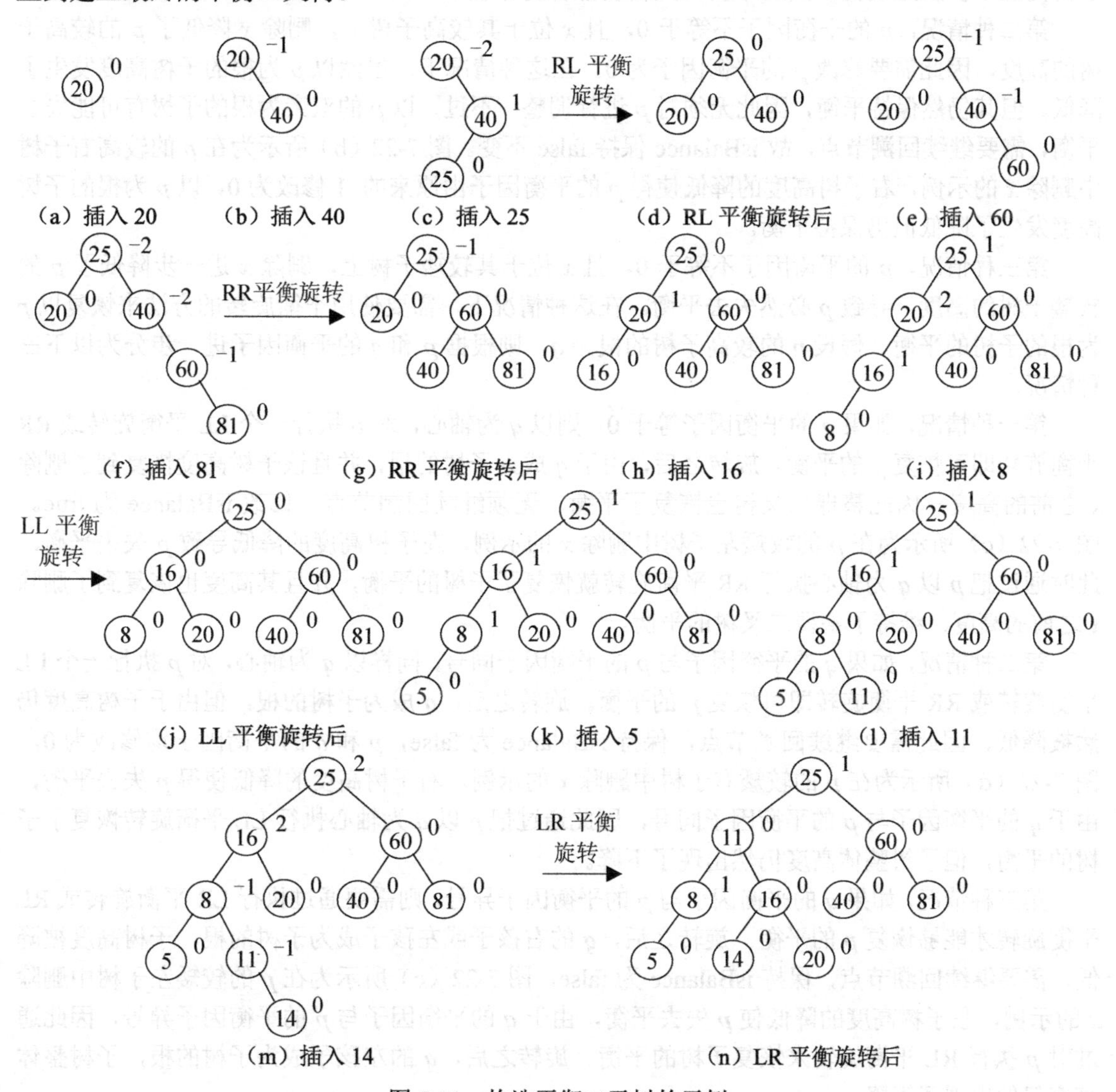

图7-21 构造平衡二叉树的示例

4．平衡二叉树的删除

平衡二叉树的删除与二叉排序树的删除一样，需要在树中查找是否存在与给定值相等的关键字，如果存在，则删除。由于删除节点可能会破坏二叉树的平衡，因此删除节点之后需要在查找路径上逆向回溯，对出现的不平衡子树使用平衡旋转的方法进行调整。

假设 x 表示被删除节点，isBalance 表示子树是否平衡（初始化为 false）。在平衡二叉树中删除节点 x 的方法：首先，使用二叉排序树删除节点的方法删除 x；然后，从 x 的双亲向根回溯，对路径上的每个节点进行判断，若 isBalance 为 false，则分为以下三种情况进行处理，直到根处理完毕或 isBalance 为 true，删除过程结束。

第一种情况，节点 p 的平衡因子等于 0，若删除 x 使得 p 的左子树或右子树高度降低，则修改 p 的平衡因子为-1 或 1。在这种情况下，由于以 p 为根的子树高度没有降低，二叉树不会失去平衡，因此无须继续回溯节点，修改 isBalance 为 true。图 7-22（a）所示为在 p 的右子树中删除 x 的示例，右子树高度的降低使得 p 的平衡因子由原来的 0 修改为 1，但是以 p 为根的子树高度不会发生变化，因此平衡二叉树仍然保持平衡。

第二种情况，p 的平衡因子不等于 0，且 x 位于其较高子树上，删除 x 降低了 p 的较高子树的高度，因此需要修改 p 的平衡因子为 0。在这种情况下，虽然以 p 为根的子树高度发生了降低，但其仍然保持平衡，因此无须对 p 进行调整。不过，以 p 的双亲为根的子树有可能失去平衡，需要继续回溯节点，故 isBalance 保持 false 不变。图 7-22（b）所示为在 p 的较高右子树中删除 x 的示例，右子树高度的降低使得 p 的平衡因子由原来的-1 修改为 0，以 p 为根的子树高度发生了降低但仍保持平衡。

第三种情况，p 的平衡因子不等于 0，且 x 位于其较矮子树上，删除 x 进一步降低了 p 的较矮子树的高度，导致 p 必然失去平衡。在这种情况下，需要使用平衡旋转的方法来恢复以 p 为根的子树的平衡。假设 p 的较高子树的根为 q，则根据 p 和 q 的平衡因子进一步分为以下三种情况。

第一种情况，如果 q 的平衡因子等于 0，则以 q 为轴心，对 p 执行一个 LL 平衡旋转或 RR 平衡旋转即可恢复 p 的平衡。旋转之后，由于 q 成为子树的根，并且该子树高度恢复到了删除 x 之前的高度，因此整棵二叉树也恢复了平衡，无须继续回溯节点，修改 isBalance 为 true。图 7-22（c）所示为在 p 的较矮左子树中删除 x 的示例，左子树高度的降低导致 p 失去平衡，此时通过把 p 以 q 为轴心执行 RR 平衡旋转就恢复了子树的平衡，并且其高度也恢复到了删除 x 之前的高度，维持了整棵二叉树的平衡。

第二种情况，如果 q 的平衡因子与 p 的平衡因子同号，同样以 q 为轴心，对 p 执行一个 LL 平衡旋转或 RR 平衡旋转即可恢复 p 的平衡。旋转之后，q 成为子树的根，但由于子树高度仍然被降低，因此需要继续回溯节点，保持 isBalance 为 false，p 和 q 的平衡因子均修改为 0。图 7-22（d）所示为在 p 的较矮右子树中删除 x 的示例，右子树高度的降低使得 p 失去平衡，由于 q 的平衡因子与 p 的平衡因子同号，因此通过把 p 以 q 为轴心执行 LL 平衡旋转恢复了子树的平衡，但子树整体高度仍然出现了下降。

第三种情况，如果 q 的平衡因子与 p 的平衡因子异号，则需要通过执行 LR 平衡旋转或 RL 平衡旋转才能够恢复 p 的平衡。旋转之后，q 的右孩子或左孩子成为子树的根，子树高度被降低，需要继续回溯节点，保持 isBalance 为 false。图 7-22（e）所示为在 p 的较矮左子树中删除 x 的示例，左子树高度的降低使 p 失去平衡，由于 q 的平衡因子与 p 的平衡因子异号，因此通过对 p 执行 RL 平衡旋转来恢复子树的平衡。旋转之后，q 的左孩子成为子树的根，子树整体高度仍然出现了下降。

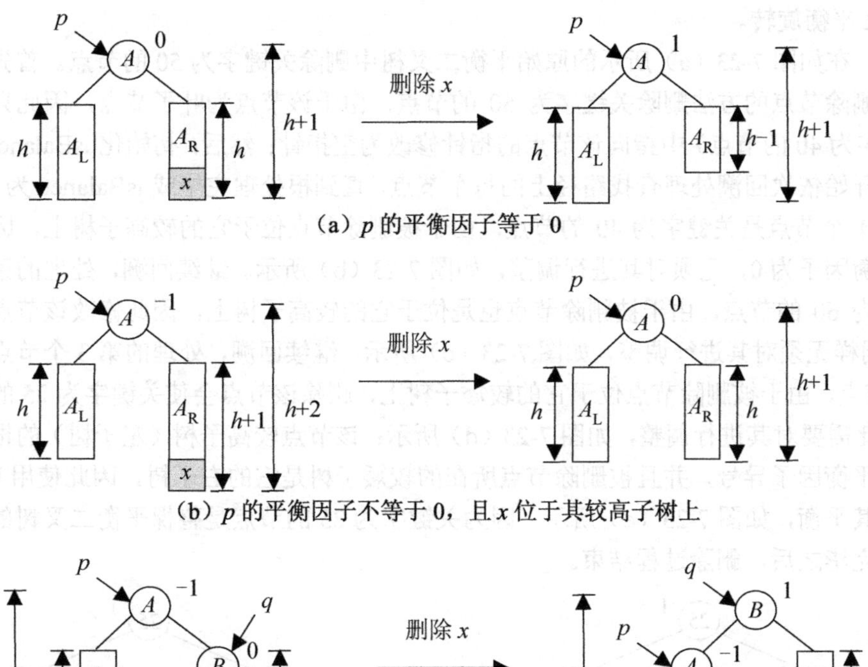

（a）p 的平衡因子等于 0

（b）p 的平衡因子不等于 0，且 x 位于其较高子树上

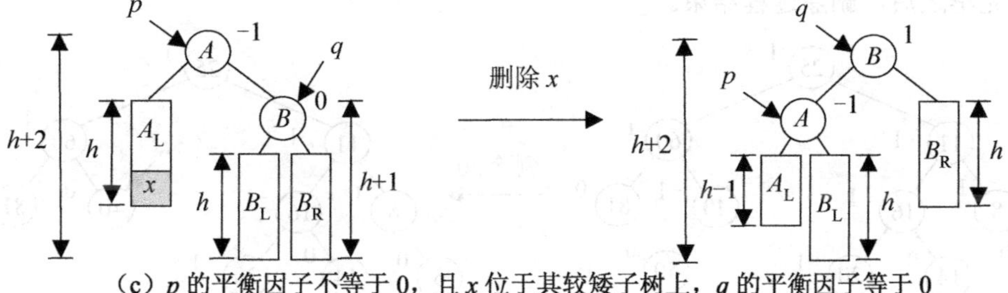

（c）p 的平衡因子不等于 0，且 x 位于其较矮子树上，q 的平衡因子等于 0

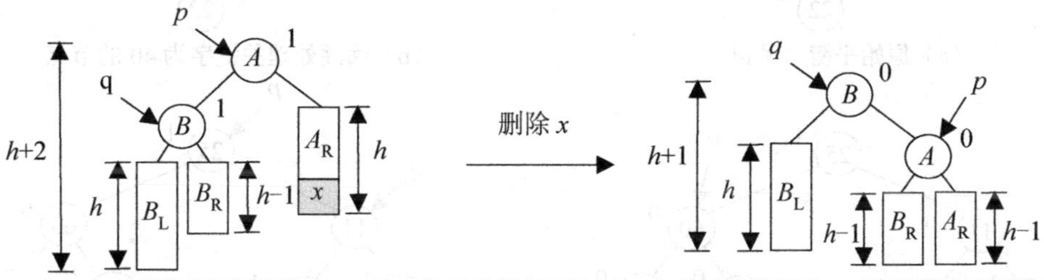

（d）p 的平衡因子不等于 0，且 x 位于其较矮子树上，q 的平衡因子与 p 的平衡因子同号

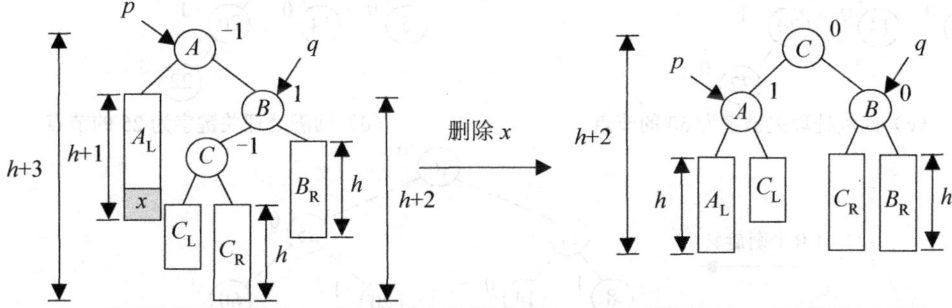

（e）p 的平衡因子不等于 0，且 x 位于其较矮子树上，q 的平衡因子与 p 的平衡因子异号

图 7-22　平衡二叉树删除的示例

在上述三种情况中，具体执行哪种平衡旋转取决于被删除节点 x 所在的较矮子树是节点 p 的哪棵子树，若是左子树，则执行 RR 平衡旋转或 RL 平衡旋转；若是右子树，则执行 LL 平衡

旋转或 LR 平衡旋转。

例如，在如图 7-23（a）所示的原始平衡二叉树中删除关键字为 50 的节点。首先，采用二叉排序树删除节点的方法删除关键字为 50 的节点，由于该节点为叶子节点，因此只需将其双亲（关键字为 40 的节点）中指向该节点的指针修改为空指针；然后，初始化 isBalance 为 false，从其双亲开始依次回溯处理查找路径上的每个节点，直到根处理完毕或 isBalance 为 true。回溯处理的第 1 个节点是关键字为 40 的节点，由于被删除节点位于它的较高子树上，因此修改该节点的平衡因子为 0，无须对其进行调整，如图 7-23（b）所示。继续回溯，处理的第 2 个节点是关键字为 60 的节点，由于被删除节点也是位于它的较高子树上，因此修改该节点的平衡因子为 0，同样无须对其进行调整，如图 7-23（c）所示。继续回溯，处理的第 3 个节点是关键字为 25 的节点，由于被删除节点位于它的较矮子树上，删除该节点会使关键字为 25 的节点失去平衡，因此需要对其进行调整，如图 7-23（d）所示；该节点较高子树（左子树）的根的平衡因子与它的平衡因子异号，并且被删除节点所在的较矮子树是它的右子树，因此使用 LR 平衡旋转来恢复其平衡，如图 7-23（e）所示。因为关键字为 25 的节点是整棵平衡二叉树的根，所以在其处理完毕之后，删除过程结束。

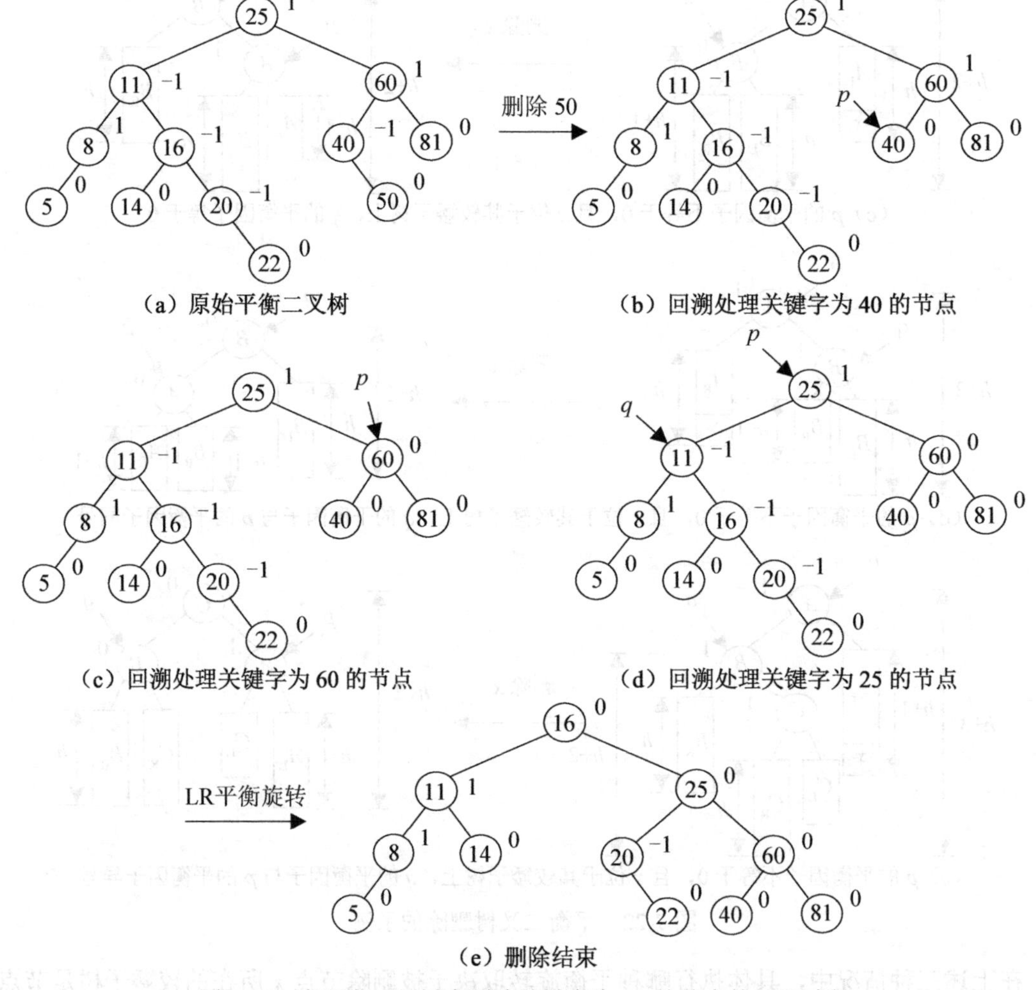

（a）原始平衡二叉树　（b）回溯处理关键字为 40 的节点

（c）回溯处理关键字为 60 的节点　（d）回溯处理关键字为 25 的节点

（e）删除结束

图 7-23　在平衡二叉树中删除关键字为 50 的节点的处理过程

5. 平衡二叉树的查找

平衡二叉树本身就是一棵二叉排序树，其查找方法与二叉排序树的查找方法完全一样。并且，平衡二叉树在查找成功和查找失败时的平均查找长度的计算方法与二叉排序树也完全相同，此处不再介绍。

平衡二叉树各种操作的实现比较复杂，具体请参考本书的配套源码。

7.3.3 B-树与B+树

二叉排序树适用于数据量相对较小，且能够完全在内存中组织索引的情况。如果需要处理的数据量很大，无法全部读入内存，那么对数据的处理需要频繁地进行内存、外存的数据交换。由于在这种情况下，查找表通常被存放在外存上，因此外存的读写次数是影响查找性能的主要因素。对二叉排序树而言，每个节点只能存放一个数据元素，每个节点最多只能有两个孩子，这样的数据组织方式在数据量很大的情况下，构造出来的二叉排序树的高度很高，造成外存读写过于频繁，导致查找效率低。另外，数据量过大也会出现内存无法容纳二叉排序树所有节点的情况。为了解决这一问题，多路查找树应运而生。在多路查找树中，每个节点可以存储多个数据元素，并且可以有多个孩子。由于它是查找树，因此所有元素之间存在着一定的排序关系。下面介绍多路查找树中的B-树和B+树。

1. B-树的定义

B-树是一棵平衡的多路查找树，多用于操作系统和数据库的多级索引组织。一棵 m 阶 B-树或者是一棵空树，或者是满足下列性质的 m 叉树。

（1）树中每个节点最多有 m 棵子树。

（2）若根不是叶子节点，则至少有两棵子树。

（3）除根以外的所有非终端节点至少有$\lceil m/2 \rceil$棵子树。

（4）所有的非终端节点都具有如下结构：

$$(n, p_0, k_1, p_1, k_2, p_2, \cdots, k_n, p_n)$$

式中，n 为节点中关键字的数目且$\lceil m/2 \rceil-1 \leqslant n \leqslant m-1$；$k_i$（$1 \leqslant i \leqslant n$）为关键字且 $k_i<k_{i+1}$；p_i（$0 \leqslant i \leqslant n$）为指向子树的指针。指针 p_i 所指子树中的所有关键字的取值介于区间(k_i, k_{i+1})（$1 \leqslant i \leqslant n-1$），并且指针 p_0 所指子树中的所有关键字都小于 k_1，指针 p_n 所指子树中的所有关键字都大于 k_n。

（5）所有叶子节点都在同一层上，并且不带任何信息。这些叶子节点是表示查找失败的外部节点，不是B-树的节点，实际并不存在，指向它们的指针都是空指针。

例如，图7-24（a）所示为三阶B-树，表示查找失败的所有叶子节点都在同一层上；图7-24（b）表示查找失败的叶子节点不在同一层上，所以其不是B-树。

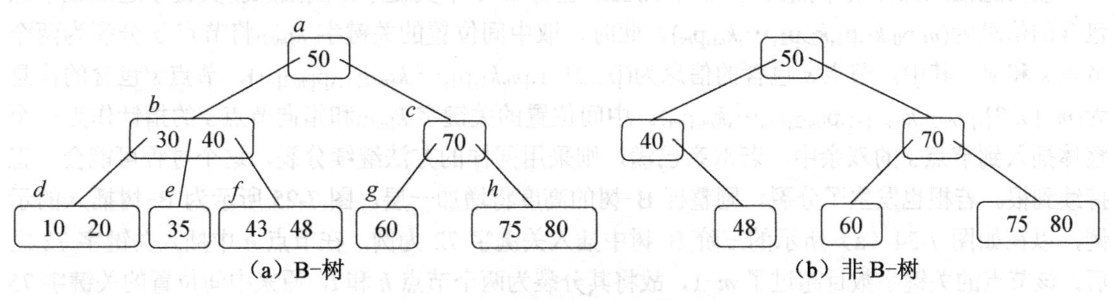

图7-24 B-树和非B-树的示例

2. B-树的查找

B-树的查找过程类似于二叉排序树：从根开始，在根的关键字有序表中进行查找，若找到，则查找成功；否则，确定待查找关键字可能所在的子树，进入子树继续查找，直到查找成功或查找失败。

例如，在如图 7-24（a）所示的 B-树中查找关键字为 35 的数据元素的过程：从根 a 开始进行关键字比较，由于 35<50，因此根据 50 左侧的子树指针找到节点 b；在节点 b 中，由于 30<35<40，因此根据 30 和 40 之间的子树指针找到节点 e；在节点 e 中，通过比较找到与 35 相等的关键字，查找成功。若要在该树中查找关键字为 65 的数据元素，则查找过程从根开始，经过节点 a、c 进入节点 g，在节点 g 中通过比较发现 60<65，而 60 右侧的子树指针为空指针，故查找失败。

由此可见，B-树的查找过程是在树中找节点和在节点中找关键字交替进行的过程。由于 B-树通常存储在外存上，因此在 B-树中找节点首先需要通过读取外存实现，即在外存中找到节点，其次将该节点的内容读入内存，再次在内存中对节点内的关键字进行查找。因为从外存中读取信息的速度远远低于在内存中读取信息的速度，所以在外存中查找节点的次数（B-树的高度）是决定 B-树查找效率的首要因素。显然，提高 B-树的阶数 m，可以降低其高度。但是，阶数 m 的取值会受到内存容量的限制。若阶数 m 的取值过大，则导致一个节点的信息无法一次读入内存，同样会增加外存的读取次数，使得查找性能下降。因此，在构造 B-树时需要仔细权衡阶数与高度的选择。

【性能分析】

对于一棵 m 阶的 B-树，第 1 层至少有 1 个节点，第 2 层至少有 2 个节点，第 3 层至少有 $2\times\lceil m/2\rceil$个节点，依次类推，假设叶子节点在第 $h+1$ 层上，则该层至少有 $2\times(\lceil m/2\rceil)^{h-1}$ 个节点。若 B-树共有 n 个关键字，则叶子节点（查找失败的节点）有 $n+1$ 个，因此可得 $2\times(\lceil m/2\rceil)^{h-1}\leqslant n+1$，即 $h\leqslant\log_{\lceil \frac{m}{2}\rceil}\left(\frac{n+1}{2}\right)+1$。所以，在一棵有 n 个关键字的 m 阶 B-树中查找时，从根到关键字所在节点的查找路径上的节点数目不会超过 $\log_{\lceil \frac{m}{2}\rceil}\left(\frac{n+1}{2}\right)+1$。

3. B-树的插入

在查找失败的情况下，可以把关键字插入到 B-树中，插入位置在最后一次进行关键字比较的节点内。在一棵 m 阶 B-树中，每个节点最多只能包含 $m-1$ 个关键字，若插入位置所在节点的关键字数目小于 $m-1$，则可以直接插入，否则需要对该节点进行分裂处理。

设实施插入操作的节点为 s，该节点已经包含 $m-1$ 个关键字，当插入新关键字之后该节点包含的信息为$(m,p_0,k_1,p_1,k_2,p_2,\cdots,k_m,p_m)$。此时，取中间位置的关键字 $k_{\lceil m/2\rceil}$将节点 s 分裂为两个节点 s 和 s'。其中，节点 s 包含的信息为$(\lceil m/2\rceil-1,p_0,k_1,p_1,\cdots,k_{\lceil m/2\rceil-1},p_{\lceil m/2\rceil-1})$，节点 s'包含的信息为$(m-\lceil m/2\rceil,p_{\lceil m/2\rceil},k_{\lceil m/2\rceil+1},p_{\lceil m/2\rceil+1},\cdots,k_m,p_m)$。中间位置的关键字 $k_{\lceil m/2\rceil}$和指向节点 s'的指针作为一个整体插入到节点 s 的双亲中。若双亲已满，则采用同样的方法继续分裂，这个过程可能会一直持续到根。若根也发生了分裂，则整棵 B-树的高度将增加一层。图 7-25 所示为 B-树插入的示例，以在如图 7-24（a）所示的三阶 B-树中插入关键字 72 为例，在节点 h 中插入关键字 72 之后，该节点的关键字数目超过了 $m-1$，故将其分裂为两个节点 h 和 i，原来中间位置的关键字 75 和节点 i 的指针作为一个整体插入到双亲 c 中。由于节点 c 的关键字数目没有超过 $m-1$，因此插入过程结束。

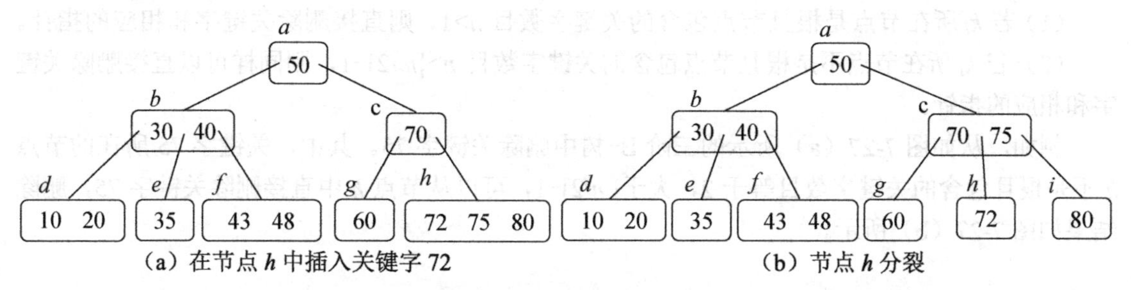

(a) 在节点 h 中插入关键字 72　　(b) 节点 h 分裂

图 7-25　B-树插入的示例

利用插入过程，从一棵空树开始，通过逐个插入关键字即可构造 B-树。例如，根据关键字序列(45,30,40,70,10,80,60,50,75)构造三阶 B-树的示例，如图 7-26 所示。该示例从一棵空树开始：第一，插入 45 成为这棵三阶 B-树的根［见图 7-26（a)］；第二，在根中插入 30，由于根的关键字数目没有超过上限 2，因此可以直接插入［见图 7-26（b)］；第三，在根插入 40，此时根的关键字数目超过上限 2，必须按照节点分裂方法，以位于中间位置的 40 为界分裂为两个节点，由于是根的分裂，因此位于中间位置的 40 被上升成为新的根，树的高度增加到 2［见图 7-26（c)］；第四，继续插入 70 和 10，都可以直接插入到相应的节点［见图 7-26（d）和图 7-26（e)］；第五，在插入 80 时再次进行节点分裂［见图 7-26（f)］；依次类推，直到所有关键字插入完毕，从而构造出相应的三阶 B-树。

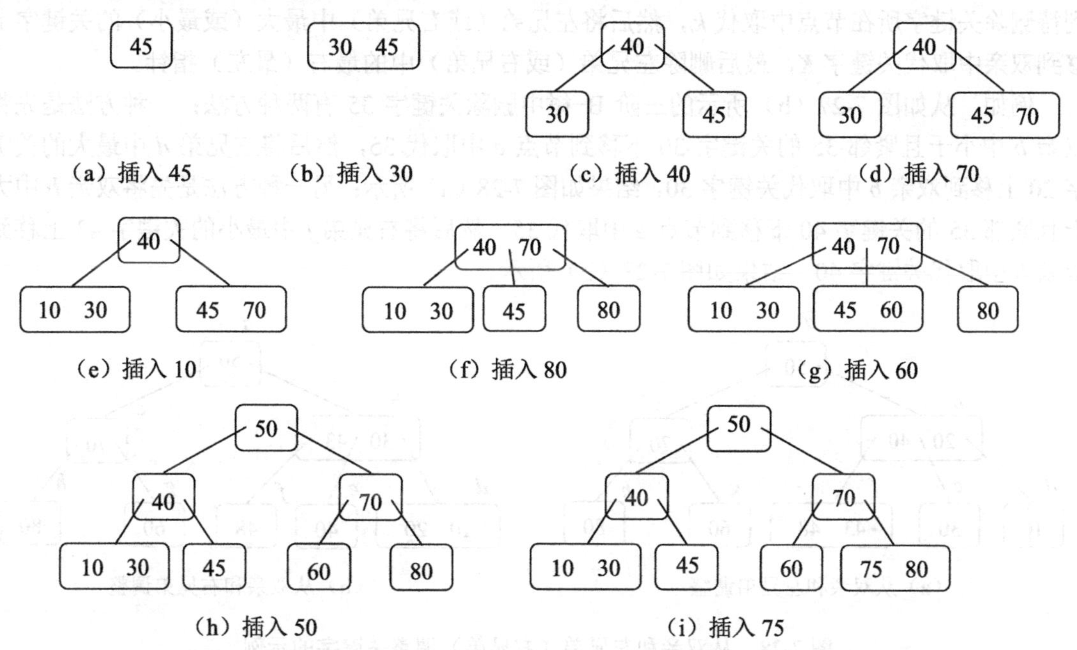

图 7-26　根据关键字序列(45,30,40,70,10,80,60,50,75)构造三阶 B-树的示例

4．B-树的删除

从 B-树中删除一个关键字，需要先查找到该关键字所在的节点，然后将其从节点中删除。从节点中删除关键字分为以下两种情况进行讨论。

第一种情况，待删除关键字 k_i（$1 \leqslant i \leqslant n$）位于 B-树最下层的节点，即该节点不存在子树。

这种情况又进一步分为以下四种情况分别处理。

（1）若 k_i 所在节点是根且节点包含的关键字数目 $n>1$，则直接删除关键字和相应的指针。

（2）若 k_i 所在节点不是根且节点包含的关键字数目 $n>\lceil m/2\rceil-1$，则同样可以直接删除关键字和相应的指针。

例如，从如图 7-27（a）所示的三阶 B−树中删除关键字 75。其中，关键字 75 所在的节点 h 不是根且包含的关键字数目等于 2，大于 $\lceil m/2\rceil-1$，可以从节点 h 中直接删除关键字 75，删除结果如图 7-27（b）所示。

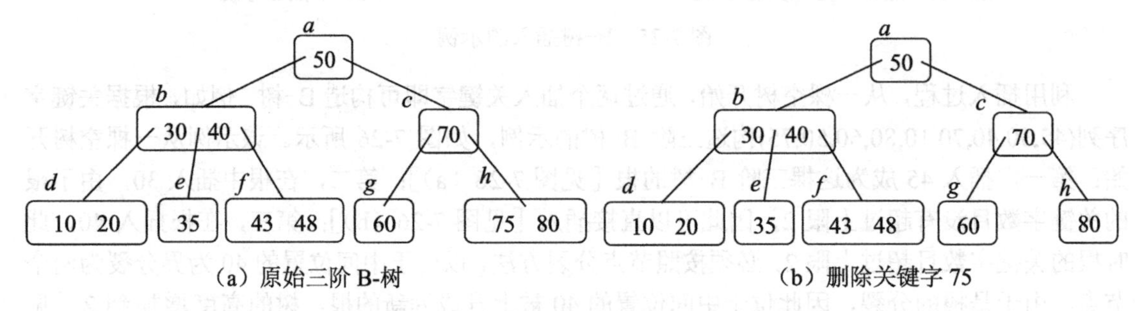

（a）原始三阶 B-树　　（b）删除关键字 75

图 7-27　从节点中直接删除关键字的示例

（3）k_i 所在节点不是根且节点包含的关键字数目 $n=\lceil m/2\rceil-1$，若该节点的左兄弟（或右兄弟）包含的关键字数目大于 $\lceil m/2\rceil-1$，则先将双亲中小于（或大于）且紧邻 k_i 的关键字 K 下移到待删除关键字所在节点中取代 k_i，然后将左兄弟（或右兄弟）中最大（或最小）的关键字上移到双亲中取代关键字 K，最后删除左兄弟（或右兄弟）中的最右（最左）指针。

例如，从如图 7-27（b）所示的三阶 B−树中删除关键字 35 有两种方法：一种方法是先将双亲 b 中小于且紧邻 35 的关键字 30 下移到节点 e 中取代 35，然后将左兄弟 d 中最大的关键字 20 上移到双亲 b 中取代关键字 30，结果如图 7-28（a）所示；另一种方法是先将双亲 b 中大于且紧邻 35 的关键字 40 下移到节点 e 中取代 35，然后将右兄弟 f 中最小的关键字 43 上移到双亲 b 中取代关键字 40，结果如图 7-28（b）所示。

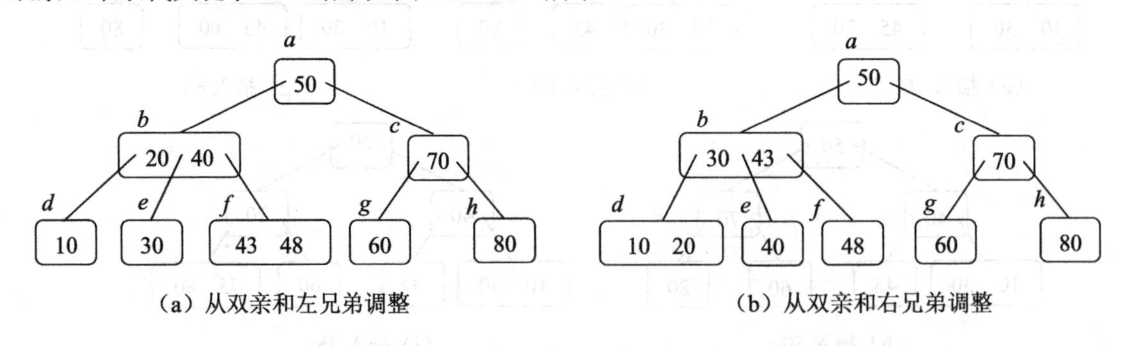

（a）从双亲和左兄弟调整　　（b）从双亲和右兄弟调整

图 7-28　从双亲和左兄弟（右兄弟）调整关键字的示例

（4）k_i 所在节点不是根且节点包含的关键字数目 $n=\lceil m/2\rceil-1$，若该节点的左兄弟、右兄弟包含的关键字数目也等于 $\lceil m/2\rceil-1$，则先将双亲中小于（或大于）且紧邻 k_i 的关键字 K 下移到待删除关键字所在节点中取代 k_i，然后将节点与左兄弟（或右兄弟）合并。在处理过程中，双亲包含的关键字数目减少了 1 个，若双亲是根且关键字数目变为 0，则删除该双亲，前述合并之后的节点成为新的根；若双亲不是根且关键字数目小于 $\lceil m/2\rceil-1$，则需要继续对该节点进行合并处理。重复这一过程，最坏情况下需要一直处理到B-树的根。

例如，从如图7-28（b）所示的三阶B-树中删除关键字48后的三阶B-树的示例如图7-29所示。在该示例中，由于48所在的节点f仅有1个关键字，关键字数目等于$\lceil m/2\rceil-1$，因此先将双亲b中小于且紧邻48的关键字43下移到节点f中取代48，然后将节点f与左兄弟e合并。虽然在双亲b中的关键字减少了，但是它的数目仍满足等于$\lceil m/2\rceil-1$的条件，故无须对它进行调整。

第二种情况，待删除的关键字k_i（$1\leqslant i\leqslant n$）所在节点不是最下层的节点，即该节点存在子树，则使用指针p_i所指子树中的最小关键字k_r或p_{i-1}所指子树中的最大关键字k_l取代k_i，再将k_r或k_l从它们所在的节点中删除。由于k_r或k_l所在的节点必然是B-树最下层的节点，这样就把第二种删除关键字的情况转化为了第一种情况进行处理。

例如，从如图7-29所示的三阶B-树中删除关键字50后的三阶B-树的示例如图7-30所示。在该例中，由于50所在的节点a不是最下层的节点，因此先使用左侧指针指向的子树中最大的关键字43取代50，然后从节点e中删除43。由于43所在的节点e是最下层节点，并且包含的关键字数目大于$\lceil m/2\rceil-1$，因此可以直接删除43及其右侧指针。

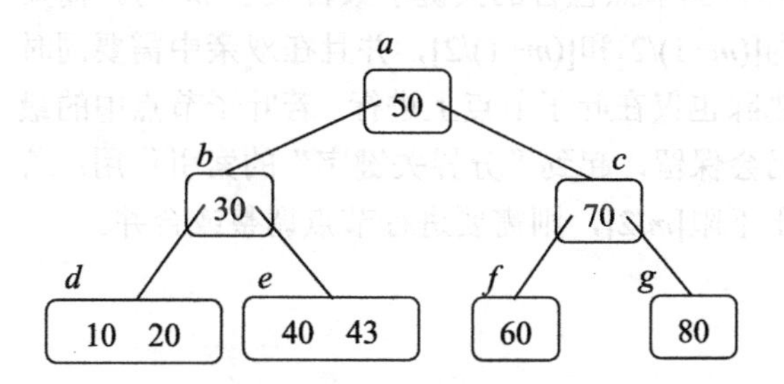

图7-29 删除关键字48后的三阶B-树的示例

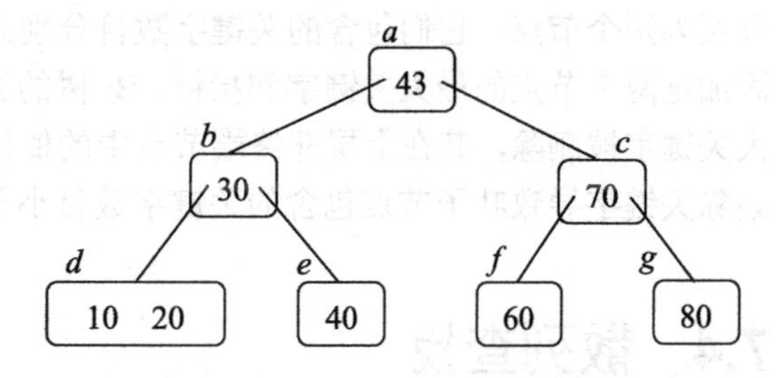

图7-30 删除关键字50后的三阶B-树的示例

5. B+树

B+树是B-树的一种变形，在实现文件索引结构方面比B-树使用得更加普遍。一棵m阶的B+树定义如下。

（1）树中每个节点最多具有m棵子树。

（2）根至少有两棵子树，除根之外的非终端节点至少具有$\lceil m/2\rceil$棵子树。

（3）非终端节点的子树数目与该节点包含的关键字数目相等。

（4）叶子节点位于同一层，包含全部关键字和指向对应数据元素的指针，并且叶子节点本身按照关键字由小到大的顺序链接。

（5）非终端节点可以被看作索引节点，节点中的关键字k_i与子树指针p_i构成了一个索引项，k_i是p_i所指子树中最大（或最小）的关键字。

B+树与B-树之间的差异主要在于上述的第（3）～（5）条。图7-31所示为一棵三阶B+树的示例。

一棵B+树通常有两个头指针：一个指向树的根；另一个指向关键字最小的叶子节点。因此，对B+树可以执行两种查找：一种是从树的根开始，自上而下地进行查找；另一种是从关键字最小的叶子节点开始，通过遍历所有的叶子节点进行顺序查找。

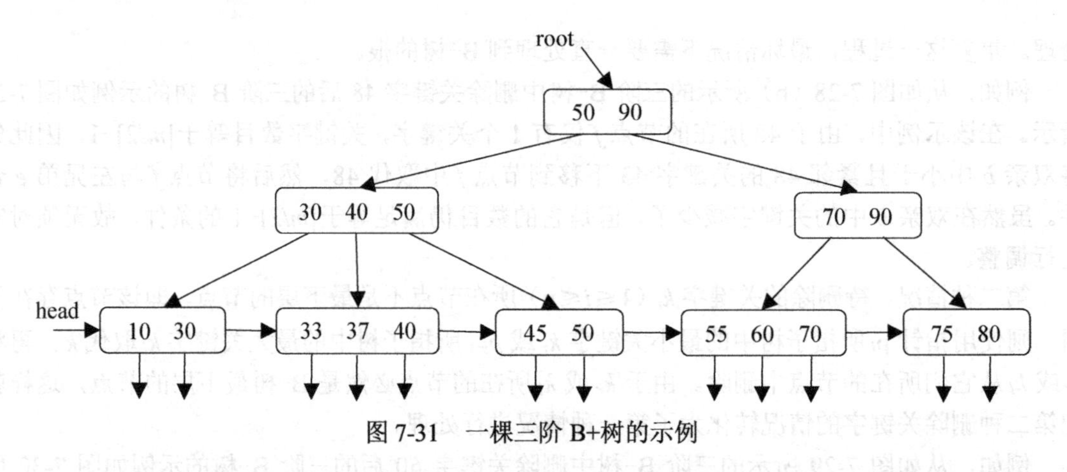

图 7-31　一棵三阶 B+树的示例

B+树的查找、插入和删除的过程与 B−树相似，只是在查找过程中，如果遇到非终端节点中的某个关键字等于给定值的情况，查找不会中止，继续沿相应的子树指针向下，直到在叶子节点中找到这个关键字。因此，在 B+树中，无论查找成功与否，每次查找都走了一条从根到叶子节点的路径。B+树的插入仅在叶子节点上进行，当节点包含的关键字数目大于 m 时，需要分裂为两个节点，它们包含的关键字数目分别为$\lceil(m+1)/2\rceil$和$\lfloor(m+1)/2\rfloor$，并且在双亲中需要同时添加这两个节点的最大关键字和指针。B+树的删除也仅在叶子节点上进行，若叶子节点中的最大关键字被删除，其在上层非终端节点中的值仍会保留，起到“分界关键字”的索引作用；若删除关键字导致叶子节点包含的关键字数目小于下限$\lceil m/2\rceil$，则需要进行节点调整或合并。

7.4　散列查找

到目前为止讨论的查找算法在根据给定值进行查找时，无一例外都需要通过比较关键字与给定值来确定数据元素的存储位置，这是由于在数据元素的关键字和存储位置之间没有建立直接的对应关系。如果能够建立一个从数据元素的关键字集合 K 到存储位置空间 A 的函数映射 H：$K \to A$，并以此建立起相应的查找表，那么在进行查找时，根据给定的关键字，使用该函数映射就可以得到数据元素的存储位置，从而可以直接找到该元素，避免烦琐的比较过程，这就是散列查找的基本思想。

7.4.1　散列表的概念

散列查找只能用于通过散列技术建立起来的查找表。散列技术在数据元素的关键字和存储位置之间建立一个确定的函数关系，使得一个关键字仅对应一个存储位置并将数据元素存储至该位置。散列技术使用的函数称为**散列函数**（**哈希函数**）；使用散列技术将数据元素存储在一片连续的存储单元中，这片存储单元称为**散列表**（**哈希表**）；数据元素在散列表中的存储位置称为**散列地址**（**哈希地址**）。散列技术实质上是一种存储方法，提供了一种主要面向查找的存储结构。

例如，在图书信息管理系统中，每本图书包含三个信息：图书编号（ID）、图书名称（BookName）和作者姓名（AuthorName）。现有如下五本图书的信息：（1，三国演义，罗贯中）、（3，西游记，吴承恩）、（6，红楼梦，曹雪芹）、（7，水浒传，施耐庵）和（10，聊斋志异，蒲松龄），要求利用散列技术将它们存入长度为 100 的数组。

为了解决这个问题，我们需要构造一个散列函数，如使用“*H*(ID)=ID”作为散列函数，即取图书编号作为散列地址，可以建立如图 7-32（a）所示的散列表。当然也可以构造其他散列函数，只需计算得到的散列地址不超过数组下标范围，如选择“*H*(BookName)=书名首字母在字母表中的序号”作为散列函数，可以建立如图 7-32（b）所示的散列表，但使用这个散列函数对“三国演义”和“水浒传”这两个书名得到的散列地址都是 19，形成了存储位置的冲突。

	ID	BookName	AuthorName
0			
1	1	三国演义	罗贯中
2			
3	3	西游记	吴承恩
4			
5			
6	6	红楼梦	曹雪芹
7	7	水浒传	施耐庵
8			
9			
10	10	聊斋志异	蒲松龄
⋮			
99			

（a）散列函数为“*H*(ID)=ID”的散列表

	ID	BookName	AuthorName
0			
1			
⋮			
8	6	红楼梦	曹雪芹
⋮			
12	10	聊斋志异	蒲松龄
⋮			
19			
⋮			
24	3	西游记	吴承恩
⋮			
99			

H(三国演义)=19
H(水浒传)=19
冲突！

（b）散列函数为“*H*(BookName)=书名首字母在字母表中的序号”的散列表

图 7-32　散列表的示例

由上面的示例可见，散列函数只是一种映像，所以散列函数的设定很灵活，只要能够使关键字的散列函数值落入表长允许的范围之内即可。对于设定的某个散列函数，可能会发生不同的关键字得到同一个散列地址的情况，即 key1≠key2，但 *H*(key1)=*H*(key2)，这种情况称为**冲突**。散列地址相同的不同关键字称为**同义词**。值得注意的是，同义词与散列函数相关，在一个散列函数下的同义词在另一个散列函数下可能不是同义词。

由于冲突会给构造散列表带来困难，因此我们总是希望寻找一个不容易产生冲突的函数作为散列函数，利用该函数得到的地址能够“均匀”分布于散列地址空间。但是，由于散列存储通常是一种压缩存储，关键字集合往往大于散列地址集合，这将导致冲突无法完全避免，因此在发生冲突之后，需要存在一种机制为发生冲突的数据元素寻找存储位置，从而解决冲突。

任何一种散列方法都必然包括两方面：散列函数的构造方法和解决冲突的方法。下面先对这两方面进行介绍，然后讨论散列查找及其性能。

7.4.2　散列函数的构造方法

构造散列函数的方法很多，无论使用哪种方法，都需要注意 3 方面：①散列函数的定义域必须包括需要存储的全部数据元素的关键字，值域必须位于散列表的表长范围；②散列地址应能均匀地分布于整个地址空间；③散列函数的计算方式应简单，计算时间不应超过其他查找方法进行比较的时间。

1．直接定址法

直接定址法取关键字或关键字的某个线性函数值作为散列地址，得到的地址集合与关键字集合大小相等，是一对一的映射，一般不会发生冲突。使用直接定址法构造散列函数的公式为

$$H(\text{key})=a\times\text{key}+b \qquad a、b\text{ 是整数} \tag{7-7}$$

直接定址法适用于散列地址空间与关键字集合大小相同的情况，不适用于关键字集合很大并且不连续的情况。

2．数字分析法

数字分析法对关键字进行分析，通过计算和比较关键字每位的符号分布均匀度，选取关键字中分布均匀的若干位将其组合作为散列地址。数字分析法适用于关键字位数比散列地址位数大，并且预先知道所有可能出现的关键字的情况。

计算关键字每位的符号分布均匀度的方法：假设共有 n 个关键字，每个关键字都由 d 位构成，每位都有 r 种可能的取值，则第 k 位的符号分布均匀度为

$$\lambda_k=\sum_{i=1}^{r}\left(a_k^i-\frac{n}{r}\right)^2 \tag{7-8}$$

式中，a_k^i 表示在所有关键字的第 k 位上第 i 个取值出现的次数；n/r 表示每个取值在所有关键字中均匀出现的期望值。λ_k 的值越小，表明第 k 位的符号分布越均匀。

例如，已知一组十进制关键字：3106051、3107129、3129725、3158413、3191852、3105718、3122635、3179037。这组关键字共有 8 个，每个关键字都由 7 位构成，每位都有 0～9 十种可能的取值，故在本例中，n=8，d=7，r=10，从左往右每位的符号分布均匀度的计算过程如下。

第 1 位，仅 3 出现 8 次，其他九种取值都出现 0 次，故：

$$\lambda_1=(8-8/10)^2+(0-8/10)^2\times 9=57.6$$

第 2 位，仅 1 出现 8 次，其他九种取值都出现 0 次，故：

$$\lambda_2=(8-8/10)^2+(0-8/10)^2\times 9=57.6$$

第 3 位，0 出现 3 次，2 出现 2 次，5、7、9 各出现 1 次，其他五种取值都出现 0 次，故：

$$\lambda_3=(3-8/10)^2+(2-8/10)^2+(1-8/10)^2\times 3+(0-8/10)^2\times 5=9.6$$

第 4 位，9 出现 2 次，1、2、5、6、7、8 各出现 1 次，其他三种取值都出现 0 次，故：

$$\lambda_4=(2-8/10)^2+(1-8/10)^2\times 6+(0-8/10)^2\times 3=3.6$$

第 5 位，0、7 各出现 2 次，1、4、6、8 各出现 1 次，其他四种取值都出现 0 次，故：

$$\lambda_5=(2-8/10)^2\times 2+(1-8/10)^2\times 4+(0-8/10)^2\times 4=5.6$$

第 6 位，1、2、3、5 各出现 2 次，其他六种取值都出现 0 次，故：

$$\lambda_6=(2-8/10)^2\times 4+(0-8/10)^2\times 6=9.6$$

第 7 位，5 出现 2 次，1、2、3、7、8、9 各出现 1 次，其他三种取值都出现 0 次，故：

$$\lambda_7=(2-8/10)^2+(1-8/10)^2\times 6+(0-8/10)^2\times 3=3.6$$

如果散列地址由 3 位构成，则可以选择关键字中的第 4、5、7 位作为散列地址；也可以对抽取出来的数字进行反转（如将 135 变为 531）、左环移位（如将 135 变为 351）或右环移位（如将 135 变为 513）等处理作为散列地址。

3．折叠法

折叠法先将关键字分割成位数相等的几部分（最后一部分的位数可以不同），然后将这几部分叠加求和，最后根据散列表的表长取和的后面若干位作为散列地址。此方法适用于关键字位数较多并且每位的符号分布比较均匀的情况。

折叠法中的数位叠加方法通常有两种：移位叠加和间界叠加。移位叠加将分割后的每部分的最低位对齐相加；间界叠加先从一端向另一端沿各部分的分界来回折叠，然后对齐最低位相加。

例如，已知关键字10225196407，散列表的表长为1000（散列地址为3位），则可以将关键字从左至右、每3位为一组进行分割，得到102、251、964、07四部分；若进行移位叠加得到1324［见图7-33（a）］，取324作为散列地址；若进行间界叠加得到1288［见图7-33（b）］，取288作为散列地址。

```
   102          102
   251          152
   964          964
+   07       +   70
------       ------
  1324         1288
```

（a）移位叠加　（b）间界叠加

图7-33　折叠法叠加的示例

4．平方取中法

平方取中法取关键字平方后的中间几位作为散列地址。平方运算可以扩大关键字之间的差别，并且平方值的中间几位会受到每位关键字的影响，使得不同的关键字得到的散列地址分布较为均匀，不易发生冲突。图7-34所示为使用平方取中法计算3位散列地址的示例。

关键字	（关键字）^{2}	散列地址
1234	1522756	227
1324	1752976	529
2143	4592449	924
3124	9759376	593

图7-34　使用平方取中法计算3位散列地址的示例

5．除留余数法

除留余数法取某个不大于散列表表长 m 的数 p 作为除数，用关键字除以该除数后所得的余数作为散列地址，即散列函数设定为

$$H(\text{key})=\text{key}\%p \quad p\leqslant m \tag{7-9}$$

式中，%表示整数除法求余运算。

在除留余数法中，除数 p 的选取非常重要。通常，p 应取不大于散列表表长的质数或不含20以下质因数的合数，同时应避免取2的幂。如果关键字是十进制数字，则 p 也应避免取10的幂，因为取10的幂作为除数会使得到的地址分布过于集中，所以会导致冲突增多。

例如，已知散列表表长 m=1000，取 p=997，则关键字key=6218对应的散列地址为

$$H(6218)=6218\%997=236$$

除留余数法是一种最常用的散列函数构造方法，它不仅可以单独使用，还可以与其他方法

结合使用。

6. 乘余取整法

乘余取整法选取一个常数 a（$0<a<1$）作为乘数，将关键字乘以该乘数之后，取乘积的小数部分再乘以整数 n，对结果进行向下取整之后得到的整数作为散列地址，即散列函数设定为

$$H(\text{key})=\lfloor n\times(a\times \text{key}\%1)\rfloor \quad 0<a<1 \tag{7-10}$$

式中，$a\times$key%1 表示取 $a\times$key 的小数部分。

例如，已知散列表表长为 1000，取常数 a=0.6180339，n=1000，则关键字 key=6218 对应的散列地址为

$$H(6218)=\lfloor 1000\times(0.6180339\times 6218\%1)\rfloor=934$$

在乘余取整法中，对于 n 的选取没有过多要求。通常，若地址空间为 p 位，则可以取 n 等于 2^p。虽然 a 可以选取(0,1)之间的任意值，但是取某些值的效果更好，一般可以取黄金分割比，即 0.6180339。

7.4.3 解决冲突的方法

任何散列函数都无法绝对避免冲突的发生，因此在散列技术中，解决冲突的方法是一个重要的方面。解决冲突的基本思想：为产生冲突的数据元素重新找到一个空闲的存储位置进行存放。解决冲突常用的方法包括两类：闭散列方法（Closed Hashing）和开散列方法（Open Hashing）。

1. 闭散列方法

闭散列方法也称为**开放定址法**，这类方法在发生冲突时会形成一个地址探查序列，按照此地址序列逐个进行探查，直到找到一个空闲位置（开放的地址），将发生冲突的数据元素存储到该地址对应的存储单元中。

闭散列方法计算探查地址的公式可以表示为

$$H_i=(H(\text{key})+d_i)\%m \quad i=1,2,\cdots,k \text{ 且 } k\leqslant m-1 \tag{7-11}$$

式中，H_i 表示探查地址；H(key)表示散列函数计算得到的散列地址；m 表示散列表表长；d_i 表示增量序列。按照增量序列 d_i（$i=1,2,\cdots,k$ 且 $k\leqslant m-1$）的不同取法，闭散列方法分为线性探测法、二次探测法、随机探测法和双散列法。

（1）线性探测法。

当增量序列 $d_i=1,2,\cdots,m-1$ 时，称为线性探测法。

例如，表长为 13 的散列表中已填关键字为 17、60 和 29 的数据元素（见图 7-35），散列函数 H(key)=key%11，现有关键字为 38 的第 4 个记录，要求使用线性探测法解决冲突，将其存入散列表。在本例中，先利用散列函数计算得到散列地址为 $H(38)=5$，产生冲突；然后使用线性探测法计算探查地址，过程如下

$$H_1=(H(38)+1)\%13=(5+1)\%13=6 \quad \text{冲突}$$

$$H_2=(H(38)+2)\%13=(5+2)\%13=7 \quad \text{冲突}$$

$$H_3=(H(38)+3)\%13=(5+3)\%13=8 \quad \text{不冲突}$$

当探查地址为 8 的存储单元时，找到一个空闲位置，则将关键字为 38 的数据元素存入该

位置（见图 7-35）。

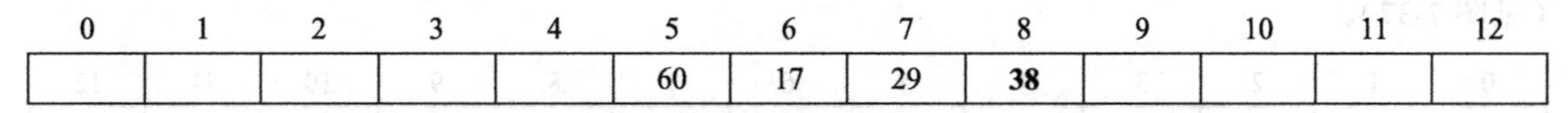

0	1	2	3	4	5	6	7	8	9	10	11	12
					60	17	29	**38**				

图 7-35 使用线性探测法解决冲突的示例

在使用线性探测法解决冲突时，只要散列表没有满，就能找到一个空闲位置。但是，这种方法容易产生“二次聚集”的问题，即由于数据元素占据了散列表的某个区域，原来散列地址不同的数据元素被散列到相同位置的情况，对此可以使用二次探测法改善这个问题。

（2）二次探测法。

当增量序列 $d_i=1^2,-1^2,2^2,-2^2,\cdots,k^2,-k^2$（$k\leqslant m/2$）时，称为二次探测法。

对上面示例使用二次探测法计算探查地址的过程如下。

$$H_1=(H(38)+1^2)\%13=(5+1)\%13=6 \quad 冲突$$

$$H_2=(H(38)-1^2)\%13=(5-1)\%13=4 \quad 不冲突$$

当探查地址为 4 的存储单元时，找到一个空闲位置，则将关键字为 38 的数据元素存入该位置（见图 7-36）。

0	1	2	3	4	5	6	7	8	9	10	11	12
				38	60	17	29					

图 7-36 使用二次探测法解决冲突的示例

由此可见，由二次探测法生成的探查地址不是连续的，而是跳跃式的，这样可以为后续的数据元素留下空间，从而改善“二次聚集”的情况。

（3）随机探测法。

当增量序列 d_i=伪随机数序列时，称为随机探测法。这种方法需要选择一个伪随机函数来产生伪随机数，并且在建立散列表和查找散列表时需要使用同一个伪随机函数和随机数种子。

随机探测法和二次探测法都可以改善“二次聚集”的问题，但是如果两个关键字的初始散列地址相同，那么使用这两种方法将会得到同样的探查序列，这样仍然会产生聚集。这是因为使用随机探测法和二次探测法产生的探查地址只与初始的散列地址有关，而与关键字无关，由此产生的聚集称为二级聚集。为了解决这个问题，可以使用双散列法计算探查地址。

（4）双散列法。

双散列法使用两个散列函数解决冲突，即使用第一个散列函数 Hash()计算散列地址，如果发生冲突，则使用第二个散列函数 ReHash()产生地址增量。计算探查地址的公式可以表示为

$$H_i=(\text{Hash}(key)+i\times\text{ReHash}(key))\%m \quad i=1,2,\cdots,m-1 \qquad (7\text{-}12)$$

例如，表长为 13 的散列表使用双散列法解决冲突，已填入关键字为 48、36、33、59、20 和 35 的数据元素（见图 7-37），其中散列函数 Hash(key)=key%13，解决冲突的散列函数 ReHash(key)=key%11+1，现要求将关键字为 82 的数据元素存入散列表。先利用散列函数 Hash(key)=key%13 计算散列地址为 $H(82)=4$，产生冲突，然后使用双散列法解决冲突，其过程如下

$$H_1=(\text{H}(82)+1\times\text{ReHash}(82))\%13=(4+1\times6)\%13=10 \quad 冲突$$

$$H_2=(\text{H}(82)+2\times\text{ReHash}(82))\%13=(4+2\times6)\%13=3 \quad 不冲突$$

当探查地址为 3 的存储单元时，找到一个空闲位置，则将关键字为 82 的数据元素存入该位置（见图 7-37）。

0	1	2	3	4	5	6	7	8	9	10	11	12
		35	**82**	20			33		48	36		59

图 7-37　使用双散列法解决冲突的示例

2. 开散列方法

开散列方法也称为**链地址法**，这种方法将关键字为同义词的所有数据元素存储在同一个线性链表中，这样的线性链表被称为**同义词子表**；线性链表的头指针存储在以散列地址为下标的散列表存储单元内。因此，开散列方法中的散列表是一个指针数组，每个数组元素都存放了指向一个同义词子表的头指针。

例如，已知一组关键字(19,14,23,01,68,20,84,27,55,11,10,79)，散列表表长为 13，散列函数设定为 *H*(key)=key%13，使用链地址法解决冲突建立的散列表如图 7-38 所示。

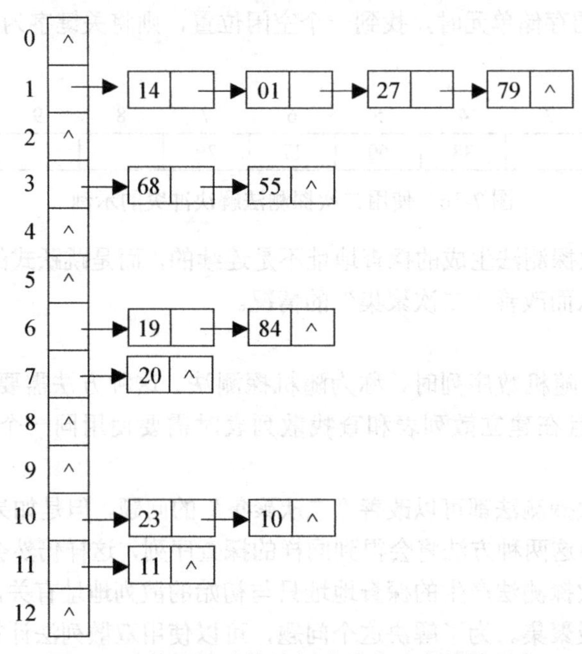

图 7-38　使用链地址法解决冲突建立的散列表

使用链表的开散列方法需要增设存储指针的空间，表面看起来似乎增加了空间开销，实际上由于闭散列方法需要保持大量的空闲空间以保障查找效率，而数据元素所占的存储空间往往大于指针，所以开散列方法的空间开销反而小于闭散列方法，但也带来了查找时需要遍历链表的性能损耗。

7.4.4　散列查找及其性能分析

散列表的查找过程与建立过程基本一致，以闭散列方法解决冲突建立的散列表为例，其查找过程：根据散列函数计算散列地址，如果该地址对应的存储单元内没有数据元素，则查找失败；否则，将数据元素的关键字与给定值进行比较，若相等，则查找成功；若不相等，则根据建立散列表时使用的解决冲突的方法找到探查地址继续查找，直到散列表某个位置为空或表中元素的关键字与给定值相等。使用闭散列方法解决冲突建立的散列表的查找过程，如图 7-39 所示。对使用链地址法解决冲突建立的散列表而言，查找过程更加简单，只需根据散列地址找到同义词子表的头指针，在链表中进行遍历与比较。

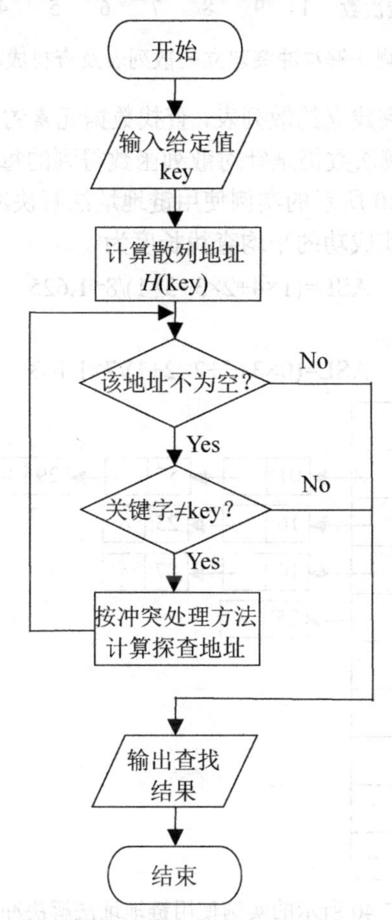

图 7-39　使用闭散列方法解决冲突建立的散列表的查找过程

由散列表的查找过程可知，虽然数据元素的关键字与存储位置之间借助散列函数建立了映射，但是冲突的存在使散列表的查找过程仍需要进行给定值与关键字的比较，因此散列表的查找性能仍然能够通过平均查找长度进行衡量。

在使用闭散列方法解决冲突建立的散列表中，若数据元素存入散列表没有发生冲突，则查找该元素只需比较 1 次，否则比较次数等于“冲突的次数+1”。查找失败的比较次数是针对散列函数得到的每个散列地址，可以根据冲突解决方法确定查找失败的比较次数。

例如，已知一组关键字(10,01,25,16,57,23,87,29)，采用散列函数 $H(\text{key})=\text{key}\%7$，表长 $m=10$，使用线性探测法解决冲突建立的散列表及查找成功与失败的比较次数如图 7-40 所示。在等概率查找情况下，查找成功的平均查找长度为

$$\text{ASL}=(1+1+1+1+5+5+5+8)/8=3.375$$

查找失败的平均查找长度为

$$\text{ASL}=(1+9+8+7+6+5+4)/7\approx5.714$$

	0	1	2	3	4	5	6	7	8	9
		01	16	10	25	57	23	87	29	
查找成功的比较次数		1	1	1	1	5	5	5	8	
查找失败的比较次数	1	9	8	7	6	5	4			

图 7-40　使用线性探测法解决冲突建立的散列表及查找成功与失败的比较次数

对于使用链地址法解决冲突建立的散列表，查找数据元素的比较次数等于该元素在同义词子表中的位序，查找失败的比较次数仍是针对散列函数得到的每个散列地址，等于该地址下的同义词子表的长度。对如图 7-40 所示的实例使用链地址法解决冲突建立的散列表如图 7-41 所示。在等概率查找情况下，查找成功的平均查找长度为

$$ASL=(1\times4+2\times3+3\times1)/8=1.625$$

查找失败的平均查找长度为

$$ASL=(0\times3+3+2\times2+1)/7\approx1.143$$

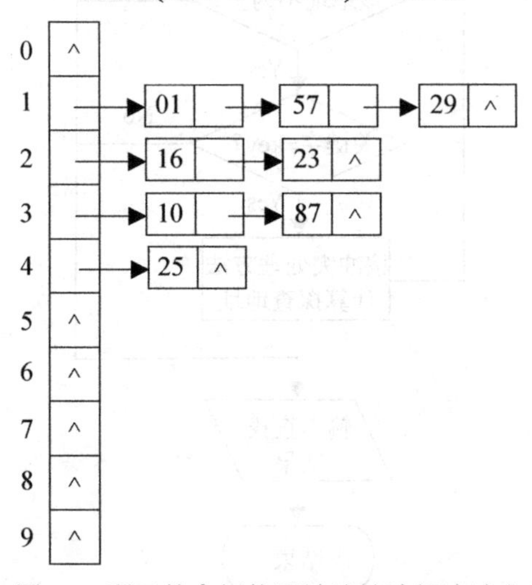

图 7-41　对如图 7-40 所示的实例使用链地址法解决冲突建立的散列表

在散列表的查找过程中，给定值与关键字的比较次数取决于发生冲突的次数，发生冲突的次数越多，查找效率越低。发生冲突通常与三个因素有关：散列函数是否均匀、解决冲突的方法和散列表的**装填因子**。装填因子的定义为$\alpha=\dfrac{\text{填入表中的元素数目}}{\text{散列表的长度}}$。尽管散列函数的“好坏”直接影响发生冲突的频繁程度，但在一般情况下，我们总认为所选的散列函数是均匀的，这样可以忽略散列函数对平均查找长度的影响。同样地，对于相同的关键字集合与相同的散列函数，若采用相同的解决冲突的方法，则数据元素在等概率查找情况下，其平均查找长度只依赖于散列表的装填因子 α。α 越小，即表中元素数目越少，发生冲突的可能性就越小；α 越大，即表中元素数目越多，发生冲突的可能性就越大。表 7-1 所示为平均查找长度与装填因子 α 之间的关系，从表中可见，一个散列表的查找性能不直接依赖于数据元素数目和散列表表长，无论散列表的长度有多长，总能通过选择一个合适的装填因子，将其平均查找长度限制在一定范围内。

表 7-1 平均查找长度与装填因子 α 之间的关系

解决冲突的方法	平均查找长度	
	查找成功	查找失败
线性探测法	$\frac{1}{2}\left(1+\frac{1}{1-\alpha}\right)$	$\frac{1}{2}\left(1+\frac{1}{(1-\alpha)^2}\right)$
二次探测法与双散列法	$-\frac{1}{\alpha}\ln(1-\alpha)$	$\frac{1}{1-\alpha}$
链地址法	$1+\frac{\alpha}{2}$	$\alpha+e^{-\alpha}$

散列技术具有较好的平均查找性能，要优于一些传统的查找技术，如平衡二叉树。但是，散列表在最坏情况下的表现并不好，对于一个包含 n 个数据元素的散列表执行一次查找或插入操作，最坏情况下需要 $O(n)$的时间，并且建立散列表的过程也耗时颇多。一些实验结果表明，对于不同的散列函数，选用除留余数法比较接近理论性能，其中除数应选择不含 20 以下质因数的合数；在解决冲突的方法中，开散列方法优于闭散列方法。

最后需要注意的一个问题是散列表的删除。对于使用链地址法建立的散列表，只需从同义词子表中删除一个节点；对于使用闭散列方法建立的散列表，只能进行所谓的“逻辑删除”，即在待删除元素所在的位置填入一个特殊标志来表示该元素已被删除，而不能将该位置置空，以免在查找该元素之后填入的同义词时，遇到这个空位置导致错误地认为查找失败。

7.5 本章小结

本章介绍了几种常用的查找技术，包括适用于静态查找表的顺序查找、折半查找和索引查找，适用于动态查找表的二叉排序树、平衡二叉树、B−树和 B+树，以及根据关键字确定存储位置的散列技术。在选择查找方法时，既要考虑应用问题的功能需求，又要考虑数据之间的逻辑关系和存储方式，综合各方面因素进行权衡，才能确定最合适的方法。

顺序查找对查找表的存储结构没有任何要求，也不要求数据是有序的，它是一种最简单的查找方法，适用于查找表长度较短的情况。如果数据是有序存储的，则可以使用性能较好的折半查找，但这种方法仅适用于顺序存储结构。索引查找适用于数据量极大、无法完全读入内存的情况，被广泛用于文件检索、数据库和搜索引擎等领域，是进一步学习查找技术的基础。

二叉排序树是动态查找的一种重要的数据结构，同时兼顾了查找、插入和删除三方面，是一种平均性能较好的查找技术。二叉排序树的查找性能决定于树的高度，而其高度又与数据元素的输入顺序密切相关，存在着不确定因素。为了解决这一问题，可以使用平衡二叉树，其左子树、右子树高度之差的绝对值不超过 1，具有稳定的查找性能。但是，为了维持平衡二叉树的平衡性，在进行插入和删除操作时可能需要进行平衡旋转。B−树和 B+树是针对内存与外存之间的数据交换而专门设计的，是一种适合在磁盘等外存上进行组织的动态查找表。

散列技术是一种专门用于查找的存储技术，它在一定程度上避免了给定值与关键字的反复比较，通过散列函数在关键字和存储位置之间建立映射。但冲突的存在导致这种方法并不能够完全避免比较。对一种散列技术而言，它必然包括散列函数和解决冲突的方法两方面，查找性能除与这两方面有关之外，还与散列表的装填因子有关。

习题七

一、选择题

1．适用于折半查找的表的存储方式及元素排列要求为（　　）。

A．链式方式存储，元素无序　　B．链式方式存储，元素有序

C．顺序方式存储，元素无序　　D．顺序方式存储，元素有序

2．使用折半查找的方法查找表的元素的速度比使用顺序查找（　　）。

A．必然快　　B．必然慢　　C．相等　　D．不能确定

3．具有 12 个关键字的有序表，在等概率查找情况下，折半查找的平均查找长度为（　　）。

A．3.1　　B．4　　C．2.5　　D．5

4．当使用分块查找时，数据的组织方式为（　　）。

A．数据分成若干块，每块内数据有序

B．数据分成若干块，每块内数据不必有序，但块间必须有序，按每块内最大（或最小）的数据组成索引块

C．数据分成若干块，每块内数据有序，按每块内最大（或最小）的数据组成索引块

D．数据分成若干块，每块（除最后一块外）中数据数目需要相同

5．分别按下列序列构造二叉排序树，其中与其他三个序列所构造的结果不同的是（　　）。

A．(100,80,90, 60, 120,110,130)　　B．(100,120,110,130,80, 60, 90)

C．(100,60,80, 90, 120,110,130)　　D．(100,80,60, 90, 120,130,110)

6．二叉排序树的查找效率与二叉树的（　　）有关。

A．高度　　B．节点数目　　C．树型　　D．节点位置

7．在平衡二叉树中插入一个节点后导致平衡二叉树失去平衡，设最低的不平衡节点为 A，并已知 A 的左孩子的平衡因子为 0，右孩子的平衡因子为 1，则应进行（　　）平衡旋转可以使其平衡。

A．LL　　B．LR　　C．RL　　D．RR

8．下面关于散列查找说法正确的是（　　）。

A．散列函数构造得越复杂越好，因为这样随机性好，冲突小

B．除留余数法是所有散列函数中最好的

C．不存在特别好与坏的散列函数，要视情况而定

D．若需在散列表中删除一个元素，则无论用何种方法解决冲突都只需简单地将该元素删除

9．若使用链地址法构造散列表，其散列函数为 H(key)=key%17，则需（　　）个链表。

A．17　　B．13　　C．16　　D．任意

10．假设有 k 个关键字互为同义词，使用线性探测法把这 k 个关键字存入散列表，则至少要进行（　　）次探测。

A．$k-1$　　B．k　　C．$k+1$　　D．$k(k+1)/2$

二、填空题

1．动态查找表和静态查找表的重要区别在于前者包含________和________运算，后者不包含这两种运算。

2．可以唯一标识一个记录的关键字称为________。

3．顺序查找有 n 个元素的顺序表，若查找成功，则比较关键字的次数最多为________次；

当使用“监视哨”时，若查找失败，则比较关键字的次数为________。

4．在顺序表(7,10,16,20,23,29,32,36,41,49,63)中，折半查找关键字 17 需要比较的次数为________。

5．对于长度为255的表，使用分块查找，每块的最佳长度为________。

6．如果按关键字递增的顺序依次将关键字插入到二叉排序树中，则对这样的二叉排序树进行查找时，平均比较次数为________。

7．平衡因子的定义是________。

8．高度为8的平衡二叉树的节点数至少有________个。

9．散列法存储的基本思想是由________决定数据的存储地址的。

10．散列表的装填因子取值越________，发生冲突的可能性越大。

三、是非题

1．用数组和单链表表示的有序表均可使用折半查找方法提高查找速度。（ ）

2．就平均查找长度而言，分块查找最小，折半查找次之，顺序查找最大。（ ）

3．在索引顺序表中实现分块查找，在等概率查找情况下，其平均查找长度不仅与表中元素数目有关，还与每块中元素数目有关。（ ）

4．二叉排序树先序遍历得到的节点序列是按关键字从小到大进行排列的序列。（ ）

5．在一棵非空二叉排序树中删除某节点后又将其插入，得到的二排序叉树与原二排序叉树相同。（ ）

6．在二叉树排序树中插入一个新节点，是将其插入到叶子节点的下面。（ ）

7．完全二叉树肯定是平衡二叉树。（ ）

8．在平衡二叉树的某个平衡因子不为零的节点的子树中插入一个新节点，必然引起平衡旋转。（ ）

9．在散列查找中，“比较”操作一般是不可避免的。（ ）

10．散列查找的平均查找长度不随表中元素数目的增加而增加，而是随装填因子的增大而增大。（ ）

四、应用题

1．为什么折半查找不能用于链式存储结构？

2．已知有序表 L=(05,13,19,21,37,56,64,75,80,88)，请完成如下题目。

（1）画出在对L进行折半查找时的二叉查找树。

（2）若查找元素13和85，则需要依次与哪些元素进行比较？

（3）在等概率查找情况下，计算在对L进行折半查找时查找成功的平均查找长度。

3．已知关键字序列 K=(61,63,99,60,36,68,56,58,83,74)，请完成如下题目。

（1）按照关键字的次序构造二叉排序树，请画出最后得到的二叉排序树。

（2）依次删除二叉排序树中的36和61，请画出删除之后的二叉排序树。

4．已知关键字序列 K=(30,14,15,33,41,26)，请按照关键字序列的次序构造一棵平衡二叉树，要求画出每步插入后的平衡二叉树形态。

5．已知关键字序列(19,24,10,17,15,38,18,40)，散列函数为 $H(\text{key})=\text{key}\%7$，散列地址空间为0～9，使用线性探测法解决冲突。请完成如下题目。

（1）建立散列表，要求写出详细的计算过程。

（2）计算等概率查找情况下查找成功时的平均查找长度。

（3）计算等概率查找情况下查找失败时的平均查找长度。

6．请设计一个算法判断一棵二叉树是不是二叉排序树，设二叉树使用二叉链表存储。

7．请设计一个递归算法，按照从大到小的顺序输出二叉排序树中所有关键字不小于 x 的数据元素。

8．请设计一个算法，对平衡二叉树根据节点的平衡因子计算平衡二叉树的高度。

9．假设散列表表长为 m，散列函数为 $H(k)$，使用链地址法解决冲突，请设计一个输入关键字并建立散列表的算法。

肯尼斯·蓝·汤普森（Kenneth Lane Thompson，1943－）和丹尼斯·麦卡利斯泰尔·里奇（Dennis MacAlistair Ritchie，1941—2011）为1983年图灵奖得主。肯尼斯·蓝·汤普森于1960年就读加州大学伯克利分校主修电气工程专业，并取得了电子工程硕士学位，于 1966 年加入贝尔实验室；丹尼斯·麦卡利斯泰尔·里奇毕业于哈佛大学物理学和应用数学专业，于 1967 年加入贝尔实验室，是朗讯技术公司系统软件研究部门的领导人。他们一起设计了 B 语言、C 语言，创建了 Unix 操作系统，同时是 Go 语言的创建者。

第 8 章　排序

排序不仅是计算机数据处理的一项基本任务，还经常体现在人们的日常生活中。例如，如果要了解我国近 30 年的经济发展情况，可以对表 8-1 中的数据按照 GDP 值进行排序，这样就能得到我国 GDP 相对于其他国家的排名（见图 8-1）。从图 8-1 可见，我国经济在这 30 年里发展趋势良好，GDP 逐步超越了除美国以外的其他国家，综合实力得到了不断提升。

表 8-1　各国 1989 年到 2019 年每隔 10 年的 GDP 数据

国家	1989 年	1999 年	2009 年	2019 年
中国/万亿美元	0.35	1.09	5.1	14.28
美国/万亿美元	5.64	9.63	14.45	21.43
英国/万亿美元	0.93	1.69	2.43	2.88
德国/万亿美元	1.4	2.19	3.41	3.89
法国/万亿美元	1.03	1.49	2.7	2.73
意大利/万亿美元	0.93	1.25	2.2	2.01
加拿大/万亿美元	0.57	0.68	1.37	1.74
西班牙/万亿美元	0.41	0.63	1.49	1.39
日本/万亿美元	3.05	4.64	5.29	5.15
墨西哥/万亿美元	0.22	0.6	0.9	1.27

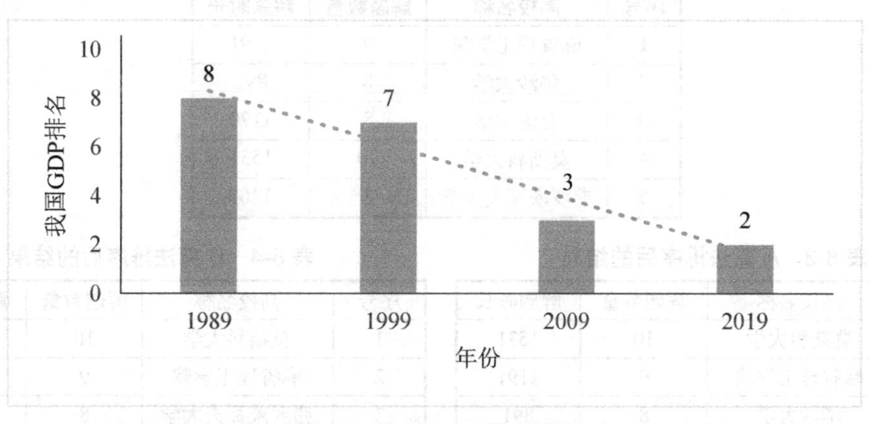

图 8-1　我国 GDP 排名情况

本章内容：

（1）排序的基础知识。

（2）交换排序算法，包括冒泡排序和快速排序。

（3）插入排序算法，包括直接插入排序、折半插入排序和希尔排序。

（4）选择排序算法，包括简单选择排序和堆排序。
（5）归并排序算法。
（6）基数排序算法。
（7）排序方法的比较。

8.1 排序的基础知识

1. 排序的定义

排序是指按照关键字递增（由小到大）或递减（由大到小）的顺序排列数据元素，使得任意排列的数据表变成按数据元素的关键字升序或降序排列的数据表。后续在介绍具体的排序算法时，若没有特别说明，则默认进行升序排序。

2. 排序的稳定性

在待排序的数据元素中，若存在关键字相同的多个数据元素，这些元素的相对位置在排序之前与排序之后保持不变，则称这种排序算法是**稳定的**，否则称这种排序算法是**不稳定的**。例如，表 8-2 所示为 2019 年 ACM 程序设计大赛中 5 所高校选手的解题数量与时长。假设以解题数量作为关键字，使用 A 和 B 两种算法分别对 5 所高校进行降序排序，A 算法排序后的结果如表 8-3 所示，B 算法排序后的结果如表 8-4 所示。由排序结果可知，关键字相同的华沙大学、台湾大学和弗罗茨瓦夫大学的相对位置在使用 A 算法排序后没有发生变化，而在使用 B 算法排序后发生了改变，因此 A 算法是稳定的排序算法，B 算法是不稳定的排序算法。

表 8-2 2019 年 ACM 程序设计大赛中 5 所高校选手的解题数量与时长

序号	高校名称	解题数量	解题时长
1	麻省理工学院	9	1191
2	华沙大学	8	891
3	台湾大学	8	1179
4	莫斯科大学	10	1531
5	弗罗茨瓦夫大学	8	1200

表 8-3 A 算法排序后的结果

序号	高校名称	解题数量	解题时长
1	莫斯科大学	10	1531
2	麻省理工学院	9	1191
3	华沙大学	8	891
4	台湾大学	8	1179
5	弗罗茨瓦夫大学	8	1200

表 8-4 B 算法排序后的结果

序号	高校名称	解题数量	解题时长
1	莫斯科大学	10	1531
2	麻省理工学院	9	1191
3	弗罗茨瓦夫大学	8	1200
4	台湾大学	8	1179
5	华沙大学	8	891

3. 内部排序和外部排序

根据排序元素所在位置的不同，排序可以分为内部排序和外部排序。在排序过程中，若所有的数据元素都是存放在内存中进行处理的，不需要进行内存与外存的数据交换，则称其为**内部排序**；若需要进行内存与外存的数据交换，则称其为**外部排序**。内部排序适用于数据量较小、能够被内存一次容纳的情况，外部排序适用于数据量较大、不能被内存一次容纳的情况。

由于内部排序是外部排序的基础，因此本章仅介绍内部排序，关于外部排序，读者可以自行查阅相关资料。

4．排序的效率

排序算法的效率同样是从时间复杂度和空间复杂度两方面来分析的。时间复杂度根据排序过程中关键字的比较次数与数据元素的移动次数来衡量；空间复杂度根据算法所需的辅助存储空间来衡量。

5．排序的分类

根据排序策略的不同，内部排序可以分为交换排序、插入排序、选择排序、归并排序和基数排序等。根据算法的时间复杂度的不同，排序算法可以分为简单排序算法、先进排序算法和基数排序算法。简单排序算法的时间复杂度为 $O(n^2)$，先进排序算法的时间复杂度为 $O(n\log n)$，基数排序算法的时间复杂度为 $O(d\times n)$（d 为关键字的位数）。

8.2 交换排序

交换排序是通过不断比较数据表中两个数据元素的大小，交换它们的存储位置实现排序的一种方法。本节介绍两种交换排序算法：冒泡排序和快速排序。

8.2.1 冒泡排序

冒泡排序是一种简单的排序算法，其基本思想为：从数据表中的第 1 个元素开始，比较相邻两个数据元素的大小，若为逆序，则交换它们的存储位置，直至处理完本趟参与排序的所有元素；重复上述过程，直到所有元素为正序。设数据表有 n 个元素，则冒泡排序的过程描述如下。

第一趟，n 个数据元素都参与排序。比较第 1 个元素与第 2 个元素，若为逆序，则交换两者位置；比较第 2 个元素与第 3 个元素，若为逆序，则交换两者位置；以此类推，直至比较完第 $n-1$ 个元素和第 n 个元素。第一趟冒泡排序的结果是将 n 个元素中的最大者移动到第 n 个位置并固定下来。

第二趟，前 $n-1$ 个元素参与排序。比较第 1 个元素与第 2 个元素，若为逆序，则交换两者位置；比较第 2 个元素与第 3 个元素，若为逆序，则交换两者位置；以此类推，直至比较完第 $n-2$ 个元素和第 $n-1$ 个元素。第二趟冒泡排序的结果是将前 $n-1$ 个元素中的最大者移动到第 $n-1$ 个位置并固定下来。

重复上述过程，若某趟排序过程未发生数据元素的交换，则表明数据表中的所有元素已经正序，可以结束排序。若每趟排序都发生了数据元素的交换，则 n 个元素最多进行 $n-1$ 趟排序。

图 8-2 所示为对序列(15,11,14,16,12,13)进行冒泡排序的过程，其中详细地给出了第一趟排序的数据元素比较过程。第一趟排序将 6 个元素中的最大者 16 放到了第 6 个位置；第二趟排

序将前 5 个元素中的最大者 15 放到了第 5 个位置；第三趟排序将前 4 个元素中的最大者 14 放到了第 4 个位置；第四趟排序将前 3 个元素中的最大者 13 放到了第 3 个位置。由于第四趟排序过程中未发生数据元素的交换，表明所有元素已经正序，因此排序过程结束。

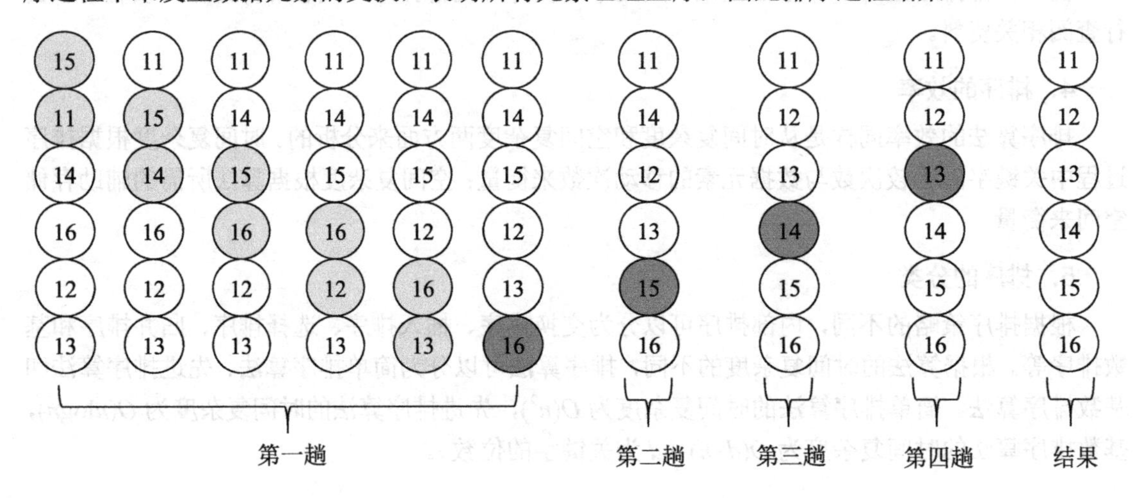

图 8-2　对序列(15,11,14,16,12,13)进行冒泡排序的过程

【算法描述】

设 elems 表示存储数据元素的数据表，n 表示数据元素数目，i 记录排序的趟数，isExchanged 表示一趟排序是否发生了数据元素的交换，则冒泡排序算法描述如下。

Step 1：初始化 i=1，isExchanged=true。

Step 2：当未完成 n−1 趟排序且在前一趟排序过程中交换了数据元素时，即 i<n 并且 isExchanged==true，反复进行如下处理，否则结束排序。

Step 2.1：置 isExchanged=false。

Step 2.2：对第 1~n−i+1 个元素进行相邻元素的两两比较，若为逆序，则交换两者位置，并置 isExchanged=true。

Step 2.3：趟数 i 加 1。

【算法实现】

```
template <class DataType>
void BubbleSort (DataType elems[], int n) {
    bool isExchanged = true;                    //初始化交换标志为 true
    //当未完成 n-1 趟排序且在前一趟排序过程中发生了数据的交换时
    for(int i = 1; i < n && isExchanged; i++)  {
        isExchanged = false;                    //置交换标志为 false
        for(int j = 0; j < n - i; j++)          //对第 1~n-i+1 个元素进行相邻元素的两两比较
            if(elems[j] > elems[j + 1])  {      //判断相邻元素是否为逆序
                DataType tmp = elems[j];        //若相邻元素为逆序，则交换两者位置
                elems[j] = elems[j + 1];
                elems[j + 1] = tmp;
                isExchanged = true;             //置交换标志为 true
            }
    }
}
```

【性能分析】

冒泡排序的时间性能与数据元素的初始排列有关。若数据元素初始为有序，则这种情况为最好情况。在这种情况下，只需执行一趟排序，关键字的比较次数为 $n-1$，数据元素的移动次数为 0。若数据元素初始为完全的逆序排列，即由大到小排列，则这种情况为最坏情况。在这种情况下，需要进行 $n-1$ 趟排序，其中第 i 趟排序的关键字比较次数为 $n-i$，数据元素的移动次数为 $3(n-i)$（一次赋值为一次移动），总的关键字比较次数和数据元素移动次数分别计算如式（8-1）和式（8-2）所示。

$$总的关键字比较次数=\sum_{i=1}^{n-1}(n-i)=n(n-1)/2 \qquad (8\text{-}1)$$

$$总的数据元素移动次数=3\sum_{i=1}^{n-1}(n-i)=3n(n-1)/2 \qquad (8\text{-}2)$$

因此，冒泡排序的时间复杂度为 $O(n^2)$。

冒泡排序只需一个辅助存储空间用于数据元素的交换，因此空间复杂度为 $O(1)$。冒泡排序在排序过程中不会改变关键字相同的数据元素的相对位置，是一种稳定的排序方法。

8.2.2 快速排序

快速排序的基本思想：先将待排序的数据表分为相邻的两个子表，一个子表内的数据元素的关键字全部小于另一个子表内的数据元素的关键字，但同一个子表内的数据元素未必按照关键字有序，即“表间有序，表内无序”；然后分别对两个子表按照相同的方法继续排序，直到整个序列有序。快速排序使用了分治策略，把一个数据表排序的大问题转化为两个子表排序的小问题，只需将两个子表排好序，原来的数据表也就完成了排序。子表排序的问题又可以转化为两个更小的子表的排序问题……通过不断地转化，子表的规模越来越小，直到子表仅包含一个数据元素。

为了将一个数据表划分为“表间有序”的两个子表，需要在数据表中选择一个元素作为基准，将所有小于或等于基准元素关键字的数据元素全部移动到基准元素的左侧，而所有大于基准元素关键字的数据元素全部移动到基准元素的右侧，从而以基准元素为界，一个数据表被划分为两个子表。这个过程为一趟快速排序的过程，其中作为基准的元素称为**枢轴**。对两个子表的排序分别重复上述过程即可。

例如，已知有 6 个元素的数据表(14,11,15,16,12,13)，选择待排序数据表的第 1 个元素作为枢轴对其进行快速排序的过程如图 8-3 所示，其中图 8-3（a）给出了第一趟快速排序的过程。在一趟快速排序的过程中，需要设置两个指针用于从待排序数据表的左、右两端交替向中间遍历数据元素，将指针指向的元素与枢轴进行比较，根据大小关系将其与枢轴交换，使其位于枢轴的左侧或右侧。以如图 8-3（a）所示的第一趟快速排序的过程为例，设置指针 i 和指针 j 分别指向数据表的第 1 个元素和第 6 个元素。在本例中，由于选择待排序数据表的第 1 个元素作为枢轴，因此第 1 次遍历从待排序数据表的右端（j 所指位置）开始向左侧寻找小于或等于枢轴的元素，若找到，则将其与枢轴交换。在第 1 次遍历中，由于 j 所指的第 6 个元素 13 小于枢轴 14，因此将其放到枢轴所在位置（i 所指位置），枢轴位置变为 j 所指位置（第 6 个位置），并将 i 后移一位。第 2 次遍历从 i 所指位置开始向右侧寻找大于枢轴的元素，若找到，则将其与枢轴交换。在第 2 次遍历中，当 i 指向第 3 个元素时，找到大于枢轴的元素 15，将其放到枢轴所在位置（j 所指位置），枢轴位置变为 i 所指位置（第 3 个位置），并将 j 前移一位。重复上述过程，交替执行从 j 所指位置向左遍历和从 i 所指位置向右遍历的搜索过程，直到 i==j。枢轴最终位于 i 等于 j 的位置，以该位置为界，数据表被划分为“表间有序”的两个子表，至此结束一趟快速排序的过程。子表的排序方法与此完全相同，只不过规模变小了，图 8-3（b）给出了各趟快速排序的结果。

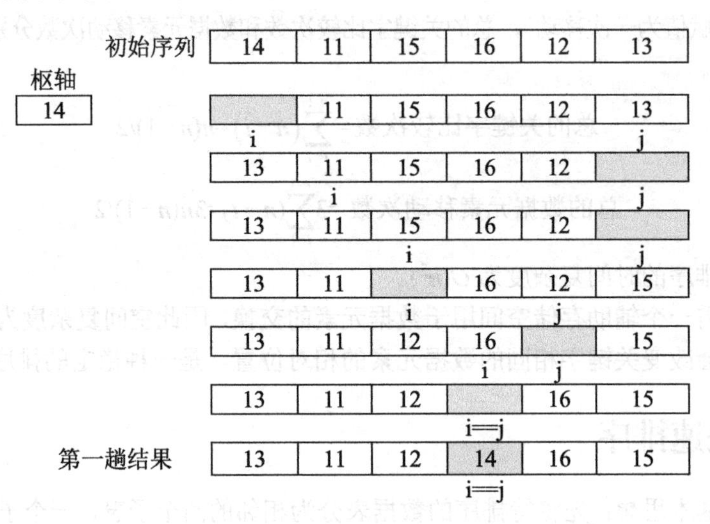

（a）第一趟快速排序的过程

初始序列	14	11	15	16	12	13
第一趟：	(13	11	12)	14	(16	15)
第二趟：	(12	11)	13	14	(15)	16
第三趟：	(11)	12	13	14	15	16
结果：	11	12	13	14	15	16

（b）各趟快速排序的结果

图 8-3　对数据表(14,11,15,16,12,13)进行快速排序的过程

【算法描述】

设 elems[low…high]表示当前待排序数据表，选择第 1 个元素 elems[low]作为枢轴，则快速排序算法描述如下。

Step 1：保存枢轴 e=elems[low]。

Step 2：初始化左指针 i=low，右指针 j=high。

Step 3：当 i 小于 j 时，反复进行如下处理，否则执行 Step 4。

Step 3.1：从位置 j 向左寻找小于或等于枢轴的元素，若找到，则将其与枢轴交换，并将 i 加 1。

Step 3.2：从位置 i 向右寻找大于枢轴的元素，若找到，则将其与枢轴交换，并将 j 减 1。

Step 4：将枢轴放到 elems[i]中。

Step 5：判断枢轴左侧子表的元素数目是否大于 1，若大于，则使用快速排序对左侧子表进行排序。

Step 6：判断枢轴右侧子表的元素数目是否大于 1，若大于，则使用快速排序对右侧子表进行排序。

【算法实现】

```
template <class DataType>
void QuickSort(DataType elems[], int low, int high)  {       //对 elems[low…high]进行快速排序
    DataType e = elems[low];                                  //选择第 1 个元素作为枢轴，并保存
    int i = low, j = high;                                    //初始化左指针 i 和右指针 j
    while(i < j)  {
        while(i < j && elems[j] > e)  j--;                    //从右向左寻找小于或等于枢轴的元素
        if(i < j)  elems[i++] = elems[j];                     //找到小于或等于枢轴的元素，将其与枢轴交换
        while(i < j && elems[i] < e)  i++;                    //从左向右寻找大于枢轴的元素
        if(i < j)  elems[j--] = elems[i];                     //找到大于枢轴的元素，将其与枢轴交换
    }
    elems[i] = e;                                             //枢轴归位
    //若枢轴左侧子表的元素数目大于 1，则使用快速排序对左侧子表进行排序
    if(low < i - 1)    QuickSort(elems, low, i - 1);
    //若枢轴右侧子表元素数目大于 1，则使用快速排序对右侧子表进行排序
    if(i + 1 < high)   QuickSort(elems, i + 1, high);
}
```

【性能分析】

当快速排序利用枢轴划分数据表时，若每次都能将数据表划分为长度大致相等的两个子表，则时间复杂度为 $O(n\log n)$，达到最佳情况；若每次选取的枢轴都恰好是数据表中的最大值或最小值，则时间复杂度将蜕化为 $O(n^2)$，达到最坏情况。因此，枢轴的选择是快速排序的关键。为了避免蜕化情况的发生，可以使用“三者取中”的方法选择枢轴，即比较待排序数据表的第一个元素、最后一个元素和中间位置元素的大小，选取关键字位于中间位置的元素作为枢轴。经验表明，这种方法可以有效地改善快速排序在最坏情况下的时间性能。在一般情况下，若枢轴在数据表中是第 k 小的，并且等概率地取 1,2,⋯,n，则：$T(n)=\frac{1}{n}\sum_{k=1}^{n}\left(T(n-k)+T(k-1)\right)+n=\frac{2}{n}\sum_{k=0}^{n-1}T(k)+n$，用归纳法可证明平均时间复杂度也是 $O(n\log n)$。因此，就平均时间性能而言，快速排序是最好的内部排序方法。

快速排序算法是递归算法，需要使用一个栈存储每层递归调用时的指针和参数，最大递归调用层数等于递归的深度，最佳情况下的空间复杂度为 $O(\log n)$，最坏情况下空间复杂度为 $O(n)$。快速排序是一种不稳定的排序方法。

8.3　插入排序

插入排序是指通过把数据元素依次插入一个有序序列，使得插入后的序列仍然有序来完成排序的一类方法。本节介绍三种插入排序算法：直接插入排序、折半插入排序和希尔排序。

8.3.1　直接插入排序

直接插入排序是一种简单直观的排序算法，其基本思想为：构造一个有序序列，对于待排序的数据元素在有序序列中从后向前扫描，找到符合排序要求的位置并插入。在开始排序时，先取第 1 个待排序的数据元素构成初始的有序序列，然后从第 2 个待排序的数据元素开始，依

次将这些元素插入有序序列的合适位置，从而完成整个序列的排序。由 n 个数据元素构成的序列需要进行 $n-1$ 趟排序。直接插入排序对少量元素的排序来说是一个有效的算法。

图 8-4 所示为对序列(14,11,15,16,12,13)进行直接插入排序的过程，其中图 8-4（a）给出了各趟直接插入排序的结果。在排序时，先取第 1 个元素 14 作为初始有序序列，然后依次将第 2~6 个元素插入有序序列的合适位置，通过五趟排序使其成为有序序列。图 8-4（b）给出了第五趟直接插入排序的过程。假设数据元素存储于 elems 数组，先将当前待排序元素 elems[5]存储在临时变量 e 中，然后从后向前遍历 elems[0]~elems[4]构成的有序序列，若 elems[j]大于 e，则将该元素后移至 elems[j+1]，直到 elems[j]小于或等于 e。此时，elems[j+1]为正确的插入位置，将 e 存放到该位置就完成了一趟排序。

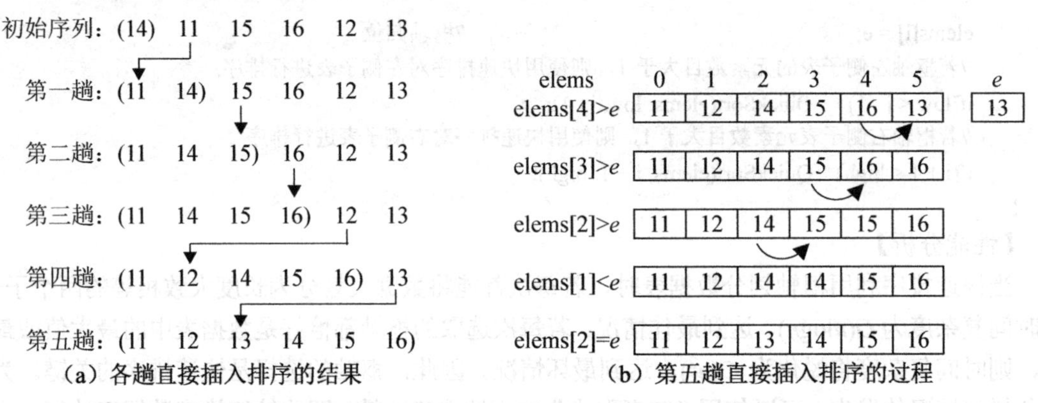

（a）各趟直接插入排序的结果　（b）第五趟直接插入排序的过程

图 8-4　对序列(14,11,15,16,12,13)进行直接插入排序的过程

【算法描述】

设 elems 表示存储数据元素的数据表，n 表示数据元素数目，i 记录排序的趟数，则直接插入排序算法描述如下。

Step 1：初始化排序趟数 i=1。

Step 2：当未完成 n−1 趟排序时，即 i<n，反复进行如下处理，否则结束排序。

Step 2.1：令 e=elems[i]暂存当前待排序的元素。

Step 2.2：从后向前遍历有序序列的元素 elems[j]（j=i-1,⋯,0），若 elems[j]>e，则将其后移一位，直至 j<0 或 elems[j]<=e 结束遍历。

Step 2.3：找到插入位置，将 e 存到 elems[j+1]中，排序趟数 i++。

【算法实现】

```
template <class DataType>
void InsertSort(DataType elems[], int n)   {
    int i, j;
    DataType e;
    for(i = 1; i < n; i++)   {                        //进行 n-1 趟直接插入排序
        e = elems[i];                                 //暂存当前待排序的元素
        for(j = i - 1; j >= 0 && elems[j] > e; j--)   //从后向前遍历有序序列寻找插入位置
            elems[j + 1] = elems[j];                  //将数据元素后移
        elems[j + 1] = e;                             //找到插入位置，插入当前待排序元素
    }
}
```

【性能分析】

直接插入排序的时间复杂度可以分为最好和最坏两种情况分别考虑。在最好情况下，初始序列为有序序列，此时每趟排序只需将待排序元素与有序序列的最后一个数据元素进行 1 次比较，移动 2 次数据元素，总的关键字比较次数为 n−1，总的数据移动次数为 2(n−1)。在最坏情况下，初始序列完全逆序，对于第 i 趟排序，数据元素 elems[i]必须与前面 i−1 个数据元素都比较 1 次，且每次比较都要移动 1 次数据元素，总的比较次数和移动次数分别如式（8-3）和式（8-4）所示。

$$\text{总的比较次数}=\sum_{i=1}^{n-1} i = n(n-1)/2 \approx n^2/2 \tag{8-3}$$

$$\text{总的移动次数}=\sum_{i=1}^{n-1} (i+2) = (n+4)(n-1)/2 \approx n^2/2 \tag{8-4}$$

因此，直接插入排序在最坏情况下的时间复杂度为 $O(n^2)$。若数据表中出现各种可能排列的概率相同，则取最好情况和最坏情况的平均值可得平均情况下的比较次数和数据元素移动次数约为 $n^2/4$。

直接插入排序只需一个辅助存储空间暂存每趟排序的待排序元素，空间复杂度为 $O(1)$。直接插入排序是一种稳定的排序方法。

8.3.2 折半插入排序

折半插入排序又称为**二分插入排序**，是对直接插入排序算法的一种改进。在采用顺序表存储数据元素的前提下，可以先使用折半查找的方法在有序序列中寻找插入位置，然后将从该位置的元素到有序序列的最后一个元素全部后移一位，腾出插入位置以容纳当前待排序的元素。对由 n 个数据元素构成的序列进行折半插入排序同样需要 n−1 趟排序，从由第 1 个元素构成的初始有序序列开始，将第 2~n 个元素依次插入在有序序列中通过折半查找确定的插入位置。

【算法描述】

设 elems 表示存储数据元素的数据表，n 表示数据元素数目，i 记录排序的趟数，则折半插入排序算法描述如下。

Step 1：初始化排序趟数 i=1。

Step 2：当未完成 n−1 趟排序时，即 i<n，反复进行如下处理，否则结束排序。

Step 2.1：令 e=elems[i]暂存当前待排序元素。

Step 2.2：使用折半查找在由 elems[0]~elems[i−1]构成的有序序列中找到 e 的插入位置 left。

Step 2.3：将 elems[left]~elems[i−1]后移一位。

Step 2.4：将 e 存到 elems[left]中，排序趟数 i++。

【算法实现】

```
template <class DataType>
void BinaryInsertSort(DataType elems[], int n) {
    DataType e;
    int left, right;                        //折半查找区间的左指针、右指针
    for(int i = 1; i < n;i++)    {          //进行 n-1 趟折半插入排序
        e = elems[i];                       //暂存当前待排序数据元素
        left = 0;    right = i-1;           //初始化折半查找区间
        while(left <= right)    {           //折半查找插入位置
            int mid = (left + right) / 2;   //计算查找区间的中间位置
```

```
            if(e < elems[mid])                    //判断待排序元素是否小于中间位置元素
                right = mid - 1;                  //若小于中间位置元素，则缩小查找区间至左半区间
            else
                left = mid + 1;                   //否则缩小查找区间至右半区间
        }
        for(int j = i - 1; j >= left; j--)   elems[j + 1] = elems[j]; //将 elems[left]~elems[i-1]后移一位
        elems[left] = e;                          //将 e 插入正确的位置
    }
}
```

【性能分析】

由于折半查找优于顺序查找，因此折半插入排序的平均性能优于直接插入排序的平均性能。折半插入排序所需进行的关键字比较次数同样与数据表的初始排列有关，当数据元素较多时，总的关键字比较次数少于直接插入排序的最坏情况，多于直接插入排序的最好情况。当数据元素的初始排列已经按关键字有序或接近有序时，直接插入排序所需执行的关键字比较次数少于折半插入排序的关键字比较次数。相较于直接插入排序，折半插入排序减少了关键字的比较次数，但由于其并未减少数据元素的移动次数，只是将分散移动变为集中移动，因此其时间复杂度仍为 $O(n^2)$。折半插入排序是一种稳定的排序方法。

8.3.3 希尔排序

希尔排序也称为**缩小增量排序**，是对直接插入排序的一种更高效的改进，其基本思想为：先将整个序列按一定的增量分割成若干子序列，并对这些子序列分别进行直接插入排序使其有序；然后缩小增量重复上述过程，直至增量为 1，整个序列已经基本有序；最后对所有数据元素进行一趟直接插入排序。所谓**增量**，是指元素之间的间隔，希尔排序将具备相同间隔的元素放在一起，从而将整个序列划分为若干子序列。增量的初值一般取序列长度的一半（也可以取其他值），每趟排序的增量减半，直至增量为 1。

图 8-5 所示为对序列(25,37,12,4,16,31,9,23,45)进行希尔排序的过程。第一趟取增量为 4，将间隔为 4 的数据元素划分为同一个子序列，得到 4 个子序列，各自进行直接插入排序；第二趟取增量为 2，在第一趟排序结果的基础上，将间隔为 2 的数据元素划分为同一个子序列，得到 2 个子序列，各自进行直接插入排序；第三趟取增量为 1，在第二趟排序结果的基础上，将间隔为 1 的数据元素划分为同一个子序列，即所有元素属于同一个序列，对其进行一趟直接插入排序，得到最终的排序结果。

下标	0	1	2	3	4	5	6	7	8	增量
初始序列	25	37	12	4	16	31	9	23	45	
第一趟	25				16				45	4
		37				31				
			12				9			
				4				23		
结果	16	31	9	4	25	37	12	23	45	
第二趟	16		9		25		12		45	2
		31		4		37		23		
结果	9	4	12	23	16	31	25	37	45	
第三趟	9	4	12	23	16	31	25	37	45	1
结果	4	9	12	16	23	25	31	37	45	

图 8-5 对序列(25,37,12,4,16,31,9,23,45)进行希尔排序的过程

【算法描述】

设 elems 表示存储数据元素的数据表，n 表示数据元素数目，d 表示增量，则希尔排序算法描述如下。

Step 1：初始化增量 d=n/2。

Step 2：当增量 d>0 时，反复进行如下处理，否则结束排序。

Step 2.1：从每个子序列的第 2 个元素开始，将该元素利用直接插入排序方法插入该元素所在子序列的合适位置，即对元素 elems[i]（i=d,d+1,…,n-1）进行如下处理：在 elems[i]所在的子序列中，以间隔为 d 向前寻找插入位置并将其插入。

Step 2.2：增量 d 除以 2。

【算法实现】

```
template <class DataType>
void ShellSort(DataType elems[], int n)  {
    int d = n / 2, i, j;                              //初始化增量 d
    DataType e;                                       //暂存当前待排序元素的临时变量
    while(d > 0)  {                                   //希尔排序过程
        for(i = d; i < n; i++)  {                     //从每个子序列的第 2 个元素开始进行直接插入排序
            e = elems[i];                             //暂存当前待排序元素
            for(j = i - d; j >= 0 && elems[j] > e; j -= d) //以间隔为 d 在子序列中向前寻找插入位置
                elems[j + d] = elems[j];              //将元素后移至间隔为 d 的位置
            elems[j + d] = e;                         //插入当前待排序元素
        }
        d = d / 2;                                    //增量 d 除以 2
    }
}
```

【性能分析】

在希尔排序中，逆序的数据元素跳跃式地（按增量）向正序方向移动，而不是一步一步地移动，能够减少数据元素的比较次数和移动次数，从而获得较高的排序效率。但是，希尔排序的时间复杂度在很大程度上依赖于增量序列的取值。然而，关于如何确定最好的增量序列截至目前尚未有定论，大量的实验统计资料显示，在数据元素数目 n 较大时，关键字的平均比较次数与数据元素的平均移动次数大约在 $n^{1.25}$~$1.6n^{1.25}$ 之间。希尔排序只需一个辅助存储空间暂存待排序元素，空间复杂度为 $O(1)$。由于数据元素是跳跃式地移动的，因此希尔排序是一种不稳定的排序方法。

8.4 选择排序

选择排序在待排序的数据元素中挑选关键字最小或最大的数据元素，将其放入这些数据元素的开始或末端位置，通过不断重复这一过程实现全部数据元素的有序排列。选择关键字最小或最大的数据元素的方法不同，可以得到不同的选择排序方法，本节将介绍两种选择排序算法：简单选择排序和堆排序。

8.4.1 简单选择排序

简单选择排序是一种简单直观的排序算法，其基本思想为：对 n 个数据元素进行 $n-1$ 趟排序，第 i（$i=1,2,\cdots,n-1$）趟在第 $i\sim n$ 个元素中找到最小的数据元素，并将其与第 i 个元素互换，如此在经过 $n-1$ 趟排序后，所有数据元素排序完毕。

图 8-6 所示为对序列(14,11,15,16,12,13)进行简单选择排序的过程。第一趟在第 1~6 个元素中找到最小的数据元素 11，将其与第 1 个元素互换；第二趟在第 2~6 个元素中找到最小的数据元素 12，将其与第 2 个元素互换；依次类推，通过五趟完成所有元素的排序。

初始序列：	14	11	15	16	12	13
第一趟：	11	14	15	16	12	13
第二趟：	11	12	15	16	14	13
第三趟：	11	12	13	16	14	15
第四趟：	11	12	13	14	16	15
第五趟：	11	12	13	14	15	16

图 8-6　对序列(14,11,15,16,12,13)进行简单选择排序的过程

【算法描述】

设 elems 表示存储数据元素的数据表，n 表示数据元素数目，i 记录排序的趟数，则简单选择排序算法描述如下。

Step 1：初始化排序趟数 i=0（从 0 开始，与该趟处理的首个待排序元素的下标保持一致）。

Step 2：当未完成 n−1 趟排序，即 i<n−1 时，反复进行如下处理，否则结束排序。

Step 2.1：在 elems[i]~elems[n−1]中寻找关键字最小的元素，用 min 记录该元素的位置。

Step 2.2：若 min 不等于 i，则交换 elems[i]和 elems[min]。

Step 2.3：排序趟数 i 加 1。

【算法实现】

```
template <class DataType>
void SelectionSort(DataType elems[], int n)    {
    for(int i = 0; i < n -1; i++) {                  //进行 n−1 趟简单选择排序
        int min = i;                                  //初始化最小值位置为待排序元素的首位
        for(int j = i + 1; j < n; j++)                //遍历未排序的元素
            if (elems[j] < elems[min])                //判断是否找到更小的元素
                min = j;                              //记录当前最小值的位置
        if(min != i)    {                             //判断最小值是否位于待排序元素的首位
            DataType tmp = elems[i];                  //通过交换位置将最小值置于待排序元素的首位
            elems[i] = elems[min];
            elems[min] = tmp;
        }
    }
}
```

【性能分析】

在简单选择排序中，关键字的比较次数与数据元素的初始排列无关。由 n 个数据元素构成的数据表需要进行 $n-1$ 趟排序，其中第 i（$i=1,2,\cdots,n-1$）趟进行的关键字比较次数为 $n-i$ 次。因此，总的关键字比较次数如式（8-5）所示。

$$总的关键字比较次数=(n-1)+(n-2)+\cdots+1=n(n-1)/2 \tag{8-5}$$

数据元素的移动次数与数据元素的初始排列有关，当数据元素的初始排列有序时，数据元素的移动次数达到最小值0次；最坏情况是每趟找到的最小值都不在正确的位置上，都需要交换元素，一次交换需要移动三次数据元素，总的数据元素移动次数为$3(n-1)$。综上，简单选择排序的时间复杂度为 $O(n^2)$。简单选择排序在排序过程中只需一个辅助存储空间用于交换数据元素，空间复杂度为$O(1)$。简单选择排序是一种不稳定的排序方法。

8.4.2 堆排序

5.6.1 节介绍了二叉树的重要应用——堆的定义、构造和操作方法。由于堆顶元素是堆中关键字最小（小顶堆）或最大（大顶堆）的数据元素，因此在选择排序过程中，可以运用堆的操作寻找待排序数据元素中的最小值或最大值，从而得到一种被称为“堆排序”的选择排序方法。堆包括小顶堆和大顶堆，其中由大到小排序应使用小顶堆，由小到大排序应使用大顶堆。

应用大顶堆进行堆排序的基本步骤如下。

（1）调整数据表中的数据元素，使其成为初始的大顶堆。

（2）将堆顶元素与当前无序序列的最后一个元素互换，从而将当前无序序列中的最大值放入正确的位置。

（3）调整剩余的待排序元素，使其重新成为大顶堆。

（4）重复步骤（2）和（3），直到所有数据元素有序。

步骤（1）和（3）都是使用堆的“自上而下”的筛选完成的，相应方法请参阅 5.6.1 节。下面以存储在数组 elems 中的数据表(12,13,15,16,14,11)为例介绍堆排序的过程（见图 8-7）。在对数据表中的元素通过自上而下的筛选构造初始大顶堆［见图 8-7（b）］后，堆顶元素 elems[0]就是所有元素中的最大值，该元素应位于数据表的最后一个位置，将其与 elems[5]交换，从而确定了它的正确位置［见图 8-7（c）］。但是，这一交换使得堆顶元素发生了变化，导致剩余元素可能不再形成大顶堆，需要对它们的位置关系进行调整。由于这个变化是因堆顶元素的改变而引起的，因此对堆顶元素 elems[0]在 elems[0]~elems[4]范围进行一趟自上而下的筛选即可将剩余元素重新调整为大顶堆［见图 8-7（d）］。此时，堆顶元素 elems[0]成为剩余元素 elems[0]~elems[4]的最大值，该元素应位于这些元素的最后一个位置［elems[4]位置］，故先将其与 elems[4]交换，确定它的正确位置［见图 8-7（e）］，然后对堆顶元素 elems[0]在 elems[0]~elems[3]范围进行一趟自上而下的筛选，将剩余元素再次调整为大顶堆［见图 8-7（f）］。重复上述交换元素和筛选两个步骤，直到堆中只剩 elems[0]一个元素，堆排序过程结束。由 n 个元素构成的数据表共需进行 $n-1$ 趟堆排序。

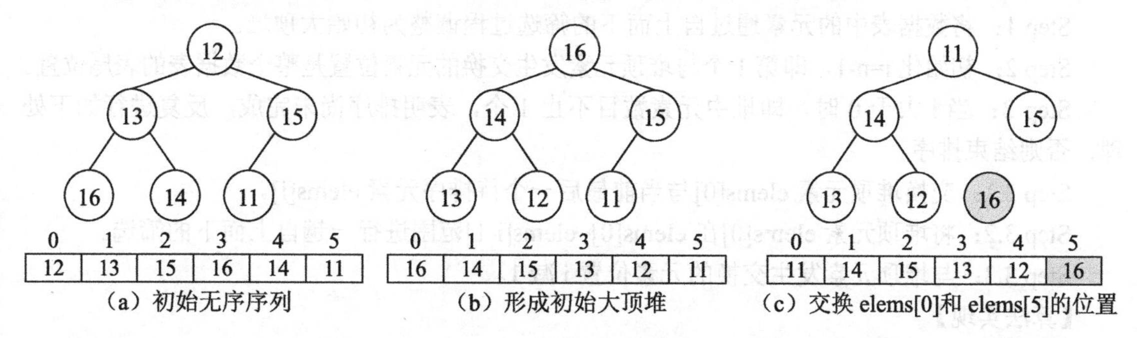

图 8-7 对数据表(12,13,15,16,14,11)进行堆排序的过程

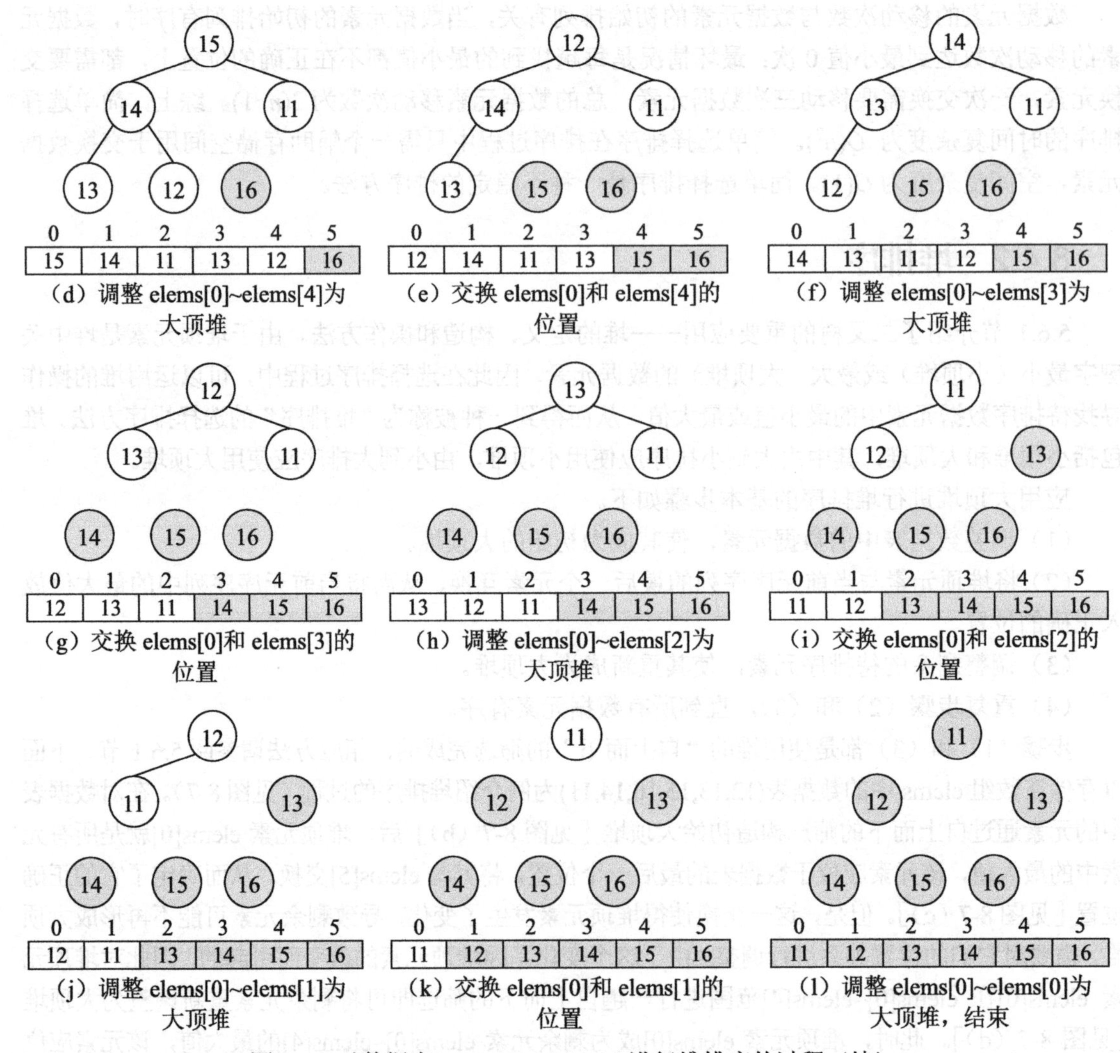

（d）调整 elems[0]~elems[4]为大顶堆　（e）交换 elems[0]和 elems[4]的位置　（f）调整 elems[0]~elems[3]为大顶堆

（g）交换 elems[0]和 elems[3]的位置　（h）调整 elems[0]~elems[2]为大顶堆　（i）交换 elems[0]和 elems[2]的位置

（j）调整 elems[0]~elems[1]为大顶堆　（k）交换 elems[0]和 elems[1]的位置　（l）调整 elems[0]~elems[0]为大顶堆，结束

图 8-7　对数据表(12,13,15,16,14,11)进行堆排序的过程（续）

【算法描述】

设 elems 表示存储数据元素的数据表，n 表示数据元素数目，i 表示与堆顶元素发生交换的元素位置，即最后一个待排序元素的位置，则堆排序算法描述如下。

Step 1：将数据表中的元素通过自上而下的筛选过程调整为初始大顶堆。

Step 2：初始化 i=n-1，即第 1 个与堆顶元素发生交换的元素位置是整个数据表的表尾位置。

Step 3：当 i 大于 0 时，即堆中元素数目不止 1 个，表明排序尚未完成，反复进行如下处理，否则结束排序。

Step 3.1：交换堆顶元素 elems[0]与当前最后一个待排序元素 elems[i]。

Step 3.2：将堆顶元素 elems[0]在 elems[0]~elems[i-1]范围进行一趟自上而下的筛选。

Step 3.3：与堆顶元素发生交换的元素位置 i 减 1。

【算法实现】

```
template <class DataType>
void SiftDown(DataType elems[], int start, int end) { //通过自上而下的筛选调整堆 elems[start…end]为大顶堆
    DataType tmp = elems[start];                    //tmp 暂存待调整节点的值
```

```
    int parent = start;                                   //parent 记录待调整节点的位置
    int child = 2 * parent + 1;                           //child 记录大孩子的位置
    while(child <= end) {                                 //左孩子存在，即待调整节点未成为叶子节点
        if (child + 1 <= end && elems[child] < elems[child + 1])   //右孩子存在且左孩子小于右孩子
            child++;                                      //child 记录大孩子的下标
        if (tmp >= elems[child])   break;                 //若待调整节点不小于其孩子，则结束筛选
        else {
            elems[parent] = elems[child];                 //将大孩子调整至双亲位置
            parent = child;                               //记录待调整节点的当前调整位置
            child = 2 * parent + 1;                       //计算下一层左孩子的位置
        }
    }
    elems[parent] = tmp;                                  //将待调整节点的值放置在 parent 的最终位置
}
template <class DataType>
void HeapSort(DataType elems[], int n) {                  //堆排序
    for(int i = (n - 2) / 2; i >= 0; i--)                 //从最后一个非终端节点开始进行自上而下的筛选
        SiftDown(elems, i, n - 1);
    for(int i = n - 1; i > 0; i--)   {                    //n-1 趟排序，i 表示与堆顶元素发生交换的元素位置
        DataType tmp = elems[0];                          //将堆顶元素与当前最后一个待排序元素交换
        elems[0] = elems[i];
        elems[i] = tmp;
        SiftDown(elems, 0, i - 1);                        //将剩余元素重新调整为大顶堆
    }
}
```

【性能分析】

堆排序的时间主要耗费在构造初始堆和重新调整堆的反复筛选上。对深度为 h 的堆，SiftDown 算法进行的关键字比较次数不超过 $2(h-1)$次，而对于有 n 个节点的完全二叉树，其深度 $h=\lceil\log_2(n+1)\rceil$。因此，$n-1$ 趟堆排序过程进行的关键字比较次数不超过 $2(\lceil\log_2(n)\rceil+\lceil\log_2(n-1)\rceil+\cdots+\lceil\log_2 2\rceil-n+1)<2n\lceil\log_2 n\rceil$。由此可见，堆排序的时间复杂度为 $O(n\log n)$。一般而言，堆排序适用于数据元素较多的情况，当元素较少时不建议使用。堆排序只需一个辅助存储空间用于交换数据元素，空间复杂度为 $O(1)$。堆排序是一种不稳定的排序方法。

8.5 归并排序

8.5.1 两路归并算法

归并排序是建立在归并操作上的一种排序算法。所谓**归并**，是指将两个或两个以上的有序序列合并为一个有序序列的过程。最简单的归并是**两路归并**，即将两个有序序列合并为一个有序序列。

例如，已知有序序列 A=(5,9,12,16)和 B=(6,8,11)，将 A 和 B 归并为一个有序序列 C 的两路归并的过程如图 8-8 所示。在归并过程中，需要先设置 3 个位置指针 i、j 和 k，分别指向 A、B 和 C，初始均指向这些序列的第 1 个位置；然后比较 A[i]与 B[j]的大小，将较小的元素放入 C[k]，并移动位置指针，不断重复这一过程直至其中一个序列结束；最后将剩余序列未放入 C 的元素全部放入 C。

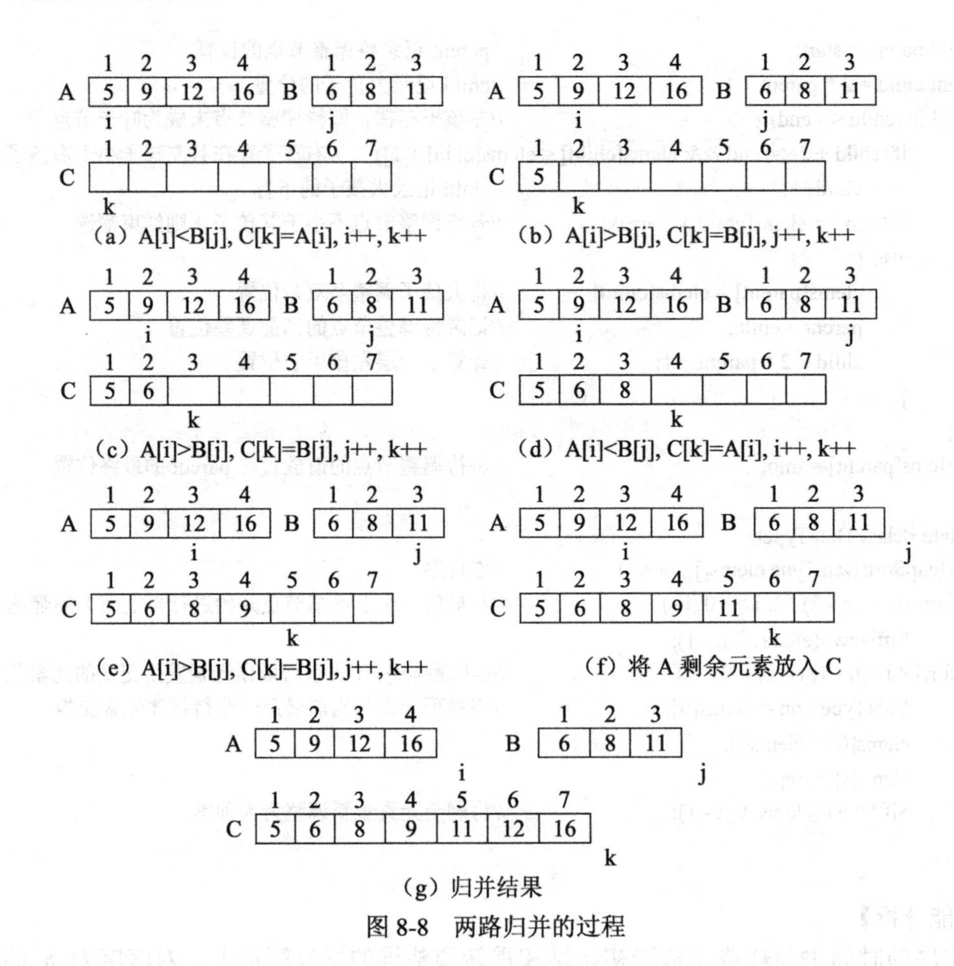

图 8-8 两路归并的过程

【算法实现】

设 elems 表示存储数据元素的数据表，elems[low]~elems[mid]表示第 1 个有序序列，elems[mid+1]~elems[high]表示第 2 个有序序列，以下算法将两个相邻的有序序列归并为一个有序序列，其结果仍然存储在 elems[low]~elems[high]中。

```
template <class DataType>
void Merge(DataType elems[], int low, int mid, int high)   {      //两路归并算法
    DataType *tmp = new DataType[high + 1];          //定义临时数组
    int i = low, j = mid + 1, k = low;               //定义并初始化位置指针
    while(i <= mid && j <= high)   {                 //两个有序序列均未归并结束
        if(elems[i] < elems[j])                      //比较两个序列的元素大小，小者被归并
            tmp[k++] = elems[i++];                   //归并左侧序列的元素，并后移相应指针
        else                                         //归并右侧序列的元素，并后移相应指针
            tmp[k++] = elems[j++];
    }
    while(i <= mid)   tmp[k++] = elems[i++];         //若左侧序列中有剩余元素，则将其归并
    while(j <= high) tmp[k++] = elems[j++];          //若右侧序列中有剩余元素，则将其归并
    for(i = low; i <= high; i++)                     //将归并结果重新放入数组 elems
        elems[i] = tmp[i];
    delete []tmp;                                    //释放临时数组
}
```

8.5.2　两路归并排序

两路归并的前提是存在初始的两个有序序列，对一个待排序的无序序列而言，需要先将其中的每个元素看作一个独立的子序列，然后不断地进行两两归并。两路归并排序的基本思想：对有 *n* 个数据元素的初始序列，先将每个元素看作长度为 1 的子序列；然后将相邻的子序列两两归并，得到⌈*n*/2⌉个长度为 2 或长度为 1 的子序列（若 *n* 为奇数，则最后一个子序列仅有 1 个元素）；重复上述两两归并的过程，直到得到一个长度为 *n* 的序列。

例如，对序列(45,36,62,32,72,15,56)进行两路归并排序的过程如图 8-9 所示。在排序过程中，用 len 记录子序列的长度。在每趟归并排序后，len 变为原来的两倍；当 len 大于或等于数据元素数目时，表明序列已经被归并为有序序列，排序过程结束。

初始序列	(45)	(36)	(62)	(32)	(72)	(15)	(56)	len=1<7
第一趟	(36	45)	(32	62)	(15	72)	(56)	len=2<7
第二趟	(32	36	45	62)	(15	56	72)	len=4<7
第三趟	(15	32	36	45	56	62	72)	len=8>7

图 8-9　对序列(45,36,62,32,72,15,56)进行两路归并排序的过程

一趟两路归并排序是将相邻且长度为 len 的子序列进行两两归并，但整个序列的数据元素数目未必恰好是 2len 的整数倍，这表明一趟归并排序执行到最后可能会遇到两种特殊情况：情况一，剩余一个长度等于 len 的子序列和一个长度小于 len 的子序列；情况二，剩余一个子序列。情况一仍然需要进行归并，而情况二不需要进行归并。因此，在一趟归并排序中，需要判断是否存在相邻且长度为 len 的两个子序列，若存在，则正常进行归并；若不存在，则需要进一步分析属于情况一还是情况二，根据不同情况做出不同的处理。

【算法描述】

设 elems 表示存储数据元素的数据表，n 表示数据元素数目，len 表示子序列的长度，i 表示参与归并的两个子序列中前一个子序列的起始位置，则两路归并排序算法描述如下。

Step 1：初始化子序列长度 len=1。

Step 2：当子序列未包含所有的数据元素，即 len<n 时，反复进行如下处理，否则结束排序。

Step 2.1：初始化参与归并的两个子序列中前一个子序列的起始位置 i=0。

Step 2.2：当存在相邻且长度为 len 的两个子序列时，即 i+2*len<=n，反复进行如下处理，否则执行 Step 2.3。

Step 2.2.1：归并子序列 elems[i]~elems[i+len-1]和子序列 elems[i+len]~elems[i+2*len-1]。

Step 2.2.2：修改参与归并的两个子序列中前一个子序列的起始位置 i=i+2*len。

Step 2.3：判断是否剩余一个长度等于 len 和一个长度小于 len 的子序列，即 i+len<n，若满足条件，则归并子序列 elems[i]~elems[i+len-1]和子序列 elems[i+len]~elems[n-1]。

Step 2.4：子序列长度增大 1 倍，即 len= len*2。

【算法实现】

```
template <class DataType>
void MergeSort(DataType elems[], int n)   {
    int len = 1, i;                                    //初始化子序列长度 len=1
    while(len < n)   {                                 //当子序列未包含所有的数据元素时
        for(i = 0; i + 2 * len <= n; i += 2 * len)     //归并相邻且长度为 len 的两个子序列
            Merge(elems, i, i + len - 1, i + 2 * len - 1);
```

```
            if(i + len < n)                  //判断是否剩余一个长度等于 len 和一个长度小于 len 的子序列
                Merge(elems, i, i + len - 1, n - 1);        //若满足条件，则归并这两个子序列
            len *= 2;                                       //子序列长度增大 1 倍
        }
    }
```

【性能分析】

对包含 n 个数据元素的序列进行两路归并排序的过程可以被看作一棵二叉树的生成过程：在初始情况下，先把由每个数据元素构成的子序列看作一个叶子节点，然后把归并过程中相邻的两个子序列归并得到的子序列看作两个孩子的双亲，最后把归并得到的包含所有数据元素的序列看作根。两路归并排序的过程是从叶子节点逐层向上生成一棵二叉树的过程，每趟排序得到二叉树的一层节点。因此，n 个数据元素需要的排序趟数等于二叉树的高度减 1，即 $\lceil \log_2(n+1) \rceil -1$；每趟归并需要移动 n 次数据元素，故归并排序的时间复杂度为 $O(n\log n)$。

归并排序需要使用与待排序序列长度相等的辅助存储空间，空间复杂度为 $O(n)$。归并排序是一种稳定的排序方法。

8.6 基数排序

前面介绍的排序算法在排序过程中都需要对数据元素的关键字进行比较，可以被称为基于比较的排序算法。与它们完全不同，基数排序无须比较关键字，而是借助多关键字排序的思想，通过“分配”和“收集”对单关键字进行排序的一种方法。基数排序又称为**桶排序**。

8.6.1 多关键字排序

假设数据表包含 n 个数据元素$(r_1,r_2,\cdots,r_n)$，每个数据元素有 d 个关键字$(k^1,k^2,\cdots,k^d)$，若数据表中的任意两个元素 r_i 和 r_j（$1 \leqslant i<j \leqslant n$）都满足下列有序关系：

$$(k_i^1,k_i^2,\cdots,k_i^d)<(k_j^1,k_j^2,\cdots,k_j^d) \tag{8-6}$$

则称数据表关于关键字$(k^1,k^2,\cdots,k^d)$有序。其中，k^1 为**最高位关键字**；k^d 为**最低位关键字**。

实现数据元素按照多关键字有序的过程就是**多关键字排序**，通常包括两种常用的方法：一种方法称为最高位优先法（Most Significant Digit first，MSD），另一种方法称为最低位优先法（Last Significant Digit first，LSD）。

最高位优先法按照从最高位关键字向最低位关键字的顺序进行排序：第一步，按照 k^1 将所有数据元素分为若干组，同一组的数据元素具有相同的关键字 k^1，各组按照 k^1 的取值排序；第二步，在第一步的基础上，按照 k^2 将每组的数据元素在组内继续分为若干小组，同一小组的数据元素具有相同的关键字 k^2，各小组按照 k^2 的取值排序；第三步，在第二步的基础上，在每小组内按照 k^3 继续重复上述过程；依次类推，直到按照最低位关键字 k^d 排序；最后将各组的排序结果连接起来便完成了整个排序过程。

最低位优先法按照从最低位关键字往最高位关键字的顺序进行排序：第一步，按照 k^d 对所有数据元素进行排序；第二步，在第一步的基础上，按照 k^{d-1} 对所有数据元素排序；依次类推，直到按照最高位关键字 k^1 对所有数据元素排序，即可得到一个有序序列。最低位优先法与最高位优先法不同在于，在最低位优先法中，所有数据元素均作为一组参与每趟排序。

下面以扑克牌排序为例介绍多关键字排序的算法思想。每张扑克牌有两个“关键字”：花色和面值。花色有 4 种且大小关系为梅花<方块<红桃<黑桃；面值有 13 种且大小关系为 2<3<…<A；花色的地位高于面值。因此，任意两张扑克牌的大小不仅与花色有关，还与面值有关。52 张扑克牌由小到大的顺序为梅花 2<梅花 3<…<梅花 A<方块 2<方块 3<…<方块 A<红桃 2<红桃 3<…<红桃 A<黑桃 2<黑桃 3<…<黑桃 A，得到这个有序序列有如下两种方法。

方法一：首先，将扑克牌按不同花色分成 4 堆，每堆的花色相同，将这 4 堆扑克牌按花色从小到大排序；然后，在每堆内部按面值从小到大排序；最后，把 4 堆扑克牌合在一起便得到了最后的排序结果。这种排序方法就是最高位优先法。

方法二：首先，将扑克牌按不同面值分成 13 堆，每堆的面值相同，将这 13 堆扑克牌按面值从小到大排序后叠放在一起重新形成一堆；然后，将扑克牌按顺序根据不同花色分成 4 堆；最后，把这 4 堆扑克牌按花色由小到大的次序合在一起便得到了最后的排序结果。这种排序方法就是最低位优先法。

可见，在按照最高位优先法进行排序时，先需要将由数据元素构成的序列逐层划分为若干子序列，然后对各个子序列分别进行排序；在按照最低位优先法进行排序时，所有数据元素总是作为一个整体参与每趟排序，通过若干次的“分配”和“收集”实现排序。下面介绍基于最低位优先法对单关键字进行排序的链式基数排序。

8.6.2　链式基数排序

基数排序是利用“分配”和“收集”两种操作实现对单关键字排序的一种内部排序方法。基数排序为了减少排序所需的辅助存储空间，采用链表作为存储结构，故称为链式基数排序。

基数排序把单关键字的每位看作一个独立的关键字，从而可以将单关键字 k 看作一个 d 元组

$$(k^1,k^2,\cdots,k^d) \tag{8-7}$$

其中，k^j（$1\leqslant j\leqslant d$）为关键字 k 的第 j 位。若分量 k^j（$1\leqslant j\leqslant d$）有 radix 种取值，则称 radix 为**基数**。例如，关键字 205 可以被看作由三个关键字构成的一个三元组(2,0,5)，每位是一个独立的关键字，可能的取值为 0,1,2,…,9，基数 radix=10。又如，关键字“data”可以被看作由四个关键字构成的一个四元组(d,a,t,a)，假设只能取小写字母，则每位可能的取值为 a,b,…,z，基数 radix=26。

首先，基数排序对关键字分量 k^j（$1\leqslant j\leqslant d$）的每种可能的取值建立一个队列（一个桶），共建立 radix 个队列。然后，按照 d 元组$(k^1,k^2,\cdots,k^d)$中的分量次序，从最低位开始，将所有数据元素按照 k^j（$j=d,d-1,\cdots,1$）的取值“分配”到 radix 个队列中，并按各队列的顺序依次把数据元素从队列中“收集”起来，使得所有元素按 k^j 完成排序，如此重复 d 趟便完成了所有数据元素的排序。

链式基数排序使用链表作为队列的存储结构，每个队列设置队头指针和队尾指针，分配到同一个队列的数据元素按照入队的顺序进行排序。例如，使用链式基数排序对序列(9,85,67,183,41,205,65)进行排序的过程如图 8-10 所示，在本例中，关键字由 3 位十进制数字构成，基数 radix=10，共建立 10 个队列分别对应 0~9 种取值，f[i]和 e[i]（$0\leqslant i\leqslant 9$）分别表示取值为 i 的队列的队头指针和队尾指针。第一趟基数排序根据最低位 k^3（个位）的取值对数据元素进行“分配”和“收集”，使所有数据元素按照个位有序；第二趟基数排序在第一趟结果的基础上，根据次低位 k^2（十位）的取值对数据元素进行“分配”和“收集”，使所有数据元素按照十位有序；第三趟基数排序在第二趟结果的基础上，根据最高位 k^1（百位）的取值对数据元素进

行“分配”和“收集”，使所有数据元素按照百位有序；三趟基数排序完成后，排序结束。

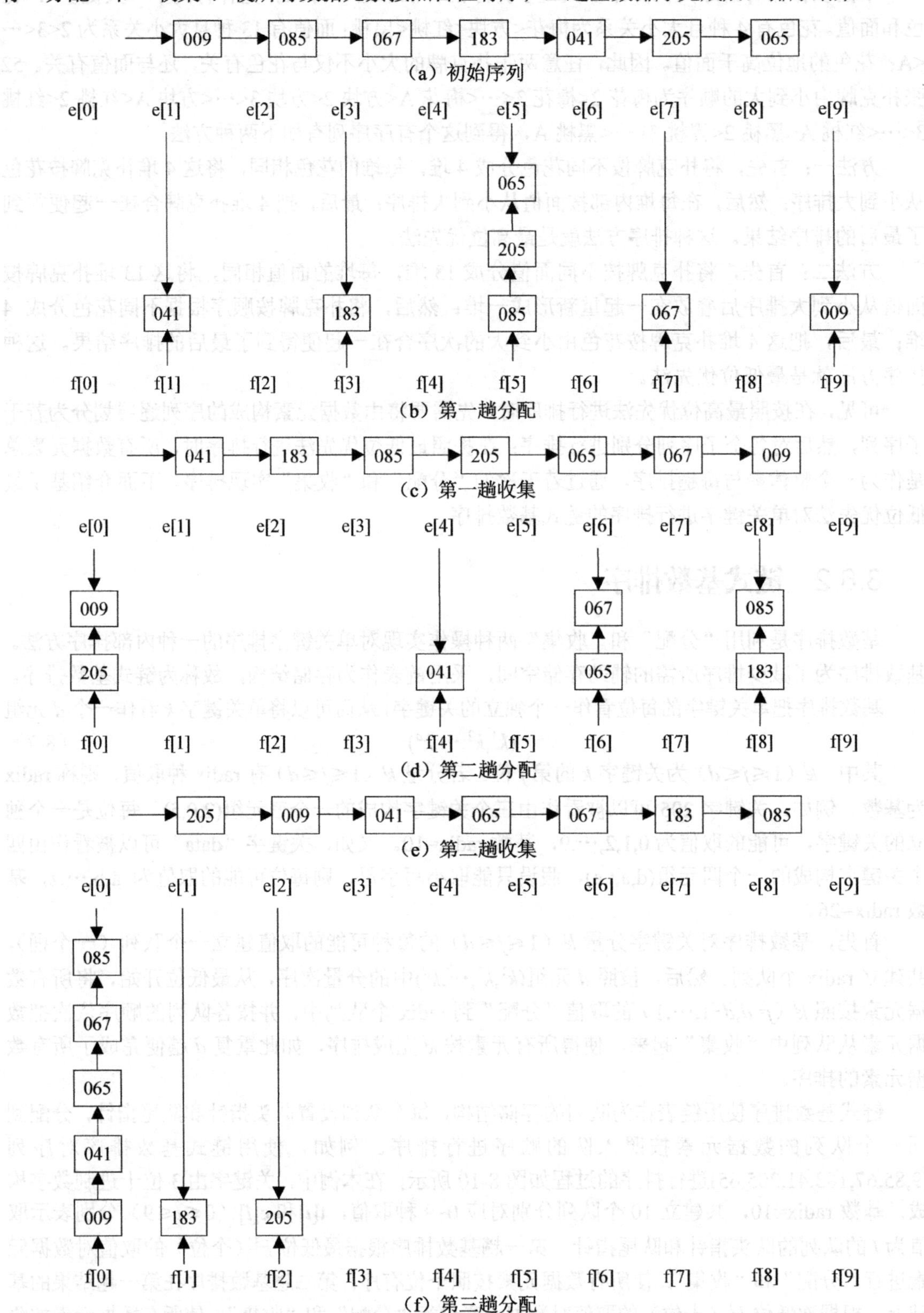

图 8-10 使用链式基数排序对序列(9,85,67,183,41,205,65)进行排序的过程

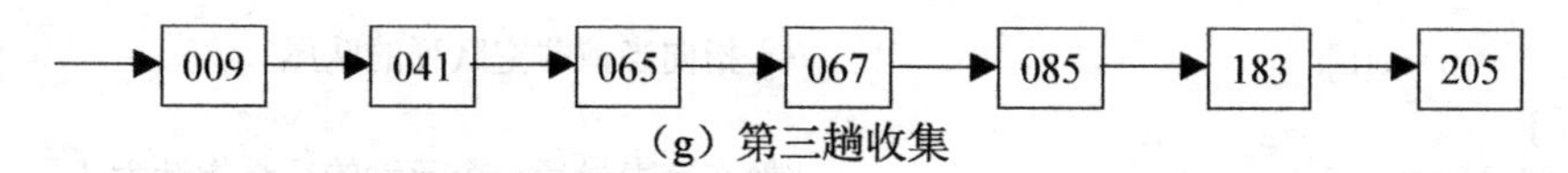

（g）第三趟收集

图 8-10 使用链式基数排序对序列(9,85,67,183,41,205,65)进行排序的过程（续）

【算法描述】

设 d 表示关键字的位数，radix 表示基数，i 表示排序的趟数，则链式基数排序的算法描述如下。

Step 1：初始化排序趟数 i=0。

Step 2：当没有完成 d 趟排序，即 i<d 时，反复进行如下处理，否则结束排序。

Step 2.1：初始化 radix 个空队列。

Step 2.2：遍历链表，对每个数据元素取第 d-i 位关键字 k，并将该元素加入关键字 k 对应的队列。

Step 2.3：按照队列的顺序依次收集 radix 个队列中的元素，重新构成一个链表。

Step 2.4：排序趟数 i 加 1。

【算法实现】

算法采用静态链表作为存储结构。设数组 elems 表示存储数据元素的静态链表，elems[0]表示头节点，elems[p].data 表示数据元素的数据域，elems[p].next 表示指向后继元素的指针。对于链式基数排序使用的链队列，算法不额外分配节点，而利用数组 elems 的存储空间，通过修改数组元素的后继指针形成不同的队列。数组 f 记录队列的队头指针，数组 e 记录队列的队尾指针。对关键字为 k 的链队列，f[k]记录队头元素在数组 elems 中的下标，e[k]记录队尾元素在数组 elems 中的下标，队列中的元素 elems[p]的后继在数组 elems 中的位置是 elems[p].next。

```
#include "SNode.h"                          //SNode.h：静态链表节点类模板文件（同第 2 章）
//分配：根据第 d-i 位关键字的取值，将静态链表 elems 中的数据元素分配进入相应的队列
template <class DataType>
void Allocate(SNode<DataType> elems[], int i, int f[], int e[], int radix)   {
    int power = (int)pow((double)radix, i);        //计算 radix 的 i 次幂用于提取关键字
    int j, p, k;
    for(j = 0; j < radix; j++)    f[j] = 0;
    for(p = elems[0].next; p != -1; p = elems[p].next)     {  //遍历静态链表中的数据元素
        k = (elems[p].data / power) % radix;              //提取第 d-i 位关键字 k
        if(f[k] == 0)    f[k]=p;                          //队列为空，将数据元素入队成为队头
        else     elems[e[k]].next = p;                    //队列不为空，将数据元素入队成为队尾
        e[k]=p;                                           //修改队尾指针
    }
}
//收集：按照队列的顺序，将非空队列尾首相连，重新构成一个链表
template <class DataType>
void Collect(SNode<DataType> elems[], int f[], int e[], int radix)   {
    int j, k, p;
    j = 0;
    while(f[j] == 0)    j++;                    //跳过空队列
    elems[0].next = f[j];                       //第 1 个非空队列的队头元素为静态链表的第 1 个元素
    p = e[j];                                   //p 指向当前非空队列的队尾
    for(k = j + 1; k < radix; k++)              //寻找后继非空队列
        if(f[k] != 0)   {                       //判断队列是否不为空队列
            elems[p].next = f[k];               //将当前非空队列的队首链接到前一个非空队列的队尾
```

```
            p = e[k];                           //p 指向当前非空队列的队尾
        }
        elems[p].next = -1;                     //静态链表最后一个元素的后继指针为-1
}
template <class DataType>
void RadixSort(SNode<DataType> elems[], int d, int radix) {//对数组 elems 存储的数据元素进行基数排序
        int *f = new int[radix];                //分配队头指针数组
        int *e = new int[radix];                //分配队尾指针数组
        for(int i = 0; i < d; i++){             //进行 d 趟基数排序
            Allocate(elems, i, f, e, radix);    //第 i 趟分配
            Collect(elems, f, e, radix);        //第 i 趟收集
        }
        delete []f;   delete []e;               //释放队头指针数组和队尾指针数组
}
```

【性能分析】

对于由 n 个数据元素构成的数据表，若关键字有 d 位，基数为 radix，则基数排序需要执行 d 趟“分配”和“收集”，每趟分配的时间复杂度为 $O(n)$，每趟收集的时间复杂度为 $O(\text{radix})$，因此链式基数排序总的时间复杂度为 $O(d(n+\text{radix}))$。由于该算法需要的辅助存储空间包括每个数据元素节点中的后继指针，以及每个队列的队头和队尾指针，共计 $n+2\times\text{radix}$ 个，因此空间复杂度为 $O(n)$。基数排序不需要移动数据元素，是一种稳定的排序方法。基数排序适用于字符串和整数这类具有明显结构特征的关键字的场合，还适用于数据元素数目较多而关键字位数较少的场合。

8.7 排序方法的比较

排序方法有很多，本章仅讨论了一些常见的、具有代表性的排序方法，这些排序方法各有优缺点，有着各自的适用场合。通常，在选择排序方法时应考虑如下因素：①待排序的数据元素数目；②关键字的结构及其初始状态；③对排序稳定性的要求；④程序设计语言的限制；⑤时间复杂度和空间复杂度等。综合上述因素，可以参考如下建议选择排序方法。

（1）若数据元素较少（如 $n\leqslant 50$），则可以使用直接插入排序或简单选择排序。但要注意直接插入排序的数据移动次数多于简单选择排序的数据移动次数，当数据元素包含的数据项较多、所占的存储量较大时，应使用简单选择排序。

（2）若数据元素较多，则应使用时间复杂度为 $O(n\log n)$的排序方法，如快速排序、堆排序或归并排序。快速排序被认为是目前最好的基于比较的内部排序方法。当待排序数据元素的关键字随机分布时，快速排序的平均执行时间最短；堆排序需要的辅助存储空间少于快速排序，并且不会出现快速排序可能出现的最坏情况。同时，这两种排序方法都是不稳定的，若要求排序稳定，则可以使用归并排序。希尔排序的效率也较高，但是子序列划分的合理性会对算法产生重要的影响。一般而言，希尔排序的执行速度快于冒泡排序、直接插入排序和简单选择排序，但慢于快速排序、堆排序和归并排序。

（3）若待排序的数据元素基本有序，则可以使用冒泡排序和插入类排序方法，不宜使用快速排序。

（4）一些程序设计语言（如 Fortran、COBOL 或 Basic 等）不提供指针和递归，导致实现快速

排序（递归实现简单）和基数排序（使用指针）等算法变得复杂，此时可以考虑使用其他排序方法。

（5）当数据元素较多，而关键字位数较少时，可以考虑使用基数排序，还可以通过调整基数的取值（如将基数定为100或1000等）减少排序的趟数。

8.8 本章小结

本章从排序的基础知识开始，先后介绍了交换排序、插入排序、选择排序、归并排序、基数排序五类九种具体的排序算法，并分析了这些算法的性能。此外，本章对比了各种排序方法，并提出了一些选择合适的排序算法的建议。

排序算法的应用非常广泛，涉及计算机科学与技术的各个领域，是计算机进行数据处理的一个根本问题。在实际应用中，我们往往需要考虑应用的具体需求，如稳定性、时间复杂度等因素，选择合适的排序算法，这就需要我们对各种排序算法的特点有充分的了解。

习题八

一、选择题

1．在下面给出的四种排序法中，不稳定的排序算法是（　　）。

A．直接插入排序　　B．冒泡排序
C．两路归并排序　　D．堆排序

2．若需要在$O(n\log_2 n)$的时间内完成排序，并且要求排序是稳定的，则可以选择的排序方法是（　　）。

A．快速排序　　B．堆排序
C．归并排序　　D．直接插入排序

3．在下面给出的内部排序算法中，排序趟数与序列初始状态有关的算法是（　　）。

A．直接插入排序　　B．简单选择排序
C．冒泡排序　　D．快速排序

4．在下面给出的四种排序方法中，排序过程中的比较次数与排序方法无关的是（　　）。

A．简单选择排序　B．直接插入排序　C．快速排序　D．堆排序

5．序列(8,9,10,4,5,6,20,1,2)只能是以下算法中的（　　）进行两趟排序后的结果。

A．简单选择排序　B．冒泡排序　C．直接插入排序　D．堆排序

6．若对序列(15,9,7,8,20,-1,4)进行一趟排序后变为(4,9,-1,8,20,7,15)，则采用的是（　　）排序。

A．简单选择　B．快速　C．希尔　D．冒泡

7．在下面给出的排序算法中，不能保证每趟排序至少能将一个元素放到最终位置上的算法是（　　）。

A．快速排序　B．希尔排序　C．堆排序　D．冒泡排序

8．在下面给出的排序方法中，空间复杂度为$O(n)$的算法是（　　）。

A．希尔排序　B．堆排序　C．简单选择排序　D．归并排序

9．在待排序数据已有序时，花费时间最多的是（　）排序。

A．冒泡　　B．希尔　　C．快速　　D．堆

10．在数据表中有10 000个元素，如果仅要求找出其中最大的10个元素，则采用（　）算法最节省时间。

A．堆排序　　B．希尔排序　　C．快速排序　　D．简单选择排序

二、填空题

1．若不考虑基数排序，则排序过程中主要进行的两种基本操作是关键字的________和记录的________。

2．分别采用堆排序、快速排序、冒泡排序和归并排序对初始状态为有序的表进行排序，最省时间的是________算法，最费时间的是________算法。

3．在排序算法进行最后一趟排序之前，所有元素都可能不在其最终位置上的排序算法是________。

4．对由7个元素构成的序列(1,2,3,4,5,6,7)进行快速排序，具有最少比较次数和交换次数的初始排列顺序为________。

5．堆排序算法的时间复杂度为________。

6．若使用希尔排序对序列(98,36,−9,0,47,23,1,8,10,7)进行排序，给出的步长（增量序列）依次是4、2、1，则排序需要进行________趟。

7．就平均时间性能而言，________排序最佳。

8．设有字母序列(Q,D,F,X,A,P,N,B,Y,M,C,W)，使用两路归并排序方法对该序列进行一趟排序后的结果是________。

9．基数排序的时间复杂度为________。

10．快速排序算法在________情况下最不利于发挥其长处，在________情况下最易发挥其长处。

三、是非题

1．当待排序的元素数目很多时，为了交换元素的位置，移动元素要占用较多的时间，这是影响时间复杂度的主要因素。（　）

2．内部排序要求数据一定要以顺序方式存储。（　）

3．排序的稳定性是指排序算法中的比较次数保持不变，且算法能够终止。（　）

4．简单选择排序算法在最好情况下的时间复杂度为$O(n)$。（　）

5．快速排序的排序速度在所有排序方法中最快，而且所需附加空间也最少。（　）

6．在使用堆排序算法进行升序排序时，需要采用大顶堆。（　）

7．归并排序的空间复杂度为$O(1)$。（　）

8．在任何情况下，归并排序都比直接插入排序快。（　）

9．折半插入排序所需的比较次数与待排序记录的初始排列顺序有关。（　）

10．快速排序和归并排序在最坏情况下的时间复杂度都是$O(n\log_2 n)$。（　）

四、应用题

1．请设计一个基于链表结构的归并排序算法。

2．如果枢轴的选取策略是选择序列中的第一个元素，请给出由0~7个整数构成的一个排

列，该排列使得快速排序出现最坏情况。

3．请采用数学归纳法证明直接插入排序总是能得到一个有序序列。

4．在直接插入排序、冒泡排序、简单选择排序、希尔排序、归并排序、快速排序、堆排序中，哪些排序方法是稳定的？并简要说明其稳定/不稳定的原因。针对每个算法，是否可以做一定修改使得不稳定的排序方法稳定？

5．请修改快速排序算法，使得该算法能够找出一个序列中最小的 k 个元素。要求修改后的算法应尽可能高效，并且只需将最小的 k 个元素排序，不需要将所有元素排序。

6．下述的哪些操作最好通过排序实现，请简要说明原因，并描述每个操作合适的算法。

（1）找出最小值。

（2）找出最大值。

（3）计算算术平均值。

（4）找出中值。

（5）找出出现次数最多的值。

7．英国天文学家爱丁顿很喜欢骑车，据说他为了炫耀自己的骑车功力，定义了一个“爱丁顿数”E，即满足有 E 天骑车超过 E km 的最大整数 E。据说爱丁顿自己的爱丁顿数 E 等于 87。若给定某人 10 天的骑车距离为(6,7,6,9,3,10,8,2,7,8)，请设计一个算法求出对应的爱丁顿数 E。

8．输入两个数组和 4 个数字 a、b、c、d，请做如下操作：将第一个数组的从第 a 个数到第 b 个数，第二个数组的从第 c 个数到第 d 个数放到一个数组中，求出合并后数组中间位置的元素，如果有两个元素，则取下标较小的那个元素。

伊凡·爱德华·苏泽兰（Ivan Edward Sutherland，1938－），被称为计算机图形学之父和虚拟现实之父，是 1988 年图灵奖的得主。苏泽兰在麻省理工学院攻读博士学位，其博士论文课题是三维交互式图形系统。他成功地开发出了著名的“画板”系统，这个系统是有史以来第一个交互式绘图系统，也是交互式计算机绘图的开端。后来，人们在“画板”系统的基础上相继开发出了 CAD 和 CAM，它们被称为 20 世纪下半叶最杰出的工程技术成就之一。早在虚拟现实技术研究的初期，苏泽兰就在“达摩克利斯之剑”系统中实现了三维立体显示。他除了获得图灵奖，还是美国工程院兹沃里金奖的第一位得主。1975 年，他被系统、管理与控制论学会授予了杰出成就奖；1986 年，被 IEEE 授予了皮奥尔奖。苏泽兰除了被 ACM 授予图灵奖，还在 1994 年被其授予了软件系统奖，并且早在 1983 年为纪念计算机图形学的先驱考恩斯而建立以他的名字命名的奖项时，就把第一个考恩斯奖授予了他。这众多荣誉充分说明他在计算机图形学、计算机体系结构和逻辑电路方面做出了卓越的贡献。

第9章　递归与分治法

哲学家、物理学家笛卡儿曾经说过："将面临的所有问题尽可能地细分，细分到能用最佳的方式将其解决为止"，这就是分治的基本思想。所谓分治即分而治之，是指将一个复杂的大问题拆分成可以解决的小问题，各个击破，这个方法是各个学科通用的一种解决问题的方法。中国历史上关于分而治之最著名的故事是汉武帝的"推恩令"。西汉自文、景两代起，如何限制和削弱日益膨胀的诸侯势力一直是皇帝面临的一个严重问题。汉武帝为了巩固中央集权，先将各诸侯所管辖的区域只能由其长子继承改为由长子、次子、三子共同继承，根据这项政令，诸侯国被越分越小，汉武帝再趁机削弱其势力。这样，汉朝廷不行黜陟，而藩国自析。最终，诸侯国管辖的区域仅有数县，彻底解决了诸侯国封地过大的问题。

分治法产生的子问题往往是原问题的较小模式，这为使用递归程序设计技术提供了便利。通过反复使用分治手段，可以使子问题在保持与原问题类型完全相同的前提下，规模不断减小，最终使子问题的规模小到能够直接求解。由于分治产生的子问题与原问题类型完全相同，求解子问题的方法与求解原问题的方法必然相同，很自然地可以使用递归来描述求解问题的过程。所以，分治与递归像一对孪生兄弟，往往同时出现在算法设计中。因此，本章先介绍递归程序设计方法，然后在此基础上介绍算法设计的分治策略。

本章内容：

（1）递归的定义、应用与分析。

（2）分治法的基本思想、适用条件、设计步骤与应用实例。

9.1　递归程序设计

9.1.1　递归的定义

很多人听过一个故事，从前有座山，山上有个庙，庙里有个老和尚给小和尚讲故事，讲的那是从前有座山，山上有个庙，庙里有个老和尚给小和尚讲故事，讲的那是从前有座山……如此循环往复（见图9-1）。故事里的人讲故事，讲的故事又是故事里的人讲故事，永不停止。这一过程可以用如下代码实现。

```
#include<iostream>
using namespace std;
void story() {
    cout << "从前有座山，山上有个庙，庙里有个老和尚给小和尚讲故事，讲的那是";
    story();
}
void main() {
```

```
    story();
}
```

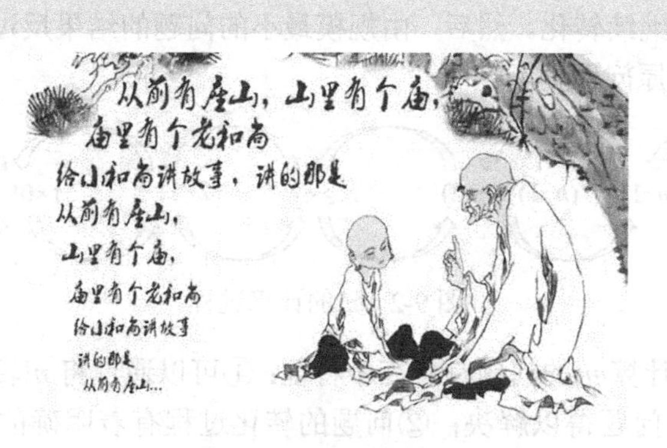

图 9-1　故事里的递归

在上述函数 story 的定义中出现了对自己的调用，这就是递归。在数学和计算机科学中，**递归是指对自身直接或间接地调用**。自身直接调用自身称为**直接递归**，如函数 story；自身通过调用其他过程来调用自身称为**间接递归**，如在函数 A 的定义中调用了函数 B，而在函数 B 的定义中调用了函数 A 的情况。由于间接递归可以转化为直接递归来处理，因此本书仅讨论直接递归。

在使用递归求解问题时，需要把一个大型复杂的问题层层转化为与原问题类型相似的规模较小的子问题，这样编写少量的程序即可描述出解题过程所需的大量重复计算，从而大大减少程序的代码量。通常，递归可以应用于以下两种情况。

（1）定义是递归的。一些数学公式、数列和概念的定义是递归的。例如，$n!$的计算［见式（9-1)]、树和二叉树的定义等。对于此类问题，根据其定义就能直接得到递归算法。

$$n!=\begin{cases}1 & n=0\\ n\times(n-1)! & n>0\end{cases} \tag{9-1}$$

（2）问题的求解方法是递归的。例如，汉诺（Hanoi）塔问题的求解。汉诺塔问题：古代有一个梵塔，塔内有 3 个座 A、B 和 C，开始时 A 座上有 n 个盘子，盘子大小不等，大的在下，小的在上。要求把这 n 个盘子从 A 座移动到 C 座，在移动过程中可以利用 B 座，但每次只允许移动一个盘子，并且在移动过程中，3 个座上都要始终保持大盘子在下、小盘子在上的顺序。解决汉诺塔问题的方法可以分为三个步骤：第一步，将 A 座上的前 $n-1$ 个盘子借助 C 座移动到 B 座；第二步，将 A 座上剩余的一个盘子直接移动到 C 座；第三步，将 B 座上的 $n-1$ 个盘子借助 A 座移动到 C 座。第一步和第三步对应的问题与原问题类型完全相同，仅是盘子数目减少了 1 个，并且移动的起始座与目标座不同，解决方法完全一样。对于此类问题，若用一个函数表示其求解过程，则求解过程中与原问题类型完全相同的规模较小的子问题的求解就是对该函数的递归调用。

9.1.2　递归的适用条件

判断一个问题是否可以使用递归求解，需要分析该问题是否满足递归的适用条件。下面以计算 $n!$和求解汉诺塔问题进行分析。

例 1　计算 $n!$

根据式（9-1），$n!$的计算过程如图 9-2 所示。首先，整个计算过程不断地转化问题，把计算 $n!$转化为计算$(n-1)!$，$(n-2)!$，…，随着问题不断地转化，不断地出现新问题，但这些问题仍然是计算阶乘，与原问题类型完全相同，仅是问题的规模逐渐减小，直到 $n=0$，问题的规模小到可以直接计算，无须继续转化。然后，由规模最小的问题的结果反过来逐步计算规模较大的问题的结果，直到得到原问题的解。

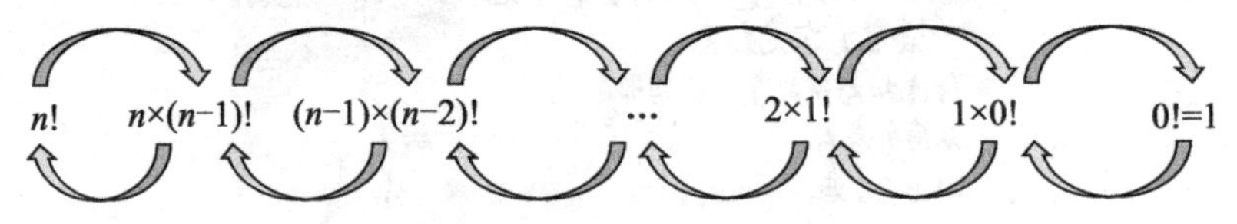

图 9-2　n!的计算过程

从这个例子可见，计算 n!的问题具备三个特征：①可以通过将 n!转化为$(n-1)$!，$(n-2)$!，…，0!等规模较小的同类型问题得以解决；②问题的转化过程有着明确的终止条件 $n=0$；③问题的转化必然触发终止条件，即转化过程是有限次的。

例 2 汉诺塔问题

n 个盘子的汉诺塔问题的求解过程如图 9-3 所示。如上文所述，n 个盘子从起始的 A 座移动到目标 C 座的问题可以通过三个步骤完成，而第一个和第三个步骤要解决的问题与原问题类型完全相同，仅是盘子数目减少为 $n-1$ 个，且移动的起始座与目标座不同，解决的方法完全一样。所以，第一个步骤和第三个步骤的问题又各自可以用三个步骤解决，其中各自包含两个 $n-2$ 个盘子移动的同类型问题，使得问题的规模进一步减小。随着问题不断地转化，问题的规模越来越小，直到仅剩一个盘子，可以直接移动，无须继续转化。然后，由规模最小的问题的结果反过来逐步得到规模较大的问题的结果，直到得到原问题的解。

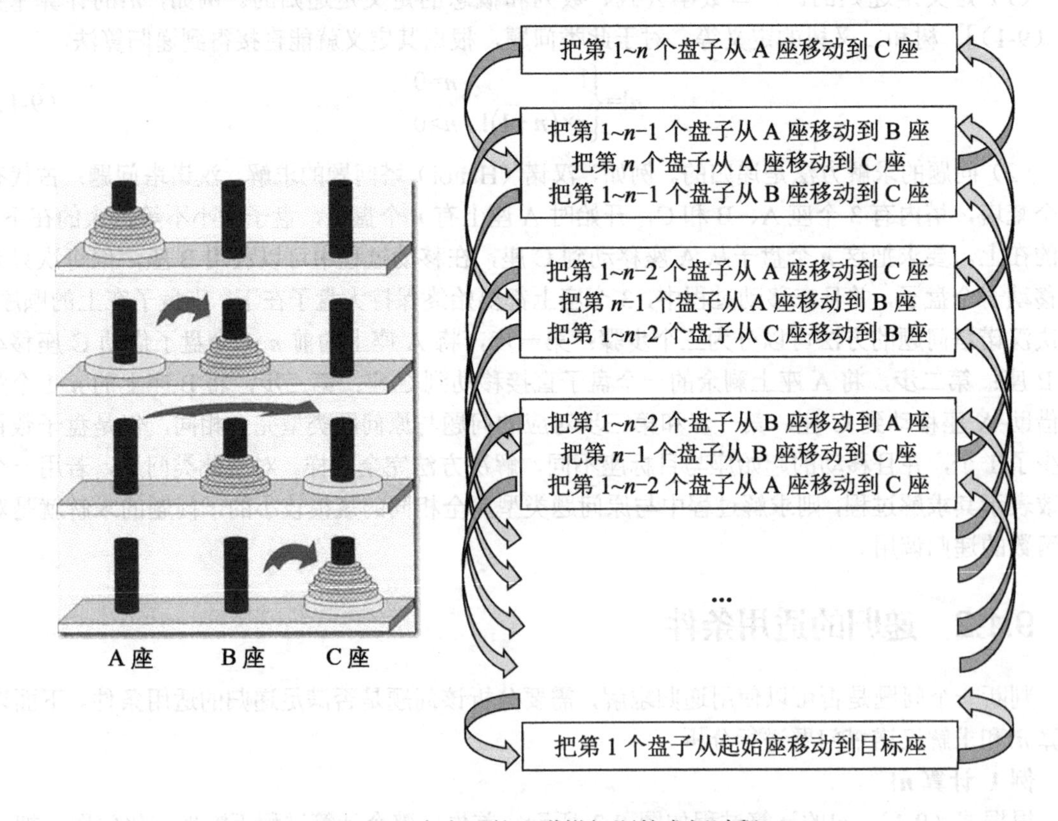

图 9-3　n 个盘子的汉诺塔问题的求解过程

从这个例子可见，汉诺塔问题同样具备三个特征：①可以通过将 n 个盘子的移动转化为 $n-1$ 个盘子,$n-2$ 个盘子,…,1 个盘子的移动等规模较小的同类型问题得以解决；②问题的转化过程有着明确的终止条件 $n=1$；③问题的转化必然触发终止条件，即转化过程是有限次的。

通常，终止问题转化需要满足的条件称为**递归终止条件**，执行问题转化需要满足的条件称为**递归条件**。例 1 的递归终止条件为 $n=0$，递归条件为 $n>0$；例 2 的递归终止条件为 $n=1$，递归条件为 $n>1$。

综上，适合使用递归求解的问题应当具备的特征包括：①一个问题可以转化为一个或多个同类型的子问题进行求解，子问题的求解方法与原问题的求解方法完全相同，仅是规模不同；②问题的转化过程存在明确的递归终止条件；③问题的转化必然触发递归终止条件。如果一个问题满足这三个特征，则可以使用递归来求解该问题。

9.1.3 递归程序设计的方法

1. 递归模型

递归模型是递归算法的抽象，反映了可以使用递归求解的问题的递归结构。获取问题的递归模型是开展递归程序设计的关键。

一个递归模型通常由**递归出口**和**递归体**两部分组成。递归出口指明递归终止的条件；递归体给出在递归求解时的递推关系。

递归出口的描述如式（9-2）所示。其中，q_1 表示规模足够小，可以直接求解的子问题；f 表示求解问题的递归方法或递归过程；s_1 表示问题 q_1 的解。

式（9-2）的含义：当 q_1 的规模足够小时，无须继续转化，可以直接求得该问题的解 s_1。

$$f(q_1)=s_1 \tag{9-2}$$

递归体的描述如式（9-3）所示。其中，q_n 表示规模为 n 的大问题；q_i、q_{i+1}、…、q_{n-1} 表示由 q_n 转化得到的若干规模较小的同类型子问题；c_{n-1} 表示可以直接求解的问题（与 q_n 非同类型问题）；f 表示求解问题的递归方法或递归过程；g 表示一个非递归的过程。

式（9-3）的含义：一个规模为 n 的大问题 q_n 可以转化为规模较小的同类型子问题 q_i、q_{i+1}、…、q_{n-1}，这些子问题的求解方法与大问题 q_n 的求解方法相同，即仍使用 f 来求解；利用这些子问题的解与问题 c_{n-1} 的解，通过 g 即可求得大问题 q_n 的解。

$$f(q_n)=g(f(q_i),f(q_{i+1}),\cdots,f(q_{n-1}),c_{n-1}) \tag{9-3}$$

因此，递归模型的描述如式（9-4）所示。

$$\begin{cases} f(q_1)=s_1 \\ f(q_n)=g(f(q_i),f(q_{i+1}),\cdots,f(q_{n-1}),c_{n-1}) \end{cases} \tag{9-4}$$

例如，计算 $n!$的递归模型的描述如式（9-5）所示。其中，$f(0)=1$ 为递归出口，$f(n)=n\times f(n-1)$ 是递归体。

$$\begin{cases} f(0)=1 \\ f(n)=n\times f(n-1) \quad n>0 \end{cases} \tag{9-5}$$

为了获取递归模型，需要分析如何才能把一个问题转化为同类型的子问题，这种转化过程要使子问题的规模逐渐减小，直至可以直接求解。总体而言，获取递归模型包括如下步骤。

（1）分析问题的转化方法，即由大问题 q_n 转化为规模减小的同类型子问题 $q_i,q_{i+1},\cdots,q_{n-1}$ 的方法。

（2）分析大问题的解 $f(q_n)$ 与子问题的解 $f(q_i),f(q_{i+1}),\cdots,f(q_{n-1})$ 之间的关系，即如何由子问题的解得到大问题的解，从而确定递归体。

（3）分析能够直接求解的问题情形，即达到何种规模，问题可以直接求解及问题的解是什么，从而确定递归出口。

在建立递归模型的过程中，还要明确表达求解问题需要使用的参数，这决定了递归模型和递归算法使用的参数。在建立递归模型之后，将递归模型反映的求解过程描述出来就得到了递归算法。

2．应用实例

例 1 斐波那契数列

已知斐波那契（Fibonacci）数列的定义如式（9-6）所示，计算数列第 *n* 项的值。

$$\begin{cases}\mathrm{Fib}(n)=1 & n=1\\ \mathrm{Fib}(n)=1 & n=2\\ \mathrm{Fib}(n)=\mathrm{Fib}(n-1)+\mathrm{Fib}(n-2) & n>2\end{cases} \tag{9-6}$$

【问题分析】

斐波那契数列的定义本身就是一个递归的定义，其中明确给出了：①问题的转化方法，即第 *n* 项的计算问题可以转化为第 *n*−1 项和第 *n*−2 项的计算问题；②大问题的解与子问题的解之间的关系，即 $\mathrm{Fib}(n)=\mathrm{Fib}(n-1)+\mathrm{Fib}(n-2)$；③能够直接求解的问题情形，即当 $n=1$ 或 $n=2$ 时，$\mathrm{Fib}(n)=1$。所以，根据斐波那契数列的定义即可建立如下递归模型：

$$\begin{cases}f(n)=1 & n=1\text{或}n=2\\ f(n)=f(n-1)+f(n-2) & n>2\end{cases} \tag{9-7}$$

【算法实现】

计算斐波那契数列第 n 项的算法可以实现如下。

```
int Fib(int n) {
    if(n==1 || n==2)                        //递归出口
        return 1;
    else
        return Fib(n-1)+Fib(n-2);           //递归体
}
```

例 2 计算二叉树的节点数目

已知一棵以指针 r 所指节点为根的二叉树，计算这棵二叉树包含的节点数目。

【问题分析】

一棵非空的二叉树由根、左子树和右子树三部分构成，只需分别计算出左子树和右子树的节点数目，再加上根就得到以 r 为根的整棵二叉树的节点数目。而左子树和右子树仍然是二叉树，计算节点数目的方法与原二叉树相同，仅是子树的规模减小了，可以继续转化。随着问题不断地转化，子树的规模越来越小。当子树是一棵空树时，可以直接得到该树的节点数目为零，无须继续转化。

通过上述分析可以明确：①问题的转化方法，即计算以 r 为根的二叉树的节点数目的问题可以转化为计算 r 的左子树的节点数目的问题和计算 r 的右子树的节点数目的问题；②大问题的解与子问题的解之间的关系，即以 r 为根的二叉树的节点数目是 r 的左子树的节点数目、r 的右子树的节点数目和 1（代表根）三者之和；③能够直接求解的问题情形，即当子树是一棵空树时，该树的节点数目为 0。由此，可以建立如下递归模型。

$$\begin{cases} f(r)=0 & r=\text{NULL} \\ f(r)=f(r\text{->lChild})+f(r\text{->rChild})+1 & r \neq \text{NULL} \end{cases} \quad (9\text{-}8)$$

【算法实现】

设在 5.3.3 节的二叉链表类模板中添加函数 NodeCount 用于计算以 r 为根的二叉树的节点数目，该函数的实现如下。

```
template <class DataType>
int BinaryTree<DataType>::NodeCount(const BTNode<DataType> *r) const {
    if(r == NULL)     return 0;                                   //递归出口
    else
        return NodeCount(r->lChild) + NodeCount(r->rChild) + 1;  //递归体
}
```

例 3　释放单链表

已知带头节点的单链表 L，要求删除链表中包括头节点在内的所有节点。释放前、释放后的单链表如图 9-4 所示。

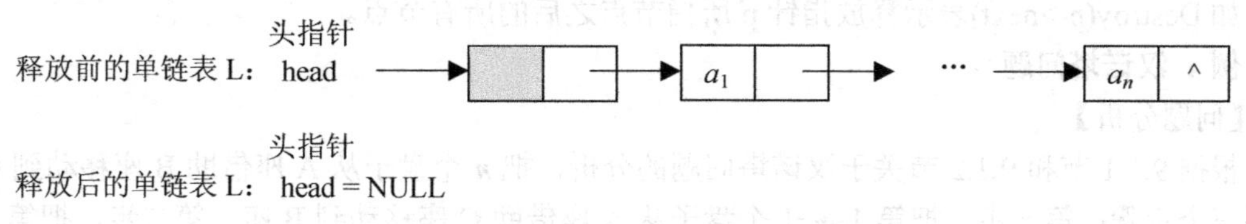

图 9-4　释放前、释放后的单链表

【问题分析】

在带头节点的单链表中，节点分为头节点和元素节点，它们仅是作用不同，节点结构完全相同，且相邻节点之间都是通过指针连接的。若忽略头节点和元素节点在作用上的区别，则整个单链表的结构可以被看作由两部分构成：第一个节点和第一个节点中的后继指针作为头指针指向的单链表（记为 L_1）。L_1 同样可以被看作由两部分构成：L_1 中的第一个节点和第一个节点中的后继指针作为头指针指向的单链表（记为 L_2）。以此类推，单链表的结构可以被看作一种递归的结构，如图 9-5 所示。

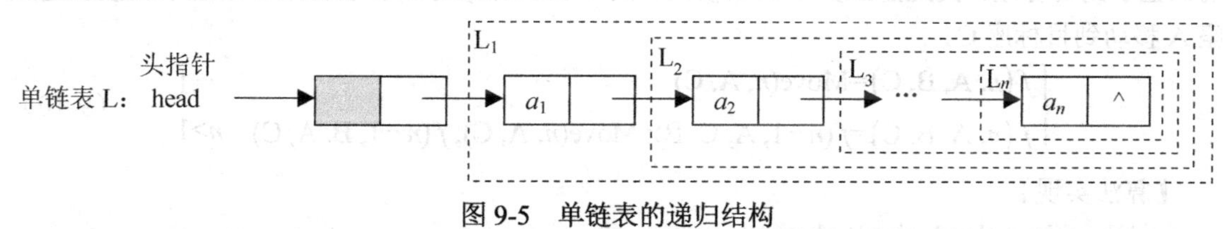

图 9-5　单链表的递归结构

因此，释放单链表 L 的过程可以分为三个步骤：第一步，释放单链表 L_1；第二步，释放单链表 L 的第一个节点；第三步，置单链表 L 的头指针为 NULL。而释放单链表 L_1 的过程与释放单链表 L 的过程完全相同，仅是单链表的规模减小了，可以继续转化。随着问题不断地被转化，单链表的规模越来越小。当单链表是一个空链表时，无须再释放，问题的转化过程结束。

通过上述分析可以明确：①问题的转化方法，即释放单链表的问题可以转化为释放除第一个节点之外由其余节点构成的单链表的问题；②大问题的解与子问题的解之间的关系，即先释放除第一个节点之外由其余节点构成的单链表之后，再释放第一个节点并置头指针为NULL，就完成了单链表L的释放；③能够直接求解的问题情形，即当单链表是一个空链表时，无须再释放。由此，可以建立如下递归模型，其中h表示指向单链表的头指针。

$$\begin{cases} f(h)=\text{不做处理} & h=\text{NULL} \\ f(h)=f(h\text{->}next);\ \text{释放}h\text{指向的节点};\ h=\text{NULL} & h\neq \text{NULL} \end{cases} \tag{9-9}$$

【算法实现】

设在2.3.1节的单链表类模板中添加函数Destroy用于释放单链表，该函数的实现如下。

```
template <class ElemType>
void LinkList<ElemType>::Destroy(Node<ElemType> *&h) {
    if(h != NULL) {                       //满足递归条件，执行递归体
        Destroy(h->next);                 //释放除第一个节点之外由其余节点构成的单链表
        delete h;                         //释放第一个节点
        h = NULL;                         //将头指针置为NULL
    }
}
```

执行Destroy(head)即可释放整个单链表。上述函数也可以用于释放某个节点之后的所有节点，如Destroy(p->next)表示释放指针p所指节点之后的所有节点。

例4 汉诺塔问题

【问题分析】

根据9.1.1节和9.1.2节关于汉诺塔问题的分析，把*n*个盘子从A座借助B座移动到C座需要三个步骤：第一步，把第1~*n*−1个盘子从A座借助C座移动到B座；第二步，把第*n*个盘子从A座直接移动到C座；第三步，把第1~*n*−1个盘子从B座借助A座移动到C座。第1个和第3个步骤就是规模减小后的子问题，求解方法与原问题的求解方法相同，可以继续转化。随着问题不断地转化，需要移动的盘子数目越来越少。当起始座只有1个盘子时，可以直接将该盘子移动到目标座，无须继续转化。

通过上述分析可以明确：①问题的转化方法，即将*n*个盘子的移动问题可以转化为两个*n*−1个盘子的移动问题；②大问题的解与子问题的解之间的关系，即遵循上述三个步骤就可以由子问题的解得到大问题的解；③能够直接求解的问题情形，即当起始座只有1个盘子时，直接移动该盘子到目标座。由此建立如下递归模型，其中Move(*n*, A, C)表示将第*n*个盘子直接从起始座A移动到目标座C。

$$\begin{cases} f(n, \text{A}, \text{B}, \text{C})=\text{Move}(n, \text{A}, \text{C}) & n=1 \\ f(n, \text{A}, \text{B}, \text{C})=f(n-1, \text{A}, \text{C}, \text{B});\ \text{Move}(n, \text{A}, \text{C});\ f(n-1, \text{B}, \text{A}, \text{C}) & n>1 \end{cases} \tag{9-10}$$

【算法实现】

```
void Hanoi(int n, char A, char B, char C) {
    if(n == 1)    Move(n, A, C);          //递归出口
    else {                                //若盘子数目大于1，则执行递归体
        Hanoi(n-1, A, C, B);
        Move(n, A, C);
        Hanoi(n-1, B, A, C);
    }
}
```

上述实现中的函数 Move(n, A, C)可由读者自行定义，如输出盘子的移动信息等。

例 5 简单选择排序

对由 *n* 个数据元素构成的无序序列，应用简单选择排序方法将其由小到大排序。

【问题分析】

8.4.1 节介绍了简单选择排序，其基本方法：对 *n* 个数据元素进行 *n*−1 趟排序，第 *i*（*i*=1,2,⋯, *n*−1）趟在第 *i*~*n* 个数据元素中选取关键字最小的元素作为序列的第 *i* 个数据元素。由此可见，简单选择排序每趟的排序方法完全相同，仅是待排序的数据元素不断减少。例如，第 *i* 趟处理的待排序序列是第 *i*~*n* 个数据元素，第 *i*+1 趟处理的待排序序列则缩小为第 *i*+1~*n* 个数据元素。因此，对第 *i*~*n* 个数据元素进行排序的第 *i* 趟简单选择排序过程可以描述如下：①从第 *i*~*n* 个数据元素中选择关键字最小的元素放在第 *i* 个位置；②对第 *i*+1~*n* 个数据元素进行简单选择排序。当待排序序列仅包含 1 个数据元素时，简单选择排序结束。如此将简单选择排序的过程转化为一个递归过程，这样就可以使用递归方法实现简单选择排序。

通过上述分析可以明确：①问题的转化方法，即将第 *i*~*n* 个数据元素的简单选择排序问题可以转化为第 *i*+1~*n* 个数据元素的简单选择排序问题；②大问题的解与子问题的解之间的关系，即从第 *i*~*n* 个数据元素中选择关键字最小的元素放在第 *i* 个位置之后，完成对第 *i*+1~*n* 个数据元素的简单选择排序即可完成原序列的排序；③能够直接求解的问题情形，即当待排序序列仅包含 1 个数据元素时，简单选择排序结束。由此可以建立如下递归模型，其中 *f*(elems, *n*, *i*)表示对由 elems[*i*]~elems[*n*−1]构成的序列进行简单选择排序。

$$\begin{cases} f(\text{elems}, n, i)=\text{不做处理} & i=n-1 \\ f(\text{elems}, n, i)=\text{从elems}[i]\sim\text{elems}[n-1]\text{中选择} & i<n-1 \\ \qquad\qquad\text{关键字最小的数据元素放置在elems}[i]; & \\ \qquad\qquad f(\text{elems}, n, i+1) & \end{cases} \tag{9-11}$$

【算法实现】

```
template <class DataType>
void SelectionSort(DataType elems[], int n, int i) {   //对 elems[i]~elems[n-1]进行简单选择排序
    int k;
    if(i < n-1) {                                      //若满足递归条件，则执行递归体
        k = i;                                         //假设 elems[i]最小
        for(int j = i + 1; j < n; j++)                 //依次比较后续数据元素
            if(elems[j] < elems[k])     k=j;           //记录当前最小的数据元素位置
        if(k != i) {                                   //若最小的数据元素不是 elems[i]，则将其与 elems[i]交换
            DataType t = elems[i];
            elems[i] = elems[k];
            elems[k] = t;
        }
        SelectionSort(elems, n, i+1);                  //对 elems[i+1]~elems[n-1]进行简单选择排序
    }
}
```

执行 SelectionSort(elems, n, 0)即可对存储在数组 elems 中的 n 个数据元素进行简单选择排序。

3. 递归的执行过程

递归的执行分为两个过程：转化过程（传递），这个过程利用递归体将规模较大的大问题转化为规模较小的子问题，直到出现递归出口；求值过程（回归），这个过程根据子问题的解计算大问题的解，直到求得原问题的解。例如，计算 n!的递归算法如图 9-6（a）所示，factorial(3)的执行过程如图 9-6（b）所示。

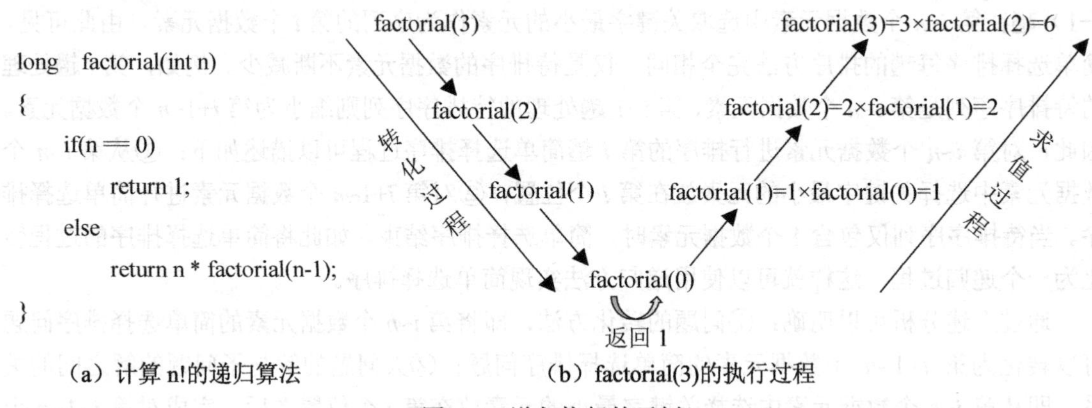

图 9-6　递归执行的示例

在一个 C++程序的执行过程中，系统会为每个函数分配相应的内存用于存储函数的代码，当调用函数时就会执行相应内存中的代码。尽管递归函数不断地发生对自身的调用，但只会在内存中存储一份代码，不会因多次调用而出现多份代码副本的情况。那么，如何确保不同层的递归函数的变量之间不会发生混淆呢？如何确保从递归函数返回时能够返回到正确的层次呢？为此，系统设置了一个递归工作栈，在每次调用时，首先建立一个栈元素（称为栈帧），其主要存储 3 方面的信息：①返回地址，即在上一层中本次调用语句的后继语句地址；②本次调用的函数参数；③本次调用的局部变量。然后，将栈元素压入递归工作栈，处于栈顶的元素总是对应于当前正在调用的函数，当函数执行结束时，就从递归工作栈的栈顶弹出相应的栈元素，根据其中记录的返回地址返回上一层函数并继续执行。通过使用递归工作栈，利用不同的栈元素记录不同层的递归函数的相关数据，借助栈的先进后出、后进先出的特性使得递归函数能够逐层返回，从而解决上述两个问题。

9.1.4 递归的优缺点

递归的优点：①代码简洁；②易于理解。递归能够把规模较大的复杂问题转化为规模较小的简单问题，并且这种转化是有规律的，编写少量代码即可解决问题。

递归的缺点：①对空间和时间的消耗比较大，每次递归调用都需要在递归工作栈中分配空间以保存返回地址、函数参数和局部变量，而栈空间的容量是有限的，若递归调用的深度过深，有可能造成栈的溢出，对递归工作栈进行入栈和出栈操作也都需要时间；②可能出现重复计算，影响计算效率，递归的本质是把一个问题分解为多个小问题，若小问题之间存在重叠，则会产生重复计算。例如，在斐波那契数列的递归实现中以计算 Fib(4)为例，由于 Fib(4)=Fib(3)+Fib(2)，Fib(3)=Fib(2)+Fib(1)，因此为了计算 Fib(4)需要计算 Fib(3)和 Fib(2)，而为了计算 Fib(3)又需要计算 Fib(2)和 Fib(1)，导致 Fib(2)被重复计算，从而影响 Fib(4)的计算效率。

9.2　分治法

9.2.1　分治法的基本思想

分治法的策略：首先，把一个规模为 *n* 的问题分解为 *k* 个规模较小的子问题，这些子问题彼此独立且与原问题类型相同；然后，递归求解这些子问题；最后，将子问题的解合并得到原问题的解。

分治法产生的子问题与原问题类型完全相同，仅是问题的规模减小了，求解方法与原问题完全相同，可以继续应用分治策略求解，直到子问题的规模减小到可以直接求解。在求出规模最小的子问题的解之后，反过来由规模较小的子问题的解得到规模较大的子问题的解，直至求出原问题的解。由此可见，分治法求解问题的过程与递归求解问题的过程相同，故采用分治策略得到的算法使用递归实现最方便。

例如，7.2.2 节介绍了在有序的顺序表上进行折半查找的方法，这种方法在 elems[low…high] 中查找与给定值 key 相等的数据元素时，将中间位置 mid=(low+high)/2 对应的元素与 key 比较，若相等，则查找成功，否则根据大小关系把查找区间缩小到原来的左半区间或右半区间，从而把在规模较大区间内的查找问题转化为在规模较小区间内的查找问题。重复上述过程，直到查找成功或查找失败。折半查找是运用分治策略解决问题的一个典型实例，其查找过程描述如下。

【算法描述】

Step 1：判断查找区间是否有元素，即是否满足 low>high，若满足，则表明查找失败，返回-1；否则，继续向下执行。

Step 2：计算查找区间中间位置的数据元素下标 mid=(low+high)/2。

Step 3：将 elems[mid]与给定值 k 进行比较，有以下三种可能。

① 若 elems[mid]==k，则查找成功，返回下标 mid。

② 若 elems[mid]>k，则缩小查找区间到左半区间（high=mid-1）中继续进行折半查找。

③ 若 elems[mid]<k，则缩小查找区间到右半区间（low=mid+1）中继续进行折半查找。

【算法实现】

```
template <class DataType >
int BinSearch(DataType elems[], int low, int high, DataType key) {      //应用递归实现的折半查找算法
    int mid;
    if(low > high)          mid = -1;                                   //查找失败
    else {
        mid = (low + high) / 2;                                         //计算区间中间位置
        if(elems[mid] > key)
            mid = BinSearch(elems, low, mid - 1, key);                  //到左半区间中进行折半查找
        else if(elems[mid] < key)
            mid = BinSearch(elems, mid + 1, high, key);                 //到右半区间中进行折半查找
    }
    return mid;                                                         //返回查找结果
}
```

9.2.2 分治法的适用条件

可以使用分治法求解的问题通常具有如下特征。

（1）问题可以被分解为若干规模较小的同类型问题（子问题）。

（2）通过合并子问题的解可以得到原问题的解。

（3）子问题之间彼此独立，即子问题之间不包含公共的子问题。

（4）问题的规模减小到一定程度就可以解决。

特征（1）是一个问题可以应用分治法求解的前提；特征（2）表明应用分治法求解该问题是可行的；特征（3）使得分治法具有相对较高的执行效率；特征（4）使得问题的分解是有限次的。符合特征（1）、（2）和（4），但不符合特征（3）的问题也可以用分治法解决，但公共子问题的存在会导致重复计算，影响算法的执行效率。值得注意的是，分析一个问题是否具备上述特征的过程也是分析如何用分治法求解这一问题的过程，两者之间往往没有明确的界限。

9.2.3 分治法的设计步骤

用分治法设计的算法通常使用递归实现，在每层递归中，分治法应包括如下步骤。

（1）分解：将规模较大、无法直接求解的问题分解为若干规模较小、彼此独立的同类型子问题。

（2）求解：若子问题满足直接求解的条件，则可以直接求解，否则递归求解各个子问题。

（3）合并：将各个子问题的解合并为原问题的解。

在步骤（3）中，有时子问题的解就是原问题的解（如 9.2.1 节实现的折半查找算法），有时需要对各个子问题的解进行一些简单或复杂的处理方能得到原问题的解。因此，如何合并子问题的解需要根据问题具体分析。

由分治法得到的算法框架描述如下。

```
Divide-and-Conquer(P)   {
    if( |P| <= c )   S(P);
    divide P into P₁, P₂,  ···, Pₖ;
    for i = 1 to k do
        yᵢ = Divide-and-Conquer(Pᵢ);
    return Merge(y₁, y₂,  ···, yₖ);
}
```

在上述代码中，|P|表示问题 P 的规模，c 表示阈值，S(P)表示用于直接求解问题 P 的算法，Merge($y_1,y_2,\cdots,y_k$)表示合并子问题的解的算法。上述算法框架的含义：当问题 P 的规模不超过 c 时，问题的规模已经足够小，可以直接用 S(P)求解而不必继续分解；否则，将问题 P 分解为 k 个规模较小的同类型子问题 $P_1,P_2,\cdots,P_k$，对这些子问题进行递归求解，得到结果 $y_1,y_2,\cdots,y_k$，最后用 Merge($y_1,y_2,\cdots,y_k$)合并子问题的解得到问题 P 的解。

在应用分治法时，将一个问题分解为多少个子问题及子问题的规模为多大比较合适？这个问题很难给予明确的答案。从大量的实践中发现，在应用分治法设计算法时，使子问题的规模大致相同，即将一个问题分解为规模大致相同的 *k* 个子问题的处理方法是行之有效的。这种做法出自一种平衡子问题的思想，它几乎总是比子问题规模不等的做法要好。子问题数目应根据问题的具体情况来取值，但过多的子问题数目会影响分治算法的效率，在许多情况下，取 k=2

（称为二分法）就可以很好地解决问题。

尽管分治法通常都是用递归实现的，但两者之间是有区别的。分治法是解决问题的一种策略，而递归是实现算法的一种技术。分治法可以用递归实现，也可以用非递归实现。例如，折半查找算法是一种典型的分治法，该算法既可以用递归实现（见 9.2.1 节），也可以用非递归实现（见 7.2.2 节）。

9.3　分治法的应用实例

9.3.1　选择问题

选择问题是数据处理中经常涉及的问题，最常见的问题有选择最小元素、最大元素、第二大元素等。这类问题可以统一描述为已知由 *n* 个不相等的元素构成的无序序列，要求从序列中选择第 *i* 小的元素。*i*=1 表示选择最小元素，*i*=*n* 表示选择最大元素，*i*=*n*−1 表示选择第二大（次大）元素，*i*=*k* 表示选择第 *k* 小的元素，其中 *i*=*k* 代表一般性选择问题。下面以选择最大元素、同时选择最大和第二大元素、同时选择最大和最小元素、选择第 *k* 小元素等问题为例介绍应用分治法求解的过程。

1. 选择最大元素

已知由 *n* 个不相等的元素构成的无序序列，要求从序列中选择第 *n* 小（即最大）的元素。

【问题分析】

应用分治法求解，首先要考虑该问题是否具有应用分治法求解问题应当具备的特征。对于由 *n* 个元素构成的序列，我们可以从中间位置将其一分为二，分别找到左半区间中的最大值和右半区间中的最大值，两者之中的较大者就是整个序列的最大值；而选择左半区间中的最大值和选择右半区间中的最大值与原问题类型完全相同，仅是问题的规模减小了 1/2，可以使用相同的方法继续分解为规模更小的子问题；当子问题涉及的区间仅包含一个元素时，该元素就是该区间中的最大值，此时的子问题可以直接求解，无须继续转化。因此，选择最大元素问题具备应用分治法求解的问题特征，且上述分析过程已然给出了求解方法。

【算法描述】

对于无序序列 elems[low…high]，应用分治法选择最大元素的算法描述如下。

Step 1：若区间仅包含一个元素，即 low==high，则返回最大值 elems[low]作为结果，否则继续向下执行。

Step 2：计算区间中间位置 mid=(low+high)/2。

Step 3：选择 elems[low…mid]中的最大值 maxL。

Step 4：选择 elems[mid+1…high]中的最大值 maxR。

Step 5：比较 maxL 和 maxR，并返回两者中的较大值作为结果。

【算法实现】

```
template <class DataType>
DataType SelectMax(DataType elems[], int low, int high) {        //应用分治法选择 elems[low…high]中的最大值
    int mid;
    if(low == high)    return elems[low]; //若区间仅包含一个元素，该元素就是最大值，则将其作为结果返回
```

```
    else {
        DataType maxL, maxR;
        mid = (low + high) / 2;                    //计算区间中间位置
        maxL = SelectMax(elems, low, mid);         //选择左半区间中的最大值
        maxR = SelectMax(elems, mid + 1, high);    //选择右半区间中的最大值
        return maxL > maxR ? maxL : maxR;          //返回两者中的较大值作为结果
    }
}
```

【算法分析】

应用分治法在 n 个元素中选择最大值的问题先被分解为两个子问题，每个子问题都需要在长度大约为 $n/2$ 的序列中选择最大值，然后通过简单的关系运算找到原序列的最大值。设 $T(n)$ 表示在 n 个元素中选择最大值的时间复杂度，则 $T(n)$满足式（9-12），可推得 $T(n)=O(n)$。

$$\begin{cases} T(n)=2T(n/2)+1 \\ T(1)=1 \end{cases} \tag{9-12}$$

选择最大值的一般性方法是从序列的一端开始，通过遍历与比较序列的每个元素找到最大值，其算法实现如下，该算法的时间复杂度也是 $O(n)$。

```
template <class DataType>
DataType SelectMax(DataType elems[], int n)   {        //选择最大值的一般性方法
    DataType max = elems[0];                           //用 max 记录最大值，并初始化为第一个元素
    for(int i = 1; i < n; i++)                         //依次遍历后续元素，寻找是否有更大的元素
        if(max < elems[i])  max = elems[i];            //若找到更大的元素，则更新 max
    return max;                                        //返回最大值
}
```

虽然选择最大值的分治算法和一般性方法的时间复杂度相同，但是分治算法的实际比较次数为 $2n-1$ 次，而一般性方法的实际比较次数为 $n-1$ 次。并且，由于分治算法是递归算法，存在对函数调用和栈空间的消耗，而一般性方法是非递归算法，不存在额外的函数调用和栈空间消耗，因此相较而言，对于选择最大值的问题（以及选择最小值的问题）应用一般性方法更好。

2. 同时选择最大和第二大元素

已知由 n 个不相等的元素构成的无序序列，要求从序列中同时选择最大和第二大元素。

【问题分析】

选择最大和第二大元素的问题与第一个问题类似，同样可以把由 n 个元素构成的序列从中间位置一分为二，分别找到左半区间中的最大和第二大元素，以及右半区间中的最大和第二大元素，左、右半区间最大值中的较大者是整个序列的最大元素，而较小者与另一半区间的第二大元素之间的较大者是整个序列的第二大元素。在左半区间中选择最大元素和第二大元素，以及在右半区间中选择最大元素和第二大元素是与原问题类型完全相同的子问题，仅是问题的规模减小了 1/2，可以使用相同的方法继续分解为规模更小的子问题。当子问题涉及的区间仅包含一个或两个元素时，能够直接求得该区间的最大和第二大元素，无须继续转化。

【算法描述】

对无序序列 elems[low…high]，选择最大元素 max1 和第二大元素 max2 的算法描述如下。

Step 1：若区间仅包含一个元素，即 low==high，则返回最大值 max1=elems[low]和第二大

值 max2=-INF（负无穷），否则继续向下执行。

Step 2：若区间仅包含两个元素，即 low==high-1，则返回最大值 max1=max(elems[low], elems[high])和第二大值 max2=min(elems[low], elems[high])，否则继续向下执行。

Step 3：计算区间中间位置 mid=(low+high)/2。

Step 4：选择左半区间 elems[low…mid]中的最大值 maxL1 和第二大值 maxL2。

Step 5：选择右半区间 elems[mid+1…high]中的最大值 maxR1 和第二大值 maxR2。

Step 6：若 maxL1>maxR1，则 max1=maxL1，max2=max(maxL2, maxR1)，否则 max1=maxR1，max2=max(maxL1, maxR2)。

Step 7：返回最大值 max1 和第二大值 max2。

【算法实现】

```
template <class DataType>
//应用分治法选择最大和第二大元素
void Select2Max(DataType elems[], int low, int high, DataType& max1, DataType& max2){
    if(low == high) {    max1 = elems[low];   max2 = -INF;      }  //区间仅包含一个元素
    else if(low == high - 1)  {                                     //区间仅包含两个元素
        max1 = max(elems[low], elems[high]);                        //较大者为最大值
        max2 = min(elems[low], elems[high]);                        //较小者为第二大值
    }
    else {                                                          //区间元素数目大于 2
        int mid = (low + high) / 2;                                 //计算区间中间位置
        DataType maxL1, maxL2, maxR1, maxR2;
        Select2Max(elems, low, mid, maxL1, maxL2);                  //选择左半区间中的最大和第二大元素
        Select2Max(elems, mid+1, high, maxR1, maxR2);               //选择右半区间中的最大和第二大元素
        if(maxL1 > maxR1)                                           //比较两个最大元素
        {    max1 = maxL1;   max2 = max(maxL2, maxR1);      }       //左半区间中的最大元素更大
        else                                                        //右半区间中的最大元素更大
        {    max1 = maxR1;      max2 = max(maxL1, maxR2);    }
    }
}
```

【算法分析】

在由 n 个元素构成的序列中寻找最大和第二大元素的问题同样被分解为在两个大约由 $n/2$ 个元素构成的序列中寻找最大和第二大元素的子问题，并通过简单地合并子问题的解得到原问题的解，故算法的时间复杂度 $T(n)$满足式（9-13），可推得 $T(n)=O(n)$。

$$\begin{cases} T(n)=2T(n/2)+1 \\ T(1)=T(2)=1 \end{cases} \tag{9-13}$$

3. 同时选择最大和最小元素

已知由 n 个不相等的元素构成的无序序列，要求从序列中同时选择最大和最小元素。

【问题分析】

上述两个选择问题都是把规模较大的问题分解为两个子问题，每个子问题的规模约为原来的 1/2，通过这种方式不断减小子问题的规模，直至可以直接求解。对于当前问题，不妨换一种思路：先考虑能够直接求解问题的规模，然后确定分解的子问题数目。显然，若一个序列仅包含两个元素，则可以直接确定其中的最大和最小元素，因此能够直接求解的问题规模为 2，

应分解的子问题数目为⌊n/2⌋。由此可得当前选择问题的处理方法：将从 n 个元素中选择最大和最小元素的问题分解为⌊n/2⌋个子问题，每个子问题仅包含两个元素，求解每个子问题的较大和较小元素后，在所有子问题的较大元素中找到整个序列的最大值，在所有子问题的较小元素中找到整个序列的最小值。由于每个子问题都可以直接求解，因此可以使用非递归的方法实现算法。

【算法描述】

对由 n 个元素构成的无序序列 elems，应用分治法选择最大元素 max 和最小元素 min 的算法描述如下。

Step 1：将 n 个元素两两一组分成⌊n/2⌋组。

Step 2：每组分别进行比较，得到⌊n/2⌋个较大值和⌊n/2⌋个较小值。

Step 3：在⌊n/2⌋（若 n 为奇数，则是⌊n/2⌋+1）个较大值中找到最大元素 max。

Step 4：在⌊n/2⌋（若 n 为奇数，则是⌊n/2⌋+1）个较小值中找到最小元素 min。

Step 5：返回最大元素 max 和最小元素 min，算法结束。

【算法实现】

```
template <class DataType>
//应用分治法选择最大和最小元素
void SelectMaxMin(DataType elems[], int n, DataType& max, DataType& min)    {
    DataType *maxArr = new DataType[(n+1)/2];                      //存储每组较大值的数组
    DataType *minArr = new DataType[(n+1)/2];                      //存储每组较小值的数组
    int i, j;
    for(i = 0, j = 0; i + 1 < n; i += 2, j++)                      //两两一组，寻找每组的较大值和较小值
        if(elems[i] > elems[i+1])                                  //比较一组内两个元素的大小
        {   maxArr[j] = elems[i];   minArr[j] = elems[i + 1];   }       //前者大，后者小
        else
        {   maxArr[j] = elems[i + 1];   minArr[j] = elems[i];   }       //后者大，前者小
    if(i + 1 == n)     maxArr[j] = minArr[j] = elems[i];                 //n 为奇数，将最后一个元素独立为一组
    max = maxArr[0];    min = minArr[0];                                 //初始化 max 和 min
    for(i = 1; i < (n + 1)/2; i++)    {                       //遍历较大值和较小值数组，寻找最大值和最小值
        if(maxArr[i] > max)    max = maxArr[i];
        if(minArr[i] < min)    min = minArr[i];
    }
}
```

【算法分析】

将 n 个元素划分为⌊n/2⌋组，每组通过 1 次比较确定较大值和较小值，比较次数为⌊n/2⌋次；在较大值数组和较小值数组内寻找最大值和最小值各自需要⌈n/2⌉−1 次比较。所以，总的比较次数为⌊n/2⌋+2⌈n/2⌉−2=⌈3n/2⌉−2 次，算法的时间复杂度为 $T(n)=O(n)$。

4．选择第 k 小元素

已知由 n 个不相等的元素构成的无序序列，要求从序列中选择第 k 小元素，这是选择问题的一般性情况。

【问题分析】

对于在 n 个元素中选择第 k 小元素的问题，不能使用从序列的中间位置划分区间的方法得到规模减少 1/2 的子问题，因为无法根据左半区间和右半区间中的第 k 小元素得到整个序列的

第 k 小元素，所以如何分解问题是选择第 k 小元素的关键。试想一下，如何在一个升序排列的有序序列中选择第 k 小元素？显然，序列的第 k 个元素就是第 k 小元素，因为小于它的元素都在其左侧，且数目是 $k-1$ 个。

受此启发，若能够将一个无序序列 L 利用某个元素 b 划分为 L_1 和 L_2，其中 L_1 中的元素全部小于 b，L_2 中的元素全部大于 b，则可以明确地获知第 k 小元素所处的区域。①若 $k \leqslant |L_1|$（$|L_1|$ 表示 L_1 中的元素数目，以下皆同），则表明第 k 小的元素位于 L_1，继续到 L_1 中寻找第 k 小的元素；②若 $k=|L_1|+1$，则表明 b 就是第 k 小的元素；③若 $k>|L_1|+1$，则表明第 k 小的元素位于 L_2，继续到 L_2 中寻找第 $k-|L_1|-1$ 小的元素。在 L_1 中寻找第 k 小元素和在 L_2 中寻找第 $k-|L_1|-1$ 小元素的问题与原问题类型完全相同，仅是问题的规模减小了，可以按照相同的方法继续分解，并且子问题的解就是原问题的解。利用某个元素划分序列的方法可以借鉴 8.2.2 节快速排序中关于序列一趟划分的方法。

【算法描述】

对无序序列 elems[low…high]，应用分治法选择第 k 小元素的算法描述如下。

Step 1：若序列仅有一个元素且当前寻找的是第 1 小元素，即 low==high 并且 k==1，则返回 elems[low]，否则继续向下执行。

Step 2：以 elems[low]作为枢轴划分序列 elems[low…high]，假设划分之后的枢轴下标为 i。

Step 3：计算枢轴左侧子序列的元素数目 n=i-low。

Step 4：判断 k 与 n 的关系，分为如下三种情况。

① k-1==n，elems[i]为所求，返回 elems[i]。

② k-1<n，到枢轴左侧子序列 elems[low…i-1]中递归寻找第 k 小元素。

③ k-1>n，到枢轴右侧子序列 elems[i+1...high]中递归寻找第 k-n-1 小元素。

【算法实现】

```
template <class DataType>
DataType SelectKMin(DataType elems[], int low, int high, int k) { //应用分治法选择第 k 小元素
    int i = low, j = high;                      //下标变量
    int n;                                      //记录枢轴左侧子序列的元素数目
    if(low == high && k == 1)                   //当前序列仅包含一个元素且当前寻找的是第 1 小元素
        return elems[low];                      //返回当前序列的第 1 小元素
    if(low < high) {                            //当前序列的元素数目大于 1
        DataType e = elems[low];                //选择当前序列的第 1 个元素作为枢轴
        while(i < j) {                          //从当前序列两端交替向中间扫描，直到 i==j
            while(i < j && elems[j] > e)   j--; //在当前序列的左端寻找不大于枢轴的元素
            if(i < j)   elems[i++] = elems[j];  //将 elems[j]前移到 elems[i]的位置
            while(i < j && elems[i] < e)   i++; //在当前序列的右端寻找不小于枢轴的元素
            if(i < j)   elems[j--] = elems[i];  //将 elems[i]后移到 elems[j]的位置
        }
        elems[i] = e;                           //将枢轴放置在下标为 i 的位置
        n = i - low;                            //计算枢轴左侧子序列的元素数目
        if(k - 1 == n)   return elems[i];       //第 k 小元素恰好是枢轴，返回枢轴元素
        else if(k - 1 < n)   return SelectKMin(elems, low, i - 1, k); //在枢轴左侧子序列中递归寻找第 k 小元素
        else return SelectKMin(elems, i + 1, high, k - n - 1);    //在枢轴右侧子序列中递归寻找第 k-n-1 小元素
    }
}
```

【算法分析】

上述算法的时间性能与枢轴的选择密切相关。在理想情况下，若每次划分的枢轴恰好是中位数，则可以将一个序列划分为长度大致相等的两个子序列，此时算法的时间复杂度满足 $T(n)=T(n/2)+O(n)$，可推得 $T(n)=O(n)$。在最坏情况下，若每次划分的枢轴恰好是序列的最大值或最小值，则子序列只减少 1 个元素，此时算法的时间复杂度为 $T(n)=O(n^2)$。

9.3.2 排序问题

第 8 章介绍了多种内部排序方法，其中 8.2.2 节的快速排序利用枢轴元素将待排序的数据表划分为两个子表，使得左子表的元素都小于或等于枢轴元素，右子表的元素都大于枢轴元素，从而确定枢轴元素的正确位置，将原数据表的排序问题转化为左子表、右子表的排序问题。子表的排序问题与原问题类型完全相同，仅是问题的规模减小了，可以采用相同的方法继续转化为规模更小的子问题，直到子表仅包含一个元素，从而可以由规模较小的有序子表构成规模较大的有序子表，最终完成整个序列的排序。由此可见，快速排序解决问题的策略完全符合分治法的思想，因此快速排序是采用分治法进行排序的一个典型实例。

8.5 节的归并排序是应用分治法解决排序问题的另一个典型实例。以两路归并排序为例，两路归并排序先把无序序列中的每个元素看作一个独立的子序列，然后不断地进行两两归并，最后得到一个有序序列。该方法实质上是先将 n 个元素的排序问题分解为 n 个子问题，每个子问题涉及的子序列长度为 1，属于可以直接求解的规模最小的子问题（实际由于其天然有序，因此无须进行任何处理）；然后从长度为 1 的有序子序列开始，通过不断地两两归并得到长度为 2、4、…、n 的有序子序列，直到得到一个包含 n 个元素的序列。这个过程包含了分治法的分解、求解和合并，由于该过程采取自底向上的求解过程，因此 8.5.2 节使用非递归的方法实现算法。

两路归并排序也可以使用自顶向下的过程求解，方法是先把无序序列从中间位置分为两个无序的子序列，分别完成对这两个子序列的排序，然后对这两个有序的子序列进行归并得到整个有序序列；而子序列的排序问题与原序列的排序问题类型完全相同，仅是问题的规模减小了大约 1/2，可以使用相同的方法继续分解为规模更小的子序列的排序问题；重复这一过程，直到子序列仅包含一个元素。自顶向下的两路归并排序算法适用于递归实现。

【算法描述】

对无序序列 elems[low…high]进行两路归并排序的算法描述如下。

Step 1：若序列仅有一个元素，即 low==high，则无须任何处理，直接返回；否则，继续向下执行。

Step 2：计算序列中间位置 mid=(low+high)/2。

Step 3：对左子序列 elems[low…mid]进行两路归并排序使其有序。

Step 4：对右子序列 elems[mid+1…high]进行两路归并排序使其有序。

Step 5：对左子序列、右子序列进行两路归并得到有序序列 elems[low…high]。

【算法实现】

```
template <class DataType>
void RecursionMergeSort(DataType elems[], int low, int high)  {        //应用递归实现的两路归并排序
    if (low < high)   {                                                 //序列中的元素数目大于 1
        int mid=(low + high) / 2;                                       //计算序列的中间位置
```

```
            RecursionMergeSort(elems, low, mid);                  //对左子序列进行两路归并排序
            RecursionMergeSort(elems, mid + 1, high);             //对右子序列进行两路归并排序
            Merge(elems, low, mid, high);           //将左子序列、右子序列通过两路归并得到有序序列
        }
}
```

算法实现中的函数 Merge 请参见 8.5.1 节两路归并算法。递归的两路归并排序算法的时间复杂度与非递归的两路归并排序算法的时间复杂度相同，仍然是 $O(n\log n)$。

9.3.3 大整数的乘法

计算机硬件能够直接表示的整数范围是有限的，只有在范围内的整数及其运算可以被直接处理，然而有时需要处理超出计算机硬件表示范围的整数，在这种情况下有两种解决方法：一种方法是将整数作为浮点数处理，但这种方法只能近似地表示它的大小，且有效数字的位数同样受到限制，无法用于要求获得精确结果的情况；另一种方法是利用软件的方法，设计一定的算法实现大整数的运算，这种方法可以获得精确结果，并且有效数字的位数没有限制。本节以大整数的乘法为例介绍如何应用分治法计算两个大整数的乘法运算结果，其中会涉及大整数的加法问题。

设 X 和 Y 都是 n 位的十进制整数，为简单起见，假设 n 是 2 的幂，且 X、Y 均为正数，要求计算 $X\times Y$ 的结果。

【问题分析】

对两个 n 位的十进制整数 X 和 Y，考虑从它们的中间位置将它们各自二分，每段的长度为 $n/2$ 位，如图 9-7 所示。

	$n/2$ 位	$n/2$ 位		$n/2$ 位	$n/2$ 位
X=	A	B	Y=	C	D

图 9-7 大整数 X 和 Y 的分段

这样，X 和 Y 可以分别表示为

$$X=A\times10^{n/2}+B，\quad Y=C\times10^{n/2}+D \tag{9-14}$$

则

$$X\times Y=(A\times10^{n/2}+B)\times(C\times10^{n/2}+D)=A\times C\times10^{n}+(A\times D+C\times B)\times10^{n/2}+B\times D \tag{9-15}$$

由此，$X\times Y$ 的问题被分解为 $A\times C$、$A\times D$、$B\times C$ 和 $B\times D$ 四个子问题，求出这些子问题的解之后，通过 3 次加法运算和 2 次移位运算（分别对应乘以 10^{n} 和 $10^{n/2}$）即可合并得到原问题的解，而 4 个子问题仍然是大整数的乘法问题，与原问题类型完全相同，仅是规模减小了 1/2，可以使用相同的方法继续分解为规模更小的子问题，直到子问题涉及的整数位数为 1，可以直接计算。通过分析可知，两个大整数的乘法运算问题具有分治法求解问题的特征，可以使用分治策略获得求解的算法。

上述计算过程涉及的 3 次加法运算是大整数之间的加法，求解思路与大整数的乘法相似：把两个 n 位的十进制整数 X 和 Y 各自从中间位置划分为长度为 $n/2$ 位的两段，将它们表示为式（9-14）后，$X+Y$ 可以表示为

$$X+Y=(A\times10^{n/2}+B)+(C\times10^{n/2}+D)=(A+C)\times10^{n/2}+(B+D) \tag{9-16}$$

其中，$A+C$ 和 $B+D$ 同样是大整数的加法问题，与原问题类型完全相同，仅是规模减小了

1/2，可以使用相同的方法继续分解为规模更小的子问题，直到子问题涉及的整数位数为 1，能够直接计算。因此，同样可以应用分治法求解大整数的加法问题。

【算法描述】

对两个 n（是 2 的幂）位的十进制整数 x 和 y，应用分治法求解 x×y 的算法描述如下。

Step 1：若整数仅有 1 位，即 n==1，则直接进行计算并返回 x×y 的结果，否则继续向下执行。

Step 2：取 x 的左边 n/2 位得到左侧子段 a，x 的右边 n/2 位得到右侧子段 b。

Step 3：取 y 的左边 n/2 位得到左侧子段 c，y 的右边 n/2 位得到右侧子段 d。

Step 4：递归计算 a×c，得到结果 m1。

Step 5：递归计算 a×d，得到结果 m2。

Step 6：递归计算 b×c，得到结果 m3。

Step 7：递归计算 b×d，得到结果 m4。

Step 8：根据式（9-15），利用 m1、m2、m3 和 m4 合并计算并返回 x×y 的结果。

【算法实现】

```
string Multiply(string x, string y, int n) {  //应用分治法求解字符串表示的大整数 x 和 y 的乘积，n 是 2 的幂
    string result = "";                             //用字符串记录乘积，初始化为空串
    if(n == 1)  {                                   //若整数仅有 1 位，则直接计算
        char svalue[3];                             //暂存乘积的字符数组
        int value = atoi(x.c_str()) * atoi(y.c_str()); //将 x 和 y 转化为整数，并计算乘积
        sprintf_s(svalue, "%d", value);             //将乘积转化为 C-串并放入字符数组
        result = string(svalue);                    //将乘积转化为字符串
    }
    else  {                                         //整数位数大于 1 位
        int k = n / 2;                              //子段的位数
        string a = x.substr(0, k);                  //取 x 左侧子段 a
        string b = x.substr(k);                     //取 x 右侧子段 b
        string c = y.substr(0, k);                  //取 y 左侧子段 c
        string d = y.substr(k);                     //取 y 右侧子段 d
        string m1 = Multiply(a, c, k);              //递归计算 a×c，得到结果 m1
        string m2 = Multiply(a, d, k);              //递归计算 a×d，得到结果 m2
        string m3 = Multiply(b, c, k);              //递归计算 b×c，得到结果 m3
        string m4 = Multiply(b, d, k);              //递归计算 b×d，得到结果 m4
        string part1 = m1 + string(n, '0');         //在 a×c 的结果尾部添加 n 个 0，即乘积×10^n
        string part2 = add(m2, m3) + string(k,'0'); //在 a×d+c×b 的结果尾部添加 n/2 个 0，即结果×10^(n/2)
        result = add(part1, part2);                 //根据式（9-15）将第 1 部分与第 2 部分相加得到 result
        result = add(result, m4);                   //根据式（9-15）将 result 与第 3 部分相加
    }
    return result;                                  //返回 x 和 y 的乘积
}
string add(string x, string y)  {                   //应用分治法求解字符串表示的大整数 x 和 y 的和
    string result = "";                             //用字符串记录和，初始化为空串
    if(x.length() > y.length())                     //统一 x 和 y 的位数
        y = string(x.length() - y.length(), '0') + y; //x 的位数多于 y 的位数，y 前面添加 0
    else                                            //y 的位数多于 x 的位数
        x = string(y.length() - x.length(), '0') + x; //x 前面添加 0
```

```
        if(x.length() == 1)   {                               //整数仅有 1 位，直接进行计算
            char svalue[3];                                   //暂存和的字符数组
            int value = atoi(x.c_str()) + atoi(y.c_str());    //将 x 和 y 转化为整数，计算两者之和
            sprintf_s(svalue, "%d", value);                   //将和转化为 C-串放入字符数组
            result = string(svalue);                          //将和转化为字符串
        }
        else   {                                              //整数位数大于 1 位
            unsigned int k = x.length() / 2;                  //子段的位数
            string a = x.substr(0, k);                        //取 x 左侧子段 a
            string b = x.substr(k);                           //取 x 右侧子段 b
            string c = y.substr(0, k);                        //取 y 左侧子段 c
            string d = y.substr(k);                           //取 y 右侧子段 d
            string part1 = add(a, c);                         //递归计算 a+c
            string part2 = add(b, d);                         //递归计算 b+d
            if (part2.length() > b.length())                  //判断右侧子段的运算结果是否产生进位
                //有进位，将左侧子段的运算结果加进位 1 之后，连接右侧子段去掉进位后的结果字符串
                result = add(part1, string(part1.length() - 1, '0') + "1") + part2.substr(1);
            else      result = part1 + part2;           //无进位，直接连接左侧子段、右侧子段运算结果的字符串
        }
        return result;                                        //返回 x 和 y 的和
    }
```

【算法分析】

利用式（9-15），将两个 n 位的十进制整数 X 和 Y 的乘法问题转化为四个 $n/2$ 位十进制整数的乘法问题，由于合并子问题解还需要进行不超过 n 位的加法和移位运算，因此算法的时间复杂度 $T(n)$满足式（9-17），可推得 $T(n)=O(n^2)$。

$$\begin{cases} T(n)=4T(n/2)+O(n) & n>1 \\ T(n)=1 & n=1 \end{cases} \tag{9-17}$$

上述算法的时间效率与 X、Y 直接相乘方法的时间效率相同。如果要提升分治算法的效率，那么需要减少子问题数目。对式（9-15）中的 $A\times D+C\times B$ 进行如下变换：

$$\begin{aligned} A\times D+C\times B &= A\times D+C\times B-A\times C-B\times D+A\times C+B\times D \\ &= A\times(D-C)-B\times(D-C)+A\times C+B\times D \\ &= (A-B)\times(D-C)+A\times C+B\times D \end{aligned} \tag{9-18}$$

将式（9-18）代入式（9-15）可得

$$X\times Y = A\times C\times 10^n +(\ (A-B)\times(D-C)+A\times C+B\times D\ )\times 10^{n/2}+B\times D \tag{9-19}$$

从而把 $X\times Y$ 的问题分解为 $A\times C$、$(A-B)\times(D-C)$和 $B\times D$ 三个子问题，再通过 6 次不超过 n 位的加、减法运算和 2 次移位运算将子问题的解合并得到原问题的解。经过改进后，算法的时间复杂度 $T(n)$满足式（9-20），可推得 $T(n)=O(n^{\log 3})\approx O(n^{1.59})$，相比原来的时间复杂度有较大的提升。

$$\begin{cases} T(n)=3T(n/2)+O(n) & n>1 \\ T(n)=1 & n=1 \end{cases} \tag{9-20}$$

9.3.4 Strassen 矩阵乘法

矩阵乘法是一种常见的数值运算，有着广泛的应用。设 $\boldsymbol{A}$ 和 $\boldsymbol{B}$ 是两个 n 阶矩阵，$\boldsymbol{C}=\boldsymbol{A}\times\boldsymbol{B}$ 仍是一个 n 阶矩阵，其中 $C_{ij}=\sum_{k=1}^{n}A_{ik}B_{kj}$（$1\leqslant i\leqslant n,1\leqslant j\leqslant n$）。但是，由于该公式对应算法的时间复杂度为 $O(n^3)$，效率较低，因此有必要寻找更加高效的算法。

【问题分析】

设 $n=2^k$，考虑将矩阵 $\boldsymbol{A}$ 和 $\boldsymbol{B}$ 进行二分。由于矩阵是二维结构的，需要从矩阵的行和列两个维度同时进行二分，因此 $\boldsymbol{A}$ 和 $\boldsymbol{B}$ 都被分为 4 个 $n/2\times n/2$ 的矩阵，形成如图 9-8 所示的 2×2 的分块矩阵。

$$\boldsymbol{A}=\begin{bmatrix}\boldsymbol{A}_{11} & \boldsymbol{A}_{12}\\ \boldsymbol{A}_{21} & \boldsymbol{A}_{22}\end{bmatrix}\quad \boldsymbol{B}=\begin{bmatrix}\boldsymbol{B}_{11} & \boldsymbol{B}_{12}\\ \boldsymbol{B}_{21} & \boldsymbol{B}_{22}\end{bmatrix}$$

图 9-8　二分矩阵 $\boldsymbol{A}$ 和 $\boldsymbol{B}$ 为 2×2 的分块矩阵

根据分块矩阵的乘法运算规则可知，$\boldsymbol{C}=\boldsymbol{A}\times\boldsymbol{B}=\begin{bmatrix}\boldsymbol{C}_{11} & \boldsymbol{C}_{12}\\ \boldsymbol{C}_{21} & \boldsymbol{C}_{22}\end{bmatrix}$ 也是一个 2×2 的分块矩阵，其中 $\boldsymbol{C}_{11}$、$\boldsymbol{C}_{12}$、$\boldsymbol{C}_{21}$、$\boldsymbol{C}_{22}$ 满足：

$$\begin{cases}\boldsymbol{C}_{11}=\boldsymbol{A}_{11}\boldsymbol{B}_{11}+\boldsymbol{A}_{12}\boldsymbol{B}_{21}\\ \boldsymbol{C}_{12}=\boldsymbol{A}_{11}\boldsymbol{B}_{12}+\boldsymbol{A}_{12}\boldsymbol{B}_{22}\\ \boldsymbol{C}_{21}=\boldsymbol{A}_{21}\boldsymbol{B}_{11}+\boldsymbol{A}_{22}\boldsymbol{B}_{21}\\ \boldsymbol{C}_{22}=\boldsymbol{A}_{21}\boldsymbol{B}_{12}+\boldsymbol{A}_{22}\boldsymbol{B}_{22}\end{cases}\tag{9-21}$$

由此将计算矩阵 $\boldsymbol{A}\times\boldsymbol{B}$ 的问题分解为 8 个同类型的子问题，子问题的规模减小为原来的 1/2。子问题可以按照相同的方法继续分解为规模更小的子问题，直到子问题的规模为 1，可以直接计算。由此可见，两个 n 阶矩阵的乘法问题具有分治法求解问题的特征，可以应用分治策略求解。

但是，上述方法的计算量仍然较大，该方法的时间复杂度 $T(n)$ 满足式（9-22），其中 $O(n^2)$ 是通过矩阵加法合并子问题的解需要花费的时间。根据式（9-22）可推得 $T(n)=O(n^3)$，与两个矩阵直接相乘的时间复杂度相同。

$$\begin{cases}T(n)=8T(n/2)+O(n^2) & n>1\\ T(n)=1 & n=1\end{cases}\tag{9-22}$$

为了提升分治算法的效率，减少子问题的数量，Strassen 提出了一种新的计算矩阵乘积的方法，该方法通过增加矩阵加法和减法运算次数，将矩阵乘法运算次数降至 7 次（7 个子问题）。在该方法中，$\boldsymbol{C}=\boldsymbol{A}\times\boldsymbol{B}=\begin{bmatrix}\boldsymbol{C}_{11} & \boldsymbol{C}_{12}\\ \boldsymbol{C}_{21} & \boldsymbol{C}_{22}\end{bmatrix}$，$\boldsymbol{C}_{11}$、$\boldsymbol{C}_{12}$、$\boldsymbol{C}_{21}$、$\boldsymbol{C}_{22}$ 满足：

$$\begin{cases}\boldsymbol{C}_{11}=\boldsymbol{M}_1+\boldsymbol{M}_4-\boldsymbol{M}_5+\boldsymbol{M}_7\\ \boldsymbol{C}_{12}=\boldsymbol{M}_3+\boldsymbol{M}_5\\ \boldsymbol{C}_{21}=\boldsymbol{M}_2+\boldsymbol{M}_4\\ \boldsymbol{C}_{22}=\boldsymbol{M}_1+\boldsymbol{M}_3-\boldsymbol{M}_2+\boldsymbol{M}_6\end{cases}\tag{9-23}$$

其中，M_1~M_7 满足：

$$
\begin{cases}
M_1=(A_{11}+A_{22})(B_{11}+B_{22}) \\
M_2=(A_{21}+A_{22})B_{11} \\
M_3=A_{11}(B_{12}-B_{22}) \\
M_4=A_{22}(B_{21}-B_{11}) \\
M_5=(A_{11}+A_{12})B_{22} \\
M_6=(A_{21}-A_{11})(B_{11}+B_{12}) \\
M_7=(A_{12}-A_{22})(B_{21}+B_{22})
\end{cases}
\tag{9-24}
$$

因此，Strassen 算法将两个 n 阶矩阵相乘的问题分解为 7 个子问题和 18 个 $n/2\times n/2$ 阶矩阵加、减法运算。

【算法描述】

对两个 n（是 2 的幂）阶的矩阵 A 和 B，应用分治法求解 A*B 的 Strassen 算法描述如下。

Step 1：若矩阵仅有 1 个元素，即 n==1，则直接进行计算并返回 A 和 B 的乘积，否则继续向下执行。

Step 2：分别将 A 和 B 划分为 2*2 的分块矩阵，得到 A11、A12、A21、A22 和 B11、B12、B21、B22。

Step 3：根据式（9-24）分别计算 m1~m7。

Step 4：根据式（9-23）分别计算 C11、C12、C21、C22，得到 A 和 B 的乘积 C 并返回结果。

【算法实现】

```
int** AllocateMemory(int n);                              //分配并返回一个 n 阶二维矩阵的存储空间
//将 n 阶矩阵 matrix 划分为 2*2 的分块矩阵，包含 4 个 n/2 阶的矩阵 matrix11，matrix12，matrix21，matrix22
void DivideMatrix(int **matrix, int **matrix11, int **matrix12, int **matrix21, int **matrix22, int n);
//合并 4 个 n/2 阶的矩阵 matrix11，matrix12，matrix21，matrix22，得到 n 阶矩阵 matrix
void MergeMatrix(int **matrix, int **matrix11, int **matrix12, int **matrix21, int **matrix22, int n);
//n 阶矩阵加法，计算并返回矩阵 A 与 B 的和
int** Matrix_Sum(int **A, int **B, int n) ;
//n 阶矩阵减法，计算并返回矩阵 A 与 B 的差
int** Matrix_Sub(int **A, int **B, int n);
//应用分治法求解 A*B 的 Strassen 算法，n 是 2 的幂
int** Strassen(int **A, int **B, int n) {
    int **A11, **A12, **A21, **A22;                       //存储 A 的 4 个子矩阵的二维数组
    int **B11, **B12, **B21, **B22;                       //存储 B 的 4 个子矩阵的二维数组
    //乘积矩阵 C 和 4 个子矩阵的二维数组
    int **C, **C11, **C12, **C21, **C22;
    int **m1, **m2, **m3, **m4, **m5, **m6, **m7;         //存储 7 个子问题解的二维数组
    C = AllocateMemory(n);                                //为存储结果的矩阵 C 分配存储空间
    if(n == 1)                                            //判断矩阵包含的元素数目是否为 1 个
        C[0][0] = A[0][0] * B[0][0];                      //若仅有 1 个元素，则直接计算乘积
    else {                                                //矩阵的元素数目大于 1
        //为 A 的 4 个子矩阵和 B 的 4 个子矩阵分配存储空间
        A11 = AllocateMemory(n/2);    A12 = AllocateMemory(n/2);
        A21 = AllocateMemory(n/2);    A22 = AllocateMemory(n/2);
        B11 = AllocateMemory(n/2);    B12 = AllocateMemory(n/2);
        B21 = AllocateMemory(n/2);    B22 = AllocateMemory(n/2);
        //将 A 划分为 4 个子矩阵
```

```
            DivideMatrix(A, A11, A12, A21, A22, n);
            //将 B 划分为 4 个子矩阵
            DivideMatrix(B, B11, B12, B21, B22, n);
            //根据式（9-24）递归计算 7 个子问题的解，分别存储在 m1~m7 中
            m1 = Strassen(Matrix_Sum(A11, A22, n/2), Matrix_Sum(B11, B22, n/2), n/2);
            m2 = Strassen(Matrix_Sum(A21, A22, n/2), B11, n/2);
            m3 = Strassen(A11, Matrix_Sub(B12, B22, n/2), n/2);
            m4 = Strassen(A22, Matrix_Sub(B21, B11, n/2), n/2);
            m5 = Strassen(Matrix_Sum(A11, A12, n/2), B22, n/2);
            m6 = Strassen(Matrix_Sub(A21, A11, n/2), Matrix_Sum(B11, B12, n/2), n/2);
            m7 = Strassen(Matrix_Sub(A12, A22, n/2), Matrix_Sum(B21, B22, n/2), n/2);
            //根据式（9-23）计算矩阵 C 的 4 个子矩阵
            C11 = Matrix_Sum(Matrix_Sub(Matrix_Sum(m1, m4, n/2), m5, n/2), m7, n/2);
            C12 = Matrix_Sum(m3, m5, n/2);
            C21 = Matrix_Sum(m2, m4, n/2);
            C22 = Matrix_Sum(Matrix_Sub(Matrix_Sum(m1, m3, n/2), m2, n/2), m6, n/2);
            //合并 4 个子矩阵得到结果 matrixC
            MergeMatrix(C, C11, C12, C21, C22, n);
        }
        return C;     //返回结果
    }
```

算法中的 AllocateMemory、DivideMatrix、MergeMatrix、Matrix_Sum、Matrix_Sub 五个函数较为简单，读者可以自行尝试实现，或者参考本书的配套源码。

【算法分析】

Strassen 算法将两个 n 阶矩阵相乘的问题分解为 7 个子问题和 18 个 $n/2 \times n/2$ 阶矩阵加、减法运算，算法的时间复杂度 $T(n)$满足式（9-25），可推得 $T(n)=O(n^{\log 7}) \approx O(n^{2.81})$，算法效率得到了一定程度的提高。

$$\begin{cases} T(n)=7T(n/2)+O(n^2) & n>1 \\ T(n)=1 & n=1 \end{cases} \tag{9-25}$$

9.3.5 棋盘覆盖问题

已知一个由 $2^k \times 2^k$（k>0）个方格组成的棋盘如图 9-9（a）所示，其中有一个方格与其他方格不同，称为特殊方格［图 9-9（a）中斜线表示的方格］。现在要用如图 9-9（b）所示的四种 L 型骨牌覆盖除特殊方格之外的其他全部方格，要求任意两个骨牌之间不能重叠。请给出一种覆盖方案。

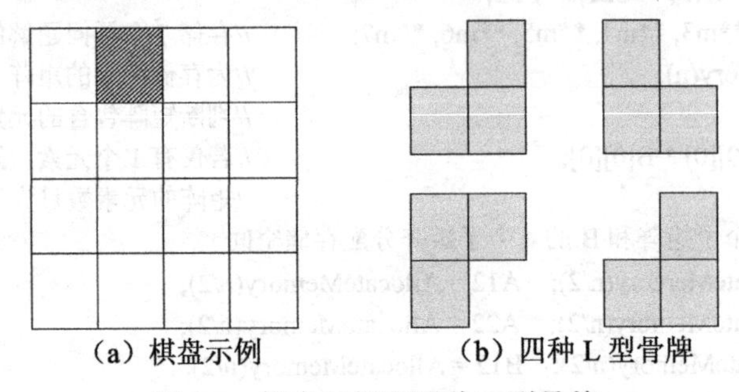

（a）棋盘示例　　（b）四种 L 型骨牌

图 9-9　棋盘示例和四种 L 型骨牌

【问题分析】

考虑将棋盘进行二分。由于棋盘是二维结构的，需要从棋盘的长和宽两个维度同时进行二分，因此棋盘被划分为 4 个 $2^{k-1}\times2^{k-1}$ 的子棋盘，如图 9-10 所示。特殊方格只可能位于其中一个子棋盘内，其余三个子棋盘均无特殊方格。这样就出现了二分后的三个子棋盘与原棋盘不一致的情形，违背了分治法关于子问题必须与原问题类型完全相同的要求，所以必须给三个不包含特殊方格的子棋盘添加特殊方格。为此，可以用一个 L 型骨牌覆盖这三个子棋盘的会合处，使得构成 L 型骨牌的三个方格分别位于三个子棋盘内，形成该子棋盘内的特殊方格。图 9-11 所示为覆盖 L 型骨牌的四种不同方案。通过这种方式，在 $2^k\times2^k$ 个方格组成的棋盘中覆盖 L 型骨牌的问题就被分解为四个子问题，这些子问题与原问题类型完全相同，仅是问题的规模减小了 1/2，可以用相同的方法继续分解为规模更小的子问题，直到子问题涉及的棋盘仅有一个方格。当子问题的棋盘仅有一个方格时，该方格必然是特殊方格，此为规模最小的子问题，并且无须做任何处理。通过分析可知，棋盘覆盖问题具有分治法求解问题的特征，可以应用分治策略求解。

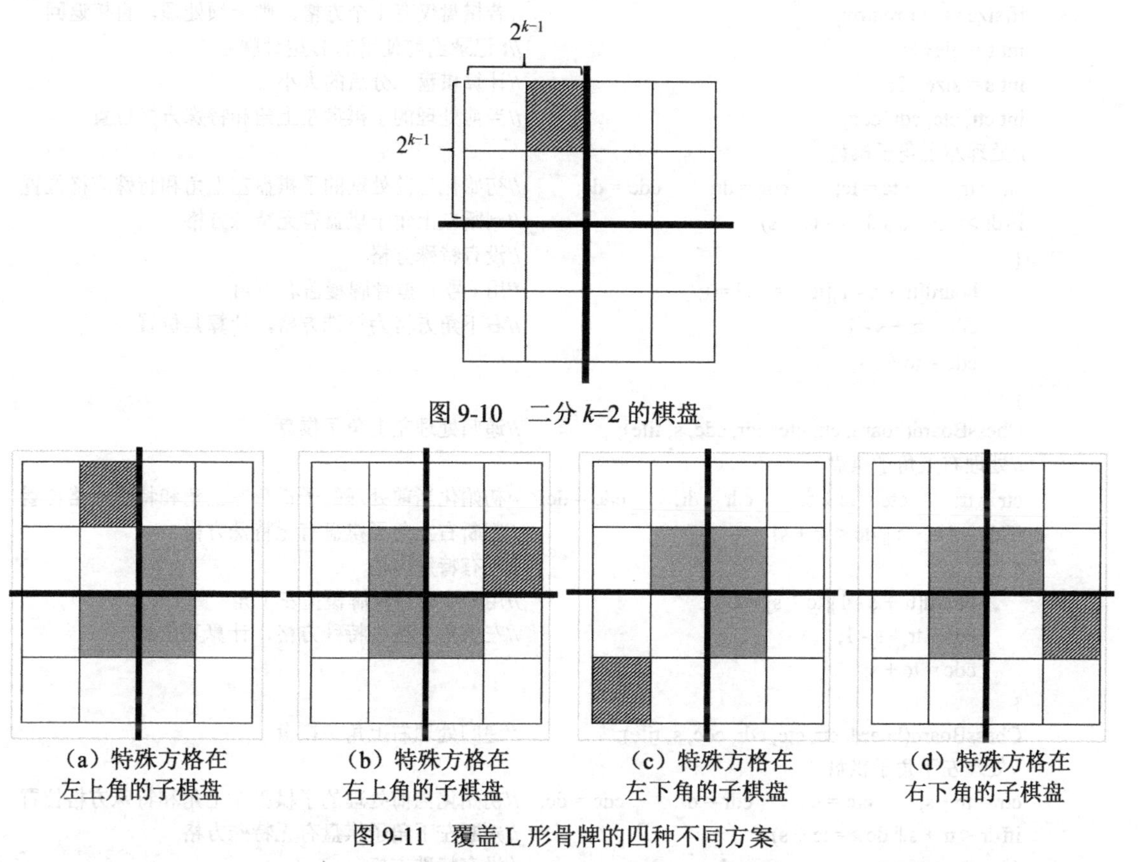

图 9-10　二分 k=2 的棋盘

（a）特殊方格在左上角的子棋盘　（b）特殊方格在右上角的子棋盘　（c）特殊方格在左下角的子棋盘　（d）特殊方格在右下角的子棋盘

图 9-11　覆盖 L 形骨牌的四种不同方案

【算法描述】

设 size（是 2 的幂）表示棋盘的行数和列数，则应用分治法求解棋盘覆盖问题的算法描述如下。

Step 1：若棋盘仅包含 1 个方格，即 size==1，则无须做任何处理，直接返回；否则，继续向下执行。

Step 2：将棋盘等分为大小为 size/2 的 4 个子棋盘。

Step 3：判断特殊方格是否位于左上角棋盘，若位于左上角棋盘，则直接递归处理该子棋盘；否则，先在其右下角方格覆盖 L 型骨牌的 1 个方格，然后递归处理该子棋盘。

Step 4：判断特殊方格是否位于右上角棋盘，若位于右上角棋盘，则直接递归处理该子棋盘；否则，先在其左下角方格覆盖 L 型骨牌的 1 个方格，然后递归处理该子棋盘。

Step 5：判断特殊方格是否位于左下角棋盘，若位于左下角棋盘，则直接递归处理该子棋盘；否则，先在其右上角方格覆盖 L 型骨牌的 1 个方格，然后递归处理该子棋盘。

Step 6：判断特殊方格是否位于右下角棋盘，若位于右下角棋盘，则直接递归处理该子棋盘；否则，先在其左上角方格覆盖 L 型骨牌的 1 个方格，然后递归处理该子棋盘。

【算法实现】

下述算法使用二维数组 board 存储棋盘覆盖方案，tr 和 tc 表示棋盘左上角方格的行值和列值，dr 和 dc 表示特殊方格的行值和列值，size 表示棋盘的行数和列数，tile 表示 L 型骨牌号。二维数组 board 中具有相同数值的 3 个元素表示一个 L 型骨牌。

```
void ChessBoard(int **board, int tr, int tc, int dr, int dc, int size, int& tile)  { //应用分治法求解棋盘覆盖问题
    if(size == 1) return;                                   //若棋盘仅有 1 个方格，则无须处理，直接返回
    int t = tile++;                                         //t 记录当前使用的 L 型骨牌号
    int s = size / 2;                                       //计算棋盘二分后的大小
    int ctr, ctc, cdr, cdc;                                 //当前处理的子棋盘左上角和特殊方格位置
    //处理左上角子棋盘
    ctr = tr;    ctc = tc;    cdr = dr;    cdc = dc;        //初始化当前处理的子棋盘左上角和特殊方格位置
    if(dr >= tr + s || dc >= tc + s)                        //判断左上角子棋盘有无特殊方格
    {                                                       //没有特殊方格
        board[tr + s - 1][tc + s - 1] = t;                  //用 t 号 L 型骨牌覆盖右下角
        cdr = tr + s - 1;                                   //右下角方格为特殊方格，计算其位置
        cdc = tc + s - 1;
    }
    ChessBoard(board, ctr, ctc, cdr, cdc, s, tile);         //递归处理左上角子棋盘
    //处理右上角子棋盘
    ctr = tr;    ctc = tc + s;    cdr = dr;    cdc = dc;    //初始化当前处理的子棋盘左上角和特殊方格位置
    if(dr >= tr + s || dc < tc + s)                         //判断右上角子棋盘有无特殊方格
    {                                                       //没有特殊方格
        board[tr + s - 1][tc + s] = t;                      //用 t 号 L 型骨牌覆盖左下角
        cdr = tr + s - 1;                                   //左下角方格为特殊方格，计算其位置
        cdc = tc + s;
    }
    ChessBoard(board, ctr, ctc, cdr, cdc, s, tile);         //递归处理右上角子棋盘
    //处理左下角子棋盘
    ctr = tr + s;    ctc = tc;    cdr = dr;    cdc = dc;    //初始化当前处理的子棋盘左上角和特殊方格位置
    if(dr < tr + s || dc >= tc + s)                         //判断左下角子棋盘有无特殊方格
    {                                                       //没有特殊方格
        board[tr + s][tc + s - 1] = t;                      //用 t 号 L 型骨牌覆盖右上角
        cdr = tr + s;                                       //右上角方格为特殊方格，计算其位置
        cdc = tc + s - 1;
    }
    ChessBoard(board, ctr, ctc, cdr, cdc, s, tile);         //递归处理左下角子棋盘
    //处理右下角子棋盘
    ctr = tr + s;    ctc = tc + s;    cdr = dr;    cdc = dc; //初始化当前处理的子棋盘左上角和特殊方格位置
```

```
        if(dr < tr + s || dc < tc + s)                 //判断右下角子棋盘有无特殊方格
        {                                              //没有特殊方格
            board[tr + s][tc + s] = t;                 //用 t 号 L 型骨牌覆盖左上角
            cdr = tr + s;                              //左上角方格为特殊方格，计算其位置
            cdc = tc + s;
        }
        ChessBoard(board, ctr, ctc, cdr, cdc, s, tile);  //递归处理右下角子棋盘
    }
```

【算法分析】

上述算法将一个棋盘覆盖问题分解为 4 个子问题求解，合并子问题的解所需时间为 $O(1)$，所以覆盖 $2^k \times 2^k$（k>0）棋盘花费的时间 $T(k)$满足式（9-26），可推得 $T(k)=O(4^k)$。

$$\begin{cases} T(k)=4T(k-1)+O(1) & k>0 \\ T(k)=1 & k=0 \end{cases} \tag{9-26}$$

9.3.6 循环赛日程安排

有 n（$=2^k$）位选手准备进行循环赛，比赛安排要求：①每位选手必须与其他 $n-1$ 位选手各比赛一次；②每位选手一天只参加一次比赛；③比赛一共进行 $n-1$ 天。设计一个满足上述要求的比赛日程表。

【问题分析】

可以用一张 $n \times (n-1)$的表格记录 n 位选手的比赛日程，表格的每行记录一位选手的比赛安排，每列记录某一天的比赛安排，其中第 i 行第 j 列记录第 i 位选手在第 j 天进行比赛的对手序号。例如，图 9-12 所示为 8 位选手的比赛日程表。

原问题的解是 n 位选手的比赛日程表，根据分治策略，使用二分法从该表的行、列两个维度进行二分，可以将比赛日程表划分为 4 个子表。但是，n 位选手的比赛日程表的列数是奇数，这会导致被二分后的子表出现不一致的规模，为后续处理带来困难。为解决这个问题，可以在比赛日程表的第 1 列之前额外添加 1 列，该列预先填入所在行的选手序号，从而将 n 位选手的比赛日程表由 $n \times (n-1)$的表格扩展为 $n \times n$（$2^k \times 2^k$）的表格。例如，如图 9-12 所示的比赛日程表经过扩展后得到如图 9-13 所示的比赛日程表。但需要注意的是，扩展后的第 1 列不是真正的比赛日程，仅是为方便处理而添加的。

	1	2	3	4	5	6	7
1	2	3	4	5	6	7	8
2	1	4	3	6	5	8	7
3	4	1	2	7	8	5	6
4	3	2	1	8	7	6	5
5	6	7	8	1	2	3	4
6	5	8	7	2	1	4	3
7	8	5	6	3	4	1	2
8	7	6	5	4	3	2	1

图 9-12　8 位选手的比赛日程表

		1	2	3	4	5	6	7
1	1	2	3	4	5	6	7	8
2	2	1	4	3	6	5	8	7
3	3	4	1	2	7	8	5	6
4	4	3	2	1	8	7	6	5
5	5	6	7	8	1	2	3	4
6	6	5	8	7	2	1	4	3
7	7	8	5	6	3	4	1	2
8	8	7	6	5	4	3	2	1

图 9-13　扩展后的 8 位选手的比赛日程表

对扩展后的比赛日程表进行二分，将 $n×n$ 的表格划分为 4 个 $n/2×n/2$（$2^{k-1}×2^{k-1}$）的子表（见图 9-14），这样处理的实质是将 n 位选手分为人数相等的两部分，每部分选手都按照“先安排比赛的前半日程，再安排比赛的后半日程”的顺序安排比赛，即先安排子表①和子表②，再安排子表③和子表④。这样 n 位选手的比赛日程表就可以由 $n/2$ 位选手的比赛日程表决定，而 $n/2$ 位选手的前半日程（子表①和子表②）的安排问题与原问题类型完全相同，仅是问题的规模减小了 1/2，可以用相同的方法继续分解为规模更小的子问题，直到子问题涉及的选手仅有 2 位。仅涉及 2 位选手的子问题是规模最小的子问题，可以直接安排他们的比赛日程。在确定了如何安排选手的前半日程之后，再进一步分析如何安排后半日程，使其不与前半日程相冲突。通过仔细观察图 9-14 可以发现子表③与子表②完全相同，而子表④与子表①完全相同，所以选手的后半日程复制相应的前半日程即可。

		1	2	3	4	5	6	7
1	1	2	3	4	5	6	7	8
2	2	1	4	3	6	5	8	7
3	3	4	1	2	7	8	5	6
4	4	3	2	1	8	7	6	5
5	5	6	7	8	1	2	3	4
6	6	5	8	7	2	1	4	3
7	7	8	5	6	3	4	1	2
8	8	7	6	5	4	3	2	1

图 9-14　二分 n=8 的比赛日程表

通过分析可知，循环赛日程安排问题符合分治法求解问题的特征，可以应用分治策略进行求解，求解过程可以使用自顶向下的递归方法实现。然而，对于此问题，应用自底向上的非递归方法也能够方便地描述求解过程。以求解 k=3，即 8 位选手的比赛日程表为例（见图 9-15）：首先，直接给出规模最小的子问题，即 k=1（2 位选手）的比赛日程［见图 9-15（a)］；其次，求解规模 k=2，即 4 位选手的比赛日程［见图 9-15（b)］，将 k=1 时的比赛日程作为左上角的子表①，并将子表①中的每个元素加上 $2^{k-1}=2^{2-1}=2$ 即可得到左下角的子表②；再次，复制子表②得到右上角的子表③，复制子表①得到右下角的子表④；最后，用同样的方法求解规模 k=3，即 8 位选手的比赛日程［见图 9-15（c)］，将 k=2 的比赛日程作为左上角的子表①，由子表①中的每个元素加上 $2^{k-1}=2^{3-1}=4$ 得到左下角的子表②，复制子表②得到右上角的子表③，复制子表①得到右下角的子表④。通过上述步骤，由规模最小的子问题的解一步步得到了规模逐渐扩大的子问题的解，最终得到原问题的解。

【算法描述】

对 n（$=2^k$）位选手的循环赛日程安排问题，设 table 表示比赛日程表，则应用分治法自底向上求解的算法描述如下。

Step 1：直接给出规模最小的子问题（$n=2^1$）的比赛日程。

Step 2：对 t=2,3,…,k，进行如下处理。

Step 2.1：计算 table 左下角子表元素，其值为 table 左上角子表对应位置的元素加上 2^{t-1}。

Step 2.2：复制 table 左下角子表的元素至 table 右上角子表。

Step 2.3：复制 table 左上角子表的元素至 table 右下角子表。

算法结束后，table 记录了 n 位选手的比赛日程。

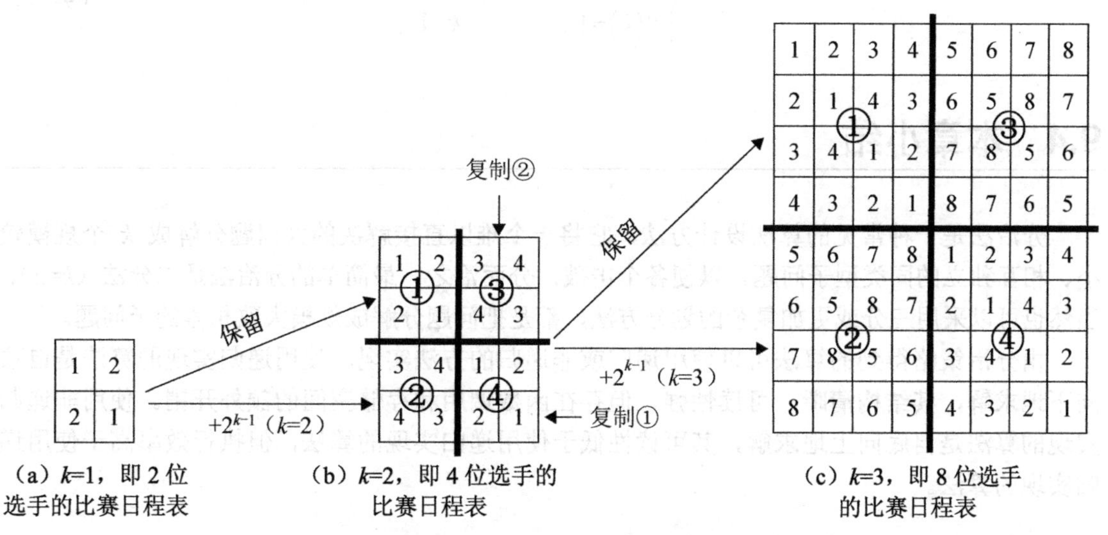

图 9-15　求解 k=3，即 8（$=2^3$）位选手的比赛日程表

【算法实现】

在以下算法实现中，table 表示比赛日程表，k 为 2 的指数，选手人数为 2^k。

```
void Schedule(int **table, int k)    {                    //应用分治法求解循环赛日程安排问题
    int t, tmp, n, i, j;
    n = 2;                                                //n 表示选手人数，从 2（k=1）人开始计算
    tmp = 1;                                              //tmp 为左下角子表与左上角子表对应元素的差值
    //直接给出 2 位选手的比赛日程，得到左上角子表的元素
    table[1][1] = 1;     table[1][2] = 2;
    table[2][1] = 2;     table[2][2] = 1;
    for(t = 2; t <= k; t++) {                             //迭代求解 2²,…,2ᵏ 位选手的比赛日程表
        n *= 2;                                           //选手人数增加 1 倍
        tmp *= 2;                                         //左下角子表与左上角子表对应元素的差值增加 1 倍
        for(i = tmp +1 ; i <= n; i++)                     //计算左下角子表的元素
            for(j = 1; j <= tmp; j++)
                table[i][j] = table[i - tmp][j] + tmp; //由左上角子表的元素加上差值得到左下角子表的元素
        for(i = 1; i <= tmp; i++)                         //复制左下角子表得到右上角子表
            for(j = tmp + 1; j <= n; j++)
                table[i][j] = table[i + tmp][(j + tmp) % n];
        for(i = tmp + 1; i <= n; i++)                     //复制左上角子表得到右下角子表
            for (j = tmp + 1; j <= n; j++)
                table[i][j] = table[i - tmp][j - tmp];
    }
}
```

【算法分析】

问题规模为 k 的循环赛日程安排问题被分解为4个规模为 $k-1$ 的子问题，并且规模最小的子问题通过简单的赋值就可以直接求解，因此算法的时间复杂度 $T(k)$满足式（9-27），可推得 $T(k)=O(4^k)$。

$$\begin{cases} T(k)=4T(k-1) & k>1 \\ T(k)=1 & k=1 \end{cases} \tag{9-27}$$

9.4 本章小结

分治法是一种常见的算法设计方法，它将一个难以直接解决的大问题分解成 k 个规模较小、相互独立的同类型子问题，以便各个击破，分而治之。最简单的分治法是二分法（k=2），当然也可以采用三分或更加复杂的划分方法，都是把问题分解成规模大致相等的子问题。

由分治策略得到的算法可以使用递归或非递归的方法实现。使用递归实现的算法是自顶向下地求解，其结构清晰、可读性强，但存在函数调用和存储空间的额外开销。使用非递归实现的算法是自底向上地求解，其可读性低于使用递归实现的算法，但执行效率高于使用递归实现的算法。

习题九

1．将 n 个元素 $a_1,a_2,\cdots,a_n$ 放入 k 个有标号的盒子，每个盒子至少放一个元素，请设计算法求解放置方案的数目。

2．请使用递归把一个十进制正整数转换成八进制整数。

3．请使用递归编写一个 power()函数进行幂运算，其中 power(x, y)返回 x 的 y 次幂的值。

4．请用欧几里得算法求两个数的最大公约数。

5．全排列问题：设 $R(n)=\{r[1],r[2],\cdots,r[n]\}$是要进行排列的 n 个元素，集合 X 中元素的全排列记为 Perm(X)，求 $R(n)$的全排列 Perm($R(n)$)。

6．整数划分问题：将一个正整数 n 表示成一系列正整数之和，$n=n[1]+n[2]+\cdots+n[k]$，其中 $n[1]\geqslant n[2]\geqslant\cdots\geqslant n[k]\geqslant1,k\geqslant1$。满足上述要求的一种表示称为 n 的一个划分，求 n 的不同划分数目。

7．给定一个长度为 n+1 的数组，数组中所有的数均在 1~n 的范围内，其中 $n\geqslant1$。请找出数组中任意一个重复的数，但不能修改输入的数组。

8．给定 n 阶矩阵 $\boldsymbol{A}$ 和正整数 k，求和 $\boldsymbol{S}=\boldsymbol{A}+\boldsymbol{A}^2+\boldsymbol{A}^3+\cdots+\boldsymbol{A}^k$。

9．给定一棵二叉排序树，请找出其中第 k 小的节点。

10．已知由 n 个数据元素构成的有序表和给定值 k，请设计一个三分查找的算法在有序表中查找给定值 k。

费尔南多·何塞·科尔巴托（Fernando José Corbató，1926—2019），计算机系统专家、麻省理工学院博士、麻省理工学院名誉退休教授、计算机密码发明人和 1990 年度图灵奖得主。1961 年，世界上第一个分时系统 CTSS 在科尔巴托的领导下研制成功并进行了演示，这是计算机发展史上有里程碑性质的一个重大突破，开创了以交互方式由多用户同时共享计算机资源的新时代，分时系统的实现也是计算机真正走向普及的开始。主要著作包括 *The Compatible Time Sharing System：A Programmer's Guide*、*Advanced Computer Programming：A Case Study of a Classroom Assembly Program*。除图灵奖之外，他还在 1966 年获得了 IEEE 首届 McDowell 奖，在 1980 年获得了 AFIPS 颁发的 HarryGoode 奖，在 1982 年获得了 IEEE 的计算机先锋奖。

第 10 章 动态规划

“故不积跬步，无以至千里；不积小流，无以成江海”出自战国时期的思想家、文学家荀子的《劝学》，这句话启示人们无论是在学习还是工作中，都要脚踏实地、注重点滴的积累，从小做起，积小胜为大胜，这样才能少走弯路，最终实现目标。在算法设计方法中，动态规划同样是一种“从小做起、积小胜为大胜”的方法，该方法是运筹学的一个分支，是求解组合优化问题的一种数学方法。动态规划的基本思想类似于分治法，也是将待求解的问题分解为若干子问题，通过求解子问题得到原问题的解。但是，适合使用动态规划求解的问题具有自身独特的性质，使得这类问题更适合使用动态规划求解。本章主要探讨应用动态规划求解组合优化问题的方法和过程。

本章内容：

（1）动态规划的基本思想、适用条件和设计步骤。

（2）动态规划的应用实例。

10.1 动态规划概述

10.1.1 动态规划的基本思想

使用动态规划求解问题的策略：把一个规模为 n 的问题分解为 k 个规模较小的同类型子问题，通过自底向上的计算过程，由规模最小的子问题的解逐步得到原问题的解。动态规划把完整的求解过程转化为一个多步判断的过程，每步都对应某个子问题，从最小的子问题开始求解，通过子问题之间的依赖关系，利用已经得到的规模较小的子问题的解来计算后续规模较大的子问题的解，最大限度地减少重复计算，提高算法效率。

动态规划与分治法的不同之处在于，适合使用动态规划求解的问题经分解得到的子问题往往不是互相独立的。对于这类问题，使用分治法会出现大量地重复计算，严重降低算法效率。例如，对于求解斐波那契数列第 n 项的问题，使用分治法可以得到如图 10-1 所示的算法。

在求解斐波那契数列第 5 项时，Fib(5)的计算过程如图 10-2 所示。在计算 Fib(5)的过程中，Fib(3)和 Fib(1)都被计算了两次，Fib(2)被计算了三次。出现重复计算的原因在于问题的分解过程中产生了重复的子问题，并且子问题的解并未在计算过程中保留下来，使得再次出现相同的子问题时，只能通过重复计算重新获取该问题的解。为了克服这一问题，可以采用：①记录计算过程中所有子问题的解；②自底向上地执行计算。采用①是由于无法预知哪些子问题被重复计算；采用②是由于规模较大的子问题的解总是由规模较小的子问题的解得到的。应用上述策略修改求解斐波那契数列第 n 项的算法如下。

```
int Fib(int n) {
    int * m = new int[n+1];              //记录子问题的解的数组
    m[1] = m[2] = 1;                     //记录规模最小的子问题的解
    for(int i=3; i<=n; i++)              //自底向上逐步求解规模较大的子问题
        m[i] = m[i-1] + m[i-2];          //计算并记录规模较大子问题的解
    return m[n];                         //返回原问题的解
}
```

上述算法就是使用动态规划策略的算法，其中数组 m 记录了计算过程中所有子问题（包括原问题）的解，称为**动态规划数组**（或备忘录）。动态规划法也称为记录结果再利用的方法。

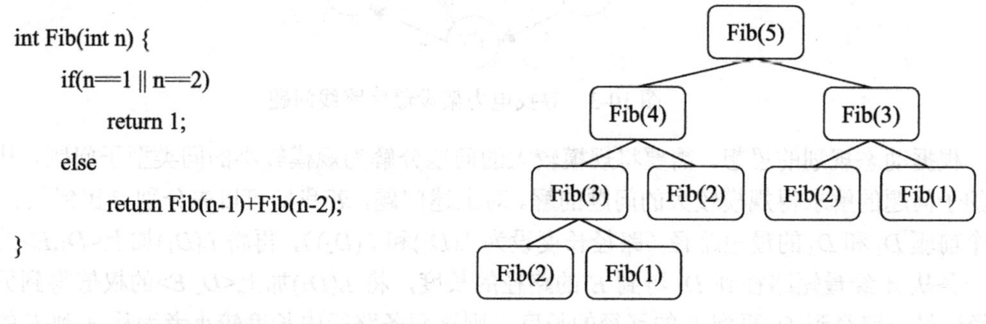

图 10-1　求解斐波那契数列第 n 项的分治算法　　　　图 10-2　Fib(5)的计算过程

10.1.2 动态规划的适用条件

动态规划被广泛应用于组合优化问题的算法设计。组合优化问题是最优化问题的一类。最优化问题通常由目标函数和变量的约束条件两部分构成，要求在满足约束条件的情况下寻找使目标函数取到最优值的解。最优化问题可以分成两类，一类是连续变量的问题，另一类是离散变量的问题。具有离散变量的最优化问题称为组合优化问题。所谓**组合优化**，是指在离散的、有限的数学结构上，寻找一个或一组满足约束条件并使目标函数取得最优值的解。

例如，寻找电力架设最优路线的问题：在 A 处建有一处电站，现在需要在 A 和 E 之间架设一条供电线路为 E 处的工厂提供电力。从 A 到 E 存在多条可能的路径，途经不同的地点，若两个地点之间可以直接架设线路，则这两个地点之间用一条带箭头的线段相连，箭头由线路的起始地点指向线路的目标地点，线段上的数值表示架设的成本，如图 10-3 所示。现要求找出一条从 A 到 E 的路线，使得架设成本最低。显然，这一问题可以使用有向网对其建模，其中有向网中的顶点表示地点，弧表示地点之间可以直接架设的线路，弧尾表示线路的起始地点，弧头表示线路的目标地点，弧的权值表示线路的架设成本。由此，寻找从 A 到 E 成本最低的架设路线问题就转化为在有向网中寻找从 A 到 E 的最短路径问题。设有向网的顶点集 $V=\{A,B_1,B_2,C_1,C_2,C_3,D_1,D_2,E\}$，弧集 $T=\{<A,B_1>,<A,B_2>,<B_1,C_1>,<B_1,C_2>,\cdots,<D_1,E>,<D_2,E>\}$，$w(v_i,v_{i+1})$表示弧$<v_i,v_{i+1}>$的权值，则问题的目标函数可以表示为式（10-1）。

$$f(\boldsymbol{v})=\sum_{i=1}^{k-1}w(v_i,v_{i+1}) \tag{10-1}$$

其中，顶点序列 $\boldsymbol{v}=(v_1,v_2,\cdots,v_k)$表示从 v_1 到 v_k 的一条路径。

变量的约束条件如式（10-2）所示。

$$v_i\in V,\ v_1=A,\ v_k=E,\ <v_i,v_{i+1}>\in T \tag{10-2}$$

该问题就是要寻找一个符合约束条件的顶点序列使得目标函数 $f(v)$取得最小值。这是一个典型的组合优化问题，我们通过分析这一问题的求解方法和过程探寻适合使用动态规划求解的组合优化问题应当具备的特征和设计步骤。

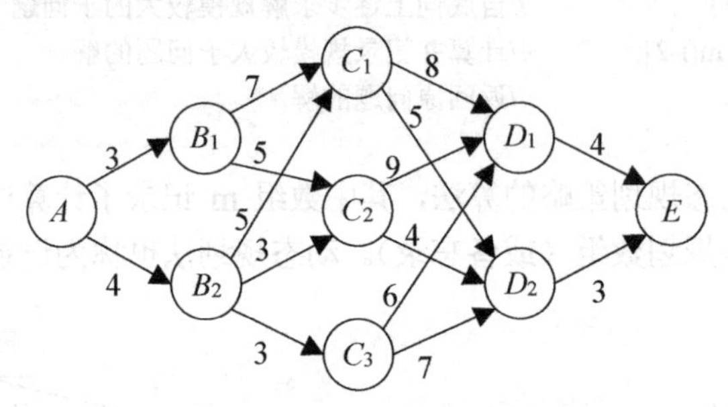

图 10-3　寻找电力架设最优路线问题

根据动态规划的思想，需要将规模较大的问题分解为规模较小的同类型子问题，从规模较小的子问题的解求得规模较大的问题的解。对上述问题，若我们可以先分别寻找到从 A 到 E 的两个前驱 D_1 和 D_2 的最短路径（路径长度设为 $L(D_1)$和 $L(D_2)$），再将 $L(D_1)$加上$<D_1,E>$的权值得到一条从 A 经最短路径到 D_1 再到 E 的路径的长度，将 $L(D_2)$加上$<D_2,E>$的权值得到另一条从 A 经过最短路径到 D_2 再到 E 的路径的长度，则这两条路径中长度较小者为从 A 到 E 的最短路径。由此，我们把寻找从 A 到 E 的最短路径问题分解为寻找从 A 到 D_1、从 A 到 D_2 的最短路径问题。按照相同的方法，可以把寻找从 A 到 D_1、从 A 到 D_2 的最短路径问题分解为寻找从 A 到 C_1、从 A 到 C_2、从 A 到 C_3 的最短路径问题，继续分解为寻找从 A 到 B_1、从 A 到 B_2 的最短路径问题，直至分解为寻找从 A 到 A 的最短路径问题。寻找从 A 到 A 的最短路径问题是可以直接求解的规模最小的子问题，从该子问题开始自底向上逐步求解，直到求得整个问题的解。求解过程可以分为以下 5 个阶段，其中 $L(v)$表示从 A 到 v 的最短路径长度，pre(v)表示从 A 到 v 的最短路径上 v 的前驱。

第 1 阶段，寻找从 A 到 A 的最短路径：$L(A)=0$，pre(A)=~（~表示没有前驱）

第 2 阶段，寻找从 A 到 B_1、从 A 到 B_2 的最短路径：

$$L(B_1)=\min(L(A)+w(A,B_1))=3，\mathrm{pre}(B_1)=A$$

$$L(B_2)=\min(L(A)+w(A,B_2))=4，\mathrm{pre}(B_2)=A$$

第 3 阶段，寻找从 A 到 C_1、从 A 到 C_2、从 A 到 C_3 的最短路径：

$$L(C_1)=\min\begin{pmatrix}L(B_1)+w(B_1,C_1)=10\\L(B_2)+w(B_2,C_1)=9\end{pmatrix}=9，\mathrm{pre}(C_1)=B_2$$

$$L(C_2)=\min\begin{pmatrix}L(B_1)+w(B_1,C_2)=8\\L(B_2)+w(B_2,C_2)=7\end{pmatrix}=7，\mathrm{pre}(C_2)=B_2$$

$$L(C_3)=\min(L(B_2)+w(B_2,C_3))=7，\mathrm{pre}(C_3)=B_2$$

第 4 阶段，寻找从 A 到 D_1、从 A 到 D_2 的最短路径：

$$L(D_1)=\min\begin{pmatrix}L(C_1)+w(C_1,D_1)=17\\L(C_2)+w(C_2,D_1)=16\\L(C_3)+w(C_3,D_1)=13\end{pmatrix}=13，\mathrm{pre}(D_1)=C_3$$

$$L(D_2)=\min\begin{pmatrix} L(C_1)+w(C_1,D_2)=14 \\ L(C_2)+w(C_2,D_2)=11 \\ L(C_3)+w(C_3,D_2)=14 \end{pmatrix}=11,\ \mathrm{pre}(D_2)=C_2$$

第 5 阶段，寻找从 A 到 E 的最短路径：

$$L(E)=\min\begin{pmatrix} L(D_1)+w(D_1,E)=17 \\ L(D_2)+w(D_2,E)=14 \end{pmatrix}=14,\ \mathrm{pre}(E)=D_2$$

通过上述 5 个阶段，求得从 A 到 E 的最短路径是 14。为获取具体的路径，可以从第 5 阶段记录的 E 的前驱向前回溯，即可得到从 A 到 E 的最短路径是(A,B_2,C_2,D_2,E)。

进一步分析上述问题得到的最短路径(A,B_2,C_2,D_2,E)可以发现，这条路径中包含的(A,B_2,C_2,D_2)、(A,B_2,C_2)、(A,B_2)必然是从 A 到 D_2、从 A 到 C_2、从 A 到 B_2 的最短路径，即原问题的最优解包含子问题的最优解，这一性质称为最优子结构性质。

同时，在问题的分解过程中，每次产生的子问题并不总是新的问题，可能是已经出现过的问题。例如，问题“寻找从 A 到 D_1 的最短路径”被分解为“寻找从 A 到 C_1 的最短路径”“寻找从 A 到 C_2 的最短路径”“寻找从 A 到 C_3 的最短路径”这三个子问题；而问题“寻找从 A 到 D_2 的最短路径”同样被分解为这三个子问题，这种情况称为重叠子问题。

从一般意义而言，适用动态规划求解的组合优化问题应当具备如下特征。

（1）**最优子结构性质**，即问题的最优解必然包含其子问题的最优解，这是问题可以使用动态规划求解的显著特征。动态规划正是利用这一特征，通过子问题的最优解自底向上地逐步解出整个问题的最优解。

（2）**重叠子问题性质**，即问题分解过程中多次出现相同的子问题。对于重叠子问题，使用递归算法自顶向下地求解会出现反复计算这些子问题的情况。动态规划是利用子问题的重叠特征，对每个子问题只求解一次，使用动态规划数组保存子问题的解，当后续再次求解该子问题时，从动态规划数组中取出解即可。由于子问题数目通常随问题的大小变化呈多项式变化，因此使用动态规划设计的算法往往只具有多项式阶的时间复杂度，具有较好的时间性能。

值得注意的是，重叠子问题不是适用动态规划的必要条件，但如果问题没有这个特征，使用动态规划设计的算法与其他算法相比将不具备优势。

10.1.3　动态规划的设计步骤

结合 10.1.2 节有关电力架设最优路线问题的分析和求解过程，可以总结出如下使用动态规划求解组合优化问题的一般步骤。

（1）**划分子问题**：通过自顶向下地分析，将问题分解为若干规模较小、与原问题类型相同的子问题。这一步骤需要考虑如何描述不同规模的问题，划分子问题之间的边界，确定求解的各个阶段，将问题的求解过程转化为多阶段决策的过程。

例如，在电力架设最优路线问题中，把寻找从 A 到 E 的最短路径问题首先分解为寻找从 A 到 D_1、从 A 到 D_2 的最短路径问题，其次分解为寻找从 A 到 C_1、从 A 到 C_2、从 A 到 C_3 的最短路径问题，再次分解为寻找从 A 到 B_1、从 A 到 B_2 的最短路径问题，最后分解为寻找从 A 到 A 的最短路径问题。每个子问题的类型都与原问题类型相同，仅是问题的规模不断减小。子问题的不同规模和边界都体现于不同的终点，不同的子问题求解从 A 到不同终点的最短路径。因此，使用不同终点即可描述不同规模的问题，划分子问题之间的边界。同时，根据问题的分解过程可以得到问题求解的 5 个阶段。第 1 阶段计算从 A 到 A 的最短路径，第 2 阶段计算从 A 到 B_1、从 A 到 B_2 的最短路径，第 3 阶段计算从 A 到 C_1、从 A 到 C_2、从 A 到 C_3 的最短路径，第 4 阶段计算从 A 到 D_1、从 A 到 D_2 的最短路径，第 5 阶段计算从 A 到 E 的最短路径。

（2）**验证最优子结构性质**：判断问题的最优解是否具有最优子结构性质。这一步骤判断能否将“大问题”分解为子问题求解，即能否使用动态规划求解，也检验子问题的划分是否正确。若问题的最优解具有最优子结构性质，则表明可以使用动态规划求解，也表明子问题的划分是正确的；若问题的最优解不具有最优子结构性质，则对子问题的划分进行检查，如果有误，那么重新划分子问题；如果无误，那么表明不可以使用动态规划求解。通常采用反证法验证最优子结构性质。

例如，在电力架设最优路线问题中验证最优子结构性质：假设已知从 A 到 E 的最短路径是 (A,B_i,C_j,D_k,E)，证明其中包含的 (A,B_i,C_j,D_k) 一定是从 A 到 D_k 的最短路径。

采用反证法证明：假设 (A,B_i,C_j,D_k) 不是从 A 到 D_k 的最短路径，存在另一条更短的路径，则这条路径的长度加上 $w(D_k,E)$ 比路径 (A,B_i,C_j,D_k,E) 更短，表明 (A,B_i,C_j,D_k,E) 不是从 A 到 E 的最短路径，与前提矛盾，假设不成立。所以，(A,B_i,C_j,D_k) 一定是从 A 到 D_k 的最短路径，满足最优子结构性质。

（3）**建立优化函数**：建立问题需要优化的目标函数及变量的约束条件。这一步骤是建立“大问题”的优化对象与子问题的优化对象之间的函数关系，这一关系称为优化函数，体现“大问题”和子问题在优化对象之间的依赖关系，明确优化对象的求解方法。

例如，在电力架设最优路线问题中，若当前问题是寻找从 A 到 v_q 的最短路径，则优化对象是从 A 到 v_q 的路径长度（用 $f(v_q)$ 表示），优化目标是使 $f(v_q)$ 取得最小值。假定该问题可以被分解为 n 个子问题，这些子问题的优化对象分别是从 A 到 $v_{q,1}$ 的路径长度、从 A 到 $v_{q,2}$ 的路径长度、…、从 A 到 $v_{q,n}$ 的路径长度，分别用 $f(v_{q,1}),f(v_{q,2}),\cdots,f(v_{q,n})$ 表示，则大问题与子问题在优化对象之间的关系也就是优化函数为 $f(v_q)=f(v_{q,k})+w(v_{q,k},v_q)$，$k=1,2,\cdots,n$，变量的约束条件为 $v_q\in V-\{A\}$，$v_{q,k}\in V-\{A,v_q\}$ 且 $<v_{q,k},v_q>\in T$，$k=1,2,\cdots,n$。

（4）**列出优化函数最优值之间的递推方程和边界条件**：确定相邻阶段的子问题在优化函数最优值之间的关系，根据这一关系列出递推方程，并给出边界条件。这一步骤根据第（3）步建立的优化函数确定大问题和子问题在最优值之间的关系，从而得到求解大问题最优值的方法，并给出规模最小的子问题的解作为边界条件。

例如，在电力架设最优路线问题中，若用 $L(v_q)$ 表示“大问题”所求的从 A 到 v_q 的最短路径长度，$L(v_{q,1}),L(v_{q,2}),\cdots,L(v_{q,n})$ 表示子问题所求的从 A 到 $v_{q,1}$ 的最短路径长度、从 A 到 $v_{q,2}$ 的最短路径长度、…、从 A 到 $v_{q,n}$ 的最短路径长度，则优化函数最优值之间的递推方程为 $L(v_q)=\min\{L(v_{q,k})+w(v_{q,k}, v_q)\}$，$k=1,2,\cdots,n$。规模最小的子问题是寻找从 A 到 A 的最短路径，该问题的最优值，即边界条件为 $L(A)=0$。

（5）**求解最优值与获取最优解**：自底向上地求解，用动态规划数组存储子问题的结果（最优值），通过回溯获取问题的最优解。**最优解**是指使问题的目标函数取得最优值的变量的取值。这一步骤根据第（4）步列出的优化函数最优值之间的递推方程，从边界条件开始，自底向上地逐步求解规模较大的问题的最优值，直至得到整个问题的最优值。在求解过程中，需要使用动态规划数组记录所有子问题及整个问题的最优值，必要时还要记录子问题在取最优值时变量的取值。在求解结束后，往往需要从求解的最后一个阶段回溯到第 1 个阶段，获取由每个阶段的变量取值构成的整个问题的最优解。

例如，在电力架设最优路线问题中，通过 5 个阶段由边界条件 $L(A)=0$ 逐步计算得到从 A 到 E 的最短路径长度 $L(E)=14$。在计算过程中，需要记录从 A 到每个顶点的最短路径长度以备后续使用，并记录该顶点所在最短路径中的前驱。在计算结束后，从第 5 个阶段记录的 E 的前驱开始，向前回溯到第 1 个阶段，即可获得使 A 到 E 的路径长度取到最小值的最优路径。

在上述 5 个步骤中，划分子问题是最关键的，只有子问题描述正确、边界划分清晰，才能开展后续步骤；验证最优子结构性质确保可以使用动态规划求解问题；建立优化函数、列出优化函数最优值之间的递推方程和边界条件明确自底向上地求解问题的方法；求解最优值与获取最优解是求解问题的具体过程。

值得注意的是，虽然本章主要探讨应用动态规划求解组合优化问题的方法，但是动态规划同样可以用于求解非最优化问题，如 10.1.1 节提到的斐波那契数列。对于非最优化问题，在使用动态规划进行设计时，无须验证问题的最优子结构性质，并且可以合并第（3）步和第（4）步，只需给出求解对象之间的递推关系和边界条件，并由规模最小的子问题的解自底向上地逐步求解规模较大的子问题的解，直到得到整个问题的解。

10.2 动态规划的应用实例

10.2.1 矩阵连乘问题

给定 n 个矩阵 $A_1,A_2,\cdots,A_n$，其中 A_i 为 $p_{i-1}\times p_i$（$i=1,2,\cdots,n$）的矩阵，对这 n 个矩阵执行连乘运算，计算 $A_1A_2\cdots A_n$ 的乘积。由于矩阵乘法满足结合律，因此矩阵连乘有很多不同的计算次序，这种计算次序可以使用加括号的方式体现，不同的计算次序使得矩阵元素乘法运算次数也不尽相同。现要求寻找一种最优计算次序，即加括号的方案，使得矩阵元素乘法运算总次数最少。

例如，已知 $\boldsymbol{A}$、$\boldsymbol{B}$、$\boldsymbol{C}$ 和 $\boldsymbol{D}$ 分别是 5×15、15×20、20×10 和 10×30 的四个矩阵，则 $\boldsymbol{ABCD}$ 的计算次序及不同计算次序下的矩阵元素乘法运算次数如下所示。显然，第（4）种计算次序产生的乘法运算次数最少，是该问题的最优解。

（1）$(\boldsymbol{A}((\boldsymbol{B}\boldsymbol{C})\boldsymbol{D}))$，乘法运算次数：3000+4500+2250=9750。

（2）$(\boldsymbol{A}(\boldsymbol{B}(\boldsymbol{C}\boldsymbol{D})))$，乘法运算次数：6000+9000+2250=17250。

（3）$((\boldsymbol{A}\boldsymbol{B})(\boldsymbol{C}\boldsymbol{D}))$，乘法运算次数：1500+6000+3000=10500。

（4）$(((\boldsymbol{A}\boldsymbol{B})\boldsymbol{C})\boldsymbol{D})$，乘法运算次数：1500+1000+1500=4000。

（5）$((\boldsymbol{A}(\boldsymbol{B}\boldsymbol{C}))\boldsymbol{D})$，乘法运算次数：3000+750+1500=5250。

【问题分析】

为叙述方便，下面将矩阵连乘的表达形式 $A_1A_2\cdots A_n$ 称为矩阵链，将寻找矩阵连乘的最优计算次序称为寻找矩阵链的最优计算次序。下面按照动态规划设计的 5 个步骤开展问题分析，探寻问题的解决方案。

（1）划分子问题。

首先，分析如何描述不同规模的问题。对矩阵连乘问题而言，原问题是求解由 n 个矩阵构成的矩阵链的最优计算次序，子问题必然是求解少于由 n 个的矩阵构成的矩阵链的最优计算次序，涉及的矩阵是原矩阵链中的一段。所以，表达不同规模的矩阵链就可以描述不同规模的问题。对于一段矩阵链，使用起点矩阵和终点矩阵就可以明确表达。因此，描述矩阵链需要两个参数：起点矩阵和终点矩阵的位置。设 i 表示起点矩阵的位置，j 表示终点矩阵的位置，则不同规模的矩阵连乘问题可以描述为求解矩阵链 $A_iA_{i+1}\cdots A_j$（$1\leqslant i\leqslant j\leqslant n$）的最优计算次序，使其乘法运算次数最少。当 i=1 且 j=n 时，表示原问题；当 i>1 或 j<n 时，表示子问题。

然后，分析如何分解问题，划分子问题边界。假设在矩阵链 $A_iA_{i+1}\cdots A_j$ 的最优计算次序中，最后一次执行的矩阵乘法为 $A_{i..k}\times A_{k+1..j}$，其中 $A_{i..k}$ 表示 $A_iA_{i+1}\cdots A_k$ 的运算结果，$A_{k+1..j}$ 表示 $A_{k+1}A_{k+2}\cdots A_j$ 的运算结果，即矩阵链 $A_iA_{i+1}\cdots A_j=A_{i..k}\times A_{k+1..j}=(A_iA_{i+1}\cdots A_k)(A_{k+1}A_{k+2}\cdots A_j)$使得乘法运算次数最少。此时，由于 $A_{i..k}\times A_{k+1..j}$ 的乘法运算次数固定，因此矩阵链 $A_iA_{i+1}\cdots A_j$ 的乘法运算次数取决于子链 $A_iA_{i+1}\cdots A_k$ 和 $A_{k+1}A_{k+2}\cdots A_j$ 的乘法运算次数，只有这两个子链的乘法运算次数最少，$A_iA_{i+1}\cdots A_j$ 的乘法运算次数才能取到最小值。因此，将求解矩阵链 $A_iA_{i+1}\cdots A_j$ 的最优计算次序问题分解为了求解子链 $A_iA_{i+1}\cdots A_k$ 和 $A_{k+1}A_{k+2}\cdots A_j$ 的最优计算次序问题。由此可知，子问题的边界应划分在矩阵链最后一次执行矩阵乘法的位置。

（2）验证最优子结构性质。

验证最优子结构性质，即证明：在矩阵链 $A_iA_{i+1}\cdots A_j$ 的最优计算次序中包含的子链 $A_iA_{i+1}\cdots A_k$ 和 $A_{k+1}A_{k+2}\cdots A_j$ 的计算次序也是最优的。

用反证法证明：假设对于子链 $A_iA_{i+1}\cdots A_k$，存在另一个计算次序使得它的乘法运算次数更少，则用此次序替换子链 $A_iA_{i+1}\cdots A_k$ 原来的计算次序，可以使 $A_iA_{i+1}\cdots A_j$ 的乘法运算次数更少，与前提相矛盾，假设不成立，故矩阵链 $A_iA_{i+1}\cdots A_j$ 的最优计算次序中包含的子链 $A_iA_{i+1}\cdots A_k$ 的计算次序必然是最优的。同理可证，矩阵链 $A_iA_{i+1}\cdots A_j$ 的最优计算次序中包含的子链 $A_{k+1}A_{k+2}\cdots A_j$ 的计算次序必然也是最优的。

（3）建立优化函数。

问题的优化对象是矩阵链 $A_iA_{i+1}\cdots A_j$ 的乘法运算次数。用 $f_{i..j}$（i<j）表示矩阵链 $A_iA_{i+1}\cdots A_j$ 的乘法运算次数，$f_{i..k}$ 表示子链 $A_iA_{i+1}\cdots A_k$ 的乘法运算次数，$f_{k+1..j}$ 表示子链 $A_{k+1}A_{k+2}\cdots A_j$ 的乘法运算次数，$A_{i..k}=A_iA_{i+1}\cdots A_k$ 是 $p_{i-1}\times p_k$ 的矩阵，$A_{k+1..j}=A_{k+1}A_{k+2}\cdots A_j$ 是 $p_k\times p_j$ 的矩阵，优化函数定义为

$$f_{i..j}=f_{i..k}+f_{k+1..j}+p_{i-1}p_kp_j \tag{10-3}$$

由于尚未确定 $A_iA_{i+1}\cdots A_j$ 的最优计算次序，矩阵链最后一次执行乘法运算的位置有多种可能的取值：$i,i+1,\cdots,j-1$。因此，变量的约束条件为 $1\leqslant i\leqslant j\leqslant n$，$i\leqslant k<j$，且 i、j 和 k 为整数。

（4）列出优化函数最优值之间的递推方程和边界条件。

问题的优化目标是使矩阵链 $A_iA_{i+1}\cdots A_j$ 的乘法运算次数最少。对矩阵链 $A_iA_{i+1}\cdots A_j$ 而言，最后一次执行乘法运算的位置不同，划分 $A_iA_{i+1}\cdots A_j$ 得到的子链不同，由此产生的乘法运算次数也不尽相同。为了找到乘法运算次数最少的划分位置，需要计算所有可能的划分产生的乘法运算次数，找到其中的最小值，从而确定正确的划分位置和最少的乘法运算次数。设 m_{ij} 表示矩阵链 $A_iA_{i+1}\cdots A_j$ 的最少乘法运算次数，则根据式（10-3）建立优化函数最优值之间的递推方程为

$$m_{ij}=\min_{i\leqslant k<j}\{m_{ik}+m_{k+1,j}+p_{i-1}p_kp_j\} \tag{10-4}$$

式中，m_{ik} 表示子链 $A_iA_{i+1}\cdots A_k$ 的最少乘法运算次数；$m_{k+1,j}$ 表示子链 $A_{k+1}A_{k+2}\cdots A_j$ 的最少乘法运算次数。

随着问题不断地分解，矩阵链的长度越来越小。当矩阵链的长度为 1 时，即矩阵链仅包含 1 个矩阵，问题的规模达到最小，可以直接得到该问题的最少矩阵乘法运算次数为 0。所以，

问题的边界条件为 $m_{ij}=0$，$i=j$。

综上可得优化函数最优值的计算方程为

$$m_{ij}=\begin{cases}0 & i=j \\ \min\limits_{i\leqslant k<j}\{m_{ik}+m_{k+1,j}+p_{i-1}p_kp_j\} & i<j\end{cases} \tag{10-5}$$

（5）求解最优值与获取最优解。

先求解矩阵连乘问题的规模最小的子问题，即求解长度为 1（1 个矩阵）的矩阵链的最优计算次序，然后逐步求解长度为 2、3、4、…、n 的矩阵链的最优计算次序。因此，求解过程从规模最小的子问题（边界条件）开始，根据式（10-4）自底向上地逐步计算矩阵链的最少乘法运算次数，并记录于动态规划数组。需要注意的是，在计算长度为 r 的矩阵链的最少乘法运算次数时，必须以每个矩阵作为起点进行计算。因为问题的分解过程可能产生以任意一个矩阵为起点、长度为 r 的矩阵链的情况，所以需要考虑所有可能的子问题。为了在计算结束后通过回溯获取最优解（最优计算次序），需要定义一个标记数组记录矩阵链的最优划分位置。通过回溯获取最优解的具体方法在下面【算法描述】中介绍。

【算法描述】

设一维数组 p 记录矩阵的维数，其中矩阵 A_i 的维数为 p[i-1]×p[i]（i=1,2,…,n）。二维数组 m 作为动态规划数组，记录子问题的最优值，其中 m[i][j]记录矩阵链 $A_iA_{i+1}\cdots A_j$ 的最少乘法运算次数。二维数组 s 作为标记数组，记录矩阵链的最优划分位置，其中 s[i][j]记录当矩阵链 $A_iA_{i+1}\cdots A_j$ 取得最少乘法运算次数时，最后一次执行乘法运算的位置。应用动态规划法求解矩阵连乘问题的算法描述如下。

Step 1：初始化边界条件，即置 m[i][i]=0（i=1,2,…,n）。

Step 2：对矩阵链长度 r=2,3,…,n，进行如下处理。

对起点为第 i（i=1,2,…,n-r+1）个矩阵、长度为 r 的矩阵链，确定终点矩阵的位置 j=i+r-1，根据优化函数最优值的递推方程计算划分位置在 i~j-1 的乘法运算次数，找到最小值记录在 m[i][j]中，同时将最优划分位置记录在 s[i][j]中。

Step 3：返回数组 m 和 s。

在得到标记数组 s 之后，通过回溯获取矩阵连乘问题的最优解，用加括号的方式进行体现。对于 $A_iA_{i+1}\cdots A_j$，最后一次执行乘法运算时位置在 s[i][j]，即 $(A_iA_{i+1}\cdots A_j)=((A_iA_{i+1}\cdots A_{s[i][j]})(A_{s[i][j]+1}\cdots A_j))$，因此为了获取 $(A_iA_{i+1}\cdots A_j)$ 的最优计算次序，需要先获取 $(A_iA_{i+1}\cdots A_{s[i][j]})$ 和 $(A_{s[i][j]+1}\cdots A_j)$ 的最优计算次序，即将获取 $(A_iA_{i+1}\cdots A_j)$ 最优解的问题分解为获取 $(A_iA_{i+1}\cdots A_{s[i][j]})$ 和 $(A_{s[i][j]+1}\cdots A_j)$ 最优解的子问题。这两个子问题与原问题类型完全相同，仅是规模减小了，可以按照相同的方法根据各自的最后一次执行乘法运算的位置继续分解为规模更小的子问题。重复这一过程，直到矩阵链仅包含 1 个矩阵，可以直接得到该子问题的解。显然，上述情况符合第 9 章分治法的适用条件，可用分治法得到如下根据标记数组 s[i...j]获取矩阵链 $A_iA_{i+1}\cdots A_j$ 最优计算次序的算法（以输出最优计算次序为例）。

Step 1：若矩阵链仅包含 1 个矩阵，即 i==j，则直接输出矩阵 A_i 并返回，否则继续向下执行。

Step 2：输出矩阵链左侧括号“(”。

Step 3：根据标记数组 s[i...s[i][j]]输出矩阵链 $A_iA_{i+1}\cdots A_{s[i][j]}$ 的最优计算次序。

Step 4：根据标记数组 s[s[i][j]+1...j]输出矩阵链 $A_{s[i][j]+1}\cdots A_j$ 的最优计算次序。

Step 5：输出矩阵链右侧括号“)”。

【算法实现】

```
void MatrixChainMultiply(int *p, int **m, int **s, int n)   {     //应用动态规划求解矩阵连乘问题
    for(int i = 0; i <= n; i++)      m[i][i] = 0;  //初始化边界条件
    for(int r = 2; r <= n; r++) {                   //求解长度为 2,3,4,…,n 的矩阵链的最优计算次序
        for(int i = 1; i <= n - r + 1; i++) {       //处理以第 i 个矩阵作为起点，长度为 r 的矩阵链
            int j = i + r - 1;                      //计算当前矩阵链的终点矩阵位置
            //计算 m[i][j]的初值，初始化为当划分位置为 i 时的乘法运算次数
            m[i][j] = m[i][i] + m[i + 1][j] + p[i - 1] * p[i] * p[j]; //根据式（10-4）计算
            s[i][j] = i;                            //记录矩阵链的初始划分位置
            for(int k = i + 1; k < j; k++) {        //计算后续划分位置处的乘法运算次数
                int t = m[i][k] + m[k + 1][j] + p[i - 1] * p[k] * p[j]; //根据式（10-4）计算
                if (t < m[i][j]) {   m[i][j] = t;      s[i][j] = k;    } //更新最优值和划分位置
            }
        }
    }
}
//回溯函数，根据标记数组 s 记录的位置，通过回溯输出矩阵链的最优计算次序
void Traceback(int **s, int i, int j)   {
    if(i == j) {                             //i 与 j 相等表示矩阵链仅包含 1 个矩阵
        cout << "A" << i;                    //直接输出矩阵
    }
    else {
        cout << "(";                         //输出矩阵链左侧括号
        Traceback(s, i, s[i][j]);   //根据 s[i...s[i][j]]输出划分位置左侧子链 AiAi+1…As[i][j]的最优计算次序
        //根据标记数组 s[s[i][j]+1...j]输出划分位置右侧子链 As[i][j]+1…Aj 的最优计算次序
        Traceback(s, s[i][j] + 1, j);
        cout << ")";                         //输出矩阵链右侧括号
    }
}
```

【算法分析】

动态规划算法 MatrixChainMultiply 的工作量取决于 r（2~n）、i（1~n-r+1）和 k（i+1~ i+r-2）控制的三重 for 循环。因此，算法的时间复杂度 $T(n) = O(n^3)$，为多项式时间的算法。

【一个简单实例的计算过程】

已知 A_1、A_2、A_3 和 A_4 分别是 5×15、15×20、20×10 和 10×30 的四个矩阵，求解 $A_1 \times A_2 \times A_3 \times A_4$ 的最优计算次序，使得矩阵乘法运算次数最少。

动态规划算法 MatrixChainMultiply 计算动态规划数组 m 的计算次序如图 10-4（a）所示，动态规划数组 m 的元素取值如图 10-4（b）所示，标记数组 s 的元素取值如图 10-4（c）所示。首先，初始化边界条件 m[1][1]、m[2][2]、m[3][3]和 m[4][4]为 0，即长度为 1 的矩阵链的最少乘法运算次数为 0。其次，计算长度为 2 的矩阵链 A_1A_2、A_2A_3、A_3A_4 的最少乘法运算次数，并记录在 m[1][2]、m[2][3]和 m[3][4]中，划分位置记录在 s[1][2]、s[2][3]和 s[3][4]中。再次，计算长度为 3 的矩阵链 $A_1A_2A_3$ 和 $A_2A_3A_4$ 的最少乘法运算次数，并记录在 m[1][3]和 m[2][4]中，划分位置记录在 s[1][3]和 s[2][4]中。最后，计算长度为 4 的矩阵链 $A_1A_2A_3A_4$ 的最少乘法运算次数，并记录在 m[1][4]中，划分位置记录在 s[1][4]中。

例如，在计算 m[2][4]时，需要分别考虑划分位置 k=2 和 k=3 的情形，根据式（10-4）可得

$$m[2][4]=\min\begin{cases} m[2][2]+m[3][4]+p_1\times p_2\times p_4=0+6000+15\times 20\times 30=15000 & k=2 \\ m[2][3]+m[4][4]+p_1\times p_3\times p_4=3000+0+15\times 10\times 30=7500 & k=3 \end{cases}$$
$$=7500$$

且 k=3 为最优划分位置，因此 s[2][4]=3。

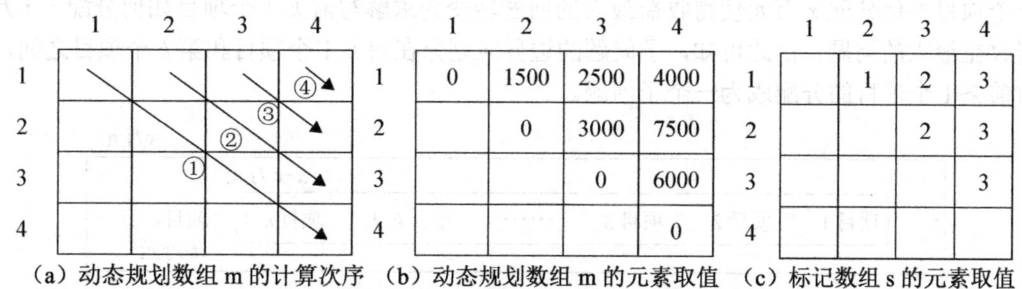

（a）动态规划数组 m 的计算次序　（b）动态规划数组 m 的元素取值　（c）标记数组 s 的元素取值

图 10-4　矩阵连乘问题的简单实例

在全部计算结束之后，矩阵链 $A_1A_2A_3A_4$ 的最少乘法运算次数记录在 m[1][4]中，为 4000 次。在回溯最优计算次序时，首先根据标记数组 s[1][4]=3 可知$(A_1A_2A_3A_4)=((A_1A_2A_3)A_4)$，其次根据 s[1][3]=2 可知$(A_1A_2A_3)=((A_1A_2)A_3)$，再次根据 s[1][2]=1 可知$(A_1A_2)=(A_1A_2)$，最后综合可得矩阵链 $A_1A_2A_3A_4$ 的最优计算次序为$((A_1A_2)A_3)A_4)$。

10.2.2　投资问题

一位投资者拟对 n 个项目投资 r 万元，$p_i(x)$表示将 x 万元分配第 i（i=1,2,…,n）个项目能够产生的收益，请问该投资者在 n 个项目中如何分配 r 万元可以获得最高的投资总收益呢？

例如，对 4 个项目 A、B、C 和 D 投资 5 万元，各项目在不同投资金额下的收益如表 10-1 所示，要求制定一个分配方案，使得投资总收益最大。

表 10-1　项目分配金额与收益

项目	金额/万元					
	0	1	2	3	4	5
A	0	21	22	23	24	25
B	0	12	20	40	42	50
C	0	10	15	20	25	30
D	0	30	32	33	34	36

【问题分析】

（1）划分子问题。

首先，分析如何描述不同规模的问题。对投资问题而言，原问题是考虑如何对 n 个项目分配 r 万元，子问题考虑的项目必然少于原问题，但投资金额小于或等于原问题的投资金额，这是由于可以对某些项目分配 0 元。所以，表达不同的项目数目与投资金额就可以描述不同规模的问题。设 k 表示项目数目，x 表示投资金额，则不同规模的投资问题都可以抽象地描述为对前 k 个项目如何分配 x 万元能够使得收益最大，其中 k=1,2,3,…,n，x=1,2,3,…,r。当 k=n 且 x=r 时，表示原问题；当 k<n 且 $x\leq r$ 时，表示子问题。

然后，分析如何分解问题，划分子问题边界。假设在前 k 个项目的最优分配方案中，对第 k 个项目分配了 t 万元，则前 $k-1$ 个项目的投资金额是 $x-t$ 万元，即对前 $k-1$ 个项目分配 $x-t$ 万元，对第 k 个项目分配 t 万元使得这 k 个项目的投资收益最大，如图 10-5 所示。由于给第 k 个项目分配 t 万元产生的收益是固定的，因此前 k 个项目的投资收益决定于前 $k-1$ 个项目的投资收益，只有前 $k-1$ 个项目的投资收益最大，这 k 个项目的投资收益才能最大。这样就将求解对前 k 个项目如何分配 x 万元使得收益最大的问题转变为求解对前 $k-1$ 个项目如何分配 $x-t$ 万元使得收益最大的问题。由此可知，子问题的边界应划分在前 $k-1$ 个项目和第 k 个项目之间，使得对前 $k-1$ 个项目的分配成为一个子问题。

图 10-5　前 k 个项目分配 x 万元的分配方案

（2）验证最优子结构性质。

验证最优子结构性质，即证明：前 k 个项目的最优分配方案包含的前 $k-1$ 个项目的分配方案也是最优的。

用反证法证明：假设前 k 个项目的最优分配方案包含的前 $k-1$ 个项目的分配方案不是最优的，则存在另一个分配方案可以使前 $k-1$ 个项目产生更大的收益，用此方案替换原来的前 $k-1$ 个项目的分配方案，而第 k 个项目产生的收益不变，可以得到一个比前 k 个项目的原分配方案收益更大的方案，与前 k 个项目的原分配方案是最优分配方案的前提相矛盾，假设不成立，故前 k 个项目的最优分配方案包含的前 $k-1$ 个项目的分配方案是最优的。

（3）建立优化函数。

问题的优化对象是前 k 个项目分配 x 万元产生的收益，用 $f_k(x)$ 表示，优化函数为

$$f_k(x)=p_k(t)+f_{k-1}(x-t) \tag{10-6}$$

式中，$p_k(t)$ 表示对第 k 个项目分配 t 万元产生的收益；$f_{k-1}(x-t)$ 表示对前 $k-1$ 个项目分配 $x-t$ 万元产生的收益。

由于尚未确定前 k 个项目的最优分配方案，因此第 k 个项目分配的金额有多种可能的取值：$0,1,\cdots,x$。故优化函数涉及变量的约束条件为 $2\leqslant k\leqslant n$，$1\leqslant x\leqslant r$，$0\leqslant t\leqslant x$，k、x、t 均为整数。

（4）列出优化函数最优值之间的递推方程和边界条件。

问题的优化目标是使前 k 个项目分配 x 万元产生的收益最大。对这 k 个项目而言，对第 k 个项目分配的金额不同，前 $k-1$ 个项目获得的投资金额不同，由此产生的收益也不尽相同。为了找到投资收益最大的分配方案，对第 k 个项目分配的金额 t 需要尝试所有的可能，找到使得投资收益最大的一个取值，从而确定 t 的正确取值和最大的投资收益。设 m_{kx} 表示对前 k 个项目分配 x 万元产生的最大收益，t 表示对第 k 个项目分配的投资金额，根据式（10-6）可以建立优化函数最优值之间的递推方程：

$$m_{kx}=\max_{0\leqslant t\leqslant x}\{p_{kt}+m_{k-1,x-t}\} \tag{10-7}$$

式中，p_{kt} 表示对第 k 个项目分配 t 万元产生的收益；$m_{k-1,x-t}$ 表示对前 $k-1$ 个项目分配 $x-t$ 万元产生的最大收益。

随着问题不断地分解，子问题涉及的项目数目和可分配的投资金额将越来越少。当子问题

仅包含第 1 个项目或可分配金额为 0 元时，问题的规模到达最小，可以直接求解该问题。因此，问题的边界条件包括如下两方面。

一方面，若子问题仅包含第 1 个项目，则对第 1 个项目分配 x 万元能够产生的最大收益等于对该项目投资 x 万元能够产生的收益，即 $m_{1x}=p_{1x}$，$x=1,2,\cdots,r$。

另一方面，若子问题可分配金额为 0 元，则无论子问题包含多少个项目，能够产生的最大收益都是 0 元，即 $m_{k0}=0$，$k=1,2,\cdots,n$。

综上可得优化函数最优值的计算方程为

$$m_{kx}=\begin{cases}p_{1x} & k=1,1\leqslant x\leqslant r\\ 0 & x=0,1\leqslant k\leqslant n\\ \max\limits_{0\leqslant t\leqslant x}\{p_{kt}+m_{k-1,x-t}\} & 2\leqslant k\leqslant n,1\leqslant x\leqslant r\end{cases}\tag{10-8}$$

（5）求解最优值与获取最优解。

从规模最小的子问题，即对第 1 个项目分配 x（$=1,2,\cdots,r$）万元产生的最大收益（边界条件）开始，根据式（10-7）逐步求解对前 2、3、…、n 个项目分配 x（$=1,2,\cdots,r$）万元产生的最大收益，用动态规划数组记录所有子问题的结果（最大收益）。为了通过回溯获取投资问题的最优解（分配方案），需要定义一个标记数组记录每个项目的分配金额。通过回溯获取最优解的具体方法在下面【算法描述】中介绍。

【算法描述】

设二维数组 p 记录各个项目在不同投资金额下产生的收益，其中 p[k][x]记录对第 k 个项目分配 x 万元产生的收益。二维数组 m 作为动态规划数组记录子问题的最优值，其中 m[k][x]记录对前 k 个项目分配 x 万元取得的最大收益。二维数组 s 作为标记数组记录最优分配方案，其中 s[k][x]记录在对前 k 个项目分配 x 万元取得最大收益时，分配给第 k 个项目的投资金额。应用动态规划求解投资问题的算法描述如下。

Step 1：初始化边界条件，即置 m[1][x]=p[1][x]（x=1,2,⋯,r），m[k][0]=0（k=1,2,⋯,n）。

Step 2：对 k=2,3,⋯,n 个项目进行如下处理。

当对前 k 个项目分配 x=1,2,⋯,r 万元，对第 k 个项目分配 t=0,1,⋯,x 万元时，根据式（10-7）计算对前 k 个项目分配 x 万元能够获得的最大收益，记录在 m[k][x]中，并将在获得最大收益情况下，对第 k 个项目分配的金额记录在 s[k][t]中。

Step 3：返回数组 m 和 s。

在计算结束后，通过回溯获取投资问题的最优解。对 n 个项目投资 r 万元的最优分配方案可以分解为两部分：一部分是前 n-1 个项目的最优分配方案，另一部分是第 n 个项目的分配金额。其中对第 n 个项目的分配金额记录于 s[n][r]，能被直接获取；而对前 n-1 个项目投资 r-s[n][r]万元的最优分配方案需要进一步获取，方法与获取对 n 个项目投资 r 万元的最优分配方案相同。这样，原问题被转化为规模减小的同类型子问题。不断重复这一转化过程，直到仅包含第 1 个项目，可以直接得到它的分配金额。显然，上述情况符合递归的适用条件，可用递归实现如下根据标记数组 s 获取对 n 个项目投资 r 万元的最优分配方案的算法（以输出最优分配方案为例）。

Step 1：若当前仅包含第 1 个项目，即 n==1，则直接输出该项目的分配金额 s[n][r]并返回，否则继续向下执行。

Step 2：根据标记数组 s 输出对前 n-1 个项目分配 r-s[n][r]万元的最优分配方案。

Step 3：输出对第 n 个项目的分配金额 s[n][r]。

【算法实现】

```
void Invest(int n, int r, int **p, int **m, int **s) {      //应用动态规划求解投资问题
    int k, x, t;
    for(x = 1; x <= r; x++)   {   m[1][x] = p[1][x];   s[1][x] = x;   }  //初始化边界条件
    for(k = 1; k <= n; k++)   {   m[k][0] = 0;   s[k][0] = 0;   }       //初始化边界条件
    for(k = 2; k <= n; k++)   {                                //考虑前 k 个项目，从前 2 个项目开始计算至 n 个项目
        for(x = 1; x <= r; x++)   {                            //考察对前 k 个项目分配 x 万元的情况
            m[k][x] = 0;        s[k][x] = 0;                   //初始化
            for(t = 0; t <= x; t++)   {                        //考察对第 k 个项目分配 t 万元的情况
                int profit = p[k][t] + m[k - 1][x - t];        //计算对前 k 个项目分配 x 万元的最大收益
                if(profit > m[k][x])   {                       //判断是否找到收益更大的分配方案
                    m[k][x] = profit;       s[k][x] = t;  //更新最大收益和分配方案
                }
            }
        }
    }
}
//回溯函数，根据标记数组 s 输出对 n 个项目投资 r 万元的最优分配方案
void Traceback(int n, int r, int **s)   {
    if(n == 1)                                      //若当前仅包含第 1 个项目，则直接输出该项目的分配金额
        cout << "Project 1:" << s[n][r] << " ten thousand" << endl;
    else   {                                        //当前包含多个项目
        Traceback(n - 1, r - s[n][r], s);           //输出对前 n-1 个项目的分配金额
        cout << "Project " << n << ":" << s[n][r] << " ten thousand" << endl;//输出对第 n 个项目的分配金额
    }
}
```

【算法分析】

算法 Invest 的工作量取决于 k（2~n）、x（1~r）和 t（0~x）控制的三重 for 循环，其时间复杂度 $T(n) = O(nr^2)$为多项式时间的算法。

【一个简单实例的计算过程】

求解投资问题的实例得到的动态规划数组 m 如图 10-6（a）所示，标记数组 s 如图 10-6（b）所示。首先，初始化边界条件 m[1][1]~m[1][5]和 m[1][0]~m[4][0]，即给定前 1 个项目在不同投资金额下的最大收益和投资金额为 0 元的最大收益。其次，计算前 2 个项目在不同投资金额下的最大收益 m[2][1]~m[2][5]，以及分配给第 2 个项目的金额 s[2][1]~s[2][5]。再次，计算前 3 个项目在不同投资金额下的最大收益 m[3][1]~m[3][5]，以及分配给第 3 个项目的金额 s[3][1]~s[3][5]。最后，计算前 4 个项目在不同投资金额下的最大收益 m[4][1]~m[4][5]，以及分配给第 4 个项目的金额 s[4][1]~s[4][5]。

例如，在计算 m[3][2]时，需要考虑分配给第 3 个项目的金额 t 为 0 元、1 万元和 2 万元三种情形，根据式（10-7）可得

$$
m[3][2]=\max\begin{cases} p[3][0]+m[2][2]=0+33=33 & t=0 \\ p[3][1]+m[2][1]=10+21=31 & t=1 \\ p[3][2]+m[2][0]=15+0=15 & t=2 \end{cases}
$$

$$
=33
$$

此时，t=0，即 s[3][2]=0，表示当第 3 个项目分配 0 元时，前 3 个项目分配 2 万元能够获得最大收益 33 万元。

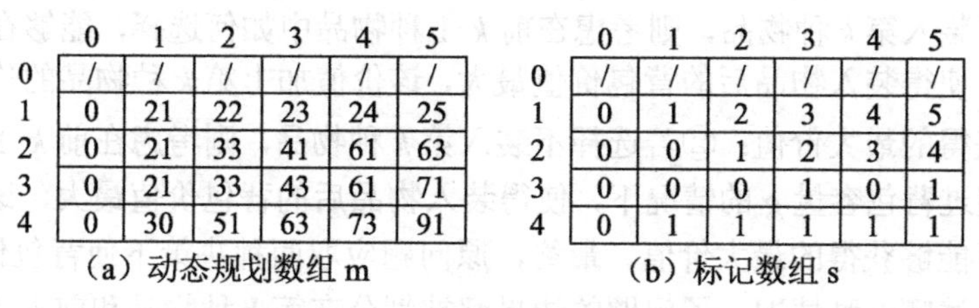

	0	1	2	3	4	5
0	/	/	/	/	/	/
1	0	21	22	23	24	25
2	0	21	33	41	61	63
3	0	21	33	43	61	71
4	0	30	51	63	73	91

（a）动态规划数组 m

	0	1	2	3	4	5
0	/	/	/	/	/	/
1	0	1	2	3	4	5
2	0	0	1	2	3	4
3	0	0	0	1	0	1
4	0	1	1	1	1	1

（b）标记数组 s

图 10-6　投资问题的简单示例

计算结束后，四个项目分配 5 万元能够产生的最大收益为 m[4][5]=91 万元。在回溯最优分配方案时，首先根据标记数组 s[4][5]可知给第 4 个项目分配了 1 万元，则给前 3 个项目分配了 4 万元；其次根据 s[3][4]可知给第 3 个项目分配了 0 元，则给前 2 个项目分配了 4 万元；再次根据 s[2][4]可知给第 2 个项目分配了 3 万元，则给前 1 个项目分配了 1 万元；最后根据 s[1][1]可知给第 1 个项目分配了 1 万元。综上可得给四个项目分配 5 万元的最优分配方案为(1,3,0,1)。

10.2.3　0-1 背包问题

给定 n 种物品和一个背包，物品 i 质量为 w_i，价值为 v_i，背包容量为 c。在选择装入背包的物品时，对每种物品只有两种选择：装入背包或不装入背包。每种物品既不能多次装入背包，又不能只装入部分。请问应当如何选择装入背包的物品，使得装入物品后的背包价值最大？

设 x_i（i=1,2,⋯,n）表示装入背包的第 i 种物品数量，则 0-1 背包问题的目标函数可以表示为 $\sum_{i=1}^{n} v_i x_i$，约束条件为 $\sum_{i=1}^{n} w_i x_i \leqslant c$，$x_i \in \{0,1\}$（i=1,2,⋯,$n$）。0-1 背包问题是一个特殊的整数规划问题，$x_i$ 的取值只能是 0 或 1。

【问题分析】

（1）划分子问题。

首先，分析如何描述不同规模的问题。对 0-1 背包问题而言，原问题是考虑在 n 种物品中如何选择，能够在不超过背包容量 c 的情况下，使得装入物品后的背包价值最大。子问题考虑的物品种类必然少于原问题，而背包容量小于或等于原问题，这是由于可以选择不装入某种物品。所以，表达不同的物品种类数量与背包容量就可以描述不同规模的问题。设 k 表示物品种类数量，g 表示背包容量，则不同规模的 0-1 背包问题可以描述为在前 k 种物品中如何选择，能够在不超过背包容量 g 的情况下，使得装入物品后的背包价值最大，其中 k=1,2,3,⋯,n，0≤g≤c。当 k=n 且 g=c 时，表示原问题；当 k<n 且 g≤c 时，表示子问题。

然后，分析如何分解问题，划分子问题边界。假设当前问题是在前 k 种物品中寻找最优选择方案，此时若能对第 k 种物品做出决策，就可以将该问题转化为在前 k−1 种物品中寻找最优选择方案这一子问题。而对第 k 种物品的决策受到物品质量和背包容量的制约，即背包容量未必能够容纳第 k 种物品。受此影响，问题的分解包括如下两种不同情形。

第一种情形，背包容量 $g<w_k$，表示无法容纳第 k 种物品，此时背包容量不变。在这种情形下，原问题只需分解为 1 个子问题：在前 k−1 种物品中如何选择，能够在不超过背包容量 g 的情况下，使得装入物品后的背包价值最大。该子问题的解就是原问题的解。

第二种情形，背包容量 $g \geqslant w_k$，表示可以容纳第 k 种物品，此时既可以选择装入该物品，又可以选择不装入该物品，取决于哪种决策更优。在这种情形下，需要将原问题分解为 2 个子问题：①若选择装入第 k 种物品，则考虑在前 k–1 种物品中如何选择，能够在不超过背包容量 $g-w_k$ 的情况下，使得装入物品后的背包价值最大，该价值加上第 k 种物品的价值是原问题在这一决策下能够获得的最大价值；②若选择不装入第 k 种物品，则考虑在前 k–1 种物品中如何选择，能够在不超过背包容量 g 的情况下，使得装入物品后的背包价值最大，该价值同时为原问题在这一决策下能够获得的最大价值。最终，原问题应取两种决策下使背包价值更大的方案。

无论出现上述哪一种情况，子问题的边界都被划分在第 k 种物品和前 k–1 种物品之间，使得在前 k–1 种物品中寻找最优选择方案成为一个子问题。

（2）验证最优子结构性质。

验证最优子结构性质，即证明：前 k 种物品中的最优选择方案包含的前 k–1 种物品中的选择方案也是最优的。

用反证法证明：假设对于前 k–1 种物品，存在另一个选择方案可以使装入物品后的背包价值更大，用此方案替换原来的前 k–1 种物品中的选择方案，能够得到一个比原前 k 种物品中的选择方案更优的方案，与原选择方案是最优方案的前提相矛盾，假设不成立，故前 k 种物品中的最优选择方案包含的前 k–1 种物品中的选择方案必然也是最优的。

（3）建立优化函数。

问题的优化对象是在不超过背包容量 g 的情况下，前 k 种物品中的选择方案产生的背包价值，用 $f_k(g)$表示，其优化函数定义为

$$f_k(g) = v_k x_k + f_{k-1}(g - w_k x_k) \tag{10-9}$$

式中，x_k 表示第 k 种物品的装入数量；$f_{k-1}(g-w_k x_k)$表示在不超过背包容量 $g-w_k x_k$ 的情况下，前 k–1 种物品中的选择方案产生的背包价值。

由于尚未确定是否装入第 k 种物品，因此 x_k 的可能取值包括 0 和 1 两种可能。优化函数涉及变量的约束条件为 $1 \leqslant k \leqslant n$，$0 \leqslant g \leqslant c$，$x_k \in \{0,1\}$，且 k 为整数。

（4）列出优化函数最优值之间的递推方程和边界条件。

问题的优化目标是在不超过背包容量 g 的情况下，使前 k 种物品中的选择方案产生的背包价值最大，设用 m_{kg} 表示这一最大值。对应分解问题的两种情形，优化函数最优值之间的递推方程也包括如下两种情形。

第一种情形，背包容量 $g<w_k$，表示无法容纳第 k 种物品。此时，原问题与子问题等价，因此优化函数最优值之间的递推方程为 $m_{kg}=m_{k-1,g}$，其中 $m_{k-1,g}$ 表示在不超过背包容量 g 的情况下，前 k–1 种物品中的选择方案产生的最大背包价值。

第二种情形，背包容量 $g \geqslant w_k$，表示可以容纳第 k 种物品。此时，根据是否选择装入第 k 种物品，将原问题分解为 2 个子问题，原问题的解取它们的解的更优值。因此，优化函数最优值之间的递推方程为 $m_{kg} = \max\left\{v_k + m_{k-1,g-w_k}, m_{k-1,g}\right\}$。

综合以上两种情形，可得优化函数最优值之间的递推方程为

$$m_{kg} = \begin{cases} m_{k-1,g} & g<w_k \\ \max\left\{v_k + m_{k-1,g-w_k}, m_{k-1,g}\right\} & g \geqslant w_k \end{cases} \tag{10-10}$$

随着问题不断地分解，子问题涉及的物品种类和背包容量越来越少。当子问题不包含任何物品或背包容量为 0 时，问题的规模到达最小，可以直接求解该问题。因此，问题的边界条件

包括如下两方面。

一方面，若子问题不包含物品，则无论背包容量有多大，都没有物品可以装入。这种情况下能够产生的最大背包价值为 0，即 $m_{0g}=0$，$g=0,1,\cdots,c$。

另一方面，若子问题的背包容量为 0，则无论有多少种物品可以选择，都无法将其装入背包。这种情况下能够产生的最大背包价值也为 0，即 $m_{k0}=0$，$k=0,1,\cdots,n$。

综上可得优化函数最优值的计算方程为

$$m_{kg}=\begin{cases}0 & k=0,\ 0\leqslant g\leqslant c\\ 0 & g=0,\ 0\leqslant k\leqslant n\\ m_{k-1,g} & 1\leqslant k\leqslant n,\ 1\leqslant g\leqslant c,\ g<w_k\\ \max\left\{v_k+m_{k-1,g-w_k},\ m_{k-1,g}\right\} & 1\leqslant k\leqslant n,\ 1\leqslant g\leqslant c,\ g\geqslant w_k\end{cases} \tag{10-11}$$

（5）求解最优值与获取最优解。

从规模最小的子问题，即物品为 0 和背包容量为 0 的情况（边界条件）开始，根据式（10-10）逐步求解在前 1,2,⋯,*n* 种物品中进行选择，且不超过背包容量 *g*（=1,2,⋯,*c*）的最大背包价值，用动态规划数组记录所有子问题的结果（最大价值）。0-1 背包问题无须定义标记数组，根据动态规划数组通过回溯就可以获取物品的最优选择方案。通过回溯获取最优解的具体方法在下面【算法描述】中介绍。

【算法描述】

设一维数组 v 记录物品价值，v[i]表示物品 i 价值。一维数组 w 记录物品质量，w[i]表示物品 i 质量。二维数组 m 作为动态规划数组记录子问题的最优值，其中 m[k][g]记录在前 k 种物品中，当选择的装入物品质量不超过背包容量 g 时产生的最大价值。应用动态规划求解 0-1 背包问题的算法描述如下。

Step 1：初始化边界条件，即置 m[0][g]=0（g=0,1,⋯,c）和 m[k][0]=0（k=0,1,⋯,n）。

Step 2：对 k=1,2,⋯,n 种物品，进行如下处理。

在背包容量 g 分别取 1,2,⋯,c 时，根据式（10-10）计算在前 k 种物品中进行选择，使得在不超过 g 的情况下，能够产生的最大背包价值，并记录于 m[k][g]。

Step 3：返回数组 m。

在计算结束之后，获取前 k 种物品且背包容量为 g 的最优选择方案，可以分为两步：第一步，获取前 k-1 种物品的最优选择方案；第二步，获取对第 k 种物品的决策。其中前 k-1 种物品的最优选择方案与是否装入第 k 种物品存在联系，若未装入第 k 种物品，则前 k-1 种物品的最优选择方案是在背包容量保持不变的情况下做出的；若装入了第 k 种物品，则前 k-1 种物品的最优选择方案是在背包容量减去 w[k]的情况下做出的。因此，获取前 k-1 种物品的最优选择方案需要分为两种情况。那么，如何判断是否装入了第 k 种物品？根据上面介绍的关于问题分解和优化函数最优值之间的关系可知：若未装入第 k 种物品，则前 k 种物品在背包容量为 g 时能够产生的最大价值等于前 k-1 种物品在背包容量为 g 时能够产生的最大价值。所以，根据 m[k][g]是否等于 m[k-1][g]即可判断是否装入了第 k 种物品，从而既确定了对该物品做出的决策，又确定了对前 k-1 种物品进行选择时的背包容量。获取前 k-1 种物品的最优选择方案仍可以按照上述方法进一步分解。不断重复这一分解过程，问题的规模不断减小，涉及的物品越来越少，直到没有物品，无须获取任何方案。显然，获取前 k 种物品且背包容量为 g 的最优选择方案可以使用递归算法实现，算法描述如下（以输出选择方案为例）。

Step 1：若没有物品需要选择，即 k==0，则无须任何处理并直接返回，否则继续向下执行。

Step 2：判断是否装入了第 k 种物品，即 m[k][g]是否等于 m[k-1][g]，分为如下两种情况。

① 若相等，则表明未装入第 k 种物品，输出前 k-1 种物品且背包容量为 g 的最优选择方案。

② 若不相等，则表明装入了第 k 种物品，先输出前 k-1 种物品且背包容量为 g-w[k]的最优选择方案，然后输出第 k 种物品的序号。

【算法实现】

```
void Knapsack01(int *v, int *w, int **m, int n, int c)   {    //应用动态规划求解 0-1 背包问题
    int k, g;
    for(g = 0; g <= c; g++)   m[0][g] = 0;          //初始化边界条件，不包含物品的情况
    for(k = 0; k <= n; k++)   m[k][0] = 0;          //初始化边界条件，背包容量为 0 的情况
    for(k = 1; k <= n; k++)   {                     //在前 k 种物品中选择
        for(g = 1; g <= c; g++)                     //考虑不同的背包容量
        if(g < w[k])   m[k][g] = m[k - 1][g]; //根据式（10-10）计算，背包容量无法容纳物品 k 的情形
        else                                        //根据式（10-10）计算，背包容量可以容纳物品 k 的情形
            //取装入物品 k 和不装入物品 k 情况下的最大值作为最优值
            m[k][g] = v[k] + m[k - 1][g - w[k]] > m[k - 1][g] ? v[k] + m[k - 1][g - w[k]] : m[k - 1][g];
    }
}
//回溯函数，在前 k 种物品中选择，不超过背包容量 g，根据动态规划数组 m 输出装入背包的物品序号
void Traceback(int **m, int *w, int k, int g)   {
    if(k == 0)      return;                         //当前没有物品，直接返回
    else   {                                        //当前有物品
        //根据前 k 种物品与前 k-1 种物品产生的背包价值是否相等判断是否装入物品 k
        if(m[k][g] == m[k - 1][g])
            //物品 k 未装入背包，背包剩余容量仍为 g，递归输出前 k-1 种物品的最优选择方案
            Traceback(m, w, k - 1, g);
        else   {//物品 k 装入了背包，背包剩余容量为 g-w[k]，递归输出前 k-1 种物品的最优选择方案
            Traceback(m, w, k - 1, g - w[k]);
            cout << k << " ";                       //输出物品 k 的序号
        }
    }
}
```

【算法分析】

算法 Knapsack01 的工作量取决于 k（1~n）、g（1~c）控制的二重 for 循环，其时间复杂度 $T(n)=O(nc)$，为多项式时间的算法。

【一个简单实例的计算过程】

例如，已知四种物品，价值 v={2,4,6,8}，质量 w={3,4,7,8}，背包容量为 12，请问应选择哪些物品能够使得装入物品后的背包价值最大呢？

动态规划数组 m 如图 10-7 所示。第一，初始化边界条件 m[0][0]~m[0][12]和 m[0][0]~m[4][0]，即当没有物品和背包容量为 0 时的最大背包价值；第二，计算在前 1 种物品中进行选择，使得当不超过背包容量时能够产生的最大背包价值，并记录于 m[1][1]~m[1][12]；第三，计算在前 2 种物品中进行选择，使得当不超过背包容量时能够产生的最大背包价值，并记录于 m[2][1]~m[2][12]；第四，计算在前 3 种物品中进行选择，使得当不超过背包容量时能够产生的最大背包价值，并记录于 m[3][1]~m[3][12]；第五，计算在前 4 种物品中进行选择，

使得当不超过背包容量时能够产生的最大背包价值，并记录于 m[4][1]~m[4][12]。

	0	1	2	3	4	5	6	7	8	9	10	11	12
0	0	0	0	0	0	0	0	0	0	0	0	0	0
1	0	0	0	2	2	2	2	2	2	2	2	2	2
2	0	0	0	2	4	4	4	6	6	6	6	6	6
3	0	0	0	2	4	4	4	6	6	6	8	10	10
4	0	0	0	2	4	4	4	6	8	8	8	10	12

图 10-7 动态规划数组 m

例如，在计算 m[3][6]时，k=3，g=6，根据式（10-10），由于 $g<w_3$，因此 m[3][6]=m[2][6]=4。在计算 m[4][9]时，k=4，g=9，根据式（10-10），由于 $g>w_4$，因此 m[4][9]=max{8+m[3][1]，m[3][9]}=8。

计算结束后可知，在不超过背包容量 12 的情况下，四种物品可以获得的最大背包价值为 m[4][12]=12。在回溯物品的最优选择方案时，第一，根据 m[4][12]≠m[3][12]可知第 4 种物品被装入了背包，此时背包容量剩余 12-w[4]=4；第二，根据 m[3][4]=m[2][4]可知第 3 种物品没有被装入背包，此时背包容量仍是 4；第三，根据 m[2][4]≠m[1][4]可知第 2 种物品被装入了背包，此时背包剩余容量为 4-4=0；第四，根据 m[1][0]=m[0][0]可知第 1 种物品没有被装入背包，此时背包容量仍是 0；第五，回溯到不包含任何物品的情况，回溯结束。由此可得本实例的最优解：选择第 2 种和第 4 种物品，能够在不超过背包容量 12 的情况下，使得装入物品后的背包价值最大为 12。

10.2.4 最长公共子序列问题

在实际问题中，经常需要对两个对象进行比较，找出它们的公共部分，最长公共子序列问题就是对这类问题的一种简单抽象。

已知序列 X 和 Z，其中 $X=<x_1,x_2,\cdots,x_m>$，$Z=<z_1,z_2,\cdots,z_k>$，若存在 X 的一个严格递增下标序列$\{i_1,i_2,\cdots,i_k\}$，使得 $x_{i_j}=z_j$（j=1,2,⋯,k），则称 Z 是 X 的一个**子序列**。例如，$X=<A,C,B,C,A,D,B>$，$Z=<A,B,A,D>$是 X 的一个子序列，对应 X 中的递增下标序列为{1,3,5,6}。一个序列中包含的元素数目称为**序列的长度**。例如，序列$<A,C,B,C,A,D,B>$的长度是 7，序列$<A,B,A,D>$的长度是 4。

已知序列 X、Y 和 Z，若序列 Z 既是 X 的子序列，也是 Y 的子序列，则称 Z 是 X 和 Y 的**公共子序列**。例如，$X=<A,C,B,C,A,D,B>$，$Y=<C,A,B,D,A,D>$，序列$<B,A,D>$是 X 和 Y 的一个公共子序列，但不是最长公共子序列。序列$<C,B,A,D>$是 X 和 Y 的一个公共子序列，并且也是它们的最长公共子序列，因为 X 和 Y 没有长度大于 4 的公共子序列。两个序列的最长公共子序列不一定是唯一的，如序列$<A,B,A,D>$也是 X 和 Y 的最长公共子序列。

最长公共子序列问题是指，给定两个序列 $X=<x_1,x_2,\cdots,x_m>$和 $Y=<y_1,y_2,\cdots,y_n>$，寻找 X 和 Y 的一个最长公共子序列。由于最长公共子序列不唯一，使用不同算法找到的结果未必相同，但它们的长度必然相等。

【问题分析】

（1）划分子问题。

首先，分析如何描述不同规模的问题。由于最长公共子序列问题与序列长度有关，因此问题的规模也应当与长度有关。原问题要求在长度为 m 的序列 X 和长度为 n 的序列 Y 中寻找最长公共子序列，子问题涉及的序列长度应当逐步缩短。所以，表达序列的不同长度就可以描述不同规模的问题。设 i 表示序列 X 的长度，j 表示序列 Y 的长度，则不同规模的最长公共子序列问题可以描述为，已知序列 $X=<x_1,x_2,\cdots,x_i>$ 和 $Y=<y_1,y_2,\cdots,y_j>$，寻找 X 和 Y 的最长公共子序列 $Z=<z_1,z_2,\cdots,z_k>$。其中 $i=m$ 且 $j=n$ 表示原问题，$i<m$ 或 $j<n$ 表示子问题。

为方便叙述，下面用 X_i 表示长度为 i 的序列 $X=<x_1,x_2,\cdots,x_i>$，Y_j 表示长度为 j 的序列 $Y=<y_1,y_2,\cdots,y_j>$，Z_k 表示长度为 k 的序列 $Z=<z_1,z_2,\cdots,z_k>$，则 X_{i-1} 表示长度为 $i-1$ 的序列 $X=<x_1,x_2,\cdots,x_{i-1}>$，$Y_{j-1}$ 表示长度为 $j-1$ 的序列 $Y=<y_1,y_2,\cdots,y_{j-1}>$，$Z_{k-1}$ 表示长度为 $k-1$ 的序列 $Z=<z_1,z_2,\cdots,z_{k-1}>$，以此类推。

然后，分析如何分解问题，划分子问题边界。假设当前问题是寻找序列 X_i 和序列 Y_j 的最长公共子序列 Z_k，子问题应当是在长度减小的 X 和 Y 中寻找最长公共子序列，而 X 和 Y 的长度如何变化显然与两个序列的最后一个元素 x_i 和 y_j 有关。因此，问题的分解包括如下几种情形。

第一种情形，若 $x_i=y_j$，则最长公共子序列 Z_k 的最后一个元素 $z_k=x_i=y_j$，需要继续寻找的 $<z_1,z_2,\cdots,z_{k-1}>$ 必然是 $<x_1,x_2,\cdots,x_{i-1}>$ 和 $<y_1,y_2,\cdots,y_{j-1}>$ 的最长公共子序列。在这种情形下，由原问题分解得到的子问题是寻找 X_{i-1} 和 Y_{j-1} 的最长公共子序列 Z_{k-1}。

第二种情形，若 $x_i\neq y_j$ 且假设 $z_k\neq x_i$，则最长公共子序列 Z_k 必然是 $<x_1,x_2,\cdots,x_{i-1}>$ 和 $<y_1,y_2,\cdots,y_j>$ 的最长公共子序列。在这种情形下，由原问题分解得到的子问题是寻找 X_{i-1} 和 Y_j 的最长公共子序列 Z_k。

第三种情形，若 $x_i\neq y_j$ 且假设 $z_k\neq y_j$，则最长公共子序列 Z_k 必然是 $<x_1,x_2,\cdots,x_i>$ 和 $<y_1,y_2,\cdots,y_{j-1}>$ 的最长公共子序列。在这种情形下，由原问题分解得到的子问题是寻找 X_i 和 Y_{j-1} 的最长公共子序列 Z_k。

理论上还有第四种情形，即 $x_i\neq y_j$，$z_k\neq x_i$，$z_k\neq y_j$，但这种情形已经包含在第二和第三种情形中。例如，由于第二种情形仅假设 $z_k\neq x_i$，并未假设 $z_k=y_j$，因此同时兼顾了 $z_k=y_j$ 和 $z_k\neq y_j$ 两种可能。第三种情形亦是如此。

需要注意，由于当前并未求出 X_i 和 Y_j 的最长公共子序列 Z_k，因此当 $x_i\neq y_j$ 时，z_k 与 x_i、y_j 的关系是未知的。所以，当 $x_i\neq y_j$ 时，首先需要同时考虑第二种和第三种情形，既要到 X_{i-1} 和 Y_j 中寻找最长公共子序列，又要到 X_i 和 Y_{j-1} 中寻找最长公共子序列，然后取长度较长的子序列作为结果。

综上，问题的分解方法如下。

① $x_i=y_j$，原问题被分解为一个子问题，即在 X_{i-1} 和 Y_{j-1} 中寻找一个最长公共子序列，由子问题得到的最长公共子序列加上 x_i 是原问题的结果。

② $x_i\neq y_j$，原问题被分解为两个子问题，其一是在 X_{i-1} 和 Y_j 中寻找一个最长公共子序列，其二是在 X_i 和 Y_{j-1} 中寻找最长公共子序列，其中长度较长的子序列是原问题的结果。

（2）验证最优子结构性质。

已知 Z_k 是序列 X_i 和 Y_j 的最长公共子序列，则可以证明如下结论必然成立。

① 若 $x_i=y_j$，则 $z_k=x_i=y_j$，且 Z_{k-1} 必然是 X_{i-1} 和 Y_{j-1} 的最长公共子序列。

② 若 $x_i\neq y_j$ 且 $z_k\neq x_i$，则 Z_k 必然是 X_{i-1} 和 Y_j 的最长公共子序列。

③ 若 $x_i\neq y_j$ 且 $z_k\neq y_j$，则 Z_k 必然是 X_i 和 Y_{j-1} 的最长公共子序列。

证明方法仍是使用反证法，这里省略具体证明过程，待读者尝试。

（3）列出优化函数最优值之间的递推方程和边界条件。

原本应先建立问题的优化函数，然后列出优化函数最优值之间的递推方程。但是，对最长公共子序列问题而言，优化对象是公共子序列的长度，“大问题”与子问题之间关于公共子序列长度的函数关系难以像 10.2.1~10.2.3 节介绍的问题那般明确列出。并且，根据对问题分解的分析，已然可以明确问题所求最优值之间的递推关系。因此，可以省略建立优化函数这一步骤。

问题的优化目标是使公共子序列的长度最长。设用 p_{ij} 表示 X_i 和 Y_j 的最长公共子序列的长度，对应问题的分解方法，最优值之间的递推方程也有如下两种情形。

第一种情形，若 $x_i=y_j$，则最优值之间的递推方程为 $p_{ij}=p_{i-1,j-1}+1$，其中 $p_{i-1,j-1}$ 表示 X_{i-1} 和 Y_{j-1} 的最长公共子序列的长度。

第二种情形，若 $x_i \neq y_j$，则最优值之间的递推方程为 $p_{ij}=\max\{p_{i-1,j}, p_{i,j-1}\}$，其中 $p_{i-1,j}$ 表示 X_{i-1} 和 Y_j 的最长公共子序列的长度，$p_{i,j-1}$ 表示 X_i 和 Y_{j-1} 的最长公共子序列的长度。

综合以上两种情形，可得最优值之间的递推方程为

$$p_{ij}=\begin{cases} p_{i-1,j-1}+1 & x_i=y_j \\ \max\{p_{i-1,j}, p_{i,j-1}\} & x_i \neq y_j \end{cases} \tag{10-12}$$

随着问题不断地分解，子问题涉及的序列长度越来越小。一旦某个序列的长度为 0，就不可能存在公共子序列，最长公共子序列的长度为 0。因此，问题的边界条件为

$$p_{ij}=0 \quad i=0 \text{ 或 } j=0 \tag{10-13}$$

综上可得最优值的计算方程为

$$p_{ij}=\begin{cases} 0 & i=0\text{或}j=0 \\ p_{i-1,j-1}+1 & i>0, j>0, x_i=y_j \\ \max\{p_{i-1,j}, p_{i,j-1}\} & i>0, j>0, x_i \neq y_j \end{cases} \tag{10-14}$$

（4）求解最优值与获取最优解。

从规模最小的子问题（边界条件）开始，根据式（10-12）自底向上地逐步求解 X 和 Y 的最长公共子序列的长度。在求解过程中，需要计算 X 和 Y 在所有长度组合情况下的最长公共子序列的长度，即考虑所有可能的子问题，并定义动态规划数组记录所有子问题的结果。

为了在计算结束后能够通过回溯确定最优解，需要定义标记数组记录选择序列元素的方式。设 $Z=<z_1,z_2,\cdots,z_k>$ 是 $X=<x_1,x_2,\cdots,x_i>$ 和 $Y=<y_1,y_2,\cdots,y_j>$ 的最长公共子序列，对应问题的分解可能遇到的三种情形，Z 的最后一个元素 z_k 的选择亦有如下三种情况。

第一种情况，若 $x_i=y_j$，则必然选择 x_i 作为 z_k。

第二种情况，若 $x_i \neq y_j$ 且 $p_{i-1,j}>p_{i,j-1}$，则表明不会选择 x_i 作为 z_k。

第三种情况，若 $x_i \neq y_j$ 且 $p_{i-1,j}<p_{i,j-1}$，则表明不会选择 y_j 作为 z_k。

对于所有的子问题，需要把问题涉及的最长公共子序列对最后一个元素的选择情况记录于标记数组。根据标记数组通过回溯获取最长公共子序列的具体方法在下面【算法描述】中介绍。

【算法描述】

设一维数组 x 和 y 分别记录长度为 m 和 n 的两个序列 X 和 Y。二维数组 p 作为动态规划数组记录子问题的最长公共子序列的长度，其中 p[i][j]记录在长度为 i 的序列 X 和长度为 j 的序列 Y 中找到的最长公共子序列的长度。二维数组 s 作为标记数组，记录最长公共子序列的元素选择方式，其中 s[i][j]记录在长度为 i 的序列 X 和长度为 j 的序列 Y 中找到最长公共子序列时，最后一个元素的选择方式：①s[i][j]=1，表示选择 x_i（对应数组元素 x[i-1]）；②s[i][j]=2，表示不选 x_i（对应数组元素 x[i-1]）；③s[i][j]=3，表示不选 y_j（对应数组元素 y[j-1]）。应用动态规划求解最长公共子序列问题的算法描述如下。

Step 1：初始化边界条件，即置 p[i][0]=0 和 p[0][j]=0，i=0,1,⋯,m，j=0,1,⋯,n。

Step 2：对 i=1,2,…,m 且 j=1,2,…,n 的情况下，进行如下处理。

根据式（10-12）计算长度为 i 的序列 X 和长度为 j 的序列 Y 的最长公共子序列的长度，记录于 p[i][j]，并根据该长度的计算方式确定最长公共子序列最后一个元素的选择方法，记录于 s[i][j]。

Step 3：返回数组 p 和 s。

在计算结束后，标记数组 s 记录了在不同规模的问题中最长公共子序列最后一个元素的选择方式，因此需要从最后一个元素开始，逐步向前回溯才能获取完整的最长公共子序列。设 Z_k 是 X_i 和 Y_j 的最长公共子序列，s[i][j]记录了 Z_k 中最后一个元素 z_k 的选择，包括如下三种情况。

① s[i][j]=1，即 $z_k=x_i$。但由于 z_k 是最后一个元素，需要先得到 z_k 之前的元素，即获取序列 X_{i-1} 和 Y_{j-1} 的最长公共子序列，然后取 x_i 作为 z_k 构成完整的序列。这样，获取 X_i 和 Y_j 的最长公共子序列的问题被转化为获取 X_{i-1} 和 Y_{j-1} 的最长公共子序列的问题。

② s[i][j]=2，即 $z_k \neq x_i$。此时，Z_k 是 X_{i-1} 和 Y_j 的最长公共子序列。这样，获取 X_i 和 Y_j 的最长公共子序列的问题被转化为获取 X_{i-1} 和 Y_j 的最长公共子序列的问题。

③ s[i][j]=3，即 $z_k \neq y_j$。此时，Z_k 是 X_i 和 Y_{j-1} 的最长公共子序列。这样，获取 X_i 和 Y_j 的最长公共子序列的问题被转化为获取 X_i 和 Y_{j-1} 的最长公共子序列的问题。

在规模较小的序列中获取最长公共子序列的方法与上述相同，可以继续转化为规模更小的子问题。不断重复这一过程，直到某个序列的长度为 0，表明已无公共元素，问题转化结束。上述问题符合使用递归的条件，可以用递归实现获取最长公共子序列的过程。

根据标记数组 s 获取长度为 i 的序列 $X=\langle x_1,x_2,\cdots,x_i\rangle$和长度为 j 的序列 $Y=\langle y_1,y_2,\cdots,y_j\rangle$的最长公共子序列，算法描述如下（以输出最长公共子序列为例）。

Step 1：若序列长度为 0，即 i==0 或 j==0，则已无公共元素，无须任何处理，直接返回；否则，继续向下执行。

Step 2：根据 s[i][j]的取值，分为如下三种情况进行处理。

① s[i][j]==1，先根据标记数组 s 输出长度为 i-1 的序列 X 和长度为 j-1 的序列 Y 的最长公共子序列，然后输出 x[i-1]。

② s[i][j]==2，根据标记数组 s 输出长度为 i-1 的序列 X 和长度为 j 的序列 Y 的最长公共子序列。

③ s[i][j]==3，根据标记数组 s 输出长度为 i 的序列 X 和长度为 j-1 的序列 Y 的最长公共子序列。

【算法实现】

```
void LCS(string x, string y, int **p, int **s)   {          //应用动态规划求解最长公共子序列问题
    int m = x.length();   int n = y.length();               //m 表示序列 X 的长度，n 表示序列 Y 的长度
    for(int i = 0; i <= m; i++)   p[i][0] = 0;              //初始化边界条件
    for(int i = 0; i <= n; i++)   p[0][i] = 0;              //初始化边界条件
    for(int i =1 ; i <= m; i++)   {                         //序列 X 的长度为 1~m
        for(int j = 1; j <= n; j++)   {                     //序列 Y 的长度为 1~n
            if(x[i - 1] == y[j - 1])   {                    //序列 X 和 Y 的最后一个元素相同
                p[i][j] = p[i - 1][j - 1] + 1;              //根据式（10-12）计算最长公共子序列的长度
                s[i][j] = 1;                                //最长公共子序列最后一个元素取 x[i-1]
            }
            else if (p[i - 1][j] > p[i][j - 1])   { //序列 X 和 Y 的最后一个元素不相同，比较子问题的最优值
                p[i][j] = p[i - 1][j];                      //根据式（10-12）取子问题的最大值
```

```
                s[i][j] = 2;                        //最长公共子序列最后一个元素不取 x[i-1]
            }
            else {
                p[i][j] = p[i][j-1];                //根据式（10-12）取子问题的最大值
                s[i][j] = 3;                        //最长公共子序列最后一个元素不取 y[j-1]
            }
        }
    }
}
//回溯函数，根据标记数组 s 输出最长公共子序列的元素
void Traceback(string x, int **s, int i, int j)  {
    if(i == 0 || j == 0)   return;                  //已回溯到某个序列长度为 0 的情况，无公共元素
    if(s[i][j] == 1) {                              //选择了 x[i-1]作为最长公共子序列的最后一个元素
        Traceback(x, s, i - 1, j - 1);              //输出长度为 i-1 的序列 X 和长度为 j-1 的序列 Y 的最长公共子序列
        cout << x[i - 1];                           //再输出最后一个元素
    }
    else if (s[i][j] == 2)                          //未选择 x[i-1]作为最后一个元素
        Traceback(x, s, i - 1, j);                  //输出长度为 i-1 的序列 X 和长度为 j 的序列 Y 的最长公共子序列
    else                                            //未选择 y[j-1]作为最后一个元素
        Traceback(x, s, i, j - 1);                  //输出长度为 i 的序列 X 和长度为 j-1 的序列 Y 的最长公共子序列
}
```

【算法分析】

算法 LCS 的工作量取决于 i（1~n）、j（1~m）控制的二重 for 循环，其时间复杂度 $T(n) = O(mn)$，为多项式时间的算法。

【一个简单实例的计算过程】

例如，寻找序列 $X=<A,C,B,C,A,D,B>$和 $Y=<C,A,B,D,A,D>$的最长公共子序列。

本例的动态规划数组 p 如图 10-8（a）所示，标记数组 s 如图 10-8（b）所示。首先，初始化边界条件 p[0][0]~p[7][0]和 p[0][0]~p[0][6]，即给定某个序列长度为 0 时的最长公共子序列的长度。其次，计算 p[1][1]~p[1][6]，即长度为 1 的序列 X_1 和长度为 j 的序列 Y_j（j=1,2,…,6）的最长公共子序列的长度，这些序列最后一个元素的选择方式被记录于 s[1][1]~s[1][6]。再次，计算 p[2][1]~p[2][6]，即长度为 2 的序列 X_2 和长度为 j 的序列 Y_j（j=1,2,…,6）的最长公共子序列的长度，这些序列最后一个元素的选择方式被记录于 s[2][1]~s[2][6]。以此类推，直到计算完毕 p[7][1]~p[7][6]，即长度为 7 的序列 X_7 和长度为 j 的序列 Y_j（j=1,2,…,6）的最长公共子序列的长度，这些序列最后一个元素的选择方式被记录于 s[7][1]~s[7][6]。

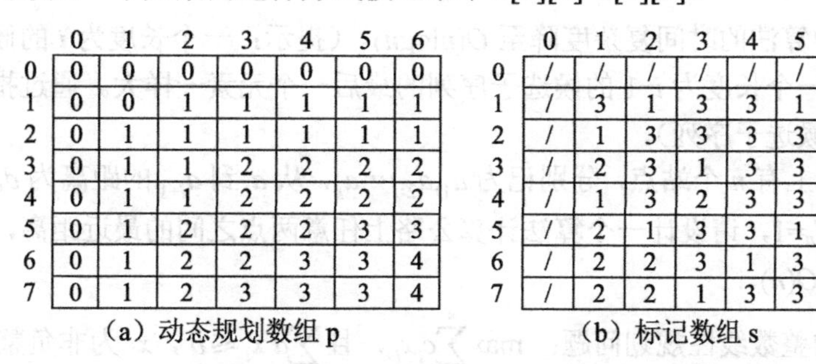

	0	1	2	3	4	5	6
0	0	0	0	0	0	0	0
1	0	0	1	1	1	1	1
2	0	1	1	1	1	1	1
3	0	1	1	2	2	2	2
4	0	1	1	2	2	2	2
5	0	1	2	2	2	3	3
6	0	1	2	2	3	3	4
7	0	1	2	3	3	3	4

（a）动态规划数组 p

	0	1	2	3	4	5	6
0	/	/	/	/	/	/	/
1	/	3	1	3	3	1	3
2	/	1	3	3	3	3	3
3	/	2	3	1	3	3	3
4	/	1	3	2	3	3	3
5	/	2	1	3	3	1	3
6	/	2	2	3	1	3	1
7	/	2	2	1	3	3	2

（b）标记数组 s

图 10-8　最长公共子序列问题的简单实例

上述例子在计算 p[3][3]时，由于 $x_3=y_3$，因此 p[3][3]=p[2][2]+1=1+1=2，s[3][3]=1；在计算 p[4][3]时，由于 $x_4\neq y_3$，因此 p[4][3]=max{p[3][3]，p[4][2]}=max{2,1}=2，s[4][3]=2；在计算 p[5][6]时，由于 $x_5\neq y_6$，因此 p[5][6]=max{p[4][6]，p[5][5]}=max{2,3}=3，s[5][6]=3。

在通过回溯获取最长公共子序列时，首先，由 s[7][6]=2 可知，X_7 和 Y_6 的最长公共子序列与 X_6 和 Y_6 的最长公共子序列相同，则继续获取 X_6 和 Y_6 的最长公共子序列；其次，由 s[6][6]=1 可知，X_6 和 Y_6 的最长公共子序列的最后一个元素是 x_6（元素 D），继续获取 X_5 和 Y_5 的最长公共子序列；再次，由 s[5][5]=1 可知，X_5 和 Y_5 的最长公共子序列的最后一个元素是 x_5（元素 A），继续获取 X_4 和 Y_4 的最长公共子序列。按照同样的方法继续向前回溯，由 s[4][4]=3->s[4][3]=2->s[3][3]=1->s[2][2]=3->s[2][1]=1->s[1][0]结束，依次确定了两个元素 x_3（元素 B）和 x_2（元素 C）。回溯结束后，得到 X 和 Y 的最长公共子序列是 <C,B,A,D>。

10.3 本章小结

动态规划通常用于求解组合优化问题。在这类问题中，可能会有许多满足变量约束条件的可行解，每个可行解对应一个函数值，我们希望找到具有最优函数值的最优解。动态规划与分治法类似，其基本思想也是将待求解的问题分解为若干同类型的子问题，由子问题的解得到原问题的解。与分治法不同的是，适用动态规划求解的问题经分解得到子问题往往不是互相独立的，即具有重叠子问题性质，以及具有最优子结构性质。在动态规划中，每个子问题仅被计算一次，一旦算出某个子问题的解，便将其存储，以备后续使用时可直接取出。这种做法在相同子问题数目关于输入的规模呈指数增长时特别有用，避免了大量重复的计算，往往可以得到多项式时间的算法。

习题十

1．给定由 n 个整数（可能有负数）组成的序列 $a_1,a_2,\cdots,a_n$，要求在这个序列中选取相邻的一段子序列 $a_i,a_{i+1},\cdots,a_j$（$1\leqslant i\leqslant j\leqslant n$），使子序列的和最大。当所有整数均是负整数时，定义最大字段的和为 0。

2．对由 n 个实数组成的序列，请设计一个时间复杂度为 $O(n^2)$的算法，找出该序列的最长单调递增子序列。

3．将习题 2 中算法的时间复杂度降至 $O(n\log n)$。（提示：一个长度为 i 的候选子序列的最后一个元素至少与一个长度为 i-1 的候选子序列的最后一个元素一样大。通过指向输入序列中元素的指针来维持候选子序列）。

4．某环形公路上有 n 个站点，分别记为 $a_1,a_2,\cdots,a_n$，从 a_i 到 a_{i+1} 的距离为 d_i，从 a_n 到 a_0 的距离为 d_0，设 $d_0=d_n=1$，请设计一个算法计算公路上任意两点之间的最近距离，并要求算法的空间复杂度不超过 $O(n)$。

5．考虑下面的整数线性规划问题：$\max\sum_{i=1}^{n}c_ix_i$，且 $\sum_{i=1}^{n}a_ix_i\leqslant b$，$x_i$ 为非负整数，$1\leqslant i\leqslant n$，试设计一个算法求解此问题。

6．Ackerman 函数 $A(m,n)$可定义如下，请设计一个计算 $A(m,n)$的算法，且空间复杂度不超过 $O(m)$。

$$A(m,n)=\begin{cases} n+1 & m=0 \\ A(m-1,1) & m>0,\ n=0 \\ A(m-1,A(m,n-1)) & m>0,\ n>0 \end{cases}$$

7．在一条呈直线的公路两旁有 n 个位置 $a_1,a_2,\cdots,a_n$ 可以开商店，在位置 a_i 开商店的预期收益是 p_i，i=1,2,…,n。如果要求任意两个商店之间的距离至少为 $d$km，如何选择开设商店的位置能够使得总收益最大呢？

8．将 0-1 背包问题进行扩展。给定 n 种物品和一个背包，物品 i 价值为 v_i，质量为 w_i，体积为 b_i，装入背包的质量限制为 c，体积限制为 d。在选择装入背包的物品时，对每种物品只有两种选择：装入背包或不装入背包。每种物品既不能多次装入背包，又不能只装入部分。请问应如何选择装入背包的物品，使得装入物品后背包的物品价值最大呢？

道格拉斯·恩格尔巴特（Douglas C. Engelbart，1925—2013），在 1948 年俄勒冈州立大学取得学士学位，在 1956 年加州大学伯克利分校取得电气工程/计算机博士学位。完成学业以后，他进入了著名的斯坦福研究院，也就是今天的斯坦福国际咨询研究所（SRI International）工作。他发明了计算机鼠标，开发了超文本、网络计算机和图形用户界面的前身，被称为“鼠标之父”，但他没有通过发明鼠标获得过任何版权收益。他还致力于倡导运用计算机和网络来协同解决世界上日益增长的紧急而又复杂的问题。他在 1997 年获得了麻省理工学院颁发的莱梅尔逊奖，也获得了 1997 年度图灵奖，在 2000 年还获得了美国国家科技创新奖章。

第 11 章　贪心法

中国的语言文化是中国文化中一颗璀璨的明珠，凝聚了中华民族上下五千年的文明和智慧。伴随着我国经济的高速增长及全球化合作的不断发展，中文已经成为面向全世界的开放性语言，截至 2020 年年底，全球共有 180 多个国家和地区开展中文教育，70 多个国家将学习中文纳入国民教育体系，外国正在学习中文的人数超过 2000 万。中国的语言文化博大精深，一个字或词在不同的组合或语境之下表达的意思和情绪可能截然不同，这是中文难学的主要原因之一。以“贪心”一词为例，自 2012 年党的十八大以来，中央反腐败斗争无禁区、零容忍，落马的官员对权力和金钱都是贪心的，这里的“贪心”是贬义词，这种“贪心”是被禁止的；但若用“贪心”描述对知识的渴求和对真理的向往，则这样的“贪心”是值得鼓励和推崇的。在算法设计方法中，有一种称为“贪心”的算法设计策略，是求解最优化问题（特别是 NP 难的组合优化问题）的常见方法之一。这种算法设计策略的思想是唯一的，不具备二义性，应用贪心策略设计的算法在大多数情况下易于实现且非常高效，能够得到很多问题的最优解。在某些情况下，即使贪心法无法得到问题的全局最优解，其最终结果也是全局最优解的很好的近似。

本章内容：

（1）贪心法的基本思想、适用条件、设计步骤等。
（2）贪心法的应用实例。

11.1　贪心法概述

11.1.1　贪心法的基本思想

6.4.1 节介绍了在连通网中构造最小生成树的普里姆算法和克鲁斯卡尔算法，它们都是使用贪心策略设计的算法。下面通过回顾克鲁斯卡尔算法来介绍贪心法的基本思想。

设连通网 $N=(V,E)$，所求最小生成树 TN=(V,TE)。克鲁斯卡尔算法求解最小生成树的方法：先将连通网 N 中的每个顶点作为一个独立的连通分量，形成一个包含 N 的所有顶点但没有边的初始生成树 TN；然后从连通网 N 的边集 E 中选择权值最小的边，若该边的两个顶点分别位于 TN 的两个不同的连通分量上，则表明通过该边可以将两个连通分量利用最小的代价合并为一个连通分量，将该边加入 TE，否则舍弃该边；依次类推，直到 TN 中的所有顶点位于一个连通分量上。

在选择构成最小生成树的边时，克鲁斯卡尔算法每次都在边集 E 中选择权值最小的能够连通两个连通分量的边加入生成树 TN，使得生成树中所有边的当前权值之和最小，而不考虑这样得到的生成树最终能否满足最小生成树的条件，即克鲁斯卡尔算法总基于当前情况做出看起来最好的选择，这就是所谓的贪心选择。

贪心法是指在求解问题的过程中总通过做出当前看起来最好的选择（**贪心选择**）来求解问题的一种方法。贪心法不从问题的全局最优进行考虑，它所做出的每次选择都是某种意义上的局部最优选择。因此，贪心法不能对所有问题都得到全局最优解。但对许多问题而言，贪心法能够产生全局最优解，如最小生成树问题、单源点最短路径问题和哈夫曼编码等。

利用克鲁斯卡尔算法求解最小生成树的过程也体现了贪心法求解问题的一般过程。在 6.4.1 节中，对于如图 6-19（a）所示的连通网，图 6-21 给出了使用克鲁斯卡尔算法求解最小生成树的过程。设 TE=$\{e_1,e_2,e_3,e_4,e_5\}$，表示最小生成树的边集。在初始情况下，TE=∅。图 6-21 给出的求解过程可以被看作 5 个阶段，在每个阶段，克鲁斯卡尔算法依据“在边集 E 中选择权值最小的能够连通两个连通分量的边”这一准则确定一条边，即确定 TE 中的一个分量。通过 5 个阶段确定 TE 的 5 个分量。并且，每确定一条边就把问题转化为规模更小的子问题。首先，把开始时寻找最小生成树的 5 条边转化为寻找最小生成树的 4 条边；其次，转化为寻找最小生成树的 3 条边；再次，转化为寻找最小生成树的 2 条边；最后，转化为寻找最小生成树的 1 条边，使问题的规模越来越小，直到解决整个问题。对于如图 6-19（a）所示的连通网，使用克鲁斯卡尔算法得到最小生成树的边集 TE=$\{e_1,e_2,e_3,e_4,e_5\}$，其中，$e_1=(A,E)$，$e_2=(E,C)$，$e_3=(A,B)$，$e_4=(D,F)$，$e_5=(B,F)$。

由此，应用贪心法求解问题的一般过程可以概括如下。贪心法将整个问题的求解过程划分为 k 个阶段，从问题的某个初始解出发，每个阶段依据一定的准则决策产生 k 元组解$(x_1,x_2,\cdots,x_k)$的一个分量，逐步构造出整个问题的最优解。贪心法在每个阶段作为决策依据的准则称为**贪心准则**。每次贪心选择都将问题转化为规模更小的子问题，并期望通过每次做出的局部最优选择产生一个全局最优解。

由于贪心法不一定能找到问题的全局最优解，因此对于寻找全局最优解的问题，若采用贪心法设计算法，则需要证明该算法（贪心算法）的正确性。

11.1.2　贪心法的适用条件

能够使用贪心法求解的最优化问题通常具备两个性质：贪心选择性质和最优子结构性质。因此，证明贪心算法的正确性只需从这两方面着手。

1．贪心选择性质

贪心选择性质是指问题的全局最优解可以通过一系列局部最优选择（贪心选择）来得到。贪心法基于当前情况先做出最好的选择，即局部最优选择，然后对做出这个选择后产生的子问题求解。贪心选择性质是贪心算法可行的第一个要素，也是贪心算法与动态规划算法的主要区别。一个问题能否使用贪心法求解，必须确定它是否具有贪心选择性质，即确定由每个阶段做出的贪心选择最终是否能够产生问题的全局最优解。

例如，最小生成树问题就具有贪心选择性质，通过每次选择权值最小的能够连通两个连通分量的边加入生成树这一贪心选择，最终能够获得连通网的最小生成树。

2．最优子结构性质

最优子结构性质是指一个问题的最优解包含其子问题的最优解。最优子结构性质是一个问题可以使用贪心算法或动态规划算法求解的关键特征。

例如，在求解如图 6-19（a）所示的连通网的最小生成树问题中，原问题是寻找由 5 条边连接 6 个独立的连通分量构成一棵最小生成树。当确定了最小生成树的第一条边(*A*,*E*)将由顶点 *A* 和 *E* 构成一个连通分量之后，原问题被转化为寻找由 4 条边连接 5 个连通分量构成一棵最小生成树的子问题，这个子问题的最优解为由边(*E*,*C*)、(*A*,*B*)、(*D*,*F*)和(*B*,*F*)构成的最小生成树，被包含在原问题的最优解之中，因此求解最小生成树问题具有最优子结构性质。

11.1.3 贪心法和动态规划的区别

贪心法和动态规划具有一些相似之处，它们都可以用于求解组合优化问题，并且都要求问题具有最优子结构性质，但两者之间仍然存在重大区别。贪心法和动态规划的区别主要在于如下 3 方面。

（1）贪心法能够解决的问题必须具有贪心选择性质，动态规划没有这个要求。

（2）在求解过程中，贪心法基于贪心准则确定每个阶段的决策，将当前问题转化为一个规模更小的子问题，不同阶段的子问题的解之间不存在依赖关系；动态规划基于优化函数最优值的递推方程计算当前问题的解，规模较大的子问题的解取决于规模较小的子问题的解。

（3）贪心法的求解过程通常是自顶向下的，问题的规模不断减小，直至求解出规模最小的子问题，每个子问题的解构成整个问题的解。动态规划的求解过程通常是自底向上的，即从最小子问题开始求解，直至计算出整个问题的解。

11.1.4 贪心法设计算法的步骤

面向一个具体的问题，应用贪心法设计算法通常包括如下 3 个步骤。

（1）**分解**：通过分析将原始问题自顶向下分解为若干子问题，把问题的求解过程划分为若干阶段，每个阶段对应一个子问题。

（2）**求解**：设计贪心准则，根据贪心准则逐阶段求解问题当前状态下的局部最优解。

（3）**合并**：把每个阶段的局部最优解合并成原始问题的一个解。

在设计算法的过程中有如下两个关键问题。①贪心准则：贪心准则是决策的依据，只有贪心准则正确才能通过子问题的局部最优解得到整个问题的全局最优解。②算法的正确性证明，即证明根据贪心准则设计的算法能够得到问题的全局最优解。

贪心法求解问题的算法框架如下，其中 SolutionType 表示问题的解向量 $x=(x_0,x_1,\cdots,x_{n-1})$ 的类型，SType 表示分量 x_i（$i=0,1,\cdots,n-1$）的类型。

```
SolutionType Greedy(SType a[], int n)   {        //a 表示问题的输入，n 表示问题的规模
    SolutionType x = {};                         //初始化解向量
    for(int i =0; i < n; i++)   {                //n 个阶段的求解过程
        SType xi = Select(a);                    //根据贪心准则做出当前阶段的决策
        if(Feasiable(xi))                        //判断当前决策是否可行
            x = Union(x, xi);                    //可行，将当前解 xi 与解向量合并
    }
    return x;                                    //返回问题的最优解
}
```

11.1.5 贪心算法的正确性证明

对贪心算法开展正确性证明的目的是证明采用贪心选择能够得到问题的最优解，证明过程通常包含如下三个步骤。

（1）**证明问题具有贪心选择性质**。证明方法：构造问题的一个最优解，对该解进行修正，使其第一个阶段的决策成为一个贪心选择，从而证明总是能够找到一个以贪心选择开始的最优解。

（2）**证明问题具有最优子结构性质**。用反证法证明：构造问题的一个最优解，假设其中包含的子问题的解并非最优，推出通过子问题的最优解能够得到比问题原本的最优解更优的一个解，与前提产生矛盾，表明假设不成立，从而证明问题的最优解包含其子问题的最优解。

（3）**对贪心选择次数用数学归纳法进行归纳**，即证明通过每个阶段的贪心选择，最终可以得到问题的全局最优解。

贪心算法正确性证明的逻辑如图 11-1 所示。贪心选择性质的证明表明问题的最优解可以从贪心选择开始，通过贪心选择确定了问题在第一阶段的解之后，把问题转化为规模更小的子问题；最优子结构性质的证明表明只要找到子问题的最优解，加上第一阶段使用贪心选择确定的解就是整个问题的最优解；子问题的最优解仍可以使用贪心选择确定该子问题在第一阶段的解，从而把子问题转化为规模更小的子问题；结合问题的最优子结构性质，只要找到规模更小的子问题的最优解即可；依次类推。最后，结合数学归纳法对贪心选择次数的归纳，即可证明贪心算法的正确性。

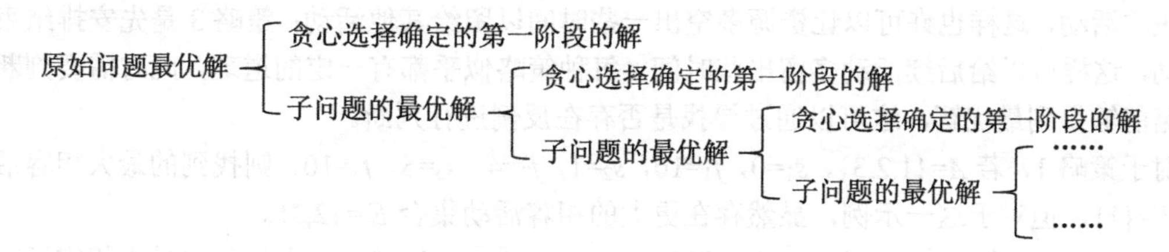

图 11-1 贪心算法正确性证明的逻辑

因此，贪心算法正确性证明的关键在于证明问题具有贪心选择性质和最优子结构性质。后文在证明贪心算法的正确性时，着重阐述这两方面的证明过程。

11.2 贪心法的应用实例

11.2.1 活动安排问题

已知由 n 个活动组成的集合 $A=\{1,\cdots,n\}$，每个活动都需要使用同一个资源，该资源在任何时刻只能被一个活动占用。每个活动 i 都有一个开始时间 s_i 和结束时间 f_i，且 $s_i<f_i$。一旦开始执行某个活动，资源就被占用，一直持续到该活动执行完毕。若活动 i 和活动 j 满足 $s_i\geqslant f_j$ 或 $s_j\geqslant f_i$，则称活动 i 和活动 j 是相容的。现在要求寻找一个最优活动安排方案，使得被安排的活动数量达到最多，即求集合 A 的最大相容活动集合。

【问题分析】

（1）分解问题。

原问题是在 n 个活动中寻找一个最优安排，使得被安排的活动数量最多。如果能够依据某个准则确定应当安排的第 1 个活动，那么原问题就转化为在剩下的 $n-1$ 个活动中寻找一个最优安排使得被安排的活动数量最多这一规模减小的子问题。同样地，若能依据某一准则确定应当安排的第 2 个活动，则第一个子问题可以继续转化为在剩下的 $n-2$ 个活动中寻找一个最优安排使得被安排的活动数量最多这一规模更小的子问题。不断重复这一过程，直到找不到可以安排的活动。

因此，原问题可以自顶向下地分解为若干个子问题，把问题的求解过程划分为若干阶段，每个阶段对应一个子问题，决策一个活动的安排，所有子问题的解就构成了整个问题的最优解。

（2）设计贪心准则。

问题的决策策略往往并不唯一，但其能否作为贪心准则需要仔细分析。对于活动安排问题，有如下三种不同的策略可以从当前的活动集合中选择一个活动。

策略 1：先把活动按照开始时间由小到大排序，使得 $s_1 \leqslant s_2 \leqslant \cdots \leqslant s_n$；然后从前往后选择活动，只要当前活动与前一个被选择的活动不冲突，就选择该活动。

策略 2：先把活动按照占用资源的时间长短由小到大排序，使得 $f_1-s_1 \leqslant f_2-s_2 \leqslant \cdots \leqslant f_n-s_n$；然后从前往后选择活动，只要当前活动与前一个被选择的活动不冲突，就选择该活动。

策略 3：先把活动按照结束时间由小到大排序，使得 $f_1 \leqslant f_2 \leqslant \cdots \leqslant f_n$；然后从前往后选择活动，只要当前活动与前一个被选择的活动不冲突，就选择该活动。

策略 1 是让活动尽可能早地开始，这样也许能多安排一些活动；策略 2 是先安排占用资源时间短的活动，这样也许可以让资源多空出一些时间以留给其他活动；策略 3 是先安排结束早的活动，这样可以给后续活动多留出些时间。每种策略似乎都有一定的道理，此时需要判断哪种策略能够得到最优解，这可以通过寻找是否存在反例进行判断。

对于策略 1，若 $A=\{1,2,3\}$，$s_1=0$，$f_1=10$，$s_2=1$，$f_2=4$，$s_3=5$，$f_3=10$，则找到的最大相容活动集合 $E=\{1\}$。但对于这一示例，显然存在更大的相容活动集合 $E'=\{2,3\}$。

对于策略 2，若 $A=\{1,2,3\}$，$s_1=0$，$f_1=5$，$s_2=4$，$f_2=6$，$s_3=5$，$f_3=9$，则找到的最大相容活动集合 $E=\{2\}$。但对于这一示例，显然有更大的相容活动集合 $E'=\{1,3\}$。

由此可知，对于策略 1 和策略 2 都能找到反例，表明根据这两个策略无法找到问题的最优解。但策略 3 不存在反例，所以策略 3 是一个正确的策略，可以作为贪心准则。有关正确性的证明请见后文。

【算法描述】

用一维结构体数组 A 存放 n 个活动，其中 A[i]表示第 i（1≤i≤n）个活动，A[i].no 记录第 i 个活动的编号，A[i].s 记录第 i 个活动的开始时间，A[i].f 记录第 i 个活动的结束时间；一维数组 E 作为标记数组记录选择的活动，其中 E[i]记录活动 A[i]的选择情况；pre 记录前一个被选择的活动的结束时间。应用贪心法求解活动安排问题的算法描述如下。

Step 1：按活动的结束时间对 A 中的活动递增排序。

Step 2：初始化标记数组 E 的元素为 false，表示活动均未被选择，初始化 pre=0。

Step 3：对 i=1,2,⋯,n，判断活动 A[i]与前一个被选择的活动是否相容，即判断是否满足 A[i].s>=pre，若满足，则选择 A[i]作为可以安排的活动，置 E[i]=true，pre=A[i].f。

Step 4：返回标记数组 E。

【算法实现】

```
struct Activity {                                    //活动的类型
    int no;                                          //活动的编号
    int s, f;                                        //活动的开始时间和结束时间
    bool operator<(const Activity &b) const          //重载小于运算符用于按活动的结束时间递增排序
    { return f < b.f; }
};
void ActivitySelect(Activity *A, int n, bool *E) {  //应用贪心法求解活动安排问题
    sort(A + 1, A + n + 1);                          //不使用 A[0]，对 A[1...n]按活动的结束时间递增排序
    for(int i = 1; i <= n; i++)   E[i] = false;      //初始化标记数组
    //pre 记录前一个被选择的活动的结束时间，初始化为 0
    int pre = 0;
    for(int i = 1; i <= n; i++)   {                  //考察第 1~n 个活动
        if(A[i].s >= pre)   {                        //活动 A[i]与前一个被选择的活动相容
            E[i] = true;                             //选择活动 A[i]
            pre = A[i].f;                            //更新 pre 为当前选择的活动的结束时间
        }
    }
}
```

【算法分析】

上述算法的时间主要花费在排序上，排序使用了 C++函数 sort，该函数的时间复杂度为 $O(n\log n)$，所以整个算法的时间复杂度为 $O(n\log n)$。

【一个简单实例的求解过程】

例如，对于如图 11-2（a）所示的已经按照活动结束时间递增排序的 11 个活动，产生最大相容活动集合的过程如图 11-2（b）所示，得到的最优活动安排是编号为 9 的活动->编号为 1 的活动->编号为 6 的活动->编号为 11 的活动。

序号 *i*	1	2	3	4	5	6	7	8	9	10	11
编号	9	1	4	7	3	6	8	2	11	10	5
开始时间	1	3	0	2	2	5	6	8	10	8	4
结束时间	3	5	6	7	8	9	9	12	13	15	16

（a）按照活动结束时间递增排序的 11 个活动

序号 *i*	A[*i*].s	E[*i*]	pre	序号 *i*	A[*i*].s	E[*i*]	pre
1	1	true	3	8	8	false	9
2	3	true	5	9	10	true	13
3	0	false	5	10	8	false	13
4	2	false	5	11	4	false	13
5	2	false	5				
6	5	true	9				
7	6	false	9				

（b）产生最大相容活动集合的过程

图 11-2 活动安排问题实例

【算法的正确性证明】

设 n 个活动已经按照结束时间递增排序，活动 i（i=1,2,…,n）表示有序活动序列中序号为 i 的活动。证明上述算法的正确性就是要证明：若 X 是活动安排问题 A 的最优解，则 $X=X'\cup\{1\}$，且 X'是活动安排问题 $A'=\{i\in A \mid f_i\geqslant f_1,\ i=2,3,\cdots,n\}$的最优解，即证明问题具有贪心选择性质和最优子结构性质。

（1）证明贪心选择性质。

证明总存在一个以活动 1 开始的最优解。设在活动安排问题 A 的最优解 X 中，第一个选中的活动为 k（$k\neq1$）。用活动 1 代替 X 中的活动 k 构造另一个解 Y，由于 $f_1\leqslant f_k$，因此 Y 中的活动

也相容，且 Y 与 X 的活动数相同，表明 Y 也是最优的，即总存在一个以活动 1 开始的最优解。

（2）证明最优子结构性质。

在做出对活动 1 的贪心选择后，原问题转化为在活动 2、活动 3、…、活动 n 中寻找与活动 1 相容的活动的子问题。证明最优子结构性质就是要证明：若 X 为原问题 A 的一个最优解，则 $X'=X-\{1\}$ 是活动选择问题 $A'=\{i\in A \mid f_i\geqslant f_1,\ i=2,3,\cdots,n\}$ 的最优解。

用反证法证明：假设能找到 A' 的一个比 X' 包含更多活动的解 Y'，则将活动 1 加入 Y' 后就得到 A 的一个比 X 包含更多活动的解 Y，与 X 是最优解的前提矛盾，因此假设不成立，表明每次做出的贪心选择都将问题转化为一个更小的与原问题具有相同形式的子问题，满足最优子结构性质。

对贪心选择次数用数学归纳法进行归纳，即可证明上述贪心算法最终能够产生问题的最优解。

11.2.2 最优装载问题

有编号为 $1,2,\cdots,n$ 的 n 个集装箱要装入一艘轮船，集装箱 i 质量为 w_i；轮船装载质量限制为 c，但无体积限制。请确定一个装载方案将尽可能多的集装箱装入轮船。最优装载问题的目标函数可以表示为

$$\max\sum_{i=1}^{n}x_i \tag{11-1}$$

约束条件为

$$\sum_{i=1}^{n}w_ix_i\leqslant c,\quad x_i\in\{0,1\},i=1,2,\cdots,n$$

式中，$x_i=0$ 表示第 i 个集装箱不装入轮船；$x_i=1$ 表示第 i 个集装箱装入轮船。

【问题分析】

（1）划分子问题。

原问题是在 n 个集装箱中寻找一个最优装载方案，使得在不超过轮船装载质量限制的情况下，被装入轮船的集装箱数量最多。如果能够依据某一准则确定装入轮船的第 1 个集装箱，那么原问题就能够被转化为在剩下的 $n-1$ 个集装箱中寻找一个最优装载方案这一规模更小的子问题。同样地，如果继续能依据这一准则确定装入轮船的第 2 个集装箱，那么子问题可以继续转化为规模更小的子问题。不断重复这一过程，直到找不到可以装入轮船的集装箱。

因此，原问题可以自顶向下地分解为若干子问题，把问题的求解过程划分为若干阶段，每个阶段对应一个子问题，确定一个集装箱的装载情况，所有子问题的解就构成了整个问题的最优解。

（2）设计贪心准则。

在最优装载问题中，轮船没有体积限制，只有装载质量限制。在这种情况下，要使装载的集装箱数量尽可能多，先装载的集装箱质量应尽可能小，这样才能留出更大的装载容量来装入更多集装箱，因此最优装载问题的贪心准则是优先选择质量轻的集装箱装入轮船。

【算法描述】

用一维结构体数组 A 记录集装箱信息，其中，A[i]表示第 i 个集装箱，A[i].no 表示集装箱编号，A[i].w 表示集装箱质量（1≤i≤n）；标记数组 x 记录对集装箱的决策，其中，x[i]记录对第 i

个集装箱的决策；total 记录装载的总质量。应用贪心法求解最优装载问题的算法描述如下。

Step 1：将集装箱按照质量递增排序。

Step 2：初始化标记数组 x 和装载质量 total。

Step 3：对于 i=1,2,…,n，若 total+A[i].w 不超过轮船的装载质量限制，则将第 i 个集装箱装入轮船，更新 x[i]和 total。

Step 4：返回 x 和 total。

【算法实现】

```
struct Container    {                                  //集装箱类型
    int no;                                            //集装箱编号
    int w;                                             //集装箱质量
    bool operator<(const Container &s) const           //重载小于运算符，用于按质量递增排序
    {   return w < s.w;   }
};
int Load(Container *A, int n, int *x, int c)    {      //应用贪心法求解最优装载问题
    int total = 0;                                     //装载质量
    sort(A + 1, A + n + 1);                            //不使用 A[0]，对 A[1...n]按照质量递增排序
    for(int i = 1; i <= n; i++)    x[i] = 0;           //初始化标记数组，0 表示不装载
    //依次考察第 1~n 个集装箱，直到考察结束或轮船剩余载重无法容纳集装箱 i
    for(int i = 1; i <= n && total + A[i].w <= c; i++)    {
        x[i] = 1;                                      //装载集装箱 i，1 表示装载
        total += A[i].w;                               //累加已装载的集装箱总质量
    }
    return total;                                      //返回已装载的集装箱总质量
}
```

【算法分析】

上述算法的时间主要花费在排序上，函数 sort 的时间复杂度为 $O(n\log n)$，所以整个算法的时间复杂度为 $O(n\log n)$。

【算法的正确性证明】

设 n 个集装箱已经按照质量递增排序，集装箱 i（i=1,2,…,n）表示有序集装箱序列中序号为 i 的集装箱；$X=(x_1,x_2,\cdots,x_n)$是最优装载问题的一个最优解。下面证明问题具有贪心选择性质和最优子结构性质。

（1）证明贪心选择性质。

设 $k=\min\{i \mid x_i=1\}$且 $k\neq1$ 为最优解 X 中第 1 个被装入轮船的集装箱的序号，现在要证明：将 k 替换为 1，即用质量最轻的集装箱 1 替换集装箱 k，得到的解仍是原问题的一个最优解。

构造一个解 $Y=(y_1,y_2,\cdots,y_n)$，其中 $y_1=1$，$y_k=0$，$y_i=x_i$（$1<i\leqslant n$ 且 $i\neq k$），则：

$$\sum_{i=1}^{n}w_i y_i=\sum_{i=1}^{n}w_i x_i-w_k+w_1\leqslant\sum_{i=1}^{n}w_i x_i\leqslant c$$

因此，Y 是满足变量约束条件的一个可行解。并且 $\sum_{i=1}^{n}y_i=\sum_{i=1}^{n}x_i$，即 Y 对应的集装箱数目与 X 相同，因此 Y 也是一个最优解，表明对于最优装载问题，总是能够找到一个以贪心选择开始的最优解。

（2）证明最优子结构性质。

在做出对集装箱 1 的贪心选择后，原问题就变成了在集装箱 2,…,n 中寻找装载质量不超过 $c-w_1$ 的最优装载子问题。证明最优子结构性质就是要证明：若 X 为原问题的一个最优解，则

$X'=X-\{1\}$是装载质量不超过 $c-w_1$ 的装载问题的一个最优解。

用反证法证明：假设对子问题能够找到一个方案 Y'，装载的集装箱数量比 X'多，且装载质量不超过 $c-w_1$ 的限制，则将集装箱 1 加入 Y'后就得到原问题的一个比 X 装载更多集装箱的方案 Y，与 X 是最优解的前提相矛盾，因此假设不成立，表明每次做出的贪心选择都将问题简化为一个更小的与原问题具有相同形式的子问题，满足最优子结构性质。

对贪心选择次数用数学归纳法即可证明上述贪心算法最终能够产生问题的最优解。

11.2.3 背包问题

有编号为 $1,2,\cdots,n$ 的 n 种物品和一个背包，物品 i 质量为 w_i，价值为 v_i，背包容量为 c。在选择装入背包的物品时，对物品可以取一部分装入，但每种物品最多只能装入 1 个。应当如何选择物品，以使装入物品后的背包价值最大呢？

设 x_i（$i=1,2,\cdots,n$）表示装入背包的第 i 种物品数量，则背包问题的目标函数可以表示为

$$\max\sum_{i=1}^{n}v_i x_i \tag{11-2}$$

约束条件为 $\sum_{i=1}^{n}w_i x_i \leqslant c$，$0\leqslant x_i\leqslant 1$（$i=1,2,\cdots,n$）。

【问题分析】

（1）划分子问题。

原问题是在 n 种物品中寻找一个最优选择方案，使得在不超过背包容量的情况下，装入物品后的背包价值达到最大。如果能够依据某一准则确定装入背包的第 1 种物品，那么原问题就被转化为在剩下的 $n-1$ 种物品中寻找一个最优选择方案这一规模更小的子问题。同样地，如果能继续依据这一准则确定装入背包的第 2 种物品，那么子问题可以转化为规模更小的子问题。不断重复这一过程，直到找不到可以装入背包的物品。

因此，原问题可以自顶向下分解为若干子问题，把问题的求解过程划分为若干阶段，每个阶段对应一个子问题，做出一种物品是否装入背包的决策，所有子问题的解就构成了整个问题的最优解。

（2）设计贪心准则。

背包问题与 0-1 背包问题不同，由于一种物品可以取一部分装入背包，因此可以将整个背包装满。在这种情况下，能够装入背包的物品总质量就是背包容量 c。显然，为了使装入物品后的背包价值尽可能大，应使装入物品的单位质量价值尽可能大。所以，背包问题的贪心准则是优先选择单位质量价值大的物品，若该物品质量不超过背包剩余容量，则全部装入该物品；否则装入该物品的一部分使背包装满。

【算法描述】

用一维结构体数组 A 记录物品信息，其中 A[i]表示第 i 种物品，A[i].no 表示物品编号，A[i].w 表示物品质量，A[i].v 表示物品价值，A[i].p 表示物品单位质量价值（1≤i≤n）；一维数组 x 记录物品的装入数量，其中 x[i]记录第 i 种物品的装入数量；value 记录装入物品后的背包价值。应用贪心法求解背包问题的算法描述如下。

Step 1：将物品按照单位质量价值递减排序。

Step 2：初始化数组 x 和背包价值 value。

Step 3：对 i=1,2,…,n，若 A[i].w 不超过背包剩余容量，则第 i 种物品全部装入，更新 x[i]、value 和背包剩余容量；否则，装入部分第 i 种物品使背包装满，更新 x[i]和 value。

Step 4：返回 x 和 value。

【算法实现】

```
struct Item   {                                         //物品类型
    int no;                                             //物品编号
    double w;                                           //物品质量
    double v;                                           //物品价值
    double p;                                           //物品的单位质量价值
    bool operator<(const Item &s) const           //重载小于运算符，用于按照物品的单位质量价值递减排序
    {   return p > s.p;   }
};
double Knapsack(Item *A, int n, double c, double *x)   { //应用贪心法求解背包问题
    double value = 0;                                      //背包价值初始化为 0
    int i;
    sort(A + 1, A + n + 1);                     //不使用 A[0]，对 A[1...n]按照物品的单位质量价值递减排序
    for(i = 1; i <= n; i++)   x[i] = 0;         //初始化每种物品的装入数量为 0
    //依次考察第 1~n 种物品，直到考察结束或背包剩余容量无法容纳物品 i
    for(i = 1; i <= n && A[i].w < c; i++)   {
        x[i] = 1;                                       //物品 i 可以完全装入背包
        value += A[i].v;                                //累加物品 i 的价值
        c -= A[i].w;                                    //更新背包容量
    }
    if(i <= n)   {                                      //背包剩余容量大于 0，可以装入物品 i 的一部分
        x[i] = c / A[i].w;                              //计算物品 i 的装入数量
        value += x[i] * A[i].v;                         //累加物品 i 装入背包部分的价值
    }
    return value;                                       //返回装入物品后的背包价值
}
```

【算法分析】

由于上述算法的时间主要花费在排序上，函数 sort 的时间复杂度为 $O(n\log n)$，因此整个算法的时间复杂度为 $O(n\log n)$。

【一个简单实例的求解过程】

例如，已知一个容量 c=115 的背包和如图 11-3（a）所示的 6 种物品信息，图 11-3（b）是将物品按照单位质量价值递减排序后的结果。

编号（no）	1	2	3	4	5	6
质量（w）	10	20	30	40	50	60
价值（v）	15	40	90	30	60	150

（a）物品信息

序号（i）	1	2	3	4	5	6
编号（no）	3	6	2	1	5	4
质量（w）	30	60	20	10	50	40
价值（v）	90	150	40	15	60	30
单位质量价值（p）	3	2.5	2	1.5	1.2	0.75

（b）将物品按照单位质量价值递减排序后的结果

图 11-3　背包问题示例

设 $X=(x_1,x_2,x_3,x_4,x_5,x_6)$记录背包问题的最优解，value 记录背包的价值，则本例的求解过程如下。

（1）考察序号为 1 的物品，$w_1<c$，故 $x_1=1$，value=90，$c=c-w_1=85$。

（2）考察序号为 2 的物品，$w_2<c$，故 $x_2=1$，value=240，$c=c-w_2=25$。

（3）考察序号为 3 的物品，$w_3<c$，故 $x_3=1$，value=280，$c=c-w_3=5$。

（4）考察序号为 4 的物品，$w_4>c$，故 $x_4=c/w_4=0.5$，value=287.5，$c=c-w_4x_4=0$。

至此，背包剩余容量为 0，序号为 5 和 6 的两种物品都无法装入背包，故上述背包问题的最优解 $X=(1,1,1,0.5,0,0)$，即编号为 3、6 和 2 的物品全部装入背包，编号为 1 的物品有 1/2 装入背包，编号为 5 和 4 的物品无法装入背包。此时，背包的最大价值是 287.5。

可见，对于背包问题，在贪心法得到的解中，除最后一种装入的物品可能装入部分之外，其余物品要么完全装入，要么无法装入。

【算法的正确性证明】

对于背包问题，应用上述贪心算法得到的解具有一定的特殊性，即仅有最后一种装入的物品可能装入部分，其余物品要么装入 1 个，要么装入 0 个。利用这一特殊性，我们可以直接证明贪心算法得到的解能够让装入物品后的背包价值最大。

假设所有物品已经按照单位质量价值递减排序，形成一个有序的物品序列，在该序列中，物品序号为 $1,2,3,\cdots,n$。设 $X=(x_1,x_2,\cdots,x_n)$是应用贪心算法找到的一个解，现在要证明 X 是背包问题的最优解。

若所有 $x_i=1$（$i=1,2,\cdots,n$），则 X 显然是背包问题的最优解；否则，设 min 是满足 $x_i<1$ 的最小下标，根据贪心算法得到的解的特殊性可知：当 $i<\min$ 时，$x_i=1$，当 $i>\min$ 时，$x_i=0$。此时，$\sum_{i=1}^{n} w_i x_i = c$，装入物品后的背包价值为 $v(X)=\sum_{i=1}^{n} v_i x_i$。欲证明 X 在当前情况下是背包问题的最优解，只需证明不存在另一个能够使背包价值比 $v(X)$更大的可行解。

假设存在背包问题的另一个可行解 $Y=(y_1,y_2,\cdots,y_n)$，则其必然满足约束条件$\sum_{i=1}^{n} w_i y_i \leqslant c$，从而$\sum_{i=1}^{n} w_i(x_i-y_i)=\sum_{i=1}^{n} w_i x_i-\sum_{i=1}^{n} w_i y_i \geqslant 0$。设 Y 对应的背包价值为 $v(Y)=\sum_{i=1}^{n} v_i y_i$，可得 $v(X)-v(Y)=\sum_{i=1}^{n} v_i(x_i-y_i)=\sum_{i=1}^{n} w_i \frac{v_i}{w_i}(x_i-y_i)$。

当 $i<\min$ 时，由于 $x_i=1$，因此 $x_i-y_i\geqslant 0$，且 $v_i/w_i\geqslant v_{\min}/w_{\min}$。

当 $i>\min$ 时，由于 $x_i=0$，因此 $x_i-y_i\leqslant 0$，且 $v_i/w_i\leqslant v_{\min}/w_{\min}$。

当 $i=\min$ 时，$v_i/w_i=v_{\min}/w_{\min}$。

所以

$$
\begin{aligned}
v(X)-v(Y)&=\sum_{i=1}^{n} v_i(x_i-y_i)=\sum_{i=1}^{n} w_i \frac{v_i}{w_i}(x_i-y_i)\\
&=\sum_{i=1}^{\min-1} w_i \frac{v_i}{w_i}(x_i-y_i)+\sum_{i=\min}^{\min} w_i \frac{v_i}{w_i}(x_i-y_i)+\sum_{i=\min+1}^{n} w_i \frac{v_i}{w_i}(x_i-y_i)\\
&\geqslant \sum_{i=1}^{\min-1} w_i \frac{v_{\min}}{w_{\min}}(x_i-y_i)+\sum_{i=\min}^{\min} w_i \frac{v_{\min}}{w_{\min}}(x_i-y_i)+\sum_{i=\min+1}^{n} w_i \frac{v_{\min}}{w_{\min}}(x_i-y_i)\\
&=\frac{v_{\min}}{w_{\min}}\sum_{i=1}^{n} w_i(x_i-y_i)\geqslant 0
\end{aligned}
$$

即 $v(X) \geqslant v(Y)$，表明不存在另外的可行解能够形成比 $v(X)$ 更大的背包价值，所以应用贪心算法寻找到的解 X 是背包问题的最优解。

11.3 本章小结

贪心法在求解问题时，不从整体最优进行考虑，总是做出当前看来最好的选择，即做出某种意义上的局部最优选择。贪心法未必能够得到问题的最优解，可以应用贪心法求解的问题需要具有贪心选择性质和最优子结构性质。设计贪心算法的关键在于选择正确的贪心准则，并且需要证明贪心算法的正确性，即证明设计的贪心算法可以得到问题的最优解。

习题十一

1．在 0-1 背包问题中，当各物品按照质量递增排列时，其价值恰好递减排列。对这个特殊的 0-1 背包问题，请设计一个算法找出最优解。

2．给定数轴 X 上 n 个不同点的集合 $\{x_1,x_2,\cdots,x_n\}$，其中 $x_1<x_2<\cdots<x_n$。现在用若干长度为 1 的闭区间来覆盖这些点，请设计一个算法找到最少的区间数目和位置。

3．分别有若干枚 1 分、2 分、5 分、10 分、50 分和 100 分的硬币，现在要用这些硬币来支付 M 元，请设计一个算法找出使用最少枚硬币的支付方案。

4．有 n 个人需要同时乘船过河，其中第 i 个人的体重为 w_i（$1 \leqslant i \leqslant n$），每艘船的载重为 c 且最多同时容纳两个人乘坐。请设计一个算法求出需要船只的最少数目。

5．有 n 根木棒，已知它们的长度和质量。现用一部木工机一根根加工这些木棒，该机器在加工过程中需要一定的准备时间用于清洗机器、调整工具和模板。木工机需要的准备时间如下：①第 1 根木棒需要 1min 的准备时间；②在加工完一根长度为 l、质量为 w 的木棒之后，若接着加工的木棒的长度 $l' \geqslant l$ 且质量 $w' \geqslant w$，则无须任何准备时间，否则需要 1min 的准备时间。请设计一个算法求解使得木工机准备时间最少的木棒加工顺序。

6．有一个考察队到野外考察，在考察线路上有 n 个地点可以作为宿营地，从出发地点到这些宿营地的距离依次为 $d_1,d_2,\cdots,d_n$，且 $d_1<d_2<\cdots<d_n$。考察队每天只能前进 20km，且任意两个相邻的宿营地之间的距离都不超过 20km。若考察队在每个宿营地只能住 1 天，则请为考察队设计一个行动计划，使得总宿营天数达到最少。

7. 有 C 头奶牛进行日光浴，第 i 头奶牛需要的单位强度阳光为 minSPF[i] 到 maxSPF[i] 单位强度。每头奶牛在进行日光浴前必须涂防晒霜，防晒霜有 L 种，涂上第 i 种防晒霜之后，身体接收到的阳光强度就会稳定为 SPF[i]，第 i 种防晒霜有 cover[i] 瓶。求最多可以满足多少头奶牛进行日光浴。

8．给定两个长度为 n 的由 0 和 1 构成的数组 $a_1,a_2,\cdots,a_n$ 和 $b_1,b_2,\cdots,b_n$。请构造一个长度为 n 的正整数数组 $p_1,p_2,\cdots,p_n$，要求 $\sum_{i=1}^{n} a_i \times p_i > \sum_{i=1}^{n} b_i \times p_i$ 成立，使得 $\max(p_i)$（$1 \leqslant i \leqslant n$）尽可能小。请输出满足上述要求的 $\max(p_i)$（$1 \leqslant i \leqslant n$）的最小可能值。

姚期智（Andrew Chi-Chih Yao，1946－），2000年图灵奖获得者，美国国家科学院外籍院士、美国艺术与科学院外籍院士、中国科学院院士。他的研究方向包括计算理论及其在密码学和量子计算中的应用，其应用在三大方面具有突出贡献：①创建理论计算机科学的重要次领域，即通信复杂性和伪随机数生成计算理论；②奠定现代密码学基础，在基于复杂性的密码学和安全形式化方法方面有根本性贡献；③解决线路复杂性、计算几何、数据结构及量子计算等领域的开放性问题并建立全新典范。他是研究量子计算与通信的国际前驱，于1993年最先提出量子通信复杂性的理论，基本上完成了量子计算机的理论基础。他1995年提出的分布式量子计算模式，成为分布式量子算法和量子通信协议安全性的基础。他是图灵奖创立以来首位获奖的亚裔学者，也是迄今为止唯一获此殊荣的华裔计算机科学家。

第12章 回溯法

人在一生之中会面临很多重要的选择。如果人生可以量化，那么如何做出最正确的选择，使得自己的人生“最优”呢？有人说，我们可以使用贪心法，每次都做出当前看起来最优的选择。但是，贪心法未必能得到全局最优解。那么有没有其他办法呢？在面临人生岔路时，如果能够选择一个方向进行试探，当发现这个方向走不通（不符合期望）时，返回岔路并重新选择新的方向进行试探，通过反复试探必然能够找到使得人生最优的选择，这就是回溯法。回溯法有“通用解题法”之称，它用一种试探的行为沿着某一方向搜索问题的解，在搜索方向无法继续时，可以返回尝试搜索别的方向，直至搜索完所有可能的方向。因此，回溯法可以找到问题的所有解，并通过对比找到最优解。形象地说，回溯法是一种可以不断重来的方法。但是，人生无法重来，我们在面对困难和挫折时不能气馁和逃避，很多事情不是一蹴而就的，要允许失误或失败，只要能够从中汲取经验和力量，不断地尝试，终会迎来光明的未来，这也许才是回溯法给我们的重要启示。

本章内容：

（1）回溯法的基本思想、设计步骤、算法框架、适用条件等。

（2）回溯法的应用实例。

12.1 回溯法概述

12.1.1 问题的解空间

回溯法和第13章的分支限界法都会涉及问题的解向量、显约束、隐约束、解空间、可行解、最优解和解空间树等概念和术语，下面给出它们的定义和解释。

（1）**问题的解向量**：如果一个复杂问题的求解过程可以被划分为 n 个依次进行的决策阶段，那么该问题的解可以表示为一个向量 $\boldsymbol{X}=(x_1,x_2,\cdots,x_n)$，其中 x_i 表示第 i 个决策阶段的选择，向量 $\boldsymbol{X}$ 称为问题的解向量，对应问题的一种状态。

（2）**显约束**：对于解向量 $\boldsymbol{X}=(x_1,x_2,\cdots,x_n)$，分量 x_i 的取值范围称为显式约束条件（显约束）。显约束仅限定了解向量中分量的取值范围，并未限定分量之间应当满足的关系，故仅仅满足显约束的解向量未必满足问题的要求，即未必是满足问题要求的解。

（3）**隐约束**：为满足问题的要求，对解向量的不同分量施加的约束条件称为隐式约束条件（隐约束）。隐约束是对分量之间关系的约束，解向量在满足显约束的前提下，通常需要满足隐约束才能满足问题对解的要求。

（4）**解空间**：对于问题的一个实例，由所有满足显约束的解向量构成该问题实例的解空间，也称为状态空间。

（5）**可行解**：在解空间中满足隐约束的解向量称为问题的可行解。

（6）**最优解**：在解空间中使得问题的目标函数取得最优值的可行解称为问题的最优解。

一个最优化问题的求解过程就是在问题的解空间中寻找可行解，以及进一步在可行解中寻找最优解的过程。

例如，已知一个 0-1 背包问题，物品种类 $n=3$，物品质量 $w=\{6,7,5\}$，价值 $v=\{9,6,11\}$，背包容量 $c=12$。0-1 背包问题的这一实例可以被划分为 3 个阶段求解，每个阶段做出一种物品的决策，因此可以使用 1 个三维的解向量 $\boldsymbol{X}=(x_1,x_2,x_3)$表示问题的解。在 0-1 背包问题中，每种物品只有不装入背包或装入背包两种选择，故显约束为 $x_i\in\{0,1\}$，$i=1,2,3$。由背包容量限制可知隐约束为 $\sum_{i=1}^{3}w_ix_i\leqslant 12$。根据显约束可得问题的解空间为{(0,0,0), (0,0,1), (0,1,0), (0,1,1), (1,0,0), (1,0,1), (1,1,0), (1,1,1)}。根据隐约束可得问题的可行解包括(0,0,0)、(0,0,1)、(0,1,0)、(0,1,1)、(1,0,0)和(1,0,1)。通过比较可行解产生的背包价值可知问题的最优解为(1,0,1)。

（7）**解空间树**：为了便于在解空间中搜索可行解和最优解，通常将问题的解空间构造成树的形式，称为解空间树。在解空间树中，节点代表解向量的当前状态，分支代表决策阶段的选择。解空间树的根代表解向量的初始状态（空向量），叶子节点代表问题的一个完整解，其余节点代表某种选择下的一种解向量状态。

有了解空间树之后，在问题的解空间中搜索可行解和最优解的过程被转化为在解空间树中搜索叶子节点的过程。

例如，上文提到的 0-1 背包问题的解空间树如图 12-1 所示。其中，根 A 代表解向量的初始状态（$\boldsymbol{X}$ 是空向量），处于第 1 层。第 2~4 层表示求解问题的 3 个阶段，每个阶段对一种物品做出决策（装入背包或不装入背包），形成 2 个不同的分支，左分支表示装入背包（用 1 表示），右分支表示不装入背包（用 0 表示），从而得到不同状态的解向量。比如，节点 B 的解向量 $\boldsymbol{X}$=(1,)是对第 1 种物品做出装入背包的决策之后得到解向量；节点 F 的解向量 $\boldsymbol{X}$=(0,1,)是对第 1 种物品做出不装入背包、对第 2 种物品做出装入背包的决策之后得到解向量。处于第 4 层的叶子节点代表问题的一个完整解。比如，节点 J 的解向量 $\boldsymbol{X}$=(1,0,1)是对第 1 种物品做出装入背包、对第 2 种物品做出不装入背包、对第 3 种物品做出装入背包的决策之后得到解向量。

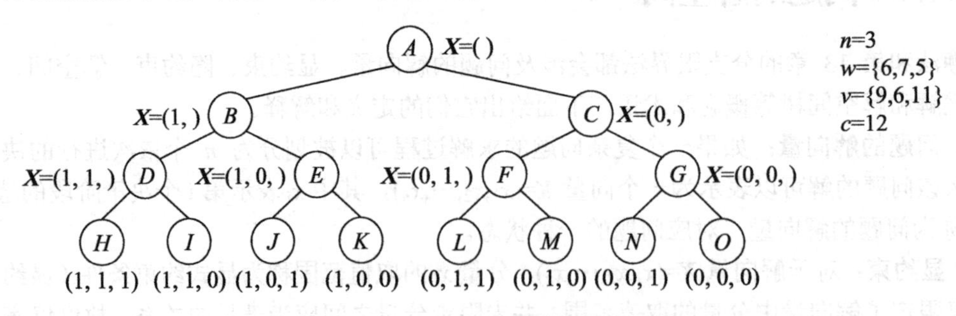

图 12-1　0-1 背包问题的解空间树

那么，为了在解空间树中搜索叶子节点，是否需要像第 5 章介绍的树一样，在构造出完整的解空间树之后才展开遍历？答案是不需要，原因在于：①若要构造完整的解空间树，则必须确定树中的每个节点，包括代表完整解的所有叶子节点，而既然已经找到了问题的所有解，就失去了构造解空间树的意义；②第 5 章介绍的树与解空间树的用途不同，第 5 章介绍的树是对问题中要处理的数据进行组织，解空间树是对问题的解进行组织。对问题中的数据进行组织自然需要先把树构造出来，然后才能进行处理。而解空间树与其说是对问题解的一种组织方式，倒不如说是体现构造问题解的一种方法。所以，解空间树只是一个虚拟的概念，并非真实存在的一棵树，无须提前构造。在搜索叶子节点时，只需根据解空间树体现的构造方法一步步决策，在决策到最后一步时，就能够找到问题的一个解（叶子节点），在此基础上判断这个解是不是问题的可行解及最优解。如何按照解空间树的构造方法搜索到问题的解正是本章回溯法及第 13 章分支限界法要解决的问题。

12.1.2　回溯法的基本思想

在学习回溯法的基本思想之前，有必要了解如下五个概念和术语。

（1）**扩展节点**：一个正在生成孩子的节点称为扩展节点。

（2）**活节点**：一个自身已生成但其孩子还没有全部生成的节点称为活节点。

（3）**死节点**：一个已经生成所有孩子的节点称为死节点。

（4）**深度优先的问题状态生成法**：对一个扩展节点 F，一旦生成它的一个孩子 C，就把 C 作为新的扩展节点；在完成对子树 C（以孩子 C 为根的子树）的穷尽搜索之后，将节点 F 重新变成扩展节点，继续生成节点 F 的其他孩子（如果存在）。

（5）**广度优先的问题状态生成法**：对一个扩展节点 F，一次性生成它的所有孩子，随后节点 F 成为死节点，即一个扩展节点在成为死节点之前一直是扩展节点，在成为死节点之后不会再成为扩展节点。

回溯法是从根出发，以深度优先的方法搜索整个解空间树，其搜索过程：首先，使根成为活节点，同时成为当前扩展节点；其次，在当前扩展节点处，搜索向纵深方向移至一个新节点（做出一个决策），使这个新节点成为新的活节点，并成为当前扩展节点。如果在当前扩展节点处不能再向纵深方向移动，那么当前扩展节点成为死节点，此时应往回移动至最近的活节点处，并使这个活节点成为当前扩展节点。回溯法以这种工作方式递归地在解空间中搜索，直到找到需要求的解或解空间中已无活节点。由此可见，回溯法的搜索过程包括扩展和回溯两个操作，从当前扩展节点向纵深方向移动至一个新节点是扩展，从死节点往回移动至最近的活节点是回溯。

例如，以深度优先的方法搜索 0-1 背包问题的解空间树的过程如图 12-2 所示。其中，弧线表示搜索的过程，弧线上的数字表示搜索的次序，实线表示搜索过程中的扩展，虚线表示搜索过程中的回溯。开始时，根 A 是唯一的活节点，也是当前扩展节点。在这个扩展节点处，可以沿纵深方向扩展至节点 B 或节点 C。假设选择扩展至节点 B，此时节点 A 和节点 B 都是活节点，节点 B 成为当前扩展节点。在节点 B 处可以扩展至节点 D 或节点 E。假设选择扩展至节点 D，此时节点 A、节点 B 和节点 D 都是活节点，节点 D 成为当前扩展节点。在节点 D 处可以扩展至节点 H 或节点 I。假设选择扩展至节点 H，找到问题的第一个解。由于节点 H 是叶子节点，无法继续扩展。因此，节点 H 是一个死节点，从该节点回溯到最近的活节点 D，使得节点 D 重新成为当前扩展节点。从节点 D 扩展至节点 I，找到问题的第二个解。节点 I 也是一个死节点，从该节点回溯到节点 D，但节点 D 已经生成所有孩子，亦成为死节点，故从节点 D 继续回溯到节点 B，使得节点 B 重新成为当前扩展节点，继续进行扩展。以此类推，直到搜索完整个解空间树，即可找到问题的所有解。

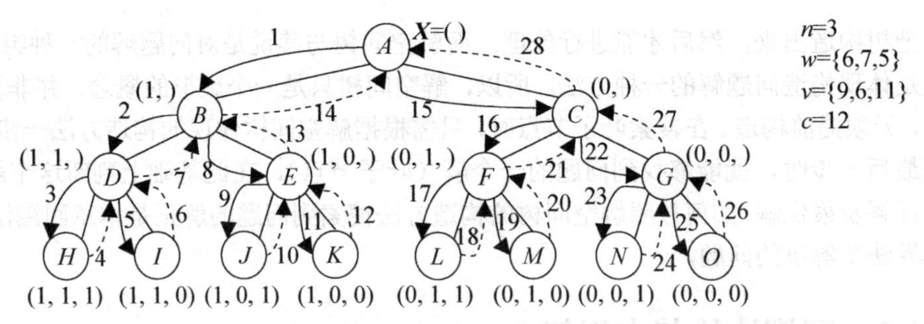

图 12-2　以深度优先的方法搜索 0-1 背包问题的解空间树的过程

但是，解决问题需要寻找的是可行解或最优解，而解空间树的叶子节点代表的解未必都是问题的可行解或最优解。因此，搜索解空间树的过程可能会出现如下两种无效搜索的情况。

第一种情况，当前的搜索方向无法产生问题的可行解。例如，在如图 12-2 所示的 0-1 背包问题实例中，设当前扩展节点是节点 *B*，则当前解向量 ***X***=(1,)，当背包中装入了第 1 种物品时，背包的剩余容量为 6。若从节点 *B* 沿左分支向下搜索，表示对第 2 种物品做出装入背包的决策，但当前背包的剩余容量不足以容纳第 2 种物品。所以，从节点 *B* 沿左分支向下的搜索不可能找到问题的可行解，是无效搜索。

第二种情况，问题需要寻找最优解，而当前的搜索方向无法产生问题的最优解。例如，在如图 12-2 所示的 0-1 背包问题实例中，设当前搜索到了节点 *J*，得到了问题的一个可行解 ***X***=(1,0,1)，产生的背包价值为 20。从节点 *J* 回溯到节点 *E*，从节点 *E* 沿右分支向下搜索，表示对第 3 种物品做出不装入背包的决策，而这一决策不可能产生比 ***X***=(1,0,1)更大的背包价值，是无效搜索。同样地，当搜索过程回溯到根 *A*，从根 *A* 沿右分支向下搜索，表示对第 1 种物品做出不装入背包的决策，而在这一决策之下，无论对第 2 种物品和第 3 种物品做出何种决策，不可能产生比 ***X***=(1,0,1)更大的背包价值。因此，从根 *A* 沿右分支向下的搜索都是无效的搜索。

在面临上述两种情况时，继续搜索没有任何意义，若能避免，则可以有效提升搜索效率，减少搜索时间。为此，可以使用剪枝函数剪去在解空间树中无法产生可行解和最优解的分支。

剪枝函数包括约束函数和限界函数。在搜索解空间树的过程中，判断节点的扩展是否满足约束条件的函数称为**约束函数**。根据问题的隐约束可构造出约束函数，其作用是在扩展节点处剪去不满足约束条件的子树，避免搜索无法产生可行解的分支。在搜索解空间树的过程中，判断节点的扩展是否包含更优解的函数称为**限界函数**。通过计算扩展节点处目标函数的上界或下界，将其与当前最优值进行比较即可构造出限界函数。限界函数的作用是在扩展节点处剪去得不到更优解的子树，避免搜索无法生成更优解的分支。图 12-3（a）所示为在图 12-2 的基础上使用约束函数剪枝后的解空间树，图 12-3（b）所示为在图 12-3（a）的基础上使用限界函数剪枝后的解空间树。由此可见，剪枝能够减小解空间树的规模，提升搜索效率。

至此可以总结回溯法的基本思想：回溯法是一种使用深度优先的方法搜索问题的解空间树，并利用剪枝函数进行剪枝的方法。回溯法能够用于求解问题的所有可行解，在此基础上可以求解问题的任一解或最优解。在使用回溯法求解问题的所有解时，回溯过程需要回溯到根，并且需要搜索根的所有可行的子树，这时剪枝函数只需使用约束函数。在使用回溯法求问题的任一解时，只要搜索到问题的一个解就可以结束，这时剪枝函数也只需使用约束函数。在使用回溯法求最优解时，需要回溯到根，并且需要搜索根的所有可行的子树，这时剪枝函数需要同时使用约束函数和限界函数。

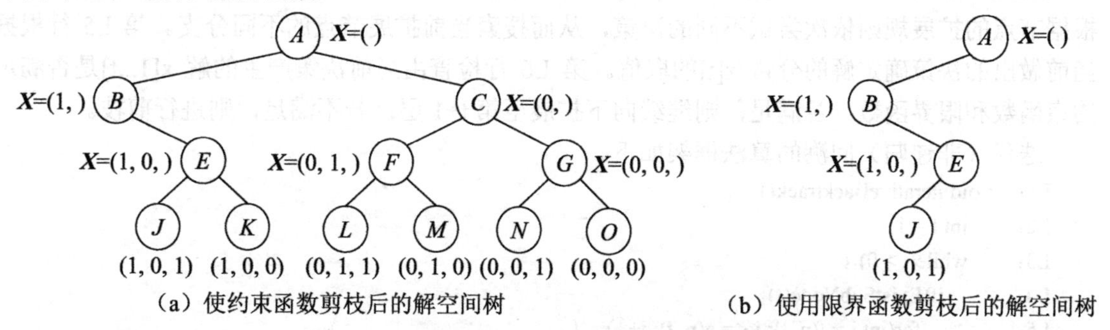

（a）使约束函数剪枝后的解空间树　　（b）使用限界函数剪枝后的解空间树

图 12-3　被剪枝的 0-1 背包问题的解空间树

值得注意的是，若回溯法求解的是不包含隐约束的非最优化问题，则求解过程中无须使用任何剪枝函数。例如，使用回溯法求解 *n* 个数的所有排列（全排列问题）就无须剪枝。

12.1.3　回溯法的设计步骤与算法框架

使用回溯法求解问题通常需要遵循如下四个步骤。

（1）确定问题的解空间，包括确定解向量的形式、显约束和隐约束。

（2）确定节点的扩展规则。例如，在 0-1 背包问题中的节点扩展规则是选择或不选择物品。

（3）确定剪枝函数。结合节点扩展规则、约束条件和目标函数的优化目标确定剪枝函数。不同分支的剪枝函数可能不同，因此需要确定根据节点扩展规则产生的所有分支的剪枝函数。

（4）以深度优先的方式搜索解空间树，在搜索过程中采用剪枝函数避免无效搜索。

其中，第（1）～（3）步属于问题分析范畴，第（4）步属于问题求解过程范畴。

深度优先搜索的回溯方式包括递归回溯和迭代（非递归）回溯。由不同的回溯方式，可以建立不同的回溯法的算法框架。

递归回溯的算法框架如下。

```
L1:  void backtrack(int t)  {
L2:     if(t > n) output(x);
L3:     else
L4:        for(int i = f(n, t); i <= g(n, t); i++)  {
L5:           x[t] = h(i);
L6:           if(constraint(t) && bound(t))
L7:              backtrack(t + 1);
L8:        }
L9:  }
```

在上述代码中，x 表示问题的解向量；t 表示当前的递归深度，对应解空间树的第 t 层（根为第 1 层)；n 表示最大递归深度，等于叶子节点所在的层次数减 1；f(n, t)和 g(n, t)分别表示当前扩展节点处未搜索子树的起始编号和终止编号，代表由不同决策产生的不同分支；h(i)表示当决策为 i 时，解的分量 x[t]的取值；constraint(t)表示约束函数，bound(t)表示限界函数。

backtrack(t)是在解空间树第 t 层的扩展节点处，根据不同的决策确定解的分量 x[t]的取值，并继续向解空间树的第 t+1 层扩展。第 L2 行，t>n 表示已经搜索到解空间树的叶子节点，找到了问题的一个可行解 x，此时应用 output(x)输出或记录得到的可行解。第 L4 行的 for 循环表示根据节点的扩展规则依次尝试不同的决策，从而搜索当前扩展节点的不同分支。第 L5 行根据当前做出的决策确定解的分量 x[t]的取值。第 L6 行检查由当前决策产生的解 x[1...t]是否满足约束函数和限界函数，若满足，则继续向下扩展至第 t+1 层；若不满足，则进行剪枝。

迭代（非递归）回溯的算法框架如下。

```
L1:  void iterativeBacktrack()  {
L2:      int t = 1;
L3:      while(t > 0) {
L4:          if(ExistSubNode(t))
L5:              for(int i = f(n, t); i <= g(n, t); i++)  {
L6:                  x[t] = h(i);
L7:                  if(constraint(t) && bound(t)) {
L8:                      if(solution(t)) output(x);
L9:                      else {  t++;  break;  }
L10:                 }
L11:             }
L12:         else   t--;
L13:     }
L14: }
```

在上述代码中，x 表示问题的解向量；t 表示当前扩展节点在解空间树中的层次（根为第 1 层）；ExistSubNode(t)判断当前扩展节点是否存在孩子；f(n, t)和 g(n, t)分别表示当前扩展节点处未搜索子树的起始编号和终止编号，代表由不同决策产生的不同分支；h(i)表示当决策为 i 时，解的分量 x[t]的取值；constraint(t)表示约束函数，bound(t)表示限界函数；solution(t)用于判断在当前扩展节点处是否得到问题的一个可行解。

iterativeBacktrack()从解空间树的第 1 层开始，通过深度优先的方式搜索解空间树寻找问题的可行解，并用约束函数和限界函数进行剪枝。第 L2 行将 t 初始化为 1 表示从解空间树的第 1 层开始搜索。第 L3 行的循环条件用于判断是否搜索完整棵解空间树，t>0 表示尚未搜索结束，需要从当前第 t 层的扩展节点继续向下搜索。第 L4 行判断当前扩展节点是否可以扩展，若存在孩子，则表示可以扩展。第 L5~L7 行的含义与递归回溯算法框架代码中的第 L4~L6 行相同。第 L8 行判断是否得到了问题的一个可行解 x，若得到可行解，则应用 output(x)输出或记录得到的可行解。第 L9 行表示若没有得到问题的可行解，则表明尚未搜索到解空间树的叶子节点，继续向下搜索第 t+1 层。第 L12 行表示若当前扩展节点不存在孩子，则回溯到上一层。

在使用回溯法求解的过程中，算法始终只保存从解空间树的根至当前扩展节点这一条决策路径产生的解向量。若解空间树的根到叶子节点的最长路径长度为 $d(n)$，则回溯法的空间复杂度为 $O(d(n))$。

12.1.4 子集树与排列树

子集树与排列树是在使用回溯法求解时常遇到的两类典型的解空间树。

1. 子集树

若一个问题要求在 n 个元素的集合 S 中寻找满足某种条件的子集 $S'\subseteq S$，则该问题的解空间树称为**子集树**。这类问题的解包含的元素数目通常小于或等于 n。

例如，n 种物品的 0-1 背包问题的解包含的物品种类必然小于或等于 n，所以该问题的解空间树是一棵子集树。

应用回溯法搜索子集树的递归算法框架描述如下。

```
void backtrack (int t)  {              //t 表示当前递归深度，对应子集树的第 t 层（根为第 1 层）
    if(t > n) output(x);               //n 表示最大递归深度，等于叶子节点层次数-1
    else
        for(int i =下界; i <=上界; i++)  {   //[下界,上界]表示决策变量 i 的取值范围
            x[t]=i;
            …                          //其他操作
            if(constraint(t) && bound(t))  //constraint(t)和 bound(t)表示约束函数和限界函数
                backtrack(t+1);
        }
}
```

上述算法框架的含义与 12.1.3 节的递归回溯算法框架的含义基本相同，这里不再赘述。

2. 排列树

若给定问题是求解 n 个元素满足某种条件的排列，则该问题的解空间树称为**排列树**。这类问题的解包含的元素数目总是 n 个，不同的解的区别在于元素排列顺序不同。

例如，旅行商问题（Traveling Salesman Problem，TSP）：一个商品推销员要去若干城市推销商品，城市之间的路程（或旅费）已知。该推销员从一个城市出发，途径每个城市一次，最后回到出发城市。请问推销员应该如何选择路线，才能使总的路程（或旅费）最短（或最少）。显然，旅行商问题的数学模型可以用连通网表示，各顶点表示城市，边表示两个城市之间的直接路线，边上的权值表示这条路线的长度（或旅费）。这样，将旅行商问题转化为在连通网中寻找一条从某个顶点出发且路径长度取得最小值的简单回路。图 12-4（a）所示为城市数目为 4 且以城市 1 作为起点的旅行商问题实例。省略回路中与起点相同的终点，该实例的解向量可以表示为 $\boldsymbol{X}=(x_1=1, x_2, x_3, x_4)$，其中 x_2, x_3, x_4 是{2,3,4}的一个排列，解空间为{ (1,2,3,4), (1,2,4,3), (1,3,2,4), (1,3,4,2)，(1,4,2,3)，(1,4,3,2) }，每个解向量都包含所有顶点，仅是排列顺序不同。图 12-4（b）所示为图 12-4（a）的解空间树，这棵解空间树就是一棵排列树。

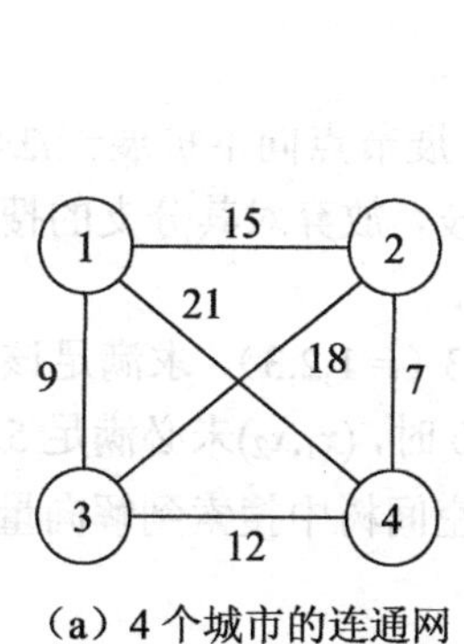

（a）4 个城市的连通网

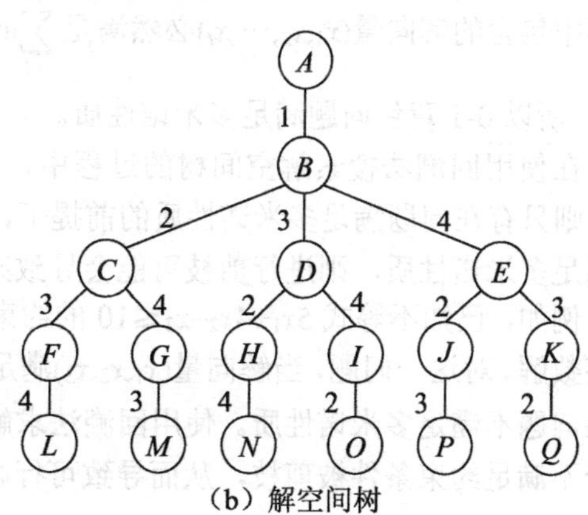

（b）解空间树

图 12-4　旅行商问题实例

应用回溯法搜索排列树的递归算法框架描述如下。

```
void backtrack (int t)   {              //t表示当前递归深度，对应排列树的第t层（根为第1层）
    if(t > n) output(x);                //n表示最大递归深度，等于叶子节点层次数-1
    else
        for(int i = t; i <= n; i++)   {             //[t, n]表示决策变量i的取值范围
            …                                       //其他操作
            swap(x[t], x[i]);                       //交换x[t]和x[i]形成不同的排列
            if(constraint(t) && bound(t))           //constraint(t)和bound(t)表示约束函数和限界函数
                backtrack(t + 1);
            swap(x[t], x[i]);                       //再次交换x[t]和x[i]恢复原来的排列
            …                                       //其他操作
        }
}
```

在搜索排列树的过程中，回溯法通过交换解向量 $\boldsymbol{X}$ 的不同分量的位置形成不同排列，从而避免产生重复排列。因此，在调用 backtrack(1)执行回溯搜索之前，需要将解向量 $\boldsymbol{X}$ 初始化为一个排列，而不能初始化为空向量。每次通过交换分量尝试一种决策、搜索完解空间树相应的分支之后，需要将它们重新换回原来的位置再尝试其他决策，以便搜索解空间树的其他分支。

12.1.5 回溯法的适用条件

适用回溯法求解的问题通常需要具备如下两个特征。

（1）问题的求解过程可以划分为若干依次进行的决策阶段，每个阶段对解的一个分量做出选择，整个问题的解可以表示为一个向量。例如，n 种物品的 0-1 背包问题可以划分为 n 个依次进行的决策阶段，每个阶段对一种物品做出装入背包或不装入背包的选择，整个问题的解可以表示为一个 n 维向量。

（2）问题要满足多米诺性质。**多米诺性质**是指，设 $P(x_1,x_2,\cdots,x_i)$为真，表示向量$(x_1,x_2,\cdots,x_i)$满足某个条件，那么 $P(x_1,x_2,\cdots,x_{k+1})$为真蕴涵 $P(x_1,x_2,\cdots,x_k)$为真，即

$$P(x_1,x_2,\cdots,x_{k+1}) \rightarrow P(x_1,x_2,\cdots,x_k) \quad 0<k<n$$

例如，在 n 种物品的 0-1 背包问题中，设当前搜索到解空间树的第 t+1 层，对第 t+1 种物品做出往背包中放入 x_{t+1} 个的选择（$x_{t+1}\in\{0,1\}$），若当前的解向量$(x_1,x_2,\cdots,x_{t+1})$满足 $\sum_{i=1}^{t+1} w_i x_i \leqslant c$，则其中包含的解向量$(x_1,x_2,\cdots,x_t)$必然满足 $\sum_{i=1}^{t} w_i x_i \leqslant c$（$w_i$ 表示第 i 种物品质量；c 表示背包容量），所以 0-1 背包问题满足多米诺性质。

在使用回溯法搜索解空间树的过程中，若发现从当前扩展节点向下扩展无法满足约束条件，则只有在问题满足多米诺性质的前提下，才可以进行剪枝，放弃对其分支的搜索；若问题不满足多米诺性质，则进行剪枝可能会导致某些可行解丢失。

例如，已知不等式 $5x_1+4x_2-x_3\leqslant 10$ 的约束条件为 $1\leqslant x_i\leqslant 3$（$i$=1,2,3），求满足该不等式的所有整数解。对这一问题，当解向量(x_1,x_2,x_3)满足 $5x_1+4x_2-x_3\leqslant 10$ 时，(x_1,x_2)未必满足 $5x_1+4x_2\leqslant 10$，故该问题不满足多米诺性质。使用回溯法求解该问题，在解空间树中搜索到解向量(1,2)时，将由于不满足约束条件被剪枝，从而导致可行解(1,2,3)丢失。

12.2　回溯法的应用实例

12.2.1　0-1 背包问题

由 12.1.5 节已知 0-1 背包问题满足回溯法的适用条件，本节介绍使用回溯法求解该问题的方法和过程。设给定 n 种物品和一个背包，物品 i 的质量为 w_i，价值为 v_i，背包容量为 c；每种物品只有装入背包或不装入背包两种选择，考虑如何选择装入背包的物品，在物品质量不超过背包容量的情况下，使得装入物品后的背包价值最大呢？

【问题分析】

（1）确定问题的解空间。

对 n 种物品的 0-1 背包问题，其解向量是一个 n 维的向量，其中每个分量表示对一种物品的决策。设 $\boldsymbol{X}=(x_1,x_2,\cdots,x_n)$表示问题的解向量，其中 x_i（i=1,2,⋯,n）表示对第 i 种物品的决策。

每种物品只有装入背包或不装入背包两种选择，所以显约束为 $x_i\in\{0,1\}$（i=1,2,⋯,n），x_i=0 表示第 i 种物品不装入背包，x_i=1 表示第 i 种物品装入背包。

背包存在容量限制，故隐约束为 $\sum_{i=1}^{n} w_i x_i \leqslant c$ 。

由于能够被装入背包的物品构成的集合是 n 种物品构成的集合的子集，因此 0-1 背包问题的解空间树是一棵子集树。

（2）确定节点的扩展规则。

为解空间树的每个节点设置状态(i,tw,tv,**tx**)表示节点的相关信息，其中 i 表示节点层次；tw 表示当前的背包质量；tv 表示当前的背包价值；**tx** 记录当前的解向量。在第 i（i=1,2,⋯,n）层的分支节点处需要考虑是否装入第 i 种物品，显然仅有装入背包或不装入背包两种选择。因此，第 i 层节点的扩展规则是装入或不装入第 i 种物品。0-1 背包问题的节点扩展与状态计算过程如图 12-5 所示，依据这一规则，第 i 层的节点向下形成两个分支，孩子的状态根据节点扩展的规则可以计算出。通过不断扩展节点逐步向下搜索解空间树，当扩展到第 n+1 层时，找到解空间树的叶子节点，表示对 n 种物品都做出了选择，此时得到问题的一个解。

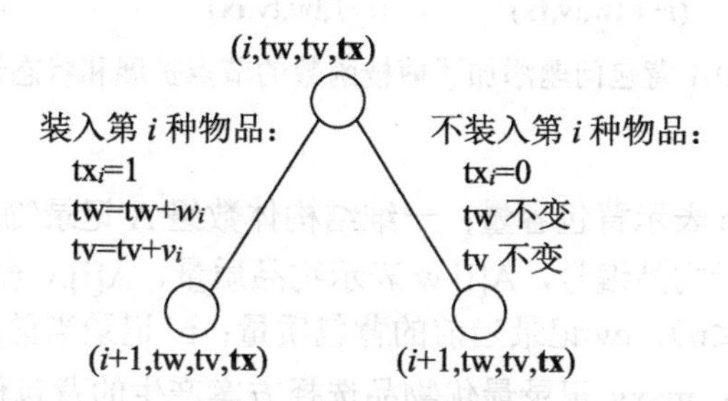

图 12-5　0-1 背包问题的节点扩展与状态计算过程

（3）确定剪枝函数。

解空间树的每个分支节点都有两个分支，下面分别分析不同分支的剪枝函数。

① 左剪枝。

左分支表示选择装入物品。由于背包存在容量限制，对第 i（i=1,2,⋯,n）种物品而言，仅在不超出背包容量的前提下才能被装入背包，因此需要为左分支的扩展定义如下约束函数：

$tw+w_i \leqslant c$。

同时，0-1 背包问题寻找的是最优解，只有当装入第 i 种物品能够产生比已有的物品选择方案更大的价值时，选择装入该种物品才有意义。因此，可以为左分支的扩展定义如下限界函数：bound(i)>maxv。其中，bound(i)=tv+v_i+rv 表示装入第 i 种物品能够产生的背包价值上界；rv 表示第 i+1~n 种物品能够产生的装入物品价值；maxv 表示当前最优的物品选择方案产生的背包价值。

由于左分支表示装入物品，因此第 i 层节点向左分支扩展的背包价值上界 bound(i)必然等于其父节点向该节点扩展的背包价值上界 bound(i−1)，既然当前已经扩展到了第 i 层节点，就意味着 bound(i−1)必然大于 maxv，即 bound(i)必然大于 maxv，所以可以省略限界函数。

综上，左分支仅需使用约束函数作为剪枝函数，即仅扩展满足 $tw+w_i \leqslant c$ 的左孩子。

② 右剪枝。

右分支表示选择不装入物品。此时，背包质量保持不变，不必考虑是否超出背包容量的情况。因此，无须为右分支的扩展定义约束函数。但需要考虑在放弃装入一种物品之后，剩余物品能否产生比当前最优的物品选择方案更大的背包价值，若不能，则无须向右分支扩展。因此，需要为右分支的扩展定义如下限界函数：bound(i)>maxv。其中，bound(i)=tv+rv 表示放弃装入第 i 种物品之后能够产生的背包价值上界。

我们总是希望尽可能多地剪枝，从而减少搜索花费的时间。显然，rv 越小，bound(i)越小，满足大于 maxv 的可能性越小，这样可以剪去更多分支。为了构造尽可能小的 rv，可以预先将所有物品按照单位质量价值递减排列。

0-1 背包问题添加了剪枝函数的节点扩展和状态计算过程如图 12-6 所示。

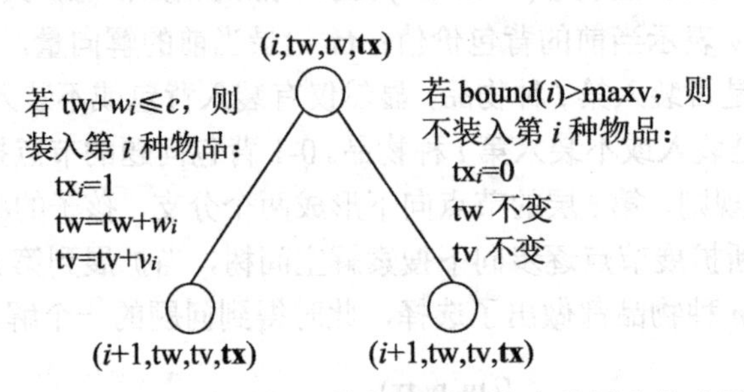

图 12-6　0-1 背包问题添加了剪枝函数的节点扩展和状态计算过程

【算法描述】

设 n 表示物品种类；c 表示背包容量；一维结构体数组 A 记录物品信息，其中 A[i]记录第 i 种物品信息，A[i].no 表示物品编号，A[i].w 表示物品质量，A[i].v 表示物品价值，A[i].p 表示物品单位质量价值（$1 \leqslant i \leqslant n$）；tw 记录当前的背包质量；tv 记录当前的背包价值；一维数组 tx 记录搜索过程中的解向量；maxv 记录最优物品选择方案产生的背包价值；一维数组 x 记录最优解向量；i 表示递归深度；bound 记录当前扩展节点的背包价值上界。应用回溯法求解 0-1 背包问题的算法描述如下。

Step 1：将物品按照单位质量价值递减排序，并存储于结构体数组 A。

Step 2：若搜索到解空间树的叶子节点，即 i>n，则表示找到了问题的一个更优解，更新 x=tx，maxv=tv，并返回；否则，继续向下执行。

Step 3：判断是否可以扩展左分支，即是否满足 tw+A[i].w<=c，若满足，则选择装入第 i 种

物品，更新 tx[i]、tw 和 tv，并进入左分支递归处理。

Step 4：判断是否可以扩展右分支，即是否满足 bound>maxv，若满足，则选择不装入第 i 种物品，更新 tx[i]，并进入右分支递归处理。

算法结束后，问题的最优解被记录于 x 和 maxv。

【算法实现】

如下代码对 0-1 背包问题进行了封装，并给出了回溯法有关函数的实现，对于未给出代码的函数请读者自行尝试实现或参考本书的配套源码。

```
struct Item  {                                    //物品类型
    int no;                                       //物品编号
    double w, v, p;                               //物品的质量、价值、单位质量价值
    bool operator<(const Item &s) const           //重载小于运算符用于按照物品的单位质量价值递减排序
    {   return p > s.p;   }                       //按物品的单位质量价值递减排序
};
class Knapsack01   {                                      //0-1 背包问题类
    int n, c;                                             //物品种类、背包容量
    Item *A;                                              //存储物品信息的数组
    double maxv;                                          //记录最优物品选择方案产生的背包价值
    int *x;                                               //记录最优解向量
    double bound(int i, double tw, double tv);            //计算扩展节点的背包价值上界
    void Backtrack(int i, double tw, double tv, int *tx); //应用回溯法求解 0-1 背包问题
public:
    Knapsack01(int num, int cc, Item * it);               //构造函数，初始化数据成员
    virtual ~Knapsack01();                                //析构函数
    void Solve();                                         //求解 0-1 背包问题
    void Show();                                          //输出 0-1 背包问题的结果
};
void Knapsack01::Solve() {                                //求解 0-1 背包问题
    int *tx = new int[n + 1];
    for(int i = 1; i <= n; i++)   A[i].p = A[i].v / A[i].w;  //计算物品的单位质量价值
    sort(A + 1, A + n + 1);                               //将物品按照单位质量价值递减排序
    Backtrack(1, 0, 0, tx);                               //应用回溯法求解 0-1 背包问题
    delete []tx;
}
void Knapsack01::Backtrack(int i, double tw, double tv, int *tx) {//应用回溯法求解 0-1 背包问题
    if(i>n) {                                             //找到一个叶子节点，即找到一个更优解
        maxv = tv;                                        //记录当前最优物品选择方案产生的背包价值
        for(int j = 1; j <= n; j++)   x[j] = tx[j];       //保存更优解
        return;
    }
    if(tw + A[i].w <= c)   {                    //左分支剪枝，只有满足约束函数才选择装入第 i 种物品
        tx[i] = 1;                                        //装入第 i 种物品
        Backtrack(i + 1, tw + A[i].w, tv + A[i].v, tx);   //继续搜索第 i+1 层
    }
    if(bound(i, tw, tv) > maxv)   {             //右分支剪枝，只有满足限界函数才选择不装入第 i 种物品
        tx[i] = 0;                                        //不装入第 i 种物品
        Backtrack(i + 1, tw, tv, tx);                     //继续搜索第 i+1 层
```

```
    }
}
double Knapsack01::bound(int i, double tw, double tv)   {          //计算扩展节点的背包价值上界
    i++;
    while(i <= n && tw + A[i].w <= c) {                            //依次判断剩余物品
        tw += A[i].w;    tv += A[i].v;                             //可以整个装入第 i 种物品
        i++;
    }
    if(i <= n)    return tv += (c - tw) * A[i].p;                  //只能装入部分第 i 种物品
    return tv;
}
```

【算法分析】

被剪枝的节点数目随着 0-1 背包问题的不同实例而不同，无法准确估算，因此只考虑算法在最坏（不被剪枝）情况下的时间复杂度。对于 n 种物品的 0-1 背包问题，解空间树有 $2^{n+1}-1$ 个节点，计算节点的背包价值上界花费的时间为 $O(n)$，所以整个算法的时间复杂度为 $O(n2^n)$。

【一个简单实例的求解过程】

已知一个 0-1 背包问题，其中背包容量 c=14，物品种类 n=4，物品信息如图 12-7（a）所示，按照单位质量价值递减排序后的物品结果如图 12-7（b）所示。

物品编号 no	质量 w	价值 v
1	2	1
2	8	6
3	5	11
4	6	9

（a）物品信息

序号 i	物品编号 no	质量 w	价值 v	单位质量价值 p
1	3	5	11	2.20
2	4	6	9	1.50
3	2	8	6	0.75
4	1	2	1	0.50

（b）按照单位质量价值递减排序后的物品结果

图 12-7　0-1 背包问题实例

应用回溯法求解 0-1 背包问题的过程如图 12-8 所示，其中节点中的两个数字分别表示 tw 和 tv，虚线表示被剪枝。

在初始时，maxv=0，从第 1 层的根开始，沿着左分支依次选择物品编号为 3 和 4 的物品到达第 3 层的(11,20)节点，该节点的左分支不满足约束函数，被剪枝；计算该节点的背包价值的上界 bound=20+1=21>maxv，故不选择物品 2 到达第 4 层的(11,20)节点。从这一节点向左分支扩展到达叶子节点，得到问题的一个解 $\boldsymbol{X}$=(1,1,0,1)，maxv=21。

回溯到第 4 层的(11,20)节点，计算该节点的背包价值上界 bound=20<maxv，不满足限界函数，右分支被剪枝。

回溯到第 2 层的(5,11)节点，计算该节点的背包价值上界 bound=11+6+1×0.5=17.5<maxv，不满足限界函数，右分支被剪枝。

回溯到第 1 层的(0,0)节点，计算该节点的背包价值上界 bound=0+9+6=15<maxv，不满足限界函数，右分支被剪枝。

求解过程结束，得到 0-1 背包问题的实例的解 $\boldsymbol{X}$=(1,1,0,1)，即选择装入物品编号为 3、4 和 1 的物品能够产生最大的背包价值 21。

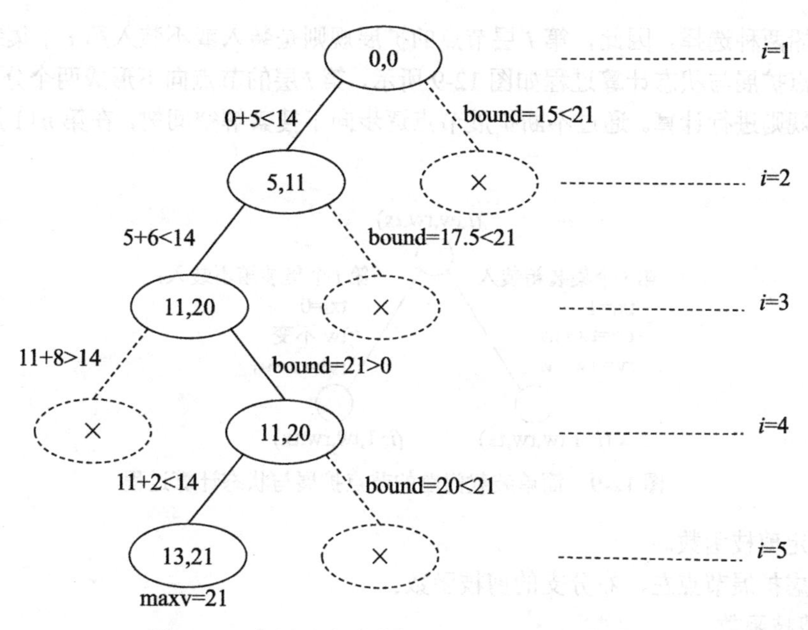

图 12-8　应用回溯法求解 0-1 背包问题的过程

12.2.2　装载问题

1. 简单装载问题

将编号为 1,2,…,*n* 的 *n* 个集装箱装入一艘轮船，集装箱 *i* 质量为 w_i；轮船载重为 *c*，但无体积限制。现欲使轮船尽可能装满（尽量使轮船的负荷最大），请确定一个集装箱的装载方案。

例如，当 *n*=5，*c*=40，*w*={ 10,22,16,7,17 }时，最佳装载方案是(0,0,1,1,1)，装入轮船的集装箱质量恰好达到轮船载重。

【问题分析】

简单装载问题的求解过程可以划分为 *n* 个阶段，每个阶段对一个集装箱做出决策，并且可以验证简单装载问题满足多米诺性质。因此，简单装载问题满足回溯法的适用条件。

（1）确定问题的解空间。

对 *n* 个集装箱的简单装载问题，解向量是一个 *n* 维的向量，设 $\boldsymbol{X}=(x_1,x_2,\cdots,x_n)$表示问题的解向量，其中 x_i（i=1,2,…,*n*）表示对第 *i* 个集装箱的决策。

每个集装箱只有装入轮船或不装入轮船两种选择，所以显约束为 $x_i\in\{0,1\}$（i=1,2,…,*n*），其中 x_i=0 表示第 *i* 个集装箱不装入轮船；x_i=1 表示第 *i* 个集装箱装入轮船。

轮船存在载重限制，故隐约束为 $\sum_{i=1}^{n} w_i x_i \leqslant c$。

由于能够被装入轮船的集装箱构成了 *n* 个集装箱集合的子集，因此简单装载问题的解空间树是一棵子集树。

（2）确定节点的扩展规则。

为解空间树的每个节点设置状态(*i*,tw,rw,**tx**)表示节点的相关信息，其中 *i* 表示节点层次；tw 表示当前装入轮船的集装箱质量；rw 表示剩余集装箱质量；**tx** 记录当前的解向量。在第 *i*（*i*=1,2,…,*n*）层的分支节点处需要对第 *i* 个集装箱是否装入轮船做出选择，显然仅有装入轮船或不装入轮船两种选择。因此，第 i 层节点的扩展规则是装入或不装入第 i 个集装箱。简单装载问题的节点扩展与状态计算过程如图 12-9 所示，第 i 层的节点向下形成两个分支，孩子的状态根据扩展规则进行计算。通过不断扩展节点逐步向下搜索解空间树，在第 n+1 层找到问题的一个解。

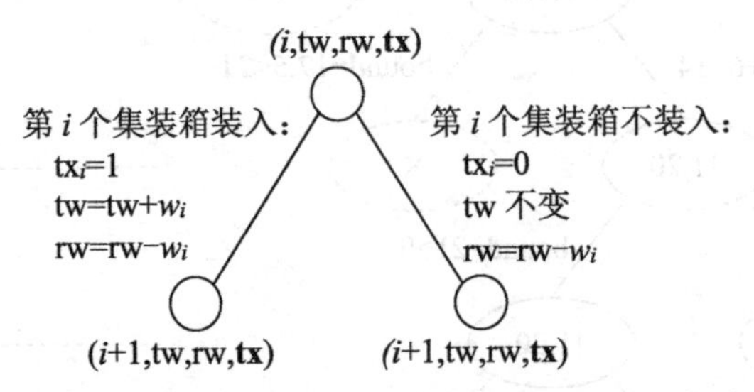

图 12-9　简单装载问题的节点扩展与状态计算过程

（3）确定剪枝函数。

分别考虑扩展节点左、右分支的剪枝函数。

① 左剪枝函数。

左分支表示把集装箱装入轮船。由于轮船存在载重限制，对第 i（i=1,2,⋯,n）个集装箱而言，仅在该集装箱装入轮船后轮船不会超载的前提下才能将其装入轮船。因此，需要为左分支定义约束函数：$\text{tw}+w_i \leqslant c$。

同时，简单装载问题寻找的是最优解，只有装入第 i 个集装箱能够产生比已有的装载方案更大的轮船载重，选择该集装箱才有意义。因此，可以为左分支的扩展定义如下限界函数：bound(i)>maxw。其中，bound(i)=tw+rw 表示选择装入第 i 个集装箱能够产生的轮船载重上界；rw 表示剩余集装箱的质量；maxw 表示当前最优装载方案产生的轮船载重。

由于左分支表示把集装箱装入轮船，故第 i 层节点向左分支扩展的轮船载重上界 bound(i) 必然等于其父节点向该节点扩展的轮船载重上界 bound(i−1)，既然当前已经扩展到了第 i 层节点，就意味着 bound(i−1)必然大于 maxw，即 bound(i)必然大于 maxw，所以可以省略限界函数。

综上，左分支仅需使用约束函数作为剪枝函数，即仅扩展满足 $\text{tw}+w_i \leqslant c$ 的左孩子。

② 右剪枝函数。

右分支表示不把集装箱装入轮船。此时，轮船的载重保持不变，不必考虑装入该集装箱后轮船的载重是否超出限制的问题，无须为右分支的扩展定义约束函数。但需要考虑在放弃当前的集装箱之后，剩余的集装箱能否产生比当前最优装载方案更大的轮船载重，若不能，则无须向右分支扩展。因此，需要为右分支定义限界函数：bound(i)>maxw。其中，bound(i)=$\text{tw}+\text{rw}-w_i$ 表示放弃装入第 i 个集装箱之后能够产生的轮船载重上界。

简单装载问题添加了剪枝函数的节点扩展和状态计算过程如图 12-10 所示。

【算法描述】

设 n 表示集装箱数目；c 表示轮船载重；一维数组 w 记录集装箱质量，其中 w[i]表示第 i 个集装箱质量（1≤i≤n）；tw 表示当前装入轮船的集装箱质量；rw 表示剩余集装箱质量；一维数组 tx 记录搜索过程中的解向量；maxw 记录最优装载方案产生的轮船载重；一维数组 x 记录最优解；i 表示递归深度；bound 记录当前扩展节点的轮船载重上界。应用回溯法求解简单装载问题的算法描述如下。

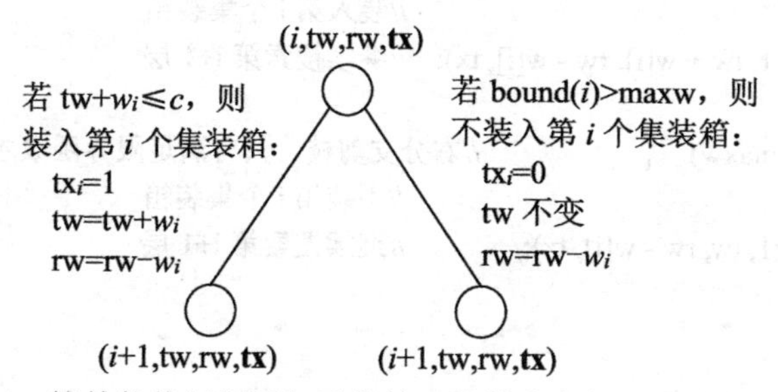

图 12-10　简单装载问题添加了剪枝函数的节点扩展和状态计算过程

Step 1：若搜索到解空间树的叶子节点，即 i>n，则表示找到了问题的一个更优解，更新 x=tx，maxw=tw，并返回；否则，继续向下执行。

Step 2：判断是否可以扩展左分支，即是否满足 tw+w[i]<=c，若满足，则选择装入第 i 个集装箱，更新 tx[i]、tw、rw，并进入左分支递归处理。

Step 3：判断是否可以扩展右分支，即是否满足 bound>maxw（bound=tw+rw-w[i]），若满足，则选择不装入第 i 个集装箱，更新 tx[i]、rw，并进入右分支递归处理。

算法结束后，问题的最优解被记录于 x 和 maxw。

【算法实现】

如下代码对简单装载问题进行了封装，并给出了回溯法有关函数的实现，对于未给出代码的函数请读者自行尝试实现或参考本书的配套源码。

```
class SimpleLoad   {                                    //简单装载问题类
    int n, c;                                           //集装箱数目，轮船载重
    int *w;                                             //记录集装箱质量的数组
    int maxw;                                           //记录最优装载方案产生的轮船载重
    int *x;                                             //记录最优解
    void Backtrack(int i, int tw, int rw, int *tx);     //应用回溯法求解简单装载问题
public:
    SimpleLoad(int num, int cc, int *weight);           //构造函数
    virtual ~SimpleLoad();                              //析构函数
    void Solve();                                       //求解简单装载问题
    void Show();                                        //输出简单装载问题的结果
};
void SimpleLoad::Solve() {                              //求解简单装载问题
    int *tx = new int[n + 1];                           //记录搜索过程中的解向量
    int rw = 0;                                         //剩余集装箱质量
    for(int i = 1; i <= n; i++)    rw += w[i];          //计算初始情况下剩余集装箱质量
    Backtrack(1, 0, rw, tx);                            //应用回溯法求解简单装载问题
    delete []tx;
}
void SimpleLoad::Backtrack(int i, int tw, int rw, int *tx) {  //应用回溯法求解简单装载问题
    if(i > n)   {                                       //找到一个叶子节点，即找到一个更优解
        maxw = tw;                                      //记录当前更优装载方案产生的轮船载重
        for(int j = 1; j <= n; j++)   x[j] = tx[j];     //保存更优解
        return;
    }
    if(tw + w[i] <= c)   {                    //左分支剪枝，只有满足约束函数才选择装入第 i 个集装箱
```

```
            tx[i] = 1;                                  //装入第 i 个集装箱
            Backtrack(i + 1, tw + w[i], rw - w[i], tx); //继续搜索第 i+1 层
        }
        if(tw + rw - w[i] > maxw)   {                //右分支剪枝，只有满足限界函数才选择不装入第 i 个集装箱
            tx[i] = 0;                                  //不装第 i 个集装箱
            Backtrack(i + 1, tw, rw - w[i], tx);        //继续搜索第 i+1 层
        }
    }
```

【算法分析】

被剪枝的节点数目随着简单装载问题的不同实例而不同，无法准确估计。因此，考虑算法在最坏（不被剪枝）情况下的时间复杂度。对于 n 个集装箱的简单装载问题，解空间树有 $2^{n+1}-1$ 个节点，所以整个算法的时间复杂度为 $O(2^n)$。

2. 复杂装载问题

将编号为 1,2,⋯,n 的 n 个集装箱装入两艘载重分别为 c_1 和 c_2 的轮船，其中集装箱 i 质量为 w_i，且 $w_1+w_2+\cdots+w_n \leqslant c_1+c_2$。请确定是否存在合理的装载方案可将这些集装箱全部装入这两艘轮船，如果存在，请给出一种装载方案。

若 n=3，c_1=c_2=40，w={15,35,25}，则可以将集装箱 1 和 3 装入第 1 艘轮船，将集装箱 2 装入第 2 艘轮船；若 n=3，c_1=c_2=40，w={20,35,25}，则无法将这 3 个集装箱都装入轮船。

【问题分析】

如果复杂装载问题有解，那么必然可以按照如下步骤得到一个装载方案：①将第 1 艘轮船尽可能装满，使其载重达到最大；②将剩余集装箱装入第 2 艘轮船。

用反证法证明上述方案的正确性：已知一个复杂装载问题有解，假设不存在如上所述的装载方案，即第 1 艘轮船剩余载重仍可以容纳某些集装箱。设第 1 艘轮船剩余载重可以容纳的集装箱集合为 S。由于复杂装载问题有解，既然 S 没有装在第 1 艘轮船上，就必然装在第 2 艘轮船上，那么将 S 从第 2 艘轮船移至第 1 艘轮船，可以得到一种将第 1 艘轮船尽可能装满，第 2 艘轮船装剩余集装箱的方案，故假设不成立。

若按照上述方案无法将所有集装箱装入轮船，则复杂装载问题必然无解。

由此可得以下复杂装载问题的求解过程。

（1）在 n 个集装箱中寻找一个装载方案使得第 1 艘轮船尽可能装满。

（2）计算剩余集装箱质量。

（3）判断剩余集装箱质量是否超过第 2 艘轮船的载重，若没有超过，则得到问题的解；否则表明问题无解。

显然，第（1）步是一个简单装载问题，这样可以把复杂装载问题转化为简单装载问题来求解。

【算法实现】

如下代码对复杂装载问题进行了封装，并给出了回溯法有关函数的实现，对于未给出代码的函数请读者自行尝试实现或参考本书的配套源码。

```
class ComplexLoad   {                   //复杂装载问题类
    int n;                              //集装箱数目
    int c1, c2;                         //第 1 艘轮船和第 2 艘轮船的载重
    int *w;                             //记录集装箱质量的数组
    int maxw;                           //记录最优装载方案产生的第 1 艘轮船的载重
```

```
    int *x;                                              //记录第 1 艘轮船的最优装载方案
    void Backtrack(int i, int tw, int rw, int *tx);      //应用回溯法求解第 1 艘轮船的最优装载方案
public:
    ComplexLoad(int num, int cc1, int cc2, int *weight); //构造函数
    virtual ~ComplexLoad();                              //析构函数
    void Solve();                                        //求解复杂装载问题
    void Show();                                         //输出复杂装载问题的结果
};
void ComplexLoad::Solve() {                              //求解复杂装载问题
    int *tx = new int[n + 1];                            //记录搜索过程中的解向量
    int total = 0, rw = 0;                               //所有集装箱质量，剩余集装箱质量
    for(int i = 1; i <= n; i++)    total += w[i];        //计算所有集装箱质量
    rw = total;                                          //初始化剩余集装箱质量
    Backtrack(1, 0, rw, tx);                             //应用回溯法求解第 1 艘轮船的最优装载方案
    if(total - maxw > c2)                                //比较剩余集装箱质量与第 2 艘轮船的载重
    {                                 //若剩余集装箱质量大于第 2 艘轮船的载重，则没有装载方案
        maxw = 0;                                        //maxw 为 0 表示没有装载方案
        for(int i = 1; i <= n; i++)    x[i] = 0;         //置解向量为零向量
    }
    delete []tx;
}
void ComplexLoad::Backtrack(int i, int tw, int rw, int *tx) {//应用回溯法求解第 1 艘轮船的最优装载方案
    if(i > n)    {                                       //找到一个叶子节点，即找到一个更优解
        maxw = tw;                                       //记录当前更优装载方案产生的轮船的载重
        for(int j = 1; j <= n; j++)    x[j] = tx[j];     //保存更优解
        return;
    }
    if(tw + w[i] <= c1)    {                 //左分支剪枝，只有满足约束函数才选择装入第 i 个集装箱
        tx[i] = 1;                                       //装入第 i 个集装箱
        Backtrack(i + 1, tw + w[i], rw - w[i], tx);      //继续搜索第 i+1 层
    }
    if(tw + rw - w[i] > maxw)    {           //右分支剪枝，只有满足限界函数才选择不装入第 i 个集装箱
        tx[i] = 0;                                       //不装入第 i 个集装箱
        Backtrack(i + 1, tw, rw - w[i], tx);             //继续搜索第 i+1 层
    }
}
```

【算法分析】

上述算法的时间复杂度与求解简单装载问题的算法的时间复杂度相同，为 $O(2^n)$。

12.2.3　*n* 皇后问题

在一个 $n \times n$ 格的棋盘上放置彼此不受攻击的 n 个皇后。按照国际象棋的规则，皇后可以攻击与之处在同一行、同一列或同一斜线上的棋子。因此，n 皇后问题等价于在 $n \times n$ 格的棋盘上确定 n 个皇后的放置位置，使得不同皇后不在同一行、同一列或同一斜线上。

图 12-11 所示为 8 皇后问题的一个解，其中“Q”表示皇后的放置位置。

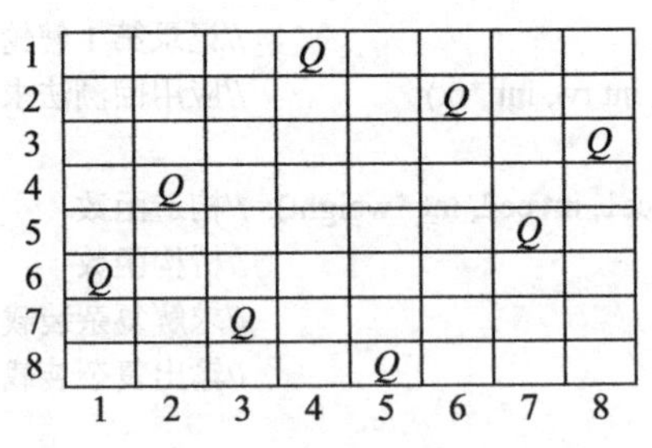

图 12-11　8 皇后问题的一个解

【问题分析】

求解 n 皇后问题的过程可以被划分为 n 个阶段，从棋盘的第一行开始选择皇后的放置位置，第 i 个阶段决定在棋盘的第 i 行如何放置皇后，并且可以验证 n 皇后问题满足多米诺性质。因此，n 皇后问题满足回溯法的适用条件。

（1）确定问题的解空间。

n 皇后问题的解向量是一个 n 维的向量 $\boldsymbol{Q}=(q_1,q_2,\cdots,q_n)$，其中 q_i（i=1,2,⋯,n）表示棋盘第 i 行的皇后放置位置，即第 i 个皇后的放置位置。

棋盘的一行有 n 列，故一个皇后的放置位置共有 n 种选择，所以显约束为 $q_i\in\{1,2,\cdots,n\}$（i=1,2,⋯,n）。其中，$q_i=j$（j=1,2,⋯,n）表示棋盘第 i 行的皇后被放置在第 j 列。

n 个皇后的放置位置要到达彼此之间无法攻击的目标，因此 n 皇后问题的隐约束为不同的皇后不在同一行、同一列或同一斜线。n 皇后问题的求解过程是在棋盘上逐行确定皇后的放置位置，q_i 只会记录一个皇后在第 i 行的放置位置，不会出现同一行有多个皇后的情况，故无须考虑多个皇后被放置在同一行的问题。使任意两个皇后不被放置在同一列只需满足：$\forall i\neq j$，$q_i\neq q_j$。若存在两个皇后位于同一斜线（见图 12-12）上，以这两个皇后的位置作为对角线可以形成一个正方形，则$|q_i-q_j|=|i-j|$。所以，使任意两个皇后不被放置在同一斜线上只需满足：$\forall i\neq j$，$|q_i-q_j|\neq|i-j|$。综上，n 皇后问题的隐约束可以表达为$\forall i\neq j$，$q_i\neq q_j$ 且$|q_i-q_j|\neq|i-j|$。

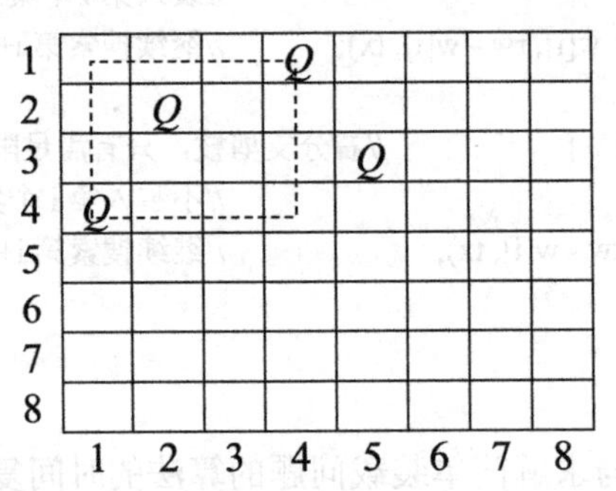

图 12-12　两个皇后位于同一斜线上的示例

n 皇后问题求解的是皇后的放置位置，问题的解是由所有可能放置位置构成的集合的一个子集，因此 n 皇后问题的解空间树是一棵子集树。

（2）确定节点的扩展规则。

为解空间树的每个节点设置状态$(i,\boldsymbol{q})$表示节点的相关信息，其中 i 表示节点层次，$\boldsymbol{q}$ 记录当前的解向量。在第 i（i=1,2,⋯,n）层的分支节点处需要对棋盘第 i 行的皇后放置位置做出选择，显然有放置在第 1~n 列共计 n 种选择。因此，第 i 层节点的扩展规则是在棋盘第 i 行的第 1~n

列选择 1 列放置皇后。n 皇后问题的节点扩展与状态确定过程如图 12-13 所示，第 i 层的节点向下形成 n 个分支得到 n 个孩子，根据扩展规则确定每个孩子相应的解向量。当搜索到解空间树的第 n+1 层时找到问题的一个解。

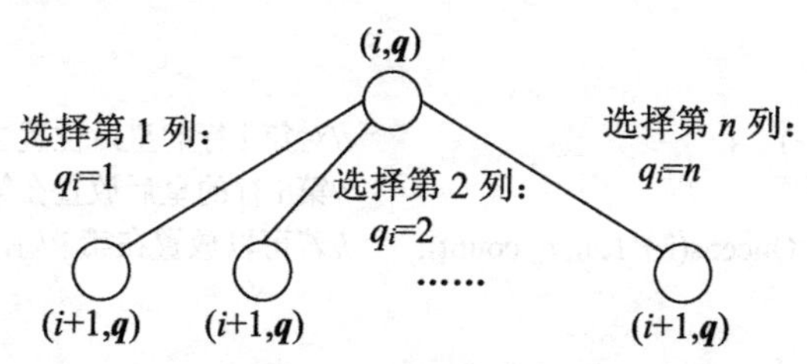

图 12-13　n 皇后问题的节点扩展与状态确定过程

（3）确定剪枝函数。

在 n 皇后问题的解空间树中，分支节点的不同分支满足约束条件即可向下层扩展，因此具有相同的剪枝函数，该剪枝函数就是问题的隐约束 $\forall\ i\neq j$，$q_i\neq q_j$ 且 $|q_i-q_j|\neq|i-j|$（i,j=1,2,…,n）。n 皇后问题添加了剪枝函数的节点扩展和状态确定过程如图 12-14 所示。

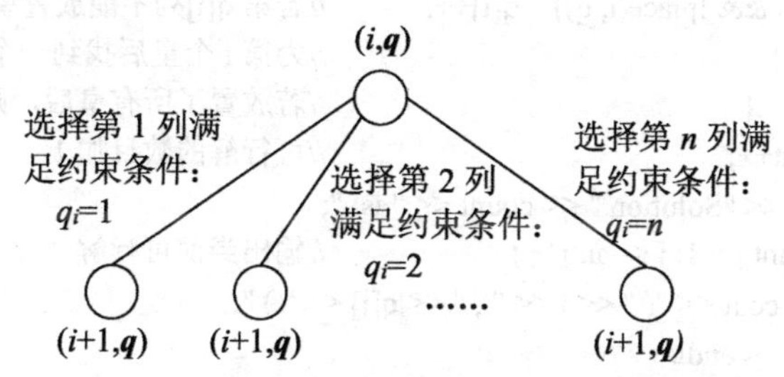

图 12-14　n 皇后问题添加了剪枝函数的节点扩展和状态确定过程

【算法描述】

设 n 表示棋盘的行数和列数；一维数组 q 记录棋盘上的每行皇后的放置位置，其中 q[i]记录棋盘的第 i 行皇后的放置列标（1≤i≤n)。应用回溯法求解 n 皇后问题的算法描述如下。

Step 1：若搜索到解空间树的叶子节点，即 i>n，表示找到问题的一个解，输出解并返回；否则，继续向下执行。

Step 2：对 j=1,2,…,n 列，进行如下处理。判断是否可以选择第 j 列放置皇后，若可以，则选择第 j 列放置皇后，更新 q[i]，并进入第 j 分支递归处理。

算法结束后，问题的解被记录于一维数组 q。

【算法实现】

```
bool place(int i, int *q)  {                                  //检查在第 i 行的 q[i]列上能否放置皇后
    if(i == 1)    return true;                                //第 1 行可以在任意列放置
    for(int j = 1; j < i; j++)                                //逐行检查与已放置的皇后是否冲突
        if((q[i] == q[j]) || (abs(q[i] - q[j]) == abs(i - j)))   //若不满足约束函数，则进行剪枝
            return false;                                     //存在冲突，不能放置
    return true;                                              //不存在冲突，可以放置
}
void Queens(int i, int n, int * q, int &count)  {             //应用回溯法求解 n 皇后问题，count 记录解的数目
    if(i > n)  {                                              //找到一个叶子节点，即找到一个可行解
        count++;                                              //可行解的数目加 1
```

```
        cout << "Solution " << count << " is: ";
        for(int j = 1; j <= n; j++)                         //输出当前的可行解
            cout << "( " << j << " , " << q[j] << " ) ";
        cout << endl;
        return;
    }
    for(int j = 1; j <= n; j++)   {                         //对第 i 行的皇后位置尝试第 1~n 列的不同选择
        q[i] = j;                                           //第 i 行的皇后放置在第 j 列
        if(place(i, q))     Queens(i + 1, n, q, count);     //若可以放置在第 j 列，则继续搜索第 i+1 层
    }
}
```

n 皇后问题的迭代（非递归）回溯算法实现如下。

```
void Queens(int n, int * q, int& count)   {                 //n 皇后问题的迭代（非递归）回溯算法
    int i = 1;                                              //i 表示棋盘当前处理的行，也表示第 i 个皇后
    q[i] = 0;                                               //q[i]记录第 i 行皇后的放置位置，初始化为 0
    while(i >= 1)   {                                       //当搜索尚未结束
        q[i]++;                                             //尝试将皇后放置在 q[i]的后一列位置
        while(q[i] <= n && !place(i, q))    q[i]++;         //若第 q[i]列不能放置皇后，则继续尝试后继列
        if(q[i] <= n)   {                                   //为第 i 个皇后找到一个合适位置(i, q[i])
            if(i == n)   {                                  //若放置了所有皇后，则得到一个可行解
                count++;                                    //可行解的数目加 1
                cout << "Solution " << count << " is: ";
                for (int j = 1; j <= n; j++)                //输出当前可行解
                    cout << "( " << j << " , " << q[j] << " ) ";
                cout << endl;
            }
            else    {   i++;      q[i] = 0;   }             //皇后没有全部放置完，继续处理下一行
        }
        else i--;                                           //第 i 行搜索完毕，回溯上一行
    }
}
```

【算法分析】

在上述算法中，棋盘的每行对一个皇后的放置位置都要试探 n 列，棋盘共有 n 行，故整个算法的时间复杂度为 $O(n^n)$。

12.2.4 旅行商问题

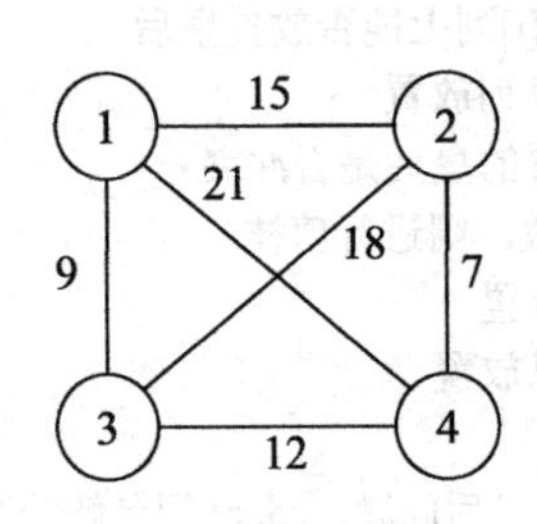

图 12-15 旅行商问题实例

一个商品推销员要去 n 个城市（编号为 $1,2,\cdots,n$）推销商品，已知各城市之间的路程（或旅费）。该推销员从一个城市出发，途径每个城市一次，最后回到出发城市。请问推销员应该如何选择行进路线，才能使总的路程（或旅费）最短（或最少）。

图 12-15 所示为旅行商问题实例，若推销员选择从城市 1 出发，则最优的行进路线是城市 1->城市 2->城市 4->城市 3->城市 1，路程（或旅费）最短（或最少）是 43。

【问题分析】

求解旅行商问题可以被划分为 n−1 个阶段，从选择行进路线的第 2 个城市开始，每个阶段选择一个城市，并且可以验证旅行商问题满足多米诺性质。因此，旅行商问题满足回溯法的适用条件。旅行商问题的实质是寻找连通网的一条哈密顿回路，要求构成回路的边的权值之和最小，即路径长度最小。

（1）确定问题的解空间。

省略哈密顿回路中与起点相同的终点，可以用一个 n 维的向量 $X=(x_1,x_2,\cdots,x_n)$表示旅行商问题的解，其中 x_i（$i=1,2,\cdots,n$）表示哈密顿回路上的第 i 个顶点。

设 $S=\{1,2,\cdots,n\}$是由编号为 $1,2,\cdots,n$ 的顶点构成的集合，哈密顿回路上的每个顶点都是集合 S 中的一个顶点，因此旅行商问题的显约束可以表示为 $x_1 \in S$ 且 $x_i \in S-\{x_1,x_2,\cdots,x_{i-1}\}$（$i=2,3,\cdots,n$），即哈密顿回路上的第 i 个顶点不能与前 $i-1$ 个顶点重复。

若旅行商当前位于顶点 x_i，下一个顶点只能选择从 x_i 可以到达的顶点，即与 x_i 有边相连接的顶点。并且，若要形成哈密顿回路，则要求第 n 个顶点 x_n 必须与第 1 个顶点 x_1 相连接。因此，旅行商问题的隐约束为$\forall i \in \{1,2,\cdots,n-1\}$，$x_i$ 和 x_{i+1} 之间有边，并且 x_n 和 x_1 之间有边。若采用图的邻接矩阵表示法存储连通网中顶点与边的数据，并且设 **arcs** 表示邻接矩阵，则旅行商问题的隐约束可以表示为$\forall i \in \{1,2,\cdots,n-1\}$，$\mathbf{arcs}[x_i,x_{i+1}] \neq \infty$ 且 $\mathbf{arcs}[x_n,x_1] \neq \infty$。

旅行商问题的解向量是 $1,2,\cdots,n$ 的一个排列，解空间树是一棵排列树。

（2）确定节点的扩展规则。

为解空间树的每个节点设置状态$(i,\mathbf{tx},\mathrm{tc})$表示节点的相关信息，其中 i 表示节点层次；**tx** 记录当前的解向量，即当前已经确定的路径；tc 记录当前路径的长度。在第 i（$i=2,\cdots,n$）层的分支节点处需要对路径上的第 i 个顶点做出选择，可供选择的范围为 $S_i=S-\{\mathrm{tx}_1,\mathrm{tx}_2,\cdots,\mathrm{tx}_{i-1}\}$，因此第 i 层节点的扩展规则是在 $S_i=S-\{\mathrm{tx}_1,\mathrm{tx}_2,\cdots,\mathrm{tx}_{i-1}\}$中选择一个顶点作为哈密顿回路的第 i 个顶点。S_i 包含 $n-i+1$ 个顶点，每种选择形成一个分支，共计形成 $n-i+1$ 个分支，每个分支根据扩展规则计算孩子的状态，如图 12-16 所示（$S_{i1},S_{i2},\cdots,S_{i,n-i+1}$ 表示在 S_i 中的顶点）。与前面小节讨论的问题不同，在旅行商问题中，当搜索到解空间树的第 $n+1$ 层时，仅表示找到一条从起点开始、由 n 个顶点构成的简单路径，是否能够形成哈密顿回路，还需要进一步判断从第 n 个顶点能否到达第 1 个顶点，只有在能够到达的情况下才是找到了问题的一个可行解。

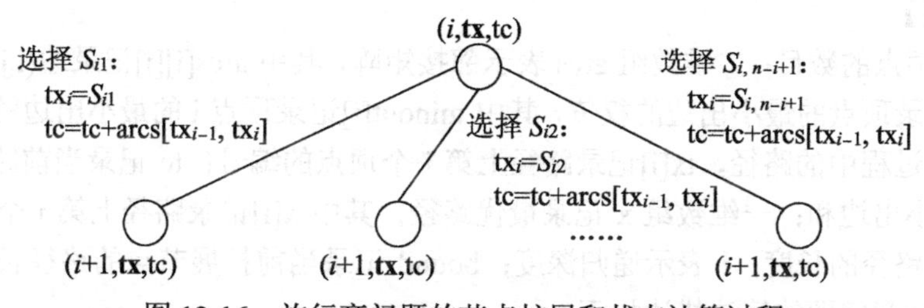

图 12-16　旅行商问题的节点扩展和状态计算过程

（3）确定剪枝函数。

在从第 i 层的节点向下扩展到第 $i+1$ 层的节点时，需要判断从路径上的第 $i-1$ 个顶点能否到达当前选择的第 i 个顶点，只有在可以到达的情况下才能够做出当前的选择，即节点的扩展需要满足隐约束，由此可得约束函数：$\mathbf{arcs}[\mathrm{tx}_{i-1},\mathrm{tx}_i] \neq \infty$（$i=2,\cdots,n$）。

同时，旅行商问题寻找的是最优解，为此在选择路径上的第 i 个顶点时，需要判断该选择形成的路径长度下界是否能够小于当前最小的哈密顿回路的路径长度，若不能，则表示该选择没有意义，应当进行剪枝。因此，可以为节点的扩展定义相应的限界函数：bound(i)<minc (i=2,⋯,n)。其中，bound(i)表示当前选择形成的路径长度下界；minc 表示当前最小的哈密顿回路的路径长度。为了计算 bound(i)，需要先为连通网的每个顶点找到权值最小的边（称为最小出边）并记录该边的权值，然后计算可能出现在哈密顿回路中的顶点的最小出边权值之和（称为最小出边和）。设向量 **minout**=($\text{minout}_1,\text{minout}_2,\cdots,\text{minout}_n$)记录所有顶点的最小出边的权值，其中 minout_i 记录顶点 i 的最小出边的权值；rc 记录当前的最小出边和，在初始情况下 $\text{rc}=\sum_{i=1}^{n}\text{minout}_i$。在解空间树的第 i 层分支节点处，为路径上的第 i−1 个顶点做出后续关于第 i 个顶点的选择之后，最小出边和 rc 应减去第 i−1 个顶点的最小出边的权值，这是由于在后续的路径上不会再出现第 i−1 个顶点，即不可能再出现从第 i−1 个顶点到达其余顶点的情况。在如图 12-15 所示的旅行商问题实例中，**minout**=(9,7,9,7)，初始的 rc=9+7+9+7=32；设起点是顶点 1，则在选择路径上的第 2 个顶点之后，$\text{rc}=\text{rc}-\text{minout}_1=23$；若路径的第 2 个顶点选择了顶点 4，则在选择路径上的第 3 个顶点之后，$\text{rc}=\text{rc}-\text{minout}_4=16$。由此可以给出有关 bound($i$)的计算方法：$\text{bound}(i)=\text{tc}+\text{arcs}[\text{tx}_{i-1},\text{tx}_i]+\text{rc}-\text{minout}_{\text{tx}_{i-1}}$。

为解空间树的节点状态添加了最小出边和 rc，以及为扩展分支添加了剪枝函数之后的节点扩展和状态计算过程如图 12-17 所示。

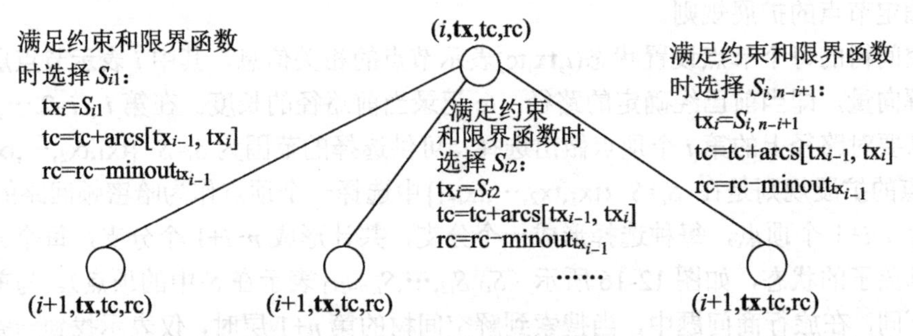

图 12-17　为解空间树的节点状态添加了最小出边和 rc，及为扩展分支添加了剪枝函数之后的节点扩展和状态计算过程

【算法描述】

设 n 表示顶点的数目；二维数组 arcs 表示邻接矩阵，其中 arcs[i][j]记录边(i,j)的权值；一维数组 minout 记录顶点的最小出边的权值，其中 minout[i]记录顶点 i 的最小出边的权值；一维数组 tx 记录搜索过程中的路径，tx[i]记录路径上第 i 个顶点的编号；tc 记录当前路径的长度；rc 记录当前的最小出边和；一维数组 x 记录最优路径，其中 x[i]记录路径上第 i 个顶点的编号；minc 记录最优路径的长度；i 表示递归深度；bound 记录当前扩展节点的路径长度下界。应用回溯法求解旅行商问题的算法描述如下。

Step 1：初始化路径 tx 和 x 为顶点的初始排列，路径的第 1 个顶点为起点；初始化最优路径的长度 minc 和当前路径长度 tc。

Step 2：记录所有顶点的最小出边的权值于 minout，计算最小出边和 rc。

Step 3：初始化 i=2（从解空间树的第 2 层开始处理）。

Step 4：若搜索到解空间树的叶子节点，即 i>n，则表示找到一条从起点开始遍历所有顶点的简单路径，判断路径的第 n 个顶点与起点是否相连且回路的路径长度是否小于 minc。若满足上述条件，则表明找到一条更优的哈密顿回路，更新 x 和 minc，并返回；否则，继续向下执行。

Step 5：对 j=i,i+1,…,n，进行如下处理。

Step 5.1：判断顶点 tx[j]作为路径上的第 i 个顶点是否满足约束函数 arcs[tx[i-1]][tx[j]]≠∞及限界函数 bound<minc（bound=tc+arcs[tx[i-1]][tx[j]]+rc-minout[tx[i-1]]），若满足，则交换 tx[j]与 tx[i]，更新 tc 和 rc。

Step 5.2：进入第 i+1 层递归处理。

Step 5.3：交换 tx[j]与 tx[i]还原原始解，还原 tc 和 rc。

算法结束后，问题的最优解被记录于 x 和 minc。

【算法实现】

如下代码对旅行商问题进行了封装，并给出了回溯法有关函数的实现，对于未给出代码的函数请读者自行尝试实现或参考本书的配套源码。

```
const int INFINITE = INT_MAX;                          //定义 INFINITE 作为表示无穷的数据
class TSP   {                                          //旅行商问题类
    int n;                                             //顶点的数目
    int **arcs;                                        //邻接矩阵
    int *x;                                            //记录最优的哈密顿回路
    int minc;                                          //记录最优的哈密顿回路的路径长度
    void Backtrack(int i, int start, int *tx, int tc, int *minout, int rc);  //应用回溯法求解旅行商问题
public:
    TSP(int num, int **am);                            //构造函数
    virtual ~TSP();                                    //析构函数
    void Solve(int start);                             //求解起点为 start 的旅行商问题
    void Show();                                       //输出旅行商问题的解
};
void swap(int& a, int& b)                              //交换 a 和 b
{   int t = a;    a = b;   b = t;   }
void TSP::Solve(int start)   {                         //求解起点为 start 的旅行商问题
    int *tx;                                           //记录搜索过程中的解向量
    int tc = 0;                                        //记录当前路径的长度
    int *minout;                                       //记录顶点的最小出边的权值
    int rc = 0;                                        //最小出边和
    tx = new int[n + 1];   minout = new int[n + 1];    //分配存储空间
    for(int i = 1; i <= n; i++)    tx[i] = x[i] = i;   //初始化路径
    swap(x[1], x[start]);   swap(tx[1], tx[start]);    //将起点 start 作为路径的第 1 个顶点
    minc = INFINITE;                                   //初始化最优哈密顿回路的长度为无穷
    for(int i = 1; i <= n; i++) {                      //寻找所有顶点的最小出边的权值
        minout[i] = INFINITE;                          //顶点 i 的最小出边的权值初始化为无穷
        for(int j = 1; j <= n; j++)                    //在顶点 i 的邻接点中寻找权值最小的边
            if(arcs[i][j] != INFINITE && arcs[i][j] < minout[i])
                minout[i] = arcs[i][j];
        if(minout[i] == INFINITE)    return;           //若不存在哈密顿回路，则返回
        rc += minout[i];                               //累加顶点的最小出边的权值
    }
    Backtrack(2, start, tx, tc, minout, rc);           //应用回溯法求解旅行商问题
    delete []tx;   delete []minout;
```

```
}
void TSP::Backtrack(int i, int start, int *tx, int tc, int *minout, int rc)   {      //应用回溯法求解旅行商问题
    if(i > n)   {                                   //找到一个叶子节点，即找到从起点开始遍历所有顶点的简单路径
        if(arcs[tx[n]][start] != INFINITE && tc + arcs[tx[n]][start] < minc)   { //当前路径形成回路且更优
            for(int j = 2; j <= n; j++)    x[j] = tx[j];     //更新最优哈密顿回路
            x[n + 1] = start;                               //将起点作为回路的终点
            minc = tc + arcs[tx[n]][start];                 //更新最优哈密顿回路的路径长度
        }
        return;
    }
    for(int j = i; j <= n; j++)                             //依次尝试取顶点tx[i]~tx[n]作为路径的第 i 个顶点
        //满足约束函数和限界函数，可以选择顶点tx[j]作为路径的第 i 个顶点
        if((arcs[tx[i - 1]][tx[j]] != INFINITE) && (tc + arcs[tx[i - 1]][tx[j]] + rc - minout[i - 1] < minc))   {
            swap(tx[i], tx[j]);                             //顶点 tx[j]作为路径的第 i 个顶点
            tc += arcs[tx[i - 1]][tx[i]];                   //更新路径的当前长度
            rc -= minout[tx[i - 1]];                        //更新最小出边和
            Backtrack(i + 1, start, tx, tc, minout, rc);    //继续搜索第 i+1 层
            tc -= arcs[tx[i - 1]][tx[i]];                   //还原路径的当前长度
            rc += minout[tx[i - 1]];                        //还原最小出边和
            swap(tx[i], tx[j]);                             //还原路径
        }
}
```

【算法分析】

如果不考虑更新最优解的时间，上述算法的时间复杂度为$O((n-1)!)$。在最坏情况下，算法每次都需要更新当前的最优解，每次更新需要$O(n)$的时间，故整个算法的时间复杂度为$O(n!)$。

12.3 本章小结

回溯法采用深度优先的策略搜索问题的解空间树，可以找到问题的所有解，在此基础上可以仅寻找问题的一个解或求解问题的最优解。回溯法很像穷举法，又不同于穷举法，回溯法是有组织地穷举，在搜索过程中通过剪枝函数剪去不满足约束条件或无法取得更优解的分支，从而减小搜索的范围，提升算法的效率。常见的两种解空间树是子集树和排列树，它们各自有着不同的回溯算法框架。无论什么问题，想要使用回溯法求解问题需要先满足回溯法的适用条件，然后按照回溯法的设计步骤开展分析和算法设计的工作。

习题十二

1．已知由大写英文字母构成的一个矩阵和一个字符串，请设计算法判断在该矩阵中是否存在一条包含该字符串所有字符的路径。路径可以从矩阵的任意一个位置开始，每步在矩阵中可以向左、向右、向上或向下移动一个位置，每个位置只能经过一次。

2．已知一个包含数字 2~9 的字符串，设计一个算法返回它能表示的所有字母组合。数字到字母的映射关系如图 12-18 所示（与电话按键相同），其中数字“1”不对应任何字母。

图 12-18　数字与字母的映射关系

3．设 n 为生成括号的对数，请设计一个算法生成所有可能并且有效的括号组合。

4．给定一个无重复元素的整数数组 candidates 和一个目标整数 target，现要求从 candidates 中选取若干数字构成一个组合，组合中的数字的和等于 target。请设计算法找出所有满足要求的组合。注意，candidates 中的数字可以被重复选取但组合不能重复。

5．给定一个只包含数字的字符串，请将其复原并返回所有可能的 IP 地址格式。例如，输入“25525511135”，输出“255.255.11.135”“255.255.111.35”。

6．给定两个整数 n 和 k，请设计算法找出由 1~n 中的 k 个数构成的全部组合。

7．在 m 行 n 列的棋盘上有一个中国象棋中的马，马走“日”字且假设只能向右走。现在要求将马从棋盘的左下角(1,1)走到棋盘的右上角(m,n)，请设计算法找到所有可能的路径。

8．有 n 项工作需要分派给 n 个员工来完成，已知员工 i 完成工作 j 需要花费的时间是 t_{ij}，请设计算法找到一个分派方案使得完成所有工作的时间最短。

奥利-约翰·达尔（Ole-Johan Dahl，1931－2002）和克利斯登·奈加特（Kristen Nygaard，1926－2002）共同创造了 Simula，被认为是面向对象之父。因此贡献，他们共同获得了 2001 年的图灵奖与 2002 年的约翰·冯·诺依曼奖。面向对象编程是这个时代的主要编程范式，这个范式出现的基础是核心概念，如对象、类和具有虚拟量的继承，这些全部清楚地建立在他们创造的离散事件模拟语言 Simula I 和一般编程语言 Simula 67 中。这些对象将数据、过程和协作操作序列方面集成到一个非常通用且功能强大的统一实体中。

第 13 章　分支限界法

分支限界法也是求解组合优化问题的一种常用方法，其思想与回溯法非常相似，都是通过搜索问题的解空间树寻找问题的解，同样需要使用剪枝函数提升搜索效率。分支限界法的求解目标不同于回溯法，并且采用广度优先的方法搜索解空间树。面向一个问题究竟应当使用回溯法还是分支限界法决定于具体的求解目标，即需要具体问题具体分析。具体问题具体分析是辩证唯物主义的一条基本要求和重要原理，其含义是要具体分析矛盾的特点，用不同的方法解决不同的矛盾。不顾实际情况地生搬硬套、机械地运用已有的经验和方法往往无法得到问题的有效解决方案。在使用一种算法设计方法求解问题时，同样需要秉持具体问题具体分析这一原则，特别是在回溯法和分支限界法等相似方法之间进行选择时，更要厘清它们的不同之处。

本章内容：

（1）分支限界法的基本思想、设计步骤、适用条件等。

（2）分支限界法的应用实例。

13.1　分支限界法概述

13.1.1　分支限界法的基本思想

分支限界法与回溯法类似也是在问题的解空间树上通过搜索寻找问题的解，但与回溯法存在如下两个重要区别。

（1）求解目标不同。回溯法通常是在解空间树中寻找满足约束条件的所有解，在此基础上可以寻找任一个解或最优解。分支限界法是在解空间树中寻找满足约束条件的一个解或最优解，即通常不使用分支限界法寻找问题的所有可行解。

（2）搜索解空间树的方法不同。回溯法采用深度优先的方法搜索解空间树的节点，分支限界法采用广度优先的方法搜索解空间树的节点。分支限界法的搜索方法正是由其求解目标决定的，采用广度优先的搜索方法，结合限界函数等一些方法，可以将搜索的方向朝着目标尽快推进，从而更快地找到问题的解。

分支限界法搜索解空间树的过程：从根出发，以广度优先的方法搜索整棵解空间树。在搜索过程中，每个活节点只有一次机会成为扩展节点。活节点一旦成为扩展节点，将一次生成所有孩子，舍弃其中无法生成可行解或最优解的孩子，其余孩子被加入活节点表。在处理完当前扩展节点之后，从活节点表取下一节点成为当前扩展节点，重复上述节点扩展过程，直到找到满足要求的解或活节点表为空。

13.1.2 分支限界法的三个关键问题

在分支限界法的处理过程中，需要解决如下三个关键问题。

1. 如何舍弃无法产生可行解或最优解的孩子？

与回溯法一样，分支限界法也是使用约束函数和限界函数作为剪枝函数剪去解空间树中无法产生可行解或最优解的分支。

约束函数判断节点的扩展是否满足约束条件，用于舍弃无法产生可行解的分支。

限界函数判断节点的扩展是否可能产生更优解，用于舍弃无法产生最优解的分支。若问题的求解目标是寻找最大值，则计算节点上界后再与已有的最大值进行比较，舍弃节点上界小于已有的最大值的分支；若问题的求解目标是寻找最小值，则计算节点下界后再与已有的最小值进行比较，舍弃节点下界大于已有的最小值的分支。

2. 如何组织活节点表？

在分支限界法的搜索过程中，当前的扩展节点一次生成所有孩子，舍弃其中无法生成可行解和最优解的节点，其余孩子需要被暂时存储起来，等待成为扩展节点的机会。因此，分支限界法需要考虑如何组织和存储搜索过程中生成的活节点。根据选择活节点成为扩展节点的不同方式，有队列式和优先队列式两种组织和存储活节点的方法，从而形成两种不同的分支限界法。

（1）**队列式分支限界法**。这种方法采用队列存储活节点，按照先进先出的原则依次选择活节点成为扩展节点。队列式分支限界法的搜索过程如下。

① 将根加入活节点队列。

② 从活节点队列中取出队头节点作为当前扩展节点。

③ 对于当前扩展节点，根据扩展规则依次生成它的所有孩子，用剪枝函数检查由此生成的每个分支，将满足剪枝函数的孩子加入活节点队列。

④ 重复②和③，直到找到问题的一个解或活节点队列为空。

由此可见，队列式分支限界法搜索解空间树的方法是完全的广度优先搜索。

（2）**优先队列式分支限界法**。这种方法采用优先队列存储活节点，每次选择优先级最高的活节点成为扩展节点。优先队列式分支限界法的搜索过程如下。

① 计算起始节点（根）的优先级并加入优先队列。

② 从优先队列中取出优先级最高的节点成为当前扩展节点。

③ 对于当前扩展节点，根据扩展规则依次生成它的所有孩子，用剪枝函数检查由此生成的每个分支，将满足剪枝函数的孩子计算优先级加入优先队列。

④ 重复②和③，直到找到一个解或优先队列为空。

节点的优先级通常使用一个与该节点有关的数值表示，该数值与具体问题的求解目标相关。例如，0-1 背包问题的求解目标是寻找一个物品的选择方案，使得装入物品后的背包价值最大，这一问题可以使用节点相应的背包价值上界作为优先级。优先队列式分支限界法每次选择优先级最高的活节点成为扩展节点，有利于推动搜索朝着可能产生最优解的分支前进，从而尽快找到最优解。由此可见，优先队列式分支限界法搜索解空间树的方法并非完全的广度优先搜索，可以称为最小耗费或最大效益优先的广度优先搜索。

优先队列的实现有两种方法：一种是使用普通队列，当节点入队时根据优先级排序，优先级高的节点排在前面，优先级低的节点排在后面；另一种是使用堆作为优先队列，大顶堆用于优先级高的节点先出队的优先队列，小顶堆用于优先级低的节点先出队的优先队列。本章的应用实例都是使用堆作为优先队列的。

3．如何记录搜索过程中的解？

在分支限界法搜索解空间树的过程中，节点的处理次序并非同回溯法一样按照节点层次连续变化的，而是跳跃式的，因此不同节点处的解向量差别可能很大，无法共用一个解向量来记录搜索过程中的解。

解决这一问题有两种方法：一种方法是每个节点都带有一个解向量，记录从根到该节点经过路径上的决策，当搜索到一个叶子节点时，该节点中的解向量就是问题的一个可行解。这种方法实现简单，但比较浪费存储空间。另一种方法是在搜索过程中建立解空间树的结构，每个节点带有一个指向其双亲的指针，当搜索到一个叶子节点时，从该节点的双亲指针开始，不断向上回溯，直至找到根，这一路径上的决策构成了问题的一个可行解。这种做法不仅需要保存搜索经过的树结构，还需要通过回溯确定问题的解。本章的应用实例使用的都是第一种方法记录搜索过程中的解。

13.1.3 分支限界法的设计步骤

使用分支限界法求解问题通常需要遵循如下 5 个步骤。

（1）确定问题的解空间，包括确定解向量的形式、显约束和隐约束。

（2）确定节点的扩展规则。

（3）确定剪枝函数。结合节点的扩展规则、约束条件和目标函数的优化目标确定剪枝函数。不同分支的剪枝函数可能不同，因此需要确定由节点的扩展规则产生的所有分支的剪枝函数。

（4）确定活节点表的组织方式和解向量的记录方式。

（5）以广度优先的方式搜索解空间树，在搜索过程中采用剪枝函数避免无效搜索。

其中，第（1）～（3）步需要开展的工作都与回溯法相同，属于问题分析的范畴，第（4）步和第（5）步属于问题求解过程的范畴。

13.1.4 分支限界法的时间性能

设问题的解向量为 $X=(x_1,x_2,\cdots,x_n)$，其中 x_i（$1\leqslant i\leqslant n$）的取值范围为某个有限集合 $S_i=(s_{i1},s_{i2},\cdots,s_{ir})$。若使用$|S_i|$表示集合 S_i 的元素数目，则解空间树第 1 层的根有$|S_1|$棵子树；第 2 层有$|S_1|$个节点，每个节点有$|S_2|$棵子树，由此可知，第 3 层有$|S_1|\times|S_2|$个节点；以此类推，第 n+1 层有$|S_1|\times|S_2|\times\cdots\times|S_n|$个节点，它们都是叶子节点，代表问题的所有可能解。因此，问题的解空间由笛卡儿积 $S_1\times S_2\times\cdots\times S_n$ 构成。算法的最坏情况是在搜索过程中没有发生剪枝，此时算法的时间复杂度是指数阶。

分支限界法和回溯法本质上都是穷举法，搜索效率的提升依赖于被剪枝，故剪枝函数的设计在很大程度上决定了此类算法的时间性能。

13.1.5 分支限界法的适用条件

分支限界法的适用条件与回溯法的适用条件相同，需要满足两个条件：一个是问题的求解过程可以被划分为若干依次进行的决策阶段，每个阶段对解的一个分量做出选择，整个问题的解可以表示为一个向量；另一个是问题要满足多米诺性质。读者可以回顾 12.1.5 节，这里不再赘述。

13.2　分支限界法的应用实例

13.2.1　0-1 背包问题

由 12.1.5 节已知 0-1 背包问题满足回溯法的适用条件，即满足分支限界法的适用条件，本节介绍使用分支限界法求解该问题的方法。设给定 n 种物品和一个背包，物品 i 质量为 w_i，价值为 v_i，背包容量为 c；每种物品只有装入背包或不装入背包两种选择，如何选择装入背包的物品，在物品质量不超过背包容量的情况下，使得装入物品后的背包价值最大呢？

【问题分析】

在使用分支限界法求解 0-1 背包问题时，该问题的解空间、解空间树节点的扩展规则和剪枝函数都与使用回溯法求解相同，即对 n 种物品的 0-1 背包问题，解向量是一个 n 维的向量 $\boldsymbol{X}=(x_1,x_2,\cdots,x_n)$，其中 x_i（$i=1,2,\cdots,n$）表示对第 i 种物品的决策；显约束为 $x_i\in\{0,1\}$（$i=1,2,\cdots,n$），其中 $x_i=0$ 表示不装入第 i 种物品，$x_i=1$ 表示装入第 i 种物品；隐约束为 $\sum_{i=1}^{n}w_ix_i\leqslant c$。

同样为解空间树的每个节点设置状态(*i*,tw,tv,**tx**)，其中 i 表示节点层次；tw 表示当前的背包质量；tv 表示当前的背包价值；**tx** 记录当前的解向量。解空间树第 i（$i=1,2,\cdots,n$）层分支节点的扩展规则是装入或不装入第 i 种物品，从而向下形成两个分支。左分支的剪枝函数是约束函数：$\mathrm{tw}+w_i\leqslant c$。右分支的剪枝函数是限界函数：bound(*i*)>maxv，其中 bound(*i*)=tv+rv 表示放弃装入第 i 种物品之后能够产生的背包价值上界；rv 表示第 $i+1$~n 种物品能够产生的装入物品的价值；maxv 表示当前最优的物品选择方案产生的背包价值。为了使 rv 尽可能小，降低满足限界函数的概率，也可以预先将所有物品按照单位质量的价值递减排序。当扩展到第 $n+1$ 层时，找到解空间树的叶子节点，得到问题的一个解。

详细分析过程可参见 12.2.1 节。

【算法描述】

设 n 表示物品种类；c 表示背包容量；一维结构体数组 A 记录物品信息，其中 A[i]记录第 i 种物品信息，A[i].no 表示物品编号，A[i].w 表示物品质量，A[i].v 表示物品价值，A[i].p 表示物品单位质量价值（1≤i≤n）；结构体变量 e 表示解空间树的当前扩展节点，其中 e.i 表示节点层次，e.tw 表示节点对应的背包质量，e.tv 表示节点对应的背包价值，e.tx 表示节点对应的解向量；结构体变量 e1 和 e2 分别表示扩展节点 e 的左孩子和右孩子；maxv 记录最优的物品选择方案产生的背包价值；一维数组 x 记录最优解向量；bound 记录当前扩展节点的背包价值上界。应用分支限界法求解 0-1 背包问题的算法描述如下。

Step 1：将物品按照物品的单位质量价值递减排序，并存储于结构体数组 A。

Step 2：初始化最大背包价值 maxv 为 0。

Step 3：初始化解空间树的根成为当前扩展节点 e，并加入队列。

Step 4：当队列不为空时，反复进行如下处理，否则结束算法。

Step 4.1：根据出队规则出队队头节点 e。

Step 4.2：判断是否可以扩展左分支，即是否满足 e.tw+A[e.i].w<=c，若满足，则选择装入第 i 种物品，构造 e1，继续向下执行，否则转至 Step 4.4。

Step 4.3：判断 e1 是否是解空间树的叶子节点，即是否满足 e1.i>n，分为如下两种情况。

① e1.i>n，表明找到问题的一个可行解，进一步判断是不是更优解，即是否满足 e1.tv>maxv，若满足，则表明找到问题的一个更优解，更新 maxv 和 x。

② e1.i<=n，将 e1 加入队列。

Step 4.4：判断是否可以扩展右分支，即是否满足 bound>maxv，若满足，则选择不装入第 i 种物品，构造 e2，继续向下执行，否则跳过 Step 4.5。

Step 4.5：判断 e2 是否是解空间树的叶子节点，即是否满足 e2.i>n，分为如下两种情况。

① e2.i>n，表明找到问题的一个可行解，进一步判断是不是更优解，即是否满足 e2.tv>maxv，若满足，则表明找到问题的一个更优解，更新 maxv 和 x。

② e2.i<=n，将 e2 加入队列。

算法结束后，问题的最优解被记录于 x 和 maxv。

【算法实现】

（1）队列式分支限界算法。

```
#include "LinkQueue.h"                                   //使用第 3 章的链队列
struct Item    {                                         //物品类型
    int no;                                              //物品编号
    double w, v, p;                                      //物品质量、价值和单位质量价值
    bool operator<(const Item &s) const                  //重载<运算符用于按照物品的单位质量价值递减排序
    {   return p > s.p;   }
};
struct STNode    {                                       //解空间树的节点类型
    int i;                                               //当前节点在解空间树中的层次
    double tw, tv;                                       //当前节点的背包质量和背包价值
    int tx[MAX];                                         //当前节点包含的解向量
};
double bound(int i, Item * A, STNode & e, int n, int c)  { //计算扩展节点的背包价值上界
    double tw = e.tw, tv = e.tv;                            //初始化背包当前的质量和价值
    i++;
    while(i<=n && tw + A[i].w <= c)   {                  //依次判断剩余物品
        tw += A[i].w;    tv += A[i].v;                   //可以全部装入第 i 种物品
        i++;
    }
    if(i <= n)   return tv += (c - tw) * A[i].p;         //只能装入部分第 i 种物品
    return tv;
}
void Knapsack01(int n, int c, Item * A, double &maxv, int * x)   {//应用队列式分支限界法求解 0-1 背包问题
    int j;
    STNode e, e1, e2;                                    //定义 3 个解空间树节点
    LinkQueue<STNode> queue;                             //定义一个队列
    for(int i = 1; i <= n; i++)                          //求物品的单位质量价值
        A[i].p = A[i].v / A[i].w;
```

```
    sort(A + 1, A + n + 1);                         //将物品按照单位质量价值递减排序
    //初始化根
    e.i = 1;   e.tw = 0;   e.tv = 0;
    for(j=1; j<=n; j++)   e.tx[j] = 0;
    queue.EnQueue(e);                               //将根加入队列
    while(!queue.IsEmpty())   {                     //队列不为空循环
        queue.DelQueue(e);                          //将队头节点出队成为当前扩展节点
        if(e.tw + A[e.i].w <= c)   {                //左分支剪枝，若满足约束函数，则装入第 i 种物品
            //构造左孩子
            e1.i = e.i + 1;   e1.tw = e.tw + A[e.i].w;   e1.tv = e.tv + A[e.i].v;
            for(j = 1; j <= n; j++)   e1.tx[j] = e.tx[j];        //复制解向量
            e1.tx[e.i] = 1;                                      //记录本次选择，即装入第 i 种物品
            if(e1.i > n)   {                                     //找到一个叶子节点，即找到一个可行解
                if(e1.tv > maxv)   {                             //找到一个更优解
                    maxv = e1.tv;                                //更新最优值
                    for (j = 1; j <= n; j++)   x[j] = e1.tx[j];  //更新最优解
                }
            }
            else   queue.EnQueue(e1);                   //左孩子不是叶子节点，将其入队
        }
        if(bound(e.i, A, e, n, c) > maxv)   {           //右分支剪枝，若满足限界函数，则不装入第 i 种物品
            //构造右孩子
            e2.i = e.i + 1;   e2.tw = e.tw;   e2.tv = e.tv;
            for(j = 1; j <= n; j++)   e2.tx[j] = e.tx[j];        //复制解向量
            e2.tx[e.i] = 0;                                      //记录本次选择，即不装入第 i 种物品
            if(e2.i > n)   {                                     //找到一个叶子节点，即找到一个可行解
                if(e2.tv > maxv)   {                             //找到一个更优解
                    maxv = e2.tv;                                //更新最优值
                    for(j=1; j<=n; j++)   x[j] = e2.tx[j];       //更新最优解
                }
            }
            else   queue.EnQueue(e2);                   //右孩子不是叶子节点，将其加入队列
        }
    }//End of while
}
```

（2）优先队列式分支限界算法。

在优先队列式分支限界算法的实现中，取节点相应的背包价值上界作为节点的优先级，背包价值上界越大的节点越先出队，因此使用大顶堆作为优先队列。

```
#include "MaxHeap.h"                            //使用第 5 章的大顶堆作为优先队列
struct Item   {                                 //物品类型
    int no;                                     //物品编号
    double w, v, p;                             //物品质量、价值和单位质量价值
    bool operator<(const Item &s) const         //重载<运算符用于按照物品的单位质量价值递减排序
    {   return p > s.p;   }
};
struct STNode   {                               //解空间树的节点类型
    int i;                                      //当前节点在解空间树中的层次
```

```
    double tw, tv;                          //当前节点的背包质量和背包价值
    double ub;                              //当前节点的背包价值上界
    int tx[MAX];                            //当前节点包含的解向量
    bool operator<(const STNode &s) const   //重载<运算符用于大顶堆的元素比较
    {   return ub < s.ub;   }
    bool operator<=(const STNode &s) const  //重载<=运算符用于大顶堆的元素比较
    {   return ub <= s.ub;   }
    bool operator>=(const STNode &s) const  //重载>=运算符用于大顶堆的元素比较
    {   return ub >= s.ub;   }
    STNode& operator=(const STNode &s)  {   //重载赋值运算符用于大顶堆的元素赋值
        if(this != &s)   {
            i = s.i;   tw = s.tw;   tv = s.tv;   ub = s.ub;
            for(int j = 0; j < MAX; j++)       tx[j] = s.tx[j];
        }
        return *this;
    }
};
double bound(int i, Item * A, STNode & e, int n, int c)   { //计算扩展节点的背包价值上界
    double tw = e.tw, tv = e.tv;                    //初始化背包当前的质量和价值
    i++;
    while(i<=n && tw + A[i].w <= c)   {             //依次判断剩余物品
        tw += A[i].w;   tv += A[i].v;               //可以全部装入第 i 种物品
        i++;
    }
    if(i <= n)   return tv += (c - tw) * A[i].p;    //只能装入部分第 i 种物品
    return tv;
}
//应用优先队列式分支限界法求解 0-1 背包问题
void Knapsack01(int n, int c, Item * A, double &maxv, int * x) {
    int j;
    STNode e, e1, e2;                           //定义 3 个解空间树节点
    MaxHeap<STNode> queue(MAX);                 //定义大顶堆作为优先队列
    for(int i = 1; i <= n; i++)                 //求物品的单位质量价值
        A[i].p = A[i].v / A[i].w;
    sort(A + 1, A + n + 1);                     //将物品按照单位质量价值递减排序
    //初始化根
    e.i = 1;   e.tw = 0;   e.tv = 0;   e.ub = bound(0, A, e, n, c);
    for(j = 1; j <= n; j++)   e.tx[j] = 0;
    queue.InsertElem(e);                        //将根加入队列
    while(!queue.IsEmpty())     {               //队列不为空循环
        queue.DeleteTop(e);                     //将队头节点出队成为当前扩展节点
        if(e.tw + A[e.i].w <= c)   {            //左分支剪枝，若满足约束函数，则装入第 i 种物品
            //构造左孩子
            e1.i = e.i + 1;   e1.tw = e.tw + A[e.i].w;
            e1.tv = e.tv + A[e.i].v;   e1.ub = e.ub;
            for(j = 1; j <= n; j++)   e1.tx[j] = e.tx[j];        //复制解向量
            e1.tx[e.i] = 1;                                      //记录本次选择，即装入第 i 种物品
            if(e1.i > n)   {                                     //找到一个叶子节点，即找到一个可行解
```

```
                if(e1.tv > maxv)  {                         //找到一个更优解
                    maxv = e1.tv;                           //更新最优值
                    for (j = 1; j <= n; j++)    x[j] = e1.tx[j]; //更新最优解
                }
            }
            else    queue.InsertElem(e1);               //左孩子不是叶子节点，将其入队
        }
        if((e2.ub = bound(e.i, A, e, n, c)) > maxv)   {//右分支剪枝，若满足限界函数，则不装入第 i 种物品
            //构造右孩子
            e2.i = e.i + 1;    e2.tw = e.tw;    e2.tv = e.tv;
            for(j = 1; j <= n; j++)    e2.tx[j] = e.tx[j];          //复制解向量
            e2.tx[e.i] = 0;                                         //记录本次选择，即不装入第 i 种物品
            if(e2.i > n)    {                                       //找到一个叶子节点，即找到一个可行解
                if(e2.tv > maxv)   {                                //找到一个更优解
                    maxv = e2.tv;                                   //更新最优值
                    for (j = 1; j <= n; j++)    x[j] = e2.tx[j]; //更新最优解
                }
            }
            else    queue.InsertElem(e2);                           //右孩子不是叶子节点，将其加入队列
        }
    }//End of while
}
```

对比队列式分支限界法算法，上述优先队列式分支限界法算法除在解空间树的节点中添加了一个表示上界的变量 ub，以及使用堆作为队列带来的有关优先队列操作上的差异外，其余代码完全相同。

【一个简单实例的求解过程】

已知一个 0-1 背包问题，背包的容量 c=16，物品种类 n=3，物品信息如图 13-1（a）所示，按照单位质量价值递减排序后的结果如图 13-1（b）所示。

物品编号 no	质量 w	价值 v
1	8	14
2	9	18
3	8	12

（a）物品信息

序号	物品编号 no	质量 w	价值 v	单位质量价值 p
1	2	9	18	2
2	1	8	14	1.75
3	3	8	12	1.5

（b）按照单位质量价值递减排序后的结果

图 13-1 0-1 背包问题实例

（1）应用队列式分支限界法的求解过程。

应用队列式分支限界法求解 0-1 背包问题实例的过程如图 13-2 所示，节点中的 tw、tv 分别表示背包当前的质量和价值；节点外侧的数字编号①~⑨表示节点的搜索次序；虚线表示被剪枝。

在初始时，maxv=0，初始化根（数字编号为①的节点），置 tw=0，tv=0，并将根加入队列。

队列不为空，出队队头节点，即根成为当前扩展节点。左分支满足约束函数，生成左孩子（数字编号为②的节点）并将其加入队列；右分支计算在不选择第 1 种物品时的背包价值上界为 bound=0+14+12=26>maxv，满足限界函数，生成右孩子（数字编号为③的节点），并将其加入队列。

队列不为空，出队队头节点，即数字编号为②的节点成为当前扩展节点。左分支不满足约束函数被剪枝。右分支计算在不选择第 2 种物品时的背包价值上界为 bound=18+(16−9)×1.5=28.5>maxv，满足限界函数，生成右孩子（数字编号为④的节点）并将其入队。

队列不为空，出队队头节点，即数字编号为③的节点成为当前扩展节点。左分支满足约束函数，生成左孩子（数字编号为⑤的节点），并将其加入队列。右分支计算在不选择第 2 种物品时的背包价值上界为 bound=0+12=12>maxv，满足限界函数，生成右孩子（数字编号为⑥的节点），并将其加入队列。

队列不为空，出队队头节点，即数字编号为④的节点成为当前扩展节点。左分支不满足约束函数被剪枝。右分支计算在不选择第 3 种物品时的背包价值上界为 bound=18>maxv，满足限界函数，生成右孩子（数字编号为⑦的节点），该节点是叶子节点，找到问题的一个可行解，背包价值 tv>maxv，故更新最优值 maxv=tv=18，最优解 x=(1,0,0)。

队列不为空，出队队头节点，即数字编号为⑤的节点成为当前扩展节点。左分支满足约束函数，生成左孩子（数字编号为⑧的节点），该节点是叶子节点，找到问题的一个可行解，背包价值 tv>maxv，故更新最优值 maxv=tv=26，最优解 x=(0,1,1)。右分支计算在不选择第 3 种物品时的背包价值上界为 bound=14<maxv，不满足限界函数被剪枝。

队列不为空，出队队头节点，即数字编号为⑥的节点成为当前扩展节点。左分支满足约束函数，生成左孩子（数字编号为⑨的节点），该节点是叶子节点，找到问题的一个可行解，背包价值 tv<maxv，不是更优解。右分支计算在不选择第 3 种物品时的背包价值上界 bound=0<maxv，不满足限界函数被剪枝。

队列为空，求解结束，得到最优解为 x=(0,1,1)，最大的背包价值为 maxv=26。

从上述实例的求解过程可知，队列式分支限界法的搜索过程是按照解空间树的层次逐层递进的。

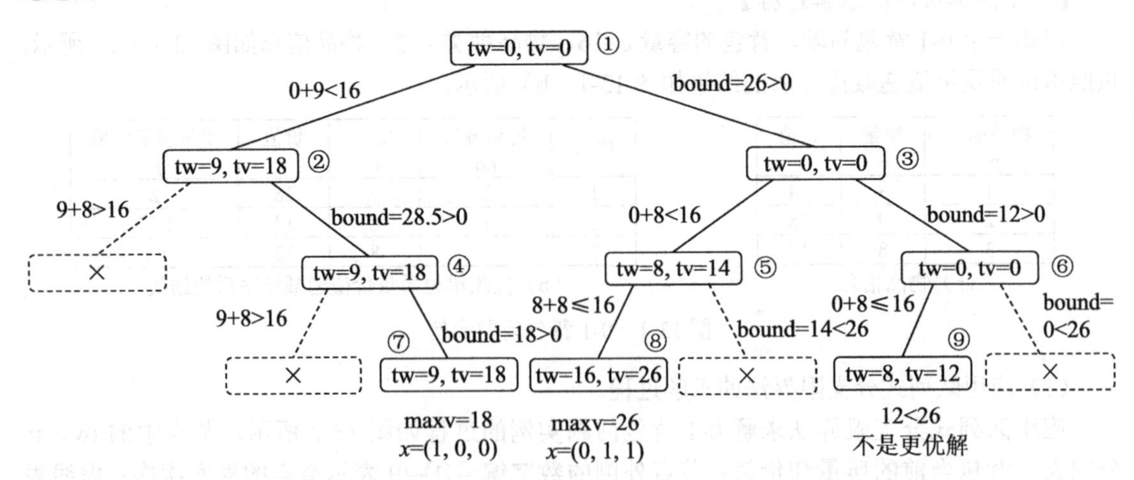

图 13-2 应用队列式分支限界法求解 0-1 背包问题实例的过程

（2）应用优先队列式分支限界法的求解过程。

应用优先队列式分支限界法求解 0-1 背包问题实例的过程如图 13-3 所示，节点中的 tw、tv 和 ub 分别表示背包当前的质量、背包当前的价值和背包价值上界；节点外侧带圈的数字编号①~⑦表示节点的搜索次序；虚线表示被剪枝。

在初始时，maxv=0，初始化根（数字编号为①的节点），置 tw=0，tv=0，ub=18+(16−

$9)\times 1.75=30.25$，并将根加入队列。

优先队列不为空，出队队头节点，即根成为当前扩展节点。左分支满足约束函数，生成左孩子（数字编号为②的节点）并将其加入队列；右分支计算在不选择第 1 种物品时的背包价值上界为 $bound=0+14+12=26>maxv$，满足限界函数，生成右孩子（数字编号为③的节点）并将其加入队列。

优先队列不为空，出队队头节点，即数字编号为②的节点成为当前扩展节点。左分支不满足约束函数被剪枝。右分支计算在不选择第 2 种物品时的背包价值上界为 $bound=18+(16-9)\times 1.5=28.5>maxv$，满足限界函数，生成右孩子（数字编号为④的节点）并将其加入队列，由于该节点的背包价值上界在优先队列中最大，因此该节点成为优先队列的队头节点。

优先队列不为空，出队队头节点，即数字编号为④的节点成为当前扩展节点。左分支不满足约束函数被剪枝。右分支计算在不选择第 3 种物品时的背包价值上界为 $bound=18>maxv$，满足限界函数，生成右孩子（数字编号为⑤的节点），该节点是叶子节点，找到问题的一个可行解，其背包价值 $tv>maxv$，故更新最优值 $maxv=tv=18$，最优解 $x=(1,0,0)$。

优先队列不为空，出队队头节点，即数字编号为③的节点成为当前扩展节点。左分支满足约束函数，生成左孩子（数字编号为⑥的节点）并将其加入队列。右分支计算在不选择第 2 种物品时的背包价值上界为 $bound=0+12=12<maxv$，不满足限界函数被剪枝。

优先队列不为空，出队队头节点，即数字编号为⑥的节点成为当前扩展节点。左分支满足约束函数，生成左孩子（数字编号为⑦的节点），该节点是叶子节点，找到问题的一个可行解，背包价值 $tv>maxv$，故更新最优值 $maxv=tv=26$，最优解 $x=(0,1,1)$。右分支计算在不选择第 3 种物品时的背包价值上界为 $bound=14<maxv$，不满足限界函数被剪枝。

优先队列为空，求解结束，得到最优解 $x=(0,1,1)$，最大的背包价值 $maxv=26$。

从上述实例的求解过程可知，优先队列式分支限界法的搜索不是逐层展开的，而是按照节点的优先级跳跃式地选择扩展节点，使得搜索方向尽可能快地向最优解方向推进，从而减少搜索的节点数目，提高搜索效率。

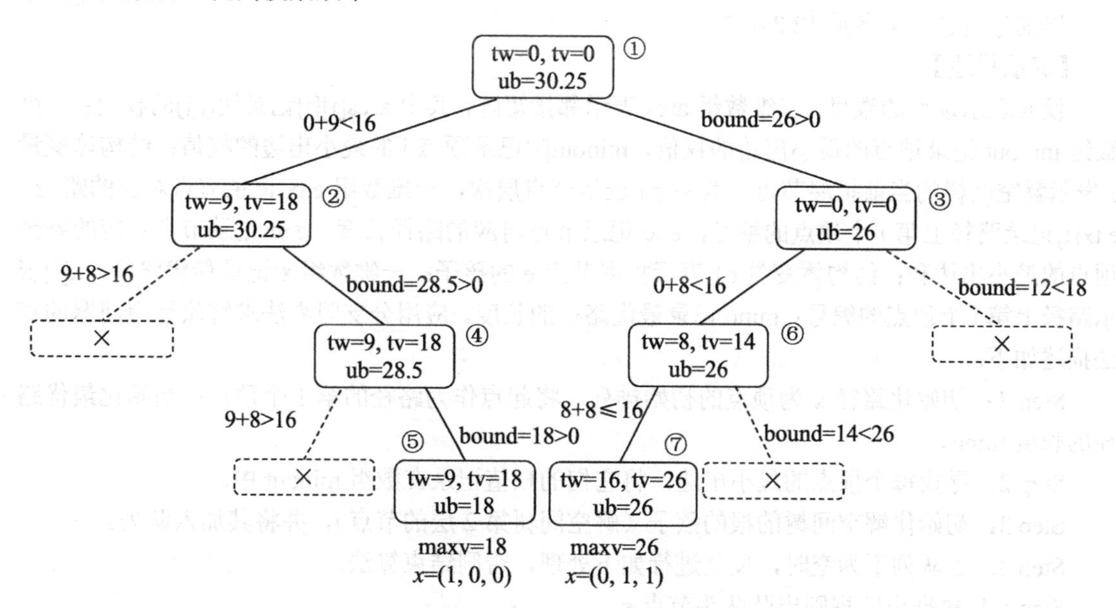

图 13-3　应用优先队列式分支限界法求解 0-1 背包问题实例的过程

13.2.2 旅行商问题

由 12.2.4 节可知旅行商问题满足回溯法的适用条件，即满足分支限界法的适用条件，本节介绍使用分支限界法求解该问题的方法。设商品推销员要去 n 个城市（编号为 $1,2,\cdots,n$）推销商品，各城市之间的路程（或旅费）已知。该推销员从一个城市出发，途径每个城市一次，最后回到出发城市。要求寻找能使总的路程（或旅费）最短（或最少）的行进路线。

【问题分析】

旅行商问题依然被抽象为在由 n 个顶点构成的连通网中，寻找从某个顶点出发的一条哈密顿回路，要求构成回路的路径长度最短。

在应用分支限界法求解旅行商问题时，该问题的解空间、解空间树节点的扩展规则和剪枝函数都与应用回溯法求解相同，即对由 n 个顶点构成的连通网，可以用一个 n 维的向量 $\boldsymbol{X}=(x_1,x_2,\cdots,x_n)$表示问题的解，其中 x_i（$i=1,2,\cdots,n$）表示哈密顿回路上的第 i 个顶点。显约束为 $x_1\in S$ 且 $x_i\in S-\{x_1,x_2,\cdots,x_{i-1}\}$（$i=2,3,\cdots,n$）。其中，$S=\{1,2,\cdots,n\}$是由编号为 $1,2,\cdots,n$ 的顶点构成的集合。隐约束为$\forall\, i\in\{1,2,\cdots,n-1\}$，$\mathbf{arcs}[x_i,x_{i+1}]\neq\infty$ 且 $\mathbf{arcs}[x_n,x_1]\neq\infty$，其中 **arcs** 表示连通网的邻接矩阵。

同样为解空间树的每个节点设置状态$(i,\mathbf{tx},\mathrm{tc},\mathrm{rc})$，其中 i 表示节点层次；**tx** 记录当前的解向量，即当前已经确定的路径；tc 记录当前路径的长度；rc 记录当前的最小出边和。解空间树第 i（$i=1,2,\cdots,n$）层分支节点的扩展规则是在 $S_i=S-\{\mathrm{tx}_1,\mathrm{tx}_2,\cdots,\mathrm{tx}_{i-1}\}$中选择一个顶点作为哈密顿回路的第 i 个顶点。每种选择向下形成一个分支，共计 $n-i+1$ 个分支，所有分支具有相同的约束函数和限界函数。约束函数为 $\mathbf{arcs}[\mathrm{tx}_{i-1},\mathrm{tx}_i]\neq\infty$（$i=2,\cdots,n$），限界函数为 $\mathrm{bound}(i)<\mathrm{minc}$（$i=2,\cdots,n$），其中 $\mathrm{bound}(i)=\mathrm{tc}+\mathbf{arcs}[\mathrm{tx}_{i-1},\mathrm{tx}_i]+\mathrm{rc}-\mathrm{minout}_{\mathrm{tx}_{i-1}}$ 表示选择 tx_i 作为第 i 个顶点形成的路径长度下界；$\mathrm{minout}_{\mathrm{tx}_{i-1}}$ 表示顶点 tx_{i-1} 的最小出边的权值；minc 表示当前最小的哈密顿回路的路径长度。

在旅行商问题中，当搜索到解空间树的第 $n+1$ 层时，还需要进一步判断从第 n 个顶点能否到达第 1 个顶点，只有能够到达才是找到了问题的一个可行解。

详细分析过程可参见 12.2.4 节。

【算法描述】

设 n 表示顶点的数目；二维数组 arcs 表示邻接矩阵，其中 arcs[i][j]记录边(i,j)的权值；一维数组 minout 记录顶点的最小出边的权值，minout[i]记录顶点 i 的最小出边的权值；结构体变量 e 表示解空间树的当前扩展节点，其中 e.i 表示节点层次，一维数组 e.tx 记录节点对应的路径，e.tx[i]记录路径上第 i 个顶点的编号，e.tc 记录节点对应的路径长度，e.rc 记录节点对应的剩余顶点的最小出边和；结构体变量 e1 表示扩展节点 e 的孩子；一维数组 x 记录最优路径，x[i]表示路径上第 i 个顶点的编号；minc 记录最优路径的长度。应用分支限界法求解旅行商问题的算法描述如下。

Step 1：初始化路径 x 为顶点的初始排列，将起点作为路径的第 1 个顶点；初始化最优路径的长度 minc。

Step 2：寻找每个顶点的最小出边，将它们的权值记录在数组 minout 中。

Step 3：初始化解空间树的根的孩子（解空间树第 2 层的节点），并将其加入队列。

Step 4：当队列不为空时，反复进行如下处理，否则结束算法。

Step 4.1 根据出队规则出队队头节点 e。

Step 4.2：判断节点 e 是否是解空间树的叶子节点，即是否满足 e.i>n，分为如下两种情况。

① 若 e.i>n，则表示找到一条从起点开始遍历所有顶点的简单路径，判断路径的第 n 个顶点与起点是否相连且回路的路径长度是否小于 minc，满足上述条件表明找到一条更优的哈密顿回路，更新 x 和 minc。

② 若 e.i<=n，则对 j=e.i,e.i+1,…,n，检查顶点 e.tx[j]是否满足约束函数 arcs[e.tx[e.i-1]][e.tx[j]]≠∞，以及限界函数 bound<minc（bound=e.tc+arcs[e.tx[e.i-1]][e.tx[j]]+e.rc-minout[e.tx[e.i-1]]），若满足，则构造孩子 e1 并将其加入队列。

算法结束后，问题的最优解被记录于 x 和 minc。

【算法实现】

应用优先队列式分支限界法实现上述算法，取节点相应的路径长度下界作为节点的优先级，路径长度下界越小的节点越先出队，因此应当使用小顶堆作为优先队列。

```
#include "MinHeap.h"                                  //使用小顶堆作为优先队列，参见配套源码
const int INFINITE = INT_MAX;                         //定义 INFINITE 作为无穷的数据
struct STNode    {                                    //解空间树节点类型
    int i;                                            //节点层次
    int tx[MAX];                                      //当前节点的路径
    int tc, rc;                                       //当前节点的路径长度、剩余顶点的最小出边和
    int lb;                                           //当前节点的路径长度下界
    bool operator<=(const STNode &s) const            //重载<=运算符用于小顶堆的元素比较
    {   return lb <= s.lb;   }
    bool operator>(const STNode &s) const             //重载>运算符用于小顶堆的元素比较
    {   return lb > s.lb;  }
    STNode& operator=(const STNode &s)   {            //重载赋值运算符用于小顶堆的元素赋值
        if(this != &s)   {
            i = s.i;    tc = s.tc;    rc = s.rc;    lb = s.lb;
            for(int j = 0; j < MAX; j++)    tx[j] = s.tx[j];
        }
        return *this;
    }
};
void TSP(int n, int arcs[][MAX], int start, int &minc, int * x)   {   //应用优先队列式分支限界法求解旅行商问题
    int * minout = new int[n];                        //记录每个顶点的最小出边的权值
    int rc = 0;                                       //记录顶点的最小出边和
    STNode e, e1;                                     //解空间树的节点
    MinHeap<STNode> queue(MAX);                       //定义一个小顶堆作为优先队列
    for(int i = 1; i <= n; i++)    x[i] = i;          //初始化路径
    x[1] = start;   x[start] = 1;                     //起点 start 作为路径的第 1 个顶点
    minc = INFINITE;                                  //初始化最优哈密顿回路的长度为无穷
    for (int i = 1; i <= n; i++)   {                  //寻找所有顶点的最小出边的权值
        minout[i] = INFINITE;                         //顶点 i 的最小出边的权值初始化为无穷
        for(int j = 1; j <= n; j++)                   //在顶点 i 的邻接点中寻找权值最小的边
        if(arcs[i][j] != INFINITE && arcs[i][j] < minout[i])
            minout[i] = arcs[i][j];
        if(minout[i] == INFINITE)   return;           //不存在哈密顿回路，返回
        rc += minout[i];                              //累加顶点最小出边的权值
    }
    e.i = 2;   e.tc = 0;   e.rc = rc;   e.lb = 0;     //初始化第 2 层节点
```

```
    for(int i = 1; i <= n; i++)    e.tx[i] = x[i];           //初始化节点的路径
    queue.InsertElem(e);                                      //将节点 e 加入队列
    while(!queue.IsEmpty())   {                               //队列不为空循环
        queue.DeleteTop(e);                                   //将队头节点出队成为当前扩展节点
        if(e.i > n)   {       //找到一个叶子节点，即找到从起点开始遍历所有顶点的简单路径
            //当前路径形成回路且更优
            if(arcs[e.tx[n]][e.tx[1]] != INFINITE && e.tc + arcs[e.tx[n]][e.tx[1]] < minc)   {
                minc = e.tc + arcs[e.tx[n]][e.tx[1]];          //更新最优哈密顿回路的路径长度
                for(int j = 1; j <= n; j++)    x[j] = e.tx[j];  //更新最优哈密顿回路
            }
        }
        else   {
            for(int j = e.i; j <= n; j++)   {   //依次尝试取顶点 e.tx[e.i]~e.tx[n]作为路径的第 i 个顶点
                if(arcs[e.tx[e.i - 1]][e.tx[j]] != INFINITE)   {//满足约束函数
                    //计算节点对应的路径长度下界
                    int bound = e.tc + arcs[e.tx[e.i - 1]][e.tx[j]] + e.rc - minout[e.tx[e.i - 1]];
                    if(bound < minc)   {                  //满足限界函数
                        //构造孩子
                        e1.i = e.i + 1;
                        e1.tc = e.tc + arcs[e.tx[e.i - 1]][e.tx[j]];
                        e1.rc = e.rc - minout[e.tx[e.i - 1]];
                        e1.lb = bound;
                        for(int k = 1; k <= n; k++)    e1.tx[k] = e.tx[k];
                        e1.tx[e.i] = e.tx[j];    e1.tx[j] = e.tx[e.i];  //交换顶点形成新排列
                        queue.InsertElem(e1);                  //将节点 e1 加入队列
                    }
                }
            }
        }
    }//End of while
}//End of TSP
```

13.2.3 流水作业调度

编号为 1,2,…,n 的 n 个作业需要使用由 M1 和 M2 两台机器组成的流水线进行加工。每个作业都必须先经过 M1 再经过 M2 才可完成加工。对于作业 i（i=1,2,…,n），使用 M1 和 M2 加工的时间分别是 a_i 和 b_i（i=1,2,…,n）。要求寻找一个最优作业调度，即寻找这 n 个作业的最优加工次序，使得完成所有作业的加工所需的时间最短。

例如，已知 4 个作业在 M1 和 M2 上加工的时间如表 13-1 所示，这 4 个作业的最优调度是 1,4,3,2，需要的最少加工时间为 36。

表 13-1 4 个作业在 M1 和 M2 上加工的时间表

作业编号	1	2	3	4
M1 加工的时间/min	5	10	9	7
M2 加工的时间/min	7	5	9	8

【问题分析】

在寻找 n 个作业的最优调度前，需要明确如何计算一个流水作业调度的加工时间。由于所有作业都先由 M1 加工，M1 加工完一个作业即可加工下一个作业，因此 M1 对作业的加工是连续的，无须任何等待，其完成所有作业的加工时间等于 M1 加工这些作业的实际时间之和。但是，M2 对作业的加工未必连续。当 M2 完成一个作业的加工时，下一个作业可能正由 M1 加工，此时 M2 将进入等待。所以，M2 完成所有作业的加工时间等于 M2 加工这些作业的实际时间与等待时间之和。因为所有作业总是先由 M1 加工再由 M2 加工，所以一个流水作业调度的加工时间就是 M2 完成所有作业的加工时间。例如，若采用 1,2,3,4 的调度次序加工如表 13-1 所示的 4 个作业，则 M1 和 M2 加工的时间线如图 13-4 所示，可见这一调度的加工时间就是 M2 完成所有作业的加工时间 41。

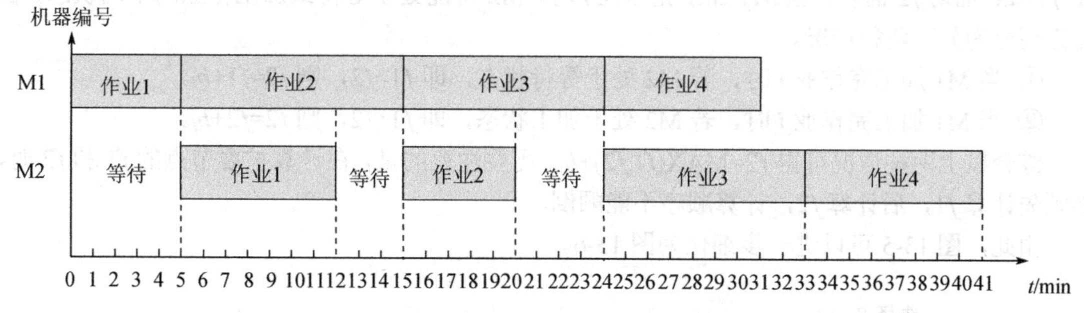

图 13-4 M1 和 M2 加工的时间线

那么，是否可以使用分支限界法求解流水作业调度问题呢？n 个作业的调度问题可以划分为 n 个阶段，每个阶段对一个作业做出决策，并且可以验证该问题满足多米诺性质。因此，流水作业调度问题满足分支限界法的适用条件。

（1）确定问题的解空间。

对 n 个作业的调度问题，解向量是一个 n 维的向量 $\boldsymbol{X}=(x_1,x_2,\cdots,x_n)$，其中 x_i（$i=1,2,\cdots,n$）表示第 i 个被加工的作业。

设 $S=\{1,2,\cdots,n\}$是由编号为 $1,2,\cdots,n$ 的作业构成的集合，一个流水作业调度中的每个作业都是集合 S 中的一个元素，因此显约束可以表示为 $x_1\in S$ 且 $x_i\in S-\{x_1,x_2,\cdots,x_{i-1}\}$（$i=2,3,\cdots,n$），即在流水作业调度中的作业不能重复。

在流水作业调度问题中的作业彼此独立，不存在依赖关系，故没有隐约束。

流水作业调度问题的解向量是 $1,2,\cdots,n$ 的一个排列，解空间树是一棵排列树。

（2）确定节点的扩展规则。

为解空间树的每个节点设置状态$(i,f1,f2,\mathbf{tx})$表示节点相关的信息，其中 i 表示节点层次；$f1$ 记录 M1 加工完成已调度作业的时间；$f2$ 记录 M2 加工完成已调度作业的时间；**tx** 记录当前的作业调度（$\mathrm{tx}_1\sim\mathrm{tx}_{i-1}$ 是已调度的作业，$\mathrm{tx}_i\sim\mathrm{tx}_n$ 是尚未调度的作业）。在第 i（$i=1,\cdots,n$）层的分支节点处需要对流水作业调度的第 i 个作业做出选择，可供选择的范围是 $S_i=S-\{\mathrm{tx}_1,\mathrm{tx}_2,\cdots,\mathrm{tx}_{i-1}\}$，因此第 i 层节点的扩展规则是在 $S_i=S-\{\mathrm{tx}_1,\mathrm{tx}_2,\cdots,\mathrm{tx}_{i-1}\}$中选择一个作业作为流水作业调度的第 i 个作业。S_i 包含 $n-i+1$ 个作业，每种选择形成一个分支，共计形成 $n-i+1$ 个分支，每个分支根据扩展规则计算孩子的状态，如图 13-5 所示（$S_{i1},S_{i2},\cdots,S_{i,\,n-i+1}$ 表示在 S_i 中的作业）。当搜索到解空间树的第 $n+1$ 层时，找到解空间树的叶子节点，表示确定了一个作业调度。

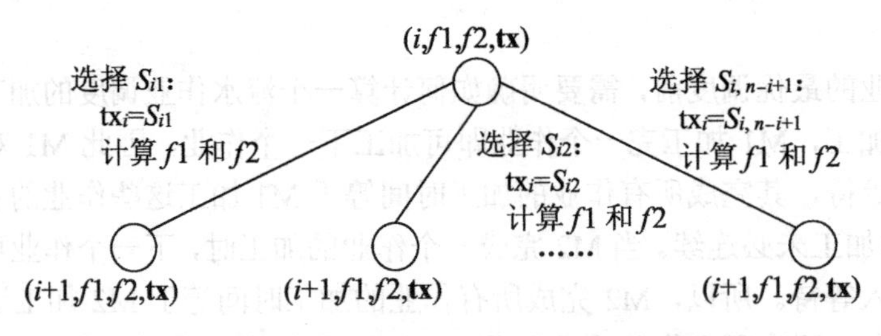

图 13-5 节点扩展和状态计算过程

当从第 i 层的分支节点向下扩展时，如何计算孩子的 $f1$ 和 $f2$ 呢？若流水作业调度的第 i 个作业选择了作业 j（$tx_i=j$），则对 $f1$ 而言，由于 M1 是连续地加工作业，中间无中断，因此 $f1=f1+a_j$；而对 $f2$ 而言，当 M1 加工完作业 j 时，M2 可能处于等待或加工作业的不同状态，因此需要分为如下两种情况。

① 当 M1 加工完作业 j 时，若 M2 处于等待状态，即 $f1>f2$，则 $f2=f1+b_j$。

② 当 M1 加工完作业 j 时，若 M2 处于加工状态，即 $f1<f2$，则 $f2=f2+b_j$。

综合以上两种情况可得 $f2=\text{MAX}(f1,f2)+b_j$。需要注意的是，在计算扩展节点的 $f1$ 和 $f2$ 时，必须先计算 $f1$，后计算 $f2$，计算顺序不能颠倒。

由此，图 13-5 可以进一步细化为图 13-6。

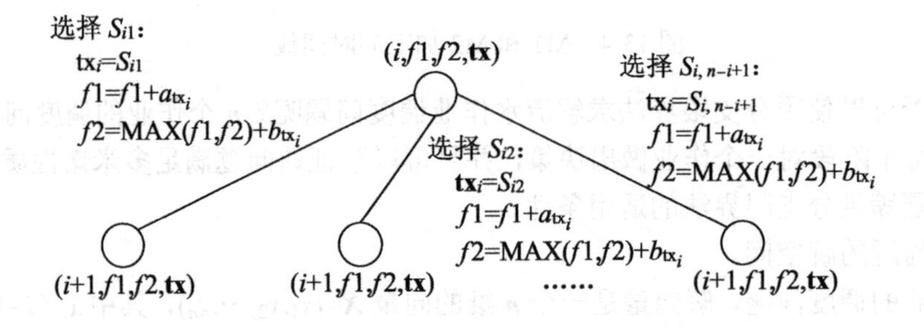

图 13-6 细化后的节点扩展与状态计算过程

（3）确定剪枝函数。

由于流水作业调度问题没有隐约束，因此无须定义约束函数。为了避免搜索过程中无法产生最优解的分支，需要定义限界函数。在第 i（$i=1,\cdots,n$）层的分支节点处为节点的扩展定义如下限界函数：bound(i)<mint，其中 bound(i)表示对第 i 个作业做出选择之后，形成的流水作业调度的加工时间下界；mint 表示最优调度的加工时间。只有在满足限界函数的情况下才会向下扩展节点。添加限界函数后的节点扩展和状态计算过程如图 13-7 所示。

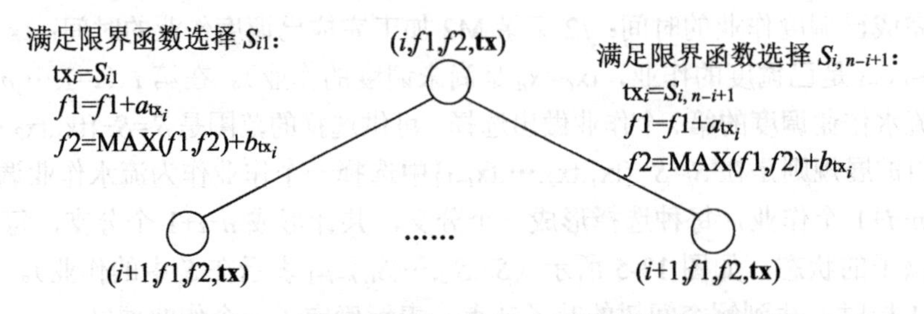

图 13-7 添加限界函数后的节点扩展和状态计算过程

设当前扩展节点为解空间树的第 i 层节点，流水作业调度中已确定的作业是 tx_1~tx_{i-1}，若第 i 个作业选择作业 j（$tx_i=j$），则这一选择形成的流水作业调度的加工时间下界 bound(i)=$f2'$+rt，其中 $f2'$表示 M2 加工完成作业 tx_1~tx_i（流水作业调度中的第 1~i 个作业）的时间；rt 表示 M2 加工完成剩余的作业 tx_{i+1}~tx_n（第 i+1~n 个作业）最短需要的时间。显然，$rt=b_{tx_{i+1}}+b_{tx_{i+2}}+\cdots+b_{tx_n}$。

例如，对如表 13-1 所示的 4 个作业，一个节点状态的计算过程如图 13-8 所示。若当前扩展节点 e 是解空间树第 2 层的节点，该节点的状态如图 13-8（a）所示。假设选择作业 4 成为作业调度的第 2 个作业，则由 e 扩展得到的孩子 e1 的状态计算过程如图 13-8（b）所示，这一选择形成的作业调度的加工时间下界 bound(2)=e1.f2+b_3+b_1=41。

（a）当前扩展节点 e 的状态	（b）孩子 e1 的状态计算过程
e.i=2	e1.i=e.i+1=3
e.f1=10	e1.f1=e.f1+a_4=17
e.f2=15	e1.f2=max(e1.f1, e.f2)+b_4=25
e.tx=(**2**,1,3,4)	e1.tx=(**2**,**4**,3,1)

图 13-8　一个节点状态的计算过程

【算法描述】

设 n 表示作业数目；一维数组 a 记录机器 M1 加工作业的时间，a[i]表示 M1 加工作业 i 的时间；一维数组 b 记录机器 M2 加工作业的时间，b[i]表示 M2 加工作业 i 的时间；结构体变量 e 表示解空间树的当前扩展节点，其中 e.i 表示节点层次，e.f1 表示 M1 加工完成已调度作业的时间，e.f2 表示 M2 加工完成已调度作业的时间，一维数组 e.tx 记录当前的流水作业调度，e.tx[i]表示流水作业调度中第 i 个作业的编号；结构体变量 e1 表示扩展节点 e 的孩子；一维数组 x 记录最优的流水作业调度，x[i]表示调度中第 i 个作业的编号；mint 记录最优调度的加工时间。应用分支限界法求解流水作业调度问题的算法描述如下。

Step 1：初始化最优调度的加工时间 mint。

Step 2：初始化根，并将其加入队列。

Step 3：当队列不为空时，反复进行如下处理，否则结束算法。

Step 3.1：根据出队规则出队队头节点 e。

Step 3.2：对 j=e.i,e.i+1,…,n，进行如下处理。

Step 3.2.1：将 e.tx[j]作为流水作业调度中的第 i 个作业，构造对应的孩子 e1。

Step 3.2.2：判断 e1 是不是解空间树的叶子节点，即是否满足 e1.i>n，分为如下两种情况。

① 若 e1.i>n，则表明形成了一个完整的作业调度，判断该调度的加工时间是否小于 mint，若小于，则找到了一个加工时间更少的流水作业调度，更新 mint 和 x。

② 若 e1.i<=n，则判断扩展该节点是否满足限界函数，若满足，则将其加入队列。

算法结束后，问题的最优解被记录于 x 和 mint。

【算法实现】

应用优先队列式分支限界法实现上述算法，取节点相应的加工时间下界作为节点的优先级，加工时间下界越小的节点越先出队。因此，使用小顶堆作为优先队列。

```
#include "MinHeap.h"                     //使用小顶堆作为优先队列，参见配套源码
const int INFINITE = INT_MAX;            //定义 INFINITE 作为无穷的数据
struct STNode   {                        //解空间树节点类型
    int i;                               //节点层次
    int f1, f2;                          //已调度的作业在 M1 和 M2 上的加工时间
```

```
    int lb;                                              //节点相应的加工时间下界
    int tx[MAX];                                         //当前的流水作业调度
    bool operator<=(const STNode &s) const               //重载<=运算符用于小顶堆的元素比较
    {   return lb <= s.lb;   }
    bool operator>(const STNode &s) const                //重载>运算符用于小顶堆的元素比较
    {   return lb > s.lb;   }
    STNode& operator=(const STNode &s)   {               //重载赋值运算符用于小顶堆的元素赋值
        if (this != &s)   {
            i = s.i;   f1 = s.f1;     f2 = s.f2;   lb = s.lb;
            for(int j = 0; j < MAX; j++)    tx[j] = s.tx[j];
        }
        return *this;
    }
};
void swap(int &a, int &b)                                //交换 a 和 b
{   int t = a;   a = b;   b = t;   }
int bound(STNode &e, int n, int * b) {                   //求节点 e 相应的加工时间下界
    int sum = 0;
    for(int i = e.i; i <= n; i++)                        //累加未调度作业在 M2 上的加工时间
        sum += b[e.tx[i]];
    return e.f2 + sum;                                   //计算并返回加工时间下界
}
void JobSchedule(int n, int * a, int * b, int &mint, int * x)   {   //应用分支限界法求解流水作业调度问题
    STNode e, e1;                                        //解空间树的节点
    MinHeap<STNode> queue(MAX);                          //定义一个小顶堆作为优先队列
    mint = INFINITE;                                     //初始化最优调度的加工时间
    //初始化根
    e.i = 1;   e.f1 = 0;   e.f2 = 0;
    for(int j = 1; j <= n; j++)   e.tx[j] = j;           //初始化流水作业调度的排列
    e.lb = bound(e, n, b);                               //计算根的加工时间下界
    queue.InsertElem(e);                                 //将节点 e 加入队列
    while(!queue.IsEmpty())   {                          //队列不为空循环
        queue.DeleteTop(e);                              //将队头节点出队成为当前扩展节点
        for(int j = e.i; j <= n; j++)   {        //依次尝试取 e.tx[e.i]~e.tx[n] 作为作业调度的第 i 个作业
            //构造孩子
            e1.i = e.i + 1;
            for(int k = 1; k <= n; k++)   e1.tx[k] = e.tx[k];
            swap(e1.tx[e.i], e1.tx[j]);                  //将 e1.tx[j]作为作业调度的第 i 个作业
            e1.f1 = e.f1 + a[e1.tx[e.i]];                //计算 M1 加工完成第 1~i 个作业的时间
            e1.f2 = (e1.f1 > e.f2 ? e1.f1 : e.f2) + b[e1.tx[e.i]]; //计算 M2 加工完成第 1~i 个作业的时间
            e1.lb = bound(e1, n, b);                     //计算节点 e1 相应的加工时间下界
            if(e1.i > n)   {                             //找到一个叶子节点，即确定了一个流水作业调度
                if(e1.f2 < mint)    {                    //比较两者求最优解
                    mint = e1.f2;                        //更新最优调度的加工时间
                    for(int k = 1; k <= n; k++)   x[k] = e1.tx[k];  //更新最优流水作业调度
                }
            }
            else if(e1.lb < mint)   queue.InsertElem(e1);//满足限界函数，将孩子 e1 加入队列
```

```
        }//End of for
    }//End of while
}
```

13.2.4　单源点最短路径问题

给定一个有向网 G（所有弧上的权均为非负值）与源点 v，求从 v 到 G 中其余各顶点的最短路径。例如，在如图 13-9 所示的有向网中寻找从顶点 1 到其他顶点的最短路径。

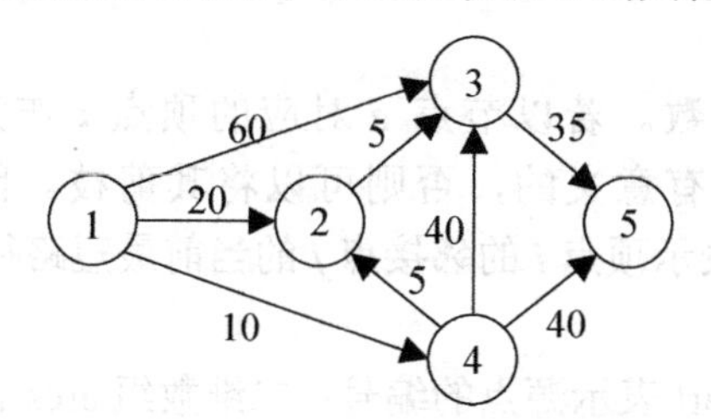

图 13-9　单源点最短路径问题实例

【问题分析】

单源点最短路径问题是否可以使用分支限界法求解？从源点到某个顶点的最短路径由顶点序列构成，我们可以把求解这一顶点序列的过程分解为若干阶段，每个阶段对顶点序列中的一个顶点做出选择，同时单源点最短路径问题也满足多米诺性质。因此，可以使用分支限界法求解单源点最短路径问题。

但是，单源点最短路径问题不是仅求解从源点到某个顶点的最短路径，而是求解从源点到其余所有顶点的最短路径。若用一个解向量记录一条最短路径，则整个问题的解将包括若干解向量，不同于前文介绍的仅求解一个解向量的问题。然而，当真需要使用若干向量分别记录不同的路径吗？由 6.4.2 节的最短路径内容可知，只用一个数组 path（代表一个解向量）就能记录从源点到所有顶点的最短路径，其中 path[i]仅需记录从源点到顶点 i 的最短路径上顶点 i 的前驱。因此，单源点最短路径问题也仅需确定一个解向量，同时将不同顶点的最短路径的长度记录于另一个向量。

（1）确定问题的解空间。

n 个顶点的单源点最短路径问题可以用一个 n 维的向量 $\boldsymbol{P}=(p_1,p_2,\cdots,p_n)$表示问题的解，其中 p_i（i=1,2,…,n）表示从源点到顶点 i 的最短路径上顶点 i 的前驱。同时，使用一个 n 维的向量 $\boldsymbol{D}=(d_1,d_2,\cdots,d_n)$记录每个顶点的最短路径长度。

设 $V=\{1,2,\cdots,n\}$是由编号为 1,2,…,n 的顶点构成的集合，s 表示源点的编号。由于源点不存在最短路径，因此 s 没有前驱，在解向量 $\boldsymbol{P}$ 中的分量 p_s 用−1 表示；其余顶点的前驱都是集合 V 中的一个顶点，且不同顶点的前驱可以重复。因此，单源点最短路径问题的显约束可以表示为 $p_s=-1$ 且 $\forall i\in V-\{s\}$，$p_i\in V$ 且 $p_i\neq i$。

在有向网中的路径由弧构成，这意味着对顶点 i 而言，能够成为其前驱的顶点必然存在一条到达顶点 i 的弧。若采用图的邻接矩阵表示法存储有向网中顶点与边的数据，且设 **arcs** 表示邻接矩阵，则单源点最短路径问题的隐约束为 $\forall i\in V-\{s\}$，**arcs**[p_i,i]≠∞。

（2）确定节点的扩展规则。

为解空间树的每个节点设置状态(vno,dist)表示节点的相关信息，其中 vno 表示一个顶点编号；dist 记录顶点 vno 当前的最短路径长度。在顶点 vno 处，需要考察以该顶点作为前驱，其余顶点是否可以得到更短的路径，考察的对象显然只有顶点 vno 的邻接点。因此，在解空间树的分支节点处，只会向该分支节点对应顶点的邻接点扩展。设 $e=(i,d_i)$为当前扩展节点，节点 e 的扩展规则为 $\forall j\in V-\{s\}$，若 $\mathbf{arcs}[i,j]\neq\infty$，则从节点 e 扩展得到顶点编号为 j 的孩子。

（3）确定剪枝函数。

设 $e=(i,d_i)$为当前扩展节点。

由于节点的扩展规则已经体现了问题的隐约束，因此节点扩展的约束函数为 $\forall j\in V-\{s\}$，$\mathbf{arcs}[i,j]\neq\infty$。

考虑节点扩展的限界函数。若以节点 e 对应的顶点 i 作为前驱，其邻接点 j 可以得到更短的路径，则该扩展是有意义的，否则可以将其剪枝。因此，节点扩展的限界函数为 $e.\,d_i+\mathbf{arcs}[i,j]<d_j$，其中 d_j 表示顶点 i 的邻接点 j 的当前最短路径长度。

【算法描述】

设 n 表示顶点的数目；start 表示源点的编号；二维数组 arcs 记录有向网的邻接矩阵；一维数组 path 记录顶点在最短路径上的前驱；一维数组 dist 记录顶点的最短路径长度；结构体变量 e 表示解空间树的当前扩展节点，其中 e.vno 表示顶点编号，e.dist 记录顶点的当前最短路径长度；结构体变量 e1 表示扩展节点 e 的孩子。应用分支限界法求解单源点最短路径问题的算法描述如下。

Step 1：初始化数组 path 和数组 dist。

Step 2：初始化解空间树根，并将其入队。

Step 3：当队列不为空时，反复进行如下处理，否则结束算法。

Step 3.1：根据出队规则出队队头节点 e。

Step 3.2：对 j=1,2,⋯,n，若顶点 j 是顶点 e.vno 的邻接点，即 arcs[e.vno][j]≠∞，则判断以顶点 e.vno 作为前驱，从源点 start 到顶点 j 的路径是否比原来的路径更短，即判断是否满足 e.dist+arcs[e.vno][j]<dist[j]，若满足，则更新 path[j]和 dist[j]，构造孩子 e1 并将其入队。

在算法结束后，从源点到其余顶点的最短路径被记录于数组 path，最短路径的长度被记录于数组 dist。

【算法实现】

应用优先队列式分支限界法实现上述算法，取节点对应顶点的最短路径长度作为节点的优先级，最短路径长度越小的节点越先出队。因此，使用小顶堆作为优先队列。

```
#include "MinHeap.h"                                  //使用小顶堆作为优先队列，参见配套源码
const int INFINITE = INT_MAX;                         //定义 INFINITE 作为无穷的数据
struct STNode   {                                     //解空间树节点类型
    int vno;                                          //顶点编号
    int dist;                                         //最短路径长度
    bool operator<=(const STNode &s) const            //重载<=运算符用于小顶堆的元素比较
    {   return dist <= s.dist;   }
    bool operator>(const STNode &s) const             //重载>运算符用于小顶堆的元素比较
    {   return dist > s.dist;   }
    STNode& operator=(const STNode &s)   {            //重载赋值运算符用于小顶堆的元素赋值
        if (this != &s)
        {   vno = s.vno;   dist = s.dist;   }
        return *this;
```

```
    }
};
//应用分支限界法求解单源点最短路径问题
void ShortestPath(int n, int start, int arcs[][MAX], int * dist, int * path)   {
    STNode e, e1;                                   //解空间树的节点
    MinHeap<STNode> queue(MAX);                     //定义优先队列
    for (int i = 1; i <= n; i++)                    //初始化数组 path 和数组 dist
    {   path[i] = -1;   dist[i] = INFINITE;   }
    e.vno = start;   e.dist = 0;                    //初始化根
    queue.InsertElem(e);                            //将节点 e 入队
    while(!queue.IsEmpty())   {                     //队列不为空循环
        queue.DeleteTop(e);                         //将队头节点出队成为当前扩展节点
        for(int j = 1; j <= n; j++)   {             //寻找顶点 e.vno 的邻接点
            if(j != start && arcs[e.vno][j] != INFINITE && e.dist + arcs[e.vno][j] < dist[j])   {
                //满足约束函数和限界函数，找到一个可扩展的邻接点
                path[j] = e.vno;                    //更新邻接点的前驱
                dist[j] = e.dist + arcs[e.vno][j];  //更新邻接点的最短路径长度
                e1.vno = j;   e1.dist = dist[j];    //构造邻接点对应的节点 e1
                queue.InsertElem(e1);               //将节点 e1 入队
            }
        }
    }
}
```

13.3 本章小结

分支限界法与回溯法类似，通过搜索问题的解空间树寻找问题的解，但其求解目标和搜索方法与回溯法不同。分支限界法通常用于求解问题的一个可行解或最优解，使用广度优先的方法搜索解空间树。根据活节点成为扩展节点的方式不同，分支限界法分为队列式分支限界法和优先队列式分支限界法。队列式分支限界法使用完全的广度优先搜索解空间树；优先队列式分支限界法结合最小耗费或最大效益的广度优先搜索解空间树，可以推动搜索更快地向可能产生最优解的分支前进。由于在解空间树上的搜索存在跳跃，因此分支限界法需要为节点提供比回溯法更多的空间以存储搜索过程中寻找的解。

习题十三

1．栈式分支限界法将活节点以后进先出的方式存储在一个栈中，请设计一个求解 0-1 背包问题的栈式分支限界算法。

2．请分别使用队列式分支限界法和优先队列式分支限界法求解简单装载问题。

3．请给出求解 8 皇后问题的分支限界算法。

4．给出一个自然数 n（0~4999，包括 0 和 4999）和 m 个不同的十进制数字 $x_1,x_2,\cdots,x_m$（$m\geqslant1$），找出由 $x_1,x_2,\cdots,x_m$ 构成的正整数，使其正好是 n 的最小倍数。

5. 设世界名画陈列馆由 $m \times n$ 个排列成矩形阵列的陈列室组成，为防止名画被盗，需要在陈列室中设置警卫机器人哨位，每个警卫机器人哨位除监视它所在的陈列室外，还监视相邻的上、下、左、右 4 个陈列室。请设计一个安排警卫机器人哨位的算法，使得名画陈列馆的每个陈列室都在警卫机器人的监视之下，且使用的警卫机器人最少。

6. 有 n 项作业由 k 个可并行工作的机器完成，设完成任务 i 需要花费的时间是 t_i。请设计算法寻找一个最佳的作业分配方案，使完成这些作业的时间最短。

7. 羽毛球队有男运动员、女运动员各 n 人。已知两个 $n \times n$ 的矩阵 $\boldsymbol{P}$ 和 $\boldsymbol{Q}$，其中 P_{ij} 是由男运动员 i 和女运动员 j 组成混合双打的男运动员竞赛优势，Q_{ij} 是由女运动员 i 和男运动员 j 组成混合双打的女运动员竞赛优势。由于技术配合和心理状态等各种因素影响，P_{ij} 不一定等于 Q_{ij}。由男运动员 i 和女运动员 j 组成混合双打的男运动员、女运动员双方竞赛优势是 $P_{ij} \times Q_{ij}$。请设计一个算法寻找男运动员、女运动员的最佳组队法，使各组男运动员、女运动员竞赛优势的总和达到最大。

温顿·瑟夫（Vinton Cerf，1943－）和罗伯特·卡恩（Robert Elliot Kahn，1938－）共同设计了 TCP/IP 协议和互联网架构，被称为“互联网之父”。TCP/IP 协议是现代 Internet 的通信基础。TCP 和 IP 这两个协议的功能不尽相同，可以分开单独使用，但只有两者的结合才能保证 Internet 在复杂的工作环境下正常运行。凡是要连接 Internet 的计算机，都必须同时安装和使用这两个协议。温顿·瑟夫是谷歌公司副总裁兼首席互联网专家，曾在 MCI 公司担任技术战略高级副总裁。罗伯特·卡恩在纽约城市大学获电机工程学士，在普林斯顿大学获得硕士和博士学位之后被麻省理工学院聘为助理教授。温顿·瑟夫和罗伯特·卡恩都于 1997 年获得了“美国国家技术奖”，于 2004 年获得了图灵奖。

第 14 章 快递超市信息管理系统

通过前述章节的介绍，读者对各种典型的数据结构与算法设计方法都有了一定程度的了解。但是，当我们面对一个实际应用问题时，如何运用所学的知识和方法一步一步地编写出解决这一问题的源代码，初学者往往感觉无从着手。本章通过快递超市信息管理系统这一实例展现对一个实际应用问题开展分析与设计，直至写出完整源码的过程。

通常，一个软件项目的开发过程包括可行性分析、需求分析、概要设计、详细设计、编码、测试、运行与维护等环节。这些环节要用到的知识和方法涉及软件工程学科的内容，但这些内容不在本书的讨论范围之内，并且正在学习本书内容的读者可能未到开发复杂软件系统的阶段。因此，本章实例的功能需求和实现方法都适合读者当前的学习阶段，不涉及超出读者能力范围的、更加复杂的要求和技术。在本章中，实例的解决过程虽然没有严格采用软件工程学科的理论与方法，但是仍然体现了软件开发所需要的需求分析、概要设计、详细设计、编码和测试环节，这也是我们解决一个实际应用问题应当遵循的基本环节。在这些环节中，需求分析环节的主要任务是对问题进行充分理解和分析，其目标是确定软件需要实现哪些功能，完成哪些工作；概要设计环节的主要任务是根据需求分析的结果建立软件系统的整体结构和数据结构，确定软件的模块划分、模块之间的关系、人机界面等，并进行类和数据结构的设计；详细设计环节的主要任务是对概要设计进行细化，详细描述每个模块实现的算法和所需的局部结构；编码环节的主要任务是将详细设计环节的结果转换为按某种程序设计语言编写的程序；测试环节的主要任务是检验软件是否满足规定的需求及执行结果是否正确。

本章内容：

（1）快递超市信息管理系统的问题描述。
（2）快递超市信息管理系统的需求分析。
（3）快递超市信息管理系统的概要设计。
（4）快递超市信息管理系统的详细设计。
（5）快递超市信息管理系统的编码。
（6）快递超市信息管理系统的测试。

14.1 问题描述

随着互联网的普及与电商平台的快速发展，网络购物已经成为一种常见的购物形式，从 2013 年到 2018 年，中国网购交易金额从 2679 亿元增长到 57 370 亿元。中国已经成为全球最大的电商市场之一，人们通过手机、计算机等电子终端设备即可便捷地从全国或世界各地购买心仪的商品。网络购物的盛行使快递业务呈爆发式增长，为了提高快递的投送效率，各种类型的快递代收点和快递超市纷纷出现，发挥暂时存放快递便于买家择时而取的作用。相较于各种门面店形成的小型快递代收点，快递超市作为专门提供快递暂存和管理的场所，能够存放更多的快递和提供更专业的服务。显然，如何对快递超市内的快递信息进行有效管理是一项重要的工作，完全依靠工作人员的人工管理不仅效率低，而且容易发生错误。使用计算机管理快递信息是一个有效的解决方案，为此需要设计与实现一个面向快递超市的快递信息管理系统。

假定快递超市需要关注的快递信息包括快递单号、联系人姓名、联系电话、存放位置四项信息。快递超市工作人员的主要任务包括：①快递入库，即登记送达超市的快递信息；②查看超市在库的快递信息；③修改登记的快递信息；④快递出库，即删除被买家取走的快递信息；⑤根据快递单号查询快递信息。

14.2 需求分析

通过理解与分析问题可以发现，快递超市一方面需要保存当前在库的快递信息，另一方面需要能够添加快递信息、查看快递信息、修改快递信息、删除快递信息和查询快递信息。因此，面向快递超市的快递信息管理系统应具备的功能如下。

（1）添加快递信息，即完成对快递的入库。

（2）查看快递信息，即输出在库的快递信息。

（3）修改指定的快递信息。

（4）删除快递信息，即完成对快递的出库。

（5）根据快递单号查询快递信息。

（6）存储和读取所有快递信息。

14.3 概要设计

14.3.1 模块设计

对于系统的每个功能，可以建立一个相应的模块来完成这一功能，因此快递超市信息管理系统应包括如下功能模块。

（1）添加功能模块：添加新的快递信息，包括快递单号、联系人姓名、联系电话、存放位置。

（2）打印功能模块：输出显示在库的快递信息，包括快递单号、联系人姓名、联系电话、存放位置。

（3）修改功能模块：修改指定快递单号的快递信息。

（4）删除功能模块：删除指定快递单号的快递信息。

（5）查询功能模块：根据快递单号查询快递信息，输出查询结果。

（6）文件 I/O 功能模块：在文件中存储和从文件中读取在库快递信息。

由上述模块构成的系统功能模块图如图 14-1 所示。

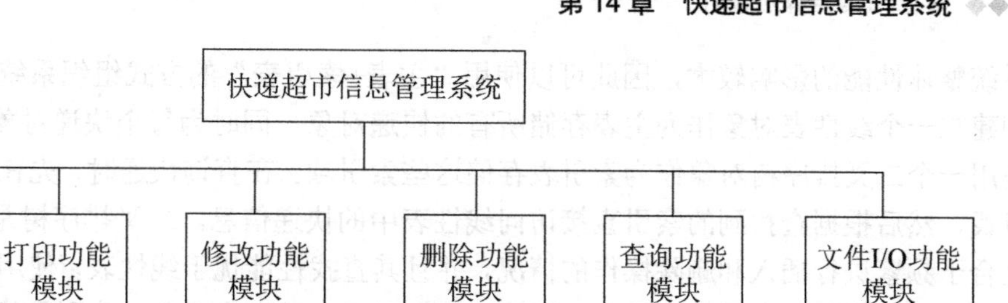

图 14-1　快递超市信息管理系统的功能模块图

14.3.2　界面设计

快递超市信息管理系统的功能包括添加快递信息、打印快递信息、修改快递信息、删除快递信息、查询快递信息、存储快递信息和读取快递信息，其中读取快递信息的功能可以在系统开始运行时自动执行，无须人为操作，系统主界面只需为其他功能提供操作的选项。系统主界面的设计如图 14-2 所示。

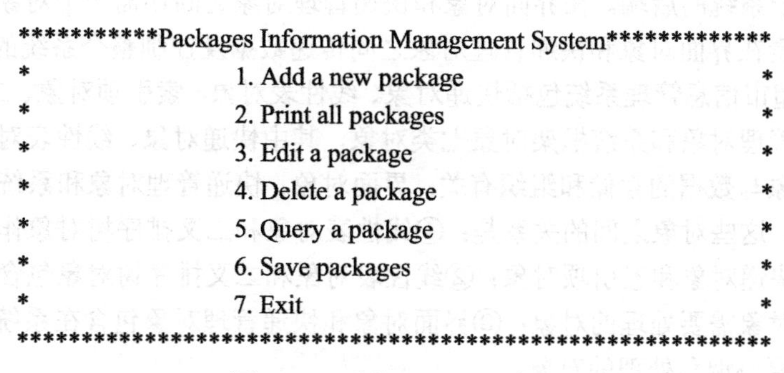

图 14-2　系统主界面的设计

14.3.3　类和数据结构设计

为了设计快递超市信息管理系统使用的类和数据结构，需要明确应用涉及的对象，以及为了实现快递超市信息管理系统功能需要建立的对象，进而对这些对象进行分析和抽象建立相应的类和数据结构。

快递超市处理的物品是快递，因此快递是本应用一个显然的对象，其属性包括快递单号、联系人姓名、联系电话、存放位置。

快递超市的工作人员是本应用中另外一个显然的对象，由于本应用没有要求使用计算机管理工作人员的人事信息，因此没必要将其作为系统中的对象。但是，工作人员与快递超市信息管理系统的功能需求存在着密切关系，他们是与系统对话的活动者，系统应提供相应的对象处理这种对话。工作人员的主要职责是掌握在库的快递信息，并进行各种对快递的操作，为此快递超市信息管理系统需要提供一个能够完成这一职责的对象，即快递管理对象，这个对象应记录在库的快递信息，并能够执行面向快递的添加快递信息、打印快递信息、修改快递信息、删除快递信息、查询快递信息、存储快递信息和读取快递信息等操作。

快递信息在快递超市信息管理系统关闭时使用文件进行保存，在系统启动时需要将这些信息读入内存，此时需要考虑如何在系统中组织这些数据从而便于实现系统的各项功能。由于快递超市信息管理系统的修改、删除和查询功能都建立在查找快递的基础上，系统的查找性能对系统整体性能的影响较大，因此可以使用“主表+索引表”的方式组织系统中的快递信息。我们建立一个线性表对象作为主表存储所有的快递对象，同时为每个快递对象建立一个索引项，使用一个二叉排序树对象作为索引表存储这些索引项。在查询快递时，先在二叉排序树中进行查找，然后根据查找到的索引直接访问线性表中的快递信息。二叉排序树是一种动态查找表，适合于频繁进行插入和删除操作的情况，并且其查找性能优于线性表，使用二叉排序树作为索引表可以有效提高本系统的性能。至此，我们又确定了三个对象，分别是线性表对象、索引项对象和二叉排序树对象。

一个系统往往需要具有较好的可扩展性和可维护性，为了达到这个目的，我们可以利用分层或分割的方式，把系统划分为若干低耦合、独立的组件模块，这些组件模块之间以消息传递或依赖调用的方式聚合成一个完整的系统。在开发时，每个组件模块只需关注自己的业务逻辑，维护修改也仅局限于自身，不会对系统的其他组件模块产生影响。在快递超市信息管理系统中，我们可以将与用户交互的部分独立成一个界面对象。界面对象负责显示系统主界面和各种操作界面、接受用户输入、输出操作结果等，相当于系统的前端；快递管理对象负责具体实现系统各项功能，相当于系统的后端。在界面对象和快递管理对象之间还需一个对象——系统框架对象，这个对象负责在界面对象和快递管理对象之间传递数据及控制整个系统的执行流程。

综上，快递超市信息管理系统包括快递对象、线性表对象、索引项对象、二叉排序树对象、界面对象、快递管理对象和系统框架对象七类对象，其中快递对象、线性表对象、索引项对象和二叉排序树对象与数据的存储和组织有关；界面对象、快递管理对象和系统框架对象与系统功能的实现有关。这些对象之间的关系是：①线性表对象和二叉排序树对象作为两种数据结构对象，分别存储快递对象和索引项对象；②线性表对象和二叉排序树对象包含在快递管理对象中，是快递管理对象需要处理的对象；③界面对象和快递管理对象包含在系统框架对象中，是系统框架对象需要协调和处理的对象。

对每类对象进行分析和抽象，确定各类对象的属性和服务就可以得到对应的类，上述七类对象分别对应七个类：快递类、线性表类、索引项类、二叉排序树类、界面类、快递管理类和系统框架类。线性表类和二叉排序树类的设计请参考本书第 2 章和第 7 章，其他五个类的属性和服务设计如图 14-3 所示。

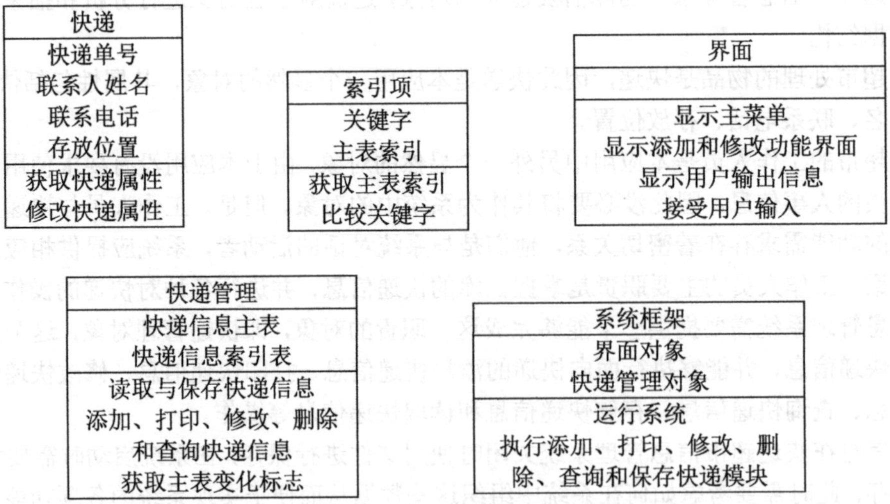

快递
快递单号
联系人姓名
联系电话
存放位置
获取快递属性
修改快递属性

索引项
关键字
主表索引
获取主表索引
比较关键字

界面
显示主菜单
显示添加和修改功能界面
显示用户输出信息
接受用户输入

快递管理
快递信息主表
快递信息索引表
读取与保存快递信息
添加、打印、修改、删除
和查询快递信息
获取主表变化标志

系统框架
界面对象
快递管理对象
运行系统
执行添加、打印、修改、删
除、查询和保存快递模块

图 14-3　系统的类图

14.4 详细设计

在概要设计之后，需要对系统中的类和功能如何实现实施详细设计。类的详细设计包括如何定义属性和服务，需要明确说明每个服务的接口和结果；系统功能的详细设计需要说明实现该功能的方法和过程，可以使用算法进行描述。从系统实现角度考虑的详细设计可能会扩充概要设计的结果。

14.4.1 类的详细设计

快递超市信息管理系统涉及快递类、线性表类、索引项类、二叉排序树类、界面类、快递管理类和系统框架类，下面分别介绍这七个类的详细设计。

1. 快递类

快递类的属性包括快递单号、联系人姓名、联系电话、存放位置，同时为了体现快递是否在库，可以增设一项在库标志属性。快递类的服务应该包括获取和修改快递的各项属性。由于使用线性表类提供的修改元素操作来修改快递的属性更加方便，因此，快递类只需提供获取快递属性和修改在库标志的服务。快递类的详细设计如表 14-1 所示。

表 14-1　快递类的详细设计

类名	Package		
属性	属性名	类型	说明
	trackingNumber	string	快递单号
	name	string	联系人姓名
	telephone	string	联系电话
	position	string	存放位置
	isExist	bool	在库标志，true 表示在库，false 表示已出库
服务	服务原型	参数说明	功能
	string GetTrackingNumber() const	无	返回快递单号
	string GetName() const	无	返回联系人姓名
	string GetTelephone() const	无	返回联系电话
	string GetPosition() const	无	返回存放位置
	bool GetIsExist() const	无	返回在库标志
	void SetIsExist(bool pIsExist)	在库标志值	修改在库标志为 pIsExist

2. 线性表类

快递超市信息管理系统使用线性表作为存放快递信息的主表，表中的每个元素在索引表中都有一个索引项，用于记录该元素在主表中的位置（元素在线性表中的序号）。对此，使用顺序存储结构实现的线性表更加方便。有关顺序表类的详细设计请参考本书第 2 章，此处不再赘述。

3. 索引项类

索引项至少应包括数据的关键字和数据索引两部分。在快递超市信息管理系统中，可以将取值唯一的快递单号作为快递信息的关键字，将其与快递信息在主表中的序号构成索引项。为了使索引项类更具有通用性，我们可以将索引项类定义为类模板，把关键字的类型作为模板参数。在索引表中进行查找需要比较索引项与待查找的关键字，因此需要在索引项类中重载关系运算符，故索引项类的服务应包括获取索引和重载在比较关键字时所需的关系运算符。索引项类的详细设计如表 14-2 所示。

表 14-2　索引项类的详细设计

类名	IndexItem	模板参数	DataType
属性	属性名	类型	说明
	key	DataType	关键字
	index	int	主表索引
服务	服务原型	参数说明	功能
	int GetIndex() const	无	返回主表索引
	bool operator!=(const IndexItem<DataType>& pItem) const	由待查找的关键字构成的索引项	若不相等，则返回 true，否则返回 false
	bool operator<(const IndexItem<DataType>& pItem) const	由待查找的关键字构成的索引项	若小于，则返回 true，否则返回 false

4．二叉排序树类

二叉排序树的节点存储的数据元素就是索引项，从而构成了快递超市信息管理系统使用的索引表。有关二叉排序树类的详细设计请参考本书第 7 章，此处亦不再赘述。

5．界面类

界面类作为负责与用户交互的快递超市信息管理系统的前端，本身无须具备属性，只需提供输出各种信息和接收用户输入的服务。从实现快递超市信息管理系统的角度考虑，界面类需要提供显示主菜单、显示添加和修改功能的交互界面、打印表格的表头、格式化输出信息、显示提示信息、提示或询问用户并接收用户输入等服务。界面类的详细设计如表 14-3 所示。

表 14-3　界面类的详细设计

类名	Interface		
服务	服务原型	参数说明	功能
	int MainMenu() const	无	输出主菜单，返回用户选择
	void AddInterface(string [], int) const	string 数组存储并返回添加的快递信息，int 参数表示数组长度	输出添加快递信息的交互界面，用 string 数组存储并返回用户输入的快递信息
	void EditInterface(string [], int, bool &) const	string 数组存储并返回修改的快递信息，int 参数表示数组长度，bool 参数返回快递信息变化标志	输出修改快递信息的交互界面，用 string 数组存储并返回用户输入的快递信息，用 bool 参数返回快递信息是否发生变化的标志（true 表示发生变化，false 表示没有发生变化）
	void PrintTitle() const	无	打印用来显示快递信息的表格的表头
	static void FormatPrint(string, string, string, string)	待输出的信息	格式化输出 4 个 string 信息
	void PrintMessage(string) const	待输出的信息	输出提示信息
	string InteractiveMessage(string) const	待输出的信息	输出提示信息，返回用户输入
	bool WantToContinue(string) const	待输出的信息	询问用户是否继续执行，返回用户输入

6．快递管理类

快递管理类作为负责具体实现系统各项功能的快递超市信息管理系统的后端，其属性包括需要处理的快递信息主表和快递信息索引表。同时，为了给是否需要保存数据提供决策，需要记录快递信息主表是否发生变化，为此增设一项记录快递信息主表是否发生变化的标志。快递管理类需要提供的服务与系统的功能相对应，包括查询、添加、打印、修改、删除、文件 I/O 和获取快递信息主表变化标志。快递管理类的详细设计如表 14-4 所示。

表 14-4　快递管理类的详细设计

类名	PackageManage		
属性	属性名	类型	说明
	packageTable	SqList<Package>	快递信息主表
	packageIndexTable	BinarySortTree<IndexItem<string>>	快递信息索引表
	isChanged	bool	快递信息主表变化标志，true 表示发生变化，false 表示没有发生变化
服务	服务原型	参数说明	功能
	Status ReadData()	无	从文件中读取快递信息并建立索引，若成功，则返回 SUCCESS；若失败，则返回 NOT_PRESENT
	Status SaveData()	无	保存快递信息到文件中，若成功，则返回 SUCCESS；若失败，则返回 NOT_PRESENT
	Status AddPackage(string[])	string 数组存放待添加的快递信息	添加快递信息至主表，并在索引表中建立索引项，若成功，则返回 SUCCESS
	void EditPackage(string, int, string[])	string 参数表示快递单号，int 参数表示快递的索引，string 数组表示待修改快递的信息	修改指定快递单号的快递信息
	void DeletePackage(string, int)	string 参数表示快递单号，int 参数表示快递的索引，	删除指定快递单号的快递信息
	void PrintAllPackages(void(*func)(string, string, string, string)) const	用于输出快递信息的函数指针	打印在库的快递信息
	Status QueryPackage(string [], int &)	string 数组存储并返回查询到的快递信息，int 参数存储并返回快递索引 string 数组的第一个元素为指定的快递单号	查询指定快递单号的快递信息，返回查询结果与索引，若成功，则返回 ENTRY_FOUND；若失败，则返回 NOT_PRESENT
	bool IsChanged() const	无	返回快递信息主表变化标志

7．系统框架类

系统框架类负责掌控快递超市信息管理系统的执行流程，并在界面对象和快递管理对象之间传递数据，因此其属性应包括界面对象和快递处理对象，服务应包括执行整个应用程序和执行各个功能模块。系统框架类的详细设计如表 14-5 所示。

表 14-5　系统框架类的详细设计

<table>
<tr><td>类名</td><td colspan="3">PackageIMSApp</td></tr>
<tr><td rowspan="3">属性</td><td>属性名</td><td>类型</td><td>说明</td></tr>
<tr><td>interface</td><td>Interface</td><td>界面对象</td></tr>
<tr><td>packageManage</td><td>PackageManage</td><td>快递管理对象</td></tr>
<tr><td rowspan="10">服务</td><td>服务原型</td><td>参数说明</td><td>功能</td></tr>
<tr><td>void Run()</td><td>无</td><td>执行应用程序</td></tr>
<tr><td>void MainModule(int choice)</td><td>用户对系统功能的选择</td><td>应用程序主模块，根据用户选择执行相应功能模块</td></tr>
<tr><td>void AddModule()</td><td>无</td><td>执行添加快递的功能</td></tr>
<tr><td>void PrintModule()</td><td>无</td><td>执行打印快递的功能</td></tr>
<tr><td>void EditModule()</td><td>无</td><td>执行修改快递的功能</td></tr>
<tr><td>void DeleteModule()</td><td>无</td><td>执行删除快递的功能</td></tr>
<tr><td>void QueryModule()</td><td>无</td><td>执行查询快递的功能</td></tr>
<tr><td>void SaveModule()</td><td>无</td><td>执行保存快递的功能</td></tr>
</table>

14.4.2　系统功能的详细设计

这里对快递超市信息管理系统的执行流程和主要功能进行详细设计，使用自然语言表达的算法描述它们的实现过程。

1．系统执行流程

Step 1：从文件中读取快递信息建立快递信息主表和索引表。

Step 2：显示主界面，提示用户选择功能。

Step 3：若用户选择退出，则转至 Step5，否则继续向下执行。

Step 4：根据用户选择的功能执行相应的功能模块，执行结束转至 Step2。

Step 5：若快递信息发生变化，则保存快递信息到文件中，结束。

2．添加快递信息

Step 1：提示用户输入快递信息。

Step 2：读入用户输入的快递信息。

Step 3：在快递信息主表的表尾添加快递信息。

Step 4：根据快递单号和快递索引建立索引项插入快递信息索引表。

Step 5：打印添加成功与否的信息，结束。

3．修改快递信息

Step 1：提示用户输入快递单号。

Step 2：查询快递是否存在，若存在，则继续向下执行，否则提示快递不存在信息，结束。

Step 3：打印快递原始信息。

Step 4：提示用户输入快递新信息。

Step 5：在快递信息主表中修改快递信息。

Step 6：判断快递单号是否发生变化，若发生变化，则修改快递信息索引表。

Step 7：打印修改成功信息，结束。

4．删除快递信息

Step 1：提示用户输入快递单号。

Step 2：查询快递是否存在，若存在，则继续向下执行，否则提示快递不存在信息，结束。

Step 3：打印快递原始信息。

Step 4：在快递信息主表中修改快递在库标志为 false。

Step 5：删除快递信息索引表中的索引项。

Step 6：打印删除成功信息，结束。

5．查询快递信息

Step 1：提示用户输入快递单号。

Step 2：在快递信息索引表中根据快递单号进行查找，若查找成功，则继续向下执行，否则提示快递不存在信息，结束。

Step 3：根据快递索引从快递信息主表中获取快递信息。

Step 4：打印快递信息，结束。

上述算法仅给出了快递超市信息管理系统的执行流程和主要功能实现的基本过程，其中有关信息的输入和输出都通过界面类对象的服务完成，涉及快递信息主表和索引表的添加、删除、修改、查询操作通过快递管理对象的服务完成，快递管理对象通过顺序表和二叉排序树提供的服务即可方便地处理快递信息主表和索引表。

14.5　编码

将上述有关快递超市信息管理系统的设计使用 C++加以实现即可得到整个系统的源码。下面给出了系统的快递类、索引项类、界面类、快递管理类、系统框架类和主程序的源代码，顺序表类和二叉排序树类的源代码请参考本书的第 2 章和第 7 章。

1．快递类 Package.h

```
class Package {                                                 //快递类
    string trackingNumber;                                      //快递单号
    string name;                                                //联系人姓名
    string telephone;                                           //联系电话
    string position;                                            //存放位置
    bool isExist;                                               //在库标志，true 表示在库，false 表示已出库
public:
    Package() {   isExist = true;   }                           //构造函数
    Package(string packageData[4], bool pIsExist = true)   {    //构造函数
        trackingNumber = packageData[0];
        name = packageData[1];
        telephone = packageData[2];
        position = packageData[3];
        isExist = pIsExist;
    }
    string GetTrackingNumber() const                            //返回快递单号
```

```
    {   return trackingNumber;   }
    string GetName() const                                  //返回联系人姓名
    {   return name;   }
    string GetTelephone() const                             //返回联系电话
    {   return telephone;   }
    string GetPosition() const                              //返回存放位置
    {   return position; }
    bool GetIsExist() const                                 //返回在库标志
    {   return isExist;  }
    void SetIsExist(bool pIsExist)                          //设置在库标志
    {   isExist = pIsExist;   }
};
```

2. 索引项类 IndexItem.h

```
template <class DataType>
class IndexItem {                                           //索引项类
    DataType key;                                           //关键字
    int index;                                              //主表索引
public:
    IndexItem()                                             //构造函数
    {   index = 0;   }
    IndexItem(DataType pKey, int pIndex = 0)                //构造函数
    {   key = pKey;   index = pIndex;   }
    int GetIndex() const                                    //返回主表索引
    {   return index;   }
    bool operator!=(const IndexItem<DataType>& pItem) const        //重载关系运算符!=
    {   return key != pItem.key;   }
    bool operator<(const IndexItem<DataType>& pItem) const         //重载关系运算符<
    {   return key < pItem.key;   }
};
```

3. 界面类 Interface.h 和 Interface.cpp

```
/**********界面类头文件：Interface.h**********/
#include <iostream>
using namespace std;
#include <string>
class Interface {                                           //界面类
public:
        int MainMenu() const;                               //主菜单
        //输出添加快递信息的交互界面，返回添加的快递信息
        void AddInterface(string [], int) const;
        //输出修改快递信息的交互界面，返回修改后的快递信息
        void EditInterface(string [], int, bool &) const;
        void PrintTitle() const;                            //打印输出信息的表头
        static void FormatPrint(string, string, string, string);    //格式化输出信息
        void PrintMessage(string) const;                    //输出提示信息
        string InteractiveMessage(string) const;            //输出提示信息，返回用户输入
        bool WantToContinue(string) const;                  //询问用户是否继续执行，返回用户输入
```

```
};
/**********界面类源程序文件：Interface.cpp**********/
#include <iomanip>
#include "Interface.h"
//应用程序主界面，返回用户选择
int Interface::MainMenu() const    {
    int choice;
    cout << endl;
    cout << "***********Packages Information Management System***********" << endl;
    cout << "*                      1. Add a new package                      *" << endl;
    cout << "*                      2. Print all packages                     *" << endl;
    cout << "*                      3. Edit a package                         *" << endl;
    cout << "*                      4. Delete a package                       *" << endl;
    cout << "*                      5. Query a package                        *" << endl;
    cout << "*                      6. Save packages                          *" << endl;
    cout << "*                      7. Exit                                   *" << endl;
    cout << "************************************************************" << endl;
    cout << "Please enter your choice(1-7):";
    cin >> choice;
    return choice;
}
//输出添加快递信息的交互界面，通过 packageData 返回添加的快递信息
void Interface::AddInterface(string packageData[], int n) const    {
    string label[] = { "tacking number", "name", "telephone", "position" };
    for (int i = 0; i < n; i++)    {
        cout << "Please enter the " << label[i] << ": ";
        cin >> packageData[i];
    }
}
//输出修改快递信息的交互界面，通过 packageData 返回修改后的快递信息
//通过 isChanged 返回快递信息是否发生变化（true 表示发生变化，false 表示没有发生变化）
void Interface::EditInterface(string packageData[], int n, bool &isChanged) const    {
    string label[] = { "tacking number", "name", "telephone", "position" };
    char ch;
    string newInput;
    cin.ignore();
    for (int i = 0; i < n; i++)    {
        newInput = "";
        //直接按回车键表示保持该项信息不变
        cout << "Please enter the new " << label[i] << "(enter means no modification): ";
        while(1)    {
            ch = cin.get();
            if(ch == '\n')    break;
            newInput += ch;
        }
        if(newInput != "")    {                                   //若有输入，则表示修改了该项信息
            packageData[i] = newInput;
            isChanged = true;
```

```
        }
    }
}
//打印快递信息输出的表头
void Interface::PrintTitle() const   {
    PrintMessage("\n----------------------The informaiton of Packages----------------------");
    cout << setw(15) << "Tracking number" << setw(15) << "Name" << setw(20) << "Telephone" << setw(20)
<< "Position" << endl;
}
//格式化输出快递信息
void Interface::FormatPrint(string s1, string s2, string s3, string s4)   {
    cout << setw(15) << s1 << setw(15) << s2 << setw(20) << s3 << setw(20) << s4 << endl;
}
//输出提示信息
void Interface::PrintMessage(string message) const   {
    cout << message << endl;
}
//输出提示信息，并返回用户输入
string Interface::InteractiveMessage(string message) const   {
    cout << message;
    cin >> message;
    return message;
}
//询问用户是否继续执行
bool Interface::WantToContinue(string message) const   {
    string ch;
    cout << "\'y\' to continue to " << message << " and other to return:";
    cin >> ch;
    return ch[0] == 'y' || ch[0] == 'Y';
}
```

4．快递管理类 PackageManage.h 和 PackageManage.cpp

```
/**********快递管理类头文件：PackageManage.h**********/
#include "Package.h"
#include "SqList.h"
#include "IndexItem.h"
#include "BinarySortTree.h"
class PackageManage {                                          //快递管理类
    SqList<Package> packageTable;                              //快递信息主表
    BinarySortTree<IndexItem<string>> packageIndexTable;       //快递信息索引表
    bool isChanged;                //快递信息主表变化标志，true 表示发生变化，false 表示没有发生变化
public:
    PackageManage();                                           //构造函数
    Status ReadData();                                         //从文件中读取快递信息并建立索引
    Status SaveData();                                         //保存快递信息到文件中
    Status AddPackage(string[]);                               //添加快递信息至主表
    void EditPackage(string, int, string[]);                   //修改指定快递单号的快递信息
    void DeletePackage(string, int);                           //删除指定快递单号的快递信息
```

```
    void PrintAllPackages(void(*func)(string, string, string, string)) const;    //打印在库的快递信息
    Status QueryPackage(string [], int &);                    //查询指定快递单号的快递信息
    bool IsChanged() const;                                   //返回快递信息主表的变化标志
};
/**********快递管理类源程序文件：PackageManage.cpp**********/
#include <iostream>
using namespace std;
#include <fstream>
#include <string>
#include "Status.h"
#include "PackageManage.h"
PackageManage::PackageManage():packageTable(10000)  {    //构造函数
    isChanged = false;           //设置快递信息主表的变化状态为 false，即没有发生变化
}
//从文件中读取快递信息
Status PackageManage::ReadData()  {
    string packageData[4];                                   //临时存储快递信息的数组
    int index = 1;                                           //快递序号
    ifstream infile("Packages.txt");
    if(!infile)    return NOT_PRESENT;
    while(!infile.eof())  {
        infile >> packageData[0] >> packageData[1] >> packageData[2] >> packageData[3];
        packageTable.InsertElem(Package(packageData));     //将快递信息插入快递信息主表
        //建立快递索引项插入快递信息索引表
        packageIndexTable.Insert(IndexItem<string>(packageData[0], index));
        index++;
    }
    infile.close();
    return SUCCESS;
}
//保存快递信息到文件中
Status PackageManage::SaveData()  {
    Package package;
    int i;
    ofstream outfile("Packages.txt");
    if(!outfile)   return NOT_PRESENT;
    //将在库的快递信息保存到文件中
    for(i = 1; i < packageTable.GetLength(); i++)  {
        packageTable.GetElem(i, package);
        if(package.GetIsExist())  {                 //判断快递是否在库，若在库，则保存该快递信息
            outfile << package.GetTrackingNumber() << ' ' << package.GetName() << ' ' << package.GetTelephone()
<< ' ' << package.GetPosition();
            outfile << endl;
        }
    }
    //保存快递信息主表最后一个快递信息
    packageTable.GetElem(i, package);
    if(package.GetIsExist())
```

```
        outfile << package.GetTrackingNumber() << ' ' << package.GetName() << ' ' << package.GetTelephone()
<< ' ' << package.GetPosition();
        outfile.close();
        isChanged = false;                          //设置快递信息主表的变化状态为 false，即没有发生变化
        return SUCCESS;
    }
    //添加快递信息
    Status PackageManage::AddPackage(string packageData[])  {
        //在快递信息主表表尾插入快递信息
        Status flag = packageTable.InsertElem(Package(packageData));
        //在快递信息索引表中插入快递索引项
        if(flag == SUCCESS)  {
            packageIndexTable.Insert(IndexItem<string>(packageData[0], packageTable.GetLength()));
            isChanged = true;                        //设置快递信息主表的变化状态为 true，即发生变化
        }
        return flag;
    }
    //修改指定快递单号的快递信息
    void PackageManage::EditPackage(string trackingNum, int index, string packageData[])  {
        Package package(packageData);
        packageTable.SetElem(index, package);        //在快递信息主表中修改快递信息
        //判断快递单号是否发生变化，若发生变化，则修改该快递在快递信息索引表中的索引项
        if(trackingNum != packageData[0])  {
            packageIndexTable.Delete(IndexItem<string>(trackingNum));   //删除原索引项
            packageIndexTable.Insert(IndexItem<string>(packageData[0], index)); //重新插入索引项
        }
        isChanged = true;                            //设置快递信息主表的变化状态为 true，即发生变化
    }
    //删除指定快递单号的快递信息，设置待删除快递信息的在库状态为 false
    //删除该快递信息在快递信息索引表中的索引项
    void PackageManage::DeletePackage(string trackingNum, int index)  {
        Package package;
        //修改快递在快递信息主表中的在库状态为 false
        packageTable.GetElem(index, package);
        package.SetIsExist(false);
        packageTable.SetElem(index, package);
        //删除快递信息在索引表中的索引项
        packageIndexTable.Delete(IndexItem<string>(trackingNum));
        isChanged = true;                            //设置快递信息主表的变化状态为 true，即发生变化
    }
    //打印在库快递信息
    void PackageManage::PrintAllPackages(void(*func)(string, string, string, string)) const  {
        Package package;
        //打印快递信息主表中在库状态为 true 的快递信息
        for(int i = 1; i <= packageTable.GetLength(); i++)  {
            packageTable.GetElem(i, package);
            if(package.GetIsExist())                              //判断该快递是否在库
            func(package.GetTrackingNumber(), package.GetName(), package.GetTelephone(), package.GetPosition());
```

```
        }
}
//查询指定快递单号的快递信息，通过 packageData 返回快递信息，index 返回在快递信息主表中的索引
Status PackageManage::QueryPackage(string packageData[], int &index)    {
    //在快递信息索引表中根据快递单号查找快递的索引项
    BTNode<IndexItem<string>> * p = packageIndexTable.Search(IndexItem<string>(packageData[0]));
    if(p)    {                                          //判断是否找到待查询的快递
        Package package;
        index = p->data.GetIndex();                     //获取待查询快递在快递信息主表中的索引
        packageTable.GetElem(index, package);    //根据索引从快递信息主表中获取待查询的快递信息
        packageData[1] = package.GetName();
        packageData[2] = package.GetTelephone();
        packageData[3] = package.GetPosition();
        return ENTRY_FOUND;
    }
    return NOT_PRESENT;
}
//返回快递信息主表的变化标志
bool PackageManage::IsChanged() const
{    return isChanged;    }
```

5. 系统框架类 PackageIMSApp.h 和 PackageIMSApp.cpp

```
/**********系统框架类头文件：PackageIMSApp.h**********/
#include "Interface.h"
#include "PackageManage.h"
class PackageIMSApp {                                   //系统框架类
private:
    Interface interface;                                //界面对象
    PackageManage packageManage;                        //快递管理对象
public:
    void Run();                                         //执行应用程序
    void MainModule(int choice);                        //应用程序主功能模块
    void AddModule();                                   //添加快递功能模块
    void PrintModule();                                 //打印快递功能模块
    void EditModule();                                  //修改快递功能模块
    void DeleteModule();                                //删除快递功能模块
    void QueryModule();                                 //查询快递功能模块
    void SaveModule();                                  //保存快递功能模块
};
/**********系统框架类源程序文件：PackageIMSApp.cpp**********/
#include <iostream>
using namespace std;
#include <string>
#include "Status.h"
#include "PackageIMSApp.h"
void PackageIMSApp::Run()    {                          //运行应用程序
    if(packageManage.ReadData() == NOT_PRESENT)    {    //从文件中读入快递信息
        interface.PrintMessage("File read error!");
```

```
            return;
        }
        int choice = interface.MainMenu();                          //显示主界面，获取用户选择的功能
        while(choice != 7)  {                                       //当用户没有选择退出时
            if(choice<1 || choice>6)                                //判断用户选择是否正确
                interface.PrintMessage("Error choice, enter again!");
            else
                MainModule(choice);                                 //运行主模块
            choice = interface.MainMenu();                          //重新显示主界面，获取用户选择的功能
        }
        //若快递信息发生变化，则需要在用户退出时保存快递信息到文件中
        if(packageManage.IsChanged() && packageManage.SaveData() == NOT_PRESENT)
            interface.PrintMessage("File save error!");
    }
    void PackageIMSApp::MainModule(int choice)  { //应用程序主模块，根据用户选择执行相应的功能模块
        bool repeat = true;     //某个功能是否继续执行的标志，true 表示继续执行，false 表示不继续执行
        while(repeat)  {        //当继续执行某个功能时，根据用户选择执行相应的功能模块
            switch(choice)  {
            case 1:             //用户选择 1，执行添加快递功能模块
                AddModule();
                if(!interface.WantToContinue("add a new package"))      //询问用户是否继续执行当前功能
                    repeat = false;
                break;
            case 2:                         //用户选择 2，执行打印快递功能模块
                PrintModule();
                repeat = false;
                break;
            case 3:                         //用户选择 3，执行修改快递功能模块
                EditModule();
                if(!interface.WantToContinue("edit an package"))
                    repeat = false;
                break;
            case 4:                         //用户选择 4，执行删除快递功能模块
                DeleteModule();
                if(!interface.WantToContinue("delete an package"))
                    repeat = false;
                break;
            case 5:                         //用户选择 5，执行查询快递功能模块
                QueryModule();
                if(!interface.WantToContinue("query an package"))
                    repeat = false;
                break;
            case 6:                         //用户选择 6，执行保存快递功能模块
                SaveModule();
                repeat = false;
            }
        }
    }
```

```
void PackageIMSApp::AddModule()  { //添加快递功能模块
    string packageData[4];
    interface.AddInterface(packageData, 4);            //调用添加快递界面，获取用户输入的快递信息
    if (packageManage.AddPackage(packageData) == SUCCESS) //调用快递管理对象添加快递信息
        interface.PrintMessage("Add success!");
    else
        interface.PrintMessage("Add failed!");
}
void PackageIMSApp::PrintModule()  {                   //打印快递功能模块
    interface.PrintTitle();                            //打印快递信息表的表头
    packageManage.PrintAllPackages(Interface::FormatPrint); //调用快递管理对象打印所有快递信息
    system("PAUSE");
}
void PackageIMSApp::EditModule()  {                    //修改快递功能模块
    string packageData[4], trackingNum;
    bool isChanged = false;                            //快递信息变化标志
    int index;                                         //快递在快递信息主表中的索引
    //提示用户输入修改的快递单号
    packageData[0] = interface.InteractiveMessage("Please enter the tracking number of an package to be edited: ");
    //判断待修改的快递是否存在，若存在，则获取该快递和在快递信息主表中的索引
    if(packageManage.QueryPackage(packageData, index) == NOT_PRESENT)  {
        interface.PrintMessage("Not found!");
        return;
    }
    //打印待修改快递的原始信息
    interface.PrintTitle();
    interface.FormatPrint(packageData[0], packageData[1], packageData[2], packageData[3]);
    trackingNum = packageData[0];                      //保存原始快递单号
    interface.EditInterface(packageData, 4, isChanged); //提示用户输入快递信息
    if(isChanged)  {                                   //判断用户输入的信息是否与原信息不同
        packageManage.EditPackage(trackingNum, index, packageData);//调用快递管理对象修改快递信息
        interface.PrintMessage("Edit success!");
    }
}
void PackageIMSApp::DeleteModule()  {                  //删除快递功能模块
    string packageData[4];
    int index;                                         //快递在快递信息主表中的索引
    //提示用户输入待删除快递的快递单号
    packageData[0] = interface.InteractiveMessage("Please enter the tracking number of an package to be
deleted: ");
    //判断待删除的快递是否存在，若存在，则获取该快递和在快递信息主表中的索引
    if(packageManage.QueryPackage(packageData, index) == NOT_PRESENT)  {
        interface.PrintMessage("Not found!");
        return;
    }
    //打印待删除快递的原始信息
    interface.PrintTitle();
    interface.FormatPrint(packageData[0], packageData[1], packageData[2], packageData[3]);
```

```
        if(interface.WantToContinue("delete this package"))   {  //询问用户是否删除该快递
            packageManage.DeletePackage(packageData[0], index);  //调用快递管理对象删除快递信息
            interface.PrintMessage("Delete success!");
        }
    }
    void PackageIMSApp::QueryModule()   {                    //查询快递功能模块
        string packageData[4];
        int index;                                           //快递在快递信息主表中的索引
        //提示用户输入想要查询的快递单号
        packageData[0] = interface.InteractiveMessage("Please enter the tracking number of an package to be
queried: ");
        //判断待查询的快递是否存在，若存在，则获取该快递和在快递信息主表中的索引
        if(packageManage.QueryPackage(packageData, index) == NOT_PRESENT)   {
            interface.PrintMessage("Not found!");
            return;
        }
        //打印查询的快递信息
        interface.PrintTitle();
        interface.FormatPrint(packageData[0], packageData[1], packageData[2], packageData[3]);
    }
    void PackageIMSApp::SaveModule()   {                     //保存快递功能模块
        //判断快递信息是否发生变化，若发生变化，则保存快递信息到文件中
        if (packageManage.IsChanged() && packageManage.SaveData() == NOT_PRESENT)
            interface.PrintMessage("File save error!");
        else
            interface.PrintMessage("File save success!");
        system("PAUSE");
    }
```

6. 主程序文件 MainFile.cpp

```
#include "PackageIMSApp.h"
void main() {
    PackageIMSApp application;                               //定义系统框架对象
    application.Run();                                       //运行应用程序
}
```

14.6 测试

编码之后需要对程序进行测试以确保程序的正确性。对于快递超市信息管理系统，我们可以针对每个功能设计一定的测试用例，通过检查系统的运行结果判断系统功能是否正确。

1. 读取文件与打印快递信息

测试系统在启动时能否正确读取文件中的所有快递信息，同时测试系统能否在屏幕上输出所有快递信息。读取文件与打印快递信息测试用例如表 14-6 所示，其系统运行结果如图 14-4 所示，与文件中的快递信息（见图 14-5）一致，表明系统可以正确读取文件中的所有快递信息并输出。

表 14-6　读取文件与打印快递信息测试用例

测试用例编号	TS-001
测试项目	读取文件与快递信息打印
预置条件	启动系统，选择功能 2
输入	无
预期输出	在文件中的所有快递信息
测试结果	通过

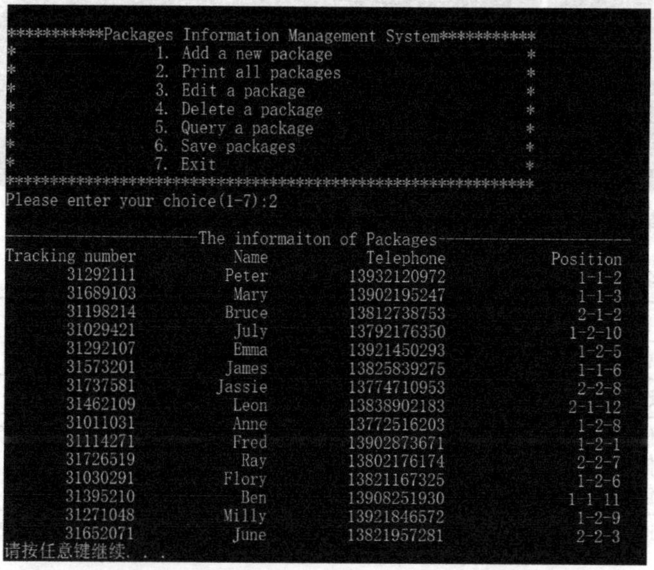

```
***********Packages Information Management System***********
*               1. Add a new package                       *
*               2. Print all packages                      *
*               3. Edit a package                          *
*               4. Delete a package                        *
*               5. Query a package                         *
*               6. Save packages                           *
*               7. Exit                                    *
************************************************************
Please enter your choice(1-7):2

----------------------The informaiton of Packages----------------------
Tracking number       Name         Telephone              Position
     31292111        Peter        13932120972               1-1-2
     31689103         Mary        13902195247               1-1-3
     31198214        Bruce        13812738753               2-1-2
     31029421         July        13792176350              1-2-10
     31292107         Emma        13921450293               1-2-5
     31573201        James        13825839275               1-1-6
     31737581       Jassie        13774710953               2-2-8
     31462109         Leon        13838902183              2-1-12
     31011031         Anne        13772516203               1-2-8
     31114271         Fred        13902873671               1-2-1
     31726519          Ray        13802176174               2-2-7
     31030291        Flory        13821167325               1-2-6
     31395210          Ben        13908251930              1-1-11
     31271048        Milly        13921846572               1-2-9
     31652071         June        13821957281               2-2-3
请按任意键继续. . .
```

图 14-4　读取文件与打印快递信息系统运行结果

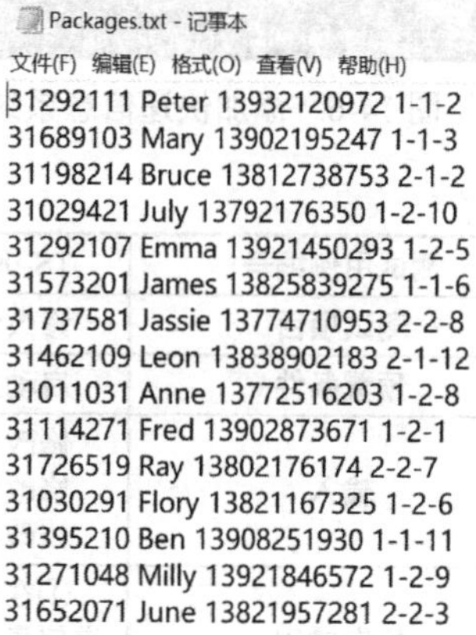

```
Packages.txt - 记事本
文件(F) 编辑(E) 格式(O) 查看(V) 帮助(H)
31292111 Peter 13932120972 1-1-2
31689103 Mary 13902195247 1-1-3
31198214 Bruce 13812738753 2-1-2
31029421 July 13792176350 1-2-10
31292107 Emma 13921450293 1-2-5
31573201 James 13825839275 1-1-6
31737581 Jassie 13774710953 2-2-8
31462109 Leon 13838902183 2-1-12
31011031 Anne 13772516203 1-2-8
31114271 Fred 13902873671 1-2-1
31726519 Ray 13802176174 2-2-7
31030291 Flory 13821167325 1-2-6
31395210 Ben 13908251930 1-1-11
31271048 Milly 13921846572 1-2-9
31652071 June 13821957281 2-2-3
```

图 14-5　文件中的快递信息

2．添加快递信息

测试系统能否正确添加快递信息，其测试用例如表 14-7 所示，系统运行结果如图 14-6 和图 14-7 所示。由此可知，系统可以正确添加快递信息。

表 14-7　添加快递信息测试用例

测试用例编号	TS-002
测试项目	添加快递信息
预置条件	启动系统，选择功能 1
输入	待添加的快递信息 1 为 31302587 Joyce 13775512260 1-1-1 待添加的快递信息 2 为 31032857 Nick 13907217761 2-1-6
预期输出	①添加成功信息；②在打印快递信息时可见添加的快递信息
测试结果	通过

3．修改快递信息

测试系统能否正确修改快递信息，其测试用例如表 14-8 所示，系统运行结果如图 14-8 和图 14-9 所示。由此可知，系统可以正确修改快递信息。

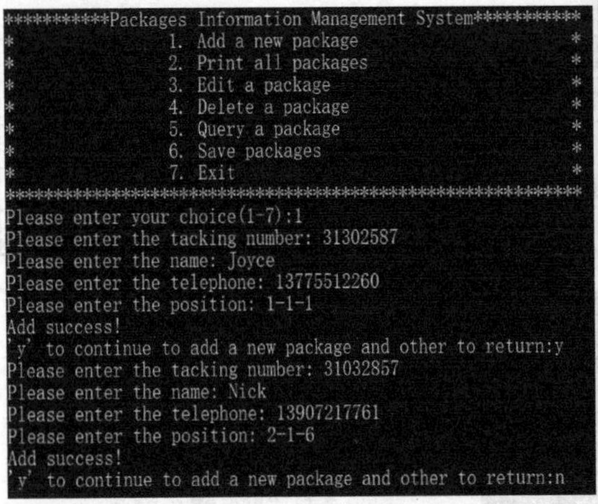

```
***********Packages Information Management System***********
*                 1. Add a new package                      *
*                 2. Print all packages                     *
*                 3. Edit a package                         *
*                 4. Delete a package                       *
*                 5. Query a package                        *
*                 6. Save packages                          *
*                 7. Exit                                   *
*************************************************************
Please enter your choice(1-7):1
Please enter the tacking number: 31302587
Please enter the name: Joyce
Please enter the telephone: 13775512260
Please enter the position: 1-1-1
Add success!
'y' to continue to add a new package and other to return:y
Please enter the tacking number: 31032857
Please enter the name: Nick
Please enter the telephone: 13907217761
Please enter the position: 2-1-6
Add success!
'y' to continue to add a new package and other to return:n
```

图 14-6 添加快递信息系统运行结果

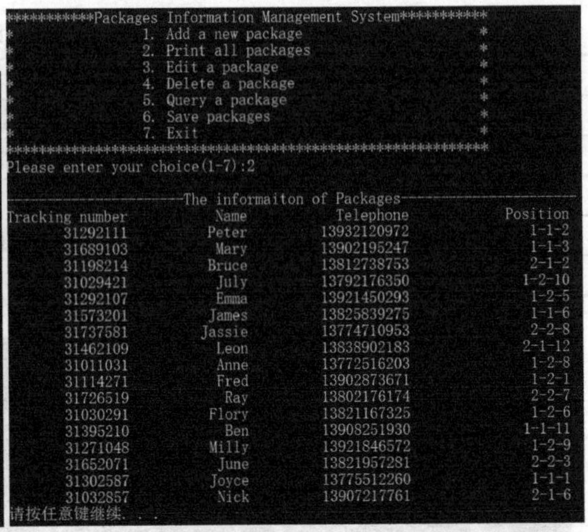

```
***********Packages Information Management System***********
*                 1. Add a new package                      *
*                 2. Print all packages                     *
*                 3. Edit a package                         *
*                 4. Delete a package                       *
*                 5. Query a package                        *
*                 6. Save packages                          *
*                 7. Exit                                   *
*************************************************************
Please enter your choice(1-7):2

--------------------The informaiton of Packages--------------------
Tracking number        Name        Telephone        Position
    31292111           Peter       13932120972         1-1-2
    31689103           Mary        13902195247         1-1-3
    31198214           Bruce       13812738753         2-1-2
    31029421           July        13792176350        1-2-10
    31292107           Emma        13921450293         1-2-5
    31573201           James       13825839275         1-1-6
    31737581           Jassie      13774710953         2-2-8
    31462109           Leon        13838902183        2-1-12
    31011031           Anne        13772516203         1-2-8
    31114271           Fred        13902873671         1-2-1
    31726519           Ray         13802176174         2-2-7
    31030291           Flory       13821167325         1-2-6
    31395210           Ben         13908251930        1-1-11
    31271048           Milly       13921846572         1-2-9
    31652071           June        13821957281         2-2-3
    31302587           Joyce       13775512260         1-1-1
    31032857           Nick        13907217761         2-1-6
请按任意键继续. . .
```

图 14-7 添加快递后打印快递信息系统运行结果

表 14-8 修改快递信息测试用例

测试用例编号	TS-003
测试项目	修改快递信息
预置条件	启动系统，选择菜单 3
输入	修改的快递信息 1 为将快递单号 31292111 的快递的联系电话修改为 13932120897 修改的快递信息 2 为将快递单号 31462109 的快递的快递单号修改为 31262109 修改的快递信息 3 为输入快递单号 31711921
预期输出	①在修改快递信息 1 和 2 时，提示修改成功，在打印快递信息时可见修改后的快递信息 ②在修改快递信息 3 时，提示“Not found！”
测试结果	通过

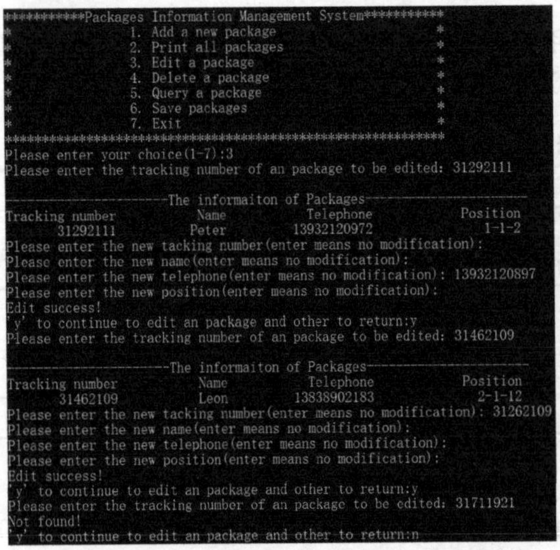

```
***********Packages Information Management System***********
*                 1. Add a new package                      *
*                 2. Print all packages                     *
*                 3. Edit a package                         *
*                 4. Delete a package                       *
*                 5. Query a package                        *
*                 6. Save packages                          *
*                 7. Exit                                   *
*************************************************************
Please enter your choice(1-7):3
Please enter the tracking number of an package to be edited: 31292111

--------------------The informaiton of Packages--------------------
Tracking number        Name        Telephone        Position
    31292111           Peter       13932120972         1-1-2
Please enter the new tacking number(enter means no modification):
Please enter the new name(enter means no modification):
Please enter the new telephone(enter means no modification): 13932120897
Please enter the new position(enter means no modification):
Edit success!
'y' to continue to edit an package and other to return:y
Please enter the tracking number of an package to be edited: 31462109

--------------------The informaiton of Packages--------------------
Tracking number        Name        Telephone        Position
    31462109           Leon        13838902183        2-1-12
Please enter the new tacking number(enter means no modification): 31262109
Please enter the new name(enter means no modification):
Please enter the new telephone(enter means no modification):
Please enter the new position(enter means no modification):
Edit success!
'y' to continue to edit an package and other to return:y
Please enter the tracking number of an package to be edited: 31711921
Not found!
'y' to continue to edit an package and other to return:n
```

图 14-8 修改快递信息系统运行结果

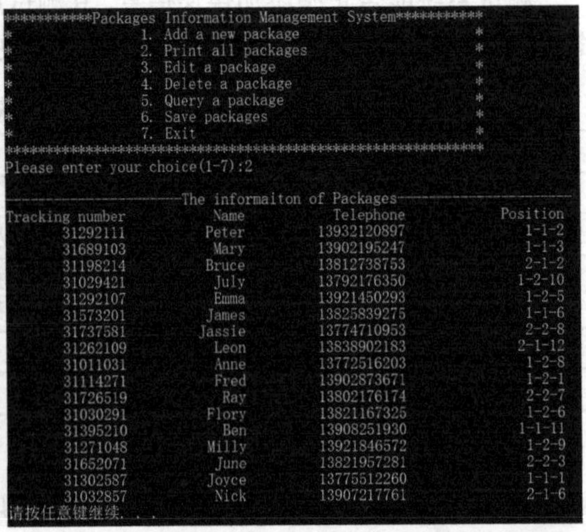

```
***********Packages Information Management System***********
*                 1. Add a new package                      *
*                 2. Print all packages                     *
*                 3. Edit a package                         *
*                 4. Delete a package                       *
*                 5. Query a package                        *
*                 6. Save packages                          *
*                 7. Exit                                   *
*************************************************************
Please enter your choice(1-7):2

--------------------The informaiton of Packages--------------------
Tracking number        Name        Telephone        Position
    31292111           Peter       13932120897         1-1-2
    31689103           Mary        13902195247         1-1-3
    31198214           Bruce       13812738753         2-1-2
    31029421           July        13792176350        1-2-10
    31292107           Emma        13921450293         1-2-5
    31573201           James       13825839275         1-1-6
    31737581           Jassie      13774710953         2-2-8
    31262109           Leon        13838902183        2-1-12
    31011031           Anne        13772516203         1-2-8
    31114271           Fred        13902873671         1-2-1
    31726519           Ray         13802176174         2-2-7
    31030291           Flory       13821167325         1-2-6
    31395210           Ben         13908251930        1-1-11
    31271048           Milly       13921846572         1-2-9
    31652071           June        13821957281         2-2-3
    31302587           Joyce       13775512260         1-1-1
    31032857           Nick        13907217761         2-1-6
请按任意键继续. . .
```

图 14-9 修改快递后打印快递信息系统运行结果

4．删除快递信息

测试系统能否正确删除快递信息，其测试用例如表 14-9 所示，系统运行结果如图 14-10

和图 14-11 所示。由此可知，系统可以正确删除快递信息。

表 14-9　删除快递信息测试用例

测试用例编号	TS-004
测试项目	删除快递信息
预置条件	启动系统，选择功能 4
输入	待删除的快递信息 1 为快递单号 31292111 待删除的快递信息 2 为快递单号 31030291 待删除的快递信息 3 为快递单号 31711921
预期输出	①在删除快递信息 1 和 2 时，提示删除成功，在打印快递信息时不可见删除的快递信息 ②在删除快递信息 3 时，提示“Not found!”
测试结果	通过

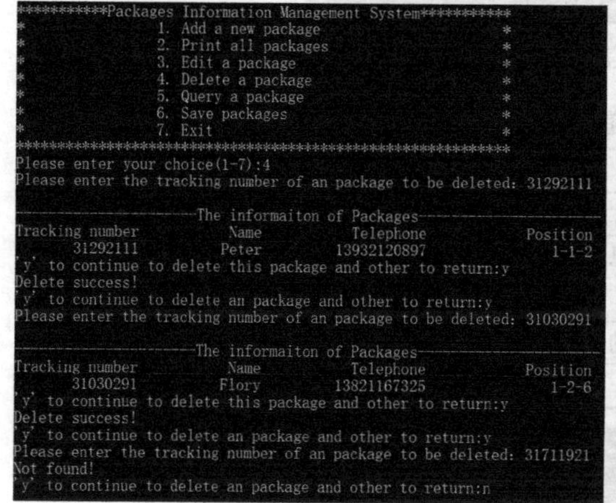

图 14-10　删除快递信息系统运行结果

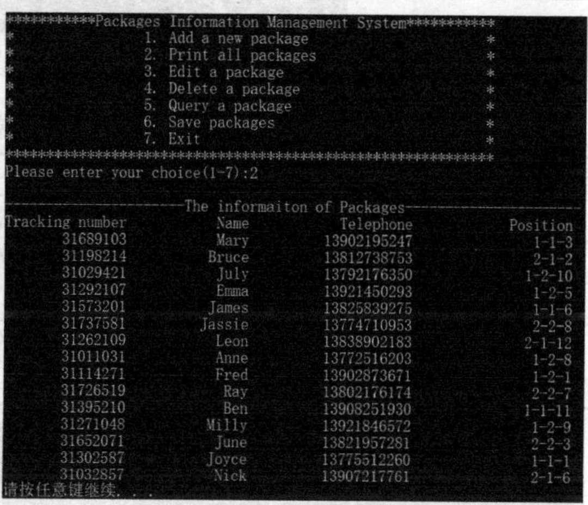

图 14-11　删除快递信息后打印快递信息系统运行结果

5. 查询快递信息

测试系统能否正确查询快递信息，其测试用例如表 14-10 所示，系统运行结果如图 14-12 所示。由此可知，系统可以正确查询快递信息。

表 14-10　查询快递信息测试用例

测试用例编号	TS-005
测试项目	查询快递信息
预置条件	启动系统，选择菜单 5
输入	待查询的快递信息 1 为快递单号 31011031 待查询的快递信息 2 为快递单号 31032857 待查询的快递信息 3 为快递单号 31711921
预期输出	①在查询快递信息 1 和 2 时输出快递信息；②在查询快递信息 3 时，提示“Not found”
测试结果	通过

6. 保存快递信息至文件

测试系统能否正确保存快递信息至文件，其测试用例如表 14-11 所示，系统当前在库的快递信息如图 14-13 所示，保存快递信息后的文件如图 14-14 所示。由此可知，系统可以正确保存快递信息至文件。

```
***********Packages Information Management System***********
*                 1. Add a new package                     *
*                 2. Print all packages                    *
*                 3. Edit a package                        *
*                 4. Delete a package                      *
*                 5. Query a package                       *
*                 6. Save packages                         *
*                 7. Exit                                  *
************************************************************
Please enter your choice(1-7):5
Please enter the tracking number of an package to be queried: 31011031

----------------------The informaiton of Packages------------------------
Tracking number          Name          Telephone               Position
       31011031          Anne         13772516203                 1-2-8
'y' to continue to query an package and other to return:y
Please enter the tracking number of an package to be queried: 31032857

----------------------The informaiton of Packages------------------------
Tracking number          Name          Telephone               Position
       31032857          Nick         13907217761                 2-1-6
'y' to continue to query an package and other to return:y
Please enter the tracking number of an package to be queried: 31711921
Not found!
'y' to continue to query an package and other to return:n
```

图 14-12　查询快递信息系统运行结果

表 14-11　保存快递信息测试用例

测试用例编号	TS-006
测试项目	保存快递信息至文件
预置条件	启动系统，快递信息发生变化，选择菜单 6
输入	无
预期输出	快递信息在文件中的快递信息与系统当前在库的快递信息一致
测试结果	通过

```
***********Packages Information Management System***********
*                 1. Add a new package                     *
*                 2. Print all packages                    *
*                 3. Edit a package                        *
*                 4. Delete a package                      *
*                 5. Query a package                       *
*                 6. Save packages                         *
*                 7. Exit                                  *
************************************************************
Please enter your choice(1-7):2

----------------------The informaiton of Packages------------------------
Tracking number          Name          Telephone               Position
       31689103          Mary         13902195247                 1-1-3
       31198214         Bruce         13812738753                 2-1-2
       31029421          July         13792176350                1-2-10
       31292107          Emma         13921450293                 1-2-5
       31573201         James         13825839275                 1-1-6
       31737581        Jassie         13774710953                 2-2-8
       31262109          Leon         13838902183                2-1-12
       31011031          Anne         13772516203                 1-2-8
       31114271          Fred         13902873671                 1-2-1
       31726519           Ray         13802176174                 2-2-7
       31395210           Ben         13908251930                1-1-11
       31271048         Milly         13921846572                 1-2-9
       31652071          June         13821957281                 2-2-3
       31302587         Joyce         13775512260                 1-1-1
       31032857          Nick         13907217761                 2-1-6
请按任意键继续. . .
```

图 14-13　系统当前在库的快递信息

```
Packages.txt - 记事本
文件(F) 编辑(E) 格式(O) 查看(V) 帮助(H)
31689103 Mary 13902195247 1-1-3
31198214 Bruce 13812738753 2-1-2
31029421 July 13792176350 1-2-10
31292107 Emma 13921450293 1-2-5
31573201 James 13825839275 1-1-6
31737581 Jassie 13774710953 2-2-8
31262109 Leon 13838902183 2-1-12
31011031 Anne 13772516203 1-2-8
31114271 Fred 13902873671 1-2-1
31726519 Ray 13802176174 2-2-7
31395210 Ben 13908251930 1-1-11
31271048 Milly 13921846572 1-2-9
31652071 June 13821957281 2-2-3
31302587 Joyce 13775512260 1-1-1
31032857 Nick 13907217761 2-1-6
```

图 14-14　保存快递信息后的文件

经过测试，快递超市信息管理系统符合问题需求，各项功能都能正确执行。至此，我们完成了快递超市信息管理系统的设计与开发的过程。

14.7 本章小结

对编程的初学者而言，如何写出满足应用需求的程序是一个痛点问题。本章以快递超市信息管理系统为例，展现了在开发应用程序过程中需求分析、概要设计、详细设计、编码和测试环节的基本过程。真正的软件项目开发过程是一个系统工程，有着完整的理论体系和方法，比本章展现的过程要复杂、规范得多。通过学习本章内容，如果读者能够掌握基本的应用程序设计与开发的过程和方法，面对一个应用问题不再茫然或不知所措，能够知道从何处着手一步一步地编写出正确的程序，本章的目的就达成了。

习题十四

1．举办一场会议往往有较多的参会人员，工作人员通过人工方式记录与管理参会人员信息不仅效率低，而且容易出错。利用计算机管理参会人员信息是解决这一问题的有效方案。请实现一个会议参会人员信息管理系统，能够实现简单的参会人员信息管理功能。假设对于每个参会人员，需要记录姓名、电子邮件地址、工作单位名称和单位所在省份四项信息；工作人员利用该系统可以添加新的参会人员、显示所有参会人员的信息、删除参会人员、能够查询指定姓名、工作单位或省份的参会人员信息，并且参会人员信息不会因关闭系统而发生丢失。

2．如今的大学校园普遍占地较广，初到者往往容易迷失方向。请为你所在的大学校园实现一个简单的校园导游系统，用户使用该系统可以查看校园的完整地图、查询校园主要建筑物和地点的信息、查询任意两个地点之间的最短路径及查询能够游览到校园所有地点的路线，并且校园的地图数据不会因关闭系统而发生丢失。有关校园主要建筑物和地点的信息、不同地点之间的距离请参照自己所在校园的情况建立。

蒂姆·伯纳斯-李（Tim Berners-Lee，1955－），英国计算机科学家，是万维网的发明者，南安普顿大学与麻省理工学院教授。1989 年仲夏之夜，他成功开发出了世界上第一个 Web 服务器和第一个 Web 客户机；1989 年 12 月，他将他的发明正式定名为 World Wide Web，即万维网；1990 年 12 月 25 日，他和罗伯特·卡里奥通过 Internet 实现了 HTTP 代理与服务器的第一次通信；1991 年 5 月，万维网在 Internet 上首次露面，立即引起轰动，获得了极大的成功，并被广泛推广应用。2017 年，他因“发明万维网、第一个浏览器和使万维网得以扩展的基本协议和算法”而获得 2016 年度的图灵奖。他并没有靠万维网谋得财富。《时代》周刊将他评为世纪最杰出的 100 位科学家之一，并称万维网只属于他一个人。

参考文献

[1] 缪淮扣，沈俊，顾训穰. 数据结构—C++实现（第 2 版）[M]. 北京：科学出版社，2014.

[2] 周幸妮，任智源，马彦卓，等. 数据结构与算法分析新视角（第 2 版）[M]. 北京：电子工业出版社，2021.

[3] 林碧英，石敏，焦润海. 新编数据结构与算法教程[M]. 北京：清华大学出版社，2012.

[4] 严蔚敏，陈文博. 数据结构及应用算法教程（修订版）[M]. 北京：清华大学出版社，2011.

[5] 李春葆. 算法设计与分析（第 2 版）[M]. 北京：清华大学出版社，2018.

[6] 屈婉玲，刘田，张立昂，等. 算法设计与分析（第 2 版）[M]. 北京：清华大学出版社，2016.

[7] 王晓东. 算法设计与分析（第 4 版）[M]. 北京：清华大学出版社，2018.